Moornutzung

und

Torfverwertung

mit besonderer Berücksichtigung der Trockendestillation

Von

Professor Dr. **Paul Hoering**

Berlin

Anastatischer Neudruck 1921

Berlin

Verlag von Julius Springer

1915

ISBN-13:978-3-642-98560-7 e-ISBN-13:978-3-642-99375-6
DOI: 10.1007/978-3-642-99375-6

Softcover reprint of the hardcover 1st edition 1915

Vorwort.

Vorliegendes Werk wurde im Jahre 1902 mit dem Ziele begonnen, die wissenschaftlichen Grundlagen einer Chemie des Torfes und insbesondere seiner chemischen Umwandlungsprodukte zu schaffen, um, gestützt auf die Experimentalergebnisse meiner Untersuchungen, festzustellen, ob sich auf diese eine gewinnbringende chemische Großindustrie aufbauen läßt, die es ermöglicht, in kurzer Zeit große Moorflächen abzutorfen und so die brachliegenden Moore zugleich der landwirtschaftlichen und industriellen Besiedlung zu erschließen.

Mein besonderes Interesse wandte sich der trockenen Destillation von Torf zur Herstellung der Torfkohle und ihrer Nebenprodukte zu, weil sie eine besonders geeignete Handhabe zur industriellen Erschließung der Moore bieten konnte. Denn obgleich sich schon Viele bemüht hatten, eine Großindustrie auf die Destillation des Torfes aufzubauen, so erwies sich doch keines dieser Verfahren als lebensfähig. Die chemische Torfverwertung krankte vor allem daran, daß den „Erfindern" das richtige Vorstudium des ganz eigenartigen Torfmaterials fehlte. Der trockene Torf wurde einfach als gegebenes Material betrachtet, das in jeder beliebigen Menge zu beschaffen ist, und die Torfdestillation der Braunkohlendestillation nachgebildet. So kam es, daß die Nebenprodukte viel zu hoch bewertet wurden. Dies zeigte der Mißerfolg der in den fünfziger Jahren des vorigen Jahrhunderts erbauten Torfdestillationsanlagen, bei denen, wie bei der Braunkohlenschwelerei, der Hauptwert auf die Gewinnung von Paraffin und Solaröl gelegt wurde. Man beachtete dabei nicht, daß gegenüber der Braunkohle, die als Rückstand der Destillation den damals als ganz wertlos angesehenen Grudekoks liefert, aus dem Torf bei geeigneter Verkokung sowohl eine sehr wertvolle Torfkohle hergestellt werden kann, als auch eine sehr namhafte Ausbeute an Ammoniak zu erzielen ist, dessen Menge bei dem Stickstoffreichtum des Torfes wesentlich von der richtigen Art der Verkokung abhängt. Wenn auch bei den neueren Verfahren die Torfkohle mehr gewürdigt wurde, so spielten doch noch immer die Nebenprodukte die ausschlaggebende Rolle bei den „Rentabilitätsberechnungen". Diese Fehler rächten sich schwer, verschlangen riesige Kapitalien und riefen naturgemäß ein wachsendes Mißtrauen gegen jede chemische und industrielle Verwertung des Torfes hervor. Während die landwirtschaftliche Verwertung der Moore auf sicherer wissenschaftlicher Grundlage ihre Erfolge aufbaute und deshalb die bei der Kultivierung der Moore wichtigen Fragen aus der Chemie des Torfes eine musterhafte Lösung gefunden haben, die schon Allgemeingut der landwirtschaftlichen Kreise geworden ist, hat die wissenschaftliche Pflege der sich an die technische Verwertung des Torfes auf chemischer Grundlage anknüpfenden Probleme eine auffallende Vernachlässigung aufzuweisen. So wandten sich in letzter Zeit die an der Erschließung und Verwertung der Moore interessierten Kreise überwiegend der Hochmoorkultur zu, die in Gestalt der sogenannten „Deutschen Hochmoorkultur" in mustergültiger Weise die Nutzung der Hochmoore ohne vorherige Abtorfung ausgebaut hat und so ohne industrielle Ausnutzung des Torfes eine sichere Rente gewährleistet. Im Gegensatz hierzu verursachten die zahlreichen technischen Erfinder, die ohne Kenntnis der schwierigen Torfmaterie ihre nicht ausgereiften Laboratoriumsversuche der Allgemeinheit übergaben, jenen, die in Erwartung der versprochenen großen Gewinne das geforderte Kapital hergaben, Millionenverluste. Es erklärt sich dies daraus, daß die wissenschaftlichen Grundlagen fehlten, die eine sachgemäße Kritik der immer wieder auftauchenden Verfahren hätten ermöglichen können. So kam es, daß sich der Mangel einer geeigneten Stelle für sachgemäße Beratung in dieser Hinsicht immer mehr fühlbar machte.

Für mich handelte es sich also zunächst um die Feststellung, ob sich auf einer chemischen Weiterverarbeitung des Torfes, die gewissermaßen eine Veredlung desselben als Brennstoff bewirkt, eine rentable, chemische Großindustrie in solchem Umfange aufbauen läßt, daß mit ihrer Hilfe große Moorflächen rasch erschlossen und dadurch ein rationeller Ausbau der der Hochmoorkultur im Prinzip überlegenen Fehnkultur auch unter den erschwerten neuzeitlichen Verhältnissen durchgeführt werden könnten.

Diese Gesichtspunkte veranlaßten mich im Jahre 1902 zusammen mit Dr. J. A. Mjöen, Christiania, den Plan zu entwerfen, in gemeinschaftlicher Arbeit die Trockendestillation des Torfes zu studieren, um eine für den Großbetrieb rentable Methode ausfindig zu machen. Gleich nach den Vorarbeiten zeigte es sich jedoch, daß das geplante Zusammenarbeiten mit Herrn Dr. Mjöen unmöglich gemacht war, da ihm an seinem Wohnsitz in Norwegen kein entsprechend eingerichtetes Laboratorium zur Verfügung stand, und so mußte in der Folge das ganz einseitig gewordene Verhältnis aufgehoben werden.

Die wissenschaftlich-technischen Untersuchungen wurden zusammen mit meinem damaligen ersten technischen Assistenten Dr. Wielandt in dem I. Chemischen Laboratorium der Universität Berlin ausgeführt und in meiner Versuchsanlage zu Magdeburg abgeschlossen. Die technischen Resultate dieser Arbeiten wurden in dem deutschen Torfverkokungspatent Hoering-Mjöen Nr. 158 032 und dem Gasgeneratorpatent Hoering-Wielandt Nr. 176 231 niedergelegt; außerdem wurden die Verfahren u. a. in Dänemark, England, Finnland, Frankreich, Norwegen, Österreich, Schweden, Ungarn, den Vereinigten Staaten von Nordamerika und Kanada patentiert.

Die von mir ins Leben gerufene Torfkoksgesellschaft m. b. H., Berlin, errichtete im Jahre 1905 in Elisabethfehn auf Grund der in der Magdeburger Versuchsanlage gemachten Erfahrungen eine größere Verkokungsanlage nach meinem Patent, die heute noch im Gange ist; sie ist die einzige noch im Betrieb befindliche Torfkoksfabrik.

Nachdem auf diesem Wege die Torfkoksgewinnung in technischer Hinsicht auf eine sichere Grundlage gestellt werden konnte, habe ich besonderes Interesse darauf verwendet, in meinem wissenschaftlichen Privatinstitut zu Berlin die Untersuchung der Destillationsprodukte an einem selbstgewonnenen Material durchzuführen. Diese Untersuchungen wurden Ende 1907 abgeschlossen, da andere Arbeiten mich von da ab voll in Anspruch nahmen.

Die Ergebnisse meiner Arbeiten sind, soweit letztere zum Abschluß gelangten, in folgendem benutzt, um zusammen mit den von anderer Seite gewonnenen Forschungsergebnissen eine übersichtliche Zusammenfassung der

Chemie des Torfes

zu geben. Sie umfaßt daher auch die physikalischen Eigenschaften des Torfes, seine chemischen Eigenschaften in den verschiedenen Vertorfungsstadien, die im Torf bisher aufgefundenen Verbindungen, sowie die Eigenschaften der weniger bekannten unter ihnen, speziell der Humussäuren.

Die eingehende Beschäftigung mit der chemischen Verwertung des Torfes mußte notwendigerweise meine Aufmerksamkeit auch auf das besondere Studium der Moore lenken. Dabei ergab es sich von selbst, daß sich immer mehr die weittragende nationalökonomische Wichtigkeit der Aufgabe, die gewaltig ausgedehnten, noch brachliegenden Moore Deutschlands der landwirtschaftlichen Nutzung zu erschließen, aufdrängte. Es mag die nicht moorkundigen Kreise mit Staunen erfüllen, daß die deutschen Moore einen Flächenraum bedecken, der ungefähr der Größe des Königreichs Württemberg entspricht; annähernd ebenso großen Umfang besitzen außerdem die anderen, zum Teil ebenfalls kulturfähigen, mineralischen Ödländereien, wie die Heide. Für Hunderttausende von Bauernfamilien kann noch Grund und Boden im eigenen Vaterlande geschaffen werden, zugleich aber können die in den Mooren noch schlummernden unermeßlichen Energievorräte neuen Industrien den Weg bahnen durch Erzeugung billiger elektrischer Kräfte und einer erstklassigen Kohle für metallurgische Prozesse. Hier bietet die industrielle Verwertung des Torfes den wirksamsten Hebel zur Erreichung eines wirklich idealen Zieles, das durch harmonisches Zusammenarbeiten von Industrie und Landwirtschaft anzustreben ist. Denn es muß gerade auf die Besiedlungsmöglichkeiten in unserem Heimatlande selbst, die von allen Moorkundigen in den Vordergrund des Interesses gestellt werden, immer und immer wieder hingewiesen werden. Unsere gesamten Kolonien bieten uns auf absehbare Zeiten für den Nachwuchs unserer landwirtschaftlichen Bevölkerung nicht soviel für eine baldige rentable landwirtschaftliche Besiedlung geeignetes Land, als wir noch in unserem Vaterlande besitzen.

Wenn wir sehen, welche Summen wir für unsere Kolonien ausgeben und welche Mühe wir aufwenden, um dort landwirtschaftliche Bevölkerung anzusiedeln, so muß sich jedem Deutschen der Wunsch aufdrängen, daß vor allem dafür Sorge getragen wird, daß die kulturfähigen Ödländereien Deutschlands so bald als möglich der Landwirtschaft erschlossen werden. Auch liegt es im Interesse des Staates, diese günstige Gelegenheit, die landwirtschaftliche seßhafte Bevölkerung als Ausgleichsmittel gegen die fortschreitende Industrialisierung in solch hohem Maße vermehren zu können, voll auszunutzen. Es braucht wohl kaum hervorgehoben zu werden, daß eine im Deutschen Reiche angesessene Bauernfamilie für den Staat einen ungleich höheren Wert besitzt als eine deutsche Farmerfamilie in den Kolonien. Vor allem kommen die Tausende und Abertausende unserer Landeskinder, die jahrein jahraus mit Millionen an Geld und Geldeswert ins Ausland ziehen, da ihnen im deutschen Vaterlande unter den gegenwärtigen Verhältnissen immer mehr die Aussicht schwindet, einen eigenen kleinen Landbesitz zu erwerben, um damit ihren Landhunger zu befriedigen, als Moorkolonisten in Betracht. Obgleich staatlicherseits die Wichtigkeit der Moorkultur voll gewürdigt wird und schon Millionen für die landwirtschaftliche Kultivierung der Moore aufgewendet worden sind, so ging diese Arbeit doch aus verschiedenen, in diesem Werke später erwähnten Gründen nur langsam vorwärts, und es muß daher jede Mitarbeit, diese staatlichen Bestrebungen zu unterstützen, freudig begrüßt werden. Unbedingt muß diese notwendige innere Kolonisation, um sie in großzügigem Maße durchführen zu können, durch staatliche Unterstützung und Anregung herbeigeführt werden; sie findet aber in einer rentablen, industriellen Ausbeutung der Moore den besten Bundesgenossen, da auf ihr auch heute noch eine rentable Fehnkultur sich aufbauen läßt, die den billigsten und besten Ackerboden liefert.

Zur großen Freude aller, die sich für diese innere Kolonisation Deutschlands interessieren, geht seit einiger Zeit wieder ein frischer Zug durch diese bedeutsamen Bestrebungen. In allererster Linie verdanken wir diese Förderung — wie so viele andere — dem kraftvollen Eintreten S. M. des Deutschen Kaisers Wilhelm II., der die Bedeutung dieser Besiedlung und der dadurch bedingten ganz erheblichen Vermehrung unserer landwirtschaftlichen Bevölkerung sowie der Mehrproduktion an landwirtschaftlichen Erzeugnissen voll erkannt und gewürdigt hat[1]).

Wenn demnach der dauernde Hauptwert der Erschließung der Moore Deutschlands in ihrer landwirtschaftlichen Verwertung gesucht werden muß, so besitzen doch die in diesem Werke beschriebenen Veredelungsverfahren des Torfes, die auf seine industrielle Verwertung hinzielen, auch für die Moorkultur vom rein landwirtschaftlichen Standpunkt aus großes Interesse, da sie wertvolle Hilfsmittel sind, das genannte große Ziel rasch und erfolgreich zu erreichen. Dabei eröffnet sich hier ein vom nationalökonomischen Standpunkt aus interessanter Ausblick. Bei der Größe ihrer Anlagen und Kosten werden auch die privaten technischen Großbetriebe, denen es nur um die Ausnutzung des Torfmaterials zu tun ist, gezwungen sein, sich rechtzeitig einen genügenden Moorbesitz zu sichern und das in diesem erst nach langen Jahren zur Abtorfung gelangende Gebiet in vorläufige Kultur zu nenmen, um das darin angelegte tote Kapital baldmöglichst zu verzinsen. Als Ergebnis der bisherigen Erfahrungen soll schon hier erwähnt werden, daß es allein durch gemeinsame Zusammenarbeit von Landwirtschaft und Industrie in absehbarer Zeit gelingen kann, die in den Mooren ruhenden Schätze zu heben und diese Gebiete der Landwirtschaft zu erschließen, was vom nationalökonomischen Standpunkt aus das höchste Ziel der Moorkultur sein muß.

---

[1]) Siehe: Die deutschen Moore und ihre Bedeutung für die deutsche Volkswirtschaft. Sonderabdruck aus dem Archiv des deutschen Landwirtschaftsrats. 35. Jahrg. (1911).

Da die in meiner Torfverkokungsanlage erzielten Resultate heute die Rentabilität der Torfverkohlung außer Frage stellen, so darf wohl gesagt werden, daß ihr infolge des erweiterten Aktionsradius der veredelten Produkte entgegen der häufig geäußerten Ansicht eine mehr als bloß örtliche Bedeutung für die Erschließung der Moore zukommt. Dies trifft vielmehr auf die eigentliche Brenntorfgewinnung zu, die noch heute die vorwiegende Form der Torfverwertung zu Brennstoffzwecken darstellt. Auf die Torfverkokung wird sich den Umständen nach eine mindestens ebenso aussichtsreiche Ausbeutung der Moore im großen aufbauen können, wie sie die direkte Umwandlung des Torfes in Wärmeenergie durch Vergasung oder durch unmittelbare Verbrennung unter dem Dampfkessel in Aussicht stellt, bzw. schon verwirklicht hat. In allen Fällen wird der Schwerpunkt für die Großindustrie in der möglichst ökonomischen Beschaffung großer Mengen trockenen oder wenigstens tunlichst weit entwässerten Torfes liegen. Eine glückliche Lösung dieser Frage wird sich ohne genaue Kenntnis der gesamten Moorverhältnisse, die uns über die Menge und Beschaffenheit des verfügbaren Torfes Aufschluß gibt, sowie ohne genaues Verständnis der Vorgänge bei der Technik der Torfentwässerung nicht finden lassen. Es mußte deshalb im vorliegenden Werke auch auf die allgemeine Beschreibung der Moore, auf ihre Entstehung und Eigenschaften sowie auf die Technik der Torfgewinnung näher eingegangen werden. Ersteres geschah in einem dem chemischen Teil vorausgehenden allgemeinen, letzteres in einem auf diesen folgenden technischen Teil.

So ist ein Werk entstanden, in dem nicht nur dem Torf — der als jüngstes Glied der Kette, die mit der Steinkohle endet, eine unfertige Kohle darstellt — ein breiter Raum gewidmet ist, sondern auch die Moorkulturbestrebungen sowohl vom landwirtschaftlichen als auch vom nationalökonomischen Standpunkt aus gewürdigt werden. In möglichst gedrängter Form soll es als handliches Nachschlagebuch für Lehrer und Studierende einen Überblick über das weitverzweigte Moorgebiet geben, von den moorbildenden Pflanzen an bis zur landwirtschaftlichen und technischen Verwertung der Moore, in dem der zukünftige Forscher sich rasch orientieren kann. Die Quellenangaben ermöglichen es dem Spezialforscher, in den betreffenden Werken die ausführlichen Angaben im Original zu studieren.

Zur Orientierung auf dem Moorgebiete wurden unter anderen besonders herangezogen:

Wilhelm Bersch, Handbuch der Moorkultur. 2. Auflage. Wien, 1912.

M. Fleischer, Die Anlage und Bewirtschaftung von Moorwiesen und Moorweiden. Berlin, 1912.

Früh und Schröter, Die Moore der Schweiz mit Berücksichtigung der gesamten Moorfrage. Bern, 1904.

Alf. Hugenberg, Innere Kolonisation im Nordwesten Deutschlands. Straßburg, 1891.

Fr. Liebel, Die Württembergische Torfwirtschaft. Stuttgart, 1911.

Meitzen, Der Boden usw. des Preußischen Staates. Berlin, 1868.

H. Schreiber, Die Moore Vorarlbergs und des Fürstentums Liechtenstein. Staab, 1910.

— Die Moore Salzburgs. Staab, 1913.

E. Stumpfe, Die Besiedlung der deutschen Moore. Leipzig, 1903.

K. von Wismüller, Geschichte der Moorkultur in Bayern. 1. Teil. München, 1909.

Festschrift zur Feier des 25jährigen Bestehens des Vereins zur Förderung der Moorkultur im Deutschen Reich. Berlin, 1908.

Die deutschen Moore und ihre Bedeutung für die deutsche Volkswirtschaft. D. Landwirtschaftsrat. Berlin, 1911.

Denkschrift über die Moorkultur und die Moorbesiedlung in Preußen des Ministeriums für Landwirtschaft, Domänen und Forsten. (Nr. 56 der Drucksachen des Hauses der Abgeordneten. V. Session, 1912/13.)

Ferner verschiedene „Protokolle der Zentral-Moorkommission" und die wichtigsten deutschen Moorzeitschriften, wie „Mitteilungen des Vereins zur Förderung der Moorkultur im Deutschen Reich", die „Österreichische Moorzeitschrift", Staab, und „Zeitschrift für Moorkultur und Torfverwertung", Wien.

Die moorwissenschaftlichen Fragen sind so mannigfaltig und kompliziert, daß nur eine Zusammenfassung aller auf den verschiedenen Gebieten der Moorforschung erzielten Resultate eine glückliche Lösung der technischen Fragen ermöglicht. Viel Arbeit wurde deshalb darauf verwendet, die entsprechend den beabsichtigten Zielen der verschiedenen Moorforscher in den verschiedensten Zeitschriften und Werken niedergelegten Ergebnisse so weit als möglich zu sammeln und überall auf die Quellen zu verweisen.

Wenn auch für eine exakte Beurteilung der Torfsubstanz als Ganzes nach kolloidchemischen Gesichtspunkten noch recht wenig Material vorliegt, da sich die Untersuchungen bisher meist nur auf einen leicht isolierbaren Teil „die Humussäuren" erstreckt haben, soll hier zum ersten Male von diesem neuen Gesichtspunkte aus eine „Darstellung der Prinzipien der Torftechnik" gegeben werden, um zu weiteren Forschungen auf diesem Gebiete anzuregen. Veraltete und immer wieder kritiklos übernommene Angaben wurden als Ballast über Bord geworfen, aber keine Mühe und Zeit gescheut, alle mir wichtig erscheinenden Forschungsergebnisse zusammenzutragen.

Möge diese Arbeit sowohl landwirtschaftlichen wie technischen Kreisen die Grundlage schaffen, um die immer neu auftauchenden technischen Verfahren einer sachgemäßen Kritik unterziehen zu können, und möge das Studium dieses Werkes dazu beitragen, daß weitere wissenschaftliche und technische Kreise auf das hochinteressante Torfgebiet aufmerksam werden, wo noch so viele Fragen wissenschaftlicher und technischer Art ihrer Lösung harren[1]).

Während der Drucklegung dieses Werkes wurde Deutschland gezwungen, gegen eine Welt von Gegnern das Schwert zu ziehen. Dieser der deutschen Nation aufgenötigte Existenzkampf läßt die Ausführungen in diesem Werke eine noch eindringlichere Sprache reden. Während auf den Schlachtfeldern die Edelsten unserer Nation ihr Blut für die Größe des Vaterlandes opfern und unermeßliche Kulturwerte zerstört werden, ist es für uns Zurückgebliebene, denen es nicht vergönnt ist, mit der Waffe in der Hand mit ins Feld zu ziehen, eine doppelte Pflicht, schon jetzt durch eine erhaltende und weiterbauende Tätigkeit der zerstörenden Wirkung des Krieges entgegenzuwirken, um die äußeren Wunden, die dieser Krieg uns schlägt, möglichst rasch zur Vernarbung zu bringen. Dazu ist in besonders hohem Grade auch die Moorkultur berufen. Durch den Ausbau der inneren Koloni-

[1]) Es ist mit Freude zu begrüßen, daß in jüngster Zeit von der Königl. Preußischen Regierung eine besondere Pflegestätte zur Förderung der technischen Torfverwertung geschaffen wurde. Es ist dies das unter Leitung von Prof. Dr. Kepeller stehende Laboratorium für die technische Moorverwertung an der Technischen Hochschule zu Hannover.

sation erschließt sie die Möglichkeit zu einer starken Vermehrung unserer landwirtschaftlichen Bevölkerung, und man kann wohl annehmen, daß mit Einschluß der Ödländereien noch für mehr als zwei Millionen unseres Volkes neuer eigener Grund und Boden geschaffen werden kann. Dadurch wird die Erzeugung der landwirtschaftlichen Produkte in so großem Umfange gesteigert, daß wir für weitere Millionen unserer Bevölkerung Getreide und Fleisch auf unserem Heimatsboden gewinnen können, so daß wir nach Durchführung dieser inneren Kolonisation mächtiger und vom Auslande noch unabhängiger dastehen. Daß diese zukünftigen Hunderttausende von Moorkolonisten Haus und Hof, Weib und Kind bis zum letzten Blutstropfen verteidigen werden und so unsere Wehrkraft noch bedeutend erhöhen, braucht wohl kaum hervorgehoben zu werden.

Die Frage, inwieweit die Kriegsgefangenen zur Kultivierung herangezogen werden sollen, bedarf der raschen Lösung, ja, es könnte die weitere Frage aufgeworfen werden, ob wir von den russischen Kriegsgefangenen besonders Geeignete auf Wunsch dauernd ansiedeln sollen, um den Mangel an landwirtschaftlichen und Moorarbeitern rasch zu heben.

Aber nicht nur durch die Stärkung der Landwirtschaft wird die volle Entfaltung der Moorkultur die Kräfte unseres Vaterlandes vermehren, sondern auch durch die Früchte der industriellen Torfverwertung. Eine starke Torfkoksindustrie wird uns die Mittel in die Hand geben, das vom Auslande bezogene Feineisen im eigenen Lande herzustellen und uns überhaupt von der Holzkohle, die uns für verschiedene wichtige technische Zwecke noch unentbehrlich ist und bei deren Bezug wir aus ökonomischen Gründen immer mehr auf das Ausland angewiesen sind, unabhängig zu machen. Die Nebenprodukte der Torfdestillation, schwefelsaures Ammoniak für die Landwirtschaft, Torföle für Dieselmotoren, Paraffin für die Kerzenfabrikation, stärken ebenfalls unsere in einem Kriege so lebenswichtige Unabhängigkeit vom Auslande. Die Erschließung der Moore durch elektrische Kraftzentralen wird durch Schaffung billiger Kraft neue Industrien in die wenig bevölkerten Moorgegenden ziehen, vor allem die Stickstoffindustrie, die uns auf einem überaus wichtigen Gebiete auf das wirkungsvollste unterstützen wird, da sie uns durch die Gewinnung von Luftsalpeter unabhängig vom Chilisalpeter machen kann, was für uns in Hinsicht auf die hochwichtige Pulver- und Sprengstofferzeugung wie auf die Stickstoffdüngung von unschätzbarem Werte ist. Auch wird in den von den Moorzentralen erreichbaren Gegenden das billigere elektrische Licht das Petroleum ersetzen.

So liegt in den schweren Nöten der Kriegszeiten zugleich eine laute Mahnung an jeden nicht Waffen tragenden Deutschen, daß er nach bestem Können und Wissen zur Aufrechterhaltung und Weiterführung der in langen Friedenszeiten emporgeblühten Kulturarbeiten beiträgt. Dann wird Deutschland aus diesem Entscheidungskampfe wie der Vogel Phönix an Leib und Seele verjüngt hervorgehen und auf sicherer materieller Grundlage auch weiterhin befähigt sein, neue Kulturwerte zu schaffen, um seine führende Stellung im Reiche der Wissenschaft und Technik auch fernerhin zu behaupten.

Zum Schluß möchte ich meinem Assistenten, Herrn Dr. ing. Paul Werner, für seine Unterstützung bei den umfangreichen Arbeiten zu diesem Werke meinen Dank aussprechen.

Berlin, Ende 1914.

P. Hoering.

Inhaltsverzeichnis.

Dritter Teil. Technischer Teil.

Zeitschriften-Abkürzungen.

A.	= Liebigs Annalen der Chemie und Pharmazie. Heidelberg.
Ber.	= Berichte der Deutschen Chemischen Gesellschaft. Berlin.
Bl.	= Bulletin de la Société chimique. Paris.
C. C.	= Chemisches Zentralblatt. Berlin.
Ch. Ztg.	= Chemikerzeitung. Cöthen.
M. Berlin	= Mitteilungen des Vereins zur Förderung der Moorkultur im Deutschen Reiche. Berlin.
Österr. M. Staab	= Österreichische Moorzeitschrift Staab.
Z. M. K.	= Protokolle der Zentral-Moor-Kommission. Berlin.
Z. Wien	= Zeitschrift für Moorkultur und Torfverwertung. Wien.

Druckfehler und Berichtigungen.

Seite 106, Zeile 4 von oben lies Sindelfinger statt Siedelfinger.
„ 144, Zeile 16 von oben lies vgl. dazu S. 83 statt vgl. dazu S. 6.
„ 150, Zeile 1 von unten lies österbottnischen statt österreichischen.
„ 167, Fußnote 2, Zeile 1 lies Meliorierungen und die statt Meliorierungen, S. 16.
„ 167, Fußnote 2, Zeile 3 lies S. 83 u. 144 statt S. 15 Stern.
„ 168, Zeile 13 von oben lies das nur statt da es nur.
„ 278, Zeile 7 von oben lies Querschnitt gebildet. Er wurde statt Querschnitt gebildet (s. Figur). Er wurde.
„ 330, Zeile 6 von unten lies (s. S. 331) statt (s. S. 322).
„ 380 lies den letzten Abschnitt erst nach dem ersten Abschnitt auf Seite 381.
„ 451, Zeile 9 von unten lies Trockentechnik statt Torftechnik.
„ 471, Zeile 11 von oben lies Eisensalzes statt Eisenchlorids.
„ 509, Zeile 13 von unten lies Brenntorfsorten statt Brennstoffsorten.
„ 551, Zeile 1 von oben lies 60 M. pro 10 t statt 60 M. pro t.
„ 551, Zeile 11 von oben lies 20 M. pro t statt 20 M.
„ 569, Zeile 11 von unten lies (s. S. 583) statt (s. S. 415).

Einleitung.

Der Torf stellt in seiner chemischen Zusammensetzung eine ganz eigenartige Verknüpfung von organischem und anorganischem Material dar, die ihn, wie keinen anderen Stoff, befähigt, nicht nur ein ausgezeichnetes Keimbett für die Pflanzenkultur zu geben, die in ihm überdies eine sehr reichlich fließende Quelle von Pflanzennährstoffen findet, sondern auch einen sehr großen Vorrat an durch Pflanzentätigkeit aufgespeicherter Wärmeenergie in sich zu schließen. Allen anderen, ihm verwandten Kohlenstoff-Energiequellen, einerseits dem Holz, andererseits der Braun- und Steinkohle und ebenso dem Erdöl, kommt ausschließlich diese Eigenschaft als solche zu, während sie als Nahrungsstoffe für Pflanzen und Tiere — abgesehen von Mikroorganismen — ganz ungeeignet sind.

Bei der chemischen Betrachtung des Torfes können daher zwei verschiedene Gesichtspunkte in den Vordergrund gestellt werden. Sieht man den Torf hauptsächlich als das Material an, aus dem unsere kulturfähigen Moore aufgebaut sind, so überwiegt das Interesse an seiner Verwertbarkeit zu Agrikulturzwecken. Er wird dann vorwiegend nach seinem Reichtum an mineralischen Pflanzennährstoffen sowie nach seiner physikalischen Fähigkeit in seinem Massenauftreten als Moor, die Wasserversorgung der Kulturpflanzen sehr vorteilhaft beeinflussen zu können, gewürdigt. Die organischen Bestandteile interessieren den Landwirt nach ihrer Zusammensetzung nur insofern, als sie durch ihre kolloide Natur diese eben hervorgehobenen physikalischen Eigenschaften des Torfes bedingen und durch den allmählich fortschreitenden Vermoderungsprozeß die vorerst noch der Pflanze unzugänglichen mineralischen Pflanzennährstoffe wieder freigeben.

Sobald wir aber den Torf als solchen hauptsächlich wegen der in ihm aufgespeicherten Wärmeenergie verwerten wollen, erlangt ihre chemische Betrachtung unser Hauptinteresse. Beide Gesichtspunkte werden zu berücksichtigen sein, wenn eine Darstellung der wissenschaftlichen und technischen Grundlagen der Moornutzung gegeben werden soll. So wird sich diese einerseits mit den Mooren als Ganzes betrachtet, wie sie als die Lagerstätten des Torfes auftreten und vor allem für die landwirtschaftliche Nutzung in Betracht kommen, zu beschäftigen, andererseits aber auch auf den Torf selbst, im besonderen als Material der industriellen Verwertung, einzugehen haben. Es ergibt sich daraus folgende Dreiteilung:

Der erste Teil umfaßt die naturgeschichtliche Beschreibung und Entstehung von Torf und Moor, die moorstatistische Behandlung der Ausbreitung der Moore und beschäftigt sich dann eingehend mit der Moorkultur. In diesem Kapitel wird zuerst die volkswirtschaftliche Bedeutung der Moorkultur gekennzeichnet und im einzelnen ihre Entwicklung in den wichtigsten für die Moorkultur in Betracht kommenden Ländern dargestellt. Daran schließt sich eine Besprechung der Kultivierung der Moore, die in die Darstellung der allgemeinen Züge der einzelnen Kulturarbeiten und der herrschenden Moorkulturmethoden zerfällt. Über die Gesichtspunkte, die bei den gegenwärtig besonders in unserem Vaterlande einsetzenden umfassenden Bestrebungen, die Moorkultur in großem Maßstabe auszugestalten, zur Geltung zu bringen sind, um ihnen den besten Erfolg zu sichern, handelt der Abschnitt: Die rationelle Ausnützung der Torfreichtümer.

An diesen allgemeinen Teil schließt sich der chemische Teil an. Der erste Abschnitt ist der Chemie des Torfes selbst, seinen allgemeinen und physikalischen Eigenschaften, seiner Zusammensetzung und den chemischen Vorgängen bei der Vertorfung gewidmet. Der zweite Abschnitt wendet sich der Chemie der Torfdestillationsprodukte, des Torfkokses, des Torfteers, des Torfgases und Schwelwassers zu. Eine möglichst genaue Kenntnis dieses Gebietes bildet die Voraussetzung, um die Ausnützung der Torfreichtümer nach einer sehr bedeutenden Seite hin, wie sie durch die Destillation und Verkokung des Torfes erschlossen wird, auf sichere Grundlagen zu stellen. Die besonders hier sich bisher sehr fühlbar machenden Lücken, die durch den Mangel an aus jüngerer Zeit stammenden, wissenschaftlichen Ansprüchen genügenden Arbeiten bedingt sind, haben eingehende Experimentalarbeiten des Verfassers veranlaßt, deren Ergebnisse in diesem Abschnitt in weitem Umfange benutzt worden sind.

Im letzten, dem technischen Teil, wird die Gewinnung und Verwertung des Torfes, soweit es sich um die Ausnützung der in ihm aufgespeicherten Energievorräte handelt, — eine Aufgabe, die bei der gegenwärtig eingeleiteten Erschließung der Moore von größter Bedeutung ist — in ihren Prinzipien behandelt, ohne auf die technischen Einzelheiten weiter einzugehen. Es werden in einer allgemeinen Einführung die Gesichtspunkte besprochen, deren Kenntnis bei der Bearbeitung des ganz eigenartigen Materials, das der Torf infolge seiner Natur als kolloide Masse darstellt, zum Verständnis der sich abspielenden Vorgänge nötig ist, und die berücksichtigt werden müssen, um zu einem ökonomisch brauchbaren Erfolge zu kommen. Der nächste Abschnitt behandelt dann die bekannten Maßnahmen und Verfahren im einzelnen und es schließt sich daran ein Abschnitt über die Ausbeutung der Torflager durch Kraftzentralen, ein Weg, der in ganz besonderem Maße bei der Erschließung der Moore die Erreichung des angestrebten Zieles ermöglichen soll.

Erster Teil.

Allgemeiner Teil.

I. Kapitel.

Torf.

a) Bildung des Torfes und Wesen des Vertorfungsvorganges.

Bildung, Zusammensetzung und Eigenschaften des Torfes sind schon seit den ältesten Zeiten Gegenstand der Neugier, aber auch der heftigsten Meinungsverschiedenheiten gewesen. So hielt man noch bis ins 18. Jahrhundert hinein vielfach den Torf für eine eigentümliche Erdart, deren Brennbarkeit auf dem Gehalt an Harz, Schwefel und anderen leicht entzündlichen Stoffen beruhen sollte. In Abildgaars Abhandlung vom Torf (1762) wird mit Torf eine brennbare, zusammenhängende erdartige Materie bezeichnet, „die statt des Holzes zur Feuerung verwandt werden kann, und die, weil sie Wasser an sich ziehen kann, nach ihrer Trocknung weder so hart, so fest und dicht wie Steinkohle ist, noch auch so lose wie gemeine Erde".

Einige Autoren gaben an, der Torf bestehe aus Resten der durch die Sintflut untergegangenen Pflanzenwelt; andere wie z.B. Voigt[1]) behaupteten, der Torf sei ein eigentümliches Gewächs, das nur Wurzeln habe, die sich fortwährend verzweigten und vermehrten. Kastner[2]) sieht den Ursprung der Torfbildung in atmosphärischem Staub, Regen und Elementarorganismen. Auch

---

[1]) vgl. Voigt, Versuch einer Geschichte der Steinkohlen, Braunkohlen und des Torfes, Weimar 1782.

[2]) Handbuch der Meteorologie, Bd. I, S. 113, 1823.

suchte man eine Erklärung in besonderen Verhältnissen des Bodens galvanischer Natur, nach denen sein unterster Grund als negativ, die oberste Schicht als positiv elektrisch angesehen wurde. Infolgedessen sollte eine Abscheidung von Kohlenstoff am negativen Pol zustande gekommen und dadurch Torf und Kohle gebildet worden sein usw.[1]).

Sieht man von diesen phantastischen Vorstellungen ab, so haben doch auch schon ältere Forscher den richtigen Zusammenhang zwischen Torf und den auf den Mooren wachsenden Pflanzen vermutet. Als Erster gibt wohl Johann Hartm. Degner, Nimwegen 1729, in seiner Dissertatio physica de turfis[2]) eine wissenschaftlich-kritische Zusammenstellung der von verschiedenen Seiten geäußerten Ansichten, „was der Torff eigentlich sey, und woher er seinen ersten Ursprung und Anfang genommen". Nach der Meinung der einen, sei „die Torff-Materie nichts anders, als eine blosse Versammlung von Rinden, Zweigen, Wurtzeln, Blättern und andern holzhafften Theilen" von durch Überschwemmung zugrunde gegangenen Wäldern, die nach Mischung mit Gras, Rohr, Binsen u. a. unter Schlamm verfaulten. Andere sehen Torf als „hartzigt-sumpffigte Erde" an, die mit vorwiegend von reichlich harzführenden Bäumen, wie Fichten und Tannen herrührenden vermoderten Holzresten vermischt ist. Hollands Moorreichtum geht danach auf den früheren außerordentlichen Waldreichtum zurück, der durch oftmalige Überschwemmung von der See mit Schlamm und anderer Erde völlig bedeckt wurde, und so durch allmähliche Fäulnis „seye diese Vermischung der Erde, des Schlamms und faulen Holtzes zu dergleichen Erdschollen angewachsen". Auch glaubt man, daß Ausspülen von Blättern und Ästen aus Waldungen nach niedriger gelegenen Sammelstellen durch fließendes Wasser den Anstoß zur Moorbildung gegeben habe. Auch die Ansicht, daß die absterbenden Pflanzenteile sich am Boden anhäufen, wogegen neu hervorwachsende Kräuter und Stauden für den ständigen Zuwachs neuer Materie sorgen, findet

[1]) s. auch die Einleitung von Wiegmann in seinem Werke: Über die Entstehung, Bildung und das Wesen des Torfes, Braunschweig 1837.

[2]) Aus dem Lateinischen, Frankfurt 1760.

sich vertreten. Eine Kombination verschiedener Meinungen liegt in der Annahme, daß die absterbenden Pflanzenteile, besonders die Früchte und Blätter, durch Fäulnis zu einer „schwartzfeisten, schweflichten, bituminösen" Erde werden, die dann vom Regen nach einer niedriger gelegenen Gegend vorzugsweise in Wälder hingespült werden und diese mit der Zeit ganz anfüllen. Alle Waldungen, die unberührt gelassen würden, würden mit der Zeit zu Torfgruben.

Abgesehen von denjenigen, die den Torf als natürliches Erdreich ansehen, das von Anfang „aus sonderbarer göttlicher Fürsehung und Gültigkeit" in an Holzmangel leidenden Landschaften hervorgewachsen sei, und solchen, die einen Schwefel- oder Harzgehalt als die einzige Ursache der Brennbarkeit des Torfes gelten lassen und die Torfgruben wie die am Meere sich findenden Harzarten als Analoga der Steinkohlengruben betrachten, ist die Ansicht jener interessant, die den Torf für eine marine, ans Land geschwemmte Bildung ansehen. Denn unter dem Torf liegt „zuweilen ein schilffigt-aufgedrungenes oder schwammiges Wesen, Dary (Darg, s. S. 29) genannt", das man an der holländischen Küste auf dem Boden der See häufiger antrifft. Die geringste Zahl von Anhängern hat die Ansicht, die „die Substans des Torffs vor wahrhafftig grünend, so im und unter sumpffigten Wasser hervorwächset und für ein selbst wachsendes vegetabilisches Wesen" achtet.

Nach ausführlicher Untersuchung und Kritik dieser von verschiedenen Seiten geäußerten Ansichten kommt der Verfasser zu der Überzeugung[1]), „daß der Torf in der That eine Zuhaufsammlung unzehliger in und unter dem sumpfhafft-stillstehenden Wasser blühenden, grünenden und wachsenden sumpffigten Gewächse (vegetabilischen Dinge) sey, als eine vegetabilische Materie, so unter allen am bequemsten Flammen zu fahen und dem Feuer Nahrung zu schaffen gebohren ist"[2]).

---

[1]) l. c. S. 126.

[2]) vgl. auch Fleischer, Alte Moorweisheit in M. Berlin 1910, S. 229, mit weiteren Literaturangaben; ferner L. Lesquereux, Untersuchungen über die Torfmoore im allgemeinen (übersetzt von Lengerke), Berlin 1847, S. 1—47; Schinz-Geßner, Der Torf usw. 1857, S. 9, und Schreiber, Österr. Moorzeitschrift Staab 1910, S. 5. Aus dem deutschen Moorschrifttum vor 1800.

Wie wir heute wissen, ist der Torf im wesentlichen aus Überresten abgestorbener Pflanzen durch langsame Zersetzung entstanden. Er gehört zu den sogenannten Biolithen, wie Potonié die aus tierischen und pflanzlichen Resten gebildeten organogenen Gesteine bezeichnet. Je nachdem diese noch brennbare Bestandteile enthalten oder nicht, zerfallen sie in die Gruppe der Kaustobiolithe (von kaustos = brennbar) und Akaustobiolithe. Der Torf gehört zusammen mit den anderen schon fossilierten Brennstoffen der Braun- und Steinkohle sowie dem Erdöl zu den Kaustobiolithen. Ein Beispiel eines Akaustobioliths ist der Korallenriffkalk.

Zum besseren Verständnis der Bildung und des Wesens des Torfs wird es sich empfehlen, seine Stellung innerhalb des Systems der übrigen Kaustobiolithe und die verschiedenen Bildungsprozesse, die bei der Entstehung derselben überhaupt in Betracht kommen, in Kürze zu besprechen. Nach der Verschiedenheit ihrer Entstehung, ihrer chemischen Zusammensetzung und ihres rezenten und fossilen Auftretens teilt Potonié die Kaustobiolithe in 3 Gruppen ein. Er unterscheidet:

I. Sapropel-(Faulschlamm-)Bildungen.
II. Humus-Bildungen.
III. Liptobiolith-Bildungen, Harz-, Wachsharz- und verwandte Bildungen.

Die Sapropel-Bildungen gehen auf Ablagerungen der besonders eiweiß- und fettreichen tierischen Organismen oder einzelner Arten ölreicher Wasserpflanzen (u. a. bestimmter Wasseralgen) zurück. Aus ihnen entstehen bei der Verkohlung gewisse Kohlearten, die Mattkohlen, wie z. B. Cannelkohlen und durch weitere Zersetzungen wasserstoffreiche Kohlenwasserstoffverbindungen, das Erdöl und seine Verwandten.

Die Liptobiolithe dagegen bilden sich aus den meist sehr widerstandsfähigen harzigen und wachsartigen Bestandteilen von Pflanzen, deren übrige Bestandteile größtenteils einer vollständigen Zersetzung anheimgefallen sind.

Zu den Humusgesteinen gehören schließlich die vorwiegend aus kohlenhydratreichen Organismen, also wesentlich aus Pflanzen hervorgegangenen fossilen und rezenten kohlenstoffreichen Bildungen, die Braun- und Steinkohlen sowie der Torf.

Die Zersetzung der Pflanzen und tierischen Stoffe spielt sich in verschiedenen Vorgängen ab, die als Verwesung, Vermoderung, Vertorfung und als Fäulnis bezeichnet werden können. Sie verlaufen nicht scharf getrennt voneinander, sondern es bestehen stufenweise Übergänge, wobei einerseits die An- oder Abwesenheit von Sauerstoff (Luft) und Wasser (Feuchtigkeit), andererseits die Natur des sich zersetzenden Materials eine wichtige Rolle spielt. Letzteres geht schon aus der bereits gegebenen Einteilung der Kaustobiolithe hervor.

Bei der Bildung der Humusgesteine, die uns hier vorwiegend interessieren, ist der Reichtum an Zellulose in dem ursprünglichen Material das Wesentliche. Stickstoffhaltige Substanzen sind dagegen in den Pflanzen weit weniger enthalten als in den tierischen Stoffen, insbesondere aber sind gerade die Haupthumusbildner, die Torfpflanzen, viel weniger stickstoffhaltig als die übrigen Pflanzen. Es kommen deshalb Fäulnisvorgänge, wie sie bei der Zersetzung der sticktsoffreichen tierischen Stoffe eine Hauptrolle spielen, nur in untergeordneter Weise in Betracht. Nur die eigenartige Zersetzung der Zellulose durch Bakterien, welche sie in Kohlensäure und Methan (Sumpfgas) zerlegen, ist für die Pflanzenreste von erheblicher Bedeutung; sie führt aber, soweit sie zur Geltung kommt, wie die Verwesung, zu einer völligen Verflüchtigung der kohlenstoffhaltigen Substanz. Die Veränderungen der Pflanzenstoffe unter Bildung von Kaustobiolithen erfolgten wesentlich durch Vermoderung oder Vertorfung. Die völlige Zerstörung der organischen Substanzen tierischer und pflanzlicher Reste geht aber hauptsächlich durch den Prozeß der Verwesung vor sich.

Die **Verwesung** findet bei reichlicher Gegenwart von Sauerstoff (Luft) und Wasser statt. Hierbei werden die organischen Stoffe unter Zurücklassung der aschebildenden Mineralstoffe ohne Hinterlassung fester Kohlenstoffverbindungen verflüchtigt, indem durch eine langsame Verbrennung, bei der Bakterien eine sehr wesentliche Rolle spielen, ebenso wie bei der gewöhnlichen Verbrennung an der Luft, als Endprodukte aus den organischen

Substanzen sich Kohlensäure und Wasser bilden. Dabei werden die in den pflanzlichen Resten gebunden gewesenen anorganischen Bestandteile wieder in den ursprünglichen Zustand zurückgeführt, in dem sie erst aufs neue von den Pflanzen als Nährstoffe aufgenommen werden können.

Die **Vermoderung** ist eine Verwesung bei ungenügendem Luftzutritt, eine unvollständige Verwesung, bei der eine unvollständige Verbrennung stattfindet, wie etwa in einem Kohlenmeiler. Es bleiben bei der Vermoderung von Pflanzenresten kohlenstoffreiche Produkte zurück, in denen das Verhältnis von Kohlenstoff, Wasserstoff und Sauerstoff einer Dehydratisierung der Kohlenhydrate entspricht. Das Endprodukt sind eigenartige Humusstoffe, neben denen die anorganischen Bestandteile in leicht assimilierbarer Form vorhanden sind. Die Durchlüftung und damit eine hinreichende Sauerstoffzufuhr wird bei dem vermodernden Material, das von auf dem Boden sich ansammelnden abgestorbenen Pflanzenresten gebildet wird, durch wühlende Bodentiere, z. B. Regenwürmer, besorgt. Zunächst tritt unter Beibehaltung der ursprünglichen Gestalt Dunkelfärbung ein, dann Zerfall in eine dunkelbraune oder schwärzliche erdige Masse, aus der zuletzt bei fortgesetzter Oxydation die organischen Bestandteile vollständig verschwinden.

Die **Vertorfung** steht zwischen der Vermoderung und Fäulnis. Dieselbe wird zuerst durch Verwesung und Vermoderung (Zersetzung bei genügendem und vermindertem Sauerstoffzutritt) in den oberen, der Luft zugänglichen Partien eingeleitet. Beim Emporwachsen des Torfmoors rücken durch die sich immer neu bildenden Vegetationsschichten die ursprünglich an der Oberfläche gelegenen Partien immer tiefer und werden immer mehr von der Luft abgeschlossen, indem sie von stehendem Wasser bedeckt bleiben. Dann vollzieht sich das zweite Stadium der Vertorfung unter Luftabschluß als ein Reduktionsprozeß, den man als Fäulnis bezeichnen kann. Wie sich dieser Vorgang abspielt, darüber sind wir noch völlig im Unklaren. Es bilden sich Humusstoffe, die in ihrem chemischen Verhalten von den im Moder vorhandenen etwas verschieden sind. Sie werden nach Weber als

„Ulmine“ bezeichnet, während die Humusstoffe des Moders „Humine“ benannt werden. (Näheres siehe im Kapitel Humussäure.) Mit diesen Ausdrücken und zahlreichen anderen, die der Unterscheidung verschiedener Produkte auf Grund äußerer Merkmale dienen, ist für die Erkenntnis der Humusstoffe wenig gewonnen, im Gegenteil liegt die Gefahr einer Verwirrung nahe, da man noch keineswegs darüber unterrichtet ist, wieweit die beobachteten Unterschiede wesentliche oder nur rein zufällige sind. Eine Aufklärung wird hier erst eine chemische Untersuchung bringen, die uns über den Bau des Moleküls, über seine Konstitution ebenso aufzuklären imstande ist, wie das in jüngster Zeit bei der Aufklärung der Konstitution des Kautschuk der Fall war.

Wie hier die Beziehungen zwischen dem ganz einfach gebauten Molekül des Isoprens, des 2-Methyl-Butadiens

$$C_5H_8 = CH_2 : C\,(CH_3) . CH : CH_2$$

und dem hochmolekularen Kautschukmolekül $(C_5H_8)_{2x} = (C_{10}H_{16})_x$ klargelegt worden sind, so ist es auch erforderlich, den Übergang der einfachsten Bruchstücke der Eiweißstoffe, der Aminosäuren, oder der Kohlenhydrate, — ob jede dieser Körperklassen an der Bildung der natürlichen Humusstoffe beteiligt ist und in welchem Umfang, ist noch gar nicht mit Sicherheit bekannt — zu diesen hochkomplizierten, hochmolekularen Körpern genau aufzuklären.

Welchen Weg die Wissenschaft dabei wird einschlagen müssen, ist heute freilich noch ganz dunkel. Aber auch hier ist zu gewärtigen, daß die Ausbeute an neuen Erkenntnissen, die uns den Vertorfungsvorgang verständlich machen werden, eine überraschend große sein wird.

Ein wesentlicher Unterschied zwischen Moder und Torf besteht darin, daß im letzteren die vorhandenen, als Pflanzennährstoffe in Betracht kommenden anorganischen Bestandteile einschließlich des Stickstoffs nicht in einer den Pflanzen leicht zugänglichen Form vorhanden sind, sondern erst in dieses Stadium übertreten, wenn durch Durchlüftung, wie sie bei der Entwässerung und Bodenbearbeitung durch die Moorkulturarbeiten herbeigeführt wird, der Torf vermodert.

Dennoch hat der Moder große Ähnlichkeit mit dem Torf.

Früher bezeichnete man mit „Moder“ ein überhaupt in Zersetzung befindliches Pflanzenmaterial, und noch jetzt zeugt dafür das Wort „Mutterboden“ (verdorben aus Moderboden) als Benennung für die durch zersetzte Organismen braun gefärbte oberste Schicht des Ackerbodens.

Heute versteht man unter Moder den bei ungenügendem Luftzutritt hauptsächlich in feuchten Wäldern in Zersetzung begriffenen braunen Bodenbelag. Im Gegensatz zum Torf enthält er die Pflanzennährstoffe in leicht assimilierbarer Form; Torf dagegen muß bei der Kultivierung von der Oberfläche her durch Entwässerung und die dadurch bedingte Luftzuführung erst zur Moderbildung gebracht werden. Außerdem bleibt Moder auch nach dem Trocknen erdig und nimmt bei der Benetzung wieder seine krümelige Beschaffenheit an, während Torf beim Trocknen meistens größere oder kleinere zusammenhängende Stücke liefert. Letztere lassen sich nur unvollkommen wieder aufweichen und geben keine krümelig-erdigen Massen. Auch wegen ihrer physikalisch verschiedenen Eigenschaften sind diese Körper auseinander zu halten, obwohl sie sich nach Bildung und Zusammensetzung nahe stehen.

Der Vertorfung sind vor allem die als „Moore“ bekannten sumpfigen, unkultivierten Gelände unterworfen. Neue Pflanzen sprießen auf den in beginnender Verwesung befindlichen abgestorbenen auf, schließen die Luft mit der Zeit immer mehr von den darunter liegenden Pflanzenteilen ab, bis diese schließlich ganz unter stagnierendes Wasser geraten und völlig von der Luft abgeschlossen werden. Daher steht für weitere chemische Prozesse nur der Eigensauerstoff der der Vertorfung anheimfallenden Substanz zur Verfügung.

Obwohl der Torf vorwiegend unter Wasser entstanden ist, findet Torfbildung nicht ausschließlich an nassen Orten, sondern mitunter auch an trockenen statt. Derartiger „Trockentorf“, auch „Rohhumus“ genannt, entsteht bei hinreichender Luftfeuchtigkeit, selbst auf Felsblöcken, von denen auftropfendes Wasser nach kurzer Zeit wieder abfließt[1]). Auch findet man ab

[1]) vgl. Ule, Die Torfmoore Brasiliens in Englers botan. Jahrb., Bd. 27, Leipzig 1900, S. 238.

und zu Torf unter einer Erddecke, wo frische oder sich zersetzende Pflanzenteile von Sedimenten eingebettet wurden und nachher vertorften. Vereinzelt trifft man auch submarine Torfbildungen an, über deren Entstehung und Beschaffenheit man jedoch im Unklaren ist. Hierzu gehört auch der sog. „Tuul“, der an der Westküste der Insel Sylt gefunden wird[1]). Solche Bildungen sind aber von ganz untergeordneter Bedeutung,

Der Vertorfungsprozeß kann gegenüber der Verwesung, die als Oxydationsprozeß bezeichnet worden ist, als ein Reduktionsvorgang angesehen werden. Darauf weist nach Früh-Schröter auch der rasche Farbenwechsel des frischen, an die Luft gebrachten Torfs, desgleichen die rasche Veränderung unter den Mooren vorkommender blauer Tone hin, die, an die Luft gebracht, durch Oxydation der organischen Stoffe und Oxydulsalze des Eisens sich rasch rostgelb bis bräunlich färben.

Gegenüber der Betonung der rein chemischen Seite wird bei der Vertorfung meiner Ansicht nach zu wenig Wert auf die Vorgänge physikalischer Art gelegt. Neben der passiven Tätigkeit der Ausschaltung des Luftsauerstoffes fällt dem Wasser noch eine andere wichtige Rolle bei der Torfbildung zu, da es als wesentlicher Bestandteil mit den Humusstoffen zu dem kolloiden Gebilde zusammentritt, als das wir den Torf zu betrachten haben. Sein außerordentlicher Wasserreichtum und die Zähigkeit, mit der er das Wasser festhält, beruhen auf Quellungserscheinungen, deren Verständnis uns die neuere Kolloidchemie erschlossen hat. Davon wird nicht nur bei der technischen Bearbeitung des Torfes Nutzen zu ziehen sein, sondern auch für die wissenschaftliche Erforschung der Torfbildung eröffnen sich neue Aussichten, wenn wir dabei die Mitwirkung kolloidchemischer Kräfte mit in Betracht ziehen, die durch die kolossale Oberflächenvergrößerung kolloid gelöster oder verteilter Substanzen in die Erscheinung treten und fast ausnahmslos bei allen Vorgängen im tierischen und pflanzlichen Leben eine sehr wichtige Rolle spielen.

---

[1]) vgl. den Art. Tuul in M. Berlin 1902, S. 248; ferner Früh und Schröter, Die Moore der Schweiz, Bern 1904, S. 293—295.

Im übrigen bleibt der Zersetzungsvorgang, dem die vorwiegend aus Zelluloseresten entstandenen Bildungen unterworfen sind, nicht bei dem Vertorfungsstadium stehen, sondern führt unter weiterer Anreicherung von Kohlenstoff zur Bildung von Kohle, ein Vorgang, den Potonié als Inkohlung bezeichnet, im Gegensatz zur Bituminierung, der die bei der Sapropel- (Faulschlamm-) Bildung beteiligten Materialien vorwiegend tierischen Ursprungs unterworfen sind, und wo es zur Bildung wasserstoffreicherer Produkte kommt, als es die Kohlen sind. Potonié spricht sich darüber folgendermaßen aus:

„Bei der Inkohlung handelt es sich um eine langsame Zersetzung, wesentlich eine Selbstzersetzung, während im Beginn der Zersetzung an dieser wohl fast immer auch lebende Organismen, wie unter anderem Bakterien, mitarbeiten. Steinkohle ist also kein Kohlenstoff, abgesehen von den etwaigen untergeordnet vertretenen Holzkohlenteilen, sondern ein Gemenge wesentlich von festen Kohlenwasserstoffverbindungen. Es ist wohl zu beachten, daß die eigentlichen, echten, fossilen „Kohlen“ zum Schmelzen gebracht werden können, sich dabei aufblähen und daher als Rest beim Erhitzen unter Luftabschluß den porösen Koks (d. h. Kohlenstoff + Asche), ergeben, daß ferner manche Kohlen sich in gewissen Mazerationsflüssigkeiten vollständig lösen lassen, was beides mit Kohlenstoff nicht möglich ist.

Von der Inkohlung ist zu unterscheiden die Bituminierung. Die Materialien, die diesem Prozeß unterliegen, sind die, die das Sapropel bilden. Es soll damit gesagt sein, daß auch die ursprüngliche chemische Beschaffenheit des der Inkohlung anheimfallenden Materials mit in Betracht kommt. Denn handelt es sich um Tiere und echte Wasserpflanzen, unter diesen z. B. um die ölführenden Algen, die sich in chemischer Hinsicht wegen ihres starken Fett- und Proteingehaltes den Tieren nähern, so wird durch die Fäulnis nicht ein so ausgesprochener Inkohlungsvorgang eingeleitet, sondern es findet eine Bituminierung statt, wie ich im Gegensatze zur Inkohlung die stärkere Erzielung von solchen Produkten (Bitumina) nenne, die wasserstoffreicher sind als die echten Kohlen. Bitumengehalt eines Kaustobioliths bedeutet seinen Gehalt an Destillierbarem, besonders sofern er in dem Teerquantum und brennbaren Gas zum Ausdruck kommt.

Wenn auch die Zersetzung da, wo Mangel an Sauerstoff herrscht, sehr weitgehend zurückgehalten wird, so hört doch die weitere, freilich sehr langsam vor sich gehende Zersetzung selbst dann nicht auf, wenn der Zutritt von Sauerstoff gänzlich ausgeschlossen ist. Dann erfolgt vielmehr eine sehr langsame Selbstzersetzung, die sich u. a. durch die Entwicklung von Kohlendioxyd und auch Methan und die Bildung von Wasser anzeigt. Sie ist bei der Bituminierung dadurch charakterisiert, daß der Sauerstoffgehalt des Kaustobioliths mehr und mehr abnimmt, der Wasserstoffgehalt jedoch — und das ist besonders wichtig — so gut wie ständig derselbe bleibt. Dadurch entstehen relativ wasserstoffreiche, feste Kohlenwasserstoffe, das sind eben Gesteine, die man als besonders bituminös zu bezeichnen pflegt. Die Inkohlung weicht also dadurch von der Bituminierung ab, daß bei ihr nicht nur der Sauerstoffgehalt, sondern auch der Wasserstoffgehalt allmählich immer mehr und mehr abnimmt.

„Wo die Kohlenhydrate überwiegen, entsteht Humus, wo Stoffe wie Proteine, Fette, Chitin usw. überwiegen, entsteht Sapropel, wo Wachs, Wachsharz, Harz und Cutin, auch Pektin reichlicher vorhanden ist und Gelegenheit zur Verwesung, so daß diese schwer zersetzlichen Verbindungen zurückbleiben können, entstehen Liptobiolithe.“

Diese scharfe Unterscheidung zwischen Humus- und Sapropelbildung, die für die Gewinnung eines sicheren Überblicks über die vielfach verschlungenen Verhältnisse bei der Bildung der Kaustobiolithe sich sehr nützlich erweist, wird zurzeit von den interessierten Kreisen noch nicht allgemein als durchweg zutreffend angesehen, vgl. Minßen[1]).

Es wird dem Leser vielleicht willkommen sein, sich über die Kaustobiolithe und ihre Lagerstätten nach der von Potonié

[1]) s. V. Bericht, Bremen 1913, S. 327.

gegebenen Charakterisierung kurz zu orientieren, und deshalb soll dieselbe am Schluß dieses Kapitels eingefügt werden (s. S. 39).

In neuerer Zeit hat sich mit dem Inkohlungsprozeß auch Bergius-Hannover beschäftigt. Es ist hier vielleicht der Ort, näher auf seine interessanten Resultate einzugehen.

Da die analytischen Methoden bei der Erforschung der Kohle versagen, hat Bergius mit Hilfe einer in seinem Laboratorium ausgebildeten speziellen Hochdrucktechnik versucht, eine synthetische Methode zu benutzen, nämlich den Weg aufzusuchen, den die Natur bei der Bildung der Verbindungen „Kohle" gegangen ist. Seine Absicht war, unter eingehender Kontrolle aller Nebenprodukte und äußeren Bedingungen einen Stoff herzustellen, welcher der natürlichen Kohle analog wäre, um dann vielleicht imstande zu sein, alle Übergänge bis zum Endprodukte zu formulieren und die Verbindungen zu klassifizieren.

Bei den Versuchen wurde sowohl reine Zellulose als auch Torf mit einer großen Menge flüssigen Wassers im druckfesten Gefäß gleichmäßig unter Zuhilfenahme eines Thermostaten erhitzt. Das Wasser nahm die Reaktionswärme auf und verhinderte auf diese Weise eine Überhitzung des zu verkohlenden Materials über eine bestimmte, konstant gehaltene Reaktionstemperatur.

Es zeigte sich, daß Zellulose, ebenso wie Torf, unter Wärmelieferung in Kohlensäure, Wasser und eine Substanz zerfallen, die, ihren chemischen Reaktionen und ihrer Elementaranalyse nach einer Steinkohle gleicht.

Durch diese künstliche Nachbildung des „Inkohlungsprozesses" ist Bergius nun zu einer von der Potoniéschen etwas abweichenden Auffassung gelangt. Während Potonié annimmt, daß die mit dem Vertorfungsprozeß eingeleitete Zersetzung „mit der Erreichung des Inkohlungszustandes — wie die Weitererzeugung von Kohlendioxyd und Methan erweist, das, mit Luft gemengt, die explosiblen ‚Grubengase' ergibt — also mit der Steinkohlenbildung noch nicht ihr Ende erreicht hat", konnte Bergius feststellen, daß der von ihm studierte, von der Zellulose ausgehende Zersetzungsvorgang auch bei noch so langem Fortsetzen des Erhitzens nur mit einer Kohle von etwa 84 % Kohlenstoff abschließt, und daß diejenigen Kohlen, die einen höheren Kohlenstoffgehalt als 84 % haben, das Produkt einer zweiten, nicht mehr freiwillig verlaufenen Reaktion sind, die erst durch eine gewaltsame Einwirkung zu erzwingen ist.

In einem Vortrag über die Anthrazitbildung [1]), dem wir diese Angaben entnehmen, faßt er seine Ansicht wie folgt zusammen:

„Man hat aus den Beobachtungen des Stillstandes des Verkohlens den Eindruck, daß der Zersetzungsvorgang, ausgehend von der Zellulose, abschließend mit einer Kohle von etwa 84 % C eine durch eine mehr oder weniger einfache chemische Formulierung darstellbare Reaktion sein müsse.

Diese Vermutung wird durch die Feststellung der Bilanz der bis zum Stillstand fortgeführten Reaktion bekräftigt. Wenn man nämlich die Kohlensäuremengen feststellt, die pro 1 Mol. $C_6H_{10}O_5$ entstehen, so findet man auffallenderweise, daß fast genau 1 Mol. CO_2 entsteht. Ebenso tritt auch Wasser in genau ganzzahligen molekularen Verhältnissen aus. Daraus wird die Annahme, daß die Verkohlungsreaktion ein einheitlicher, definierbarer Vorgang ist, ziemlich sicher gemacht. Das heißt also, daß die einfache, freiwillig verlaufende exothermische Reaktion der Kohlenbildung nur bis zu einer Kohle von 84 % C führt.

Wenn also ein Torfmoor keinem anderen Einfluß unterworfen ist als dem der Zeit bei normaler Bodentemperatur, so entsteht eine Kohle von einem bestimmten Maximalgehalt an Kohlenstoff, der sich in langen geologischen Epochen nicht vermehren kann. Nun aber existieren in der Natur Kohlen mit viel höherem Kohlenstoffgehalt, und die Frage tritt auf, welchem Vorgange diese ihre Entstehung verdanken. Wir haben festgestellt, daß (im Laboratorium) selbst bei dreifacher Dauer der erwähnte Vorgang eine Kohlenstoffvermehrung über 84 % nicht ergibt. Wenn also eine weitere Veränderung der 84 %igen Kohle die Folge einer anderen, unter gewöhnlichen äußeren Bedingungen freiwillig verlaufenden Reaktion sein sollte, so müßte man annehmen, daß diese Reaktion noch viel langsamer verläuft als die zuerst erwähnte. Das ist aber

[1]) Zeitschr. f. Elektrochem. 1913, S. 858.

ziemlich unwahrscheinlich. Wesentliche Unterschiede der Temperatur in Kohlenlagern gegenüber der normalen Bodentemperatur sind jedenfalls für die Mehrzahl der Fälle ausgeschlossen. Es werden wohl andere äußere Einflüsse eine neue erzwungene Reaktion veranlassen, die zur Kohlenstoffanreicherung, zur Anthrazitbildung führt.

Wir konnten nachweisen, daß eine solche erzwungene Reaktion wirklich eintritt, wenn man den von außen auf die Kohle wirkenden Druck außerordentlich steigert, während die Temperatur dieselbe bleibt, bei der der früher erwähnte Vorgang zu Ende geführt wurde, nämlich bei 340°. Diese Temperatur ist zur Reproduktion nicht vulkanischer geologischer Vorgänge im Laboratorium sehr geeignet, denn wenn der Temperaturkoeffizient einer solchen Reaktion 2 ist für je 10°, dann kann man die Zeitwirkung einer Stunde bei 340° im Laboratorium mit der Wirkung von einer Jahrmillion bei der Durchschnittstemperatur der oberen Erdschichten vergleichen[1]).

Wir brachten die Kohle von 84% C unter eine hydraulische Presse, die es erlaubte, einen Druck von 5000 kg/qcm gepreßter Kohlenfläche auszuüben, und konnten, wenn wir den Preßapparat auf 340° erhitzten, Kohlenstoffgehalte bis zu 89 % erzielen.

Bei der Pressung entstehen Gase, die im wesentlichen aus Methan bestehen. Die Analyse ergab 70—80 % CH_4, 8—15 % CO_2, 10—20 % H_2.

Die erste freiwillig verlaufende Reaktion verwandelt Zellulose also unter Abgabe von CO_2 und H_2O in eine Verbindung, deren Formel etwa $C_{10}H_8O$ zu lauten hätte. Diese Verbindung ist im Sinne des chemischen Gleichgewichts bei niedrigen Temperaturen als stabil zu betrachten. Die zweite dagegen tritt auf, wenn hohe Pressung auf das Produkt der ersten Reaktion wirkt. Sie verläuft wahrscheinlich schneller als die erste und entwickelt ein Gas, das hauptsächlich Methan enthält, ein Produkt, das bei der ersten Reaktion nicht auftrat.

[1]) Auf diesem chemischen Wege bestimmt Bergius das Alter einer Fettkohle von 83—84% C (aschefrei) zu etwa 7—8 Millionen Jahren, einigermaßen in Übereinstimmung mit Annahmen der Geologen über das Alter der mesozoischen Schichten.

Vergleicht man die geologischen Beobachtungen mit den Ergebnissen dieser Experimente, so ergibt sich eine gute Übereinstimmung.

Häufig sieht man in einem Lager, das partiell einer Verwerfung anheim gefallen ist, Fettkohlen am ungepreßten Ende, Magerkohlen und Anthrazit aber dort, wo die Faltungen sind, in absoluter Übereinstimmung mit unseren Experimenten. Auch die Gasbildung hat ihr Analogon. In Lagern von Magerkohle und Anthrazit sind die schlagenden Wetter am häufigsten — unser Experiment ergibt es, denn wo Druck herrschte, bildete sich Magerkohle und gleichzeitig ein methanreiches Gas —, was man in ganz ähnlicher Zusammensetzung in den Bläsern findet"[1]).

Im Anschluß an diese Versuche zur künstlichen Darstellung der Kohle seien des historischen Interesses halber Versuche ausführlicher wiedergegeben, die Wiegmann in Braunschweig zur künstlichen Nachbildung von Torf ausgeführt hat, dessen Abhandlung: „Über die Entstehung, Bildung und das Wesen des Torfes" im Jahre 1833 von der preußischen Akademie der Wissenschaften als zutreffendste Darstellung der damaligen Kenntnisse über diesen Gegenstand preisgekrönt wurde[2]). Die Wertung der beobachteten Tatsachen erfolgt in dieser Schrift angesichts der unzulänglichen chemischen Kenntnisse der damaligen Zeit durch eine Reihe scharfsinniger, allerdings zumeist nicht stichhaltiger Spekulationen. Wertvoller sind vielleicht die auf botanisches Gebiet fallenden Bemerkungen.

Wiegmann füllte im Frühjahr ein zwei Fuß tiefes und breites und drei Fuß langes, mit Steinen ausgemauertes Loch mit frischen Pflanzen an, die er auf einem Torfmoore vorfand. Nach Entfernung der Wurzeln und teilweiser Zerkleinerung trat er die Masse fest ein, übergoß sie mit Wasser, legte einen Deckel darüber und überließ das Ganze sich selbst. Ab und zu wurde die Masse zwecks gleichmäßiger Einwirkung mit einem Spaten durchstoßen.

---

[1]) s. auch Bergius, Die Anwendung hoher Drucke bei chemischen Vorgängen und eine Nachbildung des Entstehungsprozesses der Steinkohle. Halle 1913, Knapp.

[2]) vgl. Wiegmann, Dr. A. F., Über die Entstehung, Bildung und das Wesen des Torfes, Braunschweig 1837, Preisschrift.

Schon nach einigen Wochen war die Masse stark verändert; die weichen Teile der Pflanzen waren braun geworden, und beim Durchstoßen entwickelte sich eine sehr große Menge Gase, „Kohlen-, Schwefel- und Phosphor-Wasserstoffgas“. Im Spätherbst war die Masse schwarzbraun und schon sehr torfähnlich. Nun mischte Wiegmann entsprechende Mengen der im natürlichen Torf gefundenen mineralischen Substanzen hinzu, ebnete die Masse, übergoß sie hierauf wiederum mit Wasser und ließ das Ganze im Winter gefrieren. Im Frühjahr war die Masse sehr zusammengesunken, ganz schwarzbraun, schlüpfrig, fast geruchlos und überhaupt dem Torf sehr ähnlich. Diese Behandlung wiederholte er mehrere Jahre und fand den Torf in seinen unteren Schichten immer dichter und für Brennzwecke geeigneter werden, was er der Zunahme an erdharzhaltigen Substanzen zuschrieb. Durch Extrahieren mit Ammoniaklösung konnte Wiegmann 100 Teilen des künstlich hergestellten Torfes 3,75 Teile „Humussäure“, durch heißen Alkohol 0,25 Teile Wachs, sowie durch rektifiziertes Steinöl etwas Erdharz entziehen. Dieselben Bestandteile hatte er auch in natürlichem Torf nachgewiesen.

Unter den verschiedenartigen Umständen, die bei der Torfbildung mitwirken, räumt Wiegmann der Zusammensetzung der torfbildenden Pflanzen die größte Bedeutung ein. So eignen sich nach ihm die Blätter des Acorus Calamus, sowie die der Iris Pseudo-Acorus zur Torferzeugung sehr, weniger dagegen ihre Wurzeln, hauptsächlich ihres Kaligehaltes wegen und der damit zusammenhängenden Bildung von humussaurem Kali, welches vom Wasser fortgeführt wird. Diejenigen Pflanzen, welche wie die Gräser und Binsen beim Verbrennen wenig Kali, Talk- und Kalkerde (MgO und CaO) zurücklassen, sollen mehr und schneller Torf liefern als diejenigen, welche (wie die Leguminosen) viel von den erwähnten Stoffen enthalten, da diese Basen mit der „Humussäure“ ebenfalls mehr oder weniger leicht lösliche humussaure Salze liefern. Aber auch die viel Stickstoff enthaltenden Pflanzen erscheinen ihm wegen der Entstehung von leichtlöslichem humussaurem Ammoniak wenig zur Torfbildung geeignet. Diese begünstigen dagegen Scirpi, Carices, Eriophora, Typhae, Arundo sowie andere Gräser und Moose, da diese sehr viel Kieselsäure enthalten, die mit Humussäure keine lösliche Verbindung eingeht. Hinzu kommt noch der starke Fasergehalt der Gräser.

Am schnellsten verwandeln sich nach Wiegmann folgende Stoffe in Humussäure: Gallussäure, Schleim, Pflanzeneiweiß, Gummi usw. Dagegen zersetzen sich nicht so schnell: Essigsäure, Kleesäure, Zitronensäure, Weinsäure, Apfelsäure, Zucker usw. Am langsamsten geht die Pflanzenfaser in Torf über, wie beim Fasertorf (Moostorf) noch leicht bemerkt werden kann. Diejenigen Pflanzen, die reich an Schwefel, Phosphor, Stickstoff und Chlor sind, gehen besonders schnell in Zersetzung über. Schon in der ersten Periode der Zersetzung nehmen die Pflanzen eine braune Farbe an, was von der Umwandlung der in den Pflanzen enthaltenen Gerbsäuren herrührt.

Wiegmann faßt seine Ansicht über die Torfbildung auf Grund dieser mannigfaltigen Beobachtungen folgenderweise zusammen: „Ist bei der Erzeugung des Torfes der Zutritt der Luft durch Wasser gehindert, so entweicht ein Teil des Phosphors und Schwefels als Schwefelwasserstoff und Phosphorwasserstoffgas, während der Stickstoff und Wasserstoff der Pflanzen sich zu Ammoniak vereinigen; dieses geht hierauf mit der Humussäure in Bindung und wird zuletzt vom Wasser fortgeführt. Das Chlor jedoch verbindet sich mit den im Torf vorhandenen Basen zu Chloriden, welche gleichfalls vom Wasser ausgelaugt werden.

Hat im Gegenteil die Luft zeitweise ungehinderten Zutritt, so vereinigt sich der Schwefel, Phosphor und Stickstoff mit dem Sauerstoff derselben zu Säuren, und diese verbinden sich hierauf mit den vorhandenen Basen zu Salzen, welche indessen, je nach dem Grade ihrer Auflöslichkeit im Wasser, nach und nach ebenfalls aus dem Torfe durch das hinzutretende Wasser ausgelaugt werden oder sich anreichern. Dies ist der Grund, weshalb in der Asche des Torfes oft viel phosphorsaurer Kalk, phosphorsaures Eisen und auch viel Gips oder Schwefelkalzium gefunden wird, welches letztere wahrscheinlich durch die reduzierende Eigenschaft des Kohlenstoffs aus dem Gips entstanden ist. Ein Teil der Humussäure, welche sich bei der Zersetzung der Pflanzen bildet, vereinigt sich aber auch mit der in derselben vorkommenden Tonerde, dem Eisen und Manganoxyd zu Salzen, die ebenfalls, weil sehr schwer löslich im Wasser, im Torfe verbleiben."

An der Versuchsanordnung Wiegmanns bemängelt Potonié[1]), daß jener nicht sämtliche in der Natur bei der Bildung des Torfes vorkommenden Faktoren beachtet habe, so daß also das schließlich erhaltene Produkt mit natürlichem Torf nicht identisch sein könne. Potonié vermißt dabei besonders das Vorstadium der Verwesung und Vermoderung, so daß also nur das Fäulnisstadium von Wiegmann geschaffen worden sei. Er änderte das Experiment dergestalt um, daß er im Herbst abgefallene Blätter zunächst einige Zeit abwechselnd in sehr nassem, dann nur feuchtem und dann wieder trockenem Zustande liegen ließ, um den entsprechenden Vorgängen in der Natur möglichst nahe zu kommen. Darauf behandelte er die halb vermoderte Substanz unter Wasser ähnlich wie Wiegmann, jedoch im offenen Gefäß, indem er das verdunstete Wasser von Zeit zu Zeit ersetzte, was er im Sommer dem Regen überließ. Außerdem sorgte Potonié von Zeit zu Zeit für künstliche Wasserbewegung und bewirkte dadurch eine, wenn auch äußerst geringe Luftzuführung. Anscheinend soll nämlich gerade diese geringe Luftzufuhr, welche die natürliche Luftbewegung auf den Mooren ersetzen sollte, durch eine, wenn auch noch so geringe Oxydation, den Vertorfungsprozeß erst einleiten. Auf diese Weise erhielt Potonié innerhalb eines Jahres (vom Herbst 1909 bis Dezember 1910) einen Torf, der von natürlichem Torf nicht zu unterscheiden war.

Mit den Versuchen Potoniés ist indessen das Wesen des Vertorfungsprozesses auch noch nicht genügend aufgeklärt. Zwar ist hierdurch festgestellt worden, unter welchen Bedingungen Torf entstehen „kann", doch sind die Einzelheiten des Vertorfungsvorganges in den einzelnen Stadien noch nicht genauer bekannt[2]).

---

[1]) vgl. Potonié, Die rezenten Kaustobiolithe, Bd. II, S. 7 ff., Berlin 1911.

[2]) Weitere Literatur über den Vertorfungsvorgang und die Humusbildung siehe: Früh, J., Über Torf und Dopplerit, Zürich 1883. — Detmer, W., Die natürlichen Humuskörper des Bodens und ihre landw. Bedeutung in Landw. Versuchsstationen 14, 1871. — Braun, E., Die Humussäure in ihrer Beziehung

Von großem Interesse ist die Frage, ob bei der Vertorfung die Tätigkeit von Bakterien eine Rolle spielt, nachdem man die Mitwirkung von Mikroben bei verschiedenen Prozessen im Boden erkannt hat[1]). Tatsächlich finden sich im Ackerboden zahlreiche verschiedenartige Mikroorganismen vor; von ihnen gehören die aerobiontischen Pilze nach Wollny zu den Mucoroiden, den Hefepilzen und Bakterien (Boden- und Nitrobakterien). Nach Wollny beteiligen sich Bakterien an dem Zerfall der absterbenden Pflanzen, insofern sie denselben wenigstens einleiten. Nach Früh kommt ihnen aber beim Vertorfungsprozeß selbst keine oder nur sehr geringe Bedeutung zu. Denn wenn auch die endgültige Entscheidung darüber erst noch durch einen allen Umständen sorgfältig Rechnung tragenden Versuch herbeigeführt werden müßte, sieht sich Früh zu seiner Ansicht berechtigt,

1. weil die vorhandenen Bodenbakterien Oxydationsprozesse veranlassen, während die Vertorfung ein Reduktionsvorgang ist;

2. jene Bakterien, welche anaerobiontisch unter Wasser eine Zellulosegärung hervorrufen, (wie z. B. Amylobacter van Thiegen = Clostridium Butyricum) keine Anreicherung von Kohlenstoff herbeiführen;

3. die Bakterien durch den Boden nicht tief eindringen, da dieser als gutes Filter wirkt und dementsprechend die tieferen, unter Wasser stehenden, nicht durchlüfteten Moore noch weniger keimhaltig sein dürften. Wenn auch, wie oben erwähnt, die oberirdischen Pflanzenteile durch Mikroorganismen zersetzt werden,

---

zur Entstehung der festen fossilen Brennstoffe und zur Pflanzenernährung. Darmstadt 1884. — von Ollech, Über den Humus und seine Beziehung zur Bodenfruchtbarkeit. Berlin 1890. — van Bemmelen, J. M., in Landw. Versuchsstationen 1888. — Senft, Dr. F., Die Humus-, Marsch-, Torf- und Limonitbildungen als Erzeugungsmittel neuer Erdrindelagerungen. Leipzig 1862.

[1]) vgl. Früh und Schröter, Die Moore der Schweiz, Bern 1904, S. 126 und 127, sowie Ritter: Einige Versuche betreffend die physiologische Bedeutung der Humusstoffe des Bodens. Internat. Mitteil. für Bodenkunde Bd. 2, S. 301, und Beiträge zur Kenntnis der niederen pflanzlichen Organismen, besonders der Bakterien, von Hoch- und Niederungsmooren in floristischer, morphologischer und physiologischer Beziehung im Zentralbl. f. Bakteriol. Bd, 34, 1912, S. 577; s. auch Zentralbl. f. Bakteriol. Bd. 29, 1911, S. 36—77; Bd. 24, 1909, S. 62—74; Bd. 23, 1909, S. 150.

so ist das in weitaus geringerem Umfang bei den geschützten Teilen, den Wurzelorganen, der Fall, die an der Torfbildung vorwiegend oder auch ausschließlich beteiligt sind.

Daß durch Bakterien der amorphe Kohlenstoff in Kohle, Torf und ähnlichen Körpern zu Kohlensäure oxydiert werden kann, zeigen die Untersuchungen von M. C. Potter[1]). Er konnte nachweisen, daß die bei derartigen Körpern beobachtete Wärme- und Kohlensäurebildung bakteriellen Ursprungs ist. Sie blieb bei den durch Siedehitze sterilisierten Proben aus, konnte aber durch Impfen mit gewissen Bakterienarten hervorgerufen werden, unter solchen Umständen, daß dabei irgendwelche anderen chemischen Einflüsse ausgeschlossen waren. Potter sieht eine solche Bakterientätigkeit auch im Boden für möglich an, ähnlich der bei der Oxydation von Schwefel, Stickstoff und Wasserstoff. Sie soll nach ihm die Erklärung für die Verschlechterung von Kohlen beim Lagern geben und imstande sein, bei Steinkohle und Torf ebenso einen Zerfall herbeizuführen, wie er bei jeder anderen organischen Substanz möglich ist, sobald nur die Lebensbedingung für solche aerobe Mikroorganismen vorhanden sind, so daß durch sie diese Kohlenstoffvorräte auch ohne eine Verbrennung aufs neue als Pflanzennahrung nutzbar gemacht werden können.

Nach der bisher allgemein geltenden Ansicht ist die Torfbildung durchweg an Regionen in der kalten und an die kühleren Regionen der gemäßigten Zone gebunden. Gegenwärtig sind Moore in wärmeren Gegenden nur in den höheren kühleren Gebirgslagen anzutreffen[2]). — Tropenmoore in den Regionen mit wirklichem Tropenklima sind bisher unbekannt gewesen.

Auf die eifrigen Bemühungen Potoniés hin, der tropische

[1]) vgl. Bakterien als Ursachen der Oxydation des amorphen Kohlenstoffs. C. C. 1908, II, S. 1284.

[2]) vgl. auch Ule, Die Verbreitung der Torfmoose und -moore in Brasilien in Englers Botanischen Jahrbüchern, Leipzig 1900, Bd. 27, S. 338; zum genaueren Studium der Moorverhältnisse in den Tropen vgl. man ferner: Früh und Schröter, l. c., S. 134—143, sowie Potonié, Ein von der holländisch-indischen Expedition entdecktes Tropenmoor in der Z. Wien 1907, S. 161 bis 173.

Moorbildungen als den Ursprung der gewaltig ausgedehnten Steinkohlenlager ansah, ist es aber vor kurzem gelungen, ein ausgedehntes tropisches Flachmoor aufzufinden, das sich unter einem über 30 m hohen immergrünen Mischwald in der heißen Ebene des flachen Teils der Insel Sumatra befindet, und zwar am linken nördlichen Ufer des Kamparflusses, 90 km entfernt von der Meeresküste[1]).

Der Tropentorf besitzt dort eine Mächtigkeit bis 9 m und entspricht nach seiner Zusammensetzung einem sehr guten aschenarmen norddeutschen Flachmoortorf. Die Ausdehnung dieses Süßwassersumpfwaldes wird auf 80000 ha geschätzt.

Sehr schön schildert Roßmäßler in seinem Buche „Der Sommer" (Verlag der Deutschen Naturw. Ges.) den Vertorfungsprozeß:

„Zwischen alten Katakomben und einem Moosbruche besteht darin eine Übereinstimmung, daß in Beiden Leichen unverweslich beigesetzt sind. Auf letzterem bedarf es allerdings nicht der kostbaren Spezereien und Harze, um diesen Zweck zu erreichen; das Wasser, sonst doch ein so mächtiges Auflösungsmittel, reicht dazu aus. — Von unten nach oben liegt Leiche auf Leiche geschichtet, zu schwarzbraunen Mumien verwandelt, aber in der Form der Teile oft noch wohl erhalten, bis oben, unmittelbar auf dem letztverstorbenen Geschlechte das gegenwärtige grünt und blüht, um übers Jahr selbst einem neuen Platz zu machen und in dem großen Begräbnisplatze sich zu den entschlafenen Geschwistern zu legen."

Eine Definition für Torf gibt C. A. Weber in seiner Schrift „Über Torf, Humus und Moor", Bremen 1903:

„Torf ist ein aus abgestorbenen, zellulosereichen Pflanzen durch einen eigentümlichen Vorgang, nämlich durch die Ulmifikation oder Vertorfung entstandenes, in Berührung mit Luft braun oder schwarz gefärbtes, im grubenfeuchten Zustande mehr oder minder weiches, sehr wasserreiches, organisches Mineral, dessen eigentümliche Färbung auf seinem Gehalt an Ulmin beruht. Der Torf besteht hauptsächlich aus Kohlenstoff, Wasserstoff und

---

[1]) Potonié, Die Entstehung der Steinkohle, 5. Aufl. 1910, S. 154.

Sauerstoff, daneben enthält er noch wechselnde Mengen von Stickstoff, Schwefel und Asche. Tierische Reste sind ihm, namentlich in Gestalt von Kot und Chitin, in mehr oder weniger großer Menge beigemischt. Beim Trocknen schrumpft der Torf stark zusammen und liefert mehr oder minder zusammenhängende oder in scharfkantige Stücke zerbröckelnde, harte, zuweilen faserige oder filzige Massen. Die lufttrockene Substanz quillt je nach der Art der Pflanzenreste in ihr, nach dem Grade der Vertorfung und nach der Stärke des Druckes, dem sie ausgesetzt gewesen ist, bei längerem Liegen im Wasser mehr oder minder wieder auf, liefert aber auch bei vollkommenem Aufweichen niemals eine erdig-krümelige Masse. Je nach dem Grade der Ulmifikation und nach der Art, wie der Torf sich bildet, sind die Pflanzenreste, aus denen er entstanden ist, mit bewaffnetem oder unbewaffnetem Auge noch erkennbar oder zerkleinert und völlig zerfallen. In geologischer Hinsicht beschränkt sich das Vorkommen des Torfes auf das Quartärsystem; doch lasse ich das dahingestellt, ob nicht wenigstens gewisse spätpliocene Bildungen Norddeutschlands ebenfalls als Torf anzusprechen wären."

Da bei der Vertorfung das Molekül der Zellulose eine nur allmählich fortschreitende Veränderung erfährt, so müssen sich je nach dem Alter, d. h. also je nach dem Zersetzungsgrade des Torfes, noch größere odere kleinere Mengen Zellulose im Torfe vorfinden. So stellten Tollens und von Feilitzen[1]) im Torf vom Speckener Moor in einer Tiefe von 0,2—1 m 15,37 % Zellulose fest, dagegen fanden sie bei 1—2 m Tiefe nur 6,64—7,1 % Zellulose. In noch nicht vertorftem Sphagnum cuspidatum hatten sie 20,8 bis 21,42 % Zellulose gefunden. Die Vertorfung geschieht also hauptsächlich auf Kosten der Zellulose.

Nach Senft[2]) beginnt der Zersetzungsprozeß des Pflanzenkörpers von innen nach außen in der Regel zuerst mit dem eiweißreichen, zarten Zellinhalt. Es folgen die Membranen und schließlich die Gefäßfasern. Früh[3]) fand die Holzzellen von im Torf

[1]) vgl. Journ. f. Landw. 1898, S. 17.
[2]) Die Humus-, Marsch- und Limonitbildungen. Leipzig 1862.
[3]) Früh, Über Torf und Dopplerit. Zürich 1883.

vorgefundenen Baumüberresten ebenso vollständig vertorft wie die Zellen der eigentlichen Torfbildner, obwohl ihre Struktur dieselbe geblieben war. Nachdem er diesen Holzresten durch ein geeignetes Lösungsmittel (5 $^0/_0$ige Kalilauge) die charakteristischen Humussubstanzen entzogen hatte, zeigte die zurückbleibende, heller gefärbte Substanz deutlich die Zellulosereaktion. Laub- und Torfmoose sollen sehr langsam vertorfen, hierdurch aber auch homogene, ziemlich beständige Humusstoffe liefern.

Es sei hier erwähnt, daß sich in den Moosen der die Zellwand der höheren Pflanzen inkrustierende Holzstoff — Lignit — nicht vorfindet. Dagegen enthalten sie ebenso wie viele Pilze, Chitin, ein stickstoffhaltiges Umwandlungsprodukt des Protoplasmas.

Wollny[1]) weist darauf hin, daß die Zersetzungsgeschwindigkeit der organischen Stoffe mit fortschreitendem Prozeß immer mehr abnimmt. Nach Versuchen desselben Verfassers zersetzen sich ferner stickstoffarme und holzfaserreiche Pflanzenteile langsamer als stickstoffreiche und holzfaserarme. Interessant sind auch die Versuche, die zeigen, wie die Anwesenheit von Harz, Wachs, Gerbsäure und mineralischen Bestandteilen die Zersetzung der pflanzlichen Substanzen resp. die Torfbildung beeinflußt. An und für sich schon zersetzen sich Stoffe aus dem Pflanzenreich viel langsamer als solche aus dem Tiereich. Enthält nun die betreffende Pflanzensubstanz, wie manche Torfarten, viel Harz und Wachs oder Gerbstoffe, so wird die Zersetzung noch mehr gehemmt. Je älter der Torf ist, desto mehr Wachs und Harz reichert sich darin an und kann mit geeigneten Lösungsmitteln extrahiert werden[2]). Torf, dem mit heißem Alkoholäther seine harz- und wachsartigen Bestandteile (5,12 %) entzogen worden waren, entwickelte unter sonst gleicher Versuchsanordnung nahezu doppelt so viel Kohlensäure als der ursprüngliche. Der konservierende Einfluß der Gerbstoffe auf die Zersetzung kommt dadurch zustande, daß sie beim Zusammentreffen mit den pflanzlichen Eiweißbestandteilen

---

[1]) Wollny, Dr. E., Die Zersetzung der organ. Stoffe und die Humusbildungen, Leipzig 1897, S. 105.

[2]) vgl. Journ. f. Landw. 1886, S. 289.

mit der Zeit Verbindungen erzeugen, die gegen Zersetzungen sehr widerstandsfähig sind. Wollny fand bei seinen Versuchen, daß nach Zusatz von Tanninlösung zu verschiedenen Pflanzenstoffen diese beim Zersetzungsprozesse ungefähr nur die Hälfte der Kohlensäure entwickelten, die bei den nicht vorbehandelten Stoffen erzeugt worden war. Die mineralischen Bestandteile haben nach Wollny im allgemeinen einen befördernden Einfluß auf die Zersetzung. Mit Salzsäure ausgekochter Torf entwickelte nur den vierten Teil der Zersetzungskohlensäure wie Torf, der nur mit Wasser ausgekocht war. Nicht zu große Mengen Phosphate fördern insbesondere die Oxydation des Kohlenstoffs und Stickstoffs, in der Zersetzungssubstanz, ebenso die Sulfate des Natriums und Kaliums; Gips dagegen verzögert die Zersetzung. Die Kohlensäureentwicklung ist bei einem mittleren Feuchtigkeitsgehalt am lebhaftesten, nimmt aber bei Anwesenheit größerer oder geringerer Wassermengen ab.

Der Torf unterscheidet sich von der unveränderten Pflanzensubstanz durch einen höheren Gehalt an Kohlenstoff und Asche; außerdem ist er aber noch durch den hohen Gehalt an Kolloidstoffen und als Folgeerscheinung hiervon durch beträchtlichen Wassergehalt gekennzeichnet. Obwohl vertorfte Pflanzenteile organische Substanz verlieren, pflegen sie im allgemeinen doch dasselbe Volumen wie im frischen Zustande beizubehalten; beim Eintrocknen schrumpfen sie dann allerdings um so stärker zusammen.

b) Einteilung und botanische Charakterisierung der Torfarten.

Wie wir gesehen haben, müssen, je nach den äußeren Umständen, die bei der freiwilligen Zersetzung der torfbildenden Pflanzen erzeugten Stoffe naturgemäß sehr verschieden sein. Über die dabei gebildeten Humusstoffe gibt Weber in seinem Aufsatze „Die wichtigsten Humus- und Torfarten und ihre Beteiligung an dem Aufbau norddeutscher Moore“[1]) eine klare Übersicht. Da in der Natur infolge äußerer Einflüsse (Einwehungen

---

[1]) Festschrift: Die Entwicklung der Moorkultur in den letzten 25 Jahren, Berlin 1908.

und Einschwemmungen durch Wind und Wasser, Frost, den Boden durchwühlende Tiere usw.) die Pflanzenmassen im Laufe ihrer Zersetzung häufig mit verschieden großen Mengen anorganischer Bestandteile, wie Kalk, Sand, Ton usw. vermischt werden, so weisen sie oft große Verschiedenheiten in ihrer Zusammensetzung auf. Dies hat Weber dazu geführt, die Humusarten nach ihrem Aschengehalt einzuteilen. Da Humusgesteine, die mehr als 40 % Asche in der bei 105° C getrockneten Masse enthalten, nicht mehr als Brennstoff zu verwenden sind, unterscheidet er hiernach drei Klassen:

1. Klasse: Aschenärmere Humusgesteine mit weniger als 40% Asche in der Trockensubstanz: Torf und Moder.
2. Klasse: Aschenreichere Humusgesteine mit mehr als 40 %, aber weniger als 95 % Asche in der Trockensubstanz: Humuserden oder Moorerden.
3. Klasse: Aschenreichste Humusgesteine mit mehr als 95 % Asche in der Trockensubstanz: Dammerden, die meisten Schlickböden (Kleiböden), die meisten Schwarzerden.

Für die Zwecke dieses Buches interessiert nur die erste Klasse und insbesondere die Torfarten, auf die wir deswegen in folgendem näher eingehen.

Da die Entwicklungsmöglichkeit der für die einzelnen Torfarten charakteristischen Torfbildner hauptsächlich durch den Nährstoffvorrat der Bildungsstätte bestimmt wird (s. „Moorbildung", S. 43), teilt Weber die Torfarten je nach ihrem Gehalt an Nährstoffen wiederum in drei Klassen ein, nämlich in

1. nährstoffreiche (eutrophe) Torfarten,
2. nährstoffärmere (mesotrophe) Torfarten,
3. nährstoffärmste (oligotrophe) Torfarten.

Nachstehend sind die hauptsächlichsten Vertreter in botanischer Hinsicht beschrieben (vgl. Weber, l. c.); auf ihre chemische Zusammensetzung wird näher im speziellen chemischen Teil eingegangen.

1. Nährstoffreiche (eutrophe) Torfarten.

a) **Schilftorf (Phragmitestorf)**, entstanden hauptsächlich aus den Wurzeln und wagerecht kriechenden Stämmen des Schilfrohrs. Man kann diese noch im Torf als ein- bis zweifingerbreite horizontale Bänder deutlich wahrnehmen, die in 5—20 cm weiten Abständen die Knoten noch erkennen lassen. Der Gehalt an Pflanzennährstoffen für die Volumeinheit schwankt infolge wechselnder Dichte und Zersetzung sehr. Schilftorf ist in den Mooren Norddeutschlands sehr verbreitet. In den Küstengegenden kommt er in einer Mächtigkeit bis zu drei und mehr Metern vor. Er eignet sich sehr zur Brenntorfgewinnung. In den tieferen Schichten führt er manchmal reichlich Schwefeleisen. Eine fossile Überreste führende Abart dieses Torfes ist der „Darg".

b) **Seggentorf (Carextorf)**, entstanden aus den Wurzeln und Rhizomen hochwüchsiger Seggenarten, die hier die Breite eines Strohhalmes bis zu der eines kleinen Fingers haben, gewöhnlich mit ihren Früchten reichlich durchsetzt. Hierzu gesellen sich noch öfter die Reste anderer mit ihnen gemeinsam vorkommender Sumpfpflanzen. Häufig findet man auch die linsenförmigen Samen des Bitterklees (Menyanthes trifoliata) beigemengt. Nach diesen Begleitern des Seggentorfs unterscheidet man verschiedene Unterarten. Er ist zur Herstellung von Torfstreu wenig geeignet, dagegen in gut vertorftem Zustande vorzüglich zur Gewinnung von Brenntorf. Die Vermoderung erfolgt bei ihm ziemlich leicht. Er ist gewöhnlich reich an Kalk und Stickstoff.

Obwohl in Norddeutschland sehr verbreitet, kommt reiner Seggentorf selten in größerer Mächtigkeit vor. Häufiger ist er mit einer der folgenden Moostorfarten vermengt.

c) **Schneidentorf (Cladiumtorf)** ist aus den Wurzeln, Rhizomen und den Stengelteilen der Sumpfschneide (Cladium mariscus) entstanden und immer mit ihren Früchten reichlich vermischt. Der Torf bleibt auch noch bei vorgeschrittener Vertorfung etwas schwammig und verursacht deshalb trotz seiner leichten Vermoderbarkeit bei den Kultivierungsarbeiten Schwierigkeiten. Er liefert einen schweren, aber oft sehr aschenreichen Brenntorf, mit hohem Gehalt an Kalk und Stickstoff. Verbreitet ist er durch ganz Niederdeutschland, wo er mitunter Lager von bedeutender Mächtigkeit bildet.

d) **Astmoostorf (Hypnumtorf),** entstanden aus verschiedenen Arten der Astmoose (Hypnaceen); er liefert je nach der Art dieser Moose einen bald reicheren, bald ärmeren Boden. Die Vermoderung geht bei ihm ziemlich leicht von statten. Er ist ebenfalls in ganz Niederdeutschland zu finden und liefert eine minder gute Torfstreu als Bleichmoostorf, sowie einen auch meist leichten Brenntorf.

e) **Bruchwaldtorf.** Unter diesem Namen faßt man die Torfarten zusammen, die aus den Überresten sumpfiger, hauptsächlich aus Erlen und Weiden gebildeter Wälder hervorgegangen sind. Dieser Torf ist gewöhnlich mit weichen, in teilweise Zersetzung übergegangenen Holzteilen durchsetzt. Auch Blätter und Früchte der oben erwähnten Bäume und der sie begleitenden Sträucher und Stauden sind vielfach vorhanden.

Der Bruchwaldtorf liefert meist einen schweren, aber leicht zerbröckelnden Brenntorf. Er bildet die oberste Lage der meisten Niedermoore.

Eine Abart dieses Torfes ist der sogenannte „Auwaldtorf", d. h. ein Torf, der aus einem Auwald, d. i. einem solchen sumpfigen Wald hervorgegangen ist, der außer den vorerwähnten Erlen und Weiden noch andere Bäume, hauptsächlich Eichen, aufwies. Da die Eichenholzstubben sehr hart sind, so erschweren sie vielfach eine Kultivierung sowie eine sonstige Verwertung in hohem Grade.

2. Nährstoffärmere (mesotrophe) Torfarten.

a) **Widertonmoostorf (Polytrichumtorf)** ist entstanden aus Widertonmoosen (Polytrichumarten). Er ist zäh und vermodert nur langsam. Trotz ziemlicher Verbreitung besitzt er nur selten größere Mächtigkeit.

b) **Föhrenwaldtorf,** entstanden aus Wäldern der Rotföhre (Pinus silvestris), auch Kiene oder Kiefer genannt, vermischt mit Überresten von Beerenreisern und Bodenmoosen, auch ab und zu mit denen der Weißbirke. Da die Föhrenreste sich sehr schwer zersetzen und sehr hart sind, zerbröckelt der Föhrenwaldtorf leicht beim Trocknen, wie der Bruchwaldtorf, und ebenso verursachen die Föhrenstubben bei der Kultivierung sehr viel Mühe und Kosten.

c) **Heidetorf** ist wesentlich aus den Rückständen der Besenheide (Calluna vulgaris) und einigen sie begleitenden, mit ihr zusammen vorkommenden Flechten und Moosen hervorgegangen. Er ist meist bröcklig, enthält nur wenige erkennbare Pflanzenreste und ist oft stark mit Sand gemischt. In den Heiden Nordwestdeutschlands kommt er sehr häufig in weit ausgedehnten Lagen bis zu 10 cm starken Schichten vor. Unter der Heidetorfschicht findet man manchmal in einiger Tiefe eine verhärtete, schwer kultivierbare Schicht „Ortstein“[1]).

3. Nährstoffärmste (oligotrophe) Torfarten.

a) **Wollgrastorf (Eriophorumtorf)** ist entstanden aus dem scheidigen Wollgrase (Eriophorum vaginatum), hauptsächlich aus den zähen, faserreichen Blattscheiden dieser Pflanze, die den kurzen Wurzelstock als dichter Schopf umhüllen. Er ist sehr zähe, zersetzt sich sehr schwer und macht sich bei Kultivierungsarbeiten, sowie beim Torfstechen sehr unangenehm bemerkbar.

b) **Beisentorf (Scheuchzeriatorf)**, entstanden aus der Sumpfbeise (Scheuchzeria palustris). Ebenso wie der Seggentorf wird er von schwachen Rhizomen durchzogen, welche die für die Beise charakteristischen dünnhäutigen Niederblätter erkennen lassen. Beigemengt sind oft die eiförmigen 2—3 mm langen Samen dieser Pflanze. Der Torf findet sich häufig in verschiedenen Hochmooren Norddeutschlands, aber gewöhnlich nur in unbedeutenden Schichten und oft mit Moos- und Weißbirkenresten vermischt.

c) **Bleichmoostorf (Sphagnumtorf, Weißmoostorf, Torfmoostorf)** gewöhnlich **„Moostorf“** genannt. Die oberste Schicht des

---

[1]) vgl. P. C. Müller, Studien über die natürlichen Humusformen und deren Einwirkung auf Vegetation und Boden, Berlin 1887, S. 70 und 74, 222 und 223. — Weber, M., Berlin 1904, S. 128.

Moostorfes nennt man auch „**weißen Torf**". Der Bleichmoostorf wird von den verschiedenen Arten des Bleichmooses (Sphagnum) gebildet; außerdem finden sich gewöhnlich in wechselnden Mengen die Reste der Besenheide, der Rosmarinheide (Andromeda polifolia), der Moosbeere (Vaccinium oxycoccus), des scheidigen Wollgrases usw. vor. Sie bilden die sogenannten **Bulte,** denen bisweilen die Überreste verkümmerter Weißbirken und Rotföhren (Pinus silvestris) beigemengt sind. In dem jüngeren Bleichmoostorf kann man die Moose noch in ihrer ursprünglichen Gestalt erkennen, dagegen ist dies bei dem älteren nicht mehr möglich. Der **jüngere** Bleichmoostorf bildet im allgemeinen den Kulturboden unserer Hochmoore. Er vermodert nur mäßig schnell und liefert ein wenig wertvolles Brennmaterial, jedoch wegen seiner großen Wasseraufsaugungskraft ein sehr gutes Streumittel. Doch hängt dies auch noch von der Verschiedenartigkeit der darin vorkommenden Bleichmoose ab. Auch beim Bleichmoostorf erschwert das Vorkommen von Stubben mitunter die Kultivierung.

Der **ältere** Bleichmoostorf oder „**schwarzer Torf**" ist vorzüglich zersetzt, sehr aschenarm und liefert den besten Brenntorf. Seine botanische Zusammensetzung ist sehr unregelmäßig[1]).

Der Name der betreffenden Torfart besagt übrigens nicht, daß der Torf ausschließlich von einem einzigen Torfbildner herrührt, sondern nur, daß die namengebende Pflanze die vorherrschende ist. Wird eine Torfart gleichmäßig von zwei oder mehreren verschiedenen Pflanzengattungen gebildet, so wendet man hierfür Doppelnamen an und spricht z. B. von einem Hypnetocaricetumtorf oder von einem Wollgras-Moostorf (Eriophoretosphagnetum-Torf).

Neben dieser Einteilung der verschiedenen Torfarten nach der botanischen Zusammensetzung ist auch noch eine Bezeichnung der einzelnen Torfarten nach dem Grade ihrer Zersetzung ge-

[1]) s. ferner die ausführliche Abhandlung über die Moorpflanzen in H. Schreiber, Die Moore Vorarlbergs, Staab 1910, S. 28ff., sowie Früh und Schröter l. c. S. 217—225; ferner Zailer und Wilk, Über den Einfluß der Pflanzenkonstituenten auf die physikalischen und chemischen Eigenschaften des Torfes, Z. Wien 1907, S. 40; M. Berlin 1907, S. 283.

bräuchlich. So unterscheidet man Moos- oder Fasertorf (locker, hellbraun, jüngste Schichten der Hochmoore), Sumpf-, Schlief- oder Bruchtorf (dunkel, breiig, dicht, älterer Torf, auch Modertorf genannt) und Pack- oder Specktorf (schwarz, erdig, wenn frisch geschnitten glänzend, aus den untersten Schichten).

Von den aschenreichen Humusstoffen seien hier besonders noch die sogenannten **„Mudden“** erwähnt (schwedisch Gyttja und Dy[1]). Nach Weber sind „Mudden“ unter Wasser entstandene Torfarten, in denen die Reste größerer Pflanzen, von Wassertieren vollständig zerbissen und zerkleinert, sowie mit dem Kote dieser Tiere und den Mikroorganismen des Wassers vermengt, zur Ablagerung gekommen sind, meist mit staubfeinem Sand und Ton vermischt[2]). Ihre Bildung ist, wie bereits Post[3]) erwähnt, zum Teil auf Ausfällung von Humussäuren durch basische Bestandteile zurückzuführen.

Nach Potonié erfolgt die Muddenbildung vor der eigentlichen Torfmoorbildung, hauptsächlich durch die Sedimentierung der Reste von Wasserorganismen in meist mikroskopischer Größe (Plankton usw.), die durch mineralische Beimengungen auf dem Boden des Gewässers niedergeschlagen werden. Der so sich ansammelnde Faulschlamm (Sapropel s. S. 39) höht den Grund des Gewässers allmählich so weit auf, daß die vom Ufer vordringenden Landpflanzen, die eigentlichen Torfbildner, auf ihm Fuß fassen können, worauf es zur eigentlichen Moorbildung kommt.

Die im Entstehungszustande schlammartigen Mudden werden im Laufe der Zeit in den tieferen, älteren Lagern immer dichter und fester.

Man unterscheidet nach Weber folgende Arten:

1. **Torfmudde,** eine Mudde, die vorwiegend durch von den

---

[1]) vgl. Holmboe, Jens, Studien über norwegische Torfmoore in Englers botan. Jahrb. Bd. 34, 1904, S. 212—214, sowie Potonié, Die rezenten Kaustobiolithe und ihre Lagerstätten, Bd. I, Die Sapropelite, Berlin 1908, S. 166.

[2]) Weber, Festschrift, l. c., S. 85.

[3]) s. Post, Hampus v., Studier öfver Nutidens Koprogena Jordbildningar, Gyttja, Dy, Torf och Mylla. Stockholm 1864; Ramann, Landw. Jahrb., Berlin 1888, S. 405ff.

Uferrändern angeschwemmten Mulm aus zerstörten älteren Torfschichten hervorgegangen ist. Ursprünglich rötlich bis braun, nimmt sie an der Luft eine schwarzbraune Färbung an.

2. **Kalkmudde** mit hohem Kalkgehalt. Derselbe geht mitunter auf einen reichen Gehalt an Schnecken- oder Muschelschalen: Schneckenmudde, Muschelmudde zurück. Die Farbe ist rein weiß bis graubraun und wird an der Luft schwarzbraun.

3. **Lebermudde,** auch Lebertorf genannt. Bei dieser Mudde, die im frischen Zustande gallertartige, leberartige Beschaffenheit besitzt und beim Trocknen blättert, handelt es sich nach Potonié vorwiegend um eine Sapropel-Bildung. Die Farbe ist im frischen Zustande gelblich bis gelbbräunlich, oft mit grüner oder grauer Tönung. Beim langsamen Trocknen wird sie dunkelgrau bis schwärzlich[1]).

4. **Tonmudde und Sandmudde** sind entsprechend ihrer Bezeichnung aschenreiche Mudden, die als anorganische Bestandteile Ton oder Sand enthalten.

Die Mudden findet man allgemein in Seen und Teichen verbreitet, wo sie bisweilen über 17 m dicke Schichten bilden. In den meisten Mooren ist der auf dem Mineralboden lagernde Untergrund aus verschiedenen Muddenarten zusammengesetzt. Sie sind meist reich an Stickstoff und Kalk, enthalten oft auch Phosphorsäure und vermodern leicht. Aschenarme Torf- und Lebermudden können auch noch mit gutem Erfolge zu Brennzwecken benutzt werden[2]).

c) Die im Torf häufiger vorkommenden Einschlüsse (Mineralien usw.).

Im Anschluß hieran sind die in Mooren sich häufiger vorfindenden Mineralien und mineralartigen Stoffe zu erwähnen:

1. **Vivianit** (Eisenphosphat) bildet sich in eisenhaltigen Mooren durch Wechselwirkung zwischen Phosphorsäure, die durch Ver-

[1]) vgl. jedoch hierzu Potonié, Die Sapropelite, Bd. I, 1908, S. 134.

[2]) Näheres über die botanische und chemische Beschaffenheit verschiedener Mudden findet man im V. Bericht über die Arbeiten der Bremer Moorversuchsstation, Berlin 1913, S. 271—289 und 316—321.

wesungsprozesse aus der organischen Substanz entsteht und in die tieferen Schichten eingeschwemmt wird, mit dort vorkommenden Eisenverbindungen. Er ist vor Berührung mit Luft in dem Moore als Oxydulsalz vorhanden. An der Luft oxydiert er sich leicht und ist dann blau gefärbt. Er ist in manchen Torfschichten, wie in Mudde, teilweise reichlich in Form kleiner Körnchen oder verschiedener Adern und Bänke eingestreut. Falls er in ziemlicher Menge im Moorboden vorhanden ist, ersetzt er zum Teil bei der Kultivierung die Phosphorsäuredüngung.

2. **Wiesenkalk** (Alm) ist eine in kalkreichen Gewässern entstandene Muddebildung, meist reichlich mit Molluskenschalen durchsetzt, und findet sich nicht selten in mehr oder minder mächtigen Schichten am Grunde der Niederungsmoore. Abarten sind „Seekreide" und „Seemergel"[1]). Auch diese kommen ziemlich häufig vor, z. B. in Pomerellen, Masuren und der Kassubei, und sind zur technischen Verwertung sehr geeignet.

3. **Kieselgur** (Diatomeenerde) kommt ziemlich häufig in Schichten, Bändern und Nestern vor.

4. **Raseneisenstein** oder **Limonit, Roterde** (Eisenoxydhydrat) bildet häufig linsenförmige Bänke in Niederungsmooren. Er ist besonders bei der Reinigung des Leuchtgases als Mittel zur Entzyanierung und Entschwefelung sehr geschätzt[2]).

5. **Eisenvitriol** bildet sich zuweilen in Niederungsmoortorf in Berührung mit Luft, falls dieser reich an Schwefeleisen ist.

6. **Gips** entsteht, wenn der Torf außer Schwefeleisen noch reichlich Kalk enthält[3]).

Sind in den Torfarten die verschiedenen Beimengungen reich-

---

[1]) vgl. Schriften der physikalisch-ökonomischen Gesellschaft, Königsberg 1879, S. 94 u. 109, sowie Ramann (l. c.) S. 43—44. Ferner: Heß von Wichdorff, Zur Kenntnis der alluvialen Kalklager in den Mooren Preußens, insbesondere der großen Moorkalklager bei Daber in Pommern. Zeitschr. f. prakt. Geologie, Bd. 16. S. 329—39; C. C. 1908, II, 1455.

[2]) vgl. Tacke, „Über die Wirksamkeit von natürlich vorkommenden Verbindungen der Phosphorsäure und des Eisens (Vivianit, Roterde) auf Hochmoorböden" in Mitteil. über d. Arbeiten der Moor-Versuchsstation. 4. Bericht, Berlin 1898, S. 293 ff.

[3]) vgl. M. Berlin 1904, S. 130, sowie Loretz, Über die in den fossilen Brennstoffen vorkommenden Mineralien in Leonhards Jahrbuch 1863.

lich vorhanden, so bezeichnet man sie häufig auch nach diesen[1]), z. B. als:

1. **Halbtorf,** ein Torf mit reichlichen Beimengungen von Sand- und Ton (letztere Bestandteile können von eingewehtem Dünensand herrühren).

2. **Mergeltorf** und **Torfmergel,** Halbtorf mit hohem Kalkgehalt.

3. **Vitrioltorf,** ein Flachmoortorf mit feinen Eisenvitriolkriställchen[2]).

4. **Vivianittorf** oder blauer Torf, ein Torf mit auffallend reichlichen Vivianiteinschlüssen. Man findet solchen Torf häufig dort, wo Kloakenabwässer in Torflager abgeleitet werden.

5. **Salztorf,** eine andere Bezeichnung für **Tuul** (s. S. 12), ein submariner Torf, dessen Asche zur Salzgewinnung diente[3]).

6. **Eisentorf,** Torf mit starkem Eisengehalt.

7. **Sticktorf,** ein Torf, der reichlich Schwefel enthält und beim Verbrennen große Mengen von Schwefeldioxyd entwickelt (daher der Name).

Einschlüsse organischer Natur, die ebenfalls ziemlich verbreitet sind, sind der **Dopplerit** und der **Fichtelit.**

1. **Dopplerit,** auch „Torfpechkohle" oder „Torfleber" genannt, eine zuerst von Doppler und Schröter in einem Moor bei Aussee gefundene und nach dem ersteren benannte Substanz, besteht im wesentlichen aus dem Kalksalz reiner Humussäure. Er ist das Produkt vollständiger Vertorfung, dunkelbraun bis schwarz gefärbt und besitzt bald die Beschaffenheit dicken Teers, bald ist er eine elastische, aber leicht zerbröckelnde Masse; er weist einen Wassergehalt von 76—87 % auf und schrumpft beim Trocknen stark, wobei er schließlich in glasartige, glänzende harte Stücke von muscheligem Bruch zerfällt. In Alkohol, Äther und Wasser ist er unlöslich. Der Dopplerit verbrennt unter Zurücklassen einer weißen bis gelblich-weißen Asche, deren Hauptbestandteil Kalk bildet.

---

[1]) vgl. Potonié, Die rezenten Kaustobiolithe, Bd. II, Berlin 1911, S. 106.

[2]) s. auch Nöggerath, J., Der Torf, Berlin 1875, S, 33.

[3]) s. Nöggerath, S. 33.

Die chemische Zusammensetzung ist naturgemäß verschieden, je nach dem Torf, woraus er sich gebildet hat. Nach einer Zusammenstellung von Früh und Schröter[1]) findet man für Dopplerit folgende Zusammensetzung der Trockensubstanz:

Fundort	Asche %	C %	H %	O %	N %	Analytiker
Aussee	5,86	51,11	5,30	42,49	1,09	Schröter
Dachlmoos (130° C) . . .	3,39	57,47	5,32	36,35	0,86	Herz
Gonten	4,20	52,25	5,01	36,71	—	Mayer
"	4,42	55,55	5,64	38,23	0,57	Fleischer
Aurich	2,23	57,76	5,81	34,16	2,27	"
Elisabethfehn	3,51	58,23	4,77	35,55 (O+S)	1,45	Immendorf
Obbürgen (gelatinös) . .	14,32	57,82	5,40	36,77	—	Mühlberg
" " . .	5,20	55,65	6,29	38,06 (O+N)	—	"
Papenburg	2,0	60,12	5,26	32,75 (O+S)	1,88	Immendorf

Zusammensetzung der Asche.

Fundort	Aussee %	Gonten %	Elisabethfehn %	Papenburg %	Pilatus %
Alkalien	0,99	?	?	?	?
Kalk (CaO)	72,67	18,01	4,87	23,2	49,8
Magnesia (MgO)	2,03	27,06	2,74	1,5	1,28
Phosphorsäure (P_2O_5) . .	—	19,76	3,66	2,8	3,47
Eisenoxyd (Fe_2O_3) . . / Tonerde (Al_2O_3)	12,02	—	50,0	41,05	15,5
Schwefelsäure (SO_3) . . .	4,36	28,04	?	?	?
Chlor (Cl)	1,09	?	?	?	?
Unlöslich in Salzsäure . / Kieselsäure	6,8	4,84	25,0	12,2	12,4
Analytiker	Demel	Fleischer	Immendorf	Immendorf	Immendorf

[1]) l. c. S. 164 und 165.

Als Dopplerit-Sapropel bezeichnet Potonié die durch Einschwemmung von Humussäure in Sapropel entstehende Bildung, die von anderer Seite als „Muddetorf" bezeichnet wird.[1])

2. **Fichtelit**, eine harzartige Substanz, zuweilen in durchsichtigen Nadeln kristallisiert, wurde zuerst von Fikentscher in einem trockenen Torflager in der Nähe des Fichtelgebirges zwischen noch ziemlich unveränderten Fichtenstämmen gefunden (daher der Name).

Gegenüber dem Dopplerit, der direkt aus Torf hervorgegangen ist, bildet der Fichtelit nur den Rückstand einer schwer zersetzlichen Beimengung früherer Pflanzenreste. Er schmilzt bei 46°, destilliert bei höherer Temperatur unverändert und erstarrt dann wieder in Kristallform. Er löst sich wenig in Alkohol, dagegen leicht in Äther. Nach der Elementaranalyse besteht er nur aus Kohlenstoff und Wasserstoff. Bromeis gab ihm zuerst die empirische Formel C_4H_6, bzw. die polymere Formel $C_{10}H_{15}$[2]), letztere Formel ist jedoch wegen der unpaaren Anzahl H-Atome gar nicht möglich. Nach Bamberger ist aber dem Fichtelit die Formel $C_{18}H_{32}$ zu geben, und ist er wahrscheinlich Perhydroreten[3]).

Als weitere harzähnliche Massen in kristallisierter Form findet man in manchen Torfen das Thekoretin mit dem Schmelzpunkt 45° C, der dem des Fichtelits auffallend nahe liegt, und das Phylloretin mit dem Schmelzpunkt 87,5° C.

Vorzügliche Zusammenstellungen über die Torfarten finden sich bei Schreiber, Die Moore Salzburgs, Staab 1913, S. 132 ff., ebenso über Einlagerungen in der Österr. Moorzeitschr. 12. Jahrg. usw.

---

[1]) vgl. Potonié, „Die Sapropelite", S. 42, sowie Österr. M., Staab 1911, S. 6 (hier auch über fossilen Dopplerit); ferner H. Immendorf, „Über die Dopplerite verschiedener Herkunft" und J. Früh, „Über Torf und Dopplerit", Zürich 1883.

[2]) Ann. d. Chem. u. Pharm. 1841, S. 304.

[3]) Bamberger, Ber. d. D. Chem. Ges. 22, 636, 3362 (1889).

d) Charakterisierung der Kaustobiolithe und ihrer Lagerstätten nach Potonié.[1])

I. Sapropelgesteine.

Sapropel (Faulschlamm) entsteht vor allem in stagnierenden oder halbstagnierenden Gewässern, aus den im Wasser lebenden tierischen und pflanzlichen Organismen, besonders aus dem Plankton, den sehr kleinen, meist mikroskopischen Organismen der Schwebeflora und -fauna. Die abgestorbenen Organismen und tierischen Exkremente lagern sich auf dem Grund des Wassers zu oft mächtigen Schichten ab, denen stets, wenn auch zuweilen in untergeordneter Menge, eingeschwemmte Bestandteile, Driftbestandteile beigemengt sind, wie der Blütenstaub von Windblütlern.

Frisches Sapropel ist ein Schlamm, ein fließender dünner Brei. Wo er ein Wasser ganz ausfüllt, bildet er einen Sumpf. Im Gegensatz zu den torfbildenden Mooren ist ein Sumpf auch nach dem Ableiten des überschüssigen Wassers nicht betretbar und birgt bei einem solchen Versuche die größten Gefahren.

In der chemischen Zusammensetzung des den Faulschlamm bildenden Materials überwiegen Fettsubstanzen und Proteine, während das humusbildende Gestein aus kohlenhydratreichen Pflanzenresten hervorgeht. Infolge dieses verschiedenartigen Ursprungs entstehen daher auch wesentlich verschieden zusammengesetzte Produkte.

Die Sapropelgesteine haben meist feine, tonartige Beschaffenheit. Sie werden deshalb als Sapropelite bezeichnet, wobei das Wort „Pelit" nur auf diese eigenartige Beschaffenheit im allgemeinen hinweist und auch für rein mineralische Gesteine dieser Art wie Ton gebraucht wird. Ein wirklicher Sapropelit muß noch oxydierbare, brennbare, kohlenstoffhaltige Bestandteile enthalten. Sind diese völlig verschwunden, und nur mineralische

---

1) Potonié, Die rezenten Kaustobiolithe und ihre Lagerstätten. Bd. 1. S. 31ff, Berlin 1908.

Bestandteile organogenen Ursprungs übrig geblieben, z. B. Diatomeenschalen, so liegt ein Kaustobiolith vor.

Älteres, festgallertig gewordenes Sapropel wird als Saprokol (Faulgallerte) bezeichnet.

Die fossilen, aus Sapropel hervorgegangenen Kohlen sind Mattkohlen. Es gehören dazu die Cannelkohle und Bogheadkohle

Sapropeltorfe oder **Torfsapropele** enthalten sowohl Sapropel- wie Torfbestandteile. Dazu gehören 1. Streifentorf mit abwechselnden Sapropel- und Torflagen (z. B. die fossile Streifenkohle). 2. Sumpftorfe, bei denen gleichzeitige Sapropel- und Torfbildung vorliegt, und die daher mehr eine homogene Beschaffenheit aufweisen. 3. Doppleritsapropele, die reichlich Schlamm und Schwemmtorfzusatz aufweisen.

Wir kennen ferner Diatomeensapropel mit sehr reichlichem Diatomeengehalt, Kalksapropel mit hohem Gehalt an organogenem Kalk und mit von Pflanzen niedergeschlagenem Kalk. In diese Gruppe gehört auch die „Berliner Infusorienerde" mit auffallend reichem Gehalt an Diatomeen, sowie die fossilen bituminösen Kalke.

Schließlich finden sich Sapropele mit Ton, Sand oder Mergelzusatz, der Sapropelton, zu dem als fossile Vertreter die bituminösen Schiefertone gehören, und der Sapropelsand.

II. Humusgesteine.

Unter **Humus** sollen nach Potonié ausschließlich die Überbleibsel der Organismen einschließlich ihrer Aschenbestandteile verstanden werden, sofern es sich um kohlenstoffhaltige, brennbare Produkte handelt, und zwar wesentlich die Reste von Landpflanzen, die hauptsächlich Kohlenhydrate enthalten. Humus bildet sich auf nassem und trockenem Boden aus der Streu, d. h. den der Zersetzung anheimfallenden Pflanzenteilen des Landes. Sofern diese nicht vollständiger Verwesung anheimfallen, bilden sich dabei zwei Humusformen:

a) Moder,

b) Torf.

Bei der Humusbildung findet eine beständige Anreicherung

von Kohlenstoff statt; der dabei entstehende Humus ist aus verschiedenen, noch nicht genügend näher charakterisierten Humusstoffen zusammengesetzt. Von diesen werden die im Wasser und Alkalien kolloid löslichen allgemein als Humussäuren bezeichnet.

Moder ist zerkleinerte, durch Verwesung und Vermoderung zu Humus werdende Streu, welche auf dem Mineralboden lose gelagert aufliegt und ziemlich leicht weiter zersetzbar ist. Er wird hauptsächlich durch die Waldstreu repräsentiert, bei der durch die wühlende Tätigkeit von Insekten und Würmern eine Durchlüftung und zugleich auch eine Vermischung mit ihren Exkrementen und abgestorbenen Resten sowie mit dem mineralischen Untergrunde bewirkt wird.

Es gibt auch Schwemmoder, der durch Zusammenschwemmen von lebendem oder absterbendem Pflanzenmaterial an einem Platz gebildet wird, wo der Vermoderungsprozeß möglich ist, und Schlemmoder, der durch Ausschlemmung von Trockentorf und Ablagerung des ausgeschlemmten Materials an einer tieferen Stelle entstanden ist.

Die wichtigsten **Humuslagerstätten** sind die **Moore**, wo die Humusbildung unter Torfbildung in reichem Maße stattgefunden hat. Ein Gelände mit nur geringem Humusboden bezeichnet man als „anmoorigen Boden". Durch Kulturarbeiten, besonders durch Entwässerung hört eine weitere Humusbildung auf. Es tritt im Gegenteil allmählich durch Verwesung sogar eine Verringerung des Humus ein („totes Moor"). Im Gegensatz dazu erfolgt auf unberührten Mooren durch Wachstum eine gleichmäßige Humusvermehrung („lebendes Moor").

Man unterscheidet 1. **Flachmoore,** 2. **Zwischenmoore** und 3. **Hochmoore.** Charakteristisch für sie sind die Pflanzengemeinschaften, aus denen sie hervorgegangen sind, und die auf ihrer Oberfläche noch vorhandene lebende Vegetation.

Die Flachmoore treten als Flachmoorsümpfe, d. h. als Sümpfe, die in Flachmoorbildung begriffen sind, als Flachmoorwiesen und Flachmoorwälder auf. Die Bewaldung der Moore erfolgt in unseren Gegenden vorwiegend durch Erlen (Erlenmoor). Es gibt aber auch Eichenmoore (gebildet aus Quercus pedunculata), Fichtenmoore (Picea excelsa), Birkenmoor (Betula pubescens) oder Mischwaldmoore.

Die fossilen Kohlenlager, insbesondere die Steinkohlen- und Braunkohlenlager, sind allermeist fossile Waldflachmoore.

Näheres über die Moorbildung s. S. 43.

An den Moder und Torf schließen sich die **Humuserden** an. Es sind anorganische mineralische Erden mit Humusgehalt oder Humus mit stark mineralischen Beimengungen.

Man unterscheidet:

1. Solche mit vorherrschender Vermoderung (milde, humose Erden),

2. solche mit vorherrschender Vertorfung mit bleibendem Humussäuregehalt (die sogenannten „sauren Humuserden"). Zu den ersteren gehören die Mullerden, bei denen das organische Material größtenteils verwest ist. Der restliche Teil der Humussubstanz wird als „Mull" bezeichnet.

Es gehören zu den **Mullerdböden**:

1. Die **Ackerböden** in ihrem regelmäßig bearbeiteten, humushaltigen oberen Teil;

2. die **Waldböden** mit selten mehr als 5 % Mull und 30 bis 100 cm mächtig;

3. die **Schwarzerdeböden.** In ihnen ist die Humussubstanz durch die Trockenheit in der wärmeren Jahreszeit und die dadurch bedingte Einschränkung der Verwesung in stärkerem Grade erhalten.

Zu den vertorften Humuserden gehört die **Moorerde,** die ein Gemisch von vertorften und vermoderten Pflanzen mit anorganischen, mineralischen Bestandteilen vorstellt; ferner die **Bleicherden** und **Humusorterden.**

Bleicherde bildet sich unter dem Moortorf durch Infiltration des mineralischen Untergrundes mit Humussäuren. Durch Auflösung und Auslaugung anorganischer Bestandteile (Eisenverbindungen usw.) werden aus ihr Humusverbindungen in noch tiefere Schichten geführt und dort wieder als Humusorterde oder, falls eine Verkittung derselben zu einem „Stein" erfolgt, als Humusortstein abgeschieden. Die zwischen dem Torf und der Humusorterde gelagerte Bodenschicht heißt Bleicherde, da sie durch die Humussäure mehr oder weniger aufgehellt, eventuell ganz gebleicht wird (sobald nämlich durch die Ausschwemmung namentlich die Eisenbestandteile ausgelaugt sind). Die Bleicherde scheidet sich häufig in zwei Schichten, eine stärker torfige obere und eine schwächer torfige untere Schicht.

III. Die Liptobiolithe.

Sie entstehen aus Pflanzen, die reich an Harz und Wachs sind. Diese Stoffe widerstehen der Verwesung sehr stark, auch wenn ihre anderen Bestandteile derselben anheimfallen. Die so gebildeten Kaustobiolithe weisen die wesentlichen Eigenschaften dieser schwer zersetzlichen Stoffe auf, wie der Kopal, der Fichtelit, der Fimmenit (durch Ablagerung von Erlenpollen entstanden), sowie die fossilen Bildungen: der Bernstein, und der paläozoische Tasmanit (aus Sporen zusammengesetzt). Übergangsbildungen sind: Harztorfe und die diesen entsprechenden fossilen Harzkohlen, wie die mit Pyropissit gemengte Braunkohle.

II. Kapitel.

Moore.

a) Bildung und Wesen der Moore.

Senfft[1]) hält die Moore für eigentümliche Wasseransammlungen, die in der Regel durch mächtige Torfablagerungen gekennzeichnet sind.

Wollny und Weber[2]) betrachten das Moor als ein durch das Auftreten von Torf gekennzeichnetes Gelände.

Die von Weber aufgestellte und allgemein angenommene Definition für „Moor“ lautet folgendermaßen:

---

[1]) Die Humus-, Marsch-, Torf- und Limonitbildungen, Leipzig 1893, S. 77.

[2]) vgl. E. Wollny, „Die Zersetzung der organischen Stoffe und die Humusbildungen“, Heidelberg 1897, S. 205; Weber, „Über die Vegetation und Entstehung des Hochmoores von Augstumal im Memeldelta“, Berlin 1902, S. 226.

„Moore sind Lagerstätten, auf denen sich aschenärmere Humusgesteine an der Erdoberfläche in größerer Ausdehnung vorfinden. Ein Moor ist des näheren ein Gelände, das von Natur mit einer im entwässerten Zustande mindestens 20 cm dicken Humusschicht, die keine sichtbaren oder fühlbaren mineralischen Gemengeteile in auffälliger Menge enthält, bedeckt ist."

Das Maß der Humusschicht bezieht sich auf die Schicht im zusammengesunkenen Zustande nach erfolgter Entwässerung.

In die 20-cm-Schicht darf nicht die oben aufliegende lose Decke von lebenden oder eben erst abgestorbenen und niedergefallenen Moosen und Pflanzenteilen, z. B. Reisern, Blättern, Halmen, einbezogen werden, ebensowenig die unmittelbar darunter befindliche aus noch nicht deutlich vertorftem Material. Auf der anderen Seite der Schicht darf ferner der 40% Aschengehalt übersteigende Boden nicht eingerechnet werden. In Norddeutschland gibt es zwar ausgedehnte Gelände mit einer Humusdecke von mehr als 50 cm Mächtigkeit; da aber eine 20 cm dicke Schicht mit obigen Eigenschaften nicht darin enthalten ist, kann man hier nicht von Moor, sondern nur von Moorerde sprechen[1]). In anderen Gegenden, z. B. Österreich, glaubt man eine mindestens 50 cm dicke Humusschicht als Erfordernis eines „Moores" ansehen zu müssen, in Dänemark wiederum eine solche von mindestens 33 cm. Ist der Aschengehalt der Schicht höher als 40%, so spricht man nicht mehr von Moorboden, sondern von „Moorerde" oder „anmoorigem Boden".

Eine anschauliche und recht überzeugende, auf Grund eingehender Untersuchungen entworfene Schilderung des Aufbaus der Moore und der hierbei besonders in Betracht kommenden Faktoren verdanken wir Weber[2]), dessen Ausführungen wir im nachstehenden folgen.

Die Moore gehen aus moorbildenden Pflanzenvereinen hervor, die sich zumeist in und an stehenden Gewässern angesiedelt haben und im Laufe der Zeit durch den Wechsel der natürlichen Ver-

---

[1]) vgl. dazu H. Schreiber, Österr. M. Staab, 1914, S, 20.

[2]) „25 Jahre Moorkultur", Berlin 1908.

hältnisse, wie ihn die fortschreitende Vertorfung hervorruft, gleichfalls einem Wechsel unterliegen. Jener wird in erster Linie durch eine Änderung des der Vegetation zur Verfügung stehenden Feuchtigkeits- und Nährstoffgehalts ihres Standortes bedingt, und dementsprechend wechseln auch die Pflanzenvereinigungen, je nach ihren verschieden hohen Ansprüchen an Nährstoff und Feuchtigkeit.

Zunächst bildete eine reichliche Wasserpflanzenvegetation von Seerosen, Laich- und Nixkräutern, Teichlinsen, Armleuchtergewächsen und anderen Pflanzen zusammen mit feinsandigen, tonigen und torfigen Einschwemmungen vom Ufer her und mit Niederschlägen von kohlensaurem Kalk aus dem Gewässer auf dem Grunde desselben schlammige Ablagerungen, sogenannte Muddebildungen. Fortschreitend von unten nach oben weisen diese eine an organischen Bestandteilen immer reicher werdende Zusammensetzung auf und erhöhen allmählich den Grundboden des Gewässers, dessen Ufer dabei fortschreitend verflachen. In derselben Zeit hatten sich am Rande des Ufers feuchtigkeitsliebende Sumpfpflanzen angesiedelt, Simsen, Binsen, Rohrkolben, Seggen und besonders Schilfrohr, die unter sich die entsprechenden Sumpftorfarten anhäuften und mit zunehmender Verflachung des Gewässers sich gegen die Mitte desselben ausbreiteten, während sich gleichzeitig durch Abbröckelung und Anschwemmung dieser Torfarten eine torfreiche Mudde als oberste Schicht auf dem Boden des Gewässers sammelte. Nach erfolgter Verlandung des Gewässers durch die Sumpfpflanzenvereine begannen sich auch Astmoose und solche Waldbäume anzusiedeln, die auf einem nicht mehr mit Wasser bedeckten Boden fortkommen. Sie bildeten den Astmoos- oder Bruchwaldtorf, der als Halblandtorf bezeichnet werden kann. Die so allmählich eintretende Erhöhung des Moores über den ursprünglichen Wasserspiegel entzog die Wurzeln der torfbildenden Pflanzen den nährstoffreichen (terrestrischen) Wässern, und es konnten sich Pflanzen ansiedeln, die größere Trockenheit vertragen. Es stellten sich Bestände an Föhren- und Birkenwald ein, aus denen Föhren- und Birkenwaldtorf oder Landtorf hervorging. Auf dieses Stadium der

Vertrocknung folgte eine neue Periode der Durchnässung, diesmal aber durch Ansammlung nährstoffarmen, aus der Atmosphäre stammenden Regenwassers, in Tümpeln und Pfützen, und infolge davon die neuerliche Ansiedlung von Sumpfpflanzenvegetationen, die jedoch hinsichtlich des Nährstoffanspruches sehr bescheiden sind, namentlich von Sumpfbeise. Schließlich wird diese durch solche Moosarten verdrängt, die das allergeringste Nährstoffbedürfnis haben, vorwiegend durch Bleichmoose. Diese besitzen ein besonders starkes Wasseraufsaugungsvermögen und halten das Moor stets ganz nass. Sie wachsen dabei stark in die Höhe und vernichten den vorhandenen Baumwuchs, indem sie durch Umwallen der Stämme, durch Feuchtigkeit und Luftabschluß dieselben zum Durchfaulen bringen. So begräbt das Bleichmoos schließlich den Waldbestand dadurch, daß es sein Wachstum nach oben in starkem Maße fortsetzt und einen gewaltigen zusammenhängenden Moosteppich bildet. Dieses Wachstum wurde noch einmal durch das Eintreten einer säkularen Trockenperiode unterbrochen, während der nur eine sehr geringfügige Heidetorf- und Wollgrastorfbildung vor sich ging. Diese Schicht ist in den meisten Hochmooren als sogenannte Grenzschicht, als schmaler Streifen zu erkennen, über dem nach Eintritt der bis zur Gegenwart reichenden feuchten Periode das Bleichmoos sich wieder üppig ansiedelte und den jüngeren Bleichmoostorf, der weniger zersetzt ist als der ältere, unter der Grenzschicht befindliche, in beträchtlicher Schichte ansammelte.

Es ist leicht verständlich, daß die einzelnen der hier angeführten Schichten, je nach den äußeren Umständen, nicht überall sich gleichartig entwickeln konnten. Man unterscheidet aber mit Recht die verschiedenen genannten Arten der Moore. Die sogen. „Hochmoore“ haben ihren Namen daher, daß ihre Oberfläche nach der Mitte zu am höchsten ist. Dies ist dadurch bedingt, daß die ältesten und daher mächtigsten Schichten des Sphagnumtorfes, die in der Mitte des Moores liegen, ein kräftiges Wachstum nach aufwärts zeigen, das die Verbreiterung nach den Seiten hin überragt. Man kennt Hochmoore, deren Oberfläche sich in der Mitte ungefähr 8 m über ihre Ränder erhebt. Im Gegensatz hierzu besitzen die in nährstoffreichem Wasser entstandenen, in ihrer Entwicklung nicht so weit vorgeschrittenen sog. „Flachmoore", eine ebene bzw. muldenförmige Gestalt.

Der ideelle Aufbau der Moore von der Niedermoorbildung über die Übergangsbildung zur Hochmoorbildung ist in der nachfolgenden systematischen Tabelle eines lückenlosen Hochmoorprofils dargestellt[1]).

Hochmoorprofil.

Hochmoorbildungen . . .	Lebende Vegetation (Jüngerer Moostorf). Grenzhorizont (Heide- oder Wollgrastorf). (Älterer Moostorf.)
Übergangsbildungen . . .	Scheuchzeriatorf oder Carex-Sphagnum-Wollgrastorf. Föhren- u. Birkenwaldtorf. Bruchwaldtorf (Erlentorf).
Niedermoorbildungen . .	Carextorf, mitunter auch Hypnumtorf. Schilftorf.
Teich-und Seebildungen mit nach unten abnehmendem Gehalt an organischen Substanzen	Torfmudde. Lebermudde. Kalk- und Tonmudde.
	Untergrund.

b) Einteilung der Moore.

Die einzelnen Moorarten sind nachstehend genauer beschrieben.

A. **Hochmoore,** auch Moosmoore, Filze oder Überwasser-(supraaquatische) Moore genannt, sind Moore, die eine mindestens 20 cm hohe Schicht von oligotrophen Torfarten aufweisen. Sehr oft sind diese Moore ziemlich dicht mit Holzgewächsen bestanden, besonders in südlichen Ländern, ferner mit Heidekräutern, Vacciniumarten, Rosmarin (Andromeda polifolia), Sonnentau (Drosera)

---

[1]) Vgl. auch hierzu M. Berlin 1904, S. 117ff.

usw., Besenried (Molinia), sowie Flechten (Cladonia-Arten). An Holzgewächsen findet sich hauptsächlich auf Hochmooren neben der Moorkiefer (Pinus uliginosa) und der Latsche oder Legföhre (Pinus pumilio) die Zwergbirke (Betula nana), lauter anspruchslose Pflanzen, die hier, obzwar der Boden der Hochmoore ziemlich nährstoffarm ist[1]), doch noch ihr Fortkommen finden.

B. Den Gegensatz zu den Hochmooren bilden, wie erwähnt, die **Flachmoore,** auch Grünlands- oder Unterwasser- (infraaquatische) Moore genannt. Entsprechend ihrer Bildung in nährstoffreichem Wasser findet man auf ihnen anspruchsvollere Pflanzengattungen, und der aus diesen entstandene Torf ist infolgedessen verhältnismäßig reich an Asche. Der Kalkgehalt beträgt über 2%, manchmal sogar bis 4% (auf Trockensubstanz berechnet). Ebenso ist der Gehalt an Stickstoff sehr hoch, bis 3%. Die Entwässerung dieser Moore bereitet wegen ihrer muldenförmigen Gestalt und der Beschaffung der geeigneten Vorflut oft große Schwierigkeiten. Je nachdem die oberste Bodenlage aus den nährstoffreichen Torfarten gebildet oder bis zur Oberfläche aus nährstoffärmeren Torfarten aufgebaut ist, unterscheidet man **Niederungsmoore** und **Übergangsmoore.**

Niederungsmoore sind demnach durch eine im entwässerten Zustande mindestens 20 cm betragende Schicht eutropher Torfarten gekennzeichnet. Übergangsmoore sind demgegenüber solche Gelände, die mit einer im entwässerten Zustande mindestens 20 cm mächtigen Schicht mesotropher Torfarten bedeckt sind.

Die Angabe, daß die Hochmoore auf Übergangsmooren und diese wiederum auf Niederungsmooren aufgebaut seien, hat Weber jedoch dahin eingeschränkt, daß dies nicht immer Grundbedingung für die Existenz einer solchen Moorart zu sein braucht, wenn auch im allgemeinen die Moore die angegebene Entwicklung durchgemacht haben[2]). So gibt es Hochmoore, die sich wenigstens teilweise, auf weiteren Strecken unmittelbar über sandigem Heide-

---

[1]) Näheres darüber siehe Weber, Die Entstehung und Zusammensetzung der Moore in „25 Jahre Moorkultur" und M. Berlin 1904, S. 17.

[2]) vgl. „25 Jahre Moorkultur", Berlin 1908, S. 97.

torf, also über Moorerde aufbauen. Manche Hochmoore bestehen nur aus Wollgrastorf und Bleichmoostorf oder nur aus einer dieser Torfarten. Hin und wieder trifft man ferner Übergangsmoore an, die nur aus Föhrenwaldtorf gebildet sind, sowie Niederungsmoore mit nur einer einzigen Torfart, wie z. B. Bruchwaldtorf oder Schilftorf[1]).

Moore, die unter der Pflanzendecke eine mindestens 20 cm dicke Schicht von Leber-Sumpf-Rasentorf besitzen, nennt man auch „Rieder“ (Riedtorf), solche mit einer mindestens gleich mächtigen Schicht von Sphagnum, Wollgras usw., „Möser“ oder „Moosmoore“. Weist die Torfschicht unter der Pflanzendecke statt des Torfmooses Wurzeln und Blätter von Begleitpflanzen des Torfmooses auf, so bezeichnet man die betreffenden Gelände als „Riedmöser“. Man kann die Rieder als Niedermoorbildungen, die Möser als Hochmoorbildungen und die Riedmöser als Übergangsmoorbildungen ansehen.

Außer den erwähnten Hauptmoorarten gibt es noch sogenannte Mischmoore, die an einzelnen Stellen anderen Pflanzenbestand aufweisen als ihre Umgebung. Dieser Umstand ist auf besondere Wasserverhältnisse zurückzuführen. Schließlich seien als eine besondere Art auch noch die sogenannten Erlbrüche erwähnt, die sich an Stellen mit stagnierendem Wasser in geringer Tiefe auf Sand, Lehm oder Mergel in der Nähe von Nieder- oder Hochmooren vorfinden[2]).

c) Beginn der Moorbildung, Wachstum und Mächtigkeit der Moore.

Der Beginn der Moorbildung greift nach geologischen Beobachtungen bis in die Eiszeit zurück. Dr. A. Nathorst stellte im Jahre 1872 durch eingehende Untersuchungen fest, daß speziell auch in Europa sich schon damals Torflager zweifellos gebildet haben müssen. Seine Angaben wurden durch Funde des Natur-

[1]) vgl. auch Wollny, „Die Zersetzung der organischen Stoffe“, Heidelberg 1897, S. 211—213.

[2]) s. Wollny, l. c., S. 214, sowie Früh und Schröter, l. c., S. 225.

forschers Oskar Fraas in oberschwäbischen Mooren bestätigt[1]). Über das Alter der einzelnen Schichten haben verschiedene namhafte Forscher Ermittelungen angestellt. In Dänemark sind z. B. Moore aufgedeckt worden, in denen drei verschiedene Perioden deutlich zu erkennen waren, getrennt durch Lager von Moostorf. Man fand in der untersten Schichte Überreste von Kiefern, darüber solche von Eichen, in der letzten Reste der Birke. In der Kiefernschicht traf man Werkzeuge aus der Steinzeit an, vereinzelt auch noch in der Eichenschicht. In letzterer fanden sich aber hauptsächlich Geräte aus Bronze. Dieser Befund läßt also auf das geologische Alter der Torfschichten wichtige Schlüsse zu[2]).

Über das Wachstum der Moore, d. h. die Zunahme der Torfschicht auf den Mooren, sind die Ansichten sehr widersprechend. Allerdings kann kein Zweifel herrschen, daß einmal ausgestochener Torf nicht wieder nachwächst, ein im Volke früher weitverbreiteter und auch noch heute nicht ganz ausgerotteter Aberglaube, der häufig genug von verhängnisvoller Wirkung war, da durch ihn der Raubbau in planlosem Torfstich gewissermaßen gerechtfertigt und gefördert wurde. Einige Autoren haben den Zuwachs der Moore in 30 Jahren auf ungefähr 1 m angegeben. Potonié und Leiningen jedoch, sowie verschiedene andere Forscher haben diese Ansicht sicher mit Recht als irrig bezeichnet[3]), mit dem Hinweis, daß die jährliche Zunahme von lebendem Sphagnum nur ca. 25 mm ausmacht und daß nach dem Absterben im Herbst dieser Wert noch eine starke Herabsetzung erfährt. Die genannten Forscher kommen daher zu dem Schluß, daß bei reifem Torf durchschnittlich erst in 1000 Jahren durch Fortschreiten des Wachstums und der Vertorfung eine Zunahme von 1 m erreicht wird.

---

[1]) Näheres hierüber sowie über Moorfunde s. Nöggerath, „Der Torf", Berlin 1875, sowie H. Schreiber, Funde in den Mooren Salzburgs in Österr. M. Staab, 1912, S. 188; ferner Früh und Schröter, S. 344, sowie I. Mestorf, Berichte des Schleswig-Holsteinischen Museums vaterländischer Altertümer bei der Universität Kiel, 1894 und 1900 u. M. Berlin, 1910, S. 295

[2]) vgl. hierzu auch Lesquereux, „Untersuchungen über die Torfmoore im Allgemeinen" (deutsch von Lengerke), Berlin 1847, S. 14—16.

[3]) vgl. Naturwissenschaftliche Zeitschrift für Forst- und Landwirtschaft 1912, S. 459.

Diese Angaben stimmen auch mit verschiedenen tatsächlichen Befunden überein. So hat man nämlich im Bourtanger Moor (Regierungsbezirk Osnabrück) römische, also 1800—2000 Jahre alte Bohlenwege aufgefunden[1]), die etwa 1,50—2,50 m unter der Oberfläche an der Basis des jungen Moostorfes, teils auch in der Grenztorfschicht, lagen, so daß daraus auf ein durchschnittliches Wachstum von einem Meter für ca. ein Jahrtausend geschlossen werden kann.

Am Maßstab geologischer Perioden gemessen, ist das kein übermäßig großer Zeitraum, und damit im Zusammenhang ist es sehr beachtenswert, daß die Torfbildung wohl der einzige sich noch in unserer Zeit abspielende natürliche Vorgang einer Kohlebildung ist. Denn während die weit älteren Phasen der Braun- und Steinkohlenbildung nach unserer derzeitigen Kenntnis endgültig abgeschlossen sind und daher die Braun- und Steinkohlenlager durch ihre Ausbeutung einer endlichen Erschöpfung entgegengehen, bleibt dagegen die Möglichkeit zur Bildung neuer Torflager, die vor unseren Augen im lebenden Wechselspiel der Naturkräfte entstehen, in weithin sich erstreckenden Gegenden ungestört erhalten, die sich noch lange einer Ausnutzung entziehen und weitere Schätze dieser wertvollen Energiequelle für den dereinstigen Ersatz anhäufen, wenn anderwärts durch Moorkultur und Torfverwertung die Vorräte an Torf zur Neige gehen.

Hinsichtlich der Mächtigkeit weisen die Moore je nach Lage, Bildungsweise und Alter große Verschiedenheiten auf. Man kennt amerikanische Moore mit einer Torfschicht bis zu 30 m, die europäischen Torflager besitzen jedoch eine weniger große Tiefe. Wenn auch hier ab und zu eine größere Mächtigkeit (z. B. im Teufelsmoor bei Bremen 12 m und im Moor von Groß-Sterneberg durchschnittlich 10 m) festgestellt worden ist, so beträgt die Tiefe im Mittel ungefähr doch nur 4—8 m, die der Gebirgsmoore etwa 1—3 m.

[1]) vgl. Zanen, „Der heutige Stand der Moorkultur und Moorbesiedelung im Deutschen Reiche", Gießen 1906, S. 16.

III. Kapitel.

Moorstatistik.

Trotz großer Mühe, die darauf verwandt wurde, ein möglichst genaues Bild der Verteilung und des Umfanges der Moore zu gewinnen, soweit dies nach den in der letzten Zeit angestellten maßgebenden Erhebungen überhaupt angängig war, ist das erreichte Resultat notwendigerweise keineswegs ganz befriedigend. Es sind nämlich bis heute genaue Ermittelungen über die Ausdehnung der Moore nur sehr spärlich vorhanden, schon weil der Begriff „Moor" im Volksmund vielfach noch verschieden ausgelegt wird.

Dazu kommt der Umstand, daß einerseits die bereits in Kultur und Nutzung genommenen Moore fortlaufend eine Veränderung (meist eine Verringerung) der Moorfläche erleiden, anderseits die genaue Erhebung der letzteren nach Ausdehnung und Mächtigkeit durch eine genaue geodätische Vermessung mit sehr großen Kosten verbunden ist, die zunächst in keinem Verhältnis zu dem damit erzielten praktischen Nutzen stehen[1]). Vielfach sind die Moorflächen bloß nach der im Steuerkataster angegebenen Grundsteuerveranlagung als solche für die Statistik bewertet worden, ein Verfahren, das zu starken Widersprüchen mit den Ergebnissen späterer wirklicher Vermessungen geführt hat; davon werden im folgenden noch einige Fälle angeführt werden. Differenzen in der Schätzung der Moorflächen eines Gebietes ergeben sich auch daraus, ob man die eventuell seit langem durch einfache Entwässerung meliorierten Wiesen und Weiden auf Moor- oder anmoorigem Boden, die nicht unmittelbar mehr nach dem Anblick, den sie bieten, als Moor erscheinen, zu letzterem mitzählt oder nicht. So kommt Oehme[2]) für die Provinz Posen auf 56,8 Geviertmeilen, entsprechend 11,2 % der Gesamtfläche Moor, während in dem Werke Meitzens, „Der Boden des Preußischen Staates", nach der oben erwähnten Schätzung auf Grund der Grundsteuerveranlagung, die ihm in der Regel viel zu hohe

[1]) vgl. Frank, M. Berlin 1910, S. 167 ff.

[2]) vgl. „Ernährung der Pflanze", 1910, S. 59.

Werte geliefert hat, bloß 36,8 Geviertmeilen (202786 ha), entsprechend 7% der Gesamtfläche Moor angegeben sind.

Die zahlenmäßigen Angaben, wie wir sie zum Teil nach Erhebungen verschiedener Landwirtschaftskammern besitzen, sind somit größtenteils nur als angenäherte Werte anzusehen. Dennoch lassen diese einen allgemeinen Überblick und Vergleich zu.

Nach freundlicher Mitteilung des statistischen Amtes in Berlin sind die grundlegenden Arbeiten zur Erlangung einer genauen Moorstatistik bereits in Angriff genommen worden. Letztere soll gegen Ende des nächsten Jahres fertig vorliegen. Vorläufig müssen wir uns jedoch mit den bis jetzt bekannt gewordenen Aufzeichnungen über die Moore einzelner Länder und Bezirke, von denen verschiedene zum Teil auf Schätzungen beruhen, zufrieden geben. Allerdings liegen schon heute von einzelnen Gebieten genaue Vermessungen vor. Erwähnt seien die in der vom Kalisyndikat in Berlin herausgegebene Zeitschrift „Die Ernährung der Pflanze"[1]) seit mehreren Jahren veranstaltete Sammlung und Veröffentlichung von Moorkarten, die zur Kenntnis der Ausdehnung der Moore in den einzelnen Ländern erheblich beizutragen vermögen.

Auch in Österreich hat man seit einiger Zeit Schritte zu einer genaueren Moorkartierung unternommen.

a) Europäische Moore.

In Europa finden sich Moore gemäß den für sie günstigsten Bedingungen hauptsächlich in den kühleren und niederschlagsreichen Gegenden. So sind auch in Deutschland die meisten Moorgebiete im Norden und Nordwesten, namentlich an der Meeresküste, anzutreffen. Nach T a c k e darf man etwa die Hälfte der deutschen Moorflächen als graswüchsige Niederungsmoore und die andere Hälfte als heidewüchsige Hochmoor- bzw. Übergangsmoorbildungen ansehen[2]).

Durch besonderen Moorreichtum sind ferner **Irland**, **Schott-**

---

[1]) Ein Verzeichnis dieser teils genauen, teils weniger genauen Karten findet man in der Oktobernummer des Jahrganges 1912, S. 238.

[2]) siehe jedoch T a c k e, Über hochmoorartigen Boden im mittleren Norddeutschland. M. Berlin 1914, S. 97.

land, Norwegen und Schweden, das westliche und östliche Rußland, die Niederlande sowie das nordwestliche Frankreich und ein Teil der Schweiz ausgezeichnet. In Portugal ist ein großes Torflager am Sadoflusse zu erwähnen, das 1 m Mächtigkeit besitzt. Italien, Spanien und Griechenland weisen nur in ihren gebirgigen nördlichen Gebieten Moore auf. An außereuropäischen Ländern sind als besonders moorreich Nordamerika und Nordasien zu nennen.

Bis vor noch nicht langer Zeit schätzte man nach dem bekannten Werk „Der Boden des preußischen Staates" von Meitzen den Gesamtmoorbestand Deutschlands auf rund 2294000 ha (= 4,24% der Gesamtbodenfläche). Davon entfällt der Hauptanteil auf Preußen mit 2241400 ha. Diese Zahlen sind viel zu hoch gegriffen. Vielmehr darf man, zum Teil nach genaueren Feststellungen und teilweise nach Schätzungen, für Preußen nur einen Maximalwert von 1301455 ha Moorflächen annehmen[1]).

So beläuft sich der Anteil Westfalens keineswegs auf 87000 ha, sondern nach genauen Erhebungen des Reichsfreiherrn von Landsberg-Velen nur auf rund 20000 ha. In dieser Provinz nehmen[2]) die Hochmoorbildungen nur einen geringen Raum ein, im ganzen rund 5300 ha, die sich in der Hauptsache auf die Kreise Minden, Lübbecke, Coesfeld, Borken, Steinfurth und Tecklenburg verteilen. Der Torf dieser Hochmoore ist zu Brennzwecken wenig geeignet. Die Niederungsmoore umfassen dagegen rund 16000 ha, wovon allein ein Drittel auf den Kreis Lübbecke entfällt.

Desgleichen haben die Mooraufnahmen der Zentralmoorkommission in den moorreichsten Gegenden Preußens, nämlich in den Regierungsbezirken Lüneburg, Hannover, Aurich, Osnabrück, Stade, Stettin, Köslin und der Provinz Schleswig-Holstein gegenüber der von Meitzen angegebenen Fläche von 1011620 ha eine Ausdehnung von nur 508122 ha ergeben.

Während nach der Grundsteuerveranlagung auf Hannover

---

[1]) vgl. „Ernährung der Pflanze", 1910, S. 59.

[2]) vgl. Breme, Die Heiden Westfalens, Münster 1912.

560000 ha Moorboden entfallen, die sich auf die einzelnen Regierungsbezirke wie folgt verteilen:

Regierungsbezirk	Stade	28,2 %
„	Aurich. . . .	24,6 %
„	Osnabrück .	20,5 %
„	Hannover . .	15,8 %
„	Lüneburg . .	7,0 %
„	Hildesheim .	0,2 %

werden in einer graphischen Darstellung der Landwirtschaftskammer für die Provinz Hannover[1]) bezüglich der Ausbreitung der Moore in den verschiedenen Regierungsbezirken folgende Resultate wiedergegeben:

Reg.-Bezirk	Gesamt-Moorfläche ha	Besitzer	Hochmoor		Niederungsmoor	
			kultiv.	unkultiv.	kultiv.	unkultiv.
Stade	197 493	Privat	45 578	73 074	70 512	2 005
		Fiskal.	2 555	2 862	907	—
Osnabrück .	116 669	Privat	7 750	68 934	27 386	12 599
		Fiskal.	—	—	—	—
Lüneburg . .	62 057	Privat	2 220	18 378	20 785	15 955
		Fiskal.	322	2 817	1 386	212
Hannover .	53 095	Privat	980	37 670	33 555	2 635
		Fiskal.	—	8 005	140	310
Aurich . . .	33 227	Privat	679	10 528	108	602
		Fiskal.	582	20 223	—	505
Hildesheim .	999	Privat	—	—	885	—
		Fiskal.	—	—	96	—
ha	463 496		60 666	242 491	125 516	34 823

Auch Ostfriesland weist weite Strecken Moor auf, die ebenso zum größten Teil aus Hochmoor bestehen und teilweise schon landwirtschaftlich erschlossen sind. Nach Arends sind 70 000 ha (= 22% der Bodenfläche) Moor- oder Heideland vorhanden[2]).

In Ost- und Westpreußen, Schlesien und Pommern bestehen die Moore ungefähr zur Hälfte aus Hoch- und zur Hälfte aus Niederungsmoor. Genauere Aufzeichnungen über die Aus-

[1]) siehe M. Berlin, 1908, S. 307.

[2]) s. Ostfriesische Moorwirtschaft usw.: M. Berlin 1914, S. 81.

dehnung dieser Moore fehlen noch. In Ostpreußen sind besonders zu erwähnen das große Moosbruch (20 000 ha), das Augstumal-Moor (3018 ha) und das Rupkalwener-Moor (1830 ha). Nach Steinbrück[1]) besitzt der Kreis Cammin in Pommern, der moorreichste dieses Gebietes, 29289 ha Gesamtmoorfläche, entsprechend 25,8 % der Gesamtfläche des Kreises (Meitzen hatte früher bloß 18 % angegeben). Nur ungefähr 10000 ha dieser Moorfläche sind nach Steinbrück genutzt, während zurzeit (1910) noch mindestens 15000 ha kulturfähiges Gelände der Erschließung harrten. Inzwischen sind allerdings schon ausgedehnte Meliorationen geplant, bzw. schon zur Ausführung gekommen.

In den Provinzen Brandenburg, Sachsen und Posen findet man ausschließlich fast Niederungsmoore, ebenso in den Großherzogtümern Mecklenburg. Hierüber stehen mit Ausnahme der letzteren genauere Ermittelungen noch aus[2]).

Oldenburg besitzt hauptsächlich Hochmoore, und zwar beträgt der Gesamtmoorbestand 97576 ha (= 18,6 % der Gesamtbodenfläche). Hiervon sind nach Fleischer (1911) 30000 ha bereits kultiviert.

Bayern soll ungefähr 146 400 ha Moor (= 1,93% der Gesamtbodenfläche) aufweisen, und zwar zur Hälfte Hochmoor- und zur Hälfte Niederungsmoorbildungen (früher wurden nur 0,9% angegeben). 46 000 ha sind hiervon schon kultiviert; von den unkultivierten Mooren gehören nur ungefähr 10% dem Staat, die zum größten Teil (nämlich 8 %) der Forstverwaltung unterstehen[3]). Die Moore der Münchener Schotterfläche bedecken 44 000 ha. Als besonders wichtig sind zu erwähnen das Dachauer

---

[1]) vgl. M. Berlin 1910, S. 158.

[2]) vgl. die Karte über die Verteilung der Moore in der Provinz Posen in M. Berlin 1911, S. 362. Ferner Ahrens, Geinitz, Tacke, „Zur Statistik der mecklenburgischen Moore und Seen", Heft 23, und R. Stahl, „Aufbau, Entstehung und Geschichte mecklenburgischer Torfmoore", Heft 24 der Mitteilungen aus der Großherzogl. Mecklenburgischen Landesanstalt, Rostock 1913.

[3]) vgl. auch Ernährung der Pflanze, 1912, S. 28; Die Moore im Königreich Bayern, einschließlich Übersichtskarte; sowie Kitzinger, Die Torfwirtschaft und ihre Entwicklung in Bayern, Vierteljahresschrift des Bayrischen Landwirtschaftsrates, 1908, S. 419; ferner Österr. M. Staab 1913, S. 77 und 78.

Moos (18 000 ha), das Erdinger Moos (25 000 ha), das Donaumoos (13 700 ha) und das Ulmer Ried sowie das Landstuhler Bruch in der Rheinpfalz (3264 ha). Die nähere Verteilung der Moore ist aus folgender Tabelle zu ersehen[1]). Es sind vorhanden:

in der Moränenlandschaft des Voralpenlandes	49000 ha
in der Münchener Schotterfläche	44000 „
in der Donauzone	34790 „
im Urgebirge	3000 „
am Fuße des Urgebirges	5670 „
im Rieß	1200 „
im Juragebiet	1660 „
im Keupergebiet mit Ausschluß der vor dem Urgebiet lagernden Keuperschichten . . .	3600 „
auf der Rhön	60 „
sonst im diesseitigen Bayern	186 „
in der Rheinprovinz	3264 „

Von den größeren Moorflächen sind speziell zu nennen:

das Chiemseemoor bei Bernau	ca.	2500 ha
die Moore bei Bergen	„	1200 „
die Kolbermoorfilze bei Rosenheim . . .	„	1300 „
die Filze bei Aibling	„	4500 „
die Moore bei Königsdorf, Penzberg und Kochel . . . . mit zusammen	„	8600 „
das Ammermoos bei Weilheim	„	2900 „
das Erdingermoos	„	24000 „
das Dachauermoos	„	18000 „
das Donaumoos	„	17000 „
das Isarmoos	„	660 „

Die Mehrzahl der Moore **Württembergs**[2]), die einen Flächenraum von rund 18 000 ha (= 0,8% der Gesamtoberfläche) einnehmen sollen, liegt im Süden — zwischen Donau und Bodensee — in Schwaben. Die vier Hauptmoore, die fast die Hälfte der Gesamt-

[1]) Nach Dr. A. Baumann, Die Moore und Moorkultur in Bayern, München 1894—97.

[2]) vgl. Ernährung der Pflanze 1910, Nr. 5, mit Übersichtskarte.

moorfläche ausmachen, sind das Buchauer Ried (3600 ha), das Langenauer Ried (2600 ha), das Wurzacher Ried (1800 ha) und das Pfrunger Ried (1400 ha). Durch die ausgedehnte Torfindustrie nehmen die Moore jedoch im Laufe der Jahrzehnte rapide ab, daher ist obige Gesamtsumme auch nicht mehr als genau anzusehen. Die übrigen Moore haben meistens nur eine Ausdehnung von wenigen Hektaren. Über die Moore Schwabens und ihre Nutzung in den hauptsächlich in Betracht kommenden Gegenden — es sind dies vor allem die Oberämter Biberach, Ehingen, Laupheim, Leutkirch, Ravensburg, Riedlingen, Saulgau, Tettnang, Ulm, Waldsee und Wangen[1]) — macht Fridolin Liebel in seinem Werke „Die württembergische Torfwirtschaft[2])", interessante Angaben.

Das Großherzogtum Baden soll fast eine gleichgroße Moorfläche aufweisen wie Württemberg.

Über die Moore der Niederlande vergleiche man die Kartenbeilagen in der Zeitschrift „Die Ernährung der Pflanze", 1912, Nr. 19, sowie 1913, Nr. 1. Sie zeigen den Stand der kultivierten und unkultivierten Moore in den Jahren 1867 und 1910. Im Westen der Niederlande, dem eigentlichen Holland, sind fast nur Niederungsmoore vorhanden, im nordöstlichen Teile dagegen ausgedehnte Hochmoorflächen. Von diesen waren 1867 84500 ha verfehnt gegenüber 91500 ha unkultivierter Fläche, so daß die niederländischen Hochmoore bereits fast zur Hälfte kultiviert waren. Nach den Zahlenaufstellungen des Ministeriums für Handel und Gewerbe im Haag betrug die noch unverfehnte Moorfläche in den Niederlanden im Jahre 1910 34900 ha. In der Provinz Groningen nimmt nach Veröffentlichungen der Agrikulturabteilung für Landwirtschaft, Handel und Gewerbe das bereits verfehnte Moorland eine Fläche von 23000 ha ein (hiervon sind 76% Ackerland und 11% Wiesen).

In Österreich gibt es wohl äußerst zahlreiche Moore, doch

---

[1]) Im Anschluß an diese Aufstellung gibt der Verfasser übrigens noch einen bemerkenswerten Überblick über die Torfbetriebe in den einzelnen Gemeinden der betreffenden Oberämter.

[2]) Stuttgart und Berlin 1911, S. 106—146.

ist deren Umfang im allgemeinen nicht bedeutend; meistens sind diese nur wenige Hektar groß. Moore mit einer Ausdehnung über 100 oder gar über 200 ha sind hier sehr selten. Dem Staate gehören nur einige kleinere Moore, die meisten sind Privatbesitz. Nach den in den Jahren 1906—1912 im Auftrag des k. k. Ackerbauministeriums von der k. k. Landwirtschaftlich-chemischen Versuchsstation in Wien ausgeführten Erhebungen sind für die nachgenannten Länder folgende genauen Zahlen ermittelt worden[1]):

Land	Anzahl der Moore	Niedermoore	Übergangsmoore	Hochmoore	Gesamtfläche ha	Davon entfallen auf Nieder- moore ha	Übergangs- moore ha	Hoch- moore ha
Niederösterreich .	199	9	6	184	3378,0	271,9	40,5	3065,6
Oberösterreich . .	199	20	2	177	3160,3	295,5	6,9	2857,9
Steiermark	86	20	—	66	2267,8	1063,3	—	1204,5
Kärnten	130	102	—	28	4184,4	3967,4	—	217,0
Krain	6	1	—	5	10243,8	10200,0	—	43,8
Tirol	105	71	—	34	2280,9	2066,6	—	214,3
Vorarlberg	112	28	46	38	2517,3	2169,0	76,1	272,2
Mähren	140	79	18	43	1059,3	676,8	144,8	237,7
Salzburg	308	71	94	143	4860,3	1079,5	492,8	3228,0
Zusammen	1285	401	166	718	33892,1	21790,0	761,1	11341,0

Die entsprechenden Erhebungen für die Moore Böhmens, Schlesiens, Galiziens und Dalmatiens sind noch nicht abgeschlossen. Nach älteren Angaben umfassen die Moorflächen Böhmens ungefähr 17000 ha, die ausgedehnten Niedermoore Galiziens ungefähr 30100 ha.

Die größeren Moore Österreichs überhaupt, hauptsächlich Niedermoorbildungen, sind die folgenden:

das große Laibacher Moor in Krain . . 11 500 ha
die Rheinmoore in Vorarlberg . . . . . 2 078 „

[1]) Zailer, Die Verbreitung der Moore in Österreich im Jahrb. d. Moorkunde 1913, S. 51, sowie Ernährung der Pflanze 1912, S. 34 und 38, mit Karte. Über die Moore Ungarns siehe: Pokorny, A., Verh. d. k. k. zool.-bot. Ges. in Wien, 1858, Bd. VIII u. 1859, Bd. IX; und Unters. ü. d. Torfmoore Ungarns, Sitz.-Ber. d. kais. Ak. d. W. Wien 1860, Bd. 43, S. 57ff.

die Etschmoore in Tirol	813 ha
das Ossiacher Moor in Kärnten	564 „
die Moore im Olmützer Bezirk	340 „
die Dnjestr-Sümpfe in Galizien	11 500 „
die Stojanover Moore in Galizien	2 890 „
die Moore von Czanysz	5 780 „
die Moore von Olesko	7 540 „

Von den bereits entwässerten oder den in der Entwässerung begriffenen Mooren sind am bemerkenswertesten die Stojanower Sümpfe, das Moor bei Maishofen in der Nähe von Zell am See (107 ha), die Moore bei Moosburg (52 ha) und St. Georgen am Längsee in Kärnten (130 ha), sowie das Moor bei Haas in Nord-Tirol (25 ha).

Nach den durch H. Schreiber ausgeführten Erhebungen des Deutsch-österreichischen Moorvereins sollen in Salzburg die Moore in einer Anzahl von etwa 300 ungefähr 4700 ha bedecken. Hiervon entfallen auf Niedermoorbildungen 1035 ha und auf Hoch- und Übergangsmoore 3665 ha[1]).

Nach den gleichen Erhebungen in Vorarlberg[2]) beträgt die Gesamtfläche der vorhandenen 106 Moore 2946,8 ha. Hiervon sind 30 Rieder (Niedermoorbildungen) mit einer Ausdehnung von 2598,5 ha; 37 Möser (Hochmoorbildungen) mit 272,2 ha und 39 Riedmöser (Übergangsbildungen) mit 76,1 ha. Wirtschaftlich genutzt sind hiervon: Die Rieder in ihrer ganzen Ausdehnung, von den Mösern 163,2 ha (vom übrigen sind 9,6 ha Wald und 99,5 ha Ödland); von den Riedmösern 54,1 ha (0,5 ha Wald und 21,5 ha Ödland). Im ganzen sind also 2815,8 ha (= rund 95% der gesamten Moore) kultiviert. Die einzelnen Möser sind nur klein, nur 5 sind etwa 20—25 ha groß; von den Riedmösern weist keins mehr als 8 ha Flächenausdehnung auf. Nach Zailer[3]) sind bei dieser Aufstellung einige kleinere Moore im Hochgebirge außer acht gelassen worden[4]).

---

[1]) s. H. Schreiber, Die Moore Salzburgs, nebst Karte. Staab 1913.

[2]) vgl. H. Schreiber, Die Moore Vorarlbergs und des Fürstentums Liechtenstein, nebst Karte. Staab 1910.

[3]) Z. Wien 1912, S. 221.

[4]) s. auch Bersch, Die Moore Österreichs. Z. Wien 1907, S. 175.

In der Schweiz sind die Moore folgendermaßen verbreitet[1]:

	Bestehende Moore ha	Erloschene Moore ha	Insgesamt ha
Im Gebiet des Jura	131	357	488
„ „ „ Mittellandes	1529	2538	4067
„ „ der Alpen	423	486	909
„ „ „ Gesamt-Schweiz . . .	2083	3381	5464

In Frankreich gibt es Moore in 32 Departements, hauptsächlich zwischen Amiens und Abbéville im Departement Somme, auf den Höhen von Limousin, in der Auvergne, den Ardennen und in den Vogesen. Von den Torfflächen sind 159 Gemeinde- und 342 Privatbesitz. Genauere Angaben über die Flächenausdehnung fehlen[2].

Eins der moorreichsten Gebiete Europas ist Skandinavien. Dalgas schätzt die Moore Dänemarks auf ungefähr 100 000 ha. Thaulow gibt die Moore Norwegens mit 1 000 000 bis 1 600 000 ha an[3]. Der moorreichste Bezirk ist Nordland[4].

Nach einer anderen Schätzung[5] betragen dieselben 12000 qkm oder 1200000 ha. Die Hälfte hiervon erscheint ungeeignet zur Ausbeutung. Von der anderen Hälfte werden etwa 3000 qkm als zur Urbarmachung, 2000 qkm zur Produktion von Brenntorf und 1000 qkm zur Herstellung von Torfstreu geeignet angesehen.

Bezüglich der Verbreitung der Moore in Schweden kommt im Jahre 1897 Steinmetz zu dem Ergebnis, daß der Gesamtumfang des noch unentwässerten Bodens (also hauptsächlich Moore) rund 5198600 ha betrage. Er gibt jedoch an, daß diese Zahlen nur für 10 von den 24 Regierungsbezirken des Landes

[1]) vgl. Ernährung der Pflanze 1912, S. 253, sowie Früh und Schröter, Die Moore der Schweiz, Bern 1904, mit genauer Karte.

[2]) vgl. M. Berlin 1902, S. 190.

[3]) vgl. Meddelelser fra det Norske Myrselskab, Christiania 1905, Heft 1, S. 19.

[4]) vgl. auch Holmboe Jens, Studien über norwegische Torfmoore in Englers Botan. Jahrb., Bd. 34, Heft 2, 1904, S. 207.

[5]) Ch. Ztg. 1914, S. 110.

einigermaßen genau und für die übrigen nur annähernd berechnet sind. Die genannte Fläche würde 12,6 % der Gesamtfläche des Landes (exkl. Seen und Flüsse) ausmachen, und dazu kämen noch die schon entwässerten und kultivierten Moore, die in der Statistik unter Äcker und Wiesen aufgeführt und darin nicht vom Höhenboden getrennt sind.

Tabelle I.
Verbreitung der schwedischen Moore in den verschiedenen Regierungsbezirken.

Regierungsbezirke (von Süden nach Norden gerechnet)	Moore		
	ha	Prozente der Bodenfläche	Prozente im Verhältnis d. kultivierten Fläche
Malmöhus	12 200	2,5	3,6
Kristianstadt	68 320	11,0	27,8
Blekinge	17 626	6,1	27,3.
Halland	40 000	8,4	29,4
Kronoberg	125 700	14,1	139,9
Kalmar	110 000	10,3	62,6
Gotland	30 000	9,6	43,1
Göteborg-Bohus . . .	4 000	0,8	4,0
Aelfsborg	84 700	7,2	38,7
Jönköping	146 400	13,8	107,7
Skaraborg	80 000	9,9	23,5
Oestergötland	80 000	8,0	32,8
Värmland	97 849	5,6	48,0
Oerebro	90,000	10,9	58,2
Södermanland	30,000	4,8	17,0
Västmanland	60,000	9,3	39,2
Upsala	45 000	8,8	28,8
Stockholm	20 000	2,7	12,0
Kopparberg	360 000	12,8	348,6
Gäfleborg	240 000	13,1	235,7
Västernorrland	290 000	12,0	348,6
Jämtland	600 000	12,6	1124,3
Västerbotten, Norrbotten	2 500 000	16,1	1983,3
Summa	5 131 795	12,5	141,0

In der vorstehenden Tabelle werden nach von **Feilitzen** diese Zahlen von **Steinmetz** wiedergegeben, von denen nur für einige Bezirke die älteren Werte gegen neuere, von Dr. F. Haglund nach seinen Vermessungen revidierte Zahlen eingesetzt sind, so daß sie dem damaligen Standpunkt der Moorausdehnung nach Möglichkeit entsprechen[1]).

Finnland weist nahezu 10 000 000 ha Moor, d. i. 30% des gesamten Landes, auf[2]). Die südlichen und südwestlichen Partien des Landes sind verhältnismäßig arm an Mooren, in den nördlichen und östlichen Teilen dagegen befinden sich sehr ausgedehnte Moorflächen. Unter diesen überwiegen die Niedermoore in den inneren und teilweise auch in den südlichen Gegenden. Hochmoore kommen in den übrigen Teilen in größerer Menge vor und sind gewöhnlich bedeutend umfangreicher als die Niedermoore[3]).

Die russischen Moore bedecken weite Flächen in fast allen Teilen des Reiches mit Ausnahme der südlichen und südwestlichen wasserarmen Gebiete des europäischen Rußlands. Genaue Angaben über ihre Ausdehnung fehlen, da bisher stets das gesamte landwirtschaftlich nicht nutzbare Gelände in den statistischen Erhebungen in einem zusammengefaßt ist, worunter außer den Mooren auch die Tundren, Sandflächen, Steinflächen, alle wasserarmen Ländereien usw. verstanden sind. Das europäische Rußland soll 70,5 Millionen Deßjatinen[4]) solcher Ödländereien aufweisen. Davon entfallen auf das Gebiet, das sich südlich von der Linie erstreckt, die Schitomir mit Perm verbindet, im nördlichen, zentralen und nordwestlichen Rußland große zusammenhängende Moorflächen von 18 Millionen Deßjatinen. Doch sind diese offiziellen statistischen Zahlen unzulänglich, da sich z. B. allein im Gouvernement Wologda die Größe der Moorflächen anstatt der Schätzung von ca. 1,9 Millionen später zu 7 Millionen Deßjatinen ergab. Im asiatischen Rußland werden an meliorierbaren Ödländereien

---

[1]) vgl. dazu auch Schreiber, Förderung des Moorwesens in Schweden, Österr. M. Staab 1914. S. 1 ff.

[2]) Nach G. A. Malm, Eine Karte über die Moore des südlichen Hälfte von Finnland, Helsingfors 1912 beträgt die Moorfläche 10 222 800 ha = 30,8% des Festlandes.

[3]) vgl. H. Schreiber, Österr. M. Staab 1905, S. 166.

[4]) 1 Deßjatine = 1,0925 ha.

überhaupt angegeben: für Turkestan 6,1 Millionen Deßjatinen, für Transkaukasien 1,3 Millionen Deßjatinen und für das westliche Sibirien ungefähr 10 Millionen Deßjatinen. Wieviel davon Moorland ist, darüber fehlen nähere Angaben[1]).

b) Amerikanische Moore.

Auch von den Mooren der Vereinigten Staaten von Nordamerika bringt die Zeitschrift „Die Ernährung der Pflanze" [2]) zwei anschauliche Übersichtskarten. Hiernach sind die nördlichen, kühleren und durch Seen und Regen ausgezeichneten Gegenden besonders reich an Moorbildungen. Von landwirtschaftlicher Bedeutung sind in dieser Beziehung vor allem die Staaten Illinois, Wisconsin und Indiana. Ferner sind erwähnenswert die Torflager an der Golf- und südatlantischen Küste, ebenso die der Halbinsel Florida. Von diesen Mooren ist bis jetzt nur ein kleiner Teil kultiviert; in kurzem wird man jedoch in diesen Gebieten sich ernstlicher mit der Moorkultur befassen, zumal man bereits gute Erfolge aufzuweisen hat. Nach Charles und Davies[3]) sollen die Vereinigten Staaten (ohne Alaska) 3 622 251 ha Moorboden besitzen, wovon angeblich 2879409 ha auf guten Torfboden entfallen. Nach Davis[4]) finden sich 11188 Quadratmeilen (29090 qkm) 9 Fuß mächtige Torflager vor, die etwa 13 Milliarden t verkäuflichen Torf liefern können.

Sodann sind noch zu erwähnen einige Moorgegenden an der Westküste der Vereinigten Staaten in den sog. „Tule-Ländern" in Kalifornien, ferner im Nordwesten im Staate Washington, am Puget Sound. Über die Torfablagerungen an der Nordwest- und Ostküste ist noch wenig bekannt geworden, jedoch sollen auch dort noch große Moorländereien der Erschließung harren, ebenso wie in Alaska.

Kanada besitzt gleichfalls große Moore, die sich von der

[1]) siehe Schneider, „Unsere Moore, eine nicht ausgenutzte Quelle des Nationalreichtums", Freiburg i. B. 1913.

[2]) Jahrgang 1910, Nr. 8.

[3]) The Uses of Peat for Fuel and other Purposes, Washington 1911.

[4]) Bur., Min. Bull. 1911, Bd. 16.

Provinz Quebec im Osten bis nach Manitoba im Westen und nach der Hudson-Bay im Norden erstrecken.

Nach E. Nyström[1]) verteilen sich die Moore in Kanada folgendermaßen auf die einzelnen Provinzen:

	Quadratmeilen (engl.)[2])	Mächtigkeit in Fuß (engl.)[3])
Nova Scotia	250	8—10
Prinz Eduard Island	10	8—10
Neu-Braunschweig	250	8—10
Quebec	500	8—10
Ontario	10 450	5— 8
Manitoba	500	6—10
Alberta, Saskatchawan	25 000	5—10
Britisch-Kolumbien	?	?

c) Tropische Moore.

Vielfach ist die Ansicht verbreitet, daß in den Tropen keine Moore vorhanden seien. Daß diese Annahme irrig ist, ist bereits früher (s. S. 23) besprochen worden. Nach C. E. A. Wichmann[4]) ist das Vorkommen von Mooren im indischen Archipel schon von John Andersson 1794 erwähnt worden. Nach ihm deutet auch das Vorkommen der sogenannten „schwarzen Wässer", welche bekanntlich auch in anderen Weltteilen dort auftreten, wo Torflager vorhanden sind, auf das gleiche Vorkommen in diesen Gegenden hin. Obzwar diese Wässer den Malaien als „ajer itam", „sungei itam", „danau itam" usw. bekannt sind, ist ihre Bedeutung den Geographen so fremd geblieben wie die Moore selbst.

Nach Wichmann sollen auf Java die Moore ungefähr 4000 ha mit einer Mächtigkeit von teilweise 30 bis 31 m bedecken. Su-

[1]) Peat and Lignite, Ottawa 1908.

[2]) 1 Quadratmeile (English mile) = 232,249 ha.

[3]) 1 Fuß (englisch) = 0,3048 m.

[4]) The fens of the Indian Archipelago; Koninklijke Akademie von Wetenschappen te Amsterdam; Proceedings at the meeting of the Members of the Royl. Inst., 1909.

matra besitzt sehr ausgedehnte Moorflächen (besonders zwischen dem Siak- und Kampar-Flusse), ebenso Borneo (vor allem im Süden und Osten) sowie Neu-Guinea, im nördlichen Teil nur vereinzelt, im Süden sowie im Südwesten dagegen in ziemlicher Menge[1]). In einer 12 m unter dem Meeresniveau gelegenen Moorschicht im Tiefland des Ostrandes von Sumatra kommt Vivianit vor[2]).

IV. Kapitel.

Moorkultur.

A. Die Moorkultur und ihre volkswirtschaftliche Bedeutung.

Die Moore sind in ihrem ursprünglichen Zustande den Ödländereien in weiterem Sinne zuzuzählen, denen die Eignung für eine Besiedelung und für den Betrieb von Ackerbau und Viehzucht infolge besonderer klimatischer und besonderer Bodenverhältnisse abgeht. Während aber durch Extreme des Klimas und der Bodenbeschaffenheit weite Regionen von einer Kultivierung dauernd ausgeschlossen bleiben, wie die heißen Sandwüsten, die nackten steilen Felswände des Gebirges, die Regionen stärkerer Kälte im Hochgebirge oder in den kalten Zonen unseres Erdballs, fand und findet sich besonders in dem gemäßigten Klima unserer Kulturländer Ödland in sehr bedeutendem Umfang, das durch Bodenmeliorationen, die schließlich nicht selten auch das Klima günstig beeinflussen, der Kultur gewonnen werden kann.

Solche Bodenmeliorationen erstrecken sich vielfach darauf, entweder schon vorhandenes Kulturland vor schweren Schä-

---

[1]) vgl. auch hierzu Früh und Schröter, l. c., S. 134—143, sowie Österr. M. Staab 1907, S. 163 und 1909, S. 139. Ferner E. C. Mohr, Über Moorbildungen in den Tropen. C. C. 1910, II, 294.

[2]) A. van Bijlert, C. C. 1911, I, 1002.

digungen hauptsächlich infolge Hochwassergefahr — durch Regelung der Wildbäche und durch Talsperren — zu schützen, oder es handelt sich dabei um die Hebung des Ertrages minderwertiger Flächen oder aber um die Umwandlung ganz ertragloser, häufig zunächst kaum zugänglicher Bodenflächen in nutzbringendes Gelände, gleichfalls durch Regulierung der Wasserverhältnisse, durch Be- und Entwässerung, aber auch durch weitere agrikulturtechnische Maßnahmen. Die Moore gehören, wie uns die Resultate der älteren und jüngsten Moorkultur gelehrt haben, in erster Linie zu jenen früher wenig oder gar nicht genutzten Ödländereien, die sich als äußerst dankbare Objekte der Bodenmelioration auszeichnen und außerdem im Torf als Brennstoff einen gewaltigen Schatz an Energievorrat einschließen.

In Deutschland entfällt bei weitem der größte Teil des Moorgebiets auf Preußen. Über den Umfang seiner Moore, sowie der der anderen deutschen Staaten und des übrigen europäischen Festlands gibt der vorhergehende Abschnitt „Moorstatistik" näheren Aufschluß. Eine Zusammenstellung der dort möglichst nach den jüngsten und zuverlässigsten Angaben ermittelten Zahlen zeigt folgende Übersicht:

Land	Gesamt-Moorfläche ha	Land	Gesamt-Moorfläche ha
Preußen	2241400	Österreich	81000
Oldenburg	97576	Schweiz	5000
Bayern	146400	Dänemark	100000
Württemberg . . .	18000	Norwegen	1200000
Baden.	18000	Schweden	5132000
Niederlande	176000	Finnland.	10000000

Rußland: 18000000 Deßjatinen

Demgegenüber zeigt nach einer älteren Zusammenstellung von R. Grieb[1]) die Verteilung des in weiterem Sinne gefaßten Ödlandes in Europa folgendes Bild:

[1]) R. Grieb, Das europäische Ödland, seine Bedeutung und Kultur Gießen 1898.

Rußland	18120	Quadratmeilen
Frankreich	1400	,,
Italien	772	,,
Deutschland	670	,,
Österreich-Ungarn .	452	,,
Belgien	100	,,
Dänemark	100	,,
Schweiz	72	,,
Holland	20	,,
Schweden[1])	4	,,
Summa	21710	Quadratmeilen

Diese Zahlen stellen natürlich noch mehr als die in der vorausgehenden Tabelle angeführten nur unsichere Näherungswerte dar; auch ändern sich dieselben oft in kurzer Zeit. Durch Naturgewalten können sie einen Zuwachs erfahren, öfter noch durch Einsetzen starker Kultivierungstätigkeit eine erhebliche Verminderung. So betrug der Umfang der Ödländereien in Frankreich, der im Jahre 1885 auf 7½ Millionen Hektar geschätzt wurde, noch im Jahre 1872 11 Millionen Hektar, ungeachtet des Umstandes, daß nicht lange zuvor auf der vom Westende der Pyrenäen bis zur Mündung der Gironde sich erstreckenden südwestlichen sandigen Flachküste, den sog. „Landes", durch eine in großartigem Maßstabe ausgeführte Aufforstung der langen wandernden Dünenketten über 800000 ha in blühende Kultur gebracht worden waren.

Wegen der eigentümlichen Entstehung aus organischen Substanzen besitzen die Moorböden ganz besondere Eigenschaften, durch die sie sich von den Mineralböden scharf unterscheiden und weswegen sie zu ihrer landwirtschaftlichen Nutzung ganz besondere Kulturmaßnahmen erfordern. Auf diese soll später genau eingegangen werden und zunächst die den Mooren, entsprechend ihrem großen Umfang zukommende volkswirtschaftliche Bedeutung durch die Besprechung der in den einzelnen Ländern zur Förderung der Moorkultur getroffenen Maßnahmen darzulegen versucht werden.

---

[1]) Dieser Wert ist jedenfalls viel zu tief gegriffen; vgl. den Umfang der Moore Schwedens nach der vorausgehenden Tabelle S. 62.

a) Die Moorkultur in Preußen.

In Deutschland nehmen die Moore, besonders in den kühlen, niederschlagreichen nördlichen Landstrichen in der Nähe der Küste, ausgedehnte Flächen ein. Dementsprechend hat der preußische Staat bei seinen umfangreichen Bodenmeliorationsarbeiten sich auch der Förderung der Moorkultur in weiterem Umfange angenommen. Die große Bedeutung dieser Meliorationsarbeiten ist aus den großen Aufwendungen ersichtlich, die von ihm seit dem Jahre 1856 bis 1910 auf diesem Gebiete gemacht worden und in der nachfolgenden Tabelle[1]) wiedergegeben sind. Sie läßt den bedeutenden Anteil, der auf die Moorgebiete entfällt, erkennen, wenn auch die Gesamtaufwendungen für die einzelnen Bodenarten nicht spezialisiert sind.

Übersicht über die in Preußen ausgeführten und in der Ausführung begriffenen Landesmeliorationen in der Zeit seit 1856.

Provinz	Gesamtfläche ha	Mineralischer Boden ha	Niederungsmoor ha	Hochmoor ha	Ausführungskosten Mark
Ostpreußen	413108	263016	146324	3768	68612731
Westpreußen	162164	127903	34059	202	34827884
Brandenburg	339254	174969	164285	—	45792003
Pommern	85589	40562	43244	1783	15385092
Posen	279056	182786	96197	73	43337974
Schlesien	125314	115550	9691	73	82328981
Sachsen	66475	54111	12333	31	30136127
Schleswig-Holstein	96328	86404	9924	—	26914712
Hannover	140561	99588	22951	18022	35429274
Westfalen	69657	63776	4727	1154	20526157
Hessen-Nassau	19199	19199	—	—	8699603
Rheinprovinz	51910	47982	3848	80	27569887
Hohenzollernsche Lande	1902	1902	—	—	861072
Zusammen	1850517	1277748	547583	25186	440421407

[1]) Siehe hierfür und für das folgende die „Denkschrift über die Moorkultur und die Moorbesiedelung in Preußen" des preußischen Ministeriums für Landwirtschaft, Domänen und Forsten an das preußische Abgeordnetenhaus vom 31. Januar 1912 (Nr. 56 der Drucksachen des Hauses der Abgeordneten. V. Session. 1912/13), ferner „Die deutschen Moore und ihre Bedeutung für die deutsche Volkswirtschaft", Sonderabdruck aus dem Archiv des Deutschen Landwirtschaftsrates, 35. Jahrg. 1911.

Davon entfallen auf:

a) bereits ausgeführte Meliorationen:

1476706	1043485	426520	6701	334215807

b) in der Ausführung begriffene Meliorationen:

373811	234263	121063	18485	106205690

Die nächste Tabelle bringt eine Übersicht über die in Preußen in Vorbereitung begriffenen Landesmeliorationen.

Übersicht über die in Preußen in Vorbereitung begriffenen Landesmeliorationen.

Provinz	Gesamtfläche ha	Mineralischer Boden ha	Niederungsmoor ha	Hochmoor ha	Ausführungskosten Mark
Ostpreußen	89178	44720	44318	140	17524000
Westpreußen	76197	55419	20397	381	11771765
Brandenburg	67597	25030	42567	—	9122580
Pommern	100507	7657	90663	2187	17292187
Posen	41430	32035	9395	—	7644620
Schlesien	17223	14301	2672	250	11663521
Sachsen	44607	37701	6906	—	8949644
Schleswig-Holstein	28530	22404	5973	153	4435600
Hannover	169863	82860	62781	24222	27400760
Westfalen	38667	35395	922	2350	8385920
Hessen-Nassau	11108	11108	—	—	5527806
Rheinprovinz	9844	9156	688	—	15417932
Hohenzollernsche Lande	92	92	—	—	407775
Zusammen	694843	377878	287282	29683	145544110

Davon entfallen auf:

a) fertiggestellte Entwürfe:

114925	59101	53846	1978	21412706

b) in Vorbereitung befindliche Entwürfe:

579918	318777	233436	27705	124131404

Schließlich gibt die letzte Tabelle eine auf Grund einer besonderen, im Jahre 1911 von der Regierung veranlaßten Rundfrage gewonnene Übersicht über die mindest 50 ha großen Hochmoore und Ödländereien des preußischen Staatsgebiets, die als kultur- und besiedlungsfähig zu bezeichnen und in den beiden vorhergehenden Tabellen nicht enthalten sind.

Provinz	Anzahl	Größe der Ödlandsflächen im ganzen	davon mineral. Boden	davon Hochmoorboden	Von den Ödlandsflächen befinden sich im Eigentum: des Staates, mineral. Boden	des Staates, Hochmoorboden	von öffentlichen Korporationen, Verbänden, Instituten usw., mineral. Boden	von öffentlichen Korporationen, Verbänden, Instituten usw., Hochmoorboden	von Privatpersonen, und zwar im Einzelbesitz geschlossen, mineral. Boden	im Einzelbesitz geschlossen, Hochmoorboden	im Einzelbesitz in Gemengelage, mineral. Boden	im Einzelbesitz in Gemengelage, Hochmoorboden	in ungeteilter Gemeinheit, mineral. Boden	in ungeteilter Gemeinheit, Hochmoorboden
		ha	ha	ha	ha	ha	ha	ha	ha	ha	ha	ha	ha	ha
Ostpreußen	181	52 345	2 276	50 069	90	15 305	—	181	270	3 142	1 900	31 161	16	280
Westpreußen	43	10 187	1 060	9 127	5	421	—	37	210	338	845	8 331	—	—
Brandenburg	53	89 784	3 440	86 344	—	3 725	—	1 251	237	9 526	3 203	71 692	—	150
Pommern	260	91 406	1 468	89 938	—	4 143	—	4 767	388	11 629	1 080	68 618	—	781
Posen	1	200	—	200	—	—	—	—	—	200	—	—	—	—
Schlesien	9	1 674	159	1 515	—	196	—	100	90	649	69	570	—	—
Sachsen	3	680	185	495	50	160	—	—	—	—	135	335	—	—
Schleswig-Holstein	173	42 024	8 754	33 270	147	3 484	—	214	477	3 585	8 055	25 902	75	85
Hannover	452	326 849	118 835	188 014	1 460	16 424	807	1 823	11 656	17 715	114 417	127 124	10 495	24 928
Westfalen	79	23 274	21 179	2 095	—	—	772	—	633	80	19 734	1 905	40	110
Hessen-Nassau	32	4 795	4 795	—	380	—	2 430	—	160	—	1 825	—	—	—
Rheinprovinz	70	11 881	6 196	5 685	5	—	2 562	1 960	10	124	3 259	3 436	360	165
Hohenzollernsche Lande	5	325	265	60	—	—	214	—	51	60	—	—	—	—
Zusammen	1 361	655 424	188 612	466 812	2 137	43 858	6 785	10 333	14 182	47 048	154 522	339 074	10 986	26 499

Während die Niederungsmoore meist in kleinen und kleinsten Flächen innerhalb der landwirtschaftlich benutzten Flächen über das Land zerstreut sind oder bei großem Umfang sich in den Niederungen der Wasserläufe hinziehen, wo sie an bereits kultiviertes Land angrenzen und in der Regel schon mit einem landwirtschaftlichen Betriebe in Verbindung stehen, bilden die Hochmoore meist große, zusammenhängende Flächen abseits der Flußläufe, häufig von mineralischem Ödland umschlossen. Sie können in der Regel ohne Ansiedlung nicht kultiviert werden, und es erscheint geboten, ihre Kultur gleichzeitig mit der des sie umschließenden Heidelands in Angriff zu nehmen, da sich daraus bei der Kultivierung und Bewirtschaftung sehr vorteilhafte Wechselbeziehungen ergeben. Sie sind gerade wegen dieser Möglichkeit einer Besiedlung heutzutage bei dem raschen Wachstum der Bevölkerung von ganz besonderer volkswirtschaftlicher Bedeutung.

Dagegen können die Niederungsmoore für eine Besiedelung nicht mehr in Frage kommen, mit Ausnahme einiger sehr ausgedehnter Flächen, beispielsweise im Havelländischen und Rhinluch, wo die auf den einzelnen Besitz entfallende Moorfläche zu groß ist, um von ihm allein dauernd intensiv bewirtschaftet werden zu können. Im übrigen sind die Niederungsmoore bereits fast völlig durch das bekannte großzügige Kulturwerk Friedrichs des Großen erschlossen worden. Derselbe hat die von seinem Vater, dem König Friedrich Wilhelm I., begonnene Kulturarbeit im Havelländer Luch während seiner Regierung besonders auf die Regulierung des Oder-, Warthe- und Netzebruchs ausgedehnt, wo er, wie er sich mit Recht rühmen durfte, eine ganze Provinz im Frieden erobert hat. Er mußte dabei manchen harten Strauß mit den anfangs kräftig widerstrebenden Anwohnern der versumpften Gebiete durchfechten und nahm in solchen Fällen nicht Anstand, zur Ausführung der Kulturarbeiten im Notfalle seine Soldaten zu kommandieren, die dafür auch bei den Neuansiedlungen bevorzugt wurden. In der Tat ist der Umfang des ganzen von ihm in Kultur genommenen und besiedelten Gebiets 250000 ha, und er verwendete allein in den 23 Jahren nach dem Siebenjährigen Krieg auf diese Arbeiten 40 Millionen Taler, gleich 8% der gesamten Staatseinnahmen. Allerdings haben sich die auf Hochmoor in Ostpreußen und Ostfriesland geschaffenen Besiedlungsanlagen, da man eines wirklich brauchbaren Kulturverfahrens zu ihrer beschleunigten Besiedlung noch ermangelte, in der Folgezeit weniger gut, zum Teil sehr ungünstig entwickelt. Dies hatte, zumal das an Mooren besonders bedeutende Ostfriesland später wieder an Hannover fiel, zur Folge, daß das staatliche Interesse an der Moorkultur bald wieder erlahmte und erst aufs neue geweckt wurde, als nach der Einverleibung Hannovers umfangreiche Hochmoorgebiete in den staatlichen Besitz kamen. Das ehemalige Königreich Hannover ist mit Ostfriesland, dem Emsland und dem den alten Herzogtümern Bremen und Verden entsprechenden Gebiete der Schauplatz einer schon älteren Moorkultur, deren Geschichte hier kurz skizziert werden soll, bevor auf ihre neuzeitliche Förderung durch den preußischen Staat näher eingegangen wird.

Die ältere Moorkultur in Ostfriesland und Hannover.

Hannover weist unter allen Provinzen des preußischen Staates den größten Moorreichtum auf und wird in dieser Beziehung nur noch von dem benachbarten Großherzogtum Oldenburg übertroffen. Von den weit ausgedehnten Mooren zwischen der Ems, Weser und Elbe sind jedenfalls die an den Wasserläufen gelegenen graswüchsigen Niederungsmoore seit alters, soweit es ohne weiteres möglich war, als Wiesen und Weiden benutzt worden. Auch die Gewinnung von Brenntorf blickt ebenso sicher auf eine alte Geschichte zurück. Ist doch Ostfriesland das Land, auf dessen Bewohner, die Chauken, sich das viel zitierte Zitat von Plinius bezieht, das uns die älteste Kunde von der Verwendung des Brenntorfes übermittelt[1]).

---

[1]) vgl. Plinius, Natur hist. lib. XVI, 1. Non pecudem his habere, non lacte ali, ut finitimis, ne cum feris quidem dimicare contingit, omni procul abacto frutice. Ulva et palustri junco funes nectunt ad pratexenda piscibus retis; captumque manibus lutum ventis magis, quam sole siccantes: terra cibos et rigentia septentrione viscera sua urunt. — Es ist ihnen nicht wie ihren Nachbarn vergönnt, eine Rinderherde zu halten, noch sich von Milch zu nähren, ja nicht einmal Wild zu jagen, wegen des vollständigen Waldmangels; sie flechten

Doch ist die Entwicklung auf diesem Gebiete und in der Kultivierung der Hochmoore jedenfalls recht langsam vor sich gegangen. Ein altes Zeugnis davon stellt der sogenannte „Kuhgraben“ dar, ein schiffbarer Kanal, der bereits zu Ende des 13. Jahrhunderts die Moore der Klöster Lilienthal und Osterholz mit der Stadt Bremen verband und der Beförderung des gewonnenen Torfs nach der Stadt diente.

Als größere, von der Landesherrschaft ausgehende Moorkolonisationen kommen erst in Betracht die durch die Regierung Friedrichs des Großen ausgeführten ostfriesischen Moorbesiedelungen im Kreise Aurich, die Besiedelungen der zwischen Weser und Elbe gelegenen Moore der ehemaligen Herzogtümer Bremen und Verden im jetzigen Regierungsbezirke Stade durch die hannoversche Regierung und die Moorkolonisationen im münsterischen Emsland, nämlich die Kolonien im sog. Niederstift des Bistums Münster in den früheren Ämtern Meppen, Aschendorf und Hümmling des jetzigen Regierungsbezirkes Osnabrück[1]). Ihre Grundlage ist vorwiegend „Hochmoor-Kultur“, d. h. die landwirtschaftliche Nutzung der nicht abgetorften Moorfläche. Älteren Datums bereits waren die ersten nach dem holländischen Vorbild der Fehnkultur geschaffenen Fehnkolonien, deren erste im münsterischen Emslande durch den bischöflichen münsterischen Drost Diederich von Velen in Papenburg im Jahre 1630 gegründet wurde. Fast gleichzeitig begannen auch in Ostfriesland ver-

---

Netze aus Binsen und Schilf zum Fischfange, sie kochen ihre Speisen und wärmen ihre von rauhem Nordwind starrenden Glieder mit Erde, indem sie mit den Händen Schlamm schöpfen, den sie mehr mit Hilfe der Winde als der Sonne trocknen.

[1]) Das münsterische Emsland unterstand bis zur Säkularisierung des Erzbistums Köln dem Bischof von Münster; Ostfriesland hatte, nachdem es längere Zeit der Schauplatz politischer Wirren gewesen war, durch etwa 300 Jahre sein eigenes Grafen-, später Fürstenhaus der Cirksena, bis es nach deren Aussterben 1744 an Friedrich den Großen fiel. Unter Napoleon wurde es zuerst mit Holland vereinigt, kam dann direkt unter französische Herrschaft und fiel 1813 wieder an Preußen zurück, das es 1815 an Hannover abtrat. Die zu dem ehemaligen Erzbistum Bremen gehörigen Herzogtümer Bremen und Verden waren nach dem Dreißigjährigen Krieg an Schweden gekommen, das sie 1718 an Hannover abtrat.

schiedene Privatfehngesellschaften am Flußlaufe des Fehntjer Tiefes, ferner an der Leda und ihrem Nebenfluß, der Jümmer, Fehnkolonien anzulegen. Zu letzteren gesellten sich später noch einige von der hannoverschen Regierung gegründete Fehnkolonien. Unter allen diesen Kolonien hat Papenburg die beste Entwicklung genommen, aber selbst dieses hat keineswegs das holländische Vorbild erreicht. Die älteste von Emdener Bürgern gegründete ostfriesische Fehnkolonie ist Großefehn (gegründet 1633), der bald mehrere kleinere Fehnkolonien: Bockzetelerfehn, Lübbersfehn, Hüllenerfehn, Neuefehn, Stickelkamperfehn und Hooksterfehn, jetzt Iheringsfehn, folgten. Erst um die Mitte des 18. Jahrhunderts wurde diese Kolonisationstätigkeit wieder fortgesetzt, in dem fast parallel zu Großefehn angelegten Spetzerfehn (1746), dem Rhauderfehn (1769), das unter den ostfriesischen Fehnkolonien wohl die beste Entwicklung durchgemacht hat, da es durch reichlichen Ausbau der Inwieken am meisten „fehngerecht" nach holländischem Muster verfehnt wurde, und dem Berumerfehn oder Norderfehn (1794). Letzteres zeigt die Merkwürdigkeit, daß der gesamte Betrieb der Fehnkolonisation vollständig durch die kolonisierende Gesellschaft ausgeübt wird, während andere Gesellschaften sich auf die Ansetzung von Pächtern beschränkten, denen sie die Verfehnung überließen. Die Kolonien der hannoverschen Regierung sind die in der Nähe von Rhauderfehn angelegten Fehnkolonien Nord- und Süd-Georgsfehn (1825), die eine minder günstige Entwicklung durchgemacht haben, sowie das gut entwickelte Holterfehn (1829).

Die gleichfalls um die Mitte des 18. Jahrhunderts einsetzende Besiedlung und Kultivierung des Hochmoores, von der schon vorher gesprochen worden ist, hat einerseits in den von der hannoverschen Regierung besiedelten, zwischen der Weser und Elbe gelegenen Mooren, andererseits in den von der preußischen Regierung besiedelten ostfriesischen und in den von der bischöflich münsterischen Regierung besiedelten linksemsischen Mooren einen sehr verschiedenen Verlauf genommen.

Die hannoversche Regierung ging, von besonders sachkundigen Beamten unterstützt, nach einem von dem hochverdienten kgl. Moorkommissär Findorf entworfenen Generalkulturplan mit dem größten Wohlwollen für die Kolonisten, „um nicht Bettler in das Land zu ziehen", vor. Der Staat sorgte selbst auf eigene Kosten für die Aufschließung der Moore, indem er die Hauptabzugsgräben, die Schiffsgräben, Brücken und die wichtigsten Wege ordnungsgemäß herstellen ließ. Dabei fanden die Kolonisten, die die notwendigen Arbeiten im Tagelohn herstellten, in den ersten schweren Zeiten einen auskömmlichen Verdienst. In der gesamten Regelung der Ansiedlungsbedingungen erfuhren sie, besonders in bezug auf die materiellen Leistungen, ein sehr wohlwollendes Entgegenkommen. Der Hauptwert wurde auf eine stetig fortschreitende Urbarmachung des Moorlandes durch richtige Bearbeitung und reichliche Düngung gelegt und deshalb auch das so nachteilige Moorbrennen nur auf das notwendigste Maß beschränkt. Ein erschöpfendes Bild einer solchen Moorkultivierung durch die hannoversche Regierung an der Hand einschlägiger Akten gibt W. Schmehling[1]). Im ganzen sind auf diese Weise ungefähr 100 Moordörfer gegründet worden, die im Jahre 1875 eine Gesamtfläche von 25000 ha mit ungefähr 18000 Einwohnern bedeckten und eine sehr gedeihliche Entwicklung aufweisen. Man kann allerdings annehmen, daß, wenn die hannoversche Regierung mit einem weiteren Blicke sich zu einem großzügigen, wenn auch kostspieligeren Ausbau der Kanalstraßen in großem Maßstabe entschlossen und dadurch die Torfgewinnung und Verfehnung, die sie, wie ihre eigenen oben erwähnten Verfehnungsversuche beweisen, sehr in den Hintergrund gestellt hat, gefördert hätte, diese Kolonien, deren Kultivierung doch auch nicht wesentlich rascher als bei einer fehngerechten Kolonisierung sich vollzog, noch einen weit größeren Aufschwung genommen hätten.

Sehr bedeutend sticht von der Entwicklung dieser Moor-

---

[1]) W. v. Schmehling, Die Besiedlung des Hellweger Moors durch die hannoversche Domänenkammer von 1792 ab. Nach den Akten des Kgl. Staatsarchivs in Hannover, der Kgl. Regierung in Stade und des Kgl. Landratsamts in Achim dargestellt, herausgegeben vom Verein zur Förderung der Moorkultur im Deutschen Reiche 1911.

dörfer der Zustand der Moorbesiedlungen ab, die seit 1744 bis 1790 von der preußischen Regierung in Ostfriesland veranlaßt wurden. Um die aus den über ein Jahrhundert alten Streitigkeiten zwischen den Landesherren und den Markgenossen über das Eigentumsrecht an den Mooren herrührenden Schwierigkeiten endgültig zu beseitigen, erklärte Friedrich der Große im Jahre 1765 durch sein Urbarmachungsedikt alles noch nicht bearbeitete Öd- und Moorland als Staatseigentum. Ferner bestimmte das Edikt, daß alle neu gebildeten Ansiedlungen an die alten angrenzenden Gemeinden bezüglich ihres Kirchen-, Schul- und Armenverhältnisses angegliedert werden sollten, so daß diesen dadurch eine große Last erwuchs. Auf den staatlichen Mooren sollte der Buchweizenanbau mittels Moorbrands nur noch gegen Pacht gestattet sein. In der falschen Voraussetzung, daß es gelingen müsse, durch die Moorbrandkultur, die es ermöglicht, ohne weitere Aufwendungen wenigstens im Anfang einen reichen Ertrag einzuheimsen, eine rasche Besiedlung und Kultivierung der Moore durchführen zu können, wurden zahlreiche untüchtige und mittellose Kolonisten angesiedelt, die ohne jede Möglichkeit eines anderen Verdienstes und ohne jede weitere Unterstützung sich überlassen wurden und nur auf den unsicheren und immer geringer werdenden Ertrag der Moorbrandkultur angewiesen waren, die sie auf den weiten, unwegsamen Mooren ausüben sollten. In der Folge nisteten sich Armut und Elend, Bettelei und Diebstahl in den Dörfern ein, von denen im Verlauf der Zeit auf einer Fläche von 16000 ha 80 mit etwa 22000 Einwohnern angesiedelt wurden, bis durch einen besonderen Erlaß des Königs zu Ende 1791 verfügt wurde, „vorjetzt mit allen Kolonistenansetzungen auf den Heidefeldern anzuhalten, zumahlen wir aus Eurem Bericht vom 17. vor. Mon. über die Remissionstabelle pro 1790—91 mit Bedauern ersehen, dass viele der von Euch angesetzten Colonisten nicht nur keine Abgaben entrichten, sondern sogar vom Betteln leben". Die ostfriesischen Stände selbst hatten schon im Jahre 1789 in Berlin eine Landesbeschwerde eingebracht, in der sie von den Kolonisten sprachen „als Fremde, die ... oft durch Beraubungen aller Art die Gemeinden und die ganze Nachbarschaft brandschatzen, keine Dorflasten mittragen, und deren Kinder von der Wiege an zum Bettel und zur Faulheit gewöhnt, in die Fußstapfen ihrer Eltern zu treten drohen, mit einem Worte, welche gemeiniglich eine wahre Geißel der ganzen umliegenden Gegend sind“[1]).

Nur wenige Kolonien in besonders günstiger Lage haben sich weiterhin leidlich, manche sogar befriedigend, entwickelt, wie z. B. Pfalzdorf, Ludwigsdorf und Dietrichsfeld, und es sind vorwiegend die Fehler in der an sich sehr wohl möglichen Ausführung, an denen diese Moorkolonisationen gescheitert sind.

Ganz ähnlich entwickelten sich die Verhältnisse in den linksemsischen Mooren, an deren Besiedlung die bischöflich münsterische Regierung erst 1787 schritt, hauptsächlich, um in den Grenzstreitigkeiten mit Holland den eigenen Grenzschutz besser zu sichern. Noch mehr als in Ostfriesland stellte sich hier die alte angesessene Bevölkerung, die sich in ihren Interessen durch die neuen Kolonisten vielfach beeinträchtigt sah und die als Markenbesitzer für alle öffentlichen Einrichtungen, besonders für die Errichtung und Erhaltung der Wege hätten sorgen sollen, den Kolonisten feindlich gegenüber. Diesen ließ die Regierung selbst keine weitere Förderung zuteil werden und kümmerte sich nur um die Erhebung der ihr zu zahlenden Gebühren.

Im ganzen entstanden 22 Kolonien, die ebenfalls fast ausschließlich auf das Moorbrennen als einzige, wenigstens ehrliche Erwerbsquelle angewiesen waren. Die schlimmsten Zustände bildeten sich bald und dauernd in Hebelermeer aus, während vereinzelt auch hier einige Ansiedlungen zu einer gedeihlicheren Entwicklung kamen. Am besten haben sich Rütenbrock und Twist entwickelt.

Der grelle Gegensatz in der Entwicklung dieser Moorsiedlungen zu den blühenden, ganz nahe benachbarten Fehnkolonien Hollands, der große Notstand der Kolonisten, aber auch die Belästigung der weiteren Umgebung durch das Moorbrennen mußte endlich die Staatsregierung veranlassen, wirklich wirksame Maßnahmen zur Abstellung dieser Übelstände zu ergreifen. Die von

[1]) Siehe Stumpfe, l. c., S. 80.

der hannoverschen Regierung in dieser Beziehung bereits in Vorbereitung genommenen Pläne sind dann vom preußischen Staate nach der Einverleibung Hannovers tatkräftig aufgenommen und verwirklicht worden.

Die staatlichen Leistungen für die Moorkultur in Preußen.

Zur neuzeitlichen Förderung der Moorkultur durch den Staat wurde Preußen veranlaßt, als nach der Einverleibung Hannovers umfangreiche Hochmoore in den staatlichen Besitz kamen. Es wurden zunächst die alten hannoverschen Pläne eines ausgedehnten Kanalbaues im Interesse einer schnellen Erschließung der linksemsischen Moore in Angriff genommen, besonders als es galt, in den Jahren 1870/71 die französischen Kriegsgefangenen zu beschäftigen. Das unter dem hochverdienten Förderer der deutschen Moorkultur, Marcard, ausgeführte Kanalnetz besitzt eine Gesamtlänge von 105 km und erforderte rund 20 Millionen Mark Kosten. Es wird gebildet vom Ems-Vechte-, dem Süd-Nord-, dem Picardie-Koeverden-, dem Haren-Rütenbrock- und dem Nordhorn-Almeloe-Kanal.

Man gelangte aber bald zur Erkenntnis der Notwendigkeit, den richtigen Weg, den man bei der geplanten Kulturarbeit einschlagen müßte, durch ein sorgfältiges Studium erst ausfindig zu machen.

Als technischer Beirat in allen Moorangelegenheiten wurde daher von dem Landwirtschaftsministerium 1876 die Zentralmoorkommission ins Leben gerufen, die der Mittelpunkt für alle allgemeinen wissenschaftlichen und administrativen Maßnahmen sein sollte, die die Erschließung und Kultivierung großer Moorödlandflächen nötig machen. Es sollte insbesondere die noch sehr verbreitete Moorbrandkultur, die nicht nur durch den Moorrauch die Nachbarschaft in weiter Umgebung in hohem Grade belästigte, sondern auch für das Hochmoor selbst sehr schädlich ist, da sie seine Ertragsfähigkeit immer mehr verringert, durch ein anderes zweckmäßigeres Verfahren ersetzt werden. Das seit kurzem zu hohem Ansehen gelangte Rimpausche Sanddeckkulturverfahren, das auf Niedermooren die schönsten Erfolge zeitigte zeigte sich für das Hochmoor ungeeignet, während die ursprünglich ins Auge gefaßte Verfehnung des Hochmoores durch den überstark anwachsenden Wettbewerb der Steinkohle mit dem Brenntorf einem sehr großen Risiko ausgesetzt schien. Um die mannigfaltigen theoretischen und praktischen Probleme einer rationellen Moorkultur zu bearbeiten und der gewonnenen Erkenntnis unter den Interessenten in eindringlicher Weise Verbreitung zu verschaffen, wurde im Jahre 1877 die Moorversuchsstation in Bremen ins Leben gerufen, die unter ihrem ersten Leiter M. Fleischer und seinem Nachfolger Br. Tacke die wissenschaftlichen und praktischen Grundlagen für die erfolgreiche Kultivierung des Hoch- wie des Niedermoores schuf.

Die Aufgabe der Zentralmoorkommission und damit auch der Moorversuchsstation wurde 1893 auch auf die Förderung der Kultur der sogenannten „leichten Sandböden", insbesondere der mit dem Moor nachbarlich verbundenen sandig-mineralischen Heideböden und später auch auf die Hebung der Kultur der Marsche ausgedehnt. Der Etat der Moorversuchsstation stieg von 16600 M. im Jahre 1877 bei einem Staatszuschuß von 10000 M. auf 105670 M. in dem Jahre 1907 mit rund 77000 M. Staatszuschuß und auf 190600 M. im Jahre 1913 mit 160800 M. Staatszuschuß. Inzwischen erfuhr die Moorversuchsstation Bremen einen weiteren Ausbau durch die Gründung der Ems-Abteilung in Lingen (1884) und der Abteilung in Aurich für die ostfriesischen Moore und Heiden (1905). Außer ihren Topf- und Feldversuchen und ihren Versuchen in Vegetationshäusern legte die Moorversuchsstation zahlreiche Beispielsfelder in verschiedenen Gegenden des ganzen Deutschen Reichs[1]) an und gründete im Jahre 1895 eine eigene

[1]) Eine Übersicht über die im Jahre 1913 im ersten bis sechsten Nutzungsjahre stehenden, gewöhnlich durch sechs Jahre fortgeführten 330 Versuchsflächen und ihre Erträge gibt der Bericht über die Tätigkeit der Bremer Versuchsabteilung des Vereins zur Förderung der Moorkultur im Deutschen Reiche 1913 von Kröger und von Schmehling; Beilage zu Heft III, Jahrg. 1914 der Mitt. d. V. z. Moorkult. i. Dt. R. Wir entnehmen daraus ferner, daß im Jahre 1913 54 neue Versuchsfelder zur Ausführung gekommen und für das Jahr 1914 im ganzen 96 neue Versuchsfelder in Aussicht genommen sind. Die

Versuchswirtschaft auf Hochmoor im Maibuscher Moor bei Hude in Oldenburg; im Jahre 1898 richtete sie zur Ausführung vergleichender exakter Versuche auf besandetem Niederungsmoor auch ein Versuchsfeld von 5 ha auf den neuen Dammkulturen der Domäne der Kgl. Klosterkammer in Burgsittensen im Kreise Zeven und schließlich 1907 in Widdelswehr bei Petkum an der Ems einen eigenen Marschhof ein. In jüngster Zeit ist im Königsmoor die Gründung einer Moorversuchswirtschaft für Obst-, Gemüse- und Gartenbau in Angriff genommen.

Die Moorversuchsstation Bremen beteiligt sich ferner als beratendes Organ an den neben der Zentralkommission wirkenden, von den einzelnen Landesverwaltungen begründeten, aber gleichfalls aus staatlichen Mitteln reichlich unterstützten Provinzialmoorkommissionen der Landwirtschaftskammern für Pommern, für Posen und für Ostpreußen, und insbesondere an der von ersterer im Jahre 1901 errichteten 95 ha großen Moorversuchswirtschaft auf Niederungsmoor Neu-Hammerstein im Lebamoor und den eben dort angelegten Ackerbauversuchsfeldern auf Hochmoor in Giesebitz. Schließlich hat die Moorversuchsstation die Leitung der Besiedlung von zwei schleswig-holsteinischen Mooren übernommen, des Bargstedter Moores bei Nortorf (210 ha) und des Reitmoors am Kaiser-Wilhelm-Kanal bei Oldenbüttel (710 ha), die das Ministerium des Innern durch Strafgefangene kultivieren läßt und in größeren und kleineren Stellen als Pacht- und Rentgüter herausgibt.

Zu den angeführten Körperschaften gesellte sich in letzter Zeit die Moorkommission in Hannover und die Landeskulturkommission der Provinz Schleswig-Holstein, sowie die Landeskulturabteilung der Landwirtschaftskammer für die Provinz Brandenburg. Der Moorkommission der Provinz Hannover stehen ab 1912 auf 8 Jahre insgesamt 2 Millionen Mark zur Verfügung, die zur Hälfte vom Staate, zur Hälfte von der Provinz gegeben

Gesamtzahl der Beispielsflächen wird demzufolge Ende 1914 454 betragen mit einer Gesamtgröße von 219,92 ha. Die abgelaufenen bzw. abgebrochenen 77 Versuche mit 31,3 ha hinzugerechnet, ergeben sich zusammen 531 Versuche mit 251,25 ha Flächeninhalt.

werden. Es sollen aus diesen Mitteln an Kreise, Gemeinden, Zweckverbände u. a. für die Herstellung der öffentlichen und gemeinwirtschaftlichen Anlagen, der Wege und Gräben, zur Regelung der öffentlich-rechtlichen Verhältnisse (Kirche, Schule), zur Erleichterung von Zinszahlung und Einrichtung von Beispielskulturen Beihilfen gewährt werden, die in der Regel nicht zurückerstattet zu werden brauchen. An Privatbesitzer sollen Unterstützungen nur ausnahmsweise gegeben werden, wenn es sich um vorbildlich und anregend wirkende Anlagen handelt.

Die auf den Sitzungen der Zentralmoorkommission abgehaltenen Beratungen, die gefaßten Beschlüsse und die mitgeteilten Tätigkeitsberichte der verschiedenen Institutionen, die auf dem Gebiet der Moorkultur arbeiten, werden in den „Protokollen der (entsprechend bezifferten) Sitzung der Zentralmoorkommission", die Tätigkeitsberichte der Moorversuchsstation Bremen in besonderen Jahresberichten veröffentlicht. Weiter findet sich eine große Fülle schätzenswerter Mitteilungen aus dem Gesamtgebiet der Moorkultur in den in 24 Heften jährlich herausgegebenen „Mitteilungen des Vereins zur Förderung der Moorkultur im Deutschen Reiche", der seit seiner Gründung im Jahre 1883 die in seinem Namen genannten Ziele in sehr hervorragender Weise fördert. Dies läßt sich schon an der großen finanziellen Unterstützung erkennen, die ihm staatlicherseits zuteil wurde und im Etat des Jahres 1913 sich auf über 57000 M. belief, wozu noch 50000 M. Beihilfe aus dem Kalifond und 11000 M. von den Thomasphosphatfabrikanten kamen.

Zur praktischen Förderung der Moorkultur hat der Staat in dieser neuzeitlichen Entwicklungsperiode von seinem 46000 ha umfassenden Besitz an Hochmoor in den Provinzen Hannover und Ostpreußen aus der Domänen- und Forstverwaltung umfangreiche Moorflächen den Generalkommissionen für Hannover, Schleswig-Holstein und für Ostpreußen zur Urbarmachung und Ansiedlung überwiesen. Es sind das in Ostpreußen das Augstumal-Moor mit 3000 ha, das Rupkalwener Moor bei Heydekrug mit der Kolonie Bismarck und das große Moosbruch mit der älteren Kolonie Elchthal-Karlsrode, für die bis zum Jahre 1907 über 1 Million Mark für Meliorationszwecke aufgewendet wurden, ein großer Teil davon, um die schon älteren, aber wegen der geringen Bemessung ($^3/_4$—1½ ha) in der Entwicklung stark gehemmten Kolonate durch Zusammenlegung und Vergrößerung lebensfähig zu gestalten. Bis 1911 sind von diesen Flächen 2259 ha kultiviert und 2167 ha an 557 Siedler begeben worden.

In der Provinz Hannover wurden bis Ende 1906 für das Marcards-Moor mit 2090 ha, von denen bis dahin 406 ha kultiviert waren, für allgemeine, auf die ganze Fläche entfallende Kosten 160583 M. und für besondere Kosten 557277 M., für das 442 ha große Kehdinger Moor (Kolonie Gr.-Sterneberg), von dem 108 ha kultiviert waren, 177413 M. allgemeine und 92722 M. besondere Kosten, für das 213 ha große Hahnenknoop-Moor, von dem bis dahin 20 ha kultiviert sind, 75000 M. aufgewendet. Die Verzinsung dieser Summen schwankt bisher zwischen 1,4, 2,7 und 5,18 %.

Im Jahre 1911 waren im Bargstedter Moor 128,2 ha bestellt, davon 61,4 ha mit Ackerfrüchten und 66,8 ha als Wiesen und Weiden. Die Zahl der Kolonisten betrug 36. Im Reitmoor waren 123,8 ha als Kulturland benutzt, 83 ha für Ackerfrüchte, der Rest für Wiesen und Weiden. Die Zahl der Kolonisten betrug 49.

Von den der staatlichen Domänenverwaltung unterstehenden Niederungsmoorflächen sind mit staatlicher Unterstützung, die in der Gewährung verzinslicher Darlehen an die Pächter bestand, bis 1907 8748 ha mit einem Kostenaufwand von 2500000 M. melioriert worden, wobei sich die Kosten für Sanddeckkulturen (800 ha) auf 500 M. pro Hektar, für Wiesen auf durchschnittlich 377 M. pro Hektar stellten.

Die forstfiskalische Verwaltung, in deren Besitz ca. 100000 ha für Wiesenanlagen geeignete Moore sich befinden, hat 6000 ha mit einem Gesamtaufwand von 1800000 M. melioriert. Dabei betrugen die Kosten

für den Hektar besandeter Wiesen . . . . M. 541,—,
für den Hektar nichtbesandeter Wiesen . . „ 223,—.

Die Betriebskosten (Düngung und Pflege) waren im Jahre 1906

für besandete Flächen . . . . . M. 44,20 pro Hektar,
für unbesandete Flächen . . . . „ 37,10 „ „ .

Im Durchschnitt aller Flächen wurde durch Grasverkauf erzielt

pro Hektar	1904		1905		1906	
	unmittelbar M.	Nach Abzug der Betriebskosten M.	unmittelbar M.	Nach Abzug der Betriebskosten M.	unmittelbar M.	Nach Abzug der Betriebskosten M.
besandeter Fläche . . .	79,2	48,4	101,6	61,7	90,5	46,4
unbesandeter Fläche . . .	70,6	39,2	90,3	53,6	76,4	39,3

Die Verzinsung betrug für die besandeten Flächen 8,7, 11,5 und 18,6 %, für die unbesandeten aber 15,4, 24,2 und 17,6 %, war also trotz der an sich kleineren Erträge wegen der weit geringeren Anlagekosten eine höhere.

Der Beweis, daß durch eine planmäßig durchgeführte Hochmoorkultur auf dem wilden, unwirtlichen Hochmoore eine durchaus befriedigende Rente aller auf das Unternehmen verwendeter Ausgaben erzielt werden kann, hat die hannoversche Provinzialverwaltung durch die unter Leitung des Landesforstrats Quaet-Faslem ausgeführten Kultivierung des hannoverschen Provinzialmoores erbracht. Zu diesem Zwecke wurde ein Fonds von 400000 M. mitsamt zuwachsenden Zinsen ausgesetzt, mit dessen Hilfe unter peinlich genauer Buchführung die finanzielle Entwicklung eines solchen Unternehmens klargelegt werden sollte. Im Jahre 1888 wurde eine am Süd-Nord-Kanal belegene Hochmoorfläche von insgesamt 442,2 ha angekauft, wofür einschließlich sämtlicher Nebenkosten 103170 M. verausgabt wurden. Zu dieser Zeit waren weder Kommunikationswege nach den umliegenden Ortschaften vorhanden, noch der Süd-Nord-Kanal ausgebaut, der erst im Jahre 1891 so weit gefördert war, daß er über die südliche Grenze des Provinzialmoors hinaus schiffbar war. Dasselbe erstreckt sich längs des Kanals 1700 m und besitzt eine Länge von 2500 m. Es ist in 6 Hauptquartiere mit 42 Kolonaten eingeteilt, die eine Durchschnittsbreite von 118 m und 830 m Länge besitzen mit einer Durchschnittsgröße von 10 ha. Bis Ende 1911 waren 390 ha landwirtschaftlich bestellt, davon von Siedlern 351 ha. Die Zahl der Kolonisten und ihrer Häuser betrug 38, dazu kam ein Beamtenhaus. Die Baukosten des letzteren einschließlich Reparaturen betrugen 15391 M., für die sämtlichen übrigen Besiedlungen 147900 M. Neubau- und 34028 M. Reparaturkosten, im Durchschnitt für ein Gebäude 3892 M. Bau- und 895 M. Reparaturkosten, in Summa 4787 M. Der Versicherungswert aller Gebäude ohne die Fundamente betrug 158835 M.

Die Kosten der Meliorationsarbeiten haben im Durchschnitt der 24 Jahre seit Beginn der Arbeiten betragen:

für Entwässerung durch Gräben und Grüppen für 394,3 ha 9239 M. (23,4 M. pro Hektar);
für erstmaliges Hacken von 387,1 ha 30651 M. (91,7 M. pro Hektar);
für Kalken, erste Düngung mit Phosphorsäure, mit Kali und mit Stickstoff für 384,8 ha 30651 M. bzw. 11406, 13471 und 19222 M. (in Summa 194,4 M. pro Hektar).

Besonders gedieh der Kartoffelbau und in den letzten Jahren erreichten die Kartoffelernten einen Durchschnittsertrag von 144,8, 253,7 und 615 M. pro Hektar.

Ende 1911 betrug die Zahl der Siedler 272 und ihr gesamtes Vermögen unter Zugrundelegung der Versicherungsschätzung 249380 M. Der Wert des gesamten Wachstums im Jahre 1911 belief sich auf 135980 M. oder 348 M. pro Hektar, während der Gesamtdurchschnitt in den abgelaufenen 21 Wirtschaftsjahren 281 M. pro Hektar ausmachte.

Von dem ursprünglich festgelegten Kapital von 400000 M. mit Zinsen und den Erträgen sind sämtliche Ausgaben bis Ende 1910 mit 731365 M. bestritten worden, und es fand sich noch ein Bestand von 124147 M. vor. Folgende Tabelle gibt das Verhältnis zwischen den in jedem Jahr erzielten Einnahmen und den aufgewandten Ausgaben innerhalb dieses Zeitraumes wieder.

Jahr	Ausgabe				Einnahme des betreffenden Jahres						Jährliches Verhältnis der Einnahmen (ausschl. Zinsen) zu den Gesamtausgaben
	des betreffenden Jahres		bis zum Schlusse des Jahres		a) aus dem Wirtschaftsbetrieb des Moores		b) Zinsen		c) zusammen		
	M.	Pf.	M.	Pf.	M.	Pf.	M.	Pf.	M.	Pf.	%
1888	131 898	56	131 898	56	208	98	11 784	90	11 993	88	0,16
1889	36 192	35	168 090	91	487	55	9 522	82	10 010	37	0,29
1890	38 878	89	206 969	80	1 780	52	8 476	71	10 257	23	0,86
1891	37 611	73	244 581	53	4 736	85	7 786	97	12 523	82	1,94
1892	20 954	76	265 536	29	5 863	31	6 782	29	12 645	60	2,21
1893	39 309	91	304 846	20	10 582	55	6 287	57	16 870	12	3,47
1894	38 321	26	343 167	46	11 676	44	5 081	30	16 757	74	3,40
1895	36 939	78	380 107	24	8 777	46	4 576	80	13 354	26	2,31
1896	34 486	28	414 593	52	13 532	66	4 016	23	17 548	89	3,26
1897	23 002	26	437 595	78	11 291	77	3 434	72	14 726	49	2,58
1898	19 026	55	456 622	33	13 719	04	3 200	05	16 919	09	3,00
1899	24 319	90	480 942	23	15 396	61	3 081	47	18 478	08	3,20
1900	18 671	60	499 613	83	13 925	35	2 860	67	16 786	02	2,79
1901	19 145	25	518 759	08	18 132	36	2 875	91	21 008	27	3,50
1902	24 950	83	543 709	91	18 813	26	2 817	43	21 630	69	3,46
1903	19 680	95	563 390	86	14 217	77	2 734	02	16 951	79	2,52
1904	22 687	97	586 078	83	29 461	28	2 677	77	32 139	05	5,03
1905	25 397	48	611 476	31	30 213	94	3 047	82	33 261	76	4,94
1906	26 533	29	638 009	60	24 265	49	3 181	49	27 446	98	3,80
1907	23 889	52	661 899	12	26 141	39	3 276	56	29 417	95	3,95
1908	30 266	00	692 165	12	35 813	89	3 540	64	39 354	53	5,17
1909	19 551	75	711 716	87	23 589	67	3 805	39	27 395	06	3,31
1910	19 648	80	731 365	67	23 236	98	4 338	38	27 575	36	3,77

Nach diesen durch zwei Jahrzehnte in kleinem Maßstabe erprobten Moorbesiedlungen durch den Staat, in letzter Zeit unter vermehrter Heranziehung der Arbeitskraft von Strafgefangenen, strebt man jetzt danach, unter Aufwendung von weit größeren Mitteln die Erschließung und Besiedlung der Moore in viel rascherem Tempo in Angriff zu nehmen. Die sehr schwierige Frage, wie bei der zunehmenden Not an ländlichen Arbeitern die nötigen Arbeitskräfte zu gewinnen seien, beabsichtigt man durch entsprechende Vermehrung der Gefangenenarbeit zu lösen. In dem Vorentwurf des neuen deutschen Strafgesetzbuches ist, besonders auf die langjährige Anregung des Geheimrats Krohne hin, in

Aussicht genommen, nach dem bereits in verschiedenen Kulturländern (England, Schweiz, Norwegen) gegebenen Beispiel über wiederholt bestrafte Elemente nicht nur die gewöhnliche Strafe zu verhängen, sondern ihnen auf eine weitere Reihe von Jahren die Freiheit zu entziehen, und man hofft, auf diese Weise durch den Zwang zu einer regelmäßigen, gesunden, dem allgemeinen Wohl dienenden nützlichen Arbeit besonders die große Schar der Landstreicher und Gewohnheitsbettler einer wirklichen Besserung zuführen zu können. In erster Linie kommt dabei die Verwendung dieser viele Tausende zählenden Arbeitskräfte für die Moorkultur in Betracht.

Es ist jetzt durch die deutsche Hochmoorkultur die Gelegenheit geschaffen, um ohne vorhergehende Abtorfung und ohne Zuhilfenahme von Sand nach ausreichender Entwässerung unter Verwendung natürlicher und künstlicher Düngemittel ertragreiche Äcker, Wiesen und Weideland zu gewinnen. Insbesondere die Wiesen- und Weidewirtschaft ist auch auf dem Hochmoore in solch vollendeter Weise ausgebildet, daß die Wiesen im Heuertrage den besten Niederungswiesen nicht nachstehen und die Weiden erstklassiges Fettvieh liefern und auch für die Aufzucht von Jungvieh bestens geeignet sind.

Nach den sehr vorsichtigen Schätzungen Fleischers können auf den in Deutschland vorhandenen noch unkultivierten Moorböden und moorartigen Böden über 8 Millionen Doppelzentner Marktvieh Lebendgewicht erzeugt werden und über 70000 Bauernfamilien in größeren und kleineren Stellen angesiedelt werden. Er hält es aber für durchaus möglich, daß die wirklich zu erzielenden Erträge leicht doppelt so groß ausfallen könnten, also ein Betrag von 16 Millionen Doppelzentner Fleisch pro Jahr erzielt werden könnte, der bei dem heutigen Fleischverbrauche in Deutschland hinreichen würde, um noch 30 Millionen Menschen mehr als heute mit deutschem Fleische zu ernähren.

Wenn die Entwicklung der neuen Hochmoorkolonien in Ostdeutschland erfreulich rasch vor sich geht, so ist dies zum Teil auf Rechnung der guten Entwässerung der dortigen Moore zurückzuführen, die seinerzeit bereits durch die Meliorationsarbeiten

Friedrichs des Großen bewirkt wurde. Ebenso ist die Hochmoorkultur in den westlichen Provinzen durch den staatlicherseits erfolgten Ausbau des Ems-Kanal-Netzes, obzwar es bisher den erwarteten Einfluß auf die rasche Besiedlung der Moore nicht ausgeübt hat, dennoch sehr gefördert worden, da es die Vorbedingung für die nötige Entwässerung geschaffen hat.

Bei Beantwortung der Frage, warum die alten deutschen Fehnkolonien, die schon früher in Ostfriesland und im Emsland gegründet worden waren, wie Papenburg, Große Fehn usw., ihr holländisches Vorbild trotz einer stellenweise recht befriedigenden Entwicklung nicht erreichen konnten, wird man als sehr wichtiges Moment im Auge zu behalten haben, daß sie nicht unter den gleichen günstigen örtlichen und wirtschaftlichen Vorbedingungen wie jene entstanden waren. Daß dabei aber die Art der Ausführung, der Geist, der die ganze Kolonisation beherrschte, von nicht geringer Bedeutung war, zeigen die unter denselben Verhältnissen vor 150 Jahren von der hannoverschen Regierung in den ehemaligen Herzogtümern Bremen und Verden ins Leben gerufenen Hochmoorkolonien, die mit einem ganz anderen, weit befriedigenderen Erfolge sich entwickelt haben als die in den anderen Landesteilen gleichzeitig entstandenen Hochmoorkulturen (siehe S. 75). Eine eingehende Würdigung der bei den deutschen Fehnkulturen unterlaufenen Fehler gibt E. Stumpfe in seinem Werke „Die Besiedelung der deutschen Moore“, auf das hier verwiesen sei. Es darf mit Zuversicht darauf gerechnet werden, daß diese Lehren der Vergangenheit bei den gegenwärtig geplanten und in Angriff genommenen großzügigen Moorkulturarbeiten nicht in Vergessenheit geraten werden. Es wird dadurch einer einseitigen Beurteilung der überaus wichtigen Frage vorgebeugt, ob sich in Deutschland eine neue ausgedehnte Fehnkolonisation entwickeln könnte, die man hauptsächlich mit dem Hinweis auf die für den Torf immer bedrohlicher anwachsende Konkurrenz der Steinkohle — inzwischen ist allerdings die Braunkohle eine noch bedrohlichere Konkurrentin geworden — verneinen zu müssen glaubt. Denn wie Stumpfe eingehend nachzuweisen sucht[1]), sind die

[1]) vgl. Stumpfe 1903, S. 236.

Produktionsverhältnisse für den Torf, d. h. die Gestehungskosten am Ort und der am Absatzorte erzielbare Erlös an sich günstiger als in Holland, das übrigens für seinen eigenen Torfbedarf infolge der baldigen Erschöpfung der holländischen Moorlager in nicht zu ferner Zeit auf eine Zufuhr von außen angewiesen sein wird.

Bei einer in allen Punkten vollständig „fehngerechten“ Anlage der Kolonien würde daher der Torf sehr wohl die Konkurrenz mit der Steinkohle bestehen können. Dazu tritt für die Verfehnung außerdem als mächtiger Bundesgenosse der gewaltige Aufschwung in der Technik unserer Großkraftmaschinen hinzu, die die Verwertung der ungeheuren Brennstoffvorräte der Moore auf besonders rationellem Wege durch Erzeugung von elektrischer Kraft gestatten, die in Überlandzentralen an Ort und Stelle, sei es durch direkte Verfeuerung von lufttrockenem Torf unter geeigneten Dampfkesseln, sei es durch Erzeugung von Kraftgas in Generatoren mit oder ohne Gewinnung von wertvollen Nebenprodukten, besonders von Ammoniak, gewonnen werden kann.

Vom Staate ist in dem 10000 ha umfassenden Wiesmoor bei Aurich im Verein mit der Firma Siemens-Schuckert eine solche elektrische Überlandzentrale mit insgesamt 6000 Pferdekräften gegründet worden, die ein weitausgedehntes Starkstromnetz speist und überdies die Kraft für die Kulturarbeiten auf dem Wiesmoore liefert (näheres s. S. 592). Es soll hier Verfehnung und Hochmoorkultur zusammen betrieben werden, und zwar so, daß durch letztere bereits in 10 Jahren die gesamte verfügbare Ödlandsfläche in Kultur gebracht sein soll, während die Verfehnung je nach dem Kraftverbrauch fortschreitet. Der Torfvorrat würde, falls der Verbrauch auf 24 Millionen Kilowatt pro Jahr steigt, noch 700 Jahre ausreichen.

Eine zweite Überlandzentrale, die mit Gasgeneratoren nach dem System Frank-Caro arbeitet, ist im Schweegermoor in Betrieb genommen worden (s. S. 595), aber vorläufig seit Frühjahr 1913 wieder stillgelegt[1]).

---

[1]) vgl. Jahrbuch der Moorkunde, II. Band, S. 210 (1914).

b) Die Moorkultur im Großherzogtum Oldenburg.

Die Kolonisation der Moore in Oldenburg[1]), das fast zu einem Viertel seiner Fläche von Moorland bedeckt ist, ist hauptsächlich von seiten des Staates ausgegangen. Die zahlreichen kleineren privaten Moorbesitzer, die nach der in der ersten Hälfte des vorigen Jahrhunderts durchgeführten Ablösungs- und Teilungsgesetzgebung bis auf das dem Staate zufallende Drittel („die Tertia") in den Besitz der ausgedehnten Gemeinsamkeitsmoore gekommen waren, haben sich bis in die letzte Zeit trotz verschiedener Anregungen und Förderungen zu einer weitausschauenden gemeinschaftlichen Kolonisationstätigkeit nicht entschließen können. Zu einem guten Teil geschah dies wegen der häufig ungünstigen Lage der zugeteilten Moorflächen. So kam nicht selten auf einen Kulturlandbesitz von 8—10 ha ein Flächenanteil bis 200 ha in Form eines schmalen, meist nur 20—40 m breiten, sich oft viele Kilometer in das Moor hinein erstreckenden Streifens unkultivierten Moorlandes, der zunächst ohne direkte Nutzungsmöglichkeit für den Besitzer war, ihn aber mit einer bedeutenden Abgabe für die Kosten der Gemeinsamkeitsteilung belastete. Dieselben betrugen 6 bis 20 M. pro Hektar Moorland und schreckten ihn bei seiner geringen Kapitalkräftigkeit von weiteren Ausgaben, von denen ein fruchtbares Erträgnis erst nach längerer Zeit zutage treten konnte, ab.

Nach Stumpfe[2]) waren von den rund 120000 ha Moorland Oldenburgs gegen Ende des Jahrhunderts die Niederungsmoore fast vollständig kultiviert, dagegen von den 90000 ha umfassenden Hochmooren noch 80000 ha unkultiviert, davon im Besitze des Staates 20000 ha, im Besitz von Privaten und Gemeinden 60000 ha. Daneben gibt es in Oldenburg noch sehr ausgedehnte unkultivierte Heideflächen. Im Jahre 1877 entfielen nach der Ermittlung der Landesökonomieverwaltung von der 520053 ha umfassenden Gesamtfläche des Großherzogtums Oldenburg 151156 ha auf un-

[1]) vgl. für das folgende E. Stumpfe „Die Besiedlung der deutschen Moore" 1903, S. 288 ff.

[2]) l. c.

kultivierten Sand- und Lehmheideboden neben 59390 ha Moorheideboden. Es waren also insgesamt 210546 ha unkultiviert. (Die statistische Schätzung weicht hier, wie so häufig in moorstatistischen Angaben, bezüglich desselben Gebiets von den oben angegebenen Zahlen ab.)

Zur Förderung der Moorkultur kauft der Staat Moore von Privaten möglichst im Zusammenhange auf. Diese haben davon den besonderen Nutzen, mit den erhaltenen Barmitteln den freilich kleineren, aber günstig gelegenen Rest ihres Moorbesitzes erfolgreich in Kultur nehmen zu können. Der oldenburgische Staat sorgt nämlich für die Erschließung der Moore, jedoch nur durch die Schaffung der Zuwegung und der Entwässerung, überläßt aber die eigentliche Kultivierung des Moorbodens dem Kolonisten selbst. Die Preise für völlig unentwässerte Flächen ohne Kanal sind 50 bis 90 M. pro Hektar, für solche an einem schiffbaren Kanal bis über 200 M. pro Hektar.

Die vom Staate seit Mitte des vorigen Jahrhunderts angelegten Kolonien sind teils Fehnkolonien, teils Hochmoorkolonien mit landwirtschaftlicher Benutzung, jedoch ist bei letzteren von Anfang an die Möglichkeit berücksichtigt, die Abtorfung, wenn auch erst später, durchführen zu können, sobald der Anschluß des Moores an ein Kanalnetz erreicht ist. Der Staat legte von vornherein Wert auf eine passende Auswahl der Bewerber, die persönliche Eignung und zumindest so viel Mittel besitzen sollten, um wenigstens die Errichtung eines Wohnhauses und ein angemessen rasches Fortschreiten der Kultivierung zu gewährleisten. Anfangs wurden mehr Hochmoorbesiedelungen angelegt und die Kolonate dem Siedler zu sehr günstigen Zahlungsbedingungen überlassen. Für eine ausgewiesene Stelle, den „Placken", hatte der Kolonist, je nach der Einschätzung des Bodens, gemäß einem bestimmten Tarif einen jährlichen Kanon zu zahlen, der mit dem dreißigfachen Betrag ablösbar war und für den Hektar ein Ablösungskapital von nur 27 bis 54 M. repräsentierte. Der Siedler genoß aber darauf sowie für die Gebäude und Grundsteuer zehn Freijahre und hatte anfangs nichts als geringe Zuweisungsgebühren zu bezahlen. Die Größe der Kolonate stieg von 3,3 bis 4 ha bei den ältesten Kolonien auf 5,8 bis 6,5, selbst auf 7 ha bei den später angelegten, doch schritt ihre Kultivierung verhältnismäßig langsam vor, so daß sich in verschiedenen Fällen bei den älteren Kolonaten noch 15 bis 25 Jahre nach ihrer Ausweisung erst ein Drittel der Gesamtfläche in Kultur befand.

Die Besitzverhältnisse und die Rentenzahlung und -ablösung ist seit 1899 neu geregelt. Für größere Kolonate (über 10 ha) ist nach den ersten zehn Freijahren erst die Hälfte der Rente zu zahlen, die mit jedem Jahre um den auf ein Hektar entfallenden Betrag bis zu seiner vollen Höhe anwächst. Sie ist mit dem 25fachen Betrage ablösbar und kann auch mit mindestens 1% des Kapitalbetrages getilgt werden. Die Höhe der Rente wird auch weiterhin nach genauer Wertung des betreffenden Grundstückes festgesetzt, wobei der Untergrund nicht unberücksichtigt bleibt, da er oft für die weitere Kulturarbeit sehr wertvoller Kleiboden ist. Sie bewegt sich zwischen 5 bis 15 M. pro Hektar.

Während der Kolonist das Land ohne jede Anzahlung und ohne Kaufgeld nur gegen Rentenzahlung erwirbt, muß er für den abgetorften Torf ein Torfgeld bezahlen. Dasselbe wird gleichfalls nach genauer Ermittlung der Güte, Mächtigkeit und Gewinnbarkeit des Torfes festgesetzt und beträgt je nachdem einen halben bis fünf Pfennig für jeden angeschnittenen Quadratmeter. Es ist nach jährlich erfolgender Vermessung immer am 1. Dezember zahlbar und erreicht, je nach der wirklichen Güte der Fläche, im Verlauf der langen Abtorfungsperiode, eine Höhe von 150 bis 500 M. pro Hektar. Die Hausbaufläche ist von diesem Torfgeld bedingungsweise frei. Um der Spekulation einen Riegel vorzuschieben, erfolgt die Auflassung des ausgewiesenen Kolonats erst nach vollendetem Hausbau und Niederlassung des Kolonisten in demselben. Die dabei entfallenden Kosten werden ebenfalls vom Staate getragen. Derselbe sorgt, wie schon erwähnt, für eine gute Zuwegung und Abwässerung der Kolonien. Die Wege sind durch Übersanden oder Überführen mit Klei aus dem Untergrunde befestigt und beanspruchen keine sehr großen Anlagekosten. Sie sind für den laufenden Meter Sandweg von 4 m Breite mit 2,25 M., für den laufenden Meter Kleiweg von 5 m Breite mit nur 1,67 M. angegeben.

Die in den Jahren 1847—1861 angelegten älteren Hochmoorkolonien, die in einem Zeitraum von 50 bis 100 Jahren der Fehnkultur Platz machen, umfaßten im Jahre 1899, bzw. 1901 insgesamt 361, bzw. 412 Kolonate. Es sind das Petersfehn, Friedrichsfehn, Jeddeloh I und II, Maibuscher Moor, Mentzhausen und Ipweder-Moor. Seit 1900 sind neu angelegt: Strückhausen, Loher Ostmark und Loher Westmark mit 54 Kolonaten im ersten Jahr.

Zwei ältere Hochmoorkolonien aus dem Anfang des 19. oder dem Ende des 18. Jahrhunderts sind Augusthausen und Rönnelmoor. Von den sehr wenigen Privatkolonien aus früherer Zeit ist als eine der ältesten Barßelermoor im Amte Friesoythe zu nennen, deren Einwohnerzahl von 112 im Jahr 1821 sich auf 458 im Jahre 1890 vermehrt hat.

Für die Anlage von Fehnkolonien, deren älteste Augustfehn im Jahre 1850 begründet wurde, ist die 40 km lange, meist auch sehr breite Hauptmoorfläche Oldenburgs durch drei Hauptkanäle erschlossen worden, den Augustfehnkanal, seit 1841, den Hauptverkehrskanal, den Hunte-Ems-Kanal, seit 1854, und den Westlandkanal, seit 1865 im Bau. Erstere beide sind Staatskanäle, der letztere wird von der Genossenschaft der Mooranlieger gebaut. Der Hauptwasserstand ist auf 1,5 m festgesetzt, der bei einwirkender Ebbe und Flut auf 2 m steigt.

Von diesen Hauptkanälen nebst sieben weiteren Verbindungskanälen waren bis 1877: 25,1 km, bis 1897: 69,8 km fertig hergestellt. Die Kosten stellten sich, mit Ausnahme des Augustfehnkanals und des Hauptkanals — des Hunte-Ems-Kanals —, auf rund 23400 M. für den Kilometer, bei dem Augustfehnkanal auf etwa das Doppelte, auf 48500 M. Der Hunte-Ems-Kanal mit einer Gesamtlänge von 42,4 km, einer oberen Breite des Wasserspiegels von 13,5 m und einer Sohlenbreite von 9 m bei einem Sollwasserstand von 1,5 m, dürfte nach Fertigstellung gegen 90000 M. für den Kilometer erfordern. Dem Verkehr ist er seit dem Jahre 1893 in seiner ganzen Länge übergeben. Bei seinem Bau kam seit dem Jahre 1871 das sogenannte Hodgesche Torfschiff zur Verwendung. Nach Entfernung von 1 bis 1,2 m Bunkerde durch Handarbeit schaffte es bei einer Arbeitsbreite von 5 m und einer

Arbeitstiefe von 2 m (davon 1,8 m unter Wasser) im Durchschnitt täglich 40 m, demnach bei etwa 150 Arbeitstagen und bei 60 m Gesamtbreite des Kanals und der Wegestrecken einen halben Kilometer Kanallänge im Jahr. Der Erlös des gewonnenen Torfs, 500 bis 600 Tagwerke, deckte annähernd die Kosten der Abtorfung.

Die Bedingungen, unter denen die Fehnkolonate vergeben wurden, wechselten und machten im Laufe der Zeit eine gewisse Entwicklung durch. Sie waren längere Zeit für die Kolonisten weniger günstig, besonders da ein verhältnismäßig hohes Kaufgeld verlangt wurde, von dem ein Drittel sofort zahlbar war. Die gesamten Leistungen der Kolonisten bestanden erstens in einem Kaufgeld, das anfänglich durchschnittlich 250 M. pro Hektar betrug, während später das Kolonat an den Meistbietenden versteigert wurde; zweitens aus einem Kanon und drittens aus dem Torfgeld. Der Kanon betrug per Kataster„jück“ (zu 56 a) nach vier Freijahren einen Taler oder 5,55 M. pro Hektar und war mit dem dreißigfachen Betrag ablösbar. Das Torfgeld wurde je nach Mächtigkeit und Qualität des Moors durch zehn, zwanzig bis dreißig Jahre in Höhe von 4 bis 9 Talern erhoben und belief sich bei den einzelnen Kolonaten auf 40 bis 270 Taler pro Hektar.

Unter Geltung dieser und ähnlicher Bedingungen wurden bis 1881 insgesamt 211 Kolonate ausgewiesen, u. zw. 30 in den fünfziger Jahren, 76 in den sechziger, 90 in den siebziger Jahren und 15 im Jahre 1881. Trotz der ungünstiger werdenden Verhältnisse für den Torfabsatz zeigt sich also eine stete Vermehrung der ausgewiesenen Kolonate. Die Gesamtfläche betrug 904,8 ha bei einem Gesamterlös von 390528 M. oder 431,50 M. per Hektar. Der Spekulation mit den Kolonaten, für die der Staat die anfänglich günstigeren Zahlungsbedingungen später erheblich erschwert hatte, wurde infolgedessen teilweise ein Weg eröffnet, indem man den Siedlern einfach leichtere Zahlungsbedingungen stellte als der Staat. Gegenwärtig hat derselbe in dieser Beziehung das weitgehendste Entgegenkommen getätigt und überläßt die Fehnkolonate den Bewerbern im wesentlichen unter den gleichen Bedingungen wie die Hochmoorkolonate: Es ist kein Kaufgeld und keine Vorauszahlung zu leisten, sondern nur eine Rente, die je nach der Güte auf 7 bis 10 M. pro Hektar berechnet wird, und ferner ein Torfgeld von 1 bis 5 Pfennig für den Quadratmeter. Von dem Torfgeld ist nicht nur die Hausfläche frei, sondern auch die Flächen der Hauptentwässerungsgräben und der Inwieken. Im Mindestfalle stellt sich der Kapitalswert dieser Abgaben auf 265 M. pro Hektar, im Höchstfalle auf 700 M. pro Hektar. Die Kolonisten genießen ebenfalls zehn Freijahre für die Rente und Steuerzahlung, müssen aber ohne Vorzugsrecht die tarifmäßigen Kanalgebühren und Schleusengelder für ihre Torfschiffe entrichten. Seit dieser Neuregelung der Verkaufsbedingungen im Jahre 1899 hat die Ausweisung von Kolonaten wieder sehr stark zugenommen. In den ersten drei Jahren, 1900 bis 1902, betrug die Zahl der neuen Kolonate 151, mit 1039,2 ha, während in den beiden vorhergehenden Dreijahrsperioden zuerst 16 Kolonate mit 95,9 ha, dann 27 Kolonate mit 181,75 ha besiedelt wurden. Insgesamt betrug die Zahl der staatlichen Kolonate bis 1901 597. Einen beträchtlichen Umfang hat auch die Privatkolonie Idafehn in der Gemeinde Strücklingen, die 1901 250 Kolonate, allerdings meist kleineren Umfangs, zählte.

Die Entwicklung der oldenburgischen Hochmoor- sowie der Fehnkolonien, in denen die Ausübung der Brandkultur mit Ausnahme zweier aufeinander folgender Jahre auf demselben Flecke untersagt war, war bis jetzt im allgemeinen eine befriedigende, wenn auch die Fehnkolonien das holländische Vorbild keineswegs erreicht haben. Es liegt dies zum Teil daran, daß man es unterlassen hat, das System der Inwieken auszubauen, und die Kanäle nicht in dem gewöhnlichen großen Ausmaße der holländischen Fehnkolonien gebaut sind, bei denen noch die Nebenwieken für große Schiffe schiffbar sind (s. S. 110). Neuerdings sucht man vielfach holländische Kolonisten ins Land zu ziehen und beabsichtigt, die Kolonien streng nach dem holländischen System auszugestalten. Dabei spielt aber die Größe der Kanäle eine sehr wichtige Rolle. Auf dem Hunte-Ems-Kanal können höchstens 20 t-Schiffe verkehren, während die holländischen Kanäle in der Regel von 60 bis 80 t-Schiffen benutzt werden. Die Transportkosten und damit die Lebensfähigkeit der Kolonien werden davon wesentlich beeinflußt. Dies wird durch eine von Stumpfe[1]) gegebene Zusammenstellung über die Gestehungskosten von Torf in Idafehn und die Kosten seiner Lieferung frei Haus in Leer sehr deutlich illustriert.

Auf dem Torf ruhen für ein Tagwerk (= 44 cbm trockenes Moor = 70 cbm nasses Moor = 150—200 Zentner = 12000 bis 13000 Soden) gegenüber den Gewinnungskosten frei Schiff von 24 M. an Schiffsfracht 12 M., Akzise und Vermessung in Leer 6,60 M., Fuhrlohn dortselbst 30 M., in Summa 72,60 M. oder mit Anrechnung weiterer Nebenkosten etwa 75 M. pro Tagwerk à 12 Fuder à 25 Korb. Ein Fuder Torf frei Haus Leer bringt bei mittlerer Sorte Torf 8 bis 10 M., für guten schwarzen Torf 12 bis 15 M., für das Tagwerk also 96 bis 120 M. bzw. 144 bis 180 M.

Hinsichtlich der Wichtigkeit eines genügend ausgebauten Kanalsystems ist es auch lehrreich[2]), daß ein großer Torflieferant im Augustfehn nach Hamburg, selbst sogar nach Leer, nur per Bahn liefert. Der Transport vom Torffeld bis zum Waggon kostet 15 M., die Waggonfracht bis Leer 23 M., der Waggonversand nach Hamburg stellt sich auf 50 M. pro 10 t; dagegen würden bei holländischen Schiffsverhältnissen 100 t Ladung bis Hamburg bloß etwa 200 M. kosten, also ein Tagwerk von 10 t statt 50 M. bloß 20 M.

Die Verwaltung, bzw. die Besiedlung der Moore und Heiden untersteht dem Landeskulturfond, die technische Ausführung der Besiedlung einem Moorkulturinspektor, als welcher seit langem Moorkulturinspektor Glaß erfolgreich tätig ist. Durch das Bestreben nach möglichst geringen Verwaltungs- und Betriebsunkosten, Hand in Hand mit einer möglichsten Vereinfachung des meist mündlichen Verfahrens im Verkehr mit den Kolonisten, vermag die oldenburgische Regierung die Kolonate zu den sehr günstigen, oben näher dargelegten Bedingungen zu vergeben, ohne dazu größere Mittel aufwenden zu müssen. Über die Ge-

[1]) l. c. S. 303.

[2]) Stumpfe l. c. S. 297.

staltung der Moorkolonisation in jüngster Zeit kann einem Referat des Regierungsrats Dr. Buhlert[1]) folgendes entnommen werden:

In Oldenburg nehmen zurzeit die Moore und Heiden, die für eine Urbarmachung und Besiedlung in Betracht kommen, noch 30 % des Landes ein. Der Staat führt eine planmäßig Besiedlung aus, indem er nur die Wege herstellt und für Vorflut und Entwässerung sorgt, was kurze Zeit in Anspruch nimmt und pro Hektar 50—80, höchstens 100 M. kostet, zumal vielfach Gefangenenarbeit dafür herangezogen wird. Dem Kolonisten wird dann der Boden völlig unkultiviert und ohne Gebäude in sofortiges Eigentum übergeben, wofür er außer einem Torfgeld je nach der Größe der jährlich abgetorften Fläche nach zehn Freijahren eine Rente zu entrichten hat. Der Kolonist ist verhalten, innerhalb einer gewissen Anzahl von Jahren sein Kolonat in Kultur zu bringen. Es bleibt aber ganz seinem Belieben überlassen, welche Art Anbau er wählt, ebenso wie er das Haus, das in drei Jahren fertiggestellt sein muß, errichtet, jedoch wird er dabei auf Wunsch von der Regierung durch die Ausarbeitung von Plänen und durch Bauaufsicht unterstützt. Er erhält für den Hausbau ein zu 3% Zins und ½ % Tilgung rückzahlbares Darlehn bis zur vollen Höhe der Brandkassentaxe und später ebenfalls für die Meliorationen ein allerdings stärker zu tilgendes Kapitalsdarlehen und wird durch Kulturprämien bis 100 M. pro 1 ha in seiner Tätigkeit angespornt. Ferner genießt er auf den staatlichen Weiden für sein Vieh eine besondere Begünstigung (halbe Höhe des Futtergeldes), erhält größere Kulturgeräte zur Verfügung gestellt und wird durch Anlegung von Versuchsfeldern und durch Vorträge auch sonst weiter gefördert. Die Kolonate erhalten für eine nur landwirtschaftliche Nutzung eine Größe von 10—12 bis 15 ha, die hauptsächlich zur Torfgewinnung bestimmten meist an den Kanälen gelegenen 5—7 ha. Gelegentlich werden auch kleinere Arbeiter- und Handwerkerkolonate ausgegeben, wie auch anderer-

[1]) Die deutschen Moore und ihre Bedeutung für die deutsche Volkswirtschaft. Verhandlungen des deutschen Landwirtschaftsrats. Archiv des deutschen Landwirtschaftsrats, 35. Jahrgang, 1911.

seits größere Bauerngüter bis 80 ha, für die aber Kaufgeld bezahlt werden muß.

Die für die Kolonisation erforderlichen Mittel fließen aus einem Fonds, der durch die Einkünfte aus den staatlichen Mooren gespeist wird und nach Bedarf von diesen Flächen verkaufen darf, um Einnahmen und Ausgaben in Einklang zu bringen.

Die Gemeinde-, Schul- und Kirchenverhältnisse machen wenig Schwierigkeiten, da das ganze Land bereits in Gemeinden eingeteilt ist. Für die Schulbauten wird ein Zuschuß gezahlt oder Land angewiesen. Der Verkehr zwischen den Behörden und den Kolonisten erfolgt möglichst mündlich, so daß die Entscheidung über die Verleihung eines Kolonats meist nur 4 Wochen in Anspruch nimmt.

Die rasche Entwicklung dieser staatlichen Kolonisationstätigkeit geht aus einer von Glaß[1]) zusammengestellten tabellarischen Übersicht über „Die Besiedlung staatlicher Heide- und Moorflächen in Oldenburg in den Jahren 1900—1911" hervor, aus der wir folgendes entnehmen:

In 40 Kolonien von einer Gesamtgröße von 10525 ha sind bis jetzt 998 Kolonate mit 8635 ha eingeteilt und 746 Kolonien mit 6634 ha eingewiesen. Außerdem werden im Interesse der Kolonien in 15 Bezirken 266 ha Kulturland in eigener Regie bewirtschaftet. In den Jahren 1910 und 1911 sind ohne die Verkaufsflächen an größere Besitzer 134, bzw. 143 Kolonate mit 1024, bzw. 1245 ha eingewiesen, 86, bzw. 105 Kolonistenhäuser im Werte von 407000 M., bzw. 480000 M. gebaut und an 107, bzw. 175 Kolonisten 86089 M., bzw. 139861 M. Meliorationsdarlehen verliehen worden. An 119, bzw. 166 Kolonisten wurden für 191 ha, bzw. 385 ha Kulturland 7147 M., bzw. 12672 M. Kultivierungsprämien verteilt. —

Noch größere Flächen werden durch private Tätigkeit urbar gemacht. Dies geht am besten daraus hervor, daß der Umfang der gesamten Ödländereien von 194580 ha im Jahre 1902 auf 175430 ha im Jahre 1907 zurückgegangen ist, also pro Jahr um 3830 ha. Bei dem immer beschleunigteren Tempo dieser Kultur-

[1]) M. Berlin, 1912, S. 68.

arbeiten dürfte demnach das ganze Ödlandsgebiet Oldenburgs in 30 bis 35 Jahren in Kultur gebracht sein.

c) Die Moorkultur in Bayern.

In Bayern, das reich an Hoch- und Niederungsmoorflächen ist, erfolgte, wie auch anderwärts, die Nutzung der ausgedehnten Niederungs-Grünmoore als minderwertige saure Wiesen oder zur Gewinnung von Streu, soweit es ohne jede Meliorationsarbeit möglich war, wohl schon seit langer Zeit. Auch die Ausübung der Brandkultur auf Hochmoor ist jedenfalls schon frühzeitig nach Bayern gekommen, da bereits kurz nach dem Dreißigjährigen Kriege durch ein Mandat des Kurfürsten Maximilian, welches das Moorbrennen ohne vorherige behördliche Erlaubnis unter Androhung empfindlicher, „ja Leibes- und Lebenstrafen“ verbot, die damit verbundenen Übelstände eingedämmt werden sollten. Verhältnismäßig spät wendete sich das Interesse der Gewinnung des Brenntorfes zu, da Bayern sich eines besonders großen Waldreichtums erfreute, und gerade die moorreichsten Gegenden in den waldreichsten Gebieten lagen, so daß bei dem vorhandenen Holzreichtum kein Anreiz zur Gewinnung des Brenntorfes vorlag.

Dagegen schenkte die Landesverwaltung der Frage der Kultivierung der weitausgedehnten, öden Flächen frühzeitig ihre eifrigste Aufmerksamkeit. Sie suchte allerdings dieses erstrebenswerte Ziel lediglich durch eine Reihe von Kulturmandaten zu erreichen, deren im Laufe des achtzehnten Jahrhunderts verschiedene erschienen, die die Kultivierung der Ödländereien den Eignern der betreffenden Flächen anbefahlen, widrigenfalls sie des Eigentumsanspruches auf dieselben verlustig gehen sollten. Man ließ es auch nicht daran fehlen, alle solche Ödflächen genau aufzunehmen und ihre Beschaffenheit genau zu beschreiben. Im Jahre 1759 wurde auf kurfürstliche Anordnung eine besondere Beschreibung „von dem Turf, wie solcher beschaffen und mit Nutzen zu gebrauchen ist“, verfaßt, die bei der herrschenden Holzteuerung die Vorteile der Brenntorfgewinnung unter dem Volke bekannt machen sollte. Ja, es wurde armen Leuten Brenntorf von Zeit zu Zeit umsonst zur Probe geliefert, damit seine gute

Wirkung bekannt werde. Im ganzen war der Erfolg dieser mehr akademischen Maßregeln naturgemäß ein recht geringer, zumal die eigentlichen Grundbesitzer, die Standesherren und die Klöster, meist wenig Interesse daran verrieten, den kleinen abhängigen Bauern zu einem selbständigen, wenn auch kleinen Landbesitz zu verhelfen. Häufig überwog auch das eifrig gepflegte Interesse an der Jagd, der der Weidmann besonders in den wildreichen, sumpfigen Gründen mit Leidenschaft nachging, den Wunsch, dort, wo diese sonst keinen Nutzen gewährenden Gründe sich erstreckten, fruchtbares Kulturland zu sehen.

Eine Moorbesiedlung in großem Maßstabe kam erst Ende des achtzehnten Jahrhunderts zustande, als eine kurfürstliche Kommission an die Entwässerung des großen Donaumooses schritt. Dieses südlich von Neuburg und Ingolstadt in einer Länge von etwa 28 km und einer Breite von 5 bis 8 km sich auf etwa 17700 ha erstreckende Niederungsmoor wurde in der verhältnismäßig kurzen Zeit von 6 Jahren bis 1793 entwässert. Die zahlreichen, größtenteils unvermögenden Eigner des Moores einigten sich mit der Landeskulturkommission derart, daß sie einen Teil ihres bis dahin ganz wertlosen Besitzes an dieselbe abtraten und dafür den Rest völlig kostenlos entwässert erhielten. Die Mittel dazu wurden interessanterweise durch die Gründung einer Aktiengesellschaft mit 300000 Gulden Kapital (in dreißig Anteilen à 10000 Gulden) aufgebracht, deren eingezahlte 22 Anteile zum Teil in den Händen des Kurfürsten, zum Teil höherer kurfürstlicher Beamter waren. Um die Arbeit möglichst billig ausführen zu können, hatte man zuerst Soldaten verwendet, die auch den Teil, der noch heute Militärkanal heißt, herstellten. Aber in der Folge erwies sich die Akkordarbeit freier Arbeiter billiger. Für die ganz schwere Arbeit verwendete man auch damals schon Gefangene, die gegen den ortsüblichen Lohn beschäftigt wurden, aber nur den Überschuß, der nach Verrechnung der Kosten für die gebotene Verköstigung und Bekleidung übrig blieb, bei ihrer Entlassung ausgehändigt erhielten. Die dabei gemachten Erfahrungen waren im allgemeinen recht befriedigend.

Von dem der Gesellschaft, bzw. dem Staate zugefallenen

Gebiete wurde an Kolonisten Land unentgeltlich abgegeben und dieselben außerdem durch ein Bardarlehn unterstützt. Sie waren nur mit der Zahlung eines „Kanalbatzens“ für jedes Tagewerk belastet. Die gute Entwicklung, welche diese Kolonie anfangs nahm, hörte aber sehr bald auf, als nach erfolgtem Thronwechsel die Landesregierung sie vollständig zu vernachlässigen begann. Auch wurde sie namentlich durch die Art und Weise, wie die größeren Privatmoorbesitzer das ihnen verliehene Marchrecht, Kolonisten anzusetzen, mißbrauchten, sehr geschädigt. Sie siedelten vollkommen mittellose Leute, auf der Landstraße aufgelesene Bettler, die sie durch Erteilung des Heiratskonsenses dazu bewogen, auf ganz unzulänglichen Flächen in großer Zahl an, einzig von der Absicht geleitet, durch Auferlegung möglichst großer Lasten und Servitute sich reichliche Einnahmen von den Moorflächen zu verschaffen, unbekümmert darum, ob unter solchen Umständen für die Ansiedler auch die Möglichkeit eines Fortkommens vorhanden war. Die angelegten Kanäle und Wege wurden vollständig vernachlässigt, und es bildeten sich Zustände aus, wie sie ähnlich auf den ostfriesischen Moorkolonien Friedrichs des Großen zur Herrschaft gekommen waren.

Durch das energische Eingreifen der bayerischen Regierung unter dem Staatsminister Freiherrn von Lerchenfeld wurde aber schließlich Wandel geschaffen, indem sie in der Zeit von 1818 bis 1826 zur notwendigen Instandsetzung der ganzen Kolonie außer dem Kanalbatzen noch 25470 Gulden verwendete, um 60 deutsche Meilen Kanäle und Gräben bis zu ihrer ursprünglichen Tiefe wieder auszuheben, die alten Wege wieder herzustellen und 3½ Meilen neue Wege zu bauen. Wesentlich für die eintretende Gesundung und die weitere recht gedeihliche Entwicklung der Donaumooskolonien war es, daß ein mit dem Moorwesen genau vertrauter und das Vertrauen der Moorbevölkerung besitzender Mann als Moorinspektor zur Überwachung und Raterteilung für die Kolonisten eingesetzt wurde, der vor allem auch solche Pachtbedingungen für die neuen Kolonisten, bei denen eine sehr strenge Auswahl unter den Bewerbern getroffen wurde, aufstellte, die ihnen die Möglichkeit eines guten Fortkommens sicherten.

Von den 29 politischen Gemeinden, auf die sich das gesamte Moor verteilt, liegen nur sechs völlig im Moorgebiete, darunter die älteste Kolonie Karlskron, und diese umfaßten zu Anfang der neunziger Jahre des vorigen Jahrhunderts insgesamt ein Gebiet von 6638 ha und 5048 Einwohner.

Großes Interesse wendete die Staatsregierung seit Mitte der dreißiger Jahre des vorigen Jahrhunderts der Entwicklung der Brenntorfindustrie zu, die anfangs wegen der ständigen Konkurrenz mit dem Holze nur schwer festen Fuß fassen konnte. Sie hat sich aber dank der unablässigen Bemühungen der Regierung trotz empfindlicher Fehlschläge zu großer Bedeutung entfaltet, die am besten durch den Umfang der jährlichen Produktion illustriert wird, die gegen Ende des vorigen Jahrhunderts auf durchschnittlich 400000 bis 450000 t geschätzt werden kann. Es sei noch hervorgehoben, daß Bayern auch die Heimat der jetzt in allen Torf gewinnenden Ländern eingeführten Maschinentorfgewinnung ist, die von dem Ministerialrat von Weber begründet wurde, der das von ihm erfundene Verfahren zuerst im Jahre 1858 auf seinem Gute Staltach am Starnberger See angewendet hat. Im übrigen sei auf die eingehende Darstellung des Gegenstandes durch G. Kitzinger in seiner Schrift „Die Torfwirtschaft und ihre Entwicklung in Bayern“ hingewiesen.

Von dem gegenwärtigen Stand der Moorkultur in Bayern gibt Professor Baumann, der Begründer der bayerischen Moorkulturanstalt, eine Schilderung, aus der Nachfolgendes angeführt sei:

In Bayern befinden sich rund 146000 ha Moorfläche, wovon über die Hälfte Hochmoor, von der bereits 46000 ha kultiviert sind. Von den unkultivierten 100000 ha sind nur 10000 ha im Staatsbesitze (der Forstverwaltung), dagegen der größte Teil in kleine Parzellen zerstückelt im Besitze der Bauern, die in der Nähe den Mineralboden bewirtschaften. Eine Kolonisation der Moore kommt daher für Bayern höchstens auf den staatlichen Moorflächen in Betracht. Dagegen wird die Moorkultur durch die Regierung in intensiver Weise gefördert. Es geschieht dies durch Kulturbauämter, die auf die durch König Maximilian II.

in den fünfziger Jahren des vorigen Jahrhunderts ins Leben gerufene Einrichtung der Kulturingenieure zurückgehen und denen alle auf Bodenmeliorationen bezüglichen Arbeiten unterstellt sind. Sie projektieren die Entwässerungsanlagen und führen sie aus, während die kgl. bayerische Moorkulturanstalt die Besichtigung und eingehende Untersuchung der Moore vornimmt, um auf Grund derselben genaue Kultivierungspläne einschließlich einer genauen Rentabilitätsberechnung auszuarbeiten. Diese notwendigen Voruntersuchungen und Projektierungsarbeiten läßt die Staatsregierung für den Moorbesitzer kostenlos ausführen. Entschließt er sich zur Ausführung des Projektes, so stellt ihm das Kulturbauamt zur Überwachung der Entwässerungsarbeiten kostenlos einen Vorarbeiter zur Verfügung, später werden ihm von der Moorkulturanstalt ebenfalls kostenfrei die nötigen Kulturgeräte geliehen und passender Dünger und passende Saaten billigst verschafft. Auch wird von der Moorkulturanstalt bei größeren Objekten die Herstellung der fertigen Kulturanlage gegen eine bestimmte Abfindungssumme übernommen, bei normalen Verhältnissen für ungefähr 150 M. pro Hektar. Private und Gemeinden erhalten durch die bayerische Landeskultur-Rentenanstalt in weitentgegenkommender Weise Darlehen und außerdem aus öffentlichen Kassen Zuschüsse. Die Summe der jährlichen Aufwendungen des bayrischen Staates für die private Kultur der Moore beläuft sich zurzeit auf etwa 300000 M. Die Moorkulturanstalt wirkt ferner mit in sechs verschiedenen Gegenden gegründeten Moorkulturstationen durch Anlegung von Beispielsversuchen vorbildlich und anregend. Die planmäßige Anlage und Ausführung dieser Unternehmungen wird auf der alljährlich zusammentretenden „Moorkommission" als beratendem Organ der Moorkulturanstalt festgestellt. Seit dem Jahre 1911 ist für alle Meliorationsbeamte die Ausbildung in einem fünfmonatigen Kurs in der gesamten Moorkultur an der Moorkulturanstalt vorgeschrieben. Die Heranziehung der seit 10 Jahren in geringerem Umfang erprobten Gefangenenarbeit ist in bedeutend größerem Maßstabe in Aussicht genommen. Für die Errichtung des ersten Moorgefängnisses sind bereits vom Landtage 300000 M. bewilligt.

Es soll im Chiemsee-Moor errichtet werden und nach Beendigung der dortigen Kulturarbeiten in ein anderes Moor verlegt werden. Zum Zwecke des Aufkaufs des zahlreichen Zwergbesitzes, der dem einzelnen eine wirtschaftliche Existenzmöglichkeit nicht bietet, besteht noch ein besonderer Donaumoos-Regulierungsfonds, um eine zweckentsprechende, größere Neuparzellierung zu erzielen.

d) Die Moorkultur in Württemberg.

Die ersten Nachrichten von einer Moorausnutzung in Württemberg[1]) finden wir in der kleinen Schrift von J. M. Faulhaber, „Beschreibung der Torfstecherei", Ulmer Stadtbibliothek 1657. Danach hat den ersten Anstoß zu einer solchen die zufällige Beobachtung des Grafen Friedrich von Solms gegeben, der bei einem gemeinsamen Ritt mit einigen Ulmer Ratsherren vom Gögglinger Ried über das Taubenried nach Grimmelfingen „verspühret, daß die Erde alles weich und schlumpf" sei, so daß es ihm dünkte, „er reute in Holland, es seye hierunter gewiß ein großer Schatz verborgen, welches gemeine Stadt um viel tausend Gulden künftig nützen könnte", denn „es müßte allhier Turf-Erden seyn, welche in gantz Holland zu allerley Gebrauch anstatt des Holtzes gebrannt werde". In der Folge bestätigte sich das reiche Vorkommen von Torf im Ulmer Moose, und alsbald wurde nach den Anordnungen des gräflichen Entdeckers, der seine Erfahrungen im klassischen Holland gesammelt hatte, unter Leitung des Ingenieurs Johann von Valkenburg der Torfstich begonnen, zu dessen Förderung bereits 1617 ein 2050 Schuh (etwa 650 m) langer, 18 Schuh breiter und 6 Schuh tiefer Kanal von der Donau nach dem Torfplatz gegraben wurde. Zu einem besonderen Segen für die Stadt wurde der rasch aufblühende Torfstich, der durch die erforderliche Entwässerung auch den Grasertrag des ganzen Rieds erhöhte, in den Wirren und Bedrängnissen des Dreißigjährigen Kriegs. Gleichwohl berichtet uns Faulhaber, der als „Inspektor über das Turfwesen" seit Beginn der Torfgräberei tätig war, daß dieselbe 1657 eingestellt wurde, um den Torf als einen kost-

[1]) Siehe dafür und für das folgende Fridolin Liebel, „Die Württembergische Torfwirtschaft", Stuttgart und Berlin 1911.

baren Schatz zu schonen, „denn so lang man das Holtz recht haben kan, soll man das Turf bleiben lassen".

Erst 80 Jahre später nahm der Ulmer Bürger Martin Müller der Ältere, Hohentwieler genannt, durch das Faulhabersche Buch angeregt, die Abtorfung wieder auf und veranlaßte durch sein Beispiel auch die Stadt, die reichsstädtische Torfgräberei wieder ins Leben zu rufen. Außerdem verdanken wir ihm eine aus dem Jahre 1752 stammende, ausgezeichnete Beschreibung über die Beschaffenheit des Torfs, seine Gewinnung und Verwertung, die von Oskar Fraas, dem schwäbischen Geologen, als das beste Buch der damaligen deutschen Torfliteratur bezeichnet wird.

Im eigentlichen altwürttembergischen Lande wurde das erste Torflager zehn Jahre später als das Ulmer, im Jahre 1626, von Schickhard, dem Erbauer des Stuttgarter Lust- und Opernhauses, einem eifrigen Naturfreund und fleißigen Wandersmann, in Sindelfingen, Oberamt Böblingen, entdeckt, der auch später das Torfvorkommen zu Schopfloch, Oberamt Kirchheim, auffand. Während der hier begonnene Torfstich sich nicht lebensfähig gestaltete, hat sich zu Sindelfingen die Torfgewinnung dauernd entwickelt, zumal das nahe Stuttgart einen bedeutenden Absatzmarkt bot. Die spätere Entwicklung der Torfgewinnung in der zweiten Hälfte des 18. Jahrhunderts, sowohl auf seiten des altwürttembergischen Staates, wie in den noch reichsunmittelbaren moorreichsten Gebieten Oberschwabens, ist vielfach darauf gerichtet, die Verwendung von Torf an Stelle von Holz, insbesondere auch den Ersatz der Holzkohle durch Torfkohle, durchzusetzen. Solche Versuche der Torfverkohlung, sowohl in Meilern wie später auch in Retortenöfen, sind wiederholt gemacht worden, aber trotz vieler mißglückter Versuche konnte ein rentables Verfahren nicht gefunden werden. So blieb die Verwendung der Torfkohle wie auch des Torfes selbst ungeachtet zahlreicher Verordnungen und Strafandrohungen seitens der württembergischen wie auch der vorderösterreichischen Staatsregierung nur eine beschränkte. Insbesondere konnten die von dem württembergischen Staate selbst betriebenen Torfstechereien durchaus nicht die für die Kasse der kostspieligen Hofhaltung erwarteten hohen Einnahmen liefern. Der erste, im Jahre 1749 unternommene staatliche Torfstich im Schwenniger Moore mußte schon nach dem ersten Betriebsjahre wieder aufgegeben werden, und die im Jahre 1767 im Siedelfinger Moor und gegen Ende des Jahrhunderts in Schopfloch aufgenommenen Betriebe vermochten auch nicht, sich Konsumenten zu verschaffen, da der Verkaufspreis des Brenntorfs zu hoch angesetzt wurde, wozu die infolge eines ganz unrationellen Betriebes ungewöhnlich hohen Betriebskosten nötigten. Man hatte es verabsäumt, insbesondere für eine regelrechte Entwässerung Fürsorge zu treffen, und arbeitete — ein schlechtes Vorbild — nach einem richtigen Raubbausystem. So trat ein allgemeiner Niedergang der Torfwirtschaft ein, der durch die politischen Wirren zu Ende des 18. und zu Anfang des 19. Jahrhunderts noch verstärkt wurde, in nicht geringem Grade aber auch durch die sich mehrenden schwindelhaften Spekulationen mit Torfgrundstücken, deren Ausbeutung große Gewinne abwerfen sollte, aber meist schwere Verluste brachte.

Mit der politischen und wirtschaftlichen Erstarkung des neuen und vergrößerten Königreichs Württemberg, das unter seinem ersten König Friedrich I. im Jahre 1810 mit 1 340 000 Seelen eine mehr als doppelt so große Einwohnerzahl als im Jahre 1794 besaß, griff auch die staatliche Fürsorge für die Torfwirtschaft, die für das kohlenarme Land von großer Bedeutung ist, aufs neue und diesmal mit Erfolg wieder ein. Unter Friedrich I. wurde von der Staatsregierung ein neuer Torfstich mit der nötigen Entwässerung im Brenztalmoos angelegt, der für die königlichen Eisenhütten von Heidenheim und Königsbrunn das nötige Brennmaterial lieferte und einen befriedigenden Nutzen abwarf.

Friedrichs I. Nachfolger, König Wilhelm I. (1816—1864), unternahm nach dem Vorbilde Bayerns im Jahre 1822 in dem benachbarten Donaumoose die Entwässerung des im Württembergischen liegenden Teils dieses ausgedehnten Moores, das nach ihm Wilhelmsfeld genannt wurde. Es entstanden dort verschiedene Torfstechereien der Gemeinden und ebenfalls eine staatliche Torfgräberei, nachdem ein von privater Seite unternommener größerer

Versuch, die Torfverkohlung in großem Maßstabe, erstmalig mit Benutzung großer Retorten, auszuführen, mißglückt war. Außerdem wurde auch ein Teil des Moores mit Erfolg in Kultur genommen. Auch die früher in Verfall geratenen staatlichen Betriebe in Sindelfingen und Schopfloch brachten es unter einer verbesserten Betriebsordnung und durch Herabsetzen des Verkaufspreises auf die Hälfte zu einer befriedigenden Rentabilität.

Der Hauptfinanzetat für das Jahr 1822/23 weist einen Reinertrag der staatlichen Torfverwaltung von 600 fl. aus, für das Jahr 1848/49 von 865 fl.

Die weitere Entwicklung der Torfgewinnung, auf die in dem mit fruchtbarem Ackerboden und Wiesen reich gesegneten württemberger Lande vorwiegend Nachdruck gelegt wurde, war bis zum allgemeinen Eindringen des Eisenbahnverkehrs von der Konkurrenz mit dem reichlich vorhandenen Holze abhängig und nahm bei der stetigen Steigerung der Preise für das letztere, das als Nutz- und Bauholz immer mehr verlangt wurde, meist einen günstigen Verlauf. Dagegen konnte auch in dieser Zeit die Torfkohle nicht in wirksame Konkurrenz mit der Holzkohle treten[1]).

Durch den Bau der im Jahre 1850 beendeten Haupteisenbahnlinie Heilbronn-Stuttgart-Ulm-Friedrichshafen, in Länge von 251 km, nahm die ganze Torfgewinnung einen sehr bedeutenden Aufschwung, insbesondere da zudem in den vierziger Jahren die noch mittelalterlichen Zustände der Besitzverhältnisse durch die allgemein durchgeführte Ablösung der Hörigkeitsverpflichtung aufgehoben und damit der Torfstich, der bisher eine Gerechtsame des Grundherrn war, freies Eigentum des Bauern wurde, wobei dann auch die verschiedenen Holzberechtigungen in Fortfall kamen. Der Torf- oder „Wasen"-brand hat sich in Oberschwaben auch nach dem großen Kriegsjahre 1870/71 immer mehr allgemein eingebürgert, bis ihm erst in der neusten Zeit in der Brikettfeuerung ein gefährlicher Konkurrent entstanden ist. Gefördert wurde der Torfstich durch die in den vierziger Jahren beginnenden gemeinschaftlich durchgeführten Entwässerungen größerer Moore durch

---

[1]) vgl. Näheres bei Liebel S. 45 ff.

die Anlieger, die sich nach und nach auf den größten Teil der Moorgebiete erstreckte. Eine Zusammenstellung der Torfstichbetriebe im Jahre 1858 gibt Professor Dr. Oskar Fraas in seinem Werke „Die nutzbaren Mineralien Württembergs“, Stuttgart 1860[1]). Nach ihm betrug im Jahre 1858 die Torfgewinnung des Donaukreises (hauptsächlich Oberschwabens) fast 2 Millionen Zentner Trockentorf, die der übrigen Landkreise nicht ganz ein Zehntel dieser Menge. Sie nahm nach Gerst[2]) in 7 Jahren um 700000 Zentner zu. Dabei war der Verkaufswert im Jahre 1858 462400 Gulden, im Jahre 1865 bei den inzwischen erheblich gestiegenen Preisen für das oberschwäbische Gebiet allein auf 567295 Gulden gestiegen, bei Durchschnittspreisen von 1,12 Gulden, bzw. 1,55 Gulden für 1000 Stück. Zu den Hauptkonsumenten des Brenntorfs gehörten außer dem großen Verbrauch im Hausbrand lange Zeit die Württembergische Eisenbahnverwaltung und verschiedene großindustrielle Unternehmungen. Hier aber hat die Steinkohle den Torf nunmehr fast völlig verdrängt.

Sehr viel ist in diesen Jahrzehnten wiederum experimentiert worden, um den Brenntorf mit der Steinkohle konkurrenzfähig zu gestalten. Soweit es sich um die Herstellung von einfachem Maschinentorf handelte, erfreuten sich die betreffenden Unternehmungen einer guten Entwicklung, dagegen sind mit kostspieligen Versuchen zur Herstellung von Torfbriketts, von Torfkohle und von Torfdestillationsprodukten auch in Württemberg in den sechziger und siebziger Jahren große Kapitalien verschwendet worden, und diese Verluste haben ein noch heute nicht überwundenes Mißtrauen gegen derartige Versuche zurückgelassen, auch wenn sie auf einer rationellen Grundlage aufgebaut sind. Betreffs der ins einzelne gehenden Darstellung dieser Entwicklung muß auf das gründliche Werk F. Liebels über „Die Württembergische Torfwirtschaft“ verwiesen werden.

In der letzten Zeit wendet sich das Interesse der K. Württ. Staatsregierung wieder in erhöhtem Maße der Aufgabe zu, die reichen Torfschätze des Landes in geeigneter Weise zur Aus-

---

[1]) vgl. Liebel l. c. S. 64.

[2]) Liebel l. c. S. 66.

beutung zu bringen und auch die bisher weniger berücksichtigte landwirtschaftliche Nutzung der dabei gewonnenen neuen Anbauflächen mit besonderem Nachdruck zu fördern.

e) Die Moorkultur in Holland.

Der Begriff Moorkultur deckt sich in Holland, dem klassischen Vaterlande der Fehnkultur (s. S. 144), mit letzterer, wenn auch die Brandkultur in den entlegneren Mooren ausgeübt wurde und von dort aus nach Deutschland kam. Daß die Fehnkultur schon auf ein ansehnliches Alter zurückblickt, ersieht man daraus, daß die Verordnungen Groningens über die Verfehnung der Moore bereits von 1425 und 1436 datieren, während die ersten Versuche zur Nutzbarmachung der Moore aus dem Jahre 1250 stammen[1]). Dafür spricht ferner, daß die Stadt Groningen bereits 1483 mit dem Bischof von Münster einen Vertrag zur Erbauung eines großen Schiffahrtskanals von der Ems bei Heede bis Groningen schloß. Der begonnene Kanalbau wurde aber bald wieder eingestellt. Auch eine am Schluß des 16. Jahrhunderts projektierte Schiffahrtsverbindung durch die Aa in den Dollart gelangte trotz längeren Verhandlungen nicht zur Ausführung. Die erste in größerem Stile betriebene Fehnkolonisation setzte schon am Ende des 16. Jahrhunderts ein, als Groninger Bürger die älteste Fehnkolonie Pekela gründeten. Sie wurde von Anfang an in großzügiger Weise angelegt, mit mehreren hundert Arbeitern betrieben und zur Erleichterung der Torfausfuhr mit seetüchtigen Schiffen ausgerüstet. Das Unternehmen entwickelte sich so lange, bis die Stadt Groningen die Torfausfuhr verbot, um sich selbst den Alleinvertrieb zu sichern. Nachdem sie bereits die Torfproduktion im eigenen Betrieb aufgenommen, brachte sie alle Fehne und Fehngelegenheiten der Provinz und des Nachbargebietes möglichst ganz in ihren Besitz, vor allem den Teil, der ihr die Herrschaft über das übrige Moor sicherte, nämlich den Nordrand der Moore, sowie die an den zu erbauenden Hauptkanälen liegenden Moor-

[1]) van Barew, „Die Hochmoore der Niederlande", siehe „Die Ernährung der Pflanze", 1913, S. 2.

flächen, um so den Zugang zu den Mooren in der Hand zu behalten. Die Anlage und Ausbeutung der Fehnkolonien erfolgte dann nach einem genau geregelten Plan und nach in Einzelheiten ausgearbeiteten Vorschriften. Der von der Stadt Groningen gebaute Hauptkanal, der nach Ter Apelt reicht, führt den Namen „Stadskanaal" (Stadtkanal). Er ist in der letzten Zeit durch den Rütenbrocker Kanal in Anschluß mit dem Süd-Nord-Kanal und mit der Ems gekommen. Das holländische Fehnsystem erschloß durch ein dichtes Inwieken- und Hinterwiekennetz — so werden die vom Hauptkanal rechtwinklig abzweigenden Seitenkanäle und die wiederum rechtwinklig von diesen abgehenden Nebenkanäle bezeichnet — ein großes Moorgebiet, so daß nicht für schmale und kurze Streifen Moores lange und wenig ausgenutzte Kanäle gebaut zu werden brauchten. Infolgedessen fallen die Kosten für die Flächeneinheit verhältnismäßig gering aus.

Der Hauptkanal erhielt dadurch ein großes Zuflußgebiet, und so war ihm ein großer Wasserreichtum gesichert.

Die Haupt- und Seitenkanäle haben meist eine obere Breite von 12 bis 24 m, eine Sohlenbreite von 7 bis 9 m und einen Mindestwasserstand von 1,7 bis 2 m. Auch die Inwieken besitzen bei einer oberen Breite von 6 m einen Wasserstand von 1,5 bis 2 m, so daß größere Kanalschiffe sie benutzen können. Der Wasserspiegel der Kanäle wird in der Regel 0,3 bis 0,5 m unter dem Maifeld gehalten. Ursprünglich war in den Groninger Kolonien das Einkanalsystem mit direkt einmündenden Inwieken in Anwendung. Um den Landverkehr wenigstens am Hauptkanal zu erleichtern, ließ man später an der einen Seite die Inwieken in einen Achterkanal (Hinterkanal) einmünden, den man nur in größeren Zwischenräumen mit dem Hauptkanal verband. Schließlich ging man zu dem Zweikanalsystem über. Es besteht in zwei parallel laufenden Hauptkanälen, die 150 bis 200 m voneinander entfernt sind und in größeren Abständen durch Querwieken verbunden werden. Das Zwischengelände ist in kleine Grundstücke für die Ansiedlung von Handwerkern usw. geteilt, während die Bauern, die „Landbouwer", auf ihren Plaatsen an den Außenseiten der Kanäle wohnen. Von den Schiffen wird ein Schleusengeld und vom Torf eine Kanalabgabe erhoben. Diese Abgaben sind auf den verschiedenen holländischen Kanälen sehr verschieden. Die baulichen Anlagen werden teils von den Landschaften, teils von der Stadt Groningen, teils von Privatinteressentengruppen unterhalten.

Die Entfernung der Inwieken schwankt zwischen 150 bis 200 m. Sie erleichtern den Transport des Torfs und später den der Wirtschaftserzeugnisse und -bedürfnisse außerordentlich und machen den ganzen Betrieb erst lebensfähig. Die einzelnen Plätze zwischen den Inwieken besitzen in der Regel am Kanal eine Breite von 80 bis 100 m. Die Länge ist verschieden groß, meist aber besitzen sie einen Flächeninhalt von 10 bis 20 ha. Die Größe der Plätze und ihr hoher Wert haben zur Folge, daß nur verhältnismäßig kapitalkräftige Leute als Fehnunternehmer und Landwirte auftreten können. Meist sind Fehnunternehmer und Landwirt verschiedene Personen. Letzterer zieht erst zu, wenn die Abtorfung gänzlich oder doch annähernd beendet ist. Die alten Pachtbedingungen der Stadt Groningen sind im Wesen noch heute erhalten geblieben und haben auch bei den anderen Unternehmungen als Vorbild gedient. Der Pächter erhielt seinen Platz zur Abtorfung und zur Kultivierung des Untergrunds und hatte dafür ein Viertel des jährlich gegrabenen schwarzen Torfs und ein Sechstel des grauen Torfs als Abgabe abzuliefern. Sonst oblagen ihm nur noch eine Reihe kleinerer Leistungen, wie Beiträge zur Besoldung des Lehrers, Besorgung des Grabens der Wieke, Anlegung einer Drehbrücke, Unterhaltung des Landwegs an der Wieke, alles anteilmäßig zur Größe seines Besitzes. Ferner mußte er innerhalb einer bestimmten Frist ein Haus errichten. Eine der wesentlichsten Bedingungen war aber, daß er den Untergrund entsprechend dem Fortschreiten der Abtorfung mit großer Sorgfalt kultivieren mußte. Sobald er eine Fläche von zwei „Gras“ (58a) urbar gemacht hatte, mußte er sofort dem Rentmeister bei Strafe des Verfalls der Ernte Anzeige erstatten. Zur Deckung der Urbarmachungskosten behielt er dann das Grundstück noch 6 bis 10 Freijahre, worauf der Untergrund wieder der Stadt zufiel. Der Verfehner genoß jedoch ein Vorpachtrecht bei der Wiederverpachtung. Die Pacht war eine Art Erbpacht. Der Pachtschilling war unablösbar und betrug einen Gulden für das „Gras". Der freihändige Verkauf war an die Zustimmung der Stadt geknüpft und unterlag der Abgabe des 30., der Zwangsverkauf der Abgabe des 8. Pfennigs. Teilung, Unter-Vererbpachtung und Belastung mit Servituten war verboten.

In Holland bildet im allgemeinen die Torfverschiffung ein getrenntes Gewerbe neben der Verfehnung. Der Verfehner kann Kapital- und Arbeitskraft ausschließlich dem Torfstiche zuwenden und betreibt ihn meist als Unternehmer, der eine große Anzahl von Arbeitern beschäftigt. Es haben sich auch dadurch ein fester Arbeiterstamm und feste Arbeitsbedingungen herausgebildet. In früheren Jahrhunderten kamen die Arbeiter zu einem großen Teil aus Deutschland. In der neueren Zeit, insbesondere seit den 70er Jahren, gehen umgekehrt Tausende holländische Arbeiter als Wanderarbeiter nach Deutschland. Ist der Torfstich vorbei, so findet der Arbeiter zum Teil noch bei den Erntearbeiten Beschäftigung, hauptsächlich bei der Kultivierung des Untergrundes, beim Ausbau der Kanäle, sowie in der Industrie (z. B. Stärkefabrikation). Um ein festes Arbeitsverhältnis zu erzielen und alle Störungen fernzuhalten, sind zur Wahrung der Interessen beider Teile schon 1648 sowie 1668 und 1680 besondere Arbeitsvorschriften über die Torfgräberei von der Stadt Groningen erlassen worden.

Der Torf wird vom Verfehner meist an Kommissionäre abgegeben und von diesen vom Moore weg an die Konsumenten verkauft. Die völlige Unabhängigkeit des Fehnbetriebes von der Schiffahrt hat großen Nutzen gebracht, dagegen nicht, wie es im Bremischen der Fall war, den Verfehnern Schaden zugefügt, denn bei der großen Ausdehnung der Schiffahrt gab es einen großen Wettbewerb, und es konnte nicht zu einem Zusammenschluß der Schiffer zur Ausbeutung der Verfrachter kommen. Diese waren außerdem kapitalkräftig genug, um nicht wie die Bremer Verfehner durch Vorschüsse auf die neue Torfkampagne in Abhängigkeit von den Schiffern zu geraten.

Der Landbau tritt nach erfolgter Verfehnung dauernd die Herrschaft an, nachdem er durch sehr sorgfältige Vorbereitungen, besonders durch eine möglichst starke anfängliche Düngung, in die Wege geleitet ist. Kapitalkräftige Verfehner, die sich ausschließlich auf das Torfgeschäft werfen, torfen eine Plaatse von 10 bis 12 ha in der kurzen Zeit von 10 Jahren völlig ab und verkaufen sie dann erst mit ordnungsmäßig abgebunkter und planierter Bunkerde bedeckt an den Landwirt. Dieser muß ebenfalls, zur Vermeidung großer Zinsverluste, die große Fläche in möglichst kurzer Zeit, unter Heranziehung vieler fremder Arbeiter kultivieren, und muß daher auch entsprechend kapitalkräftig sein. Ein Parzellenbetrieb durch Zersplitterung der früheren Besitzungen findet sich in den holländischen Fehnkolonien fast nirgends. Dennoch bietet sich für den kleinen Mann günstige Gelegenheit zur Seßhaftmachung, da zwischen den beiden Hauptkanälen viele kleine Grundstücke mit ein bis zwei Morgen gebildet werden. An Arbeitsgelegenheit in Torfstich, Landwirtschaft, Handwerk und Gewerbe, Schiffahrt und Kanalkultivierungsarbeiten fehlt es ihm nicht, denn das Aufsuchen einer passenden Arbeitsstelle wird durch viele Meilen weit an den Kanälen entlang führende Dampf- und Pferdebahnlinien sehr erleichtert.

Größe und Kosten der holländischen Fehnkanäle.

Seit etwa 1847 sind für den Neubau von 350 km Haupt- und 650 km Nebenkanälen 11328000 Gulden verwendet worden.[1] Der Staat leistete davon als Beitrag 3140000 Gulden, die Provinzen 4870000 Gulden. Zum Umbau, zur Verbesserung und Vertiefung älterer Kanäle wurden 11200000 Gulden aufgewendet, von denen der Staat 4089000 Gulden, die Provinzen 6053000 Gulden und den Rest die Kanalgesellschaften aufbrachten. In diesen Ausgaben von rund 38300000 Mark sind die Aufwendungen für laufende Reparaturen und Unterhaltungskosten nicht mit inbegriffen.

Die Gesamtlänge der schiffbaren holländischen Moorkanäle einschließlich Inwieken und Hinterwieken wird zu 4000 km angegeben. Die Rente der Anlagekapitalien ist durchschnittlich bloß 1 %, aber trotzdem sind die Vorteile für Landwirtschaft, Handel und Schiffahrt sehr bedeutende.

Im Mittel der Jahre 1891—1895 kamen und gingen auf den

Hauptkanälen 168393 Kanalschiffe mit einer Ladung von 6998000 t. Der Transport des Torfs erfordert jährlich 30000 Schiffsreisen. Das Quantum des gewonnenen Torfes beträgt 10 Millionen Kubikmeter jährlich und die dabei dem Ackerbau gewonnene Fläche beträgt 400 ha.

f) Die Moorkultur in Österreich.

Österreich besitzt sehr zahlreiche, aber meist nur wenig ausgedehnte Moore in den Randgebirgen Böhmens und in den Alpenländern, zumeist von Hochmoorcharakter. Große, mehrere tausend Hektar umfassende geschlossene Moorflächen, vorzugsweise Niederungsmoorbildungen, finden sich nur in Galizien, ferner im großen Laibacher Moor in Krain, in größerer Ausdehnung auch noch im böhmischen Tiefland vor. Sie sind zum größten Teil unter Aufwendung bedeutender Mittel kultiviert oder melioriert. Dagegen sind die kleineren Moore, die sich sehr häufig in Gemeindebesitz oder in Händen zahlreicher, wenig bemittelter Besitzer befinden, bisher mit wenigen Ausnahmen meist nur notdürftig als mindere Sauergrasweiden und zur Schilfstreugewinnung oder meist ohne vorhergehende allgemeine Entwässerung, sozusagen im Raubbau, zur Brenntorfgewinnung benutzt. Sie bilden keine so weit ausgedehnten, zusammenhängenden Ödländereien, wie wir sie in Deutschland finden, und kommen deshalb für umfangreichere Neubesiedlungen fast nicht in Betracht. Auch die industrielle Ausbeutung der Brenntorfvorräte kann sich nur im Rahmen der engeren lokalen Bedürfnisse bewegen, und es werden mit Erfolg seit einer Reihe von Jahren ansehnliche Industrieunternehmungen zum großen Teile oder auch ausschließlich mit Torffeuerung betrieben, wo dies nach der Art der Industrie und nach den lokalen Verhältnissen von besonderem Vorteile ist. Als solche Anlagen sind zu nennen die I. Glaserschen Glashütten und Ziegeleien zu Bürmoos (Salzburg) und zu Iben in Oberösterreich, sowie solche in Nisko in Galizien, die Fürstlich Schwarzenbergschen Graphitwerke zu Schwarzbach in Böhmen und die Gebrüder Lappschen Eisenwerke zu Rottmann in Steiermark.

Dagegen verfolgt man nach deutschem Vorbilde die rationelle Moorkultivierung, die hier wegen der sehr verschiedenartigen klimatischen Verhältnisse eine besondere Anpassung der Kulturmaßnahmen an den einzelnen Fall erfordert, und strebt besonders eine Vermehrung der Futter- und Streuerzeugung zur Hebung der Viehhaltung und der Viehzucht an.

Die Förderung dieser Bestrebungen liegt in den Händen des k. k. Ackerbauministeriums. Dasselbe veranlaßte zuerst anfangs der 70er Jahre die Ausführung von Moorkulturversuchen durch die k. k. landwirtschaftlich-chemische Versuchsstation in Wien, begründete 1891 die erste Moorversuchsstation in Rudnik in Galizien und im Laibacher Moor und gliederte im Jahre 1901 der erstgenannten Anstalt eine besondere „Abteilung für Moorkultur und Torfverwertung" an, die im Jahre 1904 mit der 22 ha umfassenden „Moorwirtschaft Admont" eine eigene, gut ausgerüstete Moorversuchsstation erhielt, die Hochmoor-, Niederungsmoor- und Übergangsmoor-Terrain umfaßt. Die Abteilung für Moorkultur und Torfverwertung sowie ihre Moorversuchswirtschaft unterstehen der Leitung von Dr. W. Bersch. Weiter besteht eine vom Ackerbauministerium subventionierte Moorversuchsstation in Sebastiansberg im böhmischen Erzgebirge unter Leitung des um das österreichische Moorwesen sehr verdienten Direktors H. Schreiber, der zuerst seit dem Jahre 1897 durch die Abhaltung von Moorkursen das allgemeine Interesse für die Sache zu wecken bestrebt war, und dem die Gründung des Deutsch-Österreichischen Moorvereins im Jahre 1900 gelang.

Die Förderung der Moorkultur erfolgt nun staatlicherseits durch Subventionierung größerer Moormeliorationen und besonders durch Förderung des Genossenschaftswesens im Kreise kleinbäuerlicher Moorbesitzer. Von der Abteilung für Moorkultur und Moorverwertung werden ausführliche Entwässerungspläne unentgeltlich ausgearbeitet und Beispielskulturen in Größe von 1 bis 4 ha angelegt. Bei diesen erhält der Besitzer das Saatgut und die Düngemittel unentgeltlich. Es werden ihm Geräte gestellt und eine Beihilfe für die Meliorationsarbeiten geleistet. Dagegen ist er verpflichtet, die Arbeiten genau nach den angegebenen Anweisungen auszuführen und die Erträge zu ermitteln. Durch die Erfolge solcher Beispielskulturen, die in großer Zahl an den verschiedenen Orten angelegt werden, gelingt es, die einzelnen benachbarten Interessenten schließlich zu einer Interessengenossenschaft zwecks Zusammenlegung der verschiedenen kleineren Mooranteile und zwecks ihrer gemeinsamen Meliorierung zusammenzuschließen. Solchen Genossenschaften leistet dann der Staat und die Landesverwaltung eine weitgehende Unterstützung, indem jede derselben je ein Drittel der Meliorationskosten übernimmt, während die Interessenten selbst nur ein Drittel aus eigenen Mitteln zu bestreiten haben. In ähnlicher Weise wird auch die Torfverwertung und insbesondere die Gewinnung von Torfstreu durch genossenschaftliche Bildungen gefördert. Um die Vorteile der Torfstreuverwendung den bäuerlichen Besitzern vor Augen zu führen und zugleich eine bessere Schonung des Waldes zu erreichen, ist der Forstfiskus, wo es angeht, dazu übergegangen, an Stelle der Berechtigung des Waldstreusammelns die in eigener Regie gewonnene Torfstreu zu verabfolgen. Die seitens des Staates zur Förderung der privaten Moorkultur aufgewendeten Beträge belaufen sich in den Jahren 1890—1901 auf ungefähr 230000 Kronen und überschreiten in den folgenden 6 Jahren diesen Betrag noch um etwas. In seinem Auftrage sind in den letzten Jahren genaue statistische Erhebungen der Moore in den einzelnen Kronländern seitens des Deutsch-Österreichischen Moorvereins und nach einer besonders ausgearbeiteten „Anleitung zur Durchführung moorstatistischer Erhebungen" durch die Abteilung für Moorkultur und Torfverwertung ausgeführt worden (s. S. 59). Der Förderung des Moorwesens dienen die vom Deutsch-Österreichischen Moorverein herausgegebene „Österreichische Moorzeitschrift" in Staab (seit 1900) und die von der Abteilung für Moorkultur und Torfverwertung herausgegebene „Zeitschrift für Moorkultur und Torfverwertung" in Wien (seit 1903), die beide mit Subventionierung durch das k. k. Ackerbauministerium erscheinen.

g) Die Moorkultur in Schweden, Norwegen und Dänemark.

Von den 41,1 Millionen Hektar Festland Schwedens entfallen nach einer Berechnung von Steinmetz, die zum erheblichen Teil auf Schätzung beruht, im Jahre 1897 etwa 5,2 Millionen Hektar oder 12,6 % auf noch unentwässerten Boden, der hauptsächlich noch unkultiviertes Moor ist. Soviel beträgt auch ungefähr die gesamte Fläche der Gärten, Äcker und Naturwiesen, von denen ein nicht geringer Teil auf kultivierten Mooren angebaut ist. Betrug doch der Zuwachs an Kulturflächen in der Zeit von 1865—1900 rund 1,92 Millionen Hektar, von denen ein sehr erheblicher Teil Moorboden war. Über vereinzelte Beispiele gutgeglückter Moorkulturen wird bereits aus einer schon weit zurückliegenden Zeit berichtet, so unter anderem auch vom „Skede-Mosse"-Moor auf der Insel Öland, das der spätere König Karl X. als Kronprinz unter eigener Aufsicht entwässern und kultivieren ließ.

Die älteste Kulturmethode war auch in Schweden die Brandkultur ohne jede Düngerzufuhr. Eine andere Methode bestand darin, das Moor 2 bis 3 Jahre mit Wasser zu überstauen und dadurch die lebende Moosschicht zu zersetzen. Allmählich entstand dann aus dem Moore eine saure Wiese. Seit 1750 wurde ziemlich viel und mit gutem Erfolge als Meliorationsmittel die Sand- und Lehmauffuhr benutzt, wozu der Untergrund meist ein sehr geeignetes kalireiches Material lieferte.

Seinen großen Fortschritt in der Moorkultur verdankt aber Schweden den umfassenden, zielbewußten Maßnahmen des Staats, die mit der im Jahre 1857 eingeführten Tätigkeit der Meliorations- oder Hydrotechniker (Landsbruksingenörer) einsetzten und durch Bereitstellung bedeutender finanzieller Mittel gefördert werden. Die Meliorationstechniker, deren Zahl zurzeit auf 28 gestiegen ist, befassen sich mit der Entwässerung der Moore, mit der Senkung von Seen und der Trockenlegung von durchnäßten Böden. Im Durchschnitt werden von ihnen jährlich Moorprojekte für rund 20000 ha zu Kultivierungszwecken und für 20000—30000 ha zur Verminderung der Frostgefahr ausgeführt.

Finanziell fördert der Staat die Moorkultur dadurch, daß er seit dem Jahre 1883 einen mit jährlich einer Million Kronen[1]) ausgestatteten Kulturdarlehensfonds, aus dem Gelder zu 4½ bis 4 % ausgeliehen werden, unterhält, zu dem später noch der nordschwedische Entwässerungsfonds in Höhe von 500000 Kronen jährlich für die vier nördlichsten Bezirke und ein mit 300000 Kronen gespeister Fonds für die übrigen Teile des Landes hinzugetreten ist. Aus diesem werden für Moorentwässerungen und Trockenlegungen zum Zwecke der Kulturverbesserung oder der Verminderung der Frostgefahr an Private nicht rückzahlbare Unterstützungen in Höhe der Hälfte der wirklichen Kosten gezahlt. In den Jahren 1891—1909 sind mit Hilfe des ersten Fonds 83234 ha, mit Hilfe der beiden anderen 153425 ha entwässert worden.

Der große Aufschwung in der Moorkultur hängt allerdings, wie auch anderwärts, ebenfalls wesentlich mit der Einführung der künstlichen Düngemittel zusammen. Man verfiel dabei aber anfangs in den Fehler, fast ausschließlich ohne Fruchtwechsel durch Jahrzehnte Hafer zu bauen, und so verminderten sich schließlich die Erträge, da meist auch nur wenig gedüngt und insbesondere das Unkraut sehr unzureichend bekämpft wurde.

Es ist das Verdienst des im Jahre 1886 von C. v. Feilitzen ins Leben gerufenen Schwedischen Moorkulturvereins, dessen Mitgliederzahl zurzeit über 3000 beträgt und der jährlich seitens des Staats namhafte Subventionen erhält, zur Verbreitung der Kenntnis der rationellen Moorkultivierung unter den moorbewirtschaftenden Bauern sehr viel beigetragen und insbesondere eine geeignete Fruchtfolge für die schwedischen Moore festgestellt zu haben. Dieses Programm wird ähnlich und nach dem Vorbild der deutschen Moorversuchsstationen von der Moorversuchsstation Jönköping, die in der Nähe ein eigenes ausgedehntes Versuchsfeld in Flahult mit zwei Ansiedlungskolonaten und ein zweites Versuchsfeld in Torestorpsmossen besitzt, durchgeführt, indem sie durch Moorunteruchungen und Gutachten über die Eignung der verschiedenen Moore zu Kulturzwecken oder zur

---

[1]) 1 Krone schwedisch = 1 Mark 12 Pfennig.

Gewinnung von Brenn- oder Streutorf, durch Anlegung von Beispielsversuchsfeldern, die sehr zahlreich über das ganze Reich zerstreut sind, und durch Veranstaltung von Vorträgen und Lehrkursen die Interessen der Moorkreise fördert.

Zurzeit wird vorwiegend die Kultur der besseren Niederungsmoore gefördert, da sie viel weniger Anlagekapital, Arbeit und besondere Erfahrungen erfordert als die der Hochmoore. In der Regel wird dabei Ackerbau in Schwarzkultur (s. S. 141) ohne Sandbedeckung ausgeübt. Daneben ist auch die Sand- und Lehmmischung ziemlich verbreitet. Letztere ist für die schwedischen Hochmoore die einzige rationelle Methode, die zurzeit empfohlen werden kann. Wo die dazu erforderliche Menge Sand oder Lehm nicht in der Nähe vorhanden ist, wird von einer Kultivierung direkt abgeraten, sonst aber besonders die Anlage von Futterbau empfohlen.

Bei dem großen Reichtum an anbauwürdigen Niederungsmooren ist das Interesse an der Hochmoorkultur und der damit zusammenhängenden Kolonisation der Hochmoore vorläufig noch ein sehr geringes.

Dagegen wird der Streutorf- und Brenntorfgewinnung auf denselben sowohl seitens des Schwedischen Moorkulturvereins wie insbesondere auch seitens des Staats eine sehr lebhafte Förderung zuteil. Die Verwendung der Torfstreu ist bei den schwedischen Bauern schon sehr lange in Gebrauch. Derzeit sind über 200 Torfstreufabriken über das ganze Land zerstreut, und die jährliche Produktion sowie die Ausfuhr ist im steten Steigen.

Nicht minder lebhaft ist das Interesse für die Brenntorf- und auch für die Torfkohlegewinnung. Ist doch Schweden durch seine Armut an Steinkohlen, die nur in minderer Qualität gefunden werden, in hohem Maße vom Auslande abhängig, an das im Jahre ungefähr 80 bis 85 Millionen Kronen für Steinkohle entrichtet werden müssen. Vom Staate wird die Torfindustrie gefördert durch einen Darlehensfonds in Höhe von etwa 3½ Millionen Kronen, durch Unterhaltung einer staatlichen „Torfschule“ zur Ausbildung von Torftechnikern und Werkmeistern und durch Anstellung von zwei Torfingenieuren mit drei Assistenten, die

Untersuchungen der Moore ausführen und für die Torftechnik Pläne und Projekte ausarbeiten.

In Norwegen beschränkte sich die Förderung der Moorkultur zunächst darauf, in den 50er und 60er Jahren des vorigen Jahrhunderts zur Belehrung der Bevölkerung über die Urbarmachung der Moore Moorkulturspezialisten zu berufen und ebenso einen Torfmeister für das ganze Land anzustellen. Die Fortschritte auf diesem Gebiete waren aber nicht wesentlich, da man sich vorwiegend der Ausdehnung des Ackerbaues zuwendete. Erst neuerdings sind die Bestrebungen zur Ausnutzung der weiten Moorflächen vorwiegend für industrielle Zwecke insbesondere wegen des Mangels an Steinkohle, sowie auch zur Schonung der Holzbestände in den Waldungen wieder recht stark hervorgetreten. Seit 1902 wirkt der norwegische Moorverein für die Ausdehnung der Brenntorf- und insbesondere der Streutorfgewinnung und sucht auch die Hochmoorkultivierung durch die im Jahre 1907 erfolgte Anlage einer Moorkulturstation im Maeresmoor, 113 km von Trondhjem, der nördlichsten Moorversuchsstation der Welt, zu fördern.

Um die Moore den Norwegern zu erhalten, ist durch ein Gesetz vom 25. Juli 1913 der Erwerb des Eigentums und Gebrauchsrechts an Mooren in einer Ausdehnung von mehr als 35 ha, sofern nicht der norwegische Staat, norwegische Gemeinden und norwegische Staatsbürger sie erwerben, von einer besonderen königlichen Genehmigung abhängig gemacht.

In Dänemark wird die Moorkultur von der im Jahre 1866 gegründeten, vom Staate reichlich subventionierten dänischen Heidegesellschaft, seit dem Jahre 1888 nach den Grundsätzen der deutschen Moorversuchsstationen gefördert durch Anlage von Beispielskulturen und kostenlose Ausarbeitung der Kulturpläne und Anleitung bei ihrer Ausführung. Die dänische Staatsversuchsstation für Pflanzenkultur besitzt Moorversuchsareale in Jütland bei den Versuchsstationen in Asker, Studsgaard und Tylstrup (Jahrb. d. Moorkunde II, S. 117).

h) Die Moorkultur in Finnland und Rußland.

Das außerordentlich moorreiche Finnland bietet nach seinen klimatischen Verhältnissen und bei der geringen Bevölkerung der Moorkultivierung keinen besonders günstigen Boden. Zur Verbreitung der Kenntnisse über die Fortschritte der neuzeitlichen Moorkultur wirkt der seit dem Jahre 1895 bestehende finnländische Moorkulturverein.

In Rußland[1]), das sehr weit ausgedehnte Moore besitzt (s. Statistik, S. 63), begann die öffentliche Aufmerksamkeit sich denselben verhältnismäßig spät zuzuwenden. Erst im Jahre 1873 setzt die ernstliche Tätigkeit einer staatlichen Kommission zur Trockenlegung der Moore in den Gebieten Zentralrußlands ein, nachdem die staatliche Fürsorge in dieser Hinsicht bis dahin nicht über die Herausgabe eines gemeinverständlichen Lehrbuches über die Trockenlegung von Mooren, das auf Befehl des Zaren Alexander I. im Jahre 1810 veröffentlicht wurde, und einer von Zar Nikolaus I. eingesetzten Kommission zur Ausarbeitung eines Gesetzentwurfes über] Durchführung von Kanälen durch fremde Ländereien zur Entwässerung der Moore und Bewässerung der Äcker hinausgegangen war. In der Zeit von 1873 bis 1898 wurden unter Leitung des Generals Zilinski, der es nicht verabsäumte, sich eine ausreichende Zahl von bewährten Meliorationstechnikern als Mitarbeiter zu sichern, innerhalb der zentralrussischen Gouvernements Wladimir, Rjasan, Twer und Moskau ungefähr 310000 Deßjatinen Moore in Wiesenland verwandelt und 480000 Deßjatinen versumpfter Wälder und mit Gestrüpp bewachsener Flächen einer Ausnutzung zugänglich gemacht.

Einschließlich der auf Acker-, Gemüse- und sonstiges Anbauland sich erstreckenden Meliorationen ist mit einem Aufwand von 4,8 Millionen Rubeln durch die ausgeführten Entwässerungsarbeiten der Wert der einbezogenen Flächen von 12 Millionen Rubel bei sehr vorsichtiger Kapitalisierung der Rente auf mehr als das Fünffache, auf mindestens 63 Millionen Rubel gestiegen.

---

[1]) Siehe W. v. Schneider, Unsere Moore, eine nicht ausgenutzte Quelle des Nationalreichtums. Freiburg i. B. 1913.

Vom Jahre 1882 bis 1903 betrugen die jährlichen Aufwendungen für die Entwässerung der Moore 250000 bis 320000 Rubel. Von da ab sind nur die für Ent- und Bewässerungen zusammen im Etat ausgesetzten Summen bekannt und betragen im Jahre 1907 340113 Rubel, für das Jahr 1910 ungefähr 900000 Rubel.

B. Die Kultivierung der Moore.

Nachdem im vorhergehenden eine Darstellung des gegenwärtigen Standes der Moorkulturbestrebungen in den verschiedenen moorreichen Kulturländern nach ihrer volkswirtschaftlichen Bedeutung zu geben versucht worden ist, sollen im folgenden Abschnitt „Die Kultivierung der Moore“ die agrikulturtechnischen Maßnahmen kurz beschrieben werden, die dabei erforderlich sind.

Diese Ausführungen sollen nicht als ein Wegweiser für den praktischen Landwirt angesehen werden, sondern sind mehr zur Orientierung auch der weiteren an der Kultivierung der Moore interessierten wissenschaftlich-technischen Kreise bestimmt.

I. Die einzelnen Kulturarbeiten.

Um eine Kultivierung der Moore zu ermöglichen, muß ihr bedeutender natürlicher Wassergehalt herabgesetzt, die für den Anbau ungeeignete Beschaffenheit der Oberfläche verbessert und für hinreichende Mengen verfügbarer Pflanzennährstoffe gesorgt werden. Die dazu erforderlichen Maßnahmen ziehen bei richtiger Durchführung eine weitergehende günstige Beeinflussung der Bodenverhältnisse nach sich, so daß schließlich das rohe Moor zu einem sehr ertragreichen Kulturland erhoben wird. Soll dieses bedeutsame Ziel erreicht werden, bedarf es aber einer eingehenden Berücksichtigung der allgemeinen Beschaffenheit des Moores und der klimatischen Verhältnisse. Die Entwässerung soll so geführt werden, daß der Kulturboden immer die nötige Feuchtigkeit besitzt, jedoch weder unter Nässe, noch unter Trockenheit leidet. Deshalb spielt die jährliche Niederschlagsmenge und die Verteilung auf die verschiedenen Jahreszeiten eine wichtige Rolle. Während in niederschlagsreichen Gegenden die Entwässerung leicht richtig zu regeln ist, muß in trockeneren Gegenden, wo besonders im Sommer öfters Regenmangel herrscht, für die Aufspeicherung des Grundwassers gesorgt werden.

Die Regelung der Düngerfrage hängt von dem Vorrat an Pflanzennährstoffen in dem zu kultivierenden Boden, sowie von der beabsichtigten Bebauung ab. Da die Zusammensetzung einerseits der Niedermoore, andererseits der Hochmoore nur innerhalb gewisser Grenzen schwankt, so lassen sich für den Düngerbedarf derselben im allgemeinen gewisse Regeln aufstellen. Doch muß man stets mit dem Vorkommen besonderer örtlicher Eigentümlichkeiten rechnen, z. B. mit reichlichen Sand- oder Toneinschwemmungen oder mit dem Vorkommen von phosphorreichen Einschlüssen oder auch von schädlichen Bestandteilen, wie Schwefeleisen. Durch die chemische und botanische Untersuchung und Begutachtung sachgemäß entnommener Moorproben seitens einer Moorversuchsstation wird für die Ausführung der gesamten Kulturarbeiten ein zweckmäßiger Arbeitsplan gewonnen, bei dem die durch jahrelange praktische Erfahrungen und die Forschungen der Institute zur Förderung der Moorkultur geschaffenen allgemeinen Grundsätze und Erkenntnisse sinngemäß auf die speziellen Verhältnisse des einzelnen Falles übertragen werden. Um diese genau zu ermitteln, erfolgt durch eine Begehung des Moores die Feststellung seiner örtlichen Lage, seiner Ausdehnung und seiner Oberflächenbeschaffenheit. Der Pflanzenbestand läßt meist leicht erkennen, ob ein Hochmoor, ein Niedermoor oder ein Übergangsmoor vorliegt. Die Durchführung eines Nivellements gibt die Anhaltspunkte für die Anlage der Entwässerungsgräben oder der Drains und ihrer Verbindung mit dem Vorfluter, d. h. jenem Wasser, das die durch die Entwässerungsanlagen abgeleiteten Wässer aufnehmen und fortschaffen soll. Dies ist entweder ein vorüberfließender Flußlauf, ein angrenzender See oder ein Kanal. Durch Probebohrungen stellt man ferner die Mächtigkeit der Torfschichten fest und schafft sich Aufschluß über die Beschaffenheit des Untergrundes. Man orientiert sich dadurch über die Größe der später zu erwartenden Sackung des Moores und kann bei der Projektierung der Entwässerungsanlagen darauf Rücksicht nehmen, das kostspielige Durchschneiden von Erd- oder Mineralböden nach Möglichkeit zu vermeiden.

a) Die Entwässerung.

Die Aufgabe der Entwässerung, die den wichtigsten und zugleich schwierigsten Teil der Moorkultivierung darstellt, ist zunächst die Abführung des überschüssigen im Moore stehenden Wassers, so daß es betreten und in Bearbeitung genommen werden kann. Stärkere Niederschläge müssen durch sie in angemessenen Zeiten wieder abgeleitet werden, ebenso auch eventuell im Moore entspringende Quellen oder kleine Wasserläufe. Hand in Hand mit der Entwässerung geht eine kräftige Durchlüftung des Bodens, durch die eine Durchwärmung und zugleich durch den Luftsauerstoff eine Umwandlung der Bodenbestandteile erfolgt, ein Vorgang von größter Wichtigkeit, da erst durch eine solche allmähliche Zersetzung der organischen Substanz die in inniger Verbindung mit dieser aufgespeicherten anorganischen Bestandteile in ihre ursprüngliche Form zurückverwandelt werden, in der sie allein für die Pflanze assimilierbar sind.

Ist die Entwässerung zu schwach, so wird auch die Durchlüftung ungenügend und die Pflanzen leiden ferner durch stagnierende Nässe. Bei zu weitgehender Entwässerung vermögen sie dagegen ihren Wasserbedarf nicht mehr zu decken, weil der Moorboden das Wasser ungemein festhält, so daß es bereits, wenn der Moorboden einen Gehalt von fast noch 60 % Wasser enthält, zu einer völligen Austrocknung der Oberflächenschicht kommen kann. Sie zerfällt dadurch in ein staubfeines Pulver, das nur sehr schwer wieder Wasser aufnimmt und bei der Bearbeitung große Schwierigkeiten macht.

Die Entwässerung wird durch Anlage von Gräben oder von Drains, von Entwässerungskanälen, bewirkt. Sie werden nach den Grundsätzen der Hydrotechnik in einem regelmäßigen Netz von bestimmter Tiefe angelegt, durch die das überschüssige Wasser aus dem Moor entfernt, dieses bis zum erforderlichen Grade entwässert und dauernd in diesem Zustand erhalten wird.

Der Grad der Entwässerung richtet sich in erster Linie nach den klimatischen Verhältnissen. In niederschlagsreichen Gegenden mit 1200—2000 mm jährlichen Niederschlägen ist die Gefahr einer zu starken Entwässerung viel geringer als in niederschlagsarmen Gegenden mit 300—600 mm und meist trocknem und heißem Sommer. Tiefgründige, in den oberen Schichten wenig zersetzte Moore müssen stärker entwässert werden als flachgründige, da bei ihnen die nachträgliche Sackung viel bedeutender ist. Auch kommt es auf die beabsichtigte Nutzung an. Bei Ackerkulturen muß der Wasserspiegel stärker gesenkt werden als bei Wiesen und Weiden; bei diesen, die längere Zeit von großen Viehbeständen beschritten werden, wieder stärker als bei jenen, die nur während der Kulturarbeiten betreten werden. Ebenso muß für Sanddeckkulturen oder Mischkulturen, die eine Verringerung der Wasserverdunstung des Moores und außerdem durch ihr bedeutendes Gewicht auch eine stärkere Sackung herbeiführen, eine stärkere Entwässerung vorgesehen werden.

Der Grad der Entwässerung läßt sich nach der gewählten Tiefe und der Entfernung der Entwässerungsgräben voneinander regeln. Je tiefer die Gräben und je näher beieinander sie gezogen werden, desto stärker ist ihre Wirkung. Dieselbe ist aber keine gleichmäßige. Infolge der wechselnden und ungewöhnlich stark gehemmten Durchlässigkeit des Moorbodens ist die Senkung des Wasserspiegels zwischen zwei Gräben in der Nähe der Gräben eine bedeutend stärkere als gegen die Mitte zu. Je tiefer die Gräben sind, desto mehr macht sich dieser Unterschied geltend, und man erreicht eine größere Gleichmäßigkeit durch Ziehen von minder tiefen, aber näher aneinander gerückten Gräben. Bei der Entwässerung durch Drainage tritt diese ungleichmäßige Entwässerung nicht so stark in die Erscheinung.

Für die norddeutschen Hochmoore mit 500—600 mm Niederschlägen wird während der Vegetationszeit eine mittlere Senkung des Wasserspiegels von 50 cm für Wiesen, von 60—75 cm für die Weiden empfohlen. Man erreicht dies bei offenen Gräben mit 50—60 cm Grabentiefe bei 25—50 m Grabenentfernung; Drainagen werden 1,10—1,30 m, in sehr schwammigen Mooren bis 1,50 m tief bei 15—25 m Entfernung verlegt.

Ackerkultur verlangt bei offenen Gräben unter gleichen Verhältnissen eine Senkung des Wasserspiegels um 80—100 cm, die mit 25—30 m Entfernung der Gräben voneinander erreicht wird. Für die ostdeutschen Niedermoore wird für Weiden eine mittlere Senkung des Grundwassers auf 80 cm, für Wiesen auf 50 cm, bei Sandkulturen auf 100, resp. 70 cm empfohlen. Auf anderen, klimatisch verschiedenen Mooren, wie auf den niederschlagsreichen Alpenmooren, auf den Niedermooren Galiziens oder im Randgebirge Böhmens liegenden Hochmooren haben sich wieder etwas andere Verhältnisse für die beste Entwässerungsart ergeben.

Die richtige Projektierung und Ausführung dieser Entwässerung, bei der auch für das richtige Gefälle gesorgt werden muß — es genügt in der Regel ein Gefälle von 0,25% —, ist eine der Hauptbedingungen für das Gelingen der ganzen Kulturanlage. Sie ist in den meisten Fällen eine schwierige Aufgabe für den Kulturtechniker, auf die des näheren hier nicht einzugehen ist.

Die Entwässerung durch offene Gräben ist einfach und billiger durchzuführen als die Drainage. Besonders entfallen die Kosten für die Herstellung der erforderlichen Drains, die je nach dem angewandten Material verschieden hoch, aber immer recht erheblich sind. Dagegen führt die Grabenentwässerung zu einem Verlust an nutzbarem Kulturland und stört die Bearbeitung und Nutzung der Anbaufläche, besonders für Weiden. Die Instandhaltung derselben erfordert ununterbrochene Beaufsichtigung und regelmäßig sich erneuernde Kosten für Ausbesserungsarbeit. Durch Berasung der Gräben kann hier etwas nachgeholfen werden, da dann ihre regelmäßig notwendige Räumung sowie die Sicherung der Böschungen erleichtert werden und die Ansiedlung von Unkräutern, die sich sonst auf dem Grabenrande mit großer Vorliebe festsetzen, etwas gehemmt ist. Notwendig werden Gräben dort, wo sie zur Beschaffung von Deckmaterial aus dem Untergrund dienen müssen.

Die Drainage bietet gegenüber den offenen Gräben eine Reihe wesentlicher Vorteile. Sie wird durch Versenken von aus Tonröhren oder aus Latten, Stangen oder Strauchwerkfaschinen gebildeten Leitungskanälen in den Mooruntergrund bewerkstelligt.

Alle mit den offenen Gräben verbundenen Nachteile fallen dadurch fort. Ferner tritt die Wirkung der Drains nach dem Ende der Frostzeit viel früher ein, weil bei den offenen Gräben der Frost viel tiefer in das Erdinnere einzudringen vermag, und es daher längerer Zeit bedarf, ehe das verkrustende Eis aufgetaut ist. Auch ist die Durchlüftung des Bodens eine kräftigere und der Wassergehalt in den obersten Bodenschichten verhältnismäßig größer als bei der Entwässerung durch offene Gräben.

Als Folge der Entwässerung tritt eine Verdichtung des Torfes ein und deswegen senkt sich, setzt sich oder sackt sich die Oberfläche des Moores. Die Größe der Sackung hängt nicht nur von dem Grade der Entwässerung, sondern auch von der Beschaffenheit des Moores ab. Wasserreiches, wenig zersetztes Moor sackt sich stärker als ein stärker zersetztes, ebenso ein Moor von stärkerer Mächtigkeit gegenüber einem flachgründigen Moore. Die stärkste Sackung tritt bald nach der Entwässerung ein, sie schreitet aber auch in der Folgezeit noch allmählich fort. So zeigt ein Beispiel aus den holländischen Mooren, daß ein Moor von 5—6 m Mächtigkeit, das sich im 1. Jahrhundert um 1 m gesetzt hatte, sich im 5. Jahrhundert noch um 0,2 m senkte. Nach Gerhardt sind für mit Sand bedeckte Niedermoore, die auf 1 m entwässert wurden, und auf festem, wenig komprimierbarem Untergrunde sitzen, nach 60—80 Jahren die folgenden Durchschnittssenkungen zu erwarten:

Lagerung	1 m	2 m	3 m	4 m	5 m	6 m	7 m	8 m
Dicht	0,15	0,24	—,—	—,—	—,—	—,—	—,—	—,—
Ziemlich dicht	0,20	0,32	0,42	0,50	—,—	—,—	—,—	—,—
Ziemlich locker	0,26	0,42	0,56	0,68	0,78	0,87	—,—	—,—
Locker	0,35	0,59	0,75	0,92	1,07	1,20	1,30	—,—
Fast schwimmend	—,—	0,80	1,04	1,62	1,46	1,65	1,83	2,00
Schwimmend	—,—	—,—	1,65	2,10	2,50	2,85	3,15	3,40

Bei der Entwässerung unbedeckter Hochmoore (Kehdinger Moor in Hannover) betrug nach Krüger bei 4,5—7 m wechselnder Tiefe die Senkung längs des Hauptkanals 0,7 m; nach Vollendung aller Entwässerungsgräben nach 3 Jahren erreichte sie

1,5 m; an einer 14 m tiefen Stelle 3 m. Als Durchschnitt rechnet Krüger für norddeutsche Moore, nach Durchführung der erforderlichen Entwässerungsarbeiten, je nach dem Grad der ursprünglichen Zersetzung und der durchgeführten Entwässerung der Moore auf eine Senkung um 10 bis 25 % ihrer anfänglichen Tiefen.

Diese eigenartige Verschiebung der Oberfläche muß nicht nur bei der Anlage der Entwässerungsgräben, sondern auch bei dem Bau fester Objekte entsprechend berücksichtigt werden.

b) Die Bodenbearbeitung.

An die Entwässerung schließt sich als nächste wichtige Arbeit die Bodenbearbeitung an. Durch sie soll der ursprüngliche Pflanzenwuchs zerstört und die oberste Bodenschicht zur Einleitung ihrer Zersetzung und Überführung in eine krümelige Masse gelockert werden. Zugleich ist eine sehr sorgfältige Planierung auszuführen, damit später keine Gelegenheit zur Ansammlung von Wasser und dadurch zur Bildung nasser, leicht versumpfender Stellen gegeben ist. Moore mit graswüchsiger, nicht bestockter Oberfläche können mit geeignet gebauten Moorpflügen, die eine kräftige Schneidewirkung besitzen, leicht umgebrochen werden. Wo sich aber im Niedermoor sog. Kaupen finden, das sind oft hochragende, aus den Wurzelstöcken von Sauergräsern gebildete Hügel, da muß zuerst die Hilfe von Hacke oder Beil zur Entfernung dieser sehr zähen und harten Hindernisse in Anspruch genommen werden. Bei Hochmooren, besonders im Urzustande, kann der Umbruch in der Regel nur durch Handarbeit ausgeführt werden. Zu starker Krautwuchs (Heidekraut) kann zuvor durch Abbrennen zum Teil beseitigt werden, bei stärkerer Bestockung muß aber dem ersten Umbruch selbst noch eine Rodung vorausgehen. Der erste Umbruch soll auf 15—20 cm Tiefe erfolgen und erfordert unter Umständen sehr viel Arbeit, um alle Hindernisse zu beseitigen, die einer Umpflügung im Wege stehen.

Neuerdings ist man mit Erfolg auch an die Verwendung von Motorpflügen für die Zwecke der Hochmoorkultur herangetreten.

Nach dem ersten Umbruch muß die Oberfläche des Moores möglichst gut zerteilt und in einen gleichförmigen, krümeligen

Zustand übergeführt werden. Bei Hochmooren, deren oberste gelockerte Schicht aus abgestorbenen Pflanzen, aus Moosen und noch wenig zersetztem Torf mit zahlreichen Überresten des sehr zähen scheidigen Wollgrases besteht, zerstört man häufig diese, die weitere Bearbeitung oft sehr erschwerenden Bestandteile noch vorher, nach genügender Austrocknung durch vorsichtiges Brennen. Dann nimmt man auf alle Fälle eine sehr sorgfältige Planierung vor, die eventuell auch in den nachfolgenden Jahren infolge der Sackung des Moores wiederholt werden muß.

Zur weiteren Bearbeitung des Bodens dient dann die für Moorböden besonders geeignete sog. Teller- oder Scheibenegge. Bei diesem Gerät sind 8—14 flach gewölbte, scharfrandige Scheiben auf je einer gemeinsamen Achse angebracht, die konkave Seite der Teller nach außen gerichtet. Die in einem gemeinschaftlichen Rahmen befestigten Achsen können in spitzerem oder stumpferem Winkel zueinander gestellt werden, und die arbeitenden Scheiben üben je nachdem neben der schneidenden eine stark wühlende und reißende Wirkung aus und bewirken damit eine sehr innige und gründliche Durchmischung der oberen Bodenschichte. Eine Abart der Telleregge ist die Sternrad- und Spatenegge. Die beste Wirkung entfalten diese Geräte, wenn der Boden nicht zu trocken ist, so daß er eine gewisse Feuchtigkeit besitzt. Am besten nimmt man diese Arbeiten im Herbst vor, um durch die Wirkung des Winterfrostes die Oberfläche des entwässerten Moores noch besser zu zersetzen und zu lockern.

c) Die Düngung.

Nach der Vorbereitung des Moores durch Entwässerung und Bearbeitung folgt die Zufuhr leicht aufnehmbarer Nährstoffe durch die Düngung. Im allgemeinen haben Hoch- und Niedermoore einen verhältnismäßig sehr hohen Vorrat an dem wertvollsten Nährstoff, dem Stickstoff, wenn auch seine Mengen in den Hochmooren nur höchstens etwa 1% ausmacht gegenüber dem bis dreimal höheren Gehalt der Niedermoore. Beide sind arm an Kali und Phosphorsäure, unterscheiden sich aber wesentlich in ihrem Kalkgehalt. Die Niedermoore sind sehr kalkreich, dagegen würde der Kalkvorrat der Hochmoore nicht für ein gedeihliches Pflanzenwachstum ausreichen. Im Zusammenhang mit diesem Kalkmangel sind letztere dagegen sehr reich an freien Humussäuren, die für die Bodenkultivierung verschiedene Nachteile im Gefolge haben. Der Zerfall der Humusstoffe unter Freiwerden der anorganischen Pflanzennährstoffe erfolgt viel rascher in den durch ihren Kalkgehalt neutralen oder nur schwach sauren Böden, wie es gewöhnlich Niederungsmoore sind. Ferner unterdrücken die freien Humussäuren die für die Nitrifikation der stickstoffhaltigen Verbindungen, die nur als Nitrate der Pflanze zugänglich sind, notwendige Bakterientätigkeit, ebenso die der als Stickstoffsammler ausgezeichnet wirkenden Knöllchenbakterien. Aus diesen Gründen versteht es sich leicht, daß nach umfassenden Versuchen der Moorversuchsstation Bremen eine sehr bedeutende, über den eigentlichen Pflanzenbedarf erheblich hinausgehende Kalkung der Hochmoore vor dem weiteren Anbau sich als außerordentlich vorteilhaft erwiesen hat[1]). Dies zeigt sich hauptsächlich in einer bedeutenden Verbesserung der physikalischen Beschaffenheit des Moores, in der Begünstigung der Ackerkrumenbildung. Auch werden durch die Kalkung etwa vorhandene Schwefeleiseneinschlüsse unschädlich gemacht. Jedoch haben die neuen Erfahrungen gelehrt, daß man mit der Kalkung nicht zu weit gehen darf, wenn sie nicht direkt schädlich wirken soll, und daß man die Menge des Kalkes erheblich einschränken kann, wenn man nur für eine äußerst feine Verteilung durch gutes Mischen in nicht zu großer Tiefe und durch Verwendung eines recht feinpulvrigen Materials sorgt. Die reichliche Kalkung, auf für Ackerland bestimmten Neukulturen etwa 2000 kg, für Wiesenanlagen 3000 bis 4000 kg pro 1 ha, ist für die sog. deutsche Hochmoorkultur charakteristisch und den Verhältnissen norddeutscher Hochmoore angepaßt. Für die südlicher gelegenen Moore Bayerns und der Alpenländer hat man es, den anderen klimatischen Verhältnissen entsprechend, vorteilhaft gefunden, an Stelle der starken Kalkung die erste Phosphorsäuredüngung sehr reichlich zu bemessen,

[1]) vgl. dazu Jahrb. d. Moorkunde, II, 143.

wodurch ja, da zu derselben stets kalkhaltige Phosphate verwendet werden, dem Boden gleichzeitig bedeutende Kalkmengen zugefügt werden, wenn auch natürlich weit weniger als bei der eben besprochenen Kalkung. Diese Maßnahmen hängen mit dem besseren Zersetzungszustande dieser Moore zusammen, sowie damit, daß hier infolge der größeren Erwärmung im Sommer die Bodenzersetzung schon ohne Kalkung sich rascher vollzieht. Man kommt deshalb im ganzen mit etwa der Hälfte der Kalkmenge aus, die sich für norddeutsche Hochmoore als zweckmäßig erwiesen hat.

Zur Kalkung kann man gebrannten Kalk oder kohlensauren Kalk verwenden, diesen besonders in Form von Mergel und Seeschlick. Mit letzterem verwandt ist die Kuhlerde. Sie bildet häufig an der Nordseeküste an Stelle des gewöhnlich vorhandenen sandigen, an Pflanzennährstoffen armen Untergrunds der Hochmoore einen an Pflanzennährstoffen sehr reichen Untergrund, der aus Schlickboden besteht. Die Zusammensetzung der Kuhlerde ist oft sehr wechselnd. Als Durchschnittswerte einer Kuhlerde vom Kehdinger Moor werden für die wasserfreie Substanz angegeben 0,2% Stickstoff, 0,33% in Salzsäure lösliches Kali, 0,2% Phosphorsäure und 1,87% freier Kalk.

Man verwendet die Kuhlerde an den Orten ihres Vorkommens seit langer Zeit zu Bodenmeliorationen, indem man sie mittels geeigneter Maschinen, den sogenannten Kuhlmaschinen, unter dem Moor hervorholt und sie in etwa 20 cm hoher Schicht auf dem Moore ausbreitet, ohne sie mit demselben zu mischen.

In den Übergangsschichten zum Moorboden enthält die Kuhlerde häufig größere Mengen pflanzenschädlicher Stoffe, besonders Schwefeleisen. Sie sind wegen ihrer giftigen Wirkung auf den Pflanzenwuchs gefürchtet; man bezeichnet sie als Maibolt. Dieser enthält keinen kohlensauren Kalk mehr, und der Landwirt bedient sich zu seiner Unterscheidung von der fruchtbaren Kuhlerde einfach einer verdünnten Säure. Brausen die untersuchten Schichten beim Übergießen mit einer solchen Säure nicht oder nur wenig auf (Entweichen von Kohlensäure), so sind sie verdächtig und werden nicht auf das Moor gebracht.

Anschließend sei noch die entkalkende Wirkung der Kalisalzdüngung hier erwähnt. Diese soll darin bestehen, daß die in den Kalisalzen enthaltenen Säuren bei der Absorption des Kalis durch die Pflanzen in Freiheit gesetzt werden und durch den Kalk neutralisiert werden müssen. Je konzentrierter das Kalisalz ist, desto geringer ist die dazu erforderliche Kalkmenge, da bei den niedrigerwertigen Kalisalzen auch der Säuregehalt der wertlosen Nebensalze abgestumpft werden muß.

Für die dem Boden durch die Ernte auf 1 ha im Mittel entzogenen Mengen Nährstoffe gibt Reitmair folgende Durchschnittszahlen an, die sehr deutlich den recht wechselnden Bedarf der verschiedenen Pflanzenarten an den einzelnen Nährstoffen erkennen lassen:

	Stickstoff kg	Phosphorsäure kg	Kali kg	Kalk kg
Zerealien im Mittel . . .	56	30	70	18
Leguminosen im Mittel .	110	25	58	38
Hackmittel im Mittel . .	101	44	204	45
Futterpflanzen im Mittel	124	37	124	107

Zu ihrer Ergänzung stehen dem Landwirt der „natürliche" Dünger, der Stalldünger und verschiedene Kunstdünger zur Verfügung. Im Stalldünger sind alle vier Hauptnährstoffe der Pflanzen, Stickstoff, Kali, Phosphorsäure und Kalk vorhanden (beispielsweise enthält ein gut gelagerter 3 bis 4 Monate alter Stallmist nach Wolff neben 70% Wasser und 22% organischer Stoffe ungefähr gleiche Mengen, 0,4 bis 0,6 %, an Stickstoff, Phosphorsäure, Kali und Kalk). Ist er dadurch und insbesondere durch die sehr günstige Beeinflussung der Bodenverhältnisse ein unentbehrliches und unübertreffliches Düngemittel für den Mineralboden, so empfiehlt sich dagegen seine Anwendung für den Moorboden nicht. Die Vermehrung der schon reichlich vorhandenen organischen Stoffe ist nicht von Vorteil. Außerdem erhöht er die schon ohnehin schwer zu bekämpfende Verunkrautungsgefahr der Moorwiesen, da erfahrungsgemäß in ihm häufig noch zahlreiche keimfähige Unkrautsamen enthalten sind.

Von den phosphorsäurehaltigen Düngemitteln, dem Superphosphat, dem Knochenmehl, dem Rohphosphat und der

Thomasschlacke ist die letzte sowohl für die Hoch- wie Niedermoorkultivierung das geeignetste. Sie enthält die Phosphorsäure zwar in wasserunlöslicher, aber in einer eigenartigen Form, die in verdünnten Säuren weit löslicher ist als die Phosphorsäure im Trikalziumphosphat, das den Hauptbestandteil der Rohphosphate und des Knochenmehls bildet. Diese können durch die reichlichen Mengen Humussäuren in den Hochmooren noch verhältnismäßig leicht aufgeschlossen werden, dagegen nur sehr unvollkommen in den Niedermooren. Hier gibt jedoch auch die Thomasschlacke noch eine sehr günstige Wirkung, da bereits die im Bodenwasser reichlich gelöste Kohlensäure lösend zu wirken vermag. Superphosphat ist wegen der leichten Auswaschbarkeit der löslichen Phosphorsäure, die von dem Moorboden in weit geringerem Maße als von dem Mineralboden zurückgehalten wird, für erstere weniger zu empfehlen.

Superphosphate enthalten 18 bis 20% Phosphorsäure, zum größten Teil in wasserlöslicher Form. In wasserunlöslicher Form ist sie im Knochenmehl neben 0,5 bis 0,8%, Stickstoff zu 30%, in Rohphosphaten zu 25 bis 36% und in der Thomasschlacke zu 16 bis 20% neben 40 bis 45% Kalk vorhanden.

Für die Zufuhr von Kali stehen die Kalirohsalze und die konzentrierten Kalisalze zur Verfügung. Die Kalirohsalze sind Gemenge der Chloride und Sulfate des Kalis mit denen des Magnesiums, Natriums und auch Kalziums. In den konzentrierten Kalisalzen ist ein Teil der wertlosen Nebensalze durch Umkristallisieren abgeschieden. Die wichtigsten Kalirohsalze sind: Der Karnallit mit nur 9% reinem Kali, der Sylvinit und Kainit, beide mit dem gleichen Gehalt von 12,4% reinem Kali. Das wichtigste konzentrierte Kalisalz ist das 40 proz. Kalidüngesalz mit 40% reinem Kali. Der relativ höhere oder geringere Gehalt der Kalisalze ist für ihre Wirkung im allgemeinen ohne Bedeutung. Er spielt eine wesentliche Rolle nur bei der Preiskalkulation. In dem hoch konzentrierten Kalidüngesalz muß das Kali an sich teurer bezahlt werden, aber auf große Entfernungen wird dieser Unterschied durch Frachtersparnis nicht nur ausgeglichen, sondern es stellt sich dann am Verbrauchsorte sogar billiger. Nur in einem

Fall hat man einen auffallenden Unterschied in der Wirkung der Rohsalze und dem konzentrierten Salze gesehen: bei Kartoffeln hat man nämlich eine ungünstige Wirkung der Rohsalze auf den Stärkegehalt beobachtet. Dagegen entfalten sie auch auf das Wachstum von Moosen und Unkräutern auf Wiesen einen hemmenden Einfluß. Um einer Benachteiligung der Vegetation durch die Nebensalze zu begegnen, streut man die Rohsalze zur Zeit der Vegetationsruhe, nicht zu nahe ihrem Ende, da in der Zwischenzeit die leichter löslichen Nebensalze ausgewaschen werden, während nur ein geringer Verlust an Kali eintritt.

Über die Einwirkung der Kalisalze auf den Kalkgehalt des Bodens siehe S. 131.

Die Stickstoffdüngung. Da die Moorböden an sich verhältnismäßig sehr stickstoffreich sind, der Stickstoff aber durch die Kulturarbeiten erst allmählich aufgeschlossen werden muß, so kommen für eine Stickstoffdüngung nur die leicht ausnutzbaren anorganischen Stickstoffdünger, der Chilesalpeter, der künstliche Kalk-(Norge-)salpeter, Ammonsulfat und Kalkstickstoff, in Betracht. Von diesen ist nur der Salpeter direkt assimilierbar, während der Stickstoff des Ammoniaks erst nitrifiziert werden muß, wozu bei dem Kalkstickstoff eine vorhergehende Umwandlung in Ammoniakstickstoff erforderlich ist. Die Umwandlung des Ammoniakstickstoffs in Salpeterstickstoff ist stets mit Stickstoffverlust verknüpft und findet auf Moorböden weit weniger günstige Bedingungen als auf tätigen Mineralböden. Deshalb empfiehlt sich die Verwendung von Ammoniumsulfat oder Kalkstickstoff nicht, wenn sie auch auf Niedermooren bei richtiger Anwendung noch Nutzen stiften können. Wo überhaupt eine Stickstoffdüngung nötig, wird sich am meisten Chilesalpeter oder der gleichwertige Norgesalpeter empfehlen.

Dagegen ist eine ganz andere Stickstoffdüngung, die sog. Gründüngung, für die Hochmoore von größter Bedeutung. Sie beruht darauf, daß die zur Familie der Schmetterlingsblütler oder Leguminosen gehörenden Pflanzen (Papilionazeen) an ihren feinen Wurzelhärchen eine Symbiose mit gewissen Bodenbakterien, den sog. Knöllchenbakterien, eingehen, die diese Pflanzen befähigt, unmittelbar den Stickstoff aus der Luft zu assimilieren. Bei reichlicher Düngung mit den anderen nötigen Pflanzennährstoffen (besonders auch Kalk), gedeihen sie auch auf stickstofffreiem Boden sehr gut und speichern daher große Stickstoffvorräte aus der Luft auf, die durch Unterpflügen der Pflanzen, durch die sog. Gründüngung, dem Boden einverleibt werden. Auf neu kultivierten Hochmooren gedeihen aber die Gründüngungspflanzen nicht, weil es dem Boden an den nötigen Bodenbakterien fehlt. Man hilft dem dadurch ab, daß man von gut gedeihenden Gründüngungsböden Impferde auf den Hochmoorboden bringt, oder diesen auch mit Reinkulturen der Stickstoffbakterien impft. Von Impferde ist nach Salfeld wenigstens 1000 kg, besser jedoch 2000 bis 4000 kg für 1 ha erforderlich. Er konnte bei einem Versuche in 2 Jahren durch Aussaat eines Gemenges von 150 kg Lupinen und 30 kg Seradella pro 1 ha eine Stickstoffaufspeicherung von 127,5 kg Stickstoff erzielen, durch die für den nachfolgenden Kartoffelanbau wenigstens 400 kg Salpeter und darauf noch für Roggen etwa 100 kg Salpeter gespart werden konnten.

Die Gründüngung ist von klimatischen Verhältnissen sehr abhängig; die wichtigsten Gründüngungspflanzen, die gelbe und blaue Lupine, entwickeln sich auf den höher gelegenen Mooren Süddeutschlands und Österreichs nur sehr ungünstig, so daß dort eine Gründüngung keine guten Erträge mehr bringt.

Auf die für die Landwirtschaft sehr wichtige Frage, in welchen Mengen und zu welcher Jahreszeit die Düngung am besten auszuführen ist, um stets Vollernten zu erzielen, kann hier des näheren nicht eingegangen werden. Es seien nur einige wesentliche Gesichtspunkte hervorgehoben: Die Menge hängt von dem Nährstoffvorrat des Bodens und dem Nährstoffbedürfnis der angebauten Pflanzen, ferner von der Beschaffenheit des Moores und dem Kulturverfahren, sowie von der Löslichkeit der Düngemittel ab. Der endgültige Erfolg wird dabei von dem sog. Gesetz des Minimums beherrscht. Er richtet sich nach der Menge jenes Nährstoffes, der der Pflanze verhältnismäßig in geringster Menge zur Verfügung steht. Herrscht an einem dieser Nährstoffe Mangel, so bleibt der Gesamtertrag dementsprechend zurück, auch wenn die anderen Nährstoffe in sehr reicher Menge geboten werden. Aber auch überreiche Düngung ist zwecklos, da sie mit erheblichen Nährstoffverlusten verbunden ist. Ferner hat sich gezeigt, daß bei überreicher Düngung eine sog. Luxuskonsumption eintreten kann, daß nämlich bei sonst gleichem Ertrage die mit der Ernte ausgeführte Menge mineralischer Nährstoffe wächst. In der Praxis hat sich für neu kultivierte Hochmoore eine größere Vorratsdüngung im ersten Jahre als recht zweckmäßig erwiesen. In den beiden folgenden Jahren wird sie verringert, und dann beschränkt man sich nur auf eine Ersatzdüngung. Für norddeutsche Verhältnisse empfehlen sich nach den Versuchen der Bremer Moorversuchsstation folgende Nährstoffmengen in Kilo reiner Nährstoffe pro 1 ha:

	Niedermoore	Hochmoore
1. Kulturjahr:	kg	kg
Kalk	—	2000—4000
Phosphorsäure . . .	100—125	150
Kali	100—125	150
Stickstoff	—	25—77, eventuell Stallmist oder Gründüngung
2. Kulturjahr:		
Kalk	—	—
Phosphorsäure . . .	100	100—125
Kali	100—125	125
Stickstoff	—	nach Bedarf
3. Kulturjahr:		
Kalk	—	—
Phosphorsäure . . .	50—75	75
Kali	100—125	100—125
Stickstoff	—	nach Bedarf
4. Kulturjahr und folgende Ersatzdüngung:		
Phosphorsäure . . .	50—75	50—75
Kali	100—125	100—125
Stickstoff	—	nach Bedarf

Diese Zahlen beziehen sich auf normal zusammengesetzte unbedeckte Moore. Abweichende Verhältnisse müssen berücksichtigt werden. So ist bei Hochmooren, die früher durch Brandkultur bewirtschaftet wurden, ein Teil der Phosphorsäure im Boden in eine leichter lösliche Form übergeführt.

Entsprechend den abweichenden klimatischen Verhältnissen und der damit zusammenhängenden, etwas anderen chemischen Zusammensetzung und Zersetzung des Bodens sind für die süddeutschen Moore und die Moore der Alpenländer die zu gebenden Düngermengen etwas anders zu bemessen. In besonderer Weise ist auch die Ersatzdüngung für Weiden zu berechnen, da von den beim Weiden ihnen entzogenen Nährstoffen ein großer Teil in Form der Exkremente wieder zurückgegeben wird. Die durch den Zuwachs an Lebendgewicht und die in der Milch dem Kulturboden entführten Mengen an Kali und Phosphor sind trotz der hohen Erträge dabei relativ nicht sehr hoch.

Über die durch die verschiedenen Ernteerträgnisse ausgeführten Nährstoffmengen geben u. a. die von Stutzer berechneten Tabellen im Landwirtschaftskalender von Menzel und Lengerke Auskunft.

Ob die angewandten Mengen der Düngestoffe den Bodenverhältnissen richtig angepaßt sind, darüber geben planmäßig angestellte vergleichende Versuchsdüngungen am besten Aufschluß. Schließlich sei noch daran erinnert, daß man beim Mischen der verschiedenen Düngemittel eine gewisse Vorsicht walten lassen muß, entsprechend ihrer verschiedenartigen chemischen Zusammensetzung. So wird man Ammonsulfat nicht mit Kalk mischen wegen der dadurch eintretenden Ammoniakverluste.

Zum Schluß sei darauf hingewiesen, daß durch die hervorragenden Arbeiten der Moorversuchsstation in Bremen die Düngewirtschaft der Moore auf eine absolut sichere Grundlage gestellt ist. Ihren Gutachten fügt sie nicht nur eine Angabe der Düngermengen und -mittel an, sondern sie gibt auch praktische Ratschläge über Kulturmaßnahmen und über zweckmäßigste Besämung durch ihre sorgfältig zusammengestellten Samengemische.

II. Die Moorkulturmethoden.

Die für die landwirtschaftliche Nutzung von Moorböden zurzeit ausgebildeten Kulturmethoden sind verschieden, je nachdem es sich um Hoch- oder Niedermoore handelt, ob um Anlage von Äckern oder von Weiden und Wiesen, und schließlich, ob bei den Meliorationsarbeiten mineralische Materialien (Sand oder Ton) zur Verwendung herangezogen werden oder nicht. Ein wichtiger Unterschied ergibt sich auch insofern, ob der landwirtschaftlichen Nutzung die Gewinnung von Torf vorausgeht oder nicht. Bei der seit Jahrhunderten in hoher Blüte stehenden Fehnkultur wird zuerst abgetorft und dann die landwirtschaftliche Nutzung betrieben. Sie ist in ihrem Wesen mit den übrigen erfolgreichen neueren Verfahren der Moorkultivierung sehr nahe verwandt und ist ihnen mindestens ebenbürtig, hat aber außerdem den großen wirtschaftlichen Vorzug, daß die im Torf aufgespeicherten gewaltigen Naturschätze vor der endgültigen Anlage der Moorkulturen verwertet werden. Dagegen hat die ebenfalls sehr alte Brandkultur, bei der die Oberflächenschicht der Hochmoore direkt zur Bebauung benutzt wird, und die jetzt als Raubbau und unvollkommener Notbehelf erkannt ist, ihre Berechtigung eingebüßt und ist daher auch fast gänzlich aufgegeben worden. In der nachfolgenden Übersicht[1]) der verschiedenen Kulturmethoden ist eine Gruppierung nach obigen Gesichtspunkten versucht:

I. Nutzung der Niedermoore.

A. Ohne Verwendung von Mineralstoffen:

1. zu Wiesen und Weiden,
2. zu Ackerbau (Schwarzkultur).

B. Mit Verwendung von Mineralstoffen (Dammkultur):

1. zu Ackerbau,
2. zu Wiesen und Weiden.

---

[1]) Vgl. den Artikel „Moorkultur“ im „Landlexikon“ von Putlitz u. Maier, Bd. IV, S. 700, Stuttgart 1913, sowie Bersch, Handbuch der Moorkultur, II. Aufl. 1912, S. 171.

II. Nutzung der Hochmoore.

A. Mit vorhergehender Abtorfung und mit Verwendung von Mineralstoffen:

a) Fehnkultur.

B. Ohne vorhergehende Abtorfung

1. ohne Verwendung von Mineralstoffen:

b) Brandkultur,

c) deutsche Hochmoorkultur;

2. mit Verwendung von Mineralstoffen:

d) Mischkulturen.

Bei allen diesen Verfahren kommen die im vorhergehenden ausführlich geschilderten Maßnahmen: Entwässerung, Oberflächenbearbeitung und Düngung in entsprechender Weise zur Anwendung. Nur bei der Brandkultur entfällt die besondere Zuführung von Pflanzennährstoffen. Die Verwendung von Mineralstoffen zur Beimischung oder zum Bedecken des Moorbodens führt hauptsächlich eine Verbesserung seiner physikalischen Eigenschaften herbei. Sie ist besonders für die Anlage von Ackerkulturen eine sehr wirksame und unentbehrliche Maßnahme, um den Ertrag derselben gegenüber den unkontrollierbaren Witterungseinflüssen, besonders Frost, zu sichern. Dagegen ist es gelungen, auch ohne diese sehr kostspielige Meliorationsarbeit bei der Anlage von Wiesen und Weiden zu einem ganz hervorragenden Ertrag zu gelangen. In neuester Zeit hat sich deshalb das Interesse der Landwirtschaft dieser Nutzungsart der Moorländereien in ganz überwiegendem Maße zugewendet, während noch kurz vorher als das erstrebenswerteste Ziel die Umwandlung des Moorbodens in Ackerland angesehen wurde. Es ist dies nicht nur durch die erheblich geringeren Kosten bedingt, sondern auch durch die höhere Bewertung, die zurzeit die Fleischproduktion gegenüber den Ackererträgnissen genießt.

a) Die landwirtschaftliche Nutzung der Niedermoore.

Die von Natur graswüchsigen Niedermoore und niedermoorartigen Böden wurden seit altersher häufig nach einer in der Regel recht unzureichenden Entwässerung als minderwertige

Wiesen und Weiden benutzt, seltener als Ackerland, das mit natürlichem Dünger bestellt wurde. Schon durch stärkere Entwässerung allein bessert sich der Bestand der Wiesengräser, indem an Stelle der viel Feuchtigkeit liebenden Sumpfpflanzen die einen trockeneren Standort beanspruchenden Futtergräser treten. Um die Ertragsfähigkeit sowohl nach Güte wie nach Menge der Erzeugnisse in hervorragendem Maße zu steigern, bedarf es nur einer richtigen Durchführung der Entwässerung, einer reichlichen und zweckmäßigen Düngung und der Aussat von Wiesengewächsen, die für den betreffenden Standort geeignet sind. Durch genaues Studium der botanischen Zusammensetzung ertragreicher Naturwiesen hat man verschiedenartige Saatmischungen ausfindig gemacht, die als besonders geeignet erprobt sind. Durch Ansaat derselben vollzieht sich die Umwandlung der früheren Sumpfwiesen in sehr ertragreiches Wiesenland sehr rasch. Zu diesem Zweck wird nach erfolgter Regulierung des Wasserstandes zuerst die alte Pflanzennarbe durch Pflügen umgebrochen und mit der für die Moorkultur besonders geeigneten Teller- oder Scheibenegge bearbeitet. Bei sehr ungünstigen Verhältnissen läßt man der Neuanlage des Graslandes eine ein- oder mehrjährige Ackerbauperiode mit Kartoffeln, Lupinen oder Hafer vorangehen, durch die eine bessere Zersetzung des Kulturbodens erzielt wird.

Bei Mähwiesen ist eine Senkung des Grundwasserspiegels auf 50 cm unter die Oberfläche erforderlich. Bei Weiden soll sie 10 bis 15 cm stärker sein. Wegen der Billigkeit zieht man für Wiesen die Entwässerung durch offene Gräben vor, während bei Weiden die Drainage aus verschiedenen Gründen erheblich vorteilhafter ist (vgl. S. 126). Die Menge der Düngemittel für Mähwiesen und Weiden ist in den ersten Jahren pro Hektar 125 bis 100 kg Kali und 125 bis 100 kg Phosphorsäure. Als Ersatzdüngung genügt für Wiesen vom 3. Jahre ab 20 kg Kali und 6,5 kg Phosphorsäure für je 1000 kg geerntetes Heu, für Weiden je nach der Intensität der Nutzung 60 bis 50 kg Kali und 30 kg Phosphorsäure für 1 ha.

Für die richtige Pflege und Erhaltung der auf unbesandeten Moorböden angelegten Wiesen und Weiden ist außer der Beobachtung der bekannten, allgemein gültigen Vorschriften für Wiesenpflege nach den Erfahrungen der Versuchsstation Bremen die regelmäßige Anwendung einer sehr schweren Glattwalze nötig, die auf 1 m Arbeitsbreite einen Mindestdruck von 1000 kg ausübt. Es wird damit eine Verdichtung der obersten Bodenlage und dadurch eine Verbesserung ihrer Kapillaritätskraft und Erhöhung der Tragfähigkeit erzielt. Erstere ist für die Wasserversorgung der sehr wasserbedürftigen Wiesenpflanzen von hoher Bedeutung. Müssen doch die Gräser im Durchschnitt für den Ansatz von je 1 g Trockensubstanz die mehrhundertfache Menge Wasser verdunsten. Das Walzen erfolgt am besten bei einem mittleren Feuchtigkeitsgehalt des Bodens, und zwar bei Neuanlagen im Herbst und Frühjahr, später nur einmal, bei Weiden auch während der Vegetationszeit, bei Wiesen nach dem ersten Schnitt. Die Wurzelbildung erfolgt bei Wiesen reichlicher als bei Weiden, wo die Vegetation unter dem fortwährenden Biß der Weidetiere und unter ihrem Tritt leidet. Zweckmäßig hält man deshalb Weiden erst ein bis zwei Jahre als Mähwiesen in Betrieb.

Ackerbau. Während der Wiesenbau auf unbesandetem Moore zu sehr guten und sicheren Erträgen führt, hat der Ackerbau an gleichem Ort mit großen Schwierigkeiten zu kämpfen. Die Beackerung des sehr wenig tragfähigen Niedermoores (die sog. Schwarzkultur) ist sehr schwierig. Wegen der ungünstigen physikalischen Eigenschaften des Moorbodens bedrohen Spätfröste im Winter und Frühjahr, Trockenheit im Sommer und Unkrautwucherungen den Ackerbau auf Moorböden in weit höherem Grade als auf Mineralböden, und schließlich führen diese nachteiligen Einwirkungen fortgesetzten Ackerbaues zu einer ungünstigen Veränderung der Bodenstruktur. Allen diesen Übelständen wird gründlich abgeholfen durch die im nachfolgenden besprochene Rimpau'sche Moorsandkultur oder Sanddeckkultur.

Die Rimpau'sche Deckkultur (Dammkultur).

Bei diesem Verfahren wird für die Anlage von Ackerkulturen die gut eingeebnete Oberfläche des entsprechend entwässerten Moores mit einer 10 bis 12 cm starken Sandschicht bedeckt und die gesamten Anbauarbeiten werden ausschließlich in dieser Deckschichte ausgeführt. Sie stellt das Keimbett der Pflanzen dar, durch das hindurch die Wurzeln derselben das Moor erreichen müssen, um sich hier mit den nötigen Nährstoffen zu versehen. Die Sanddecke bewirkt einen höheren Wassergehalt des Moores durch Herabsetzung der Wasserverdunstung sowie durch eine Verdichtung desselben infolge ihres sehr bedeutenden Gewichtes. Sie schützt ferner den nassen Moorboden vor zu rascher Abkühlung, da sie die Wärmestrahlung vermindert, und verringert dadurch auch die Frostgefahr in sehr erheblichem Maße. Bei der Ausführung der Sandbedeckung spielt die größere oder geringere Feinkörnigkeit des Deckmaterials ebenfalls eine Rolle, denn je feinkörniger dasselbe ist, desto stärker ist die Wasserverdunstung. Auf der Regelung der Wasserverhältnisse beruht hauptsächlich die günstige Wirkung dieses Verfahrens. Sie erleichtert aber auch durch Erhöhung der Tragfähigkeit des Ackerbodens die Anbauarbeiten und macht überhaupt erst eine energische Bekämpfung des Unkrautes möglich.

Das Deckmaterial wird vom Untergrund des Moores entnommen, und es müssen dementsprechend die Entwässerungsgräben hinreichend tief ausgehoben werden, um genügendes Material zu liefern, auch müssen sie breiter als gewöhnlich angelegt werden. Im übrigen richtet sich ihre Anlage ganz nach dem Grade der beabsichtigten Entwässerung. Diese muß, wie schon früher erwähnt, stärker als bei unbedeckten Mooren sein. Wo die Sandschicht zu tief unter der Mooroberfläche liegt oder durch zu erhebliche Beimischung von dem für die Pflanzen sehr gefährlichen Schwefeleisen unbrauchbar ist, kann das Deckmaterial nicht von dort beschafft werden, und es ist dann die Durchführung einer Deckkultur nur in dem Falle möglich, wenn aus der Umgebung genügend billiges Deckmaterial herbeizuschaffen ist. Wird der moorige Grabenaushub auf der gut planierten Mooroberfläche vor der Bedeckung mit Sand ausgebreitet und so eine „Moorbettung“ geschaffen, so braucht die ursprüngliche Narbe der Mooroberfläche nicht vorher umgebrochen zu werden, da sie unter dieser Bettung rasch verrottet. Auf ihr wird dann die Sandschicht in 10, besser 12 cm Höhe, was ungefähr 14 cm frischer Schüttung entspricht, ausgebreitet.

Bei Wiesen- und Weidenanlagen genügt eine weit schwächere Deckung, und eine Schicht von etwa 5 bis 6 cm Deckmaterial ergibt schon sehr gute Erfolge. Doch wird es ganz von den örtlichen Verhältnissen abhängen, ob die sehr erheblichen Mehrkosten der Deckkultur gegenüber der im vorhergehenden besprochenen Anlage von Wiesen und Weiden auf unbedecktem Moor durch die damit noch erzielten Mehrerträgnisse gedeckt werden. Bei Neuanlagen von Futterland auf Niedermoor ist dies heutzutage kaum noch der Fall.

Der große Nutzen, den die Deckkultur stiften kann, ist hauptsächlich davon abhängig, daß sie nur am richtigen Orte angewendet wird. Ganz verkehrt ist es, eine zu nasse Moorfläche, wie man es früher aus Unkenntnis des richtigen Sachverhalts häufig versucht hat, durch Übersanden austrocknen zu wollen, da dadurch gerade der Wassergehalt des Bodens gesteigert wird, wenn nicht sonst für Entwässerung gesorgt wird. Die wahllose Übertragung der Sanddeckkultur auf die verschiedenartigen Moorbildungen, insbesondere auf Hochmoore, hat durch lange Zeit häufig zu großen Enttäuschungen geführt. Dies hat wesentlich dazu beigetragen, zur Ergründung dieser eigentümlichen Resultate die mannigfachen Eigenheiten der verschiedenen Moorböden und ihres Wesens genau zu erforschen und dadurch ihre große Bedeutung für das Gelingen der Moorkultur kennen zu lernen.

An der Geburtsstätte der Dammkultur, dem im Kreise Salzwedel (Reg.-Bez. Magdeburg) in den Flußgebieten der Ohre und Jeetze am nordwestlichen Rand des „Drömling" gelegenen Rittergutes Cunrau, bringen die ältesten Dammkulturen, die noch immer ausschließlich in der Deckschichte gepflügt werden, bis heutzutage Höchsterträgnisse. Für das Jahr 1913 werden von dem jetzigen Besitzer, Herrn Beseler, auf der 32. Mitgliederversammlung des Vereins zur Förderung der Moorkultur im Deutschen Reiche folgende, noch nie erreichte Rekordernten mitgeteilt: Kartoffel im Mittel 186 dz, Maximal 200 dz pro Morgen, Zuckerrüben im Durchschnitt 156 dz, Höchsterträgnis 166 dz, Bohnen

14 dz, Maximal 17,5 dz, Hafer 14 dz, Petkuser Sommerroggen 16 dz, Winterroggen 20 dz, Maximal 23 dz pro Morgen.

Über die Rentabilität besandeter und unbesandeter Wiesen in Mooren finden sich im „Landlexikon"[1]) folgende Angaben:

„Die Anlagekosten für Moorwiesen, die staatlicherseits in einer Ausdehnung von rund 2600 ha auf Domänen in verschiedenen Provinzen vorwiegend ohne Besandung angestellt sind, schwanken zwischen 28 und 703 M., im Durchschnitt pro Hektar 377 M. Die preußische Forstverwaltung hat in fünf Regierungsbezirken mit einem Kostenaufwand von 25 bis 1798 M. pro Hektar gegen 4000 ha Niederungsmoorwiesen angelegt. Die Erträgnisse sind auf mindestens 50 dz Heu pro 1 ha anzusetzen, steigen aber häufig auf 60 bis 100 dz. Unter vergleichbaren Verhältnissen verzinsen besandete Moorwiesen im Durchschnitt einer großen Zahl von Anlagen die Meliorationskosten mit 11,7 %, nicht besandete mit 28,9 % (vgl. dazu S. 6).

Die auf den Niederungsmooren ohne Stickstoffdüngung gewonnenen großen Futter- und Strohmassen ermöglichen es dem Landwirte, einen sehr großen Überfluß an Stalldünger zu gewinnen, der wiederum mit größtem Nutzen zu einer bedeutenden Erträgnissteigerung des Stickstoff und Stalldünger bedürfenden Sandbodens verwendet werden kann.

b) Die landwirtschaftliche Nutzung der Hochmoore.

Die Fehnkultur.

Seit Jahrhunderten wird in den moorreichen holländischen Provinzen Groningen, Drenthe und Friesland die nach der holländischen Bezeichnung „Vehn" für Moor als Verfehnung bezeichnete Gewinnung des Torfes betrieben, der bei dem sonstigen Mangel des Landes an Brennmaterial sehr geschätzt wird. Dabei wird ein ganz planmäßiges Verfahren eingeschlagen, das nach vollendeter Abräumung der Torfschicht die Verwertung des Untergrundes zu einem sehr ertragreichen landwirtschaftlichen Anbau sichert. Die Grundlage der Verfehnung bildet die Anlage

---

[1]) Putlitz & Maier, Bd. IV, S. 704.

ausgedehnter breiter Hauptkanäle am Rande des Moores, in die in regelmäßigen Abständen in senkrechter Richtung die im Moor ausgehobenen Seitenkanäle, die sog. Inwieken, einmünden. Jeder Seitenkanal nimmt wieder eine Anzahl von kleineren Nebenkanälen, die Hinterwieken, auf. Durch dieses Gesamtnetz von immer schwächer werdenden Wasserläufen wird das Moor gründlich entwässert, und es werden zugleich die Zugangswege bis in die entferntest gelegenen Teile desselben geschaffen. Durch die Entwässerung muß der Wasserspiegel wenigstens bis zum unteren Rande des anstehenden Moores gesenkt werden, womöglich werden aber die Gräben bis in den Untergrund hinein ausgehoben. Die durch die Seiten- und Nebenkanäle abgeteilten Moorflächen werden der Reihe nach in regelmäßigem Torfstich zur Gewinnung des Brenntorfes abgebaut. Dabei ist zu beachten, daß die Hochmoore allgemein zwei Schichtungen zeigen: die untere enthält den dunklen und schweren, gut zersetzten älteren Moostorf, während die durch den sog. Grenzhorizont abgetrennte obere Schicht von noch recht wenig zersetztem hellen, lockeren, jüngeren Moostorf gebildet wird. Nur die untere Schicht ist zur Gewinnung von Brenntorf geeignet. Bevor man zu ihr gelangt, muß die obere Schicht, die sog. Bunkerde, abgeräumt werden. Sie dient nach vollendeter Abtorfung als die Kulturträgerin für die nachherige landwirtschaftliche Nutzung. Sie wird auf dem abgetorften Moore, dem sog. Leegmoore, in Höhe von etwa 50 cm ausgebreitet, eingeebnet und mit Sand, der dem Untergrund des Moores entnommen ist, in Stärke von 10 bis 15 cm überschichtet. Dann werden beide Schichten durch Pflügen gut durcheinander gemischt. Unter Verwendung reichlichen Düngers läßt sich so sehr ertragreiches Acker- und Wiesenland gewinnen. Die Durchlässigkeit des in dieser Weise gewonnenen Ackerbodens ist eine viel größere als die der nicht abgetorften Mooroberfläche, daher ist auch das Bedürfnis nach Entwässerung ein geringeres. Dementsprechend sind die für die Entwässerung erforderlichen Gräben weniger tief und weiter voneinander entfernt anzulegen. Die Vermischung mit dem Sande begünstigt die Feuchtigkeits-

und Wärmeverhältnisse in ähnlicher Weise, wie dies die Bedeckung des Niedermoores mit Sand bewirkt. Die ursprünglich abgetragene Schicht des jüngeren Moostorfes ist in der Regel stärker, als daß man sie in der gesamten Menge auf dem abgetorften Grunde einebnen könnte, ohne eine zu große Höhenlage über dem mittleren Grundwasserspiegel zu erreichen. Man muß daher einen Teil der Bunkerde anderweitig verwenden. In neuerer Zeit ist man dazu übergegangen, sie zur Herstellung einer sehr gut verwertbaren Torfstreu zu benutzen. Wo die Beschaffenheit der oberen Schichten die Gewinnung von Torfstreu gestattet, wird daher heute das Moor in seiner gesamten Mächtigkeit abgebaut und nur so viel Bunkerde übrig behalten, als zur nachherigen Anlage von Fehnkulturen erforderlich ist. Am besten eignet sich dazu die oberste Schicht des Heidehumus, weil sie am besten zersetzt ist. Da die Vermischung der Bunkerde mit dem Sande in erster Linie eine Verbesserung der Feuchtigkeitsverhältnisse bezweckt, genügt in niederschlagsreicheren Gegenden eine geringere Sandbeimischung, so daß man dort mit einem bloßen Umpflügen der aufgebrachten Torfschicht in den Untergrund auskommt. Kann man dem Moorgrund, der ja während der Abtorfung möglichst stark entwässert wurde, nachher durch Regelung des Grundwasserspiegels mit Hilfe der vorhandenen Entwässerungsanlagen wieder größere Wassermengen zuführen, so kann das Sandbeimischen auch in trockeneren Gegenden wegfallen. Darauf nimmt man bei Neuanlagen heutzutage von vornherein entsprechend Rücksicht. Für das gute Gedeihen der Fehnkulturen ist eine reichliche Düngung mit Stickstoff, Kali und Phosphorsäure erforderlich. Das Aufblühen der holländischen Fehnkulturen hängt zum guten Teil damit zusammen, daß ihnen der in den holländischen Städten durch Vermengung von Abortdünger mit Straßenkehricht hergestellte Kompost, der sog. „Straatendreck“, in großen Mengen kostenlos zur Verfügung stand. Er wurde von den Torfschiffen als Rückfracht mitgenommen und in Mengen bis zu 100000 kg auf 1 ha Neuland aufgebracht. Auf diesen Fehnkulturen gedeihen alle Früchte mit sehr hohen Erträgnissen: Weizen, Roggen, Gerste, Hafer, Bohnen, Erbsen,

Raps, Kartoffeln und Runkelrüben. Ebenso eignet sich dieses Kulturland auch in vorzüglicher Weise zur Aufforstung. Zu der hohen Entwicklung, die die Fehnkultur in Holland genommen hat, hat im wesentlichen auch der Umstand beigetragen, daß sie von kapitalkräftigen Unternehmern betrieben wurde, und zwar die eigentliche Torfgewinnung getrennt von der landwirtschaftlichen Bebauung. Die Verfehner finden den Hauptverdienst in der Torfgewinnung und können den dadurch gewonnenen Kulturboden verhältnismäßig billig an Landwirte abgeben, oder sie pachten auch nur das Moor zum Abtorfen. Welchen Nutzen die Fehnkultur abwirft, geht daraus hervor, daß allein für das Abtorfungsrecht bis 3000 holl. Gulden pro Morgen bezahlt werden, während der äußerst wertvolle freigelegte Kulturboden nach der Abtorfung wieder an den Verpächter zurückfällt.

Gegenüber der blühenden Entwicklung der Fehnkultur in Holland hat dieselbe in Deutschland, wo sie sich zuerst in den an Holland angrenzenden ostfriesischen Mooren vor bald 300 Jahren einzubürgern begonnen hatte, sich zwar auch befriedigend entwickelt, aber doch bei weitem nicht in der gleichen Weise wie dort. Auf die näheren Verhältnisse wird noch später eingegangen (s. S. 158).

Die Moorbrandkultur.

Für die weit ausgedehnten, ungemein dünn bevölkerten, öden Moorgegenden Hollands und Nordwestdeutschlands, wo mangels der Absatzfähigkeit des Brenntorfes die Anlage von Fehnkolonien nicht in Betracht kommen konnte, bildete der Brandfruchtbau oder die Moorbrandkultur seit langem die einzige Möglichkeit, von den Moorländereien irgendeinen, selbst nur dürftigen landwirtschaftlichen Nutzen zu ziehen. Zu diesem Zwecke wird das oberflächlich durch ein dichtes, aber wenig tief einschneidendes Grabennetz entwässerte Moor alljährlich umgehackt und die aus Heidehumus bestehende Schicht nach dem Trockenwerden angezündet. Durch die Hitzewirkung werden die in dieser Schicht, zum Teil auch die in der etwas tiefer liegenden Schicht enthaltenen Nährstoffe so weit aufgeschlossen, daß ohne weitere Düngung, also ohne Aufwendung besonderer Kosten, der Anbau von Buchweizen in der Regel mit einer befriedigenden Ernte möglich ist. In den folgenden Jahren wird das Abbrennen wiederholt und wieder Buchweizen oder im Fruchtwechsel Hafer und Kartoffeln angebaut. Nach 5, 6 bis höchstens 7 Jahren ist der Boden so erschöpft, daß das weitere Abbrennen nichts mehr hilft, und man ihn dann 20—30 Jahre der Ruhe überlassen muß, bis genug Heidehumus gebildet ist und ein neues Abbrennen erfolgen kann.

Wie die Zusammensetzung des Hochmoores durch das Abbrennen verändert wird, zeigen nach Fleischer folgende Zahlen:

	Jungfräuliches Moor	2mal gebrannt	4mal gebrannt	6mal gebrannt
Organische Substanz	93,09	88,54	86,35	84,85
Asche	6,91	11,46	13,65	15,15
Davon löslich . . .	1,77	2,33	2,48	2,97
Davon unlöslich . .	5,14	9,13	11,17	12,18
Stickstoff	1,68	1,60	1,62	1,41
Phosphorsäure . . .	0,14	0,16	0,12	0,15
Kali	0,08	0,12	0,12	0,10
Kalk	0,22	0,28	0,29	0,40

Nach neueren Untersuchungen spielt bei der Wirkung des Moorbrennens auf die Aufschließung der Bodenbestandteile auch eine Änderung ihres Kolloidzustandes, der eine wesentliche Störung erfährt, eine wichtige Rolle.

Die Brandkultur ist mit einer Reihe schwerer Nachteile verbunden. Die Aussaat des Buchweizens leidet sehr stark unter Frost; es kann dadurch häufig der ganze Ertrag eines Jahres in Frage gestellt werden. Mit jeder Ernte wird ferner der mit Ausnahme des Stickstoffs ohnehin sehr geringe Nährstoffvorrat des Bodens, mangels jeder Düngung noch mehr verringert, abgesehen davon, daß schon durch das Abbrennen auch ein gewisser Teil des Stickstoffvorrates zerstört wird. Schließlich verursacht das Moorbrennen durch den entwickelten Rauch (den sog. Haarrauch oder Heerrauch) in der Regel eine sehr starke Belästigung der Umgebung, oft bis auf weite Entfernungen hin. Wichtiger als die Bekämpfung dieses Übelstandes, der dort, wo das Moorbrennen zurzeit noch geübt wird, in der Regel durch gesetzliche Vorschriften über die Zeit und Art seiner Ausführung nach Möglichkeit eingeschränkt wird, ist die Ersetzung des ganz unvorteilhaften Verfahrens durch ein zweckmäßigeres. Dasselbe ist in dem jetzt zu besprechenden sog. „Deutschen Hochmoorkulturverfahren" gefunden, das in jahrzehntelanger Arbeit durch die Bremer Moorversuchsstation ausgebildet worden ist.

Die deutsche Hochmoorkultur.

Das Verfahren der deutschen Hochmoorkultur ist eine rationelle Ausbildung der älteren Hochmoorkultur, die besonders von der hannoverschen Regierung gepflegt wurde. Sie besteht darin, den Hochmoorboden, ohne vorhergehende Abtorfung, durch ausreichende Entwässerung, Bodenbearbeitung und Düngung zur Anlage von Äckern, Wiesen und Weiden benutzbar zu machen. In welcher Weise diese Maßnahmen auszuführen sind, ist bereits an einer früheren Stelle besprochen worden. Es sei nur nochmals hervorgehoben, daß die Erfolge dieses Verfahrens außer auf der richtigen Entwässerung besonders auf der gründlichen sorgfältigen Vorbereitung des Bodens, die der Mooroberfläche eine günstige krümelige Beschaffenheit gibt, ferner auf der reichlichen Kalkung, die wegen den im Moore vorherrschenden freien Humussäuren nötig ist und auf der ausgiebigen Versorgung mit den den Mooren mangelnden Pflanzennährstoffen durch reichliche Zufuhr der entsprechenden künstlichen Düngemittel beruht. Durch letztere sind alle Schwierigkeiten beseitigt, die eine hinreichende Beschaffung von Naturdünger früher machte. Bei Anlage von Äckern auf Hochmoor, das an Stickstoff erheblich ärmer ist als Niedermoor, ist eine Zufuhr von Stickstoffdünger notwendig. Dagegen können Wiesen und Weideanlagen mit bestem Erfolg ohne die Stickstoffdüngung betrieben werden; die in dem Gräserbestand derselben vorhandenen Kleearten bereichern den Boden mit Stickstoff durch Aufnahme desselben aus der Luft[1]).

[1]) s. darüber den Abschnitt über Gründüngung S. 134.

Während früher die Intensität und Ausdehnung der Hochmoorkultur vielfach dadurch beschränkt war, daß die Erzeugung des erforderlichen tierischen Düngers von dem Vorhandensein ausreichender Futterflächen für einen genügend großen Viehstand abhängig war, gestattet die leichte Ausdehnung des Wiesen- und Weidebaues auf den Mooren derzeit die Haltung eines so reichlichen Viehstandes, daß der von diesen erzeugte Dünger für die Versorgung des Ackerlandes ausreicht und so ein Zukauf teuerer stickstoffhaltiger Kunstdüngemittel für stickstoffbedürftige Ackerfrüchte sehr eingeschränkt oder überflüssig werden kann. Am vorteilhaftesten ist es, wo es die Verhältnisse gestatten, den Ackerbau auf den Mineralboden zu beschränken und den Hochmoorgrund nur für Wiesen und Weidenbau zu verwenden. Wo jedoch Ackerbau getrieben werden soll, lassen sich gewisse Übelstände, die der nackte Moorboden zeigt, besonders die Empfindlichkeit gegen strengen Frost, durch Vermischung der obersten Schicht des Moores mit Sand beseitigen. Wir haben dann von einem besonderen Verfahren zu sprechen, von der „Mischkultur"

Die „Mischkultur". Die Menge Mineralstoffe, die bei der Mischkultur mit der Mooroberfläche gemischt werden, betragen 100 bis 1000 cbm pro 1 ha. Man verwendet dazu Sand, der gewöhnlich keine löslichen Nährstoffbestandteile enthält, oder auch lehmige und tonige Böden, die mitunter ziemlich reich an Kalk und Kali sind. Die Mischung dieser Materialien mit dem Moorboden bringt ungefähr die gleichen Vorteile, wie sie bei der Sanddeckkultur für das Bedecken mit Sand angeführt worden sind. Dieses bei den Niedermooren geübte Verfahren hat sich bei Hochmoorböden nicht bewährt, ist vielmehr mitunter direkt nachteilig, weil durch den Luftabschluß, den die Sandschicht bewirkt, die ohnehin noch wenig zersetzten Hochmoorbodenschichten an einem Fortschreiten der notwendigen Zersetzung behindert werden.

In einer besonderen Form wird die Mischkultur namentlich in Schweden und Finnland in sehr großem Umfange angewendet. Man benutzt dort den Glaciallehm, auf dem viele Moore ruhen, teils nach vorhergehendem Moorbrennen, wie es bei dem in Finnland gebräuchlichen österreichischen Verfahren der Fall ist, teils ohne Brennen bei dem schwedischen oder Flahulter Verfahren, zur Mischung mit der Kulturschicht, und wiederholt dies nach einer Reihe von Jahren.

c) Aufforstung der Moore.

Nach allen bisherigen Versuchen ist eine direkte Aufforstung der Moore im allgemeinen nicht möglich oder wenigstens nicht rentabel. Die in die Tiefe gehenden Wurzeln der Waldbäume gehen im Grundwasser der Moore zugrunde. Die Moore müssen deshalb zwecks einer Aufforstung entweder sehr gut entwässert werden oder dürfen nur sehr flachgründig sein, damit die Wurzeln alsbald in den mineralischen Untergrund eindringen können. Nur ausnahmsweise finden sich wirklich gut gedeihende, geschlossene Waldbestände (Sumpfkiefer, Pinus uliginosa) auf tiefgründigen, mehrere Meter mächtigen Mooren, wie in den Fürstlich Schwarzenbergschen Forsten bei Wittingau (Böhmen), wo seit Jahrzehnten für eine sehr gute Entwässerung gesorgt ist. Dagegen sind bekanntlich die von Brüning Ende der siebziger Jahre im großen Maßstabe in Angriff genommenen Aufforstungsversuche auf hannoverschem Hochmoor, das zuvor einigemal abgebrannt worden war, völlig gescheitert. Nachdem die Anlagen in den ersten Jahren ein überraschend gutes Gedeihen gezeigt hatten, weil durch das vorhergehende Moorbrennen die im Boden vorhandenen Nährstoffe dem jungen Baumwuchs überreichlich dargeboten waren, trat, sobald die Wurzeln tiefer in den feuchten Untergrund einzudringen begannen, ein Siechtum des Waldbestandes ein, das schließlich zur vollständigen Verkümmerung der gesamten Anlage führte.

Wenn also ein Holzbestand auf Mooren natürlich fortkommen kann — wir brauchen nur den Bruchwaldtorf (s. S. 30) zu erwähnen und uns an die ausgedehnten Niederauwälder zu erinnern, die sich die Flußniederungen entlang hinziehen, wo Erlen, Birken, Kiefern und Föhren gedeihen, und an die Legföhre, die auf Hochmooren häufig reichliche Bestände bildet —, so ist doch das Wachstum dieser Bäume in der Regel ein recht ärmliches, das meist nur für schlechtes Brennholz ausreicht, aber nicht die Grundlage einer geregelten, sichere Erträge gewährleistenden Forstnutzung abzugeben vermag.

Für eine solche ist nach Krahmer eine sehr leistungsfähige Entwässerung nötig, die mit dem Emporwachsen des Holzbestandes für eine verstärkte, den in die Tiefe strebenden Wurzeln vorauseilende Grundwassersenkung sorgt, durch die eine fortschreitende Zersetzung des Moorbodens eingeleitet werden muß, damit die später eindringenden Holzwurzeln die für das Gedeihen des Waldbestandes unentbehrlichen Nährstoffe in einer bereits assimilierbaren, mineralisierten Form vorfinden. Deshalb sind auch nur leicht vererdende Moorarten für eine Aufforstung geeignet. Die Kosten der Entwässerung sind dabei erheblich höher als sonst, da die Freihaltung der Entwässerungsgräben wegen der zusammenwachsenden Holzwurzeln und der ständigen Ansammlung von Laub und Streu bedeutend erschwert ist und dadurch die Erhaltungskosten dauernd erhöht. Krahmer berechnet sie für 1 ha im Verlaufe eines Umtriebs von nur 80 Jahren bei 3 % Zinseszins auf 1283 M. Durch Verwendung von Drainagen an Stelle offener Gräben wäre allerdings eine wesentliche Verringerung dieser Kosten zu erwarten.

Nach Krahmer steht eine Rentabilität einer Waldpflanzung auf Moor demnach nur ausnahmsweise in Aussicht, zunächst dort, wo man schon aus anderen Gründen den Grundwasserspiegel zu senken gezwungen ist. Dabei sind Erlen wegen des kürzeren Umtriebes und auch deshalb besonders zu empfehlen, weil sie noch am besten einen höheren Wasserstand vorübergehend ertragen. Wegen der Kürze des Umtriebs empfiehlt sich ferner noch die Pflanzung von Weihnachtsbäumen, sowie von Holz für Faschinen und Drains. Vorteilhaft ist schließlich noch die Anlage von schmalen Waldstreifen bei den Hochmoorkolonaten als Windschutz oder auch als Remisen für die Wildhegung.

Eine wirklich als rentabel bewährte Nutzung von Niederungsmooren, bei entsprechender Düngung aber auch von Hochmooren, gewährt die Pflanzung von Korbweiden. Diese erfordern keineswegs einen nassen Standort, sondern auf den zu ihrer Anpflanzung bestimmten Mooren muß immer zuerst der Wasserspiegel genügend gesenkt werden. Da aber die Weiden nur flach wurzeln, braucht der Boden auch nur auf etwa 20 bis 25 cm Tiefe aufgelockert zu werden. Im übrigen bedarf eine Weidenkultur einer sorgfältigen Pflege und bei der reichlichen Entnahme von Ruten natürlich auch hinreichender Düngung. Grabenränder dürfen nicht zum Anbau von Weiden benutzt werden, da sie dadurch rasch zu wachsen und auch dem Unkraut sehr leicht zugänglich werden. Als besonders geeignete Sorten werden zum Anbau in erster Linie die Purpurweide und die Mandelweide empfohlen.

Die bayerische Forstverwaltung, die in den Mooren ihrer Forste seit fast einem Jahrhundert die Brenntorfgewinnung intensiv betreibt, hat die abgetorften Moorflächen regelmäßig wieder aufgeforstet[1]. Neuerdings sind besonders in den holländischen Fehnkolonien mit sehr gutem Erfolg Baumpflanzungen, insbesondere als Zierpflanzen dienende Gewächse, wie Zypressen, auf dem abgeräumten Leegmoor angelegt worden. Eine derartige Nutzung der Leegmoore, die im Gegensatz zu den nicht weiter bearbeiteten Hoch- und Niedermooren ein ausgezeichneter Boden für eine Aufforstung sind, ist auf das wärmste zu empfehlen, besonders wenn wir in Betracht ziehen, welchen Vorteil sie bei der Verwertung der an Umfang rasch wachsenden Flächen bietet, die durch den industriellen Abbau der Moore frei werden. Es wird dadurch ständig nicht nur eine dem abgeräumten Torf gleichwertige Brennstoffmenge gewonnen, sondern dieselbe repräsentiert in Form von Holz, das als Nutzholz in Industrie und Gewerbe für Bauten, für Möbelfabrikation usw. eine vielseitige, rentable Verwertung gestattet, zugleich einen relativ höheren Wert als der Torf.

III. Bedenken gegen die Ausdehnung der Moorkultivierung wegen ihres Einflusses auf die hydrologischen Funktionen des Moores.

Wenn auch die Erfolge der Moorkultur die verlockendsten Aussichten eröffnen, so hat es doch nicht an Stimmen gefehlt,

[1]) vgl. Kitzinger, Die Torfwirtschaft und ihre Entwicklung in Bayern, S. 57.

die gegen eine stark befürwortete, möglichst umfangreiche Ausdehnung der Moorkultur Bedenken geäußert haben. Diese Bedenken stützen sich auf zweierlei, nämlich

1. auf die Funktion der Moore als Wasserregulatoren,
2. auf das Abnehmen der Wasservorräte durch Meliorationen.

Man befürchtet durch eine Verringerung der Hochmoorflächen — nur diese kommen bei dem ersten Einwand in Betracht — einerseits den Wegfall der ausgleichenden Wirkung, die die Moore nach einer auf A. von Humboldt zurückgehenden Ansicht als Reservoire für die in regenreicher Zeit fallenden atmosphärischen Niederschläge ausüben sollen, aus denen sie dafür in der trockenen Zeit Feuchtigkeit zur Speisung der Flüsse in der Nachbarschaft abgeben würden. Andererseits hält man es nicht für ausgeschlossen, daß der Segen der Entwässerung überhaupt in das Gegenteil umschlägt und es zu einer bedenklichen Austrocknung des Kulturbodens kommen könnte.

Hinsichtlich der den Mooren zugeschriebenen, wasserregulierenden Funktionen haben aber systematisch angestellte Beobachtungen keinerlei Bestätigung für diese Ansicht gegeben. Als maßgebend dürfen wir die Erfahrungen Oppokoffs[1]), der als russischer Regierungsingenieur die Entwässerungsarbeiten in der Polessje (im Pripetz-Bassin) gut kennt, und das von Schreiber[2]), dem Leiter der Moorversuchsstation Sebastiansberg im böhmischen Erzgebirge, auf Anfordern des Landeskulturrats für Böhmen ausgearbeitete Gutachten auf die Frage, ob die technische Torfverwertung in den am Rande der Gebirgskämme gelegenen Mooren wegen der dadurch bedingten Hochwassergefahr zu verbieten sei, ansehen. Sie fanden weiterhin auch von anderer Seite[3]) wiederholt volle Zustimmung. Alle kommen dahin überein, daß das Hochmoor infolge seiner ständigen Sättigung mit Wasser gar nicht imstande

[1]) S. Oppokoff, Moore in hydrologischer Hinsicht. Österr. Moorzeitschr. 1909, S. 98ff.; daselbst eingehende Literaturangaben.

[2]) Vergl. das Referat von Jablonski, M. Berlin, 1902, S. 306ff.

[3]) Kautz, die Bedeutung der Hochmoore in der Kgl. Oberförsterei Sieber im Harz. M. Berlin, 24, S. 253ff. (1906); H. Classen, Über die Mitwirkung der Moore zur Verschärfung und Verminderung der Hochwassergefahr; M. Berlin, 25, S. 1ff. (1907).

ist, große Niederschlagsmengen zurückzuhalten, sondern diese z. B. gerade bei der Schneeschmelze rasch wieder abfließen läßt. Wenn es regnet, saugt sich, wie Schreiber sagt, die Oberflächenschicht des Moores mit Wasser voll und ist für ferner auffallendes Wasser fast so undurchlässig, wie Lehm. Dagegen halten die Moore in trockener Zeit das Wasser viel fester zurück als irgendein anderer Boden, sie geben von ihrem Überfluß an die Umgebung durch direktes Abfließen nur sehr wenig ab, die Hauptmenge ihres aufgenommenen Feuchtigkeitsgehalts gelangt vielmehr durch Verdunstung in die Atmosphäre. Die Moore müssen sowohl in ihrer Eigenschaft als reiner Bodentypus (Torfboden), als auch wegen ihrer oft überaus reichlich und stark Feuchtigkeit ausdunstenden Flora nicht für einen geringeren, sondern fast größeren Verdunster in den Flußbassins angesehen werden, als die Wälder. Dadurch wirken sie nicht nur klimatisch sehr nachteilig und machen die Umgebung durch die starke Sättigung der Luft mit Feuchtigkeit ungesund, sondern sie erhöhen auch sehr die Frostgefahr. Dies ist mit ein wesentlicher Grund, weshalb in Schweden Entwässerungsarbeiten in großem Maßstabe auch in jenen Gegenden ausgeführt werden, wo nicht eine unmittelbare Kultivierung der entwässerten Landstriche, sondern nur eine günstige Beeinflussung der benachbarten Ackergelände beabsichtigt ist.

Dagegen erlangen die Moore gerade erst durch die gründliche Entwässerung bei der Kultivierung die Fähigkeit, plötzlich auftretende, größere Niederschlagsmengen aufzusaugen und sie allmählich mit Hilfe der künstlichen Entwässerungsanlagen abzuführen.

Es kann also nur eine falsche Auslegung vereinzelter Fälle zur Stütze dafür herangezogen werden, daß durch das Verschwinden der Moore die Regulierung der Flüsse ungünstig beeinflußt wird. Wir können diese Bedenken um so eher aufgeben, wenn wir die großen Erfolge der Flußregulierungen auf dem Gebiete der Talsperren betrachten. Um wie viel leichter muß der fortgeschrittenen Technik die Aufgabe fallen, die hier in Betracht kommenden hydrologischen Fragen günstig zu lösen.

Dagegen wird sich nicht bestreiten lassen, daß die absolute Wassermenge in einem meliorierten Gebiete durch das Ableiten des Wasserüberschusses eine geringere wird. Wenn aber die deshalb gehegten Befürchtungen ihren Ausdruck in so scharfen Worten erhalten wie:

„Unser von Staat und Provinz gefördertes, oft aufgezwungenes, sogenanntes Meliorationswesen, dem zahlreiche Mühlenstauungen mit großen Kosten geopfert sind, ist in seinen ganz einseitig auf rasches Fortschaffen des vermeintlich schädlichen Wassers beschränkten Tendenzen im Grunde genommen nichts weiter als ein öffentliches Verödungssystem des Landes“[1]),

so wird man diesem schroffen und einseitigen Standpunkt jede Berechtigung absprechen müssen. Aber wir werden nicht darüber hinwegsehen dürfen, daß mit der Ausdehnung der Moorkultur eine weitgehende Einschränkung stehender und fließender Gewässer verbunden ist und zugleich das Verschwinden ausgedehnter, vernäßter Wiesen und Sümpfe, die sich durch große Verdunstungsfähigkeit auszeichnen, bedingt wird[2]). Allerdings kann vorerst wohl kaum einwandfrei festgestellt werden, inwieweit durch die Moormeliorationen der Flachmore die Niederschlagsmengen in diesen Gegenden beeinflußt werden. Es ist aber anzunehmen, daß bei einer geregelten Wasserwirtschaft die in Kultur genommenen Moore, besonders die Wiesenflächen, annährend die gleiche Verdunstungsfähigkeit besitzen wie die Ödländereien, die vorher ihren Platz einnahmen. Somit werden die Befürchtungen nach dieser Hinsicht mit verschwindenden Ausnahmen sich als grundlos erweisen, zumal auch nachgewiesen ist, daß gerade durch Beschränkung der Verdunstungsmöglichkeit der Gesundheitszustand dieser Gegenden gehoben wird.

Trotzdem ist der Warnung des Hydrographen:

„mit der künstlichen Verringerung von offenen und verdeckten

---

[1]) C. M. v. Unruh, „Hitze und Heimatschutz“. „Der Tag“, Jahrg. 1911, Nr. 212.

[2]) W. Goetz, Das Schwinden des Wassers in den höheren Bodenlagen, Vierteljahrschr. d. bayer. Landwirtschaftsrates 1905, Heft 3; Derselbe, Fortschreitende Änderung in der Bodendurchfeuchtung, Meteorol. Zeitschr., Jahrg. 23, S. 14ff., Braunschweig 1906.

Wasserläufen, worunter namentlich die Hochmoore zu verstehen sind, vorsichtig zu sein"[1]),

volle Beachtung zu schenken, und die Entwässerungsanlagen der Moore sollen daher nur durch erfahrene Fachleute entworfen werden, so daß sie noch mehr, als es bis jetzt schon geschieht, in der Weise ausgeführt werden, daß sie durch Aufstauen des Wassers in der trockenen Zeit die beste, haushälterischste Verwendung ermöglichen. Bei peinlicher Beobachtung einer geregelten Wasserwirtschaft ist dann kein Grund mehr für die pessimistischen Anschauungen der Moorkulturgegner vorhanden und wir müssen im Interesse einer gesunden Volkswirtschaft für eine möglichst beschleunigte Kultivierung der Moore und Ödflächen mit allen uns zu Gebote stehenden Mitteln eintreten. Nicht nur die materiellen Gesichtspunkte, sondern auch die vielen mit einer umfassenden Kultur unserer Moore eng verbundenen Fragen sozialer, politischer und ethischer Natur fordern es gebieterisch, diese Kulturtat durchzuführen, die uns die Bewunderung und den Dank kommender Geschlechter sichert.

C. Die zukünftige Gestaltung der Moorverwertung.

I. Die rationelle Ausnützung der Torfreichtümer.

Als die erfolgreichsten der im vorhergehenden Abschnitt besprochenen Kulturmethoden sind die Fehnkultur und die deutsche Hochmoorkultur zu betrachten. Die erstere hat es in Holland, ihrer Geburtsstätte, im Verlaufe einer jahrhundertealten Entwicklung zu einer ganz hervorragenden Blüte gebracht. Neben ihr hat sich schon frühzeitig die Hochmoorkultur entwickelt und brachte es unter sachgemäßer Ausführung auch zu Erfolgen, wenn auch in weit bescheidenerem Umfang. Aus dieser älteren Hochmoorkultur hat sich in einer verhältnismäßig sehr kurzen Zeit durch eine planvolle, rastlose Arbeit in unseren Tagen die deutsche Hochmoorkultur als eine in agrikulturtechnischer

---

[1]) W. Halbfuß in Zeitschr. f. d. gesamte Wasserwirtschaft, Jahrg. 1908, S. 208ff. Vergl. auch Brückner in Geogr. Zeitschr., herausg. von Hettner, Leipzig, 1900, S. 95; H. Potonié in Naturw. Wochenschr. 1907, Nr. 22.

Hinsicht jedenfalls sehr leistungsfähige Methode entwickelt. An ihrer Wiege standen die moderne Agrikulturchemie und die durch die Technik erschlossenen künstlichen Düngemittel. Sie ist gewissermaßen unter dem Zwange der Verhältnisse entstanden, da die mit dem Ausbau des Emskanalnetzes einsetzenden neuzeitlichen Bestrebungen, durch Verfehnung nach dem holländischen Vorbilde das ausgedehnte deutsche Hochmoorgebiet planmäßig zu erschließen, die darauf gesetzten Erwartungen nicht in Erfüllung gehen ließen.

Die Frage, warum nicht nur die älteren[1]), sondern auch diese Versuche aus letzter Zeit, die holländische Fehnkultur auf die deutschen Hochmoore zu verpflanzen, versagten, bietet ein besonderes Interesse, da wir zurzeit vor der überaus wichtigen Frage stehen, ob diese in ihrem Heimatlande nach jeder Richtung hin ideale Methode tatsächlich für Deutschland der deutschen Hochmoorkultur unterlegen ist, und ob daher der letzteren bei der nun im großen Maßstabe in Angriff genommenen Erschließung der deutschen Hochmoore der Vorzug gegeben werden soll und muß. Die Ursache, warum die zuerst in den an Holland angrenzenden ostfriesischen Mooren von Holland eingeführte Fehnkultur in Deutschland eine so ganz andere Entwicklung nahm, ist zunächst darin zu suchen, daß die Verhältnisse in den beiden Ländern zu verschieden waren, um sich ohne weiteres von einem Land auf das andere übertragen zu lassen. Dem deutschen Fehnkolonisten, der in der Regel die Torfgewinnung und die landwirtschaftliche Bebauung gleichzeitig betreiben mußte, standen nicht große kapitalkräftige Verbände, wie die großen, holländischen Stadtgemeinden, zur Seite, die nach groß angelegten, einheitlichen Plänen die Aufschließungsarbeiten in Angriff nahmen. Bei der Anlage der Hauptkanäle, die als Verkehrswege auch für eine künftige Entwicklung von Handel und Industrie von größter Bedeutung werden konnten, wurden zur Ersparnis der augenblicklichen Kosten meist unzulängliche Ausmaße gewählt. Auch die Beschaffung der erforderlichen großen Mengen an Dünge-

[1]) siehe Seite 74.

mitteln, für die fast nur der wertvolle Stalldünger zur Verfügung stand, stieß auf weit größere Schwierigkeiten wie in Holland, wo die großen, an der Fehnkultur selbst interessierten Städte froh waren, ihre lästigen Abfallstoffe auf bequeme Weise fortschaffen zu können. Dazu kam, daß die deutschen Fehnkolonien auch dadurch weit ungünstiger gestellt waren, daß sich ihnen keine so ausgedehnte und lohnende Absatzmöglichkeit für den Brenntorf bot, wie dies in Holland der Fall war. Nach Fleischer muß man aber auch den jammervollen politischen und volkswirtschaftlichen Zuständen während der Zeit ihrer Entstehung und dem Fehlen einer planvollen Ausgestaltung einen wesentlichen Teil der Schuld daran zumessen, daß diese Besiedlungsunternehmungen so weit zurückgeblieben sind. Wie nachteilig gerade letzterer Umstand gewirkt hat, vielleicht weit mehr als die anderen angeführten Verhältnisse, führt Stumpfe[1]) ausführlich aus. Seine Auseinandersetzungen zeigen uns, welche Fehler bei der alten ostfriesischen Moorkolonisation begangen wurden, und obgleich diese Ausführungen schon mehr als ein Jahrzehnt zurückliegen — eine Zeit, welche für die Entwicklung der Hochmoorkultur hochbedeutsam geworden ist —, sind sie für die Beurteilung der Fehnkultur doch von dauerndem Wert und sollen daher in folgendem wiedergegeben werden.

Auch die holländischen Unternehmungen sind nicht von vornherein unter günstigeren politischen und volkswirtschaftlichen Umständen als später die ostfriesischen Kolonien ins Leben gerufen worden, da auch dort zuerst einzelne Privatpersonen und Gesellschaften unabhängig voneinander und vielfach im Kampfe miteinander als Gründer derselben auftraten. Als dann die führende Rolle in der Moorkolonisation an die Stadt Groningen überging, sah sich diese häufig jahrelang in schwere und erbitterte Kämpfe mit ihren Ommelanden (gewissermaßen mit der Provinz Groningen) verwickelt. In politischer Hinsicht stellte das einem Fürsten unterstehende Ostfriesland einen größeren geeinten Bezirk dar, als ihn Groningen mitsamt seinen Ommelanden besaß.

---

[1]) E. Stumpfe, Die Besiedelung der deutschen Moore 1903, S. 224 ff.

Während aber die Stadt Groningen in planvoller Ausgestaltung ihrer Kolonisationsbestrebungen alle Fehnanlagen in ihren Besitz oder doch unter ihre Oberhoheit zu bekommen verstanden hat, sind in Ostfriesland als ein Beispiel der in Deutschland damals herrschenden Zersplitterung auf einer Moorfläche von etwa 24 qkm, die hinter der selbst vieler kleiner holländischer Fehne erheblich zurückbleibt, im Laufe der Zeit nicht weniger als sechs Fehne (Warsings-, Iherings-, Bockzeteler-, Stickelkamper-, Beninga- und Neuefehn) entstanden, die mit eigenen Kanälen vollkommen unabhängig nebeneinander und häufig gegeneinander arbeiteten. Das erste von ihnen (Bockzeteler Fehn) entstand 1647, das letzte (Beninga-Fehn) hat erst die preußische Regierung 1772 hinzugefügt. Ebenso planlos ist die Anlage von Spetzer Fehn durch die preußische Regierung 1745, dessen Kanal fast parallel mit dem des Großen Fehn läuft, und sich ihm in den oberen Teilen bis auf ganz geringe Entfernung nähert. Da das Moor schon durch das Große Fehn erschlossen war, ist der über 5 km lange zweite Anschlußkanal nach Lage der Dinge volkswirtschaftlich vollkommen nutzlos gegraben worden. Spetzer Fehn scheint gewissermaßen dazu bestimmt, Große Fehn unrentabel zu machen, denn letzteres war zwecks genügender Wasserzuführung auf Seitenausbreitung angewiesen, während ihm Spetzer Fehn, das gleichfalls in ganz schmalen Streifen verläuft, diese so vollkommen wie möglich abschneidet.

Ferner wurde durch die große Kapitalarmut des Landes allen Unternehmungen von Anfang an der Stempel des Kleinlichen, Dürftigen und Unzulänglichen aufgedrückt. Damit hängt auch das Fehlen großzügigen Unternehmungsgeistes bei den Bürgern der beiden bedeutendsten ostfriesischen Städte Emden und Leer auf dem Gebiete der Fehnkolonisation eng zusammen. Emden gab seine eigene Torfgräberei zu Simonswolde auf und beschloß, seinen Torfbedarf zu kaufen, vielleicht weil einflußreiche Emdener Bürger, unter ihnen der Bürgermeister, an Privatfehnen beteiligt waren und daher die Konkurrenz der Stadt nicht wünschten.

Beide Städte zeigten kein Verständnis für die Bedeutung der Entwicklung ihres Hinterlandes nach Art derjenigen der holländischen Fehnkolonien. Auch zwang Emden durch sein Stapelrecht jedes die Stadt passierende Schiff dort drei Tage stillzuliegen, und beeinträchtigte dadurch den Torfhandel von fast ganz Ostfriesland nach den Marschen und Inseln der ostfriesischen Küste, sowie nach Bremen und Hamburg, in seinem Wettbewerbe mit dem holländischen Torfe schwer, da das Stapelrecht große Zeit- und Geldopfer für die nutzlos aufgehaltenen Torfschiffer zur Folge hatte. Ist auch das Stapelrecht allmählich gefallen, so ist doch bis in die jüngste Zeit eine andere, besonders seit der scharfen Konkurrenz der Steinkohle schwer fühlbare Belastung, nämlich die Akzise auf Torf, in Emden, Leer und anderen Städten geblieben. Sie beträgt in Emden etwa 7 M., in Leer etwa 6,60 M. und in Weener etwa 4,65 M. vom Tagewerk oder etwa 33 bis 22 % der Gewinnungskosten frei Schiff, bzw. etwa 6 bis 10 % der anderen Gesamtkosten frei Haus. Emden und Leer zwingen durch diese hohe Sonderbelastung des Torfs einen Haushalt nach dem anderen, zur Steinkohlenfeuerung überzugehen, zugunsten der westfälischen und englischen Kohlenbergwerke, in Emden und Leer auch zugunsten einiger dortiger Seeschiffer, die englische Kohle als Ballast zurückbringen.

Die wichtigsten Faktoren, die zu der glänzenden Entwicklung der holländischen Fehnkulturen beigetragen haben, die Kapitalskraft, die Unternehmungslust, die Intelligenz und der weite kaufmännische Blick der Verwaltung und Bürgerschaft Groningens haben also bei der ostfriesischen Fehnkolonisation nahezu ganz versagt. Auch die Landesverwaltungsbehörden, die Staatsregierung und die Ständevertretung haben nicht in so befriedigender Weise wie in Holland eingegriffen, wo eine Reihe der größten Kolonien von den Provinzialverwaltungen selbst angelegt und zur Blüte gebracht ist. Die ostfriesischen Stände haben erst am Schluss des 18. Jahrhunderts, als der völlige Ruin der Fehne vor der Tür stand, ganz geringfügige Opfer und halbe Maßnahmen beschlossen. Die ostfriesischen Fürsten aber haben die Fehne so gut wie ohne jede Unterstützung gelassen, es dagegen verstanden, jede erst einmal begonnene Fehnunternehmung durch Einspruch gegen den Betrieb, ja sogar durch Zerstörung ihrer Arbeiten, trotz der für die fürstliche Regierung wiederholt ungünstig ausgefallenen Richtersprüche, in ein Abhängigkeitsverhältnis zu bringen und mit zum Teil nicht unerheblichen Erbpachtgeldern, auf die bei der ersten Kalkulation der Anlage und bei dem Erwerbe der Ländereien aus der Hand der Gemeinden und Einzelbesitzer nicht gerechnet war, zu belasten. Auch unter preußischer Verwaltung ist Ostfriesland, mindestens zur Zeit Friedrichs II., von Berlin aus stiefmütterlich bedacht und mehr als Einnahmequelle betrachtet worden. Man legte auf eine kleine Fläche, wie schon vorher ausgeführt, neben fünf Fehne ein sechstes, und neben das lange, schmale, bergansteigende Große Fehn das dieselben Fehler wiederholende Spetzer Fehn. Die nachfolgende hannoversche Regierung hat dann selbst mehrere Fehne gegründet und selbst betrieben, die aber trotz der finanziellen Opfer, abgesehen vom Holter Fehn, nur geringen wirtschaftlichen Erfolg hatten. Die Privatfehne aber wurden in ihrer Weiterentwicklung beeinträchtigt, indem ihnen die wiederholt und dringend erbetene Vergrößerung nicht gewährt wurde. Erst die neue preußische Regierung hat darin etwas, aber nicht durchgreifend, Wandel geschaffen.

So hat auch dieser Umstand, daß weder Staat noch Stände die Fehnkolonisation förderten und unterstützten, bei der herrschenden allgemeinen Kapitalsarmut dazu geführt, daß nur kleine, kapitalsschwache Verfehnungsgesellschaften sich bildeten mit dem ersten Grundsatz: Billigkeit der Anlage. Daher wählte man kurzsichtigerweise Kanäle von geringen Abmessungen mit oft nur 1 bis 2 Fuß Wassertiefe, die häufig an Wassermangel litten, im Sommer oft monatelang unbefahrbar waren und die Schiffe zwecks Wasserersparnis an den Schleusen lange warten ließen. Der Verkehr war nur mit kleinen Schiffen möglich, die keine volle Ausnutzung der Arbeitskraft gestatteten und daher den Betrieb verteuerten. Wie der Verkehr und der Torftransport außerhalb des Kolonats, war auch der Torftransport innerhalb desselben viel ungünstiger gestellt als in Holland. Die Kleinheit der Kolonate verhinderte den Ausbau eines dichten Inwiekennetzes, das bei den meisten Fehnen überhaupt fehlte. Der Hauptkanal schloß nur eine viel kleinere Moorfläche auf als in Holland (hier eine Breite von rund 3 km, in Ostfriesland oft nur ein wenig über ½ km), gleichwohl mußte der Torf mangels Inwieken durchschnittlich viel weiter (rund vier- bis fünfmal so weit) mit der Karre auf dem Lande transportiert werden als in Holland. Dies bewirkte natürlich eine wesentliche Verteuerung der Torfproduktion, so daß 50 bis 55 % der Gewinnungskosten auf den Transport des Torfes von dem Torfstich zur Abnahmestelle entfallen konnten. Das System der kleinen Kolonate führte von selbst zu der Besiedlung mit besitzlosen Torfarbeitern, die trotz harter Arbeit nur ganz langsam vorwärts kamen, nicht schnell abtorfen konnten und aus Mangel an Geld zum Ankauf der großen Düngermengen die Untergrundkultur nicht gut ausführen konnten. Die Kanäle boten, da sie fast sämtlich als Sackgassen im Moore endeten und einer durchgehenden größeren Wasserverbindung untereinander völlig ermangelten, weder der Industrie noch der Schiffahrt Niederlassungsmöglichkeiten. Bei dieser Sachlage konnte sich auch keine selbständige Kanalschiffahrt entwickeln, und so führten diese Verhältnisse zu der Vereinigung der drei an sich völlig getrennten Berufe der Landwirtschaft, Torfgräberei und Schiffahrt in der einen Hand des kapitalschwachen, wenig leistungsfähigen Fehntjers. Sah man bei den Privatfehngesellschaften mehr auf das Steigen und Fallen der Dividenden als auf den Stand und das Vorrücken der Arbeiten, so traten bei den staatlichen Fehnkolonisationen zu denselben Fehlern, an denen die privaten Fehnkolonisationen litten, auch noch besondere Fehler technischer Art (z. B. der ganz fehlerhafte Kanalbau) und wohl auch der Verwaltung erschwerend hinzu. Die geringere Entwicklung der ostfriesischen Fehnkolonisation lag demnach durchaus nicht an von Haus aus ungünstigeren Produktions- und Absatzverhältnissen, sowie an schlechteren Preisen als in Holland, sondern in erster Linie an der großen Reihe von Fehlern und Unterlassungen, die bei ihrer ersten Anlage wie auch später dauernd begangen worden sind.

Auch gegenüber der bisherigen Gestaltung der Hochmoorkolonisation durch den preußischen Staat erhebt derselbe Autor manche beachtenswerte Bedenken, auf die hier bloß hingewiesen sei. Unter anderem wünscht er keine zu große Bevormundung der Kolonisten. Stumpfe[1]) führt dafür das Beispiel des hollän-

[1]) l. c. Seite 375.

dischen Kolonisten de Graafe auf dem Provinzialmoor an, der nur durch beharrlichen Widerstand gegen den Willen der Verwaltung und gegen deren amtliche Vorschrift es durchsetzen konnte, von dem angeordneten Ackerbau in ausgedehnter Weise zur Anlage von Wiesen und Weiden und damit zur Viehwirtschaft überzugehen. Mit dem dabei erzielten vorzüglichen Erfolge hat er geradezu einen grundlegenden Wechsel der Hochmoorkulturrichtung hervorgerufen, da man daraufhin immermehr zur Anlage von Wiesen und Weiden auf dem Hochmoore zwecks Vermehrung der Viehzucht übergegangen ist und dabei die besten Erfolge erzielt hat.

Die Blüte der holländischen Fehnkultur beruht zu einem guten Teil auf den hohen Erträgen der Torfgewinnung. Man hat diesen Umstand besonders hervorgehoben, weil es bei der großzügigen Durchführung der Moorkolonisation in Deutschland ausgeschlossen erscheint, daß sich bei einer Verfehnung der Hochmoore eine ebensolche Ausgestaltung der Torfverwertung wie in Holland in entsprechendem Maßstabe ausbauen ließe.

Gerade in dieser Hinsicht vollzieht sich in unserer Zeit ein ganz gewaltiger Umschwung, da durch die Fortschritte der Technik der Weg angebahnt und bereits auch erfolgreich beschritten ist, die gewaltigen im Torf als Wärme-Energiequelle angehäuften Naturschätze auszubeuten, ohne an die genaue Nachahmung jener holländischen Verhältnisse gebunden zu sein, die zu ihrer Entwicklung den Zeitraum von Jahrhunderten nötig hatten. Den Riesenfortschritten des Verkehrs und der Technik ist es zu verdanken, daß die begründete Hoffnung besteht, mit Hilfe der Fehnkultur die in den Mooren ruhenden reichen Bodenschätze in absehbarer Zeit zu heben.

Diese Erwartung ist um so begründeter, da die Moorkultur selbst von den technischen Fortschritten umfangreichen Gebrauch gemacht und durch Einführung der künstlichen Düngemittel, durch Verwendung von den Bedürfnissen der Moorkultur besonders angepaßten Maschinen und bereits auch durch weitgehende Ersetzung der animalischen Betriebskräfte durch mechanische Kraftquellen, besonders durch solche, die ihre Energie aus dem Moore selbst schöpfen, ihre Entwicklung stark gefördert hat. Sie befindet sich dank der Erfolge ihrer wissenschaftlichen Forschungen und der gesammelten praktischen Erfahrungen in einer Entwicklung, die in ungeschmälertem Maße auch der Fehnkultur zugute kommen und auch ein Aufblühen der „Deutschen Fehnkultur" mit sich bringen muß. Der Fehnkultur aber, die nach vorausgegangener Entfernung und rentabler Verwertung des überstehenden Moores sich auf dem fruchtbaren mineralischen Untergrund ihr Arbeitsbeet schafft, gebührt unbedingt der Vorrang vor der Kultur auf dem Hochmoorboden. Freilich bietet die Hochmoorkultur ein ganz vorzügliches Mittel, um in kürzerer Zeit ausgedehnte Moorstrecken zu bewältigen und in Kultur zu bringen. Sie schafft aber in den meisten Fällen nur ein wertvolles Provisorium bis zur Verfehnung des von ihr bedeckten Moores. Auf die in ihm aufgespeicherten Energieschätze, die allmählich durch die fortgesetzte Hochmoorkultur doch Schaden leiden, werden wir in unserem Zeitalter der Technik nicht verzichten dürfen. Es wäre also rationell, gleich von vornherein die wertvollere Fehnkultur an Stelle der Hochmoorkultur zu setzen, wenn dem nicht zurzeit die große Schwierigkeit entgegenstünde, daß die technische Verwertung des Torfes nach ihrem gegenwärtigen Stand ein zu langsames Fortschreiten der Moorkolonisation bedingt. Man wird daher bis auf weiteres die beiden Methoden, die der Fehnkolonisation und der Hochmoorkultur, miteinander harmonisch verbinden müssen, indem letztere vorläufig die weitausgedehnten Hochmoorgebiete rasch in Kultur bringt, um das investierte Kapital zu verzinsen, und dann erst mit dem Fortschreiten der fehngemäßen Abtorfung die Moore nach und nach der Fehnkultur, dem Ideal der Moorkultur, zuzuführen.

Wie sich dieses Vorgehen am zweckmäßigsten abspielen wird, darüber wird uns erst die Erfahrung der kommenden Jahre belehren können; doch kann heute schon gesagt werden, daß die Technik das Problem einer genügend raschen technischen Ausbeutung der Torfenergie in einer vielleicht schon nahen Zukunft lösen wird.

II. Die Notwendigkeit gesetzlicher Maßregeln zur Sicherung einer rationellen Moorverwertung.

Das Preußische Moorschutzgesetz vom 1. April 1913.

Um uns, soweit dies heute schon möglich ist, über die zukünftige Gestaltung der Moornutzung, besonders in Deutschland, ein zutreffendes Bild machen zu können, müssen wir im Anschluß an den vorhergehenden Abschnitt, der vorwiegend der hervorragenden Bedeutung der Ausnutzung der Moore durch Überführung in vorzügliches Kulturland gewidmet ist, unsere volle Aufmerksamkeit dem gewaltigen Reichtum an Energievorrat zuwenden, der bei der Verwertung der Moore neben der landwirtschaftlichen Moornutzung seiner Ausbeutung harrt. Während die landwirtschaftliche Ausnutzung der Moore unserem Vaterlande einen dauernden Zuwachs außerordentlich großer Werte nicht nur materieller, sondern auch sozialer, politischer und ethischer Natur bringt, führen uns die Bestrebungen zur Hebung des in den Mooren schlummernden Torfschatzes zu Betrachtungen, welche die bergbaulichen, d. h. die für den Abbau des Torfes in Betracht kommenden Verhältnisse in den Vordergrund rücken. Warum die bei uns anfänglich in erster Linie auf Hebung der Energieschätze der Moore gerichteten Bestrebungen der Moorkultivierung allmählich die entgegengesetzte Richtung einschlagen mußten und jetzt in der Hauptsache rein landwirtschaftliche Gesichtspunkte verfolgen, ist in diesem Kapitel bereits eingehend erörtert worden. Dabei kann über die bestmöglichste Verwertung der Niederungs- und Grünlandmoore heute schon das endgültige Urteil abgegeben werden: Sie haben sich als die geborenen Grasländereien erwiesen. Während die Niederungs- und Grünlandmoore in ihrem natürlichen Zustand ein sowohl quantitativ als auch qualitativ minderwertiges Futter liefern oder sich auch nur zur Streugewinnung eignen, bringen sie dank ihres Reichtums an wichtigen Nährsalzen, besonders infolge ihres hohen Stickstoffgehaltes, schon allein unter dem Einfluß einer günstigen Entwässerung wertvolle Futterkräuter hervor, während sie bei nur mäßiger Zufuhr billiger Düngemittel sogar den anspruchsvollsten Ackerpflanzen genügen. Als eines der wichtigsten und dabei wenig kostspieligen Meliorierungsmittel hat sich die gründliche Behandlung mit schweren Walzen erwiesen, die sich in ganz hervorragender Weise bewährt hat. Dabei liegt der unschätzbare Wert solcher Moorwiesen vor allem darin, daß sie gerade dann, wenn unsere Futtererträge auf mineralischen Böden in trockenen Jahrgängen versagen, infolge ihres regulierbaren Wasserreichtums ganz besonders vorzüglich gedeihen und so einen Ausgleich schaffen, der die Viehhaltung auch in diesen Fehljahren ermöglicht, ja den umsichtigen Moorbesitzer gerade in diesen Fehljahren auf mineralischen Böden, durch ungewöhnlich hohe finanzielle Erfolge für die gemachten Aufwendungen reichlich entschädigt. So konnte auf dem in melioriertem Polderland belegenen Moorgut Langenberg bei Stettin[1]) im Sommer 1911, in dem die Landwirtschaft allgemein unter allzugroßer Trockenheit litt und daher besonders Wiesen und Weiden auf mineralischem Boden sehr geringe Erträge brachten, durch Heuertrag eine Rentabilität von 77,5 % des verhältnismäßig sehr hohen Investitionskapitals erzielt werden, das in normalen Jahren nur den Durchschnittssatz von 9,5 % erwirtschaften läßt, während Wiesenanlagen auf Niederungsmooren unter normalen Bedingungen Durchschnittsrenten von 15—25 % erbringen[2]).

Diese glänzende Verwertung der an den Flußniederungen sich weithin erstreckenden Nieder- und Grünlandmoore zu Wiesen und Weiden ist für Deutschland von ganz besonderer Bedeutung; sie bewahrt diese Moore vor einer hier ganz unangebrachten industriellen Ausbeutung, weil dabei eine dem Abtorfen vorausgehende planmäßige, bis auf den mineralischen Untergrund reichende Entwässerung nicht durchführbar oder zu kostspielig ist, und man sich deshalb mit dem Ausstechen des Torfes aus dem nicht oder nur teilweise entwässerten Moore begnügt. Dadurch werden aber diese kulturfähigen Ländereien ihrer gänzlichen Vernichtung zugeführt;

---

[1]) vgl. Johann Dreyer, Die Moore Pommerns, ihre geographische Bedingtheit und wirtschaftsgeographische Bedeutung. Greifswald 1913, Julius Abel.

[2]) vgl. Die Rentabilität der forstfiskalischen Meliorierungen, S. 16, Meliorierungskosten von Niederungsmoorflächen der staatlichen Domänenverwaltung, S. 15, Stern.

denn nach erfolgtem Abtorfen bleibt nur ein unter Wasser stehendes unregelmäßig abgestochenes Gelände zurück. Einen hinreichenden und wünschenswerten Ersatz für den endgültigen Verlust wertvollen Kulturlandes kann aber, wie es wiederholt vorgeschlagen wird und auch an einzelnen Orten nicht ohne günstigen pekuniären Erfolg durchgeführt wurde, die Besetzung der ausgetorften Löcher mit Fischen im allgemeinen nicht bieten.

Um deshalb bei unkundigen Moorbesitzern zu erreichen, daß der Austorfung der Niederungsmoore, die gleichbedeutend mit einem dauernden Bodenverlust des Reiches ist, Einhalt geboten wird, müßte eine allgemeine gesetzliche Regelung Platz greifen, ähnlich wie dies bereits seit kurzem durch das preußische Moorschutzgesetz für das Hochmoor vorgesehen ist, da es nur für die Provinz Hannover gilt, die vorwiegend Hochmoor aufweist. Dieses Gesetz soll in erster Linie eine Verhinderung des Raubbaues sowohl bei der Gewinnung des Brenntorfes, als namentlich auch bei der Streutorfgewinnung bewirken, um die Möglichkeit der vorteilhaften land- oder forstwirtschaftlichen Nutzung dieser Moorflächen zu sichern.

Die hohe wirtschaftliche und nationale Bedeutung einer derartigen Kultivierung ist zuerst durch einen am 29. Januar 1910 einstimmig angenommenen Antrag des preußischen Abgeordnetenhauses,

> „die Königliche Staatsregieruug zu ersuchen, Maßnahmen zu treffen, welche geeignet sind, in verstärktem Maße eine Umwandlung von Moor- und Ödländereien in Ländereien von höherem wirtschaftlichen Werte herbeizuführen,“

zum Ausdruck gekommen. In der dem Landtage der Monarchie vorgelegten Denkschrift über die Moorkultur und die Moorbesiedlung in Preußen[1]) und in der dem Gesetzentwurf beigegeben Motivierung ist hervorgehoben, daß für die Hochmoore sowohl das System der Fehnkultur, wie das von der Moorversuchsstation in Bremen ausgebildete Verfahren der deutschen Hochmoorkultur zur Verfügung stehe. Bisher seien die Moore meist nur zur Torfgewinnung und

---

[1]) Nr. 56 der Drucksachen des Hauses der Abgeordneten. V. Session, 1912.

nicht zur landwirtschaftlichen Kultur verwendet worden. Die Art der Torfgewinnung, insbesondere die Art des Bauerntorfstiches, bringe häufig eine große Verwüstung der Moore mit sich, so daß sie auf den ausgestochenen Flächen einer intensiveren Kultur kaum noch zugeführt werden könnten. Die Fabrikation von Torfstreu verbrauche hauptsächlich nur die oberen, hellen Schichten des Sphagnumtorfes im Hochmoore. Diese aber seien sowohl für die Fehnkultur, wie für die deutsche Hochmoorkultur die Kulturmedien. Durch die Torfstreufabrikation drohe daher ebenfalls eine Beeinträchtigung oder eine Vernichtung der landwirtschaftlichen Werte der Moorflächen.

Daß die rationell ausgeübte Torfstreugewinnung von hohem wirtschaftlichen Werte ist, braucht hier nicht mehr besonders betont zu werden, nachdem wir in dem Abschnitt über die staatliche Förderung der Moorkultur in den verschiedenen moorreichen Ländern gesehen haben, wie gerade dieser Zweig der Torfverwertung vielfach eine sehr sorgfältige Förderung erfährt. Auch sei noch auf den einleitenden Abschnitt der Einführung des technischen Teils verwiesen (s. S. 410).

Das Gesetz richtet sich vornehmlich gegen die rücksichtslose Ausbeutung der Moore durch eine zur Großindustrie ausgewachsene Torfstreufabrikation, wie sie besonders von seiten holländischer Pächter auf weiten Flächen des Bourtanger Moores in letzter Zeit betrieben wurde, wobei die ganze obere Torfschicht abgebaut wurde. Die Moore dürfen aber auf keinen Fall der ganzen oberen für Torfstreu geeigneten Schicht beraubt werden, da ein Teil derselben sowohl für die Hochmoor-, wie für die Fehnkultur die unentbehrliche Grundlage der späteren landwirtschaftlichen Bearbeitung bildet.

Aus diesen Gründen ist, nach eingehender Beratung in einer besonderen Kommission und im Landtage, das Preußische Moorschutzgesetz am 21. Januar 1913 verabschiedet worden, dessen genauer Wortlaut wegen des großen Interesses, das es für alle Moorinteressenten besitzt, nachfolgend wiedergegeben wird.

Moorschutzgesetz vom 4. März 1913.

Wir Wilhelm, von Gottes Gnaden König von Preußen usw.,

verordnen, mit Zustimmung der beiden Häuser des Landtags der Monarchie, **für die Provinz Hannover,** was folgt:

§ 1.

Grundstücke, die allein oder mit anderen eine zusammenhängende Moorfläche von mehr als 25 ha bilden, dürfen, soweit das Gemeinwohl **unter Abwägung der Interessen der Beteiligten** es verlangt, zur Gewinnung von Torf nur in der Weise benutzt werden, daß die Möglichkeit ihrer vorteilhaften land- oder forstwirtschaftlichen Nutzung gesichert wird.

Die Benutzung solcher Grundstücke zur Torfgewinnung bedarf, abgesehen von den Fällen des § 2, der Genehmigung des Bezirksausschusses.

§ 2.

Einer Genehmigung bedarf nicht:

1. die Gewinnung von Torf für die eigene Haushaltung und Wirtschaft durch den Eigentümer, **den Pächter,** einen Torfstichberechtigten oder durch ländliche Arbeiter, welche in einem dauernden Arbeitsverhältnisse zu dem Eigentümer der Moorfläche stehen, soweit ihnen durch den Arbeitsvertrag die Torfgewinnung für die Zwecke ihrer eigenen Haushaltung und Wirtschaft zugesichert ist (Heuerlinge, Instleute);
2. die Gewinnung von Torf zum Zwecke des Verkaufs, wenn sie **mit nicht mehr als sechs Personen und nicht mit maschineller Kraft betrieben wird.**

Als Wirtschaft gelten der landwirtschaftliche Haus- und Hofbetrieb, mit Einschluß der landwirtschaftlichen Nebenbetriebe von geringem Umfange, sowie kleingewerbliche Betriebe von geringem Umfange.

In den Fällen der Nr. 1 und 2 können durch Kreispolizeiverordnung Vorschriften für die Torfgewinnung erlassen werden, durch welche die Möglichkeit einer vorteilhaften land- oder forstwirtschaftlichen Nutzung gesichert wird.

§ 3.

Dem Antrag auf Erteilung der Genehmigung müssen die zur Erläuterung des Unternehmens notwendigen Pläne und Beschreibungen beigefügt werden.

§ 4.

Der Genehmigungsbeschluß trifft die zur Durchführung des § 1, Abs. 1 etwa erforderlichen Bestimmungen.

Dem Unternehmer kann in dem Genehmigungsbeschluß die Leistung einer Sicherheit für die Einhaltung des genehmigten Planes und der getroffenen Bestimmungen aufgegeben werden.

§ 5.

Vor der Beschlußfassung sind über den Antrag eine durch den Minister für Landwirtschaft, Domänen, und Forsten zu bestimmende sachverständige Stelle, sowie der Meliorationsbaubeamte zu hören. **Auf Verlangen ist auch ein von den Beteiligten etwa benannter Sachverständiger zu hören. Auf Antrag eines Beteiligten findet mündliche Verhandlung vor dem Bezirksausschusse statt.** Die sachverständige Stelle sowie der Meliorationsbaubeamte sind auch zu hören, wenn gemäß § 2, Abs. 3, kreispolizeiliche Vorschriften für die Torfgewinnung erlassen werden sollen.

Gegen den Beschluß des Bezirksausschusses steht den Beteiligten binnen zwei Wochen die Beschwerde an den Minister für Landwirtschaft, Domänen und Forsten zu.

§ 6.

Bei der Ausführung des Unternehmens hat der Landrat, in Stadtkreisen die Ortspolizeibehörde, für die Einhaltung des genehmigten Planes und der getroffenen Bestimmungen zu sorgen. Sie können zu diesem Zwecke polizeiliche Verfügungen erlassen.

Wesentliche Abweichungen von dem genehmigten Plane oder den getroffenen Bestimmungen bedürfen der Genehmigung nach Maßgabe der §§ 1, 3 bis 5.

§ 7.

Die Benutzung von Moorgrundstücken ohne die nach diesem Gesetz erforderliche Genehmigung ist vom Landrat, in Stadtkreisen von der Ortspolizeibehörde polizeilich zu verhindern.

§ 8.

In den Städten, deren Polizeiverwaltung der Aufsicht des Landrats nicht untersteht, tritt in den Fällen der §§ 6 und 7 an Stelle des Landrats die Ortspolizeibehörde.

§ 9.

Unternehmungen, die bei dem Inkrafttreten dieses Gesetzes mit der Torfgewinnung bereits begonnen haben, dürfen ohne die in diesem Gesetz vorgesehenen Beschränkungen **sechs** Monate lang in dem bisherigen Umfange fortgesetzt werden.

Kann über einen Genehmigungsantrag nicht vor dem Ablauf der **sechs**monatigen Frist entschieden werden, so beschließt der Bezirksausschuß darüber, ob die vorläufige Weiterführung des Unternehmens zu genehmigen ist. Diese Genehmigung muß erteilt werden, wenn über den Genehmigungsantrag ohne Verschulden des Antragstellers vor Ablauf der Frist nicht entschieden werden kann. Gegen den Beschluß des Bezirksausschusses steht dem Antragsteller binnen zwei Wochen die Beschwerde an den Minister für Landwirtschaft, Domänen und Forsten zu.

§ 10.

Dieses Gesetz tritt am 1. April 1913 in Kraft.

Urkundlich unter Unserer Höchsteigenhändigen Unterschrift und beigedrucktem Königlichen Insiegel.

Gegeben Wilhelmshaven, den 4. März 1913.

(L. S.) **Wilhelm.**

v. Bethmann Hollweg. v. Tirpitz. Beseler. v. Breitenbach. Sydow. v. Trott zu Solz. v. Heeringen. Frhr. v. Schorlemer. v. Dallwitz. Lentze.

Beim Abdruck des Wortlautes des Gesetzes sind diejenigen Zusätze durch Fettdruck hervorgehoben, die zur Verbesserung des ursprünglichen Entwurfes im Laufe der recht interessanten Beratungen[1]) hinzugefügt worden sind. Abgesehen davon, daß aus verfassungsrechtlichen Gründen die ursprüngliche Fassung des Gesetzes, wonach dasselbe zunächst für die Provinz Hannover in Kraft treten, aber nach Anhörung des betreffenden Provinziallandtages durch Königliche Verordnung auf andere Provinzen ausgedehnt werden könnte, beseitigt worden ist, beabsichtigen die weiteren

[1]) Vergl. Stenographische Berichte über die Verhandlungen des Preußischen Hauses der Abgeordneten, 21. Legislaturperiode, V. Session, 1912/1913, 113—115. Sitzung. Berlin 1913, Preußische Verlagsanstalt G. m. b. H.

Zusätze hauptsächlich den Schutz der kleinen und kleinsten Moorinteressenten, welche durch die Ausführung des Gesetzes leicht einen Schaden erleiden können, wenn auch die ihnen auferlegte Beschränkung andererseits nicht nur für die Allgemeinheit, sondern zweifellos auch für sie Nutzen bringen wird.

In einem zunächst aufgenommenen, aber bei der endgültigen Beschlußfassung wieder verworfenen Zusatz war deshalb auch noch die Bestimmung aufgenommen worden, daß überhaupt jeder zusammenhängende Moorbesitz unter 5 ha nicht unter die Beschränkung des Gesetzes fallen sollte; doch wäre damit eine so weitgehende Durchlöcherung dieses Gesetzes verursacht worden, daß sein Wert ganz problematisch geworden wäre.

Aber auch die Ausnahmen des § 2 können die gute Wirkung des Gesetzes noch stark beeinträchtigen. In diesem § 2 wird nicht nur

1. die Gewinnung von Torf für die eigene Haushaltung und Wirtschaft durch den Eigentümer, den Pächter, einen Torfstichberechtigten oder durch ländliche Arbeiter, welche in einem dauerndem Arbeitsverhältnisse zu dem Eigentümer der Moorfläche stehen,

sondern auch

2. die Gewinnung von Torf zum Zwecke des Verkaufs, wenn sie mit nicht mehr als sechs Personen und nicht mit maschineller Kraft betrieben wird,

ohne Genehmigung freigegeben. Diese weitgehenden Einschränkungen machen es den unkundigen Moorbesitzern nach wie vor möglich, bei der Austorfung ihrer Moore kulturfähige Ländereien durch unverständigen Raubbau ihrer gänzlichen Vernichtung entgegenzuführen, was weiterhin zur Folge haben kann, daß genossenschaftliche Entwässerungen, welche die Kultivierung der Moore bezwecken, erschwert oder gänzlich unmöglich gemacht werden[1]). Es ist daher die Forderung zu stellen, daß in solchen Fällen im Interesse der Allgemeinheit der Nachsatz zu § 2:

„In den Fällen der Nr. 1 und 2 können durch Kreispolizei-

[1]) Siehe auch Johann Dreyer, „Die Moore Pommerns", Seite 190, 191.

verordnung Vorschriften für die Torfgewinnung erlassen werden, durch welche die Möglichkeit einer vorteilhaften land- oder forstwirtschaftlichen Nutzung gesichert wird."
volle Beachtung findet und dementsprechend angewendet wird.

Das neue Preußische Moorschutzgesetz[1]) ist nach der Absicht der Gesetzgeber als erster Versuch auf dem Wege der gesetzlichen Regelung dieser äußerst schwierigen Frage angesehen worden, und da scheint dem Verfasser gerade jetzt der richtige Zeitpunkt zu sein, auf einen sehr wichtigen Punkt aufmerksam zu machen, der die vollste Aufmerksamkeit erfordert, wenn der späteren Ausnutzung unserer Moorschätze nicht schwere, ja vielleicht unüberwindliche Hindernisse erwachsen sollen.

Wer die Entwicklung der nach ihrer Entstehung mit dem Torf eng verschwisterten Energiequellen der Stein- und Braunkohle verfolgt, die einen so weitgehenden Einfluß auf die Ausbeutungsmöglichkeiten unserer großen Torfreichtümer ausübt und ausgeübt hat, dem drängt sich das Gefühl auf, daß unsere in viel beschleunigterem Tempo fortschreitende Technik auch eine glückliche Lösung des Torfproblems bringen muß.

So kann z. B. eine ausgedehnte Torfkokserzeugung die Grundlage einer neuen Hüttenindustrie zur Erzeugung von Feineisen werden. Ebenso werden mächtige Überlandzentralen infolge billigen Stromes neue Industrien nach sich ziehen, besonders auch solche, welche die elektrische Energie zu chemischen Prozessen ausnutzen. Solche Großindustrien werden ein ganz anderes Tempo der Ausbeutung der im Schoße der Moore ruhenden Energieschätze, als es die bisherigen Versuche erwarten ließen, bedingen. Mit dieser

---

[1]) Der unerwartete Ausbruch des Weltkrieges, der für Deutschland die tunlichste Förderung der Moor- und Ödlandkultur von allerhöchstem Interesse werden ließ, hat unter den verschiedenen Notgesetzen, die zur Neuregelung der vielfach ganz umgestalteten Verhältnisse erlassen wurden, uns auch ein besonderes Gesetz zunächst in Gestalt einer Königlichen Verordnung gebracht zu dem Zweck, die Bildung der für die Moorkultur erforderlichen Genossenschaften zu erleichtern. Sie führt den Titel: „Verordnung über die Bildung von Genossenschaften zur Bodenverbesserung von Moor-, Heide- und ähnlichen Ländereien" vom 7. November 1914, und ist in der Preußischen Gesetzsammlung 1914, Seite 165, enthalten.

industriellen Entwicklung muß Hand in Hand die rationelle Ausbildung der Technik der Torfgewinnung gehen, wodurch die Gestehungskosten auf ein möglichstes Minimum herabgedrückt werden, ein Ziel, das eine zielbewußte, gut organisierte und kapitalkräftige Großindustrie auch sicher erreichen wird, nachdem unsere modernen Torfgewinnungsmaschinen jetzt schon die Gewinnungskosten für lufttrockenen Torf wesentlich herabgedrückt haben.

Daß man dabei nicht zu einem System greifen darf, bei dem, wie man es nur zu häufig ausmalt, es dem kleinen Einzelbesitzer überlassen bleibt, den Abbau seiner kleinen Parzelle nach Belieben zu betreiben, um dann den gewonnenen Torf in einer benachbarten Zentrale abzuliefern, bedarf wohl keiner weiteren Begründung.

Die Abtorfung des mittlerweile in Kultur genommenen Moores muß im Bedarfsfalle sofort in großzügigem Maßstabe in Angriff genommen werden können. Wir müssen heute bereits, wo wir am Anfang einer allgemeinen, höchst ersprießlichen Erschließung unserer ausgedehnten Moorflächen durch Moorkultur und ihre planmäßige Besiedlung stehen, mit weitschauendem Blick darauf Bedacht nehmen, die Hebung der unter der Kulturschicht unserer Hochmoorkulturen ruhenden Energieschätze zu sichern. Es ist daher jetzt schon vor Übergabe der Moorkolonate auf gesetzlichem Wege festzulegen, wie der Übergang von der vorläufigen Hochmoorkultur zur dauernden Untergrundkultur — die ja mit einer zeitweiligen Unterbrechung des Landwirtschaftsbetriebes verbunden ist — sich glatt und ohne Reibung zwischen den landwirtschaftlichen und technischen Interessentenkreisen vollziehen soll.

Hier bietet die Braunkohlenindustrie uns wichtige Vergleichspunkte, da dort bergbauliche und landwirtschaftliche Nutzung voneinander oft getrennt vergeben werden. Das Kulturland ist nach dem Abbau der Kohle als kulturfähiges, geebnetes Neuland zurückzugeben und die alte Kulturschicht wieder in bestimmter Höhe aufzutragen.

Denken wir an die großen Schwierigkeiten, die die Moorkultur bisher fast allerorts zu überwinden hatte, um die widerstreitenden Interessen der oft kleinen Teilbesitzer eines Moores in Einklang zu bringen und die häufig durch Starrköpfigkeit und Eigensinn

Einzelner versperrte Bahn freizumachen, nachdem die längste Zeit hindurch die unklaren Besitzverhältnisse und die auferlegten Servitute meist einen schweren Hemmschuh für ein gedeihliches Aufblühen gebildet hatten, so müssen wir uns vor einer sehr bedrohlichen Unterlassung hüten und eine gedeihliche, klare Regelung für diesen Übergang von der Hochmoorkultur zur Fehnkultur anstreben. Die unbegrenzten technischen Möglichkeiten, die uns unsere Moore außer der landwirtschaftlichen Nutzung bieten und die gerade durch das Aufblühen neuer Industriezentren in diesen einwohnerarmen Gegenden den Erfolg der Neukolonisation auf den Mooren in ungeahnter Weise zu fördern berufen sind, diese Entwicklungsfähigkeit dürfen wir nicht dem guten Willen von kleinen Moorbauern überlassen, die nach Kultivierung ihres Landes kein Interesse mehr an einer industriellen Ausnützung ihres unter der Kulturschicht begrabenen Torfes haben.

Solche Verhältnisse kommen vor allem in Betracht bei der in großzügiger Weise ins Auge gefaßten Hochmoorkolonisation durch Verbindung der deutschen Hochmoorkultur mit daran anschließender Fehnkultur, deren Bedeutung schon oben gewürdigt ist. Tausende neuer Kolonisten werden auf den neuen Hochmoorkolonaten angesiedelt werden, die dann im Verlauf der Zeit in Fehnkulturen umgewandelt werden, wenn die Nachfrage nach Torf vorhanden ist. Bei der weiteren gesetzlichen Regelung der Moorverhältnisse möge dieser neue und wichtige Gesichtspunkt volle Beachtung finden, um hier ein gedeihliches Ineinandergreifen der landwirtschaftlichen und industriellen Ausnutzung zu sichern.

Auf die Möglichkeiten der industriellen Aussichten wird im technischen Teil noch näher eingegangen werden.

Zweiter Teil.

Chemischer Teil.

Die chemische Untersuchung des Torfes hat hauptsächlich die Frage zu beantworten, in welcher Weise er bei der Kultivierung des betreffenden Moores für die landwirtschaftliche Nutzung oder wie er zur Gewinnung von Brenntorf oder im allgemeinen zur Ausnutzung der in ihm vorrätigen Wärmeenergie geeignet ist. Die üblichen Untersuchungen erstrecken sich daher auf die Bestimmung des Wassers, des Aschegehalts, der organischen Zusammensetzung einschließlich des Stickstoffs, auf die Bestimmung zufälliger Beimengungen und des Heizwertes. Neben diesen analytischen Daten sind aber auch die bei der Vertorfung sich abspielenden Veränderungen und die im Torf aufgefundenen Verbindungen, insbesondere die Humussäuren, von erheblichem wissenschaftlichen Interesse. Nicht minder wichtig sind schließlich die Untersuchungsergebnisse der bei der trockenen Destillation des Torfes sich bildenden fixen und flüchtigen Produkte. Dieser Abschnitt ist im nachfolgenden wegen seiner großen Bedeutung für die technische Ausnützung des Torfes besonders berücksichtigt worden. Dabei wurden die Ergebnisse der Arbeiten des Verfassers herangezogen, deren Zweck darauf gerichtet war, die günstigsten Bedingungen für eine Gewinnung der Destillationsprodukte im großen ausfindig zu machen.

I. Kapitel.

Die allgemeinen und physikalischen Eigenschaften des Torfes.

A. Chemie des Torfes.

Im nachstehenden seien nun zunächst die allgemeinen Eigenschaften des Torfes kurz zusammengefaßt. Der Torf ist hinsichtlich seiner Zusammensetzung und Beschaffenheit verschieden, je nach Entstehung, Alter und Ort des Vorkommens. Unter dem Mikroskop oder auch mit freiem Auge kann man mitunter, besonders bei dem jüngeren Torf, seine botanischen Komponenten noch gut erkennen. Er stellt in natürlichem Zustande ein schwammartiges, verfilztes Gebilde dar, das sich durch sehr großen Wassergehalt auszeichnet.

Die Härte und Elastizität des Torfs sind durch seine Zusammensetzung und seinen Zersetzungsgrad bedingt. Die Härte ist bei den am weitesten zersetzten Torfen im trockenen Zustande am größten; sie kann ausnahmsweise den 2. bis 3. Härtegrad erreichen[1]). Das ab und zu im Torf vorkommende Holz wird mit der Zeit gleichfalls in eine dunkle vermoderte Masse umgewandelt (ulmifiziert), die ebenso wie der Torf beim Trocknen wieder hart wird. Bei Niedermoortorfen pflegt das spezifische Gewicht infolge größerer mineralischer Beimengungen höher zu sein als bei Hochmoortorfen; durch Trocknen nimmt das spezifische Gewicht des Torfes zu. Die Brennbarkeit der Torfarten richtet sich nach der Zusammensetzung und dem Aschengehalt; manche Torfe glimmen nur, andere brennen mit größerer oder kleinerer Flamme. Die spezifische Wärme des Torfes ist nach Detmer[2]) 0,5079. Frisch gestochener Torf hat einen nur wenig säuerlichen, zusammenziehenden Geschmack, ebenso der wässerige Auszug.

---

[1]) vgl. auch Früh u. Schröter, S. 186. Zum Vergleich sei erwähnt, daß bekanntlich Gips den Härtegrad 2 und Kalkspat den Härtegrad 3 hat, während Steinkohle den Härtegrad 2,5 zeigt.

[2]) Landw. Jahrb. 1871, S. 248.

Über die weiteren physikalischen und chemischen Eigenschaften des Torfes und die Schwankungen, denen sie unterworfen sind, sowie deren Ursachen sollen im folgenden nähere Angaben gemacht werden.

Probenahme.

Wie bei der Untersuchung sämtlicher technisch verwertbarer Stoffe überhaupt, so ist beim Torf besonders großes Gewicht auf eine richtige Probenahme zu legen, da eine Nachlässigkeit hierin ein ganz falsches Bild und infolgedessen Anlaß zu schweren Enttäuschungen und Fehlschlägen bei der Verwertung bzw. Kultivierung geben kann. Es sind in dieser Hinsicht besonders für Zwecke der Moorkultur die verschiedenartigsten Vorschläge gemacht worden, ohne daß dadurch eine zuverlässige Probenahme sichergestellt wäre. Deshalb sei hier in Ergänzung des vorausgegangenen Abschnitts „Moorkultur" auf die Probenahme hingewiesen, wie sie Bersch[1]) empfiehlt. Zeigt sich eine Moorfläche einheitlich mit demselben Pflanzenwuchs bestanden, so sind von mehreren Stellen Proben zu nehmen und diese nach gutem Vermischen in ihrer Gesamtheit weiter zu verarbeiten. Stellen mit auffallenden Verschiedenheiten im Pflanzenbestand sind einzeln für sich zu untersuchen. Die Probenahme soll in folgender Weise vorgenommen werden: Nach dem Abschälen der Pflanzendecke wird ein blockförmiges Stück von 20 cm Seitenlänge zunächst von der Oberfläche mit dem Spaten ausgehoben und darauf auch aus größerer Tiefe, je nach der Tiefe der Entwässerung eines oder mehrere, nötigenfalls auch ein solches aus dem Untergrunde des Moores. Diese Proben sind in luftdicht verschließbare Kisten oder besser noch in entsprechende Blechbüchsen zu verpacken[2]). Verpacken in Papier, Säcke und dergleichen ist durchaus unzulässig, da hierdurch der Wassergehalt der betreffenden Probe verändert

---

[1]) vgl. Z. Wien, 1912, S. 86 u. 96.

[2]) Als sehr geeignet haben sich die von Bersch empfohlenen Blechformen mit scharfem Rand erwiesen, die vorher gewogen, mit der Mündung nach unten in den Boden gestoßen und nach dem Füllen wieder gewogen werden. Schließlich werden diese Formen mit je zwei dazu passenden Deckeln verschlossen.

und die Bestimmung also ein falsches Bild ergeben würde. Wegen der näheren Einzelheiten sei auf das Original verwiesen, sowie auf die von der Moorversuchsanstalt Bremen gegebene genaue Anweisung für Einsendung von Torfproben zum Zwecke der Begutachtung hingewiesen[1]).

Außer der chemischen Bodenuntersuchung ist auch eine nebenhergehende botanische Bestimmung der Komponenten der Pflanzendecke sehr empfehlenswert, von der zu diesem Zwecke Proben im Zusammenhang losgetrennt werden.

Die physikalischen Eigenschaften des Torfes.

Bei der Beurteilung des Torfes bzw. eines Moores ist neben der chemischen Untersuchung auch großes Gewicht auf die physikalischen Eigenschaften zu legen.

a) Spezifisches Gewicht und Dichte.

1 cbm Moor (frisch aus dem Boden gehoben mit ca. 80 bis 95% Wassergehalt) wiegt durchschnittlich 1000 kg.

Das spezifische Gewicht des rohen Trockentorfes hängt sehr von seinem Aschengehalt und seinem Alter ab. Es schwankt nach Karmarsch bei den verschiedenen Sorten in folgenden Grenzen:

Moos-, Faser- oder Rasentorf	von	0,213	bis	0,263
Junger brauner Torf	„	0,240	„	0,676
Erdtorf, Sumpftorf	„	0,410	„	0,902
Pechtorf, Specktorf	„	0,639	„	1,039

Letztere Grenze ist jedoch noch nicht hoch genug angegeben, da z. B. in Oldenburg mehrfach ein schwarzer, dichter Torf vorgekommen ist, dessen spezifisches Gewicht bis 1,3 betrug. Je reifer, kurzfaseriger und homogener ein Torf ist, desto mehr schwindet er beim Trocknen und desto höher wird dementsprechend sein spezifisches Gewicht.

---

[1]) M. Berlin, 1907, S. 259—261. Vorschläge Lubkowskys, zwecks Erzielung guter Durchschnittsproben bei Torfsoden an verschiedenen Stellen Bohrungen mittels eines Bohrers vorzunehmen, widerlegt v. Feilitzen, M. Berlin, 1912, S. 207 bzw. 236.

Mit der künstlichen Bearbeitung des Torfes (siehe Seite 429) ändert sich auch das spezifische Gewicht, dessen Erhöhung zum Hauptziel der Torfveredelungsindustrie mit gehört.

Nach eigenen Untersuchungen betrug das spezifische Gewicht

von Maschinentorf aus Vardal (Norwegen)	0,85
„ Handtorf aus Röros (Norwegen)	0,52
„ Stich - Torf aus Triangel	0,42
„ „ Torf aus Schwaneburg	0,42 oder 0,44
„ „ Torf vom Vehner Moor	0,42.

b) Porenmenge.

Die Porenmenge wurde im Laboratorium des Verfassers auf dieselbe Weise, wie sie beim Koks üblich ist, bestimmt, d. h. durch Messung der beim Auskochen der Substanz unter Toluol aus den Poren verdrängten Luft[1]). Die Porenmenge betrug bei Vardal-Maschinentorf 50—58%, bei Röros-Handtorf 60—72% des Gesamtvolumens.

c) Wassergehalt und Wasseraufspeicherungsvermögen.

Der Wassergehalt des Rohtorfes in der Natur schwankt zwischen 70—95%, je nach der Lage und Entwässerung des Moores. So enthält selbst der zweckmäßig drainierte Boden bei Niederungsmoor immerhin durchschnittlich 75%, bei Hochmoor 85—90% Wasser und mehr. Näheres über den Wassergehalt sowie die Entfernung der überschüssigen und unerwünschten Feuchtigkeit wird im technischen Teil mitgeteilt werden (S. 417ff.)[2]).

Frischer Torf verliert an der Luft sein Wasser bis auf 22 bis 25%, je nach der Menge der Niederschläge und der herrschenden

---

[1]) s. auch Tacke, „Bestimmung des Porenvolums von Torf mittels des Volumenometers" in Z. f. angew. Chem. 1893, S. 39.

[2]) vgl. auch Hausding, Handbuch der Torfgewinnung und Torfverwertung, Berlin 1904, S. 70—76: Über die Berechnung der bei einem bestimmten Wassergehalte zu gewinnenden Torfmenge, die zu verdunstende Wassermenge und die Schwindung und Verdichtung des Handtorfes beim Trocknen.

mittleren Temperatur während der Trockenperiode. Soll Torf weiter getrocknet werden, so müssen höhere Temperaturen angewendet werden. Umgekehrt nimmt künstlich getrockneter Torf an feuchter Luft wieder Wasser bis zu 22—25% auf.

Die Frage, ob ein solches Gleichgewicht zwischen Torf und feuchter Luft auch für höhere Temperaturen besteht, hat A. Wihtol[1]) untersucht und experimentell bewiesen, daß Torf-Wasser-Luft ein von der Temperatur abhängiges Gleichgewicht bilden. Und zwar ist die restierende oder vom Torf wieder aufgenommene Wassermenge umgekehrt proportional der Temperatur.

Verschiedene bei normaler Luftfeuchtigkeit getrocknete Torfproben, die dann noch mehrere Tage im Laboratorium des Verfassers aufbewahrt worden waren, verloren im Trockenschrank bei 105° 15—18% Wasser. Durch Erhöhung dieser Temperatur auf 120° ließen sich noch weitere 2% austreiben. Bei dieser Temperatur ist das ganze hygroskopische Wasser entfernt.

Bei den verschiedenen Torfsorten war nur ein geringer Unterschied in der Hygroskopizität zu bemerken. Die mittlere Feuchtigkeit des Torfs betrug in warmen Laboratoriumsräumen 13—15%, im Freien bei Sommerwitterung 15—18%, bei Herbstwitterung 18—22%.

In der Bremer Moorversuchsstation wird der Wassergehalt der eingesandten lufttrockenen Torfsorten durch Trocknen im Trockenschrank über Nacht bei 100—110° bestimmt.

Nach E. Arntz[2]) genügt für die meisten, besonders für agrikulturchemische Zwecke eine Trocknung bei 105—110° und Erkaltenlassen der Probe in einem mit eingeschliffenem Stopfen versehenen Gläschen. (Man erhält einen etwa ½ % höheren Gewichtsverlust als beim bloßen Bedecken mit einem Uhrglas.)

Für besonders genaue Bestimmungen trocknet man entweder im Vakuum über Phosphorsäureanhydrid bei 100°, oder mit wesentlich dem gleichen Resultat 2—2½ Stunden in einem Röhrchen unter Überleiten, sei es eines Wasserstoffstromes oder eines Luftstromes bei 105—110°.

---

[1]) „Einige neue Gesichtspunkte usw.", Berlin 1911, Seydel.

[2]) E. Arntz, Landwirtsch. Versuchsstation. 59, 411—424; C. C. 1904, I, 549; vgl, auch H. Tryller, Über die Bestimmung der Trockensubstanz im Torf, Landw. Vers.-Stat. 49, 145—161; C. C. 1897, II, 393.

Durch weitere Steigerung der Temperatur auf 150—160° beginnt der Torf das durch innere Verbrennung sich bildende chemisch-konstitutionelle Wasser abzugeben.

Der Wasserreichtum der Torfsubstanz in der Natur wird durch eine Quellung derselben infolge ihres Gehalts an kolloiden Stoffen (besonders Humussäuren) bedingt, die dazu führt, daß die zwischen den einzelnen aneinander gelagerten, verfilzten Teilchen vorhandenen, feinen kapillaren Kanälchen äußerst klein sind. Infolgedessen lassen die Moorböden Wasser nur sehr schwer durch, noch schwerer als die ebenfalls kolloidreichen Tonböden. Natürlich spielt auch hier der Zersetzungsgrad des Torfes eine große Rolle. So besitzt z. B. wenig zersetzter Sphagnumtorf mit noch teilweise erhaltener Pflanzenstruktur und Kapillarität ein größeres Wasserleitungsvermögen als schon ältere Torfarten, deren morphologische Struktur zerstört ist. Wo dagegen die Moorböden zu dicht sind, muß durch mechanische Umarbeitung und Auflockerung eine Erhöhung der Wasserdurchlässigkeit erstrebt werden, um den Pflanzenwurzeln das nötige Wasser zuzuführen. Umgekehrt läßt sich bei zu lockerem Boden, z. B. bei frisch umgebrochenen und geeggten Moorflächen durch starken Druck (mittels sehr schweren Walzen) ein Zusammendrücken der einzelnen Bodenpartikeln erreichen und damit eine Erhöhung der zwischen ihnen wirkenden kapillaren Kräfte herbeiführen, indem die verengten Kapillaren ein erhöhtes Wasserhaltungsvermögen erlangen.

Von dieser auf mechanischer Grundlage beruhenden Kapillarität verschieden ist das kapillare Fassungsvermögen des jungen, noch nicht ganz zersetzten Torfs, das auf der Zellenstruktur seiner Pflanzenkonstituenten beruht. Dieses schwindet natürlich um so mehr, je älter und damit je mehr zersetzt der Torf ist. So vermag junger Sphagnumtorf das 20—24fache seines Gewichts an Wasser aufzuspeichern. Ältere Torfe besitzen diese Eigenschaft nur in geringerem Maße.

Dies Verhalten ist hier gleichfalls so zu erklären, daß beim jungen Torf das kapillare Fassungsvermögen noch eine große Rolle spielt, während bei weiterschreitender Zersetzung die Kapillaren immer mehr zerstört werden und hierdurch natürlich auch das Aufsaugungsvermögen immer mehr verringert wird.

Über die praktische Bestimmung des Wasseraufsaugungsvermögens von Streutorf wurde auf einer Konferenz der Vorsteher der auf dem Gebiete des Moorwesens tätigen Anstalten der Beschluß gefaßt, statt der bisher bestehenden verschiedenen Methoden zur Bestimmung des Wasseraufsaugungsvermögens von Torfstreu folgende neue Methode als konventionelles Verfahren („Neue Bremer Methode") anzuerkennen[1]):

„Die Fähigkeit einer Torfstreuprobe, Wasser aufzunehmen, wird ermittelt durch Sättigen einer sorgfältig gewonnenen Durchschnittsprobe von 30 g, in der Stücke von über 2 m Durchmesser nicht enthalten sein dürfen, mit Wasser von Zimmerwärme im Vakuum, wie es mit Hilfe einer guten Wasserstrahlpumpe zu erreichen ist, ohne Zusatz von Ammoniak und Abfiltrieren der Probe nach dreitägigem Stehen in mit Filtrierpapier ausgelegtem kubischem Drahtkörbchen von 10 cm Kantenlänge, bis zum völligen Abtropfen bei geneigter Stellung (30^0) des Drahtkörbchens über Eck. Die Ergebnisse werden auf 100 g der Probe in vollkommen trocken gedachtem Zustande und in dem Trockenheitszustand, in dem die Probe einlief, berechnet, bei frischem Material auf einen Gehalt der lufttrockenen Probe von 30% Feuchtigkeit."

Wie übrigens die Aufsaugungsfähigkeit mit zunehmendem Wassergehalt abnimmt, zeigt folgende Tabelle[2]):

Torf	mit	%	Feuchtigkeit	kann	x mal	sein	Gewicht	an	Wasser	aufnehmen
„	„	20	„	„	10	„	„	„	„	„
„	„	30	„	„	$8^1/_2$	„	„	„	„	„
„	„	40	„	„	$7^1/_3$	„	„	„	„	„
„	„	50	„	„	$5^4/_5$	„	„	„	„	„
„	„	60	„	„	$4^1/_2$	„	„	„	„	„
„	„	70	„	„	3	„	„	„	„	„

[1]) Das Wasseraufsaugungsvermögen der Torfstreu und dessen Bestimmung. Nach Untersuchungen von Dr. H. Minßen im chemischen Laboratorium der Moor-Versuchsstation. Von Dr. Br. Tacke und Dr. H. Minßen, M. Berlin, 1909, S. 177 ff.

[2]) vergl. auch Z. Wien 1911, S. 98. (Methode des Verbandes der Österr. landw. Versuchsstationen.)

Auf dem großen Flüssigkeitsaufsaugungsvermögen beruht bekanntlich die weit verbreitete Verwendung des Torfes zur Streu.

Man hat vorgeschlagen[1]), diese Eigenschaft zur Verminderung der Kohlenstaubgefahr in Bergwerken nutzbar zu machen. Der Torf wird zu diesem Zwecke in Form von Platten oder Lagen von Torfmull an den Decken und den Wänden befestigt und dann berieselt. Er saugt sich hierbei voll Wasser und soll im Falle einer etwaigen Kohlenstaubexplosion eine so große Wärmebindung bewirken, daß eine weitere Ausbreitung der Explosion dadurch fast unmöglich gemacht wird; es soll eine Bekleidung nur einzelner Zonen hierzu genügen.

Mit zunehmender Zersetzung zeigt der Torf steigende Wasserkapazität. Diese Erscheinung läßt sich durch die Menge Feuchtigkeit, die der Torf nach dem Trocknen an der Luft noch zurückbehält, leicht feststellen. Auf diese Weise haben Wilk und Zailer[2]) bei reinem Carextorf aus dem Ossiacher Moore in Kärnten (s. S. 191) in aus verschiedenen Tiefen entnommenen Torfproben, die alle gleichmäßig behandelt und monatelang an der Luft getrocknet worden waren, folgende Resultate erhalten:

Beschaffenheit des Torfes:	Torf aus einer Tiefe von m:	Wassergehalt des lufttrockenen Torfes in %:
hell	0,5	10,060
„	1,5	10,714
wenig zersetzt . . .	2,5	10,938
„ „ . . .	3,5	11,424
„ „ . . .	4,5	12,538
stärker zersetzt . .	5,5	12,594
„ „ . .	6,5	12,734
dunkelbraun bis schwarz	7,5	12,792
„ „ „	8,5	12,472
„ „ „	9,5	12,442
„ „ „	10,5	11,420
„ „ „	11,5	9,68[illegible]
„ „ „	Untergrund	0,624.

[1]) R. Cremer (Leeds), Zeitschr. f. Berg-, Hütten- u. Salinenwesen 1911.

[2]) vgl. Z. Wien 1911, S. 156.

Nach der Tabelle nimmt der Wassergehalt von 7,5 m Tiefe an wieder ab, da der Torf dieser Schichten weniger zersetzt ist; umgekehrt nahmen auch diese letzteren Proben aus feuchter Luft weniger Feuchtigkeit auf[1]).

Dieses auf den ersten Blick überraschende Verhalten des Torfes ist durch die mit der Tiefe, also mit dem Alter weiter fortschreitende Zersetzung und das damit verbundene Anwachsen des Gehaltes an kolloiden Humussubstanzen zu erklären, da letztere ein außerordentliches Wasser-Adsorptionsvermögen besitzen. Diese Eigenschaft des Torfes, Wasser ziemlich festzuhalten, hat eine interessante Erscheinung der Anpassung verschiedener Moorpflanzen an diese Verhältnisse mit sich gebracht. Häufig ist es für die auf den Mooren und Sümpfen wachsenden Pflanzen sehr schwierig, die zum Wachstum nötige Wasseraufnahme zu bewerkstelligen. Aus diesem Grunde ist es für sie von großer Wichtigkeit, wenn sie eine zu große Verdunstung des Wassers aus ihren Organen zu verhindern vermögen. Zu diesem Zwecke besitzen sie die verschiedenartigsten Schutzeinrichtungen. So sind die Cypernaceen, Juncaceen und Eriophorum-Arten mit Zylinderblättern versehen, die Gramineen und Carex-Arten haben Rollblätter, wieder andere weisen Wachsüberzüge und Lederblätter auf, wie z. B. die Vaccinium-Arten usw. Diese sogenannte „xerophyle“ Beschaffenheit der Pflanzen stellt demnach eine Anpassung an die kolloiden Eigenschaften des Torfes dar[2]).

Eine eigentümliche Erscheinung bei älterem Torf ist, daß er nach starkem Trocknen nur noch sehr wenig oder fast gar kein Wasser mehr aufnimmt, selbst wenn er längere Zeit mit diesem in Berührung bleibt. Es ist dies geradezu eine typische Eigenschaft gewisser Kolloide, wie solche im Torf vorhanden sind. Jüngerer Torf enthält, wie erwähnt, wesentlich weniger von diesen Stoffen, deshalb ist diese Erscheinung bei ihm nicht wahrzunehmen.

---

[1]) vgl. auch Petzholdt, Journ. f. prakt. Chem. 1861, 83, S. 4.

[2]) vgl. Protokoll der 64. Sitzung der Zentralmoorkommission vom 1. März 1910.

d) Benetzungswärme.

Die humushaltigen Böden haben die Eigenschaft, daß sie nach erfolgter Trocknung bei der Benetzung mit Wasser Wärme in Freiheit setzen. Mitscherlich[1]) gibt hierfür folgende Vergleichszahlen:

1 g Substanz	Benetzungswärme in Kalorien	1 g Substanz	Benetzungswärme in Kalorien
Moorboden	22,66	Rohfaser (unzersetzter Humus)	17,0
Gartenerde	3,15	Braunkohle	28,5
humoser Sand	1,59	Humus aus frisch gedüngtem Boden . .	34,0
Sand	0,38	Humus aus Moorboden	47,0
Tonboden	1,12		

Die Benetzungswärme nimmt also zu, je weiter die Zersetzung der betreffenden Bodenart bereits fortgeschritten ist. Nach A. Müntz und H. Gaudechon[2]) besteht bei den Torfarten eine sehr enge Proportionalität zwischen dem Grad der Austrocknung und der entwickelten Wärmemenge.

e) Verhalten gegen Temperaturwechsel.

Wegen ihrer dunklen Farbe erwärmen sich die Moorböden schneller als hellfarbige Mineralböden, kühlen aber auch schneller aus. Hiermit steht im Zusammenhang, daß die im Frühjahr und Herbst auftretenden Nachtfröste auf Moorböden eine beständige Gefahr bilden. Durch Überdecken des Moorbodens mit einem geeigneten Material, z. B. Sand, wie bei der Rimpauschen Dammkultur, oder durch Vermischen damit, wie bei der sogenannten Mischkultur, kann diese Gefahr bedeutend vermindert werden (vgl. hierzu S. 142 u. 150).

Wenig zersetzter Sphagnumtorf ist ein gutes Wärme-Isoliermittel. Auch in schneelosen Wintern dringt selbst auf entwässerten Mooren, wo die Luftzirkulation erleichtert ist, der Frost kaum

---

[1]) Journ. f. Landw., Berlin 1898, S. 255.

[2]) A. Müntz und H. Gaudechon, Compt. rend. de l'Acad. des sciences 149, S. 377—81; C. C. 1909, II, 2032.

30—40 cm tief ein, und unentwässerte Moore lassen den Frost wegen der gefüllten Kapillaren noch weniger tief eindringen. Demgegenüber verschwindet auch eine Eisschicht auf der Moordecke nur sehr langsam, weil die in den unteren Schichten des Moores aufgespeicherte Wärme nur sehr langsam nach oben dringt. Diesem Übelstande kann man bei Moorkulturen durch vermehrte Luftzuführung mittels der Entwässerungsgräben teilweise abhelfen, indem man den Grundwasserspiegel stärker senkt.

Durch den Frost erleidet der Torf eine wesentliche Veränderung seiner Struktur, die auf eine tief eingreifende Veränderung der in kolloidem Zustand vorhandenen Bestandteile zurückgeht. Diese äußert sich hauptsächlich darin, daß nach dem Wiederauftauen die Formbarkeit (Plastizität) sehr vermindert oder völlig vernichtet ist. Dies hat je nach der Verwendungsweise des Torfs eine ganz verschiedenartige Wirkung auf seine weitere Brauchbarkeit.

Der gefrorene Moostorf zeigt die Eigentümlichkeit, nach dem Auftauen das Wasser schneller abzugeben als im gewöhnlichen Zustande; er trocknet in kürzerer Zeit, wird poröser und lockerer und läßt sich leichter zerreißen als ungefrorener Torf. Aus diesem Grunde wird der zu Streuzwecken bestimmte Torf am vorteilhaftesten erst im Herbst gestochen, den Winter über der Einwirkung des Frostes überlassen und erst dann getrocknet. Durch den Gefrierprozeß wird das Wasseraufsaugvermögen, nach Versuchen von v. Feilitzen-Jönköping, beim Sphagnumtorf um 27,7% erhöht[1]).

Gefrorener schwerer Torf schrumpft beim Trocknen weniger zusammen als ungefrorener und eignet sich wegen seiner leichten Zerfallbarkeit zu Brennzwecken weniger gut.

II. Kapitel.

Chemische Untersuchung des Torfes.

Wie wir gesehen haben, liegen der Vertorfung chemische Vorgänge verschiedener Art zugrunde und es ist interessant, bei der

[1]) s. M. Berlin 1908, S. 235.

Untersuchung von Proben der einzelnen Stadien den Gesetzmäßigkeiten bei der Vertorfung, die wichtige Aufschlüsse über die sich dabei abspielenden Vorgänge zu geben vermögen, nachzugehen.

Im nachfolgenden werden die anorganischen und organischen Torfbestandteile in der Weise besprochen, daß vorwiegend nur jene Untersuchungen hervorgehoben werden, die die Beziehungen der chemischen Zusammensetzung einerseits zum Vertorfungsvorgang bei der Bildung der Moore, anderseits zur Verwertung derselben zu technischen und Kulturzwecken betreffen. Von einem detaillierten Eingehen auf die Bestimmungsmethoden der einzelnen Aschenbestandteile und der organischen Elemente wurde absichtlich abgesehen, da es an ausführlichen Anleitungen zur Ausführung solcher Bestimmungen nicht mangelt.

Torf ist, chemisch betrachtet, ein Gemenge von mehr oder weniger zersetzter organischer Pflanzensubstanz, vermischt mit größeren oder geringeren Mengen anorganischer Stoffe. Ein Teil dieser anorganischen Stoffe rührt bereits von den Pflanzen selbst her, während der Rest auf mechanische Beimengung (Bewegung des mineralstoffreichen Grundwassers, staubführende Winde, Kot- und Skelettüberreste von Insekten usw.) zurückzuführen ist. Die Untersuchung hat sich also auf die Feststellung der organischen sowie der anorganischen, bzw. mineralischen Bestandteile zu erstrecken.

Nach einer übersichtlichen Aufstellung von Zailer und Wilk[1]) kann man die je nach der Entstehung und dem Stand der Zersetzung wechselnden Bestandteile des Torfes nach folgendem Schema anordnen:

1. Ursprüngliche Pflanzensubstanzen.

a) Ätherlösliche Substanzen (größtenteils ätherische und fette Öle, Wachse, Harz usw.);

b) alkohollösliche Substanzen (Harze, Gerbsäuren, Alkaloide, Bitterstoffe, Glykosen usw.);

c) wasserlösliche, natronlösliche und salzsäurelösliche Substanzen (Schleim, Eiweiß, gerbstoffartige Substanz, organische

---

[1]) Z. Wien 1907, S. 236.

Säuren, Glykose, Saccharose und andere Kohlehydrate, Metarabinsäure, Pararabinsäure usw.);

d) Zellstoff (Lignin, Zellulose, Mittellamelle, Suberin, Kutikularsubstanzen usw.).

2. Umwandlungsprodukte der Pflanzensubstanzen.

a) Zwischenprodukte meist kolloider Natur;

b) Humussäuren (Humin- und Ulminsäuren);

c) indifferenter Humus;

d) Humate und Ulmiate:

3. Aschenbestandteile.

a) der ursprünglichen Pflanzen;

b) sekundärer Natur.

4. Wasser.

Bei der eingehenden Untersuchung des Torfes kommen für die Technik hauptsächlich die Punkte 3. und 4. in Frage, während die Bestimmung der unter 1. und 2. genannten Stoffe mehr wissenschaftliches Interesse hat.

In praktischer Hinsicht kommt für die Gewinnung und Verwertung des Torfs, besonders des Brenntorfs, dem Aschen- und Wassergehalt, letzterem vor allem beim frischen Rohtorf, eine wichtige Bedeutung zu. Dagegen ist für den Brennwert vorwiegend die einfache elementare Zusammensetzung der organischen verbrennlichen Substanz maßgebend ohne Rücksicht darauf, in welchem Verhältnis und in welcher Gestalt die einzelnen der zahlreichen Körper, die oben unter 1. und 2. angeführt sind, in diesem schier unentwirrbarem Gemenge sich vorfinden. Hierhinein Licht zu bringen, ist von großem wissenschaftlichen Interesse; vorläufig müssen wir uns aber fast allein auf die Untersuchung und Feststellung jener allgemeinen Eigenschaften dieser organischen Komplexe beschränken, die sich physikalisch in ihrer kolloiden Natur kundtun.

a) Die anorganischen Bestandteile.

Die Veränderungen der anorganischen Substanz während der verschiedenen Vertorfungsperioden sind durch Analyse von Proben verschiedener Tiefe, d. h. also aufeinander folgender Entwickelungsstadien, festgestellt worden[1]).

Nach Wollny[2]) kann die Aufschließung anorganischer Verbindungen in organischen Stoffen erst durch die fortschreitende Zersetzung, bzw. Verflüchtigung der organischen Bestandteile vor sich gehen und naturgemäß muß die Loslösung anorganischer Bestandteile damit gleichen Schritt halten. Obgleich diese Annahme an und für sich richtig ist, entspricht sie beim Vertorfungsprozeß nicht ganz den Tatsachen, da die Adsorptionsfähigkeit der kolloiden Bestandteile bewirkt, daß ein Teil der in Freiheit gesetzten anorganischen Stoffe sofort wieder festgekettet wird.

Eine sehr günstige Gelegenheit, die Veränderungen der mineralischen Bestandteile mit zunehmender Vertorfung zu verfolgen, hatten Zailer und Wilk gelegentlich von Tiefenbestimmungen, die sie im Ossiacher Moor in Kärnten ausführten. Sie fanden nämlich an mehreren Orten 11,5 m mächtige Torfschichten aus reinem Carextorf und waren dadurch in den Stand gesetzt, an einem höchst selten auffindbaren, botanisch einheitlich zusammengesetzten Profile ihre Studien zu machen, auf die oben schon wiederholt Bezug genommen ist.

Nach nachstehender Tabelle bewegen sich die Aschengehalte der Torfschicht des untersuchten Moorprofiles in normalen Grenzen, und der Aufbau des Moores dürfte an dieser Stelle durch keine Einschlemmungen anorganischer Natur gestört worden sein. Bis 5,5 m Tiefe schwankt der Aschengehalt der Proben nur zwischen 5,78 und 7,43% und nimmt erst in den tieferen Schichten durch natürliche Anreicherung allmählich zu. Rezente Arten wie Carex stricta und acuta, die an der Torfbildung hauptsächlich beteiligt waren, haben 6,03 und 5,57%; die Torfe weisen demnach fast dieselben Aschenmengen auf. Bei dem am stärksten zersetzten Torfe aus 7,5 m Tiefe reichert sich die Asche bis 10,7% und in größerer Tiefe sogar bis 12 und 36%, auf Trockensubstanz berechnet, an.

---

[1]) Ausführliche Angaben über die Methoden bei den Aschenanalysen von Torf, Z. Wien 1907, S. 203.

[2]) Die Zersetzung der organischen Stoffe und die Humusbildungen, Heidelberg 1897, S. 222.

Aschenanalysen von reinem Carextorf (aus verschiedenen Tiefen des Ossiacher Moores in Kärnten[1]).

	Die Proben stammen aus einer Tiefe von m							
	0,5	1,5	3,5	5,5	7,5	9,5	11,5	Untergrund
In 100 Gewichtsteilen der lufttrock. Substanz sind enthalten:								
Wasser	10,060	10,714	11,424	12,594	12,792	12,442	9,680	0,624
Org. Subst.	84,736	83,636	81,989	81,506	77,878	76,455	57,133	2,767
Reinasche	5,204	5,650	6,587	5,900	9,330	11,103	33,187	96,609
Summe:	100,000	100,000	100,000	100,000	100,000	100,000	100,000	100,000
In 100 Gewichtsteilen der Trockensubstanz sind vorhanden:								
Org. Subst.	94,214	93,672	92,563	93,250	89,301	87,319	63,256	2,790
Reinasche	5,786	6,328	7,437	6,750	10,699	12,681	36,714	97,210
Kali (K_2O)	0,087	0,080	0,082	0,105	0,116	0,172	0,425	0,281
Natron (Na_2O)	0,044	0,047	0,061	0,064	0,077	0,077	0,113	nicht best.
Kalk (CaO)	1,661	2,079	2,424	3,019	3,864	3,043	2,638	0,384
Magnesia (MgO)	0,195	0,212	0,326	0,424	0,635	0,492	0,777	0,364
Eisenoxyd u. Tonerde ($Fe_2O_3 + Al_2O_3$)	1,270	1,207	1,213	0,699	1,813	1,920	4,118	9,770
Phosphorsäure (P_2O_5)	0,105	0,105	0,893	0,093	0,096	0,091	0,142	0,230
Schwefelsäure (SO_3)	0,614	0,837	1,865	1,583	2,810	3,154	2,584	0,314
Kieselsäure + Unlösl. (SiO_2)	1,772	1,765	1,399	0,769	1,168	3,612	25,756	88,450
Chlor (Cl)	0,014	0,016	0,021	0,022	0,038	0,015	0,028	nicht best.

Die beiden zuletzt angeführten Aschenmengen sind jedoch nicht mehr bloß auf natürliche Anreicherung der Aschenbestandteile infolge zunehmender Zersetzung der Torfsubstanz, sondern auch auf nachträgliche Einschlemmungen fremder Mineralstoffe durch den Grundwasserstrom zurückzuführen.

Die Tabelle zeigt ferner, daß der Gehalt an Mineralstoffen nach unten stetig zunimmt in dem Maße, wie sich organische Substanz zersetzt, obwohl ein Teil der dabei in Freiheit gesetzten Salze, wie bereits früher erwähnt, zum größten Teil in Humate verwandelt und in dieser Form ausgewaschen wird. In welcher Weise insbesondere die wichtigsten Pflanzennährstoffe Kali, Kalk und Phosphorsäure hieran beteiligt sind, darüber gibt vorstehende Tabelle deutlich Aufschluß. Der Alkali- und Phosphorsäuregehalt nimmt mit zunehmender Vertorfung ab, während dagegen Kalk im

[1]) Nach Zailer und Wilk, Z. Wien 1911, S. 158.

Torf aufgespeichert wird. Es ist daher schon im ersten Vertorfungsstadium eine deutliche Abnahme der beiden ersteren, in der Pflanze reichlich vorhandenen Substanzen zu verzeichnen; zurück bleiben nur noch schwerer lösliche Verbindungen. Die Aufspeicherung von Kalk und Magnesia geht wahrscheinlich unter Bildung von schwer löslichen Humussäureverbindungen vor sich. Der Gehalt an Eisen und Aluminium nimmt ebenfalls stetig ab. Auffallend schnell fallen in der Tabelle auch die Werte für (SiO_2 + Unlösl.); weiter nach unten zu nehmen diese Substanzen dagegen wegen der Nähe des anorganischen Untergrundes und der dadurch bedingten Verunreinigungen wieder zu. Die untersten Schichten der Moore sind nach Zailer und Wilk mit feinen, vorwiegend mikroskopisch kleinen Tonpartikelchen durchsetzt, vermischt mit Quarzkörnchen und Glimmerschüppchen, sowie mit geringen Mengen Eisenhydroxyd und Kalk; nahe dem Untergrund werden im Schlamm außerdem zahlreiche Diatomeen gefunden.

Auf die Feststellung, welche Veränderungen der chemischen Zusammensetzung die torfbildenden Pflanzen bei ihrer Zersetzung erleiden, insbesondere hinsichtlich der mineralischen Bestandteile, gehen schon die bereits zitierten Untersuchungen Wiegmanns aus. Er hat zu diesem Zweck verschiedene Torfbildner der Analyse unterworfen, deren Resultate als interessante Beispiele schon vor längerer Zeit ausgeführter Analysen nachstehend verzeichnet wurden.

1. Carex cespitosa.

An Gallertsäure, Schleim usw. sehr wenig Eiweiß, viel Gerbstoff und einige salzsaure und schwefelsaure Salze	50,38%
an Wachs	0,43%
„ Harz und Chlorophyll	3,12%
„ CaO	1,20%
„ MgO	0,51%
„ Phosphorsäure	0,36%
„ Faser	44,00%
	100,00%

Aschengehalt 7,5% (auf lufttrockene Substanz bezogen).

In der Asche:

SiO_2	3,555%
MnO	0,315%
Eisenoxyd	0,230%
Kalkerde	0,748%
Talkerde	0,214%
Alaunerde	0,032%
Phosphorsäure	0,525%
	2,064%
$Na_2SO_4 + NaCl$	1,057%
Kohlensäure (Verlust)	0,824%
	7,500%

2. Eriophorum vaginatum.

a) durch warmes und heißes Wasser ausziehbare Teile, Gummi, Schleim, Gerbstoff, Pflanzeneiweiß, eigentümliche Säuren und Salze	6,8%
b) durch Kalilauge ausgezogene Gallertsäure und Pflanzeneiweiß	44,0%
c) Wachs, Harz, Chlorophyll	1,4%
d) Pflanzenfaser	47,8%
	100,0%

Auf 100 Teile lufttrockene Substanz in der Asche:

Kieselsäure (SiO_2)	0,344%
Alaunerde	0,065%
Eisenoxyd	0,035%
Manganoxyd	0,112%
Kalkerde	0,252%
Talkerde (Magnesiumoxyd)	0,340%
Kali	0,464%
Natron	0,880%
Schwefelsäure	0,198%
Phosphorsäure	0,440%
Chlor	0,026%
	3,156%

	3. Sphagnum palustre.	4. Erica vulgaris.
a) wie oben	7,10%	31,45%
b) „ „	32,92%	25,40%
c) „ „	3,00%	4,87%
d) „ „	56,98%	38,28%
	100,00%	100,00%

Auf 100 Teile lufttrockene Substanz in der Asche:

Kali	0,140%	0,094%
Natron	0,178%	0,200%
Kalkerde	0,362%	0,518%
Talkerde	Spuren	0,164%
Alaunerde	0,008%	0,045%
Eisenoxyd	0,504%	0,053%
Manganoxyd	0,120%	0,090%
Kieselerde	2,289%	0,582%
Schwefelsäure	0,105%	0,102%
Phosphorsäure	Spuren	0,012%
Chlor	Spuren	0,095%
	3,706%	1,955%

Auch Vohl[1]) suchte durch eingehende Untersuchungen festzustellen, welche Veränderungen die Mineralstoffe der torfbildenden Pflanze bei der Vertorfung erleiden.

Die von ihm untersuchte Sphagnumart hatte einen Aschengehalt von 3—4% von folgender Zusammensetzung:

Kali	8,016%
Natron	12,399%
Kalk	3,167%
Magnesia	4,919%
Eisenoxyd	6,346%
Mangan	Spuren
Tonerde	5,889%
Phosphorsäure	1,060%
Schwefelsäure	4,334%
Chlor	12,011%
Kieselsäure	41,689%
Verlust	0,170%
	100,000%

[1]) Dinglers Polyt. Journ. 1859, Bd. 153, S. 223 ff.

Nachdem 6 Pfund dieses getrockneten Torfmooses in ähnlicher Weise, wie von Wiegmann beschrieben (vgl. S. 18) 14 Monate hindurch der langsamen Zersetzung unter destilliertem Wasser überlassen worden waren, hatte die Substanz nunmehr folgende Zusammensetzung:

Kali	2,3066%
Natron	1,0990%
Kalk	28,0788%
Magnesia	3,0700%
Eisenoxyd	13,3999%
Mangan	Spuren
Tonerde	28,6897%
Phosphorsäure	3,4110%
Schwefelsäure	5,9879%
Chlornatrium	0,3406%
Kieselsäure	14,9600%
Verlust	0,5656%
	100,0000%

Er schloß aus seinen Ergebnissen, daß beim Vertorfungsprozeß die Alkalien sowie die Kieselsäure zum größten Teil in Lösung gehen, während Tonerde, Kalk usw. sich anreichern.

Zur weiteren Untersuchung der vor sich gegangenen Veränderungen hat Vohl von den zersetzten Moosresten abgepreßte und filtrierte Flüssigkeit eingedampft. Es hinterblieb ein stark hygroskopischer, humusartiger Rückstand, vermischt mit größeren Mengen Kieselsäure und sauren kohlensauren Salzen der alkalischen Erden sowie Chloriden, Phosphaten und Sulfaten. Dieser Rückstand wurde verascht und auf seine Bestandteile untersucht, wobei die in der folgenden Tabelle (s. S. 197) zusammengestellten Ergebnisse erzielt wurden, die die stattgefundene reichliche Auslösung von Alkalien und Kieselsäure aus den zersetzten Pflanzenteilen bestätigten.

Die viel erörterte Frage, welche Bestandteile der Pflanzen hauptsächlich die Torfbildung begünstigen, ist aber noch nicht geklärt. Wie schon früher angeführt (s. S. 19), sollen nach

Kali	23,1660%
Natron	28,3050%
Chlornatrium	19,4416%
Kalk	1,9987%
Magnesia	1,3366%
Eisenoxyd	0,2411%
Manganoxyduloxyd	0,9344%
Tonerde	3,1660%
Phosphorsäure	0,5440%
Schwefelsäure	3,1660%
Kieselsäure	17,5116%
Verlust	0,1890%
	100,0000%

Sprengel Pflanzen mit wenig Kalzium, Magnesium und Kalium schneller und mehr Torf liefern als solche, die reich daran sind, weil im letzteren Falle lösliche Humussäuresalze gebildet und vom Wasser fortgeführt werden. Dies dürfte jedoch nur auf die Kalisalze zutreffen, da die anderen genannten Humussäureverbindungen doch sehr schwer löslich sind. Aus dem gleichen Grunde sollen stickstoffreiche Pflanzen infolge Ammoniakbildung wenig zur Torfbildung geeignet sein. Starker Kieselsäure- und Fasergehalt soll dagegen die Torfbildung fördern, so daß als die günstigsten Bedingungen für die Vertorfung ein geringer Gehalt der torfbildenden Pflanzen an Basen, dagegen ein möglichst hoher Gehalt an Kieselsäure sowie Harz und Wachs anzusehen sind.

Aus solchen Analysenwerten und den bei natürlichem Torf gefundenen Werten sind jedoch nicht ohne weiteres zutreffende Schlüsse auf die Zersetzung der Pflanzen und die dabei stattgehabten Umwandlungen, bzw. Veränderungen der anorganischen Bestandteile zu ziehen, da im Torf fast immer akzessorische Bestandteile, d. h. erst durch äußere Einflüsse beigemengte Stoffe gefunden werden[1]).

---

[1]) vgl. S. 34 sowie Websky, Beiträge zur Erkenntnis der Zusammensetzung und Bildung des Torfes im Journ. f. prakt. Chem. 1864, [92], S. 65 ff., ferner Z. Wien 1907, S. 200—203.

In letzter Zeit haben Zailer und Wilk[1]) die Feststellung der genauen chemischen Zusammensetzung verschiedener Torfarten und ihrer allmählichen Veränderung im Verlauf des Vertorfungsprozesses zum Gegenstand einer eingehenden Untersuchung gemacht. Sie haben die wichtigsten Torfarten in verschiedenen Zersetzungsstadien untersucht.

Danach sind in 100 Teilen Trockensubstanz enthalten:

Torf	Organ. Subst.	Rein-asche	Kali	Kalk	Fe_2O_3 + Al_2O_3	Phosphor-säure	Schwefel-säure	SiO_2 + Unlösl.	Stickstoff
Schilftorf:									
unzersetzt	85,35	14,65	0,244	0,945	4,173	0,167	1,188	7,511	1,86
wenig zersetzt	88,20	11,80	0,053	3,021	1,104	0,169	1,980	5,229	2,29
stark „	89,54	10,46	0,035	4,998	0,496	0,176	1,329	3,162	3,07
ganz „	87,15	12,85	0,262	0,456	2,573	0,092	0,789	8,497	1,88
Carextorf:									
unzersetzt	96,16	3,84	0,061	1,774	0,424	0,063	0,761	0,594	2,19
wenig zersetzt	96,03	3,97	0,048	0,507	1,405	0,071	0,284	1,565	1,63
stark „	96,49	3,51	0,042	1,522	0,999	0,059	0,468	0,296	2,10
ganz „	95,32	5,68	0,035	2,538	1,470	0,049	0,287	1,092	1,32
Hypnumtorf:									
unzersetzt	92,39	7,61	0,128	3,001	0,370	0,077	2,254	1,462	2,06
wenig zersetzt	94,27	5,73	0,088	0,432	1,780	0,089	0,426	2,739	2,25
stark „	96,68	3,32	0,058	1,145	1,292	0,053	0,426	0,268	2,08
Erlenholztorf:	98,40	1,60	0,055	0,543	0,347	0,046	0,320	0,208	1,37
Birkenholztorf:									
wenig zersetzt	97,82	2,18	0,052	0,537	0,438	0,051	0,490	0,509	1,60
stärker „	96,56	3,44	0,033	0,394	1,763	0,145	0,284	0,685	2,29
Scheuchzeriatorf:									
wenig zersetzt	96,20	3,80	0,048	0,241	0,776	0,319	0,110	2,195	2,62
Faser	97,76	2,24	0,146	0,330	0,722	0,255	0,148	0,494	2,15
Eriophorumtorf:									
wenig zersetzt	99,41	0,59	0,057	0,116	0,162	0,027	0,124	0,058	0,85
Faser	99,47	0,53	0,038	0,069	0,134	0,044	0,078	0,141	1,26
Sphagnumtorf:									
unzersetzt	98,07	1,93	0,119	0,288	0,275	0,066	0,150	0,946	0,89
wenig zersetzt	99,36	0,64	0,062	0,120	0,070	0,055	0,088	0,186	0,79
stark „	96,79	3,21	0,052	1,789	0,337	0,058	0,305	0,491	1,35
ganz „	96,09	3,92	0,104	0,089	0,443	0,043	0,111	3,047	0,88

[1]) vgl. Z. Wien 1907, S. 204—205, Tabelle 6 (auszugsweise!).

Torf	Organ. Subst.	Rein-asche	Kali	Kalk	$Fe_2O_3 + Al_2O_3$	Phosphor-säure	Schwefel-säure	SiO_2 + Unlösl.	Stickstoff
Heidetorf:									
aus Calluna und Vaccinium.	89,99	10,01	0,128	0,290	1,425	0,220	0,128	7,050	2,28
aus Erica tetralix und Calluna (nach König) . . .	93,09	6,91	0,081	0,220	0,728	0,137	0,258	5,153	?
Torf aus der Dopplerit-zone:									
Lebertorf	96,44	3,50	0,042	2,851	0,184	0,046	0,224	0,170	1,03
Kontakt-(Carex-)Torf	94,60	5,40	0,067	3,964	0,598	0,061	0,267	0,256	1,89
reiner Dopplerit	94,56	5,44	0,049	3,893	0,358	0,030	0,235	0,441	0,92
diluvialer Carextorf	83,16	16,84	0,106	1,372	2,668	0,088	0,774	11,471	2,17
diluvialer Hypnumtorf . . .	88,63	11,37	0,112	3,330	1,422	0,037	1,105	4,299	1,43

Anschließend sei hier noch eine Analyse der Asche amerikanischer Torfe[1]) angeführt:

	1. Probe	2. Probe
Kali	0,69	0,80
Natron	0,58	—
Magnesia	6,06	4,92
Kalk	40,52	35,59
Eisenoxyd u. Tonerde .	5,17	9,08
Phosphorsäure	0,50	0,77
Schwefelsäure	5,52	10,41
Kieselsäure	8,23	1,40
Chlor	0,15	0,43
Sand, Ton (SiO_2) . . .	31,71	37,32
	99,13	100,72

Eine vorzügliche Zusammenstellung der typischen Eigenschaften der verschiedenen Torfarten geben uns die Untersuchungen Minßens[2]). So sind die Bleichmoostorfe am ärmsten in bezug auf Aschen- und Kalkgehalt. Es folgen die Beisentorfe so-

[1]) Nach Johnson, s. Hausding, Handbuch der Torfgewinnung und -verarbeitung, Berlin 1904, S. 20.

[2]) vgl. Mitteilungen über die Arbeiten der Moorversuchsstation in Bremen, V. Bericht, Berlin 1913; Österr. M. Staab 1913, S. 58.

wie Übergangswaldtorfe und einige Seggentorfe. Am aschenreichsten sind dagegen die Leber-, Kalk- und Tonmudden, besonders in bezug auf Kalk. In den kalkärmsten Torfarten stehen Kalk- und Magnesiagehalt sich ziemlich nahe; meistens überwiegt jedoch der Kalkgehalt. Die aschenreichen Torfarten enthalten an mineralischen Bestandteilen außer Kalk und Magnesia hauptsächlich Eisenoxyd und Schwefel, Alkalien nur in geringer Menge.

Nachstehend sind zum Vergleich noch die Untersuchungsresultate von schwedischen Torfarten verzeichnet:

Chemische Zusammensetzung einiger typischer schwedischer Torfarten[1]).

Herkunft	Torfsorte	Organ. Stoffe %	Eisenoxyd + Tonerde %	Kalk %	Kali %	Phosphorsäure %	Schwefelsäure %	Nicht bestimmte Stoffe[2]) %	Stickstoff %
Småland . . .	Sphagnum-Torf .	98,64	0,27	0,17	0,04	0,05	0,08	0,75	0,71
Småland . . .	Sphagnum-Eriophorum-Torf .	98,26	0,34	0,14	0,05	0,04	0,02	1,15	1,06
Halland . . .	Eriophorum Torf	98,69	0,36	0,16	0,03	0,01	0,07	0,68	0,87
Lappland . .	Carex-Torf . . .	97,44	—	0,30	—	—	0,08	—	2,41
Jämtland . .	„ „ . . .	90,65	1,82	0,83	0,02	0,06	0,06	6,56	2,84
Uppland . . .	„ „ . . .	84,13	0,78	7,26	0,01	0,08	0,09	7,65	2,44
Södermanland	„ „ . . .	95,96	0,67	0,78	—	0,03	0,05	2,51	2,88
Jämtland . .	Hypnum-Carex-Torf	93,61	0,76	2,65	—	0,03	0,12	2,83	3,23
Jämtland . .	Hypnum-Torf. .	95,49	0,58	2,87	0,03	0,03	0,08	2,82	2,72
Nerike	Schilf-Torf . . .	78,89	2,46	0,47	—	0,07	0,04	18,07	2,31
Gottland . .	Cladium-Torf . .	92,73	0,51	2,97	—	—	0,11	3,68	2,59
Gottland . .	„ „ . .	83,38	1,40	8,64	0,03	0,04	0,17	6,34	3,16
Versuchsfeld	Hochmoor . . .	98,05	0,16	0,16	0,08	0,05	0,06	1,44	0,94
Flahult . . .	Niederungsmoor	88,85	2,74	0,08	0,06	0,07	0,03	8,17	2,89

[1]) Zusammengestellt im Katalog des schwedischen Moorkulturvereins auf der Ausstellung des Vereins zur Förderung der Moorkultur im Deutschen Reiche 1904.

[2]) nach 48stündiger Extraktion der Asche mit 12 % kalter Chlorwasserstoffsäure.

Im Anschluß hieran möge noch auf die besonders für die Moorkultur sehr wichtigen Analysenresultate Fleischers[1]) hingewiesen werden, der aus einer größeren Reihe entsprechender Analysen Durchschnittswerte für Hochmoor-, Niedermoor- und Übergangsmoortorf berechnet hat, die den typischen Unterschied in der chemischen Zusammensetzung der drei Torfarten erkennen lassen.

In 100 Teilen Trockensubstanz sind danach im Durchschnitt enthalten:

	Mineralstoffe	Phosphorsäure	Kali	Kalk	Stickstoff
Heidehumus (obere Schicht)	3,0	0,10	0,05	0,35	1,2
Moostorf	2,0	0,05	0,03	0,25	0,8
Niedermoor	10,0	0,25	0,10	4,00	2,5
Übergangsmoor	5,0	0,20	0,10	1,00	2,0

Man kann aus diesen Zahlen unter Berücksichtigung der auf die Volumeinheit entfallenden Menge Trockensubstanz, die bei dem großen Wasserreichtum der Moorböden erheblich geringer ist als bei Mineralböden, den Gehalt an Trockensubstanz, Mineralstoffen und Stickstoff auf 1 ha Fläche bis zu 20 cm Tiefe (der üblichen Tiefe der Kulturschicht) resp. für 1 cbm frischen Moorboden berechnen[2]) und erhält so Werte, aus denen der Unterschied im durchschnittlichen Gehalte an Pflanzennährstoffen bei den einzelnen Moorböden noch deutlicher hervorgeht. Sie sind in folgender Tabelle[3]) (S. 202) wiedergegeben.

Man ersieht aus diesen Tabellen, daß Phosphorsäure und Kali in allen Moorarten nur sehr spärlich vorhanden sind, dagegen zeigt sich im Stickstoff- und Kalkgehalt ein großer Unterschied zwischen Nieder- und Hochmoor. Der Niedermoorboden enthält viel Stickstoff und ist besonders reich an Kalk. Die Hochmoorböden sind dagegen an Stickstoff viel weniger reich und sehr arm an Kalk, wie dies ja auch aus der Bildung dieser verschiedenen

[1]) Fleischer, Die Eigenschaften des Hochmoorbodens als landwirtschaftliches Kulturmedium in Landw. Jahrb. 1891, S. 374.

[2]) siehe Bersch, Handbuch der Moorkultur, 2. Auflage, 1912, S. 37.

[3]) unter Richtigstellung einiger l. c. sich vorfindender Rechenfehler.

1 ha bis zu 20 cm Tiefe enthält:							
	Trokkensubstanz kg	Mineralstoffe kg	Phosphorsäure kg	Kali kg	Kalk kg	Stickstoff kg	1 cbm frischer Moorboden enthält Trockensubst. kg
Heidehumus . . .	240 000	7 200	240	120	840	2 880	120
Moostorf	180 000	3 600	90	54	450	1 440	90
Niedermoor . . .	500 000	50 000	1250	500	20 000	12 500	250
Übergangsmoor . .	360 000	18 000	720	360	3 600	7 200	180

Moore auf verschieden nährstoffreichem Grunde erhellt. Eine Mittelstellung nehmen die Übergangsmoore ein[1]).

Der für die Moorkultur sehr wichtige Stickstoffgehalt fällt und steigt, wie aus den vorstehenden Tabellen ersichtlich, mit dem Kalkgehalt. Daraus läßt sich speziell der größere oder geringere Wert der betreffenden Schichten für die Kultivierung beurteilen.

Der Gehalt an Kali schwankt ebenfalls, doch nur in geringen Grenzen. Es ist aber festgestellt worden, daß die Hochmoore Bayerns und Österreichs mehr Kali besitzen als solche Norddeutschlands, was hauptsächlich auf dem höheren Kaligehalt des Untergrundes zu beruhen scheint. Der Phosphorsäuregehalt der Niederungsmoore ist besonders großen Schwankungen unterworfen. Es beruht dies auf der Anreicherung von Phosphorsäure als phosphorsaures Eisenoxydul, das durch Oxydation in Vivianit übergeht. Auf diese Weise erreicht der Moorboden manchmal einen Phosphorsäuregehalt bis 2 $^0/_0$.

Die für die als Pflanzennährstoffe unentbehrlichen Mineralstoffe gefundenen Werte lassen aber noch keine unmittelbaren Schlüsse auf ein entsprechendes Wachstumsvermögen der Pflanzen zu, denn die bei der Analyse gefundenen mineralischen Stoffe sind nicht ohne weiteres zur Aufnahme durch die Pflanzen geeignet, da sie zum größten Teil kolloid gebunden oder in Form von organischen, nicht assimilierbaren Verbindungen — z. B. als Humussäureverbindungen — vorhanden

[1]) vgl. Moorbildung, S. 48.

sind[1]). Erst durch geeignete Kultivierungsarbeiten, denen die Moorböden unterworfen werden, gelingt es, einen Teil der Nährstoffe für die Pflanzen aufnahmefähig zu machen. So werden z. B. durch die bei der Brandkultur entstehende Hitze die organischen Substanzen größtenteils zerstört und hierdurch die kolloid gebundenen mineralischen Stoffe teils wieder in Freiheit gesetzt, teils werden sie in Karbonate übergeführt. Bei den heute gebräuchlichen Kulturverfahren, bei denen man vom Moorbrennen ganz absieht oder es doch auf das geringste Maß beschränkt, ist stets eine Zufuhr von Kali und Phosphorsäure enthaltenden Düngemitteln besonders zu Beginn der Kultivierung erforderlich (näheres hierüber vgl. S. 136). Außerdem sucht man eine Zersetzung der vorhandenen organischen Stoffe durch reichliche Durchlüftung des Bodens möglichst zu fördern.

b) Die organischen Bestandteile.

1. Organische Elementarzusammensetzung.

Wie die mineralischen Bestandteile Veränderungen in den verschiedenen Vertorfungsstadien zeigen, so nimmt in der organischen Substanz der relative Kohlenstoffgehalt mit fortschreitender Vertorfung immer mehr zu. Wollny[2]) gibt hierfür folgende Werte:

					C%	Differenz
Torf (Cunrau)	aus	10,5— 36,8 cm	Tiefe		40,03	
						3,06
,, ,,	,,	42,1— 73,6 ,,	,,		43,09	
						0,16
,, ,,	,,	78,9—115,7 ,,	,,		43,25	
Torf (Donaumoos)	aus	0,0—0,2 m	Tiefe		40,12	
						2,52
,, ,,	,,	0,2—0,5 ,,	,,		42,64	
						0,16
,, ,,	,,	0,5—0,8 ,,	,,		42,80	
						1,25
,, ,,	,,	0,8—1,1 ,,	,,		44,05	
						1,19
,, ,,	,,	1,1—1,4 ,,	,,		45,24	

(die Zahlen sind auf lufttrockene Substanz bezogen.)

Aus diesen Werten ist zugleich zu ersehen, daß die Vertorfung

---

1) Zailer und Wilk, Z. Wien 1907, S. 213—220.

2) Die Zersetzung der organischen Stoffe und die Humusbildungen, Heidelberg 1897.

nicht immer in gleichem Maße fortschreitet, sondern sich um so mehr verlangsamt, je weiter sie bereits gediehen ist.

Deutlich ist aus der folgenden Tabelle die Zunahme des Kohlenstoffes sowie das Verhältnis der übrigen organogenen Elemente zu ersehen[1]).

Elementaranalysen von Carextorf[2]) bei zunehmender Vertorfung.

	Die Proben stammen aus einer Tiefe von						
	0,5	1,5	3,5	5,5	7,5	9,5	11,5
In 100 Gewichtsteilen der Trockensubstanz sind enthalten:							
Organ. Substanz .	93,87	93,35	92,28	92,20	88,76	87,31	64,58
Rohasche	6,13	6,65	7,72	7,80	11,24	12,69	35,42
C	52,88	52,91	52,80	53,99	54,49	51,66	37,02
H	5,00	5,47	5,11	5,27	5,07	5,08	3,61
N	2,21	2,24	2,22	2,38	2,71	2,48	1,74
O	33,78	32,73	32,15	30,56	26,49	28,09	22,21
In 100 Gewichtsteilen der organ. Substanz sind enthalten:							
C	56,33	56,68	57,22	58,56	61,39	59,16	57,33
H	5,33	5,85	5,55	5,72	5,71	5,82	5,59
N	2,35	2,39	2,40	2,58	3,05	2,84	2,69
O	35,99	35,08	34,83	33,14	29,85	32,18	34,39

Der Kohlenstoffgehalt steigt hier von 56,33% bei 0,5 m Tiefe bis 61,39% bei 7,5 m Tiefe. In den folgenden tiefsten Schichten dagegen ist wieder wegen geringerer Zersetzung des Torfes, sowie der durch die Nähe des Untergrundes bedingten Verunreinigung durch mineralische Stoffe eine Abnahme des Kohlenstoffgehaltes zu beobachten. Über den Vorgang bei der Kohlenstoffanreicherung führen Zailer und Wilk (l. c.) folgendes aus:

„Der Vertorfungsprozeß der Pflanzen besteht bekanntlich aus einem langsamen, bei möglichstem Abschluß des Sauerstoffes unter Wasser vor sich gehenden Zerfall, welcher sich wahrscheinlich größtenteils unter Verwertung des eigenen, in der Pflanzensubstanz enthaltenen Sauerstoffs als innere, hauptsächlich den

[1]) vgl. Z. Wien 1911, S. 159ff.

[2]) s. S. 191.

Wasserstoff betreffende Oxydation, vielleicht (nach Maerker) unter fortwährender Abspaltung von Wasser aus dem Molekül Zellulose und anderer Kohlehydrate nach dem Schema

$$C_6H_{10}O_5 - H_2O = C_6H_8O_4 - H_2O = C_6H_6O_3 - H_2O = C_6H_4O_2 - H_2O = C_6H_2O - H_2O = C_6$$

vollzieht. Bei diesem Prozeß wird demnach die Torfsubstanz in eine kohlenstoffreiche Masse unter Verlust von Wasserstoff und Sauerstoff umgewandelt. Der Stickstoff der Pflanzensubstanz bleibt jedoch infolge der schweren Zersetzbarkeit darin enthalten oder wird teilweise mit dem Wasserstoff als Ammoniak abgespalten und von der freien Säure wieder absorbiert.

Wie die Elementaranalysen zeigen, findet eine Abnahme des Sauerstoffes in der organischen Substanz statt, während der Wasserstoff nahezu gleich bleibt. Diese scheinbar widersprechende Erscheinung ist darin begründet, daß sich im Torfe nicht nur zelluloseartige Verbindungen, sondern auch verschiedene Extrakt- und Eiweißbestandteile der Pflanzen befinden, welche infolge ihrer Widerstandsfähigkeit gegen den Zerfall im Torfe angereichert werden und durch ihren hohen Wasserstoffgehalt einen Ausgleich des abnehmenden Wasserstoffes im Torf bewirken. Durch diesen entgegengesetzt arbeitenden Prozeß schwankt deshalb der Wasserstoffgehalt des Torfes (auf organische Substanz berechnet) nur zwischen 5,33 und 5,71%, während der wasserstoffreiche Alkoholextrakt in der organischen Substanz von 4,85% auf 5,50% angereichert wird. Dies kommt ganz deutlich in den Verhältniszahlen von H : O in nachstehender Tabelle zum Ausdruck:

Probe aus Tiefen von m	H : O	Verhältniszahl
0,5	5,33 : 35,99	= 0,15
1,5	5,85 : 35,08	= 0,17
3,5	5,55 : 34,83	= 0,16
5,5	5,72 : 33,14	= 0,17
7,5	5,71 : 29,85	= 0,19
9,5	5,82 : 32,18	= 0,18
11,5	5,59 : 34,39	= 0,16

Es reichert sich demnach, im Verhältnis zum Sauerstoff, der Wasserstoff mit zunehmender Vertorfung ziemlich erheblich an, so daß die Verhältniszahl von H: O steigt.

Auch die Kohlenstoffanreicherung bewirkt bei gleichzeitiger Sauerstoffabnahme naturgemäß ein weiteres Verhältnis von C: O, wie dies die folgende Tabelle zeigt:

Proben aus Tiefen von m	C: O	Verhältniszahl
0,5	56,33: 35,99	= 1,56
1,5	56,08: 35,08	= 1,62
3,5	57,22: 34,83	= 1,64
5,5	58,56: 33,14	= 1,77
7,5	61,39: 29,85	= 2,06
9,5	59,16: 32,18	= 1,84
11,5	57,33: 34,39	= 1,67."

Im Anschluß an diese Betrachtungen mögen hier noch einige von verschiedener Seite herrührende Elementaranalysen[1]) sowie die Resultate der im eigenen Laboratorium ausgeführten Bestimmungen folgen:

Nr.	Fundort	Analytiker	C	H	O + N	Asche
1	Grunewald	Websky . . .	49,88	6,54	42,12 + 1,16	3,72
2	Moor von Reichswald	Walz	49,63	6,01	44,36	3,50
3	Grunewald	Websky . . .	50,33	5,99	42,63 + 1,05	2,85
4	Harz	" . . .	50,86	5,80	42,57 + 0,77	0,57
5	Havelniederung . . .	Jäkel	53,31	5,31	43,38	5,51
6	Unbekannt	Soubairan .	53,50	5,40	38,70 + 2,40	unbekannt
7	Havelniederung . . .	Jäkel	53,51	5,90	40,59	5,33
8	Neulangen	W. Bär . . .	55,31	5,91	38,88	9,37
9	Flotow	" . . .	56,80	4,73	38,57	11,17
10	Havelniederung . . .	Jäkel	56,43	5,32	38,25	8,13
11	Moor bei Hamburg	"	57,12	5,32	37,61	1,89
12	Buchfeld	W. Bär . . .	57,18	5,20	32,58	9,87
13	Moor bei Reichswald	Walz	58,69	7,04	35,32 + 1,79	2,04
14	Holland	Mulder . . .	59,27	5,41	35,32	unbekannt
15	Friesland	" . . .	59,42	5,87	34,71	"
16	Linum	Jäkel	59,43	5,26	35,31	8,36
17	Linum	Websky . . .	59,47	6,52	31,51 + 2,51	18,53
18	Linum	W. Bär . . .	59,48	5,36	35,16	9,74

[1]) vgl. Websky, l. c. S. 93.

Nr.	Fundort	Analytiker	C	H	O + N	Asche
19	Moor bei Hundsmühl	Websky . . .	59,70	5,70	33,04 + 1,56	2,92
20	Linum	„ . . .	59,71	5,27	32,07 + 2,59	12,56
21	Princetown	Vaux	60,00	6,00	33,80	10,00
22	Unbekannt	F. Vaux . . .	60,02	5,99	31,51 + 2,56	10,29
23	Linum	W. Bär . . .	60,39	5,09	34,52	8,92
24	Voulcaire	Regnault . .	60,40	5,96	33,64	5,58
25	Friesland	Mulder . . .	60,41	5,57	34,02	unbekannt
26	Long	Regnault . .	60,89	6,21	32,90	4,61
27	Champ de Feu . . .	„ .	61,65	6,45	32,50	5,55
28	Harz	Websky . .	62,54	6,81	29,24 + 1,41	1,09
29	Moor von Reichswald	Walz	63,86	6,48	27,96 + 1,70	2,70
30	Schopfloch, Württbg.	Breuninger .	53,59	5,60	30,32 + 2,71	8,10
31	Cappog, Irland . . .	?	51,05	6,85	39,55	2,55 (lufttrock.)
32	Schweden	?	54,13	6,45	39,42	1,89
33	„	?	54,56	5,95	39,49	3,08
34	„	?	58,26	5,73	36,01	8,69
35	Röros (Norwegen) .	Hoering . .	56,63	6,37	31,21 + 1,79	3,80
36	Vehner Moor (Oldenburg)	„ .	55,91	5,81	36,18 + 0,95	1,00
37	Schwaneburg (Oldenburg)	„ . .	57,42	5,24	33,76 + 1,09	2,47
38	Triangel (Hannover)	„ . .	57,28	5,76	33,83 + 1,07	1,91

Minßen[1]) fand als Resultat der Untersuchung von 44 Niederungsmoortorfen der verschiedensten Art folgende Grenz- und Durchschnittswerte für die trockene und aschenfreie Substanz.

	Gefunden %	Mittel %
C	50,16 — 60,10	56,00
H	4,44 — 5,86	5,43
O	30,61 — 39,41	33,90

Ebenso aus 7 Proben Hochmoortorfen:

	Gefunden	Mittel
C	55,38 — 58,58	57,02
H	5,10 — 5,83	5,50
O	33,46 — 38,03	36,09

[1]) M. Berlin 1907, S. 335ff.

Nyström[1]) gibt als Durchschnitt von 57 lufttrockenen Torfproben folgende Werte:

Feuchtigkeit	27,17%
Asche	3,27%
Brennbare Substanz . . .	69,56%

Stickstoffgehalt. Neben dem Kohlenstoffgehalt, dessen Ermittlung für die Feuerungstechnik von großem Interesse ist, spielt der Stickstoffgehalt des Torfes eine große Rolle, einmal bei der Moorkultivierung als wichtiger Pflanzennährstoff, dann aber auch bei der technischen Verwertung des Torfs, weil sich aus ihm durch Vergasung gleichfalls ein mehr oder weniger großer Teil seines Stickstoffgehalts in Form des für die Landwirtschaft so wertvollen Ammoniaks und dessen Salze gewinnen läßt.

Der Stickstoff entstammt teilweise den Eiweißstoffen der ursprünglichen, torfbildenden Gewächse selbst, ein anderer Teil rührt[2]) von Pilzmyzelien her; der Rest wird schließlich noch durch tierische Überreste, z. B. die glykosaminführenden Chitinskelette der in großer Anzahl die Sümpfe und Moore bevölkernden Mücken, Schaltiere usw. dem Torf mechanisch beigemengt.

Post bezeichnet solche Humusarten, die durch besonders hohen Chitingehalt ausgezeichnet sind, als „koprogen"[3]). In einigen schwedischen Torfarten konnte er bis zu $^1/_5$—$^1/_6$ der Trockensubstanz an Chitin ($C_{30}H_{50}N_4O_{19}$) feststellen. Da das Chitin eine große Widerstandsfähigkeit gegenüber zersetzenden Einflüssen aufweist, so dürfte damit die oft beträchtliche Anhäufung des Stickstoffs im Torf sowie die schwere Zersetzbarkeit der Stickstoffverbindungen desselben im Zusammenhang stehen. Der Stickstoffgehalt schwankt im allgemeinen für bei 100° getrockneten Torf zwischen 1 und 2%, kommt aber bei gut zersetztem Torf aus Niederungsmooren und koprogenem Torf ab und zu bis über 3% (vgl. die Tabelle auf S. 198).

In der Steinkohle beträgt der Stickstoffgehalt bekanntlich nur 0,5—1,5%, in der Braunkohle im allgemeinen weniger.

[1]) Peat and Lignite, Ottawa 1908.

[2]) Nach Früh und Schröter, l. c.

[3]) vgl. v. Ollech, Über den Humus und seine Beziehungen zur Bodenfruchtbarkeit, Berlin 1890, S. 28, sowie v. Post, Landw. Jahrb. 1888, S. 405.

Bei Untersuchungen des Verfassers wurden folgende Stickstoffwerte (nach Kjeldahl bestimmt) gefunden:

	N (auf lufttrockenen Torf berechnet)
Maschinentorf aus Vardal bei Gjòvik (Norwegen)	1,27 und 1,53%
Handtorf aus Röros (Norwegen)	1,72%
Maschinentorf aus Röros (Norwegen)	1,68; 1,77; 1,84 und 1,86%
Torf vom Vehner Moor i. Old.	0,74; 0,80; 0,88 und 0,95%
Torf von Schwaneburg i. Old.	1,02; 1,08; 1,10; 1,16 und 1,20%
Torf von Triangel in Hann.	1,02; 1,06; 1,17; 1,24 und 1,34%
Torf von Neu Scharrel i. Old. (Dittmar und Kyritz)	0,95%

Nach Wollny (l. c.) ist der Stickstoffgehalt von Humusstoffen um so größer, je ungünstiger die Zersetzungsbedingungen sind. Besonders entweicht zu Anfang der Zersetzung eine kleine Menge Stickstoff als Ammoniak, doch tritt hierin nach kurzer Zeit wieder ein Stillstand ein[1]). Nach Websky[2]) weisen ferner aschenreiche Torfe höheren Stickstoffgehalt auf als aschenarme. Die stickstoffreichsten Torfarten scheinen die Lebermudden zu sein.

Mit steigendem Vertorfungsgrad nimmt der Stickstoffgehalt des Torfes im allgemeinen zu, in dem Seite 204 angeführten Beispiel von 2,35 bis 3,05% der organischen Substanz.

Der Stickstoffgehalt eines Niedermoors beträgt im Mittel bis 20 cm Tiefe pro Hektar ca. 12 500 kg (vgl. Tabelle S. 202).

[1]) Nach Versuchen von Boussignault und Millon in Compt. rend. 84, S. 22 und 59, S. 282, und Fodor, Hygienische Untersuchungen über Luft, Boden und Wasser, Braunschweig 1882.

[2]) Journ. f. prakt. Chemie 1864, S. 69.

Zur Bestimmung des Stickstoffes in der Humussubstanz selbst[1]) werden 50 ccm mit Sodalösung bereiteter Humusextrakt entsprechend 0,5—10 g Humusboden mit 1 g Magnesiumoxyd in einem Kjeldahl-Kolben von 500 ccm Inhalt ammoniakfrei gekocht, wobei das Ammoniak in einer Vorlage aufgefangen und in bekannter Weise titriert wird. Der Rückstand wird darauf mit 30 ccm konzentrierter Schwefelsäure versetzt und bis zum Entweichen von SO_3-Dämpfen erhitzt. Darauf wird ein Gemisch, bestehend aus 10 g Schwefelsäure, 1 g Eisensulfat und 0,5 g Kupfersulfat eingetragen und weiter erhitzt, bis der gesamte Stickstoff in Ammoniak verwandelt ist, dessen Bestimmung, wie üblich, durch Destillation mit Lauge und anschließender Titration erfolgt. Im Vergleich mit verschiedenen bekannten Methoden soll sich vorstehende als die beste erwiesen haben.

Bornträger[2]) bestimmte im Torf vorhandenes Ammoniak durch Ausziehen mit verdünnter Schwefelsäure und Bestimmung des Ammoniaks im Filtrate, oder auch durch direkte Destillation des Torfs mit Natronlauge. Er fand so, daß besonders im schwarzen älteren Torf gegen die Hälfte des Stickstoffs als Ammoniakstickstoff, der Rest als Proteinstickstoff vorhanden sei. Jedoch entwickeln Humussubstanzen nach Tacke[3]) auch bei gänzlicher Abwesenheit von Ammoniak beim Kochen mit Lauge und selbst mit Magnesiumoxyd dennoch Ammoniak, so daß die angewandte Methode ungeeignet ist.

Entgegen dem Befunde von H. Bornträger konnte in keiner vom Verfasser untersuchten Torfprobe fertig gebildetes Ammoniak festgestellt werden. Allerdings ist es nicht ausgeschlossen, daß das während der Vertorfung ja zunächst gebildete und von der Humussäure adsorbierte Ammoniak sich nachträglich in weitere stickstoffhaltige Produkte umwandelt und so als Ammoniak nicht mehr nachweisbar ist.

Ebermayer[4]) stellte im Torf die Abwesenheit von Nitraten

[1]) Lippmann und Pressey, C. C. 1913, I, 1361.
[2]) Zeitschrift f. analyt. Chemie Bd. 39, S. 790; C. C. 1901, I, 121.
[3]) Zeitschr. f. analyt. Chemie, Bd. 40, S. 110; C. C. 1901, I, 1022.
[4]) Allgem. Forst- und Jagdzeitung 1888, Augustheft.

fest, ein einleuchtendes Resultat, wenn wir berücksichtigen, daß die Vertorfung unter Ausschluß von Luft vor sich geht, aber ein stark Sauerstoff verzehrender Prozeß ist, so daß etwa vorhandene Nitrate reduziert werden müßten. Wahrscheinlich spielt aber direkt der Mangel an für die Nitrifikation unentbehrlichen Bakterien, nachdem ja im Torf jedwedes Bakterienwachstum ausgeschlossen ist, dabei die wesentlichere Rolle[1]).

Schwefelgehalt. Der Torf weist im allgemeinen einen nur äußerst geringen Gehalt an Schwefel auf. Bei den untersuchten Proben wurden im Laboratorium zwischen 0,1 und 0,2% liegende Werte gefunden. Gerade dieser äußerst geringe Schwefelgehalt ist es, der den Torf und seine Veredelungsprodukte, besonders den Torfkoks, für viele Zwecke gegenüber anderen Brennstoffen so wertvoll macht, worauf wir andernorts noch genauer zurückkommen werden. Im allgemeinen kann man den Hochmoortorf als fast schwefelfrei bezeichnen, während bei Niedermoortorfen mitunter auch ein höherer Schwefelgehalt vorkommt, ganz abgesehen von den stellenweise vorkommenden Schwefeleiseneinschlüssen. Nach Minßen[2]) sind am schwefelreichsten die Phragmitestorfe und manche Torfmudden, verhältnismäßig arm an Schwefel dagegen die Bleichmoostorfe; es entspricht dies dem verschiedenen Schwefelgehalt der torfbildenden Pflanzen.

Ferner[3]) ist der Schwefel hauptsächlich in Hochmoortorfen organisch gebunden, während er in den aschenreicheren Niederungsmoortorfen mehr als Einfach- oder Doppelschwefeleisen sowie als Eisenvitriol vorhanden ist, in letzterer Form als anorganische Verunreinigung[4]).

---

[1]) Weitere Literatur zur Stickstoffrage: Ritter, Merkwürdigkeiten bezügl. der Salpeterbildung und des Salpetergehaltes im Moorboden, in Internat. Mittlg. f. Bodenkunde 1912, S. 411. — Wheeler, Sargent und Hartwell, Der Betrag von Humus in Bodenarten und die Beeinflussung des Prozentgehaltes an Stickstoff durch Anwendung von gelöschtem Kalk und von gewissen anderen Substanzen in C. C. 1899, II, S. 1131. — P. C. Müller, Studien über die natürlichen Humusformen und deren Einwirkung auf Vegetation und Boden, Berlin 1887, S. 173.

[2]) vgl. V. Bericht, Bremen 1913, sowie Österr. M. Staab 1913, S. 59.

[3]) V. Bericht, Bremen 1913, S. 309.

[4]) s. auch Zailer und Wilk, Z. Wien 1907, S. 2, 19.

Daß Schwefel ebenso wie Phosphor im Torf hauptsächlich in organischer Bindung vorhanden ist, haben bereits Eggertz und Nilson sowie Berthelot und André gezeigt[1]). Es ging dies daraus hervor, daß die Asche stets bedeutend mehr Schwefel und Phosphor enthielt als der salzsaure Auszug der ursprünglichen Substanz. So ergaben die auf diese Weise untersuchten Proben im Glührückstand

an SO_3	an P_2O_5
a) 1,47%	
b) 1,39%	0,30%
c) 0,90%,	

dagegen durch Extrahieren mit Salzsäure nur

a) 0,05%	
b) 0,03%	0,04%
c) 0,03%.	

Nach Eggertz soll auch das Eisen im Torf hauptsächlich in organischer Bindung vorkommen.

Bei fortschreitender Zersetzung des Torfes verflüchtigt sich auch der Schwefel teilweise oder er setzt sich mit den anorganischen Bestandteilen des Bodens zum Teil um. Es entstehen dann die früher erwähnten Verbindungen wie Gips und Eisensulfid, oder auch durch Veränderungen in der Torfsubstanz selbst Schwefelverbindungen organischer Natur. Die Umwandlung der vorhandenen Schwefelverbindungen wird durch größeren oder geringeren Sauerstoffzutritt beeinflußt. So kann im Boden aus Eisendisulfid durch reichlichere Luftzufuhr Eisensulfat gebildet werden und gleichzeitig freie Schwefelsäure entstehen, ein Vorgang, durch den die große Kulturschädlichkeit solchen Eisensulfidvorkommens bedingt wird.

Die im Torf vorhandenen Schwefelverbindungen verflüchtigen sich bei der Verbrennung äußerst leicht. Aus diesem Grunde können Schwefelbestimmungen im Torf nicht einfach durch Veraschen im Tiegel ausgeführt werden, besonders da der beim

---

[1]) vgl. Chemische Untersuchungen von Moor und Torfböden, Biedermanns Zentralbl. 1889, S. 664, sowie 1889, S. 80.

Veraschen sich vorübergehend bildende, äußerst fein verteilte Kohlenstoff unter Umständen reduzierend auf die gebildeten Sulfate einwirken, so daß ein Teil derselben durch Schwefeldioxydbildung entweichen und sich so der Bestimmung entziehen kann. Auch durch Verminderung der angewandten Menge Analysensubstanz wird bei solchen schwefelreichen Torfen keine Garantie für eine quantitative Bestimmung gewonnen. Deshalb empfiehlt Minßen die Verwendung einer genügend großen kalorimetrischen Bombe (vgl. S. 222), und zwar benutzte er bei seinen Untersuchungen eine solche, die bei 25 Atm. ungefähr 8 g Sauerstoff aufzunehmen vermochte. Auf diese Weise soll eine vollständige Oxydation sämtlicher organogenen Bestandteile erzielt und sämtlicher in organischer Bindung vorhandener Schwefel in Schwefelsäure übergeführt werden. Ungünstig werden die Resultate beeinflußt, falls der untersuchte Torf größere Mengen mineralischer Schwefelverbindungen aufweist[1]).

Für die Technik hat hauptsächlich die Bestimmung des flüchtigen Schwefels wegen der von ihm bedingten Bildung saurer Verbrennungsgase Bedeutung. Man bestimmt seine Menge, indem man den Schwefelgehalt der Asche von dem gefundenen Gesamtschwefel abzieht, den man wie oben oder nach der bekannten Methode von Eschka durch Glühen mit einer Mischung von zwei Teilen gut gebrannter reiner Magnesia und einem Teil reinen wasserfreien Natriumkarbonat bestimmt. Bersch[2]) empfiehlt, die Bestimmung des Schwefels auf direktem Wege nach Art der Elementaranalyse[3]) in einem mit Platinmoor beschickten Rohr unter Sauerstoffzuführung vorzunehmen. Dabei wird die gebildete schwefelige Säure in eine Wasserstoffsuperoxydlösung geleitet und zu Schwefelsäure oxydiert, die nach bekannter Methode bestimmt wird.

Das Resultat der hier besprochenen Untersuchungen über die chemischen Vorgänge bei der Vertorfung können wir dahin

---

[1]) vgl. V. Bericht, Bremen 1913, S. 310; s. auch Simmersbach, Stahl u. Eisen 33. S. 2027; C. C. 1914, I, 707.

[2]) Z. Wien 1912, S. 145.

[3]) Nach Graefe, Z. f. angew. Chemie 1904, S. 619.

zusammenfassen, daß die vertorfende Substanz reicher an Kohlenstoff und Stickstoff wird, der Sauerstoffverlust bedeutend schneller vonstatten geht als der Verlust an Wasserstoff, und der Gehalt an Mineralstoffen stetig in dem Maße zunimmt, als sich die organische Substanz und infolgedessen auch, jedoch in äußerst geringem Maße, der Schwefelgehalt verflüchtigt.

Soll die Frage der Geeignetheit eines Torfbodens für Kulturzwecke geprüft werden, so wird es, falls dabei eine gleichzeitige technische Verwertung des Torfes nicht beabsichtigt ist, nicht nötig sein, eine vollständige Analyse unter Berücksichtigung sämtlicher im Torf vorhandenen Bestandteile auszuführen, sondern sie kann nach dem Vorschlag von v. Feilitzen bedeutend vereinfacht werden. Auf der bereits erwähnten Sitzung der Vorsteher landwirtschaftlicher Versuchsstationen vom 24. Februar 1909 wurde über diese Frage folgender Beschluß gefaßt.

Beschluß: Konventionelle Vereinbarungen lassen sich über vorstehende Frage nicht treffen, es muß vielmehr jeder Versuchsstation überlassen bleiben, wie weit sie die Untersuchung von Moorbodenproben zum Zwecke der Feststellung der Kulturwürdigkeit ausdehnen will. Für den genannten Zweck sind sogenannte vollständige Analysen der Moorböden keinesfalls erforderlich. Um Zeit und Kosten zu sparen, wird man sich hierbei in der Regel auf die Bestimmung von organischer Substanz (bezw. Asche), Stickstoff, Kalk, Phosphorsäure und des Volumgewichtes — möglichst unter Beifügung einer allgemeinen botanischen Charakteristik des zu untersuchenden Torfes — beschränken können.

2. Bestimmung des Heizwertes.

Es ist üblich, aus den Resultaten der Elementaranalyse, besonders bei Steinkohle und Koks, den Heizwert nach der bekannten Dulongschen Formel, bzw. einer ihrer Ableitungen, zu berechnen. Ein exaktes Resultat wie bei einer kalorimetrischen Bestimmung des Heizwerts kann hierbei bekanntlich nicht erreicht werden, wie alsbald noch besprochen werden wird. Es ist nun von besonderem Interesse, daß beim Torf eine fast ebenso genaue Berechnung des Heizwertes auch ohne Ausführung einer Elementaranalyse auf Grund viel einfacher zu erlangender analytischer Daten möglich ist. In dieser Beziehung liegen ausführliche wertvolle Untersuchungen an der Hand des reichen Materials der Bremer Moorversuchsstation von Dr. H. Minßen vor[1]).

Nach eingehender Vergleichung von 51 Torfproben verschiedener deutscher und schweizerischer Herkunft, die im Original ihrer chemischen, botanischen usw. Zusammensetzung ausführlich beschrieben und verglichen sind, kommt Minßen zu der Folgerung, „daß für die Anzahl der bei der Verbrennung entwickelten Wärmeeinheiten, wenn in allen Proben ein und derselbe Wassergehalt angenommen, bzw. dieser in allen Fällen gleich Null gesetzt wird, bei den untersuchten Torfproben in ganz auffallender Weise fast nur der Aschengehalt eine Rolle spielt, während hierbei Herkunft, Zersetzungszustand und dgl. seltsamerweise fast gar nicht oder nur ganz nebensächlich in Betracht kommen. Bei gleichem Wassergehalt entwickeln nach den vorliegenden Untersuchungen die verschiedenen Torfproben einen Wärmeeffekt, der bei steigendem Aschengehalt derselben diesem nicht proportional, sondern mit höherem Aschengehalt entsprechend etwas stärker, und zwar in ziemlich gesetzmäßiger Weise abnimmt“.

Es ist daher möglich, eine Formel aufzustellen, die, wie Minßen ausdrücklich betont, nicht etwa die wissenschaftlich exakte kalorimetrische Untersuchung ersetzen, sondern nur für bestimmte Fälle dem Praktiker eine Möglichkeit gewähren soll, mit den einfachsten Hilfsmitteln, indem nur der Wasser- und Aschengehalt miteinander zu vergleichender Proben bekannt zu sein braucht, sich über den annähernden Heizwert derselben in kürzester Zeit mit für seine Zwecke ausreichender Genauigkeit zu orientieren.

Unter der Voraussetzung, daß der Heizwert der aschefreien Torfsubstanz deutscher Torfproben, nach dem Heizeffekt sehr aschearmer Proben berechnet, 5200 Kalorien beträgt — nur in

[1]) Kalorimetrische Untersuchung von Torfproben. M. Berlin 1907, S. 335, u. Bersch, Z. Wien 1907, S. 220.

sehr seltenen Fällen scheint diese Zahl etwas zu niedrig zu sein — lautet, wenn a den prozentischen Aschengehalt der Trockensubstanz bedeutet, die Formel:

$$\text{Heizw. trocken} = \frac{(100 - a) \times (5200 - 10\,a)}{100} \text{ Kal.}$$

In einfacher Weise läßt sich hieraus leicht der Heizwert eines Torfes mit jedem beliebigen Wassergehalt berechnen. Beträgt derselbe z. B. 22%, so erhält man aus dem oben für den trockenen Torf gefundenen „Heizwert trocken", da hier auf 100 Teile nur 100 — 22 Teile trockener Torf kommen, dagegen für jeden der 22 Teile Wasser 6 Kalorien zu seiner Verdampfung gebraucht werden, für den Heizwert des Torfs mit 22% Wassergehalt den Ausdruck

$$\text{Heizw. lftr. } (22\,\%) = \left[\frac{\text{Heizw. tr.} \times (100 - 22)}{100} - (22 \times 6)\right] \text{ Kal.}$$

Nach den von Minßen eingehend erörterten Ergebnissen seiner Untersuchungen ergibt die Formel für lufttrockenen Torf im Mittel etwa 70 Kalorien mehr als die kalorimetrische Bestimmung.

Eine Einschränkung wünscht Minßen dahingehend, daß die Annahme von 5200 Kalorien als Verbrennungswert der aschenfreien Trockensubstanz sich nur auf Torfproben deutscher und Schweizer Herkunft beziehen soll.

Zailer, Wien[1]), regt eine Modifizierung der Minßenschen Formel an, da sie sich in der oben vorgeschlagenen Form nur auf mittelgut zersetzte Sphagnumtorfe (wie solche in Norddeutschland allerdings am häufigsten angetroffen werden), nicht aber für wenig oder bereits ganz zersetzte Sphagnumtorfe und ebenso nicht auf Torfe anderer botanischer Beschaffenheit anwenden lasse. Er schlägt vor, für diese Torfarten die Zahl 5200 für den Heizwert der organischen Substanz je nach der pflanzlichen Zusammensetzung und dem Zersetzungszustande des Torfes durch die in der folgenden Tabelle angegebenen Werte zu ersetzen:

---

[1]) M. Berlin 1908, S. 37.

	In wenig zersetztem Zustande	In sehr stark zersetztem Zustande
Schilftorfe	5000 Kalorien	bis 5500 Kalorien
Carextorfe	5200 ,,	,, 5600 ,,
Hypnumtorfe	4900 ,,	,, 5200 ,,
Erlen- und Birkentorfe .	5300 ,,	,, 5700 ,,
Scheuchzeria-und Eriophorumtorfe	5200 ,,	,, mehr ,,
Sphagnumtorfe	4400 ,,	,, 5400 ,,
Heidetorfe	4600 ,,	,, 5200 ,,
Lebertorfe	5100 ,,	,, 5800 ,,

Wie ausdrücklich erwähnt sei, ist die Minßensche Formel nur für den Praktiker bestimmt und soll nur schnell ein annäherndes Bild von dem Wert eines untersuchten Materials für die Benutzung als Brennstoff geben. Derartige Fälle kommen in der Praxis außerordentlich häufig vor, und die erreichte Genauigkeit genügt vollständig zur Orientierung.

Von anderer Seite[1]) ist versucht worden, unter Benutzung der Goutalschen Formel (Rev. chim. ind. 7, 65)

$$\text{Brennwert} = \frac{8150\,\text{C} \times \text{A} \times \text{flüchtige brennbare Substanz}}{100}$$

aus den bei der Analyse ermittelten Werten für Kohlenstoff und flüchtige brennbare Substanz direkt den Brennwert zu berechnen. Bei Untersuchung von Torfen aus den ausgedehnten Mooren der Seengebiete von Nord-Indiana wurden für eine Reihe von Proben gut übereinstimmende Zahlen mit den Werten der kalorimetrischen Bestimmung gefunden, wenn für A bei einem Gehalt von 68% an flüchtiger brennbarer Substanz der Wert 12000 eingesetzt und für jedes Prozent darüber oder darunter 250 zugezählt oder abgezogen wurde. Bei anderen Proben kam es jedoch wieder zu keiner Übereinstimmung, und es konnte auch für keinen anderen, bei der Analyse direkt ermittelten Wert eine direkte Beziehung zum Wärmewert ermittelt werden.

Für die genaue Ermittelung des Heizwertes ist die kalori-

[1]) Lyon, Carpenter, Journ. Am. Chem. Soc. 30, 1307; C. C. 1908, II, 1475.

metrische Untersuchung bei Torf unerläßlich, denn dazu genügt nicht einmal, wie bei vielen Kohlen und Koks, die Berechnung aus den Daten der Elementaranalyse nach der Dulongschen Formel oder einer ihrer Abänderungen.

Bekanntlich geht die ursprüngliche Dulongsche Formel von einer ganz unzutreffenden Voraussetzung aus, nach der man annimmt, daß die beiden Hauptelemente, Kohlenstoff und Wasserstoff, in der Kohle bzw. im Koks im freien Zustande, d. h. chemisch nicht gebunden, vorhanden seien. Für einen Teil des Kohlenstoffs mag dies gelten, für den disponiblen Wasserstoff dagegen ist eine solche Annahme undenkbar. Die Verbrennungswärme einer chemischen Verbindung ergibt sich nämlich aus der Verbrennungswärme der einzelnen freien Atome, vermindert um das Wärmeäquivalent jener Arbeit, die aufgewendet werden muß, um die Atome vor der Verbrennung voneinander zu trennen. Der aus der Elementarzusammensetzung nach der Dulongschen Formel berechnete Heizwert wird also in dem Maße zu groß werden, wie in dem Brennstoff eine chemische Bindung zwischen den Wasserstoff- und Kohlenstoffatomen, und vielleicht auch zwischen letzteren selbst vorhanden ist. Das zeigt sich vor allen Dingen bei den flüssigen kohlenwasserstoffreichen Brennstoffen[1]). In vermindertem Maße treffen diese Verhältnisse aber auch beim Torf zu, so daß eine genaue Ermittlung des Heizwertes nur durch kalorimetrische Untersuchung möglich ist (s. auch S. 496).

In sehr übersichtlicher Weise hat Minßen die Resultate seiner im vorhergehenden angeführten Untersuchungen in Tabellenform nach den verschiedensten Gesichtspunkten zusammengestellt, wovon wir folgendes auszugsweise wiedergeben.

Beschreibung der Torfproben.

Probe 1 (Bd. 22, Nr. 713). Reg.-Bez. Schleswig-Holstein. Quickborn. Moorfläche auf der südlichen Seite des Kaiser-Wilhelm-Kanals, 11—12 km von Brunsbüttelkoog. Tiefere Schichten.

[1]) Näheres über diese Verhältnisse führt Aufhäuser-Hamburg in einem Vortrag: Die spezifischen Eigenschaften und Unterschiede der festen und flüssigen Brennstoffe usw., Glückauf 1913, S. 611, aus, auf den hier nur verwiesen sei.

Braunes, zum Teil hellbraunes, ungleichmäßiges Moor, das teilweise stark, teilweise erst mäßig humifiziert ist und reichlich Wollgrasschöpfe enthält.

Probe 8 (Bd. 23, Nr. 107). Reg.-Bez. Stettin. Moorfläche zwischen Stettin und Altdamm. Tiefere Schichten. Graubraunes, ziemlich gut zersetztes Moor.

Probe 16 (Bd. 23, Nr. 578). Reg.-Bez. Königsberg. Bledau bei Kranz (Ostpr.)

Altes Lager. Torfschicht unter 0,60 m Abraum. Braunes, erst ziemlich gut bis mäßig zersetztes Moor mit ungewöhnlich vielen Holz- und vereinzelten schlecht zersetzten Seggenresten. Manche Partien bestehen fast nur aus vermodertem Holz. Vol.-Gew. lftr. 0,82.

Probe 19 (Bd. 23, Nr. 753). „Osmontorf" aus den ostpreußischen Pentanwerken im Schwenzelmoor, Reg.-Bez. Gumbinnen. Hergestellt aus Torfbrei, dessen Wasser durch den elektrischen Strom größtenteils beseitigt wurde (elektrische Osmose). Eine chemische Veränderung der Torfsubstanz (Verkohlung usw.) ist durch diesen Prozeß nicht eingetreten. Es liegen harte, sehr dichte, nußgroße, ungleichmäßig geformte Torfstücke von dunkelbrauner Farbe vor. In der Torfsubstanz sind vereinzelte unzersetzte Pflanzenreste deutlich zu erkennen. Vol.-Gew. lftr. 1,62.

Probe 22 (Bd. 23, Nr. 938). 4 Stücke „elektrische Torfkohle" (Electro Peat Coal), hergestellt aus Rohtorf aus Elisabethfehn in Oldenburg nach dem Patent Bessey durch Anwendung eines elektrischen Wechselstromes und darauffolgende Knetung Es liegt stark zersetzter, älterer Sphagnumtorf vor. Die mikroskopische Untersuchung erwies, daß die Torfsubstanz in keiner Weise veränändert, eine etwaige Verbrennung oder Verkohlung in keiner Weise erfolgt war. Von einer mechanischen Beeinflussung der in den Proben noch vorhandenen organisierten Reste durch den elektrischen Strom war nichts zu entdecken. Die vier Stücke, deren Volumengewichte lufttrocken 1,18, 1,15, 1,10 und 1,06, im Mittel 1,12 betrugen, wurden zerkleinert und für die Untersuchung zu einer Durchschnittsprobe vereinigt.

Probe 31 (Bd. 24, Nr. 394). Reg.-Bez. Sigmaringen. Aus

tieferen Moorschichten des Pfrungerriet bei Ostrach in Hohenzollern. Grauschwarz, ziemlich gut bis im ganzen gut zersetztes Moor mit verschiedenen unzersetzten Resten von Sumpfpflanzen, ganz vereinzelte kleine Holzreste. Vol.-Gew. lftr. 0,73.

Probe 41. Herzogtum Braunschweig, Kreis Helmstedt, Feldmarken Reinsdorf und Hohnsleben. Nach Forträumen des zu Brenntorf nicht benutzbaren Abraums aus der ganzen Tiefe der in Betracht kommenden Schichten entnommen und nach sorgfältiger Durchmischung sämtlicher zueinander gehöriger Einzelproben zur Durchschnittsprobe benutzt. Dunkelgraue, größtenteils recht weit zersetzte Niederungsmoore mit hohem Gehalt an Mineralstoffen, zum Teil reich an kohlensaurem Kalk (Konchylien). Vol.-Gew. 0,71.

Probe 51 (Parz. 215—1). Großherzogtum Oldenburg, Amt Friesoythe, Flur 29 der Gemeinde Bösel. Aus einer Tiefe unter 20 cm. Schwarzbraunes, etwas schliffiges, im ganzen gut zersetztes Moor. Vol.-Gew. lftr. 1,08.

In der folgenden Tabelle I sind die für Trockensubstanz ermittelten Ergebnisse der chemischen Elementaranalyse vorstehender Torfproben und daneben die auf lufttrocken gedachte Substanz mit 20% Feuchtigkeit umgerechneten Werte zusammengestellt.

In Tabelle II sind die erhaltenen Resultate auf die aschefrei gedachte organische Trockensubstanz umgerechnet.

Tabelle I.

100 Teile Torf enthalten prozentisch:

Nr.	In der Trockensubstanz							Lufttrocken mit 20% Wasser						
	C	H	N	S	Asche	CO_2	O	C	H	N	S	Asche	CO_2	O
1	56,07	4,96	1,25	0,27	2,83	—	34,62	44,86	3,97	1,00	0,21	2,27	—	27,69
8	41,71	3,96	2,70	1,21	28,56	—	21,86	33,37	3,17	2,16	0,97	22,85	—	17,41
16	54,66	5,04	2,16	0,69	4,59	—	32,86	43,73	4,03	1,73	0,55	3,67	—	26,29
19	53,01	4,26	1,99	0,32	11,80	—	28,62	42,41	3,41	1,59	0,26	9,44	—	22,89
22	50,59	4,71	1,01	0,29	8,65	—	34,75	40,47	3,77	0,81	0,23	6,92	—	27,80
31	51,40	5,01	2,92	0,65	10,54	—	29,48	41,12	4,01	2,34	0,52	8,43	—	23,58
41	36,39	3,79	2,47	0,74	24,09	9,26	23,26	29,11	3,03	1,98	0,59	19,27	7,41	18,61
51	55,28	5,46	0,91	0,22	2,32	—	35,81	44,22	4,37	0,73	0,18	1,86	—	28,64

Tabelle II.

100 Teile der aschenfrei gedachten Torftrockensubstanz enthalten prozentisch:

Nr.	C	H	N	S	O
1	57,70	5,10	1,29	0,28	35,63
8	58,38	5,54	3,78	1,69	30,61
16	57,29	5,28	2,26	0,72	34,45
19	60,10	4,83	2,26	0,36	32,45
22	55,38	5,16	1,11	0,32	38,03
31	57,46	5,60	3,26	0,73	32,95
41	54,60	5,69	3,71	1,11	34,89
51	56,59	5,59	0,93	0,23	36,66

Einen Vergleich zwischen den Heizwerten, die einerseits kalorimetrisch, andererseits durch Berechnung aus den vorstehend mitgeteilten Elementaranalysen erhalten worden sind, gestatten nachstehende Tabellen III und IV.

Die darin bei Berechnung des Heizwerts benutzte Formel von Langbein, d. h. die für Brennstoffe von zelluloseähnlicher Zusammensetzung modifizierte Dulongsche Formel lautet[1]):

$$\text{Heizwert} = 85\,C + 270\,H + 25\,S - [25{,}5\,O + 6\,(9\,H + W)]$$

und die sog. „Verbandsformel" des Vereins Deutscher Ingenieure:

$$\text{Heizwert} = 81\,C + 290\left(H - \frac{O}{8}\right) + 25\,S - 6\,aq.$$

Tabelle III.

Nr.	Kalorimetrisch gefunden	Berechnet nach der Formel von Langbein	Abweichung von der kalorimetrischen Bestimmung in Kalor.	Abweichung von der kalorimetrischen Bestimmung in %	Berechnet nach der Verbandsformel	Abweichung von der kalorimetrischen Bestimmung in Kalor.	Abweichung von der kalorimetrischen Bestimmung in %
			Vollkommen trockene Torfproben.				
1	5058	4961	− 97	− 1,92	4732	− 326	− 6,45
8	3438	3874	+ 436	+ 12,68	3765	+ 327	+ 9,51
16	4872	4914	+ 42	+ 0,86	4715	− 157	− 3,22
19	4593	4704	+ 111	+ 2,42	4500	− 93	− 2,02
22	4518	4439	− 79	− 1,75	4211	− 307	− 6,80
31	4466	4716	+ 250	+ 5,60	4564	+ 98	+ 2,19
41	3068	3337	+ 269	+ 8,77	3222	+ 154	+ 5,02
51	4969	4971	+ 2	+ 0,04	4768	− 201	− 4,05

[1]) Z. f. angew. Chem. 1900, S. 1267.

Tabelle IV.

Nr.	Kalorimetrisch gefunden	Berechnet nach der Formel von Langbein	Abweichung von der kalorimetrischen Bestimmung in Kalor.	Abweichung von der kalorimetrischen Bestimmung in %	Berechnet nach der Verbandsformel	Abweichung von der kalorimetrischen Bestimmung in Kalor.	Abweichung von der kalorimetrischen Bestimmung in %
Mit 20 % Feuchtigkeit gedachte Torfproben.							
1	3927	3850	— 77	— 1,96	3666	— 261	— 6,65
8	2630	2980	+ 350	+ 13,31	2893	+ 263	+ 10,00
16	3777	3811	+ 34	+ 0,90	3652	— 125	— 3,31
19	3555	3644	+ 89	+ 2,50	3481	— 74	— 2,08
22	3494	3431	— 63	— 1,80	3249	— 245	— 7,01
31	3453	3653	+ 200	+ 5,79	3532	+ 79	+ 2,29
41	2334	2549	+ 215	+ 9,21	2457	+ 123	+ 5,27
51	3855	3857	+ 2	+ 0,05	3695	— 160	— 4,15

Die Tabelle V endlich gestattet einen Vergleich der Resultate nach der Formel von Minßen (s. S. 216) mit dem direkten kalorimetrischen Befund.

Tabelle V.

Nr.	Vollkommen trocken gedacht: kalorimetrisch gefunden	Berechnet nach der Formel von Minßen	Abweichung von der kalorimetrischen Methode in Kalor.	Abweichung von der kalorimetrischen Methode in %	Lufttrocken mit 20 % Feuchtigkeit: kalorimetrisch gefunden	Berechnet nach der Formel von Minßen	Abweichung von der kalorimetrischen Methode in Kalor.	Abweichung von der kalorimetrischen Methode in %
1	5058	5025	— 33	— 0,65	3927	3900	— 27	— 0,69
8	3438	3511	+ 73	+ 2,12	2630	2689	+ 59	+ 2,24
16	4872	4918	+ 46	+ 0,94	3777	3814	+ 37	+ 0,98
19	4593	4482	— 111	— 2,42	3555	3466	— 89	— 2,50
22	4518	4671	+ 153	+ 3,39	3494	3617	+ 123	+ 3,52
31	4466	4558	+ 92	+ 2,06	3453	3526	+ 73	+ 2,11
41	3068	3244	+ 176	+ 5,74	2334	2475	+ 141	+ 6,04
51	4969	5057	+ 88	+ 1,77	3855	3926	+ 71	+ 1,84

Die kalorimetrischen Bestimmungen wurden in einer Bombe nach Langbein-Hugershoff ausgeführt. Sie besteht aus Stahl und ist im Innern vollständig mit Platin dicht ausgekleidet. Ihr Inhalt beträgt ca. 80 ccm. Sie eignet sich nach Langbein, abgesehen von Heizwertbestimmungen, für Elementaranalysen sowie zur Bestimmung von Schwefel und den Halogenen in organischen Verbindungen. Allgemeine Angaben über die Konstruktion des Apparates, sowie über zweckmäßiges Arbeiten mit demselben finden sich in der ausführlichen Abhandlung von Langbein: Chemische und kalorimetrische Untersuchung von Brennstoffen[1]).

Aus Zweckmäßigkeitsgründen wird man nach Minßen bei Berechnung der notwendigen Korrekturen von einer Elementaranalyse zur Ermittelung des Wasserstoffgehalts absehen können und sich mit der Annahme eines mittleren Wertes von 5,5% Wasserstoff begnügen (s. S. 207).

Die Zusammenfassung seiner Resultate geben wir im folgenden[2]):

„1. Bei Torfproben lassen sich genaue Heizwertbestimmungen nur mit Hilfe eines Kalorimeters herstellen. Auf Grund einer Elementaranalyse durch Berechnung nach den verschiedenen hierfür aufgestellten Formeln erhaltene Heizwerte stimmen bei Torfproben nur zum Teil mit dem wirklichen Heizwert befriedigend überein, differieren aber öfter von demselben um mehrere hundert Wärmeeinheiten.

2. Von den drei zum Vergleich herangezogenen Formeln zur Berechnung des Heizwertes aus der Elementaranalyse gibt für deutsche Torfe und solche aus der Schweiz die „Verbandsformel“ Werte, die den richtigen, kalorimetrisch ermittelten Heizwerten durchschnittlich näher liegen, als dies bei den durch Benutzung der beiden anderen Formeln erhaltenen Zahlen der Fall ist.

3. Abgesehen vom Wassergehalt beeinflußt in erster Linie der Aschengehalt eines Torfes dessen Heizwert. Der Zersetzungszustand und Ursprung des Torfes spielt in dieser Hinsicht eine untergeordnetere Rolle. Der Heizwert verschiedener Torfproben sinkt mit steigendem Aschengehalt nicht diesem proportional,

---

[1]) Z. f. angew. Chem. 1900, S. 1227 ff. R. Salvadori empfiehlt für die Bestimmung des Heizwertes von Ligniten und Torfen das Kalorimeter von Lewis-Thomson, mit der Abänderung, daß er auf 2 g Brennstoff und 20 g des gewöhnlichen Oxydationsgemisches (aus 3 T. Kaliumchlorat und 1 T. Kaliumnitrat) einen Zusatz von 1 g Ammonnitrat macht, wodurch die Verbrennung sehr beschleunigt wird, da sich sehr leicht zersetzliches Ammoniumchlorat bildet. Siehe Gazetta Chim. Ital. 36, II, 202—211; C. C. 1906, II, 1356.

[2]) M. Berlin 1907, S. 377.

sondern in stärkerem Maße. Zu einer raschen Orientierung über den annähernden Heizwert eines Torfes deutschen oder schweizerischen Ursprungs kann man sich einer einfachen Formel bedienen, die nur die Kenntnis des Aschen- und Wassergehalts voraussetzt.

4. Die Elementarzusammensetzung der organischen Trockensubstanz deutscher Torfproben liegt bezüglich des Gehalts an Kohlenstoff, Wasserstoff und Sauerstoff innerhalb verhältnismäßig enger Grenzen. Ursprung, Beschaffenheit und Alter des Torfes, selbst Hochmoor- und Niederungsmoortorfe zeigen in dieser Hinsicht keine großen Verschiedenheiten. Dagegen ist die organische Trockensubstanz ausgesprochener Niederungsmoore erheblich viel reicher an Stickstoff und Schwefel als diejenige hochmoorartiger Bildungen. Allein die analytische Ermittelung des Stickstoff- oder Schwefelgehaltes einer Torfprobe kann daher wahrscheinlich fast immer mit Bestimmtheit die Frage beantworten, ob dieselbe den Hochmooren oder den Niederungsmooren zuzuzählen ist.

5. Den höchsten Heizwert ergaben aschenarme, ausgesprochene Hochmoortorfe; entsprechend aschenarme Niederungsmoortorfe stehen diesen Hochmoortorfen im Heizwerte sehr nahe. Vielfach wird aber durch größere Beimengungen unorganischer, mineralischer Bestandteile in den Niederungsmoortorfen der Heizwert stark herabgedrückt. Die besten deutschen Brenntorfe besitzen in der aschenfreien Trockensubstanz einen Heizwert, der rund etwa 5200 Kalorien entspricht und nur ganz vereinzelt diesen Wert etwas übersteigt. Bei Berücksichtigung des Aschengehalts solcher Torfe würde die Trockensubstanz der besten deutschen Torfsorten einen Wärmeeffekt von etwa 5100—5200 Kalorien zeigen, oder bei einem Feuchtigkeitsgehalt von 20% von etwa 4000 Kalorien.

6. Daß in der Literatur vielfach für Torfproben bedeutend höhere Heizwerte angegeben werden, beruht zum größten Teil darauf, daß die in der kalorimetrischen Bombe ausgeführten Bestimmungen auf flüssiges Wasser als Verbrennungsprodukt bezogen werden, nicht dagegen auf gasförmiges Wasser, was der Praxis entsprechend und demnach richtiger wäre; zum kleineren

Teil mag die chemische Zusammensetzung, wenn nichtdeutsche Torfarten vorliegen, eine von unseren etwas abweichende sein, sodaß ausländische Torfarten — natürlich nicht alle — im Heizwert den einheimischen aus diesem Grunde etwas überlegen sein können. Die vereinfachte Formel zur raschen Bestimmung des annähernden Heizwertes darf daher für die obengenannten ausländischen Torfarten nicht benutzt werden.

7. Zur Kenntnis des genauen Heizwertes von Torfproben ist zur Ergänzung der kalorimetrischen Bestimmung die elementaranalytische Ermittelung des Wasserstoffs und des Schwefels notwendig, um die Größe der Korrekturen für die Verdampfungswärme des gebildeten und in der Bombe flüssig niedergeschlagenen Wassers, sowie für die gebildete Schwefelsäure zu erfahren. Um aber kalorimetrische Heizwertbestimmungen möglichst zu vereinfachen, wird man in den allermeisten Fällen eine Elementaranalyse unterlassen und für die aschenfreie Trockensubstanz deutscher Torfproben mit einem mittleren Wasserstoffgehalt von 5,44 oder rund 5,5% rechnen können. In ausgesprochenen Hochmoortorfen kann die Korrektur für Schwefelsäure unterbleiben, in Niederungsmoortorfen sollte jedoch stets zu diesem Zwecke eine Schwefelbestimmung ausgeführt werden, die auch nach Verbrennung der Torfsubstanz in der Bombe sich verhältnismäßig rasch erledigen läßt."

Auf Grund der Arbeiten Minßens sind gelegentlich der mehrfach erwähnten Konferenz der Vorsteher der auf dem Gebiete des Moorwesens tätigen Anstalten Bestimmungen getroffen worden, die als Konventionsmethode für die Heizwertbestimmung in Torfproben maßgebend sein sollen[1]).

Beschluß: Bei Heizwertbestimmungen in Torfproben sind bezüglich der Untersuchung, der Berechnung und Darstellung der Untersuchungsergebnisse folgende Bestimmungen maßgebend:

1. Für exakte Brennwertbestimmungen in Torfproben ist die Methode, bei der die kalorimetrische Bombe verwendet

[1]) Die Berechnung der Brennwertbestimmungen bei Brenntorf, Berichterstatter Dr. H. Minßen, Bremen (Sitzung 17. Febr. 1908). M. Berlin 1910, S. 206.

wird, obligatorisch zu machen. Andere Methoden sind nicht zulässig; namentlich darf der Brennwert nicht aus den Ergebnissen der Elementaranalyse nach der Dulongschen oder anderen Formeln berechnet werden.

2. An den beobachteten Temperaturzunahmen sind mit Rücksicht auf die praktische Verwertung folgende Korrekturen anzubringen und bei der Berechnung zu berücksichtigen:

a) Die Korrektur für Abkühlung, die durch den Einfluß der Umgebung auf das Kalorimeter hervorgerufen wird und aus den Ergebnissen des Vor- und Nachversuches nach der vereinfachten Formel:

$$\text{Korr.} = n v^1 + \frac{v + v^1}{2}$$ [1])

zu berechnen ist.

b 1) Die Korrektur für Zündung. Zu berechnen aus der Menge und Art des benutzten Zündmaterials (Verbrennungswärme von 1 g Zellulose = 4200 Kal., von 1 g Eisendraht = 1601 Kal.).

b 2) Die Bildungswärme für Salpetersäure. Für 1 g entstandener Salpetersäure berechnen sich nach Berthelot 227 Kal. Diese Korrektur darf unberücksichtigt bleiben, wenn man mit einem kleinen Kalorimeter von ca. 80 ccm Inhalt arbeitet.

b 3) Die Bildungs- und Verdünnungswärme für Schwefelsäure. Bringt man jedesmal 10 ccm Wasser in die Bombe, so sind für jedes Prozent Schwefel 22,5 Kal. in Abzug zu bringen. Diese Korrektur ist unbedingt anzubringen, wenn es sich um die Untersuchung eines Niederungsmoortorfes handelt. Bei Hochmoortorfen darf sie vernachlässigt werden.

b 4) Die Korrektur für Wasserdampf. Für jedes Prozent hygroskopisches Wasser beträgt dieselbe 6 Kal., für jedes Prozent Wasserstoff, der nicht in der Form von hygroskopischem Wasser vorliegt, $6 \times 9 = 54$ Kal. Um eine Elementaranalyse zu umgehen, soll für die organische (aschenfreie) Torftrockensubstanz allgemein ein mittlerer Wasserstoffgehalt von 5,5% bei kalori-

[1]) v und v^1 bedeuten die Temperaturdifferenzen zwischen den einzelnen Minuten im Vor- und Nachversuch; n die Anzahl der Minuten des Hauptversuches.

metrischen Bestimmungen angenommen werden. In ganz vereinzelten seltenen Fällen, wo es auf eine äußerst genaue Ermittelung des Heizwertes ankommt, ist der Wasserstoff, der nicht in Form von hygroskopischem Wasser vorhanden ist, elementaranalytisch zu ermitteln und in Rechnung zu stellen.

3. Bei der Darstellung der Untersuchungsergebnisse ist zwischen den Begriffen „Verbrennungswärme" und „Heizwert" ein scharfer Unterschied zu machen, der Irrtümer ausschließt[1]). In jedem Gutachten ist auf alle Fälle anzugeben:

a) die Verbrennungswärme der Trockensubstanz;

b) der Heizwert der Torftrockensubstanz;

c) der Heizwert des lufttrockenen Torfes bei Annahme eines Wassergehaltes von einheitlich 20 oder 25%;

d) der Heizwert des lufttrockenen Torfes, falls derselbe „lufttrocken" zur Untersuchung einläuft, unter Berücksichtigung des im Zustande des Einlaufs vorhandenen Wassergehaltes;

e) die theoretische Verdampfungswärme des Torfes für die Umwandlung von 1 kg Wasser von 0° in Dampf von 100°, die sich durch Division des Heizwertes durch 637 berechnet;

f) der Aschengehalt der Torftrockensubstanz.

Ferner wurde auch über die Heizwertgrenzen der vergleichsweise in den Gutachten über Brenntorfuntersuchungen angezogenen Brennmaterialien ein Beschluß gefaßt, der hier von Interesse ist.

Beschluß: Bei der sehr stark wechselnden Beschaffenheit der einzelnen Brennmaterialien, namentlich auch bezüglich ihres Feuchtigkeitsgehaltes, lassen sich für den Heizwert kaum sogenannte Mittelwerte angeben, man muß sich vielmehr mit Grenz-

[1]) Unter Verbrennungswärme (absoluter Heizeffekt, oberer Heizwert) eines Brennstoffes versteht man diejenige Wärmemenge, die angibt, welche Wärmeeinheiten 1 kg desselben bei der Verbrennung ohne jeden Verlust zu gasförmiger Kohlensäure, flüssiger (verdünnter) Schwefelsäure und flüssigem Wasser entwickelt. Dagegen bezeichnet der Heizwert (nutzbarer, technischer, praktischer, unterer Heizwert) eines Brennstoffes diejenige Wärmemenge, die angibt, wieviel Wärmeeinheiten 1 kg desselben bei vollständiger Verbrennung zu gasförmiger Kohlensäure, gasförmiger schwefliger Säure und Wasserdampf von gewöhnlicher Temperatur entwickelt.

werten nach oben und unten begnügen. Für die verschiedenen Brennmaterialien ergeben sich, bezogen auf mittleren Gehalt an Feuchtigkeit, die in folgender Tabelle zusammengestellten Heizwertgrenzen:

1.	Lufttrockenes Holz	2400—3800	Kal.
2.	Erdige Braunkohle	1500—3400	„
3.	Erdige Braunkohle mittlerer Beschaffenheit	2800	„
4.	Braunkohlenbriketts	4500—5000	„
5.	Böhmische Braunkohle . . .	4300—5500	„
6.	Steinkohle	5500—8100	„
7.	Steinkohlenbriketts.	6200—7600	„
8.	Koks aus Steinkohlen	5900—7500	„
9.	Torfkoks	7300—7600	„
10.	Holzkohle	6900—7500	„
11.	a) Torf, gute Qualität	3500—4200	„
	b) „ mittlere Qualität. . .	2800—3500	„
	c) „ mäßige Qualität . . .	2000—2800	„

3. Im Torf und Humus vorkommende organische Verbindungen.

Einen weiteren Einblick in das Wesen des Vertorfungsprozesses und eine genauere Erkenntnis der verschiedenen Eigenschaften des Torfes gibt uns das Studium der in ihm bisher festgestellten organischen Verbindungen. Den Hauptanteil bilden die sogenannten Humusstoffe, bzw. die Humussäuren, die in einem besonderen Abschnitt zuletzt noch eingehender behandelt werden.

Süchting[1]) berechnet den Humussäuregehalt auf annähernd 50% der Trockensubstanz. Er geht davon aus, daß letztere nach seinen Versuchen durchschnittlich eine Azidität von 2% (als CO_2 berechnet) aufweist, und die daraus gewonnenen Humussäuren unter gleicher Berechnung eine Azidität von 4%. Mithin müßte der Torf also etwa 50% dieser Säuren enthalten. Allerdings gibt Süchting selbst zu, daß die Berechnung wegen des labilen Cha-

[1]) s. Protokoll der 64. Sitzung der Zentral-Moorkommission, Berlin 1910, S. 155.

rakters der Humussäuren nur annähernd genaue Werte ergeben könne. Post[1]) gibt die Humussäuremenge im Torf auf ca. 45% an. Viele der im Torf vorgefundenen organischen Verbindungen sind nach seinen Untersuchungen aber auf mechanische Beimengung von Kot und Chitin zurückzuführen (vgl. S. 208).

Da die Vertorfung, wie schon früher besprochen worden ist, hauptsächlich in einer Zersetzung der Zellulose besteht, so muß letztere, je nach dem Grade der Zersetzung, noch in größerer oder geringerer Menge im Torf nachweisbar sein. Tollens und von Feilitzen[2]) konnten im Torf Zellulosemengen bis zu 15,37% feststellen.

Zu ihrer Bestimmung bedienten sie sich der Methode von Lunge[3]). Nach Angabe der beiden Forscher dürfte die nach dieser Methode erhaltene Zellulose nicht ganz rein gewesen sein; indessen lassen die gewonnenen Resultate deutlich die Abnahme der Zellulose im Torf mit zunehmender Tiefe erkennen (vgl. S. 25).

Nach Ekenberg[4]) ist im Torf eine Hydratzellulose bis zu 1,2% vorhanden, aus der sich bei der Hydrolyse leicht Traubenzucker bilden soll[5]). (Unter Hydratzellulose versteht man nach Schwalbe die durch Wasseraufnahme aus der Zellulose hervorgehenden Abkömmlinge, insoweit als diese Wasseraufnahme keine wesentliche Änderung des Reduktionsvermögens im Gefolge hat)[6]).

Auch Pentosane, d. h. Stoffe der Zusammensetzung $C_5H_8O_4$, die bei der Hydrolyse Pentosen $C_5H_{10}O_5$ liefern und besonders im Lignin der verholzten Zelle vorkommen, finden sich im Torf. Ihr Nachweis und der anderer hydrolysierbarer Kohlenhydrate erfolgt nach Tollens und von Feilitzen[7]) durch 1½stündiges

---

[1]) vgl. v. Olleoh, l. c., Berlin 1890.

[2]) Journ. f. Landw. 1898, S. 17.

[3]) vgl. Zeitschr. f. physiol. Chem., Bd. 14, S. 283.

[4]) M. Berlin 1909, S. 409.

[5]) vgl. auch Schwalbe, Die Chemie der Zellulose, Berlin 1911, S. 605

[6]) Näheres hierüber s. Z. f. angew. Chem. 1909, S. 197; vgl. auch Zailer und Wilk, Z. Wien 1907, S. 221—222.

[7]) Ber. 30. 2571 (1897); C. C. 1898, I, 35; v. Feilitzen, Dissertation. Göttingen 1897.

Erhitzen des Torfs mit 1 % Schwefelsäure unter Druck auf 130 bis 135°, wobei sie in Pentosen, bzw. Mannose, Galaktose und Lävulose übergehen. Demnach sind neben Pentosanen auch Mannan, Galaktan und Lävulan vorhanden. Die Bestimmung der Pentosen erfolgt durch Destillation mit Salzsäure (spez. Gew. 1,06); sie geben dabei Furfurol, das im Destillat mit Phlorogluzin gefällt wird. Pentosane und Methylpentosane in natürlichen Humusarten, vermodertem Holz, Moor, Ackererde haben auch Michelet und Sebelien bestimmt[1]).

Eingehende Pentosanbestimmungen beim Carextorf aus verschiedenen Tiefen ergaben nach der Phlorogluzinmethode von B. Tollens und Krüger Resultate, aus denen hervorgeht, daß die Pentosane beim Vertorfungsprozeß leicht zerfallen[2]). Die obersten Schichten wiesen nämlich noch über 10% Pentosane auf, während bei 7,5 m Tiefe der Gehalt hieran bis auf die Hälfte zurückgegangen war[3]).

Hier sei angefügt, daß aus einem Humus von Florida von S. Leavitt ein kristallisierbarer Zucker isoliert werden konnte, der nicht völlig identifiziert werden konnte, aber wahrscheinlich eine Hexose war[4]). Er fand ferner bei der Untersuchung von Humus neben Protein oder proteinähnlichen Körpern einen stärkeähnlichen Körper, der durch Einwirkung von verdünnter Salzsäure, von Diastase und durch darauffolgende Hydrolyse mit Säuren reduzierende Zuckerarten ergab. Außerdem ließen sich in sämtlichen Proben Pentosane deutlich nachweisen.

Das reichliche Vorkommen von Pentosanen im Torf ist übrigens die Ursache dafür, daß man bei der Vergärung des hydrolysierten Torfs nur etwa 28 % der Menge Alkohol erhält, die man aus den durch die Fehlingsche Lösung angezeigten, im Torfe vorhandenen reduzierenden Zuckern erwarten sollte, da die Pentosen nicht ver-

---

[1]) Michelet und Sebelien, Chem. Ztg. 30, 356 (1906); C. C. 1906 I, 1162

[2]) Unter Pentosanen sind hier kurz die Furfurol gebenden Bestandteile überhaupt gemeint, wozu auch die in Carexarten ziemlich verbreitete Oxyzellulose gehört.

[3]) vgl. Z. Wien 1911, 6, S. 153. Auch Verschuer, M. 1905, S. 161 nimmt Pentosane an.

[4]) vgl. Journ. of Ind. and Engin. Chem. 1912, Bd. 4, S. 601; C. C. 1913, I, 325.

gärbar sind. Die erzielte Ausbeute beträgt nur ca. 6 Liter Alkohol aus 100 kg trockenem Torf; dabei ist noch zu berücksichtigen, daß für die wiederholt versuchte Alkoholgewinnung im Großen nur die oberen, am wenigsten zersetzten Torfschichten verwendet werden können, da, wie schon angeführt, in den tieferen Schichten die hydrolysierbaren Kohlenhydrate, insbesondere die Zellulose, immer mehr abnehmen[1]).

Über die Natur der im Torf vorkommenden stickstoffhaltigen Verbindungen liegen eingehende Studien vor. Sie sind als Zersetzungsprodukte des Pflanzeneiweißes anzusehen. Über die Veränderungen, denen letzteres anheimfällt, äußert sich Wollny[2]) dahin, daß das Eiweißmolekül bei der natürlichen Zersetzung einen Zerfall in Aminoderivate der Fettreihe, in stickstoffhaltige Körper aus der aromatischen Reihe, sowie in peptonartige und teilweise noch nicht näher bekannte komplizierte Verbindungen erleidet. Bei der weitergehenden Zersetzung spalten sich die Aminosäuren in Ammoniak und Fettsäuren; letztere zerfallen weiterhin schließlich in Kohlensäure, Wasserstoff und Methan. Da sich aber nach genaueren Beobachtungen nur verhältnismäßig wenig Ammoniak gasförmig abscheidet oder als Ammonsalz einer Säure zurückbleibt, so wird es zwar anscheinend zunächst von den übrigen Produkten absorbiert, dann aber zur Bildung noch nicht hinreichend erforschter Verbindungen veranlaßt.

Unsere Kenntnisse über die Bausteine des Eiweißmoleküls sind in den letzten Jahren in sehr vollkommener Weise ausgebaut worden. Es sei nur an die bekannten Arbeiten Emil Fischers erinnert, der durch die von ihm geschaffenen Hilfsmethoden, insbesondere durch das Verfahren, die bei der tiefgreifenden Säurehydrolyse der Eiweißkörper erhaltenen Spaltungsprodukte zu verestern, die freien Aminosäureester aus ihren salzsauren Salzen abzuscheiden und durch Fraktionierung unter sehr stark vermindertem Druck voneinander zu trennen, hier bahnbrechend gewirkt hat.

---

[1]) siehe v. Feilitzen und Tollens, l. c.; siehe auch Öster. M. 1906. S. 182. „Über die Versuche zur Herstellung von Spiritus aus Torf".

[2]) Die Zersetzung der organischen Stoffe und die Humusbildungen, Heidelberg 1897, S. 10.

Nur in ganz großen Umrissen sei hier das Wesentlichste über die Natur dieser Eiweißspaltungsprodukte angeführt, die für die Stickstoffverbindungen im Torfe jedenfalls eine sehr große Bedeutung besitzen. Diese sind entweder direkt solche Eiweißspaltstücke oder sind aus ihnen durch weitergehende Veränderungen hervorgegangen, deren Wesen noch sehr im Dunkeln liegt. Bei der durchgreifenden Spaltung der Eiweißkörper, sei es durch Kochen mit Mineralsäuren, sei es durch enzymatische Vorgänge, wie sie sich einerseits bei der Verdauung im tierischen Körper und überhaupt bei allen komplizierten biologischen Vorgängen im Tier- und Pflanzenleben abspielen, anderseits aber auch bei der Vernichtung und Umwandlung tierischer und pflanzlicher Reste, so auch bei den Vertorfungsvorgängen, sich vollziehen, werden durch Wasseraufnahme die einfachen Bausteine wieder in Freiheit gesetzt, die zu dem komplizierten Eiweißmolekül in der verwickeltsten Weise zusammengetreten waren. Es sind dies durchwegs, bis auf eine scheinbare Ausnahme, die Pyrrolidinkarbonsäure $\begin{array}{l} CH_2\text{——}CH_2 \\ | \qquad\quad | \\ CH_2.NH.CH.CO_2H \end{array}$, α-Aminosäuren der Fettsäurereihe, das heißt, organische Fettsäuren mit offener Kohlenstoffkette, die an dem der COOH-Gruppe benachbarten Kohlenstoffatom eine Aminogruppe, die Gruppe NH_2, tragen. Bei einzelnen Körpern dieser Klasse ist außerdem noch ein aromatischer Kern wie im Tyrosin, der β (p-Oxyphenyl)-α-aminopropionsäure

$$\begin{array}{l} p\text{-}OH.C_6H_4.CH_2.CH.COOH, \\ \qquad\qquad\qquad\qquad\quad NH_2 \end{array}$$

oder ein mehr oder weniger komplizierter stickstoffhaltiger Ring vorhanden, wie im Histidin, dem β-Imidazolyl-α-alanin

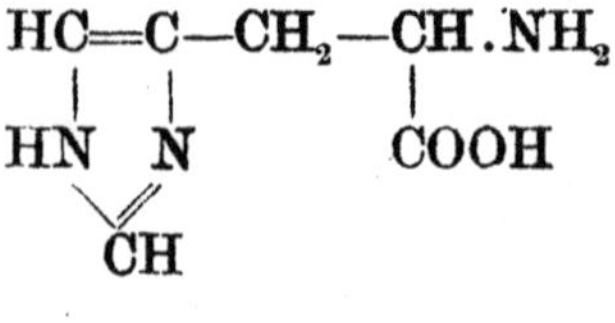

, und dem Tryptophan, β(Indolyl-3)-α-aminopropionsäure

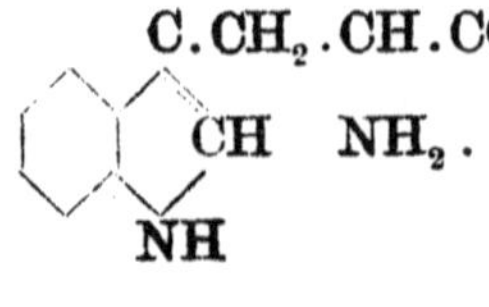

. Außer diesen sind die

bekanntesten α-Aminosäuren, die am Aufbau der Eiweißverbindungen in der Regel beteiligt sind:

Glykokoll, α-Aminoessigsäure	$CH_2(NH_2),COOH$
α-Alanin, α-Aminopropionsäure	$CH_3.CH(NH_2).COOH$
Leuzin, α-Aminoisobutylessigsäure	i-$C_4H_9.CH(NH_2).COOH$
Asparaginsäure, α-Aminobernsteinsäure	$COOH.CH_2.CH(NH_2).COOH$
Glutaminsäure, α-Aminoglutarsäure	$COOH.CH_2.CH_2.CH(NH_2).COOH$

Die Säureamidverbindungen der beiden letzten Aminosäuren, bei denen eine Säurekarboxylgruppe COOH in ihrem Hydroxyl durch den Ammoniakrest ersetzt ist und die daher eine Säureamidgruppe $CONH_2$ enthalten, sind das im Pflanzenreich weitverbreitete Asparagin und Glutamin. Die wichtigste und verbreitetste schwefelhaltige Aminosäure ist das Cystin, β,β'-Diaminodiäthylsulfid-β,β'-dicarbonsäure $S(CH_2.CH(NH_2).COOH)_2$. Auf diesen Baustein ist der Schwefelgehalt der Eiweißkörper vorwiegend zurückzuführen.

Ferner enthalten einige dieser Aminosäuren den Aminrest außer in der α-Stellung noch ein zweites Mal im Molekül. Es sind das die stark basischen Diaminosäuren

Lysin,Diamino-n-capronsäure $NH_2.CH_2(CH_2)_3.CH(NH_2)COOH$

und

Arginin, α-Amino-δ-guanidino-n-valeriansäure

$$\underset{\displaystyle NH_2}{NH:\dot{C}}.NH.CH_2(CH_2)_2.\underset{\displaystyle NH_2}{\dot{C}H}.COOH.$$

Ihrem chemischen Verhalten nach gehören zu diesen stark basischen Verbindungen auch die bereits oben genannten Körper mit einem stickstoffhaltigen Ring, das Histidin und das Tryptophan. Unter anderem sind diese basischen Eiweißspaltungsprodukte dadurch charakterisiert, daß sie aus schwefelsaurer Lösung durch Phosphorwolframsäure ausgefällt werden und sich so von den Aminosäuren trennen lassen. Durch Kochen mit starker Lauge werden weder die einen, noch die anderen verändert und es kann dadurch nicht etwa der in ihnen als Aminorest vorhandene Stickstoff in Form von Ammoniak abgespalten werden. Letzteres ist aber der Fall mit dem Stickstoff der Säureamidgruppe, so daß aus den oben angeführten Säureamiden, wie Asparagin, die Hälfte des im Molekül vorhandenen Stickstoffs dadurch ausgetrieben werden kann. Von diesem verschiedenen Verhalten der einzelnen Klassen macht man, wie wir auch weiter unten sehen werden, Gebrauch, um in einem Gemenge solcher Verbindungen die Verteilung des Stickstoffs auf freies Ammoniak und die hier genannten Gruppen festzustellen.

Für die Verfolgung proteolytischer Vorgänge und die Untersuchung aminosäurehaltiger und polypeptider Flüssigkeiten leistet häufig auch das noch junge Formoltitrierverfahren von Sörensen sehr gute Dienste. Es beruht darauf, daß durch Einwirkung des Formaldehyds die im Gemenge vorhandenen freien Aminogruppen unter Bildung von Methylenverbindungen gebunden werden, wodurch die Aminosäuren ihren amphoteren Charakter verlieren und direkt azidimetrisch titrierbar werden. Wegen des Näheren muß auf die betreffenden Abhandlungen verwiesen werden[1]).

Nach Jodidi[2]) machen Aminosäuren die Hauptmenge der stickstoffhaltigen Substanzen aus. In einem Torf mit 2,5% Stickstoff entfielen 0,75% auf Aminosäuren, der Rest setzte sich aus Diaminosäure- und Säureamid-Stickstoff zusammen. Jodidi konnte auch Tyrosin nach der Millonschen Reaktion feststellen. Robinson[3]) fand gleichfalls Tyrosin, außerdem auch noch Leuzin und Isoleuzin.

Zur Untersuchung der aus der Zersetzung der Pflanzeneiweißstoffe entstandenen organischen Stickstoffverbindungen extrahierte Jodidi Torfproben mit Salzsäure und Schwefelsäure und bestimmte das aus Säureamidgruppen stammende Ammoniak durch Destillation des sauren Auszugs mit überschüssigem Magnesium-

---

[1]) S. P. L. Sörensen, C. C. 1908, I, 143; V. Henriques, C. C. 1909, II, 70; Henriques und Sörensen, C. C. 1910, I, 870; S. P. L. Sörensen, C. C. 1910, II, 1994.

[2]) Journ. Am. Chem. Soc. 32, 1910, S. 396 ff.

[3]) Chem. Ztg. Rep., 1911, S. 361, sowie Journ. Amer. Chem. Soc. XXX, S. 664.

oxyd, sodann in der wieder stark sauer gemachten Flüssigkeit den Stickstoff der Diaminosäuren durch Fällen mit Phosphorwolframsäure, im Filtrate der Fällung den Stickstoff der Monoaminosäuren nach Kjeldahl oder aus der Differenz gegen den Gesamtstickstoff. Mit den Säuren ließen sich durch wiederholtes Extrahieren bis zu 70% des Gesamtstickstoffes ausziehen. Es waren in der Lösung vorhanden an Amidstickstoff 26,8%, Diaminostickstoff 5%, Monoaminostickstoff 25,68%[1]). Suzuki[2]) isolierte Mono- und Diaminosäuren aus dem Torf durch Esterifikation.

Auch wachs- und harzartige Bestandteile sind schon früher im Torf bestimmt worden[3]). Durch Extrahieren im Soxhletapparat wurden im eigenen Laboratorium aus Vardaltorf 2,3% Wachs, aus Oldenburger Torf 4,4% erhalten. Der Wachsgehalt schwankt bei den einzelnen Torfarten sehr, entsprechend ihrer pflanzlichen Abstammung. So enthält schwedischer Torf im allgemeinen mehr Wachs als deutscher.

Kellgren und Nilson[4]) fanden in Calluna vulgaris (trocken) 6,05% äther. Extrakte.

Minßen[5]) fand in 100 Teilen Trockensubstanz von:

	Ätherlösliche Stoffe
Andromeda polifolia (ganze Pflanzen) . . .	4,76
Empetrum nigrum (ganze Pflanzen)	9,94
Calluna vulgaris (junge Blätter und Spitzen)	7,89
„ „ (Zweige)	2,07
„ „ (ganze Pflanzen)	7,01
Erica tetralix (junge Triebe mit Blüten) . .	10,59
„ „ (Zweige und Äste)	2,21
„ „ (ganze Pflanzen)	8,93

Zaloziecki und Hausmann[6]) erhielten aus Torf durch Extrahieren mit Alkohol eine wachsartige Masse, die sich durch Be-

---

[1]) C. C. 1910, I, 1468.
[2]) Bull. Coll. Agricult. Tokio VII, 1907, S. 513.
[3]) vgl. S. 193, 194.
[4]) Untersuchung schwedischer Futterpflanzen, IV, in Biedermanns Zentralbl. 1898, S. 451.
[5]) M. Berlin 1907, S. 364.
[6]) Z. f. angew. Chem. 1907, S. 1141, C. C. 1907, II, S. 482.

handeln mit Äther in zwei Körper zerlegen ließ. Der eine lösliche Körper bildete eine dunkelgrüne, nach Bienenwachs riechende Masse und lieferte bei der Verseifung mit Natronlauge eine Säure (F. 184°) und einen Alkohol (F. 124—130°). Der in Äther sehr schwer lösliche zweite Körper ergab bei der Verseifung denselben Alkohol, während die zugehörige Säure bei 260° noch nicht schmolz. Für erstere Säure wurde durch Analyse und Molekulargewichtsbestimmung die Formel $C_{16}H_{25}O_5$, für letztere die Formel $C_{21}H_{35}O_7$ festgestellt; für den Alkohol ließ sich die Formel $C_{20}H_{40}O_4$ berechnen.

Holde[1]) extrahierte bei seinen Versuchen die untersuchten Proben zuerst mit Petroläther, dann mit Benzol und schließlich mit Toluol. Bei weiterer Einwirkung eines geeigneten Mittels, z. B. Toluol, unter Druck können den betreffenden Humusstoffen nach Holde noch weitere Mengen Wachs resp. Harz entzogen werden. Während die mit den ersten Lösungsmitteln erhaltenen Extrakte noch ziemlich weich waren, war der mittels Toluol erhaltene sehr hart, fast kolophoniumartig. Bei einem Torf erreichten die Extraktmengen Höhen bis zu 7,7%, so daß Holde hier eine eventuelle technische Ausnutzung in Erwägung zu ziehen anregt. Die Ergebnisse seiner Untersuchungen waren folgende:

Nr.	Substanz	Asche %	Petroläther %	Benzol %	Toluol %	Gesamtextrakt %
1	Faulschlamm v. Ahlbeck . .	5,16 u.	2,34 u.	2,80 u.	0,64 u.	5,78 u.
		21,28	2,44	1,06	1,62	5,12
2	Sapropelit v. Maracaibo . .	2,43	0,82	1,33	1,27	3,42
3	Weißmoostorf v. Bützflethmoor	0,88	0,91	1,30	0,67	2,88
4	Reifer Sphagnumtorf v. Bützfl.	1,14	3,95	1,95	1,77	7,67
5	Sehr reifer Flachmoortorf v. Aussee	1,62	1,42	0,45	0,71	2,58
6	Dopplerit v. Aussee	5,81	0,09	0,09	0,07	0,25

Minßen[2]) empfiehlt, zur Gewinnung der wachsartigen Be-

[1]) Mittlg. K. Mat.-Prüf.-Amt Lichterfelde Bd. 27, S. 23; C. C. 1909, I, S. 1942..

[2]) Mitteilungen über die Arbeiten der Moorversuchsstation in Bremen V. Bericht, 1913, S. 293.

standteile die zu untersuchende Substanz nur in staubfeinem Zustande, mit Sand verrieben, zu extrahieren. Alkohol gibt nach seinen Untersuchungen die höchsten Extraktmengen, darauf folgen in der Wirksamkeit Äther und schließlich Petroläther. Auch nach dem Zersetzungszustand sind die Extraktmengen verschieden. Die reichsten Ausbeuten mit alkoholischen, bzw. ätherischen Extraktionsmitteln lassen sich aus dem älteren Moostorf, dem Heidehumus und den Übergangswaldtorfen, weniger aus den Muddebildungen erzielen. Seggen- und Schilftorfe sind am wenigsten reich an wachsähnlichen Stoffen. Beim Bleichmoostorf ist von Minßen festgestellt worden, daß bei zunehmender Vertorfung eine Zunahme von solchen extrahierbaren Stoffen eintritt, die mit Petroläther am vollständigsten ausgezogen werden können, während die Menge der in Äther löslichen Stoffe geringer wird, und noch weniger davon durch Alkohol aus dem Torf herausgelöst wird. Bei den anderen untersuchten Torfarten war eine gleiche Gesetzmäßigkeit nicht zu erkennen. Die extrahierten Stoffe bestanden hauptsächlich aus Kohlenstoff und Wasserstoff, daneben noch aus geringen Mengen von Sauerstoff, Schwefel, Phosphor sowie Resten anorganischer Stoffe[1]).

Nach weiteren Untersuchungen Minßens wurden in acht Hochmoorproben aus Berumerfehn mit hohem Heizwert, die Spuren von harzreichen Heidegewächsen erkennen ließen, 3,82 bis 5,99% der Trockensubstanz an ätherl. Extrakten gefunden. Den höchsten Heizwert ergab zwar die am meisten extrakthaltende Probe, jedoch scheint im allgemeinen der Heizwert des Torfes nicht vom Wachsgehalt abhängig zu sein. So nimmt nach Zailer (vgl. S. 217) der Heizwert bei Carextorf mit zunehmender Vertorfung um rund 400 Kalorien zu; dieselbe Differenz bleibt aber bestehen, wenn man dem Torf die harzartigen Verbindungen durch Ätheralkohol entzieht. Der Heizwert der extrahierten Substanzen schwankt nach den mitgeteilten Werten um 23—171 Kalorien. Eine Gesetzmäßigkeit ließ sich jedoch nicht feststellen. Jedenfalls aber ist erwiesen, daß die harz- und wachsartigen Bestandteile nur von geringer Bedeutung für die Heizkraft des Torfes sind.

---

[1]) vgl. l. c. S. 300.

Krämer und Spilker[1]) fanden in den speziell zu medizinischen Zwecken gebrauchten Niedermooren, besonders von Franzensbad und Elster, die sehr reich an Bazillariazeen (Diatomeen) sind, deren lebendes Protoplasma bekanntlich 4—6 stark lichtbrechende Öltröpfchen im Zellinnern enthält, durch Extraktion des getrockneten Moores mit Benzol oder Toluol eine bräunlichschwarze, wachsartige Masse, die 10—11 % Schwefel[2]) enthielt. Ihre Annahme, daß das Wachsvorkommen im Torfe hauptsächlich auf die Tätigkeit solcher Kieselalgen zurückgehe, fand sich im weiteren Verlauf ihrer Untersuchungen nicht bestätigt. Auch solche Torfe, denen nach der mikroskopischen Untersuchung die Kieselalgen vollständig fehlten, lieferten Moorwachs, die größte Menge jene Arten, die aus unter Wasser lebenden Organismen hervorgegangen waren. Das gewonnene Rohwachs enthielt neben Schwefel und schwer definierbaren harzartigen Begleitern nur hochmolekulare einsäurige Ester und deren freie Säuren. Die Säuren sind wahrscheinlich ein Gemisch von Arachinsäure, Behensäure und Lignozerinsäure.

Bei der Druckdestillation lieferte das Rohwachs anfangs unter Schäumen Wasser, Kohlensäure, Schwefelwasserstoff und Kohlenoxyd. Dann wurde eine gelbliche, wachsartige Masse erhalten, die nach geeigneter Reinigung einen Schmelzpunkt von 74—78° zeigte. Die näheren Ergebnisse der von Krämer und Spilker ausgeführten Extraktionsversuche enthält nachstehende Tabelle S. 239.

Nach Angaben von Dr. F. Frank[3]) ist das aus Torf extrahierte Wachs, bzw. Bitumen in rohem Zustande dunkelbraun bis schwarz; auf geeignete Weise (durch Destillation, Pressen usw.) gereinigt, erlangt es jedoch eine blendend weiße Farbe und schmilzt dann bei ungefähr 78°. Frank und Ziegler haben zur Extraktion von Braunkohle und Torf einen Apparat konstruiert, der den

[1]) Ber. 32 (1899) S. 2940; 35 (1902) S. 1212; C. C. 1902, I, S. 1173.

[2]) Ein Teil des gefundenen Schwefels konnte auch von einer labilen Form des im Moor vorkommenden Schwefeleisens — Schwefeleisenhydrat, Melnikowit — herrühren, die beim Auskochen mit Benzol einen Teil ihres Schwefels an dieses abgibt. Vgl. Doss, C. C. 1913, II, 1252.

[3]) M. Berlin 1902, S. 228.

Aus:	In 100 Teilen Trockensubstanz		In 100 Teilen Wachs
	Rohwachs	Stickstoff	Schwefel
Ludwigshofer Seeschlick	3,0	3,0	0,97
Franzensbader Moor	4,1	1,02	0,50
Aiblinger Moor O. B.	7,5	1,30	0,19
Kolber Moor:			
a) oberste Schicht	6,7	—	—
b) etwa 1 m tiefer	7,8	—	—
c) etwa 1 m tiefer	7,0	—	—
d) etwa 1 m tiefer	8,1	—	—
Feilenbacher Moor	5,5	0,95	—
Haspelmoor	1,7	1,50	—
Torf a. d. Gruben bei Kochel	4,8	—	—
Oldenburger Moor	3,8	—	0,40
Lüneburger Torfstreu	2,8	0,90	—
Torf von Arcine bei Salzwedel:			
a) oberste Schicht	1,2	—	—
b) tiefere Schicht	1,3	—	—
Gelber Pyropissit von Gerstewitz	25,0	—	—
Brauner „ „ „	11,6	—	1,20
Paraffinkohle von Pömmelte	9,7	—	—
Märkische Dauerbrandkohle	1,4	—	—

Schwierigkeiten infolge des der Extraktion hinderlichen hohen Wassergehalts des Torfes begegnen soll. Das aus dem Torf gewonnene Rohwachs soll sich allmählich mit einer Schicht von glänzenden, dünnen Kriställchen überziehen, die einen cumarinartigen Geruch aufweisen; genauer sind diese jedoch noch nicht untersucht worden.

Nach eigenen Untersuchungen ist der Wachsgehalt des Torfes durchschnittlich zu gering, als daß sich eine lohnende Industrie auf die Gewinnung derselben aufbauen ließe, abgesehen von den großen Schwierigkeiten, die bei dem hohen Wassergehalt des Torfes beim Extrahieren zu überwinden sind.

Wegen der nahen Beziehungen zwischen Torf und Humus des Bodens sei hier noch über folgende Arbeiten berichtet.

Schreiner und Shorey[1]) wollen 60% des im Humus des Bodens vorhandenen organischen Kohlenstoffs in folgenden Ver-

[1]) Journ. Am. Chem. Soc. 32, 1910, S. 1677ff.

bindungen, die sie zum erstenmal aus derartigem Material isolierten, wieder gefunden haben: Hentriakontan $C_{31}H_{64}$, die stickstofffreien Säuren Monohydroxystearinsäure $C_{18}H_{36}O_3$; Dihydroxystearinsäure $C_{18}H_{36}O_4$, Agrozerinsäure $C_{21}H_{42}O_3$; Paraffinsäure $C_{24}H_{48}O_2$, Lignozerinsäure (Carnaubasäure) $C_{24}H_{48}O_2$; zwei dem Cholesterin nahestehende Stoff e Phytosterin und Agrosterin, beide $C_{26}H_{44}O + H_2O$; Pentosan $C_5H_8O_4$, von stickstoffhaltigen Säuren: Pikolinkarbonsäure $C_7H_7O_2N$, die amphoteren Verbindungen Arginin $C_6H_{14}O_2N_4$ und Histidin $C_6H_9O_2N_3$; die Pyrimidinbase Cytosin $C_4H_5ON_3 + H_2O$; die Purinbasen Xanthin $C_5H_4ON_4$, und Hypoxanthin $C_5H_4N_4O$. Hierzu kommen noch einige Fettsäureglyzeride, Harzsäuren und Ester dieser Säuren[1]). Nach Angaben Shoreys sind schließlich im Laufe der weiteren Untersuchungen noch folgende Körper in den Humusstoffen festgestellt worden: Oxalsäure, Bernsteinsäure, Saccharinsäure ($C_{14}H_{18}O_{11}$), Acrylsäure, Salizylaldehyd, Mannit, ein Rhamnose enthaltendes Glucosid, Lysin ($C_6H_{14}N_2O_2$), Ardenin, Trimethylamin, Cholin, Trithiobenzaldehyd, Nucleinsäure und ein noch nicht näher definierter Aldehyd[2]).

III. Kapitel.

Die Humussäuren und ihre Eigenschaften.

Eine sehr wichtige Rolle im Torf spielen die schon mehrfach erwähnten Humussäuren. Sie lassen sich aus dem Torf durch Extraktion mit verdünnter Lauge und Wiederausfällen mit Säuren gewinnen. Sie sind jedoch auf diesem Wege wohl überhaupt nicht chemisch rein zu erhalten, da nach R. Miklauz[3]) beim Lösen einer Humussubstanz in noch so verdünntem Alkali diese eine Veränderung von der Art erleiden soll, daß ein Teil der bisher in Alkohol unlöslichen Substanz alkohollöslich wird, der einen höheren Kohlenstoff- und Wasserstoffgehalt besitzt. Auch wird die Haupt-

[1]) vgl. Journ. Franklin Inst. 1911, Bd. 171, S. 295.
[2]) vgl. Chem. Ztg. 1912, 1141 sowie 1911, Rep., S. 170, 534.
[3]) vgl. Z. Wien, 1908, S. 285; C. C. 1909, I, 937.

menge des alkoholunlöslichen Teils in Pyridin löslich. Ist es deshalb auch aussichtslos, immer wieder solche Extraktstoffe als einheitliche Körper aufzufassen und auf Grund von Elementaranalysen für sie chemische Formeln aufzustellen, zumal im Torf die verschiedenartigsten chemischen Verbindungen festgestellt worden sind, die ja vielleicht teilweise Bestandteile oder Abbauprodukte der Humussäuren sind, so kann man gleichwohl nach den zahlreichen bisherigen Untersuchungen als sicher annehmen, daß die natürlichen Humussäuren in der Hauptsache aus Kohlenstoff, Wasserstoff, Sauerstoff und einer geringen Menge Stickstoff zusammengesetzt sind[1]).

In neuester Zeit haben besonders die Arbeiten von Tacke, Süchting, Rindell, Baumann und Gully, sowie schließlich die von Sven Odén sehr zur Erweiterung unserer Kenntnisse der Humussubstanzen, bzw. -säuren beigetragen[2]).

Man ist sich allerdings bis jetzt immer noch nicht einig darüber, ob die bei dem Zusammenbringen mit verschiedenen chemischen Stoffen auftretenden Erscheinungen einer etwaigen Säurenatur der Humusverbindungen zuzuschreiben oder nur scheinbar chemischer Natur sind, mit anderen Worten, ob diese nicht vielmehr auf den „kolloiden“, d. h. physikalischen Eigenschaften jener Stoffe beruhen.

Nach Baumann und Gully[3]) sind die Humussäuren keine Säuren, sondern Kolloide. Die bei der Titration scheinbar erfolgende Neutralisation ist keine chemische Reaktion, sondern nur eine Adsorption. Als Beweis hierfür soll gelten, daß beim Versetzen von Moostorf und Sphagneen mit Kalziumphosphat Phosphorsäure in Freiheit gesetzt und Kalzium adsorbiert wird. Auch weisen

[1]) Eine Übersicht über die geschichtliche Entwicklung der Humussäurefrage gibt Baumann in den Mittlg. d. Kgl. Bayr. Moorkulturanst. München, 1910, Heft 3; vgl. auch 1911, Heft 4.

[2]) Eine zusammenfassende Darstellung über diese neueren Arbeiten gibt H. Brehm in seinem Aufsatz: Über die Fortschritte und Ansichten der jüngeren Agrikulturchemie (speziell der Bodenchemie) seit Anwendung der neueren Ergebnisse der physikalischen Chemie, besonders der Kolloidchemie, s. Kolloidzeitschr. 1913, S. 19.

[3]) s. Mitt. d. Kgl. Bayr. Moorkulturanst., Heft III, 1910.

die Humussäuren gegenüber anderen „echten“ Säuren nur sehr geringe elektrische Leitfähigkeit auf.

Tacke und Süchting[1]) sehen im Gegensatz hierzu die beobachteten Umwandlungsprozesse als tatsächlich chemische Vorgänge an. Kolloide zerlegen, wenn sie chemisch neutral sind, Phosphate nicht. Als schlagendsten Beweis für die Säurenatur geben sie an, daß die Humussäure in Berührung mit Eisen Wasserstoff entwickle und daß sie Saccharose invertiert. Besonders der Inversionsvorgang, bzw. die Geschwindigkeit desselben ist aber nach den Prinzipien der modernen physikalischen Chemie der sprechendste Beweis für die die Säure charakterisierenden freien Wasserstoffionen. Was die geringe Leitfähigkeit anbetreffe, so haben andere Säuren, wie z. B. Stearinsäure und Oleïnsäure, sogar eine noch geringere Leitfähigkeit als die Humussäuren.

Niklas[2]) hält indessen den Nachweis der Säurenatur durch die Wasserstoffentwicklung nicht für zwingend, da in der untersuchten Humussäure immer noch geringe Mengen Phosphorsäure vorhanden gewesen sein können oder auch freie anorganische Salze eventuell katalytische Wirkungen ausgeübt haben mögen. Die Schlußfolgerungen Tackes und Süchtings sind deshalb nach ihm nicht absolut stichhaltig, obwohl sie große Wahrscheinlichkeit besitzen.

Rindell[3]) sucht die scharfen Gegensätze durch die einfache Annahme zu überbrücken, daß die Humussäure ebensowohl Kolloid als auch Säure zu gleicher Zeit sein könne, ein Verhalten, das bekanntlich auch die Kieselsäure zeigt. Werden die Humussäuren mit Alkalien titriert, so sind allerdings die Resultate nicht zweifellos genau, sondern werden von den Humuskolloiden durch Ad-

---

[1]) vgl. Süchting, Kritische Betrachtungen über Humussäuren, Humus und Humusböden in Fühlings Landw. Ztg. 61, 1912, 465; ferner Süchting, Praktische Bedeutung der Kolloidchemie für die Moorkultur in dem Protokoll der 64. Sitzung d. Zentr.-Moor-Komm. 1910, 44, 142; sowie Tacke und Süchting, Über Humussäuren, Landw. Jahrb. 41 (1911), S. 717 u. 45, (1913), S. 195.

[2]) vgl. Niklas, Sind in den Humusstoffen Humussäuren oder Kolloide? in der Naturw. Ztg. f. Forst- u. Landw. 1912, S. 379.

[3]) vgl. Rindell, Über die chemische Natur der Humussäuren in den Intern. Mitt. f. Bodenkunde I, 67, 1911.

sorptionserscheinungen beeinflußt. Daß schließlich beim Titrieren mit Natronlauge und mit Barytwasser verschiedene Werte gefunden wurden, erklärt sich einfach dadurch, daß die Alkalihumate als Salze einer schwachen Säure hydrolytisch spaltbar sind und daher leicht eine schwach alkalische Reaktion annehmen, während dies bei den Erdalkalihumaten, die nur schwer in Lösung gehen, nicht der Fall ist. Der Verfasser teilt deshalb die Ansicht von Tacke und Süchting und verwirft die Beweisführung Baumanns und Gullys.

Sven Odén[1]) untersuchte die Einwirkung der Alkalien auf Humusstoffe und stellte fest, daß hierdurch teils eine Peptisation d. h. ein Aufquellen und scheinbares Lösen von neutralen Kolloidstoffen, teils echte Lösung der sauren Kolloide, der Humussäuren, die bei weitem überwiegen, stattfindet. Die Humussäureverbindungen der Alkalien sind jedoch keine Kolloide; denn die ultramikroskopische Untersuchung ihrer unter entsprechenden Vorsichtsmaßregeln hergestellten Lösungen läßt keine sichtbaren Teilchen erkennen, was das Vorhandensein einer echten Lösung bedeutet. Ebenso wird ferner durch Salzlösungen keine Gelbildung, d. h. Ausflockung, veranlaßt. Weiter spricht für eine echte Lösung der Alkalihumate, daß sie durch Pergamentpapier sehr diffusionsfähig, auch durch Chamberlainfilter leicht filtrierbar sind und auch beim Schütteln mit Tierkohle oder Bariumsulfat keine Konzentrationsänderungen erleiden. Wichtig ist in dieser Hinsicht auch die Feststellung, daß humussaures Alkali im Polarisationsmikroskop ein deutliches Interferenzkreuz zeigt, also sphärokristallinische Struktur besitzt. Es ist damit also zweifelsfrei erwiesen, daß die Alkalihumate keine Kolloide sind.

Eine endgültige Entscheidung über das Wesen und die Zusammensetzung der Humussäuren ist bei dem Stande der heutigen Kolloid- und Eiweißchemie doch noch nicht möglich, wenn auch

---

[1]) vgl. Arkiv f. Kemi etc. Vet. Akad., Stockholm 6, Nr. 26, 1912, sowie Ber. 1912, S. 651; s. auch Albert, Zeitschr. f. prakt. Geol. 17, S. 528—529, 1910; ferner Jahrb. f. Moorkunde 1913, S. 106—124.

die Arbeiten der genannten Forscher uns dem Ziele um vieles näher gebracht haben[1]).

Im Anschluß hieran seien im folgenden die bis jetzt vorliegenden Untersuchungen über Bildung, Darstellung, Vorkommen sowie die Zusammensetzung und Eigenschaften der sog. Humussäuren behandelt, wobei die kolloidchemische Seite hier nur so weit behandelt werden wird, als sie für die Vorgänge im Boden von Bedeutung ist, während auf ihre außerordentliche Bedeutung für die Technik später noch an geeigneter Stelle eingegangen werden wird (s. S. 419).

Schon vor hundert Jahren hat man sich mit den Humusstoffen, die sich aus Torf mit Alkalien extrahieren lassen, eingehender beschäftigt, und Döbereiner hat ihnen den Namen „Humussäuren" gegeben. Daß so lange auf diesem Gebiete gearbeitet worden ist, ohne daß man eine richtige Erklärung für manche eigentümliche Erscheinungen zu geben wußte, rührt hauptsächlich daher, daß erst in jüngster Zeit an Stelle sich widersprechender Hypothesen durch die Lehren der neueren Kolloidchemie ein einheitlicher Grundgedanke für die weitere Forschung gewonnen worden ist.

Entstehung. Die Humussäuren sind, wie schon erwähnt, keine einheitlichen Substanzen, deren Zusammensetzung etwa durch chemische Formeln definiert werden könnte. So verschieden, wie bereits im vorhergehenden eingehend besprochen wurde, die Pflanzen sind, aus denen die Humusstoffe entstehen, so verschieden ferner die äußeren Umstände, wie Klima, Luftzutritt, Feuchtigkeit, Alter und Zersetzungsgrad usw. die Humusbildung beeinflussen[2]), so verschieden sind natürlich auch die entstandenen Produkte. Dies trifft ebenso zu auf humusartige Stoffe, die aus organischen Stoffen, auch künstlich hergestellt worden sind. Aus den verschiedenartigsten Verbindungen, wie Zuckerarten, Zellulose, Lignin und Eiweiß, hat man diese Körper bereitet, doch ist es

---

[1]) vgl. die während der Drucklegung erschienene Arbeit, Ehrenberg u. Bahr, Beiträge z. Bew. d. Existenz v. Humussäuren, Journ. f. Landw. 61, 1913, S. 427—85; C.C. 1914, S. 287.

[2]) vgl. F. J. Alway, C. E. Vail, C. C. 1909, II, 1273.

auch hier bisher noch nicht gelungen, diese Umwandlungsprodukte einwandfrei zu charakterisieren. In allen diesen Fällen wird man aber eine Wasserabspaltung aus dem Molekül anzunehmen haben.

Versuche zur künstlichen Nachbildung des Humusprozesses sind bereits an einer früheren Stelle (s. S. 18) angeführt worden. Über die Bildung und Zusammensetzung von künstlichen Humusstoffen aus verschiedenen Materialien — aus Sägespänen, Haferstroh, Kuhdünger, aus Klee und Fleischabfällen —, berichtet auch Harry Snyder[1]); ferner F. Löhnis und H. H. Green[2]).

Benin[3]) faßt nach eingehender Zusammenstellung und Besprechung der über die Entstehung des Humus in der Literatur herrschenden Ansichten seine chemischen und bakteriologischen Versuche dahin zusammen, daß der Humusprozeß ein langsamer Oxydationsprozeß ist, an dem sich Eiweiß tierischen und pflanzlichen Ursprungs, Kohlenhydrate mit Ausnahme der Zellulose und einzelne Pflanzensäuren beteiligen sollen, während die Zellulose als Quelle für Kohlensäure und Methan, die bei jeder Humusbildung reichlich entstehen, in Betracht kommt. Bei der Bildung des Humus, insbesondere bei der ersten Umwandlung der absterbenden Blätter und der übrigen grünen Pflanzenteile, spielen nach neueren Forschungen[4]) namentlich Hyphomyzetenarten eine wichtige Rolle. Es sind spezifische Pilzarten isoliert worden, deren Wachstum auf verschiedenen Blattarten sich verschieden günstig entwickelt, z. B. auf Eichenblättern besser als auf Buchenblättern oder Kiefernadeln. Sie entwickeln dabei den bekannten Erdgeruch des Moders.

---

[1]) C. C. 1897, II, 958; 1898, II, 934.

[2]) C. C. 1914, I, 1272.

[3]) Zeitschrift für Naturwissenschaften 69, 145—176; C. C. 1897, I, 31. Vgl. dazu v. Feilitzen und B. Tollens, Ber. 30, 2581; C. C. 1898, I, 36.

[4]) vgl. J. C. Koning, Beiträge zur Kenntnis des Lebens der Humuspilze und der chemischen Vorgänge bei der Humusbildung, Archives néerland. sc. exact. et nat. (2) 9, 34—107; C. C. 1804, I, 1615; Bartolo Majmone, Experimentelle Untersuchungen über die Zersetzung des Holzes im Ackerboden, C. C. 1909, II, 1074; ferner Suzuki, C. C. 1906, II, 548; Carbone und Marincola-Cattaneo, C. C. 1908, II, 1049.

Vorkommen. Die Humussäuren sind ein charakteristischer Bestandteil des Torfs. Im Hochmoor kommen sie zum größten Teil in freiem Zustande vor, nur zu einem geringen Teile an basische Stoffe gebunden, und dann hauptsächlich in Form von Kalk- und Eisensalzen. Im Torfe der Niederungsmoore sind sie hauptsächlich als Kalksalze vorhanden, dagegen nur in geringen Mengen auch in freiem Zustande.

In sehr reiner Form finden sie sich im Dopplerit (s. S. 36). Ferner enthalten faulende Hölzer und Pflanzenteile, so z. B. Stallmist, auch viele Braunkohlen, und selbst noch manche Steinkohlen Humussäuren. Bekannt ist dafür das sogenannte „Kasseler Braun", eine in der Nähe von Kassel gefundene Braunkohle, die gepulvert und geschlämmt als Öl- und Wasserfarbe angewendet wird und aus fast reiner Humussäure besteht[1]). Auch Ockerablagerungen, wie die „Umbra", enthalten Humussäuren, zu denen auch die schon von Berzelius untersuchte Quellsatzsäure gehört. Schließlich finden sich bekanntlich Humussäuren verschiedener Natur als sehr wichtige Bestandteile in der Ackerkrume unseres Erdbodens.

Darstellung. Die Darstellung der natürlich gebildeten Humussäuren, die im Torf, faulenden Holz usw. vorkommen, erfolgt im allgemeinen durch Ausziehen des betreffenden Materials mit verdünnter Alkalilauge, nachdem es zuvor von den wasserlöslichen, eventuell auch von den mineralischen, säurelöslichen Bestandteilen befreit und gegebenenfalls auch noch mit organischen Lösungsmitteln ausgezogen worden ist. Durch Ansäuern der filtrierten, dunkel gefärbten Alkalilösung werden sie dann ausgefällt. Die erhaltenen Produkte können nicht als einheitlich angesehen werden und sind außerdem von Verunreinigungen begleitet, besonders von Kolloiden nichtsaurer Natur, die aber in der Alkalihumatlösung sich kolloid scheinbar lösen. Die Beseitigung solcher Verunreinigungen und die Gewinnung chemisch unterscheidbarer Humussäuren erfordert besondere Verfahren.

Tacke und Süchting[2]) stellten die Humussäure durch Ex

---

[1]) s. H. Bornträger, Österr. Chem. Ztg. 3, 294; C. C. 1900, II, 294.

[2]) vgl. Protokoll der 64. Sitzung d. Zentr.-Moor-Komm. 1910, S. 155.

trahieren des Torfes mit verdünnter Kalilauge und Gefrierenlassen des Auszuges dar. Durch letzteren Prozeß wurden die übrigen nur kolloid gelösten Stoffe durch Unlöslichwerden von der eigentlichen „Humussäure" getrennt. Schließlich wurde letztere durch fraktionierte Fällung der Natriumsalze mittels Salzsäure gereinigt. Es gelang so die Herstellung eines Produktes, das sich durch Behandeln mit Alkohol und alkoholischer Salzsäure in zwei isomere Körper zerlegen ließ, die mit α-Säure und β-Säure bezeichnet wurden.

Darstellung einer kolloidfreien Lösung von Ammoniumhumat[1]). Man verrührt den natürlichen Torf mit reinem Wasser zu einem dicken Brei, erhitzt unter Rühren zum Sieden, kocht unter Ersetzen des verdampfenden Wassers ca. ½ Stunde, rührt mit 4 n-NH_3 im Überschuß an, läßt bei 80° über Nacht stehen, zentrifugiert, behandelt den Rückstand mehrmals (15 bis 20 mal) unter nachfolgendem Zentrifugieren mit NH_3, versetzt die (braun bis schwarz gefärbten) NH_3-Extrakte mit NaCl bis zu 2 n-Konzentration, läßt bis zum völligen Ausflocken der Kolloide ruhig stehen, hebert die Lösung vorsichtig ab, dampft auf dem Wasserbad bis zur NaCl-Ausscheidung ein, filtriert die heiße Lösung durch Saugfilter, macht die kalte Flüssigkeit mit HCl sauer, zentrifugiert den entstandenen schleimigen, dunkelschwarzbraunen Niederschlag (freie Humussäure, harzige Substanzen) von der gelben Flüssigkeit (enthält anorganische Salze und die sogenannten Quellsäuren von Berzelius), wäscht den Niederschlag mehrmals mit siedendem Alkohol (5—6 mal je ca. 100 ccm auf 1 g Humussäure), löst die Humussäure in NH_3 und filtriert event. noch durch eine Chamberlainsche Filtrierkerze.

Darstellung einer Suspension reiner Humussäure[2]). Beim Versetzen der Ammoniumhumatlösung mit Säuren scheidet sich die Humussäure als Gel, das sich dem SiO_2-Gel sehr ähnlich verhält, ab. Man fällt am besten mit überschüssigem HCl, wäscht das Gel unter Zentrifugieren erst mit HCl-haltigem, dann mit reinem Wasser, bis schließlich die Humussäure mit Wasser eine

[1]) Sven Odén, Ber. 45, S. 653; C. C. 1912, I, S. 1497.
[2]) l. c. 654.

kolloide Suspension bildet, aus der die Humussäure durch langwieriges Zentrifugieren größtenteils wieder gewonnen werden kann. Die Humussäure ist (nach elektrischen Leitfähigkeitsbestimmungen) eine dreibasische Säure, die mit NH_3 und NaOH Salze bildet und ein Äquivalentgewicht von ca. 339 (Mol.-Gew. also rund 1000) besitzt. Beim Trocknen bei 100° schwindet die Humussäure stark und geht unter Wasserverlust in eine harte, spröde Masse über, die sich leicht zu einem glänzenden, schwarzen und in Wasser unlöslichen Pulver zerreiben läßt und bei längerer Einwirkung von NH_3 wieder aufquillt und teilweise in Ammoniumhumat übergeht.

Künstliche Humusstoffe[1]). Dieselben lassen sich sehr leicht durch Einwirkung verdünnter Säuren auf Kohlenhydrate gewinnen. Beim Erhitzen bilden sich neben verschiedenen wasserlöslichen und flüchtigen Produkten, wie Ameisensäure und besonders Lävulinsäure, schwarze humusartige Massen, deren Menge und Zusammensetzung von der Konzentration und chemischen Natur der Säure und von der Einwirkungsdauer abhängt. Die resultierenden Produkte sind teils alkalilöslich, teils aber alkaliunlösliche Humusstoffe. Die chemischen Vorgänge bei diesem Prozesse, der mit der Bildung natürlicher Humusstoffe aus kohlenhydrathaltigen Pflanzenteilen nahe verwandt ist, sind sehr verwickelt und ihre Aufklärung sehr schwierig, da ein Einblick in die chemische Natur dieser Produkte noch nicht gelungen ist, obgleich es an Versuchen dazu, z. B. durch Darstellung von Nitro- und Bromderivaten und durch Bestimmung von Atomgruppen, nicht mehr fehlt[2]). Es ist deshalb von besonderem Interesse, daß das von Emil Fischer aufgefundene Glucal[3]), ein eigenartiges, auf indirektem Wege erhaltenes Reduktionsprodukt der Glykose von der Formel $C_6H_{10}O_4$ sich durch seine außerordentlich leichte Umwandelbarkeit in eine Humussubstanz durch ver-

[1]) vgl. Beilstein, Handbuch der organischen Chemie, 3. Aufl., I. Band, S. 1108—1109.

[2]) vgl. Fausto Sestini, C. C. 1902, II, 182; Ph. Malkomenius, R. Albert, J. pr. Ch. (2) 70, 509—515; C. C. 1905, I, 288; E. Michelet und John Sebelien, Chem. Ztg. 30, 356; C. C. 1906, I, 1626; vgl. auch van Schermbeek, C. C. 1907, II, 624.

[3]) E. Fischer, Ber. 47, 196 (1914).

dünnte Säure auszeichnet und daher, wie Emil Fischer besonders hervorgehoben hat, den Ausgangspunkt für die nähere Erforschung der bei der Humusbildung sich abspielenden Prozesse bilden könnte. Dunkelgefärbte, schwerlösliche, humusähnliche Stoffe bilden sich auch bei der Hydrolyse von Eiweißkörpern mit starken Mineralsäuren als Nebenprodukte der Eiweißspaltung; man pflegt sie ebenfalls als Humine zu bezeichnen[1]). Sie dürften mit den natürlichen, stickstoffhaltigen Humuskörpern in einem gewissen Zusammenhang stehen. Dagegen ist ein solcher nicht wahrscheinlich bei den künstlichen, stickstoffhaltigen Humusstoffen[2]), die durch Einwirkung von Ammoniak und Luft auf Polyoxybenzole, wie Pyrogallol, und Protokatechusäure entstehen.

Wohl aber dürften nach L. C. Maillard[3]) die aus Aminosäuren und Zuckern sich bildenden Melanoidine mit der Bildung von Humus in Beziehung zu bringen sein. Erhitzt man Glykokoll mit 4 Teilen d-Glukose und 3—4 Teilen Wasser im Wasserbad, so färbt sich die Flüssigkeit nach ca. 10 Minuten gelb, später dunkelbraun. Es tritt dann allmählich Kohlensäureabspaltung ein. Wie Glykokoll reagieren Alanin, Sarkosin, Valin, Leuzin, Tyrosin und Glutaminsäure; sie reagieren auch mit Xylose, Arabinose sofort, mit Fruktose, Glukose, Galaktose und Mannose ziemlich rasch, mit Maltose und Laktose langsam, mit Saccharose zunächst gar nicht.

Wie Glykokoll reagieren auch die Polypeptide, z. B. Glyzylglyzin $NH_2CH_2CO.NHCH_2COOH$ auf reduzierende Zucker wie Xylose und Glykose, unter Abspaltung von Kohlensäure und Bildung schwarzbrauner Humussubstanzen ein. Ebenso verhalten sich anscheinend Peptone[4]).

Physikalische und chemische Eigenschaften. Betrachten wir die Humussäure in feuchtem Zustande nach möglichster Entfer-

---

[1]) vgl. A. Kossel, F. Kutscher, Ztschr. physiol. Chem. 31, 164—214; C. C. 1901, I, 124; Ross Aiken Gortner, C. C. 1910, II, 1925.

[2]) vgl. Beilstein, Handbuch der organischen Chemie, 3. Aufl., I. Bd., 1607.

[3]) L. C. Maillard, C. r. de l'Acad. des sciences 154, 66; 155, 1554; C. C. 1912, I, 717; 1913, I, 648.

[4]) L. C. Maillard, C. r. de l'Acad. des sciences 156, 1155; C. C. 1913, II, 31.

nung der Verunreinigungen, so bildet sie eine gelatinöse, schwarzbraun gefärbte Masse, die wegen ihres großen Wassergehaltes von etwa 95% stark aufgequollen erscheint. Beim Trocknen schrumpft sie stark zusammen und zerfällt schließlich in unregelmäßige, glänzende, harte und sehr spröde Stücke. Der Aschengehalt der durch Extrahieren aus Torf gewonnenen und auf bekannte Weise gereinigten Humussäure ist sehr gering. Vollständig aschenfrei ist sie bisher noch nicht erhalten worden.

Solange die feuchte Humussäure noch vom Ausfällen herrührende freie Mineralsäure enthält, ist sie unlöslich in Wasser. Die reine Humussäure erfordert zu ihrer Lösung ungefähr 2500 Teile Wasser von Zimmertemperatur oder 160 Teile siedendes Wasser. Wird die Humussäure getrocknet, so ist sie fast unlöslich in Wasser, ebenso verhält sich die ausgefrorene oder durch den elektrischen Strom entwässerte Humussäure. Allerdings läßt sich durch lange andauerndes Kochen ein geringer Teil wieder in Lösung bringen.

Ebenso wie in Wasser ist die feuchte Humussäure auch in Alkohol und Pyridin löslich, die trockene dagegen fast unlöslich.

Außer durch Verdampfen des Lösungsmittels kann man die Humussäure aus ihrer wässerigen Lösung auch abscheiden durch:

1. Fällen mit anorganischen Säuren (außer Phosphorsäure und Kohlensäure), am besten mit verdünnter Schwefelsäure. Organische Säuren ebenso wie Schwefelwasserstoff geben nur eine Dunkelfärbung der Flüssigkeit;

2. Fällen mit pulverisierter Holzkohle. Filtrierpapier scheint eine ähnliche Wirkung hervorzurufen, da beim Filtrieren der klaren Lösung stets ein geringer brauner Niederschlag zurückbleibt.

In verdünnter Salpetersäure ist der gelatinöse Niederschlag der Humussäure nur sehr unvollkommen löslich, während die Berzeliussche „Quellsatzsäure“[1]), die als braunes Pulver erhalten wurde, dagegen viel leichter in Salpetersäure löslich sein soll. Auf Zusatz von Alkalien zeigt die Humussäure eine Quellung,

[1]) vgl. Berzelius, Lehrb. d. Chem., 3. Aufl., 1839, S. 389ff.

auf Zusatz von Säuren dagegen wieder eine Volumverminderung. Sie ist, an der Luft vorsichtig getrocknet, sehr hygroskopisch.

Die färbende Kraft der Humussäure ist eine sehr große. Es genügt selbst ein Tausendstel Teil, um Wasser weingelb zu färben. Die braune Färbung vieler Flüsse, wie z. B. der Ilse (Harz) und der zahlreichen sogenannten „schwarzen Wässer" (Rio „negro"), deutet nach Früh-Schröter[1]) darauf hin, daß diese in moorreichen Gegenden entspringen.

An der Luft oxydiert sich die Humussäure ziemlich rasch unter Bildung von Kohlensäure und Wasser. Wesentlich langsamer geht dieser Prozeß unter Wasser vor sich. Dem Licht ausgesetzt, färbt sich die Humussäure gelb; in alkalischer Lösung absorbiert sie lebhaft Sauerstoff. Sie rötet in feuchtem Zustande Lackmuspapier und bleicht und zerstört andere Farben. Daß die saure Reaktion nicht von einem vorhandenen Kohlensäuregehalt stammt, ist dadurch erwiesen, daß diese Färbung selbst nach dem Kochen mit Wasser noch bestehen bleibt. Die Humussäure besitzt bakterienfeindliche und konservierende Eigenschaften. Bei den in einigen Mooren aufgefundenen Leichen zeigten sich die Knochen zwar aufgeweicht, aber gut erhalten. Durch die Einwirkung der Humussäure war das Muskelfleisch mit der Zeit aufgelöst worden, während Haut, Sehnen und Haare zwar etwas zusammengeschrumpft waren, sonst aber bis auf die Farbe sich wenig verändert hatten. Allerdings hatten erstere eine dunkelbraune, die Haare eine rote Färbung angenommen[2]).

Die Humussäure besitzt nur eine äußerst geringe Leitfähigkeit für den elektrischen Strom. Bei der Elektrolyse scheidet sie sich wie andere Säuren am positiven Pol ab. Dieses Verhalten ist jedoch keine Elektrolyse im eigentlichen Sinne, sondern eine Erscheinung, wie sie auch bei anderen kolloiden Stoffen bekannt ist (sog. Anaphorese).

[1]) Die Moore der Schweiz, Bern 1904, S. 163 und Süchting, Prot. der 64. Sitzung d. Z. M. K. 1910.

[2]) Näheres hierüber findet man im 42. Bericht des Museums vaterländischer Altertümer, Kiel 1900, herausgegeben von J. Mestorf.

Die Humussäure vermag Ammoniakgas in großer Menge unter beträchtlicher Wärmeentwicklung zu binden. Aus jodsauren Salzen setzt sie Jod in Freiheit.

Bei der trockenen Destillation der Humussäure bildet sich u. a. Essigsäure. Konzentrierte Salpetersäure oxydiert sie zu Kohlensäure, Oxalsäure und einem noch nicht näher untersuchten, gerbstoffartigen Körper.

Fügt man Chlor oder Brom zu einer wässerigen Lösung der Humussäure, so wird unter Entfärbung der Lösung das Halogen absorbiert und ein weißer harzähnlicher Körper ausgefällt. Beim Schmelzen mit Alkali entsteht Protokatechusäure, während gleichzeitig der größte Teil des Stickstoffs als Ammoniak entweicht. Durch geeignete Behandlung kann man ferner ein Azetylderivat mit 30% Essigsäure erhalten. Mit Schwefelkohlenstoff wurde ein Thiokarbonat mit ungefähr 20% Schwefel dargestellt.

Der Stickstoffgehalt der Humussäuren. Nach Angaben älterer Forscher enthalten nicht alle natürlichen Humussubstanzen Stickstoff[1]). Die aus reinem Torf gewonnenen Humussäuren sind aber stets stickstoffhaltig. Den im Humus der Ackererde enthaltenen Humussäuren sind auch wohl fremde Stickstoffverbindungen beigemengt. Über die Natur der vorhandenen Stickstoffverbindungen und über die Verteilung des Stickstoffs auf diese verschiedenen Arten ist bereits an früherer Stelle gesprochen worden (s. S. 231 u. 234)[2]).

Die Humussäuren lassen sich nach Eggertz[3]) in stickstoffarme und stickstoffreiche Komponenten zerlegen. Löst man nämlich die Humussäure wiederholt in Alkalien auf und fällt sie wieder mit Säuren, so reichern sich die Niederschläge immer mehr mit Stickstoff an.

---

[1]) vgl. Beilstein, Handbuch der organischen Chemie, 3. Aufl., III. Bd., S. 1108.

[2]) vgl. auch F. Sestini, Über die stickstoffhaltigen Verbindungen, welche die Humussäure im Torf und Erdreich begleiten. C. C. 1898, I. 664; A. Dojarenko, Der Stickstoff des Humus. Landw. Vers.-Station. 56, 311—320; C. C. 1902, I, 776; Densch, Ein Beitrag zur Stickstoffbestimmung in Bodenauszügen. Ch. Ztg. 33, 1249; C. C. 1010, 1, 124; Mitscherlich und Merres, Die Fehler der Bestimmung des Stickstoffs im Boden. C. C. 1910, II, 495.

[3]) vgl. Biedermanns Zentralbl. f. Agrikulturchem. 1889, Bd. XVIII, S. 75—80.

Für 13 von ihm analysierte Humussäure-Niederschläge gibt Eggertz folgende Durchschnittswerte:

Kohlenstoff	40,86—56,18%
Wasserstoff	4,33— 6,63%
Sauerstoff	25,09—37,98%
Stickstoff	2,59— 6,43%
Kieselsäure	0,37—10,47%
Phosphor	0,15— 7,58%
Schwefel	0,55— 2,09%
Tonerde und Eisenoxyd	0,38— 3,90%

Daß Schwefel und Phosphor auch Konstituenten und nicht etwa zufällige Beimengungen sind, ist nach Eggertz ebenfalls sehr wahrscheinlich.

Aus den von Tacke und Süchting erhaltenen, isomeren α- und β-Humussäuren (s. S. 247) ließen sich mittels konzentrierter Salzsäure Bruchstücke absprengen (von Süchting „Seitenketten" genannt) mit einem Stickstoffgehalt von 5—11% und mehr. Sie besaßen peptonartigen Geruch und ergaben die charakteristischen Reaktionen der Eiweißspaltprodukte. In diesen Seitenketten sollen 70% des Gesamtstickstoffs der Humussäure vorhanden sein. Der Rest des Stickstoffs sitzt nach Süchting in dem verbliebenen Kern der Säure so fest, daß er sich selbst gegen die stärksten Reagentien widerstandsfähig erweist und der Schluß nahe liegt, daß der Stickstoff in ringförmiger Bindung vorhanden ist. Die Vermutung, daß die α- und β-Säure zwei verschieden weit abgebaute Produkte von Pflanzeneiweiß sind, hat also große Wahrscheinlichkeit für sich.

Qualitative und quantitative Bestimmung der Humussäure.

Nach Sprengel[1]) kann man noch sehr kleine Mengen Humussäure durch Goldlösung nachweisen, da diese eine Auflösung

[1]) Vgl. C. Sprengel, Über Pflanzenhumus, Humussäure und humussaure Salze, in Kastners Archiv für die gesamte Naturlehre, Bd. VIII, Nürnberg 1826, S. 145–220.

von Humussäure in Wasser purpurrot färbt, selbst in einer Verdünnung von 1:10000.

Diese Reaktion kann jedoch nicht als charakteristisch für Humussäure angesehen werden, sondern beruht nur auf ihrer reduzierenden Wirkung[1]). Überhaupt kennt man noch keine charakteristische Reaktion für in Wasser gelöste Humussäure. Sie wird durch die geblliche bis deutlich bräunliche Farbe, den eigenartigen Moorgeruch, besonders beim Erwärmen auf 50—60°, den faden Geschmack und die saure Reaktion gegen Lackmus erkannt[2]). Sie läßt sich nach Aschan[3]) aus solchen Wässern am besten mit Eisenchlorid ausfällen, von dem 0,03—0,06 g, als wasserfrei gedachte Substanz, auf 1 Liter Wasser zur Erzielung des Fällungsoptimums zugesetzt werden sollen.

Die quantitative Bestimmung der Humussäure führt man so aus, daß zuerst mittels verdünnten Alkalis, einer Soda- oder Ammoniaklösung, eine Humuslösung bereitet wird, und fällt dann entweder aus dieser die Humussäure wieder durch Ansäuern aus, saugt ab, wäscht aus und wägt nach dem Trocknen bei 100—105°, oder man bestimmt die organische verbrennliche Substanz im Humusextrakt, den man erst zur Trockne verdampft, wägt, einäschert und wieder wägt. Aus der Gewichtsdifferenz ergibt sich die Humussäuremenge. Die erhaltenen Resultate sind nicht sehr exakt. Man erhält nicht dasselbe Resultat, wenn man mit einer Ammoniaklösung oder mit einer Sodalösung extrahiert[4]). Letztere extrahiert mehr Stickstoff als die Ammoniaklösung. Aber auch Ammoniak verschiedener Stärke hat für Humus ein verschiedenes Lösungsvermögen. Bei 2—8%igem Ammoniak sind die Unterschiede nur gering, dagegen lösen 16—28%iges Ammoniak beträchtlich größere Mengen Humus[5]).

Bei der Einäscherungsmethode, die hauptsächlich für die Be-

[1]) Über die Herstellung von kolloidem Gold mit Hilfe von Humuslösungen siehe Ehrenberg und Pick, Kolloidzeitschrift 50, 30; C. C. 1909, II, 682.

[2]) Vgl. Klut, C. C. 1906, II, 1081.

[3]) Aschan, Die Bedeutung der wasserlöslichen Humusstoffe (Humussole) für die Bildung von See- und Sumpferzen, C. C. 1907, I, 1146.

[4]) Ch. Rimbach, C. C. 1900, II, 1032.

[5]) Alway, Files, Pinckney, C. C. 1910, II, 1561.

stimmung des Humus im Boden angewendet wird, kommt noch dadurch eine wesentliche Fehlerquelle hinzu, daß die Humuslösung nur sehr schwer von feinsuspendiertem Ton befreit werden kann. Beim Einäschern des Trockenrückstands verliert der Ton Konstitutionswasser, das im Resultat gleichfalls als Humus erscheint[1]). Besonders in amerikanischen agrikulturchemischen Instituten hat man diesen Mangel der offiziellen Methode zu beseitigen versucht und zur Erzielung klarer Filtrate mit Porzellansaugfiltern gearbeitet, nicht durchweg mit befriedigendem Erfolg[2]). Auch eine konventionelle Kürzung des Resultats um 10% wurde als Korrektur benutzt[3]), ferner durch wiederholtes Eindampfen und längeres Trocknen auf dem Wasserbade sowie Neuaufnehmen mit verdünntem Ammoniak der Ton zusammengeballt oder die Abscheidung desselben durch Zusatz einer gesättigten Ammoniaksulfatlösung[4]) oder von Ammonkarbonat[5]) bewirkt.

Die Schwierigkeiten der Filtration versuchte man dadurch zu umgehen, daß man den Humusauszug direkt mit einer Chlorkalklösung unter Säurezusatz bis zur Entfärbung titrimetrisch oxydierte[6]) oder den Stickstoffgehalt der Humussubstanz darin bestimmte. Für letzteres Verfahren fehlt es, wie für die Verfahren, die die direkte Bestimmung des Kohlenstoffs in der humushaltigen Substanz anstreben, an einem brauchbaren Umrechnungsfaktor. Die Bestimmung des Kohlenstoffs erfolgt entweder nach der üblichen Methode durch Verbrennen mit Kupferoxyd unter Zusatz von Bleichromat und Kaliumbichromat[7]) zur Zerstörung von Karbonaten, oder auch nach der bekannten nassen Methode durch Oxydation mit Kaliumbichromat und konzentrierter Schwefelsäure. Bei letzterer Methode soll es erforderlich sein,

---

[1]) vgl. Adolf Mayer, C. C. 1906, I, 1045; Mehring, C. C. 1905, II, 703.

[2]) C. A. Moers, H. H. Hampton, C. C. 1908, II, 196.

[3]) Sherman Leavitt, C. C. 1910, II, 1500.

[4]) Kelley, George, C. C. 1913, I, 842.

[5]) O. C. Smith, C. C. 1913, I, 1136; Rather, C. C. 1912, I, 93, 1913, I, 1627.

[6]) H. Bornträger, Z. f. analyt. Chemie 39, 790; C. C. 1900, 207.

[7]) J. Pouget und Chouchak, C. C. 1908, I, 1088; Pozzi-Escot, C. C. 1913, II, 174.

zur Erreichung einer vollständigen Verbrennung die noch kohlenoxydhaltige Kohlensäure durch ein Rohr mit erhitztem Kupferoxyd zu leiten[1]).

Die Bestimmung des Kohlenstoffs als Kohlensäure kann auch mit der kalorimetrischen Bestimmung des Heizwerts nach Parr[2]) verknüpft werden, indem aus der dabei verwendeten Mischung von Natriumsuperoxyd und dem gebildeten Natriumkarbonat die Kohlensäure in Freiheit gesetzt und aufgefangen wird.

Ein titrimetrisches Verfahren zur Bestimmung der Humussäure bedient sich der Oxydation des alkalischen Humusauszugs mit einer titrierten Permanganatlösung[3]), die auf reine Humussäure eingestellt wird.

Ein besonderes Interesse für agrikulturchemische Zwecke hat die Feststellung und Bestimmung freier Humussäure in Moor und Ackerboden. Es kommt dabei hauptsächlich auf die Feststellung des Kalkbedürfnisses an, um die schädliche Wirkung saurer Bodenbestandteile auf den Pflanzenwuchs aufzuheben.

Zur qualitativen Prüfung auf freie Humussäuren ist die gewöhnliche, von Schütze empfohlene Prüfung mit einer verdünnten Ammoniaklösung nicht zuverlässig. Bei Ausbleiben einer Färbung sind zwar freie Humussäuren nicht vorhanden, dagegen kann auch bei Abwesenheit freier Humussäuren intensive Braunfärbung eintreten, da Ammoniakwasser auch neutrale Humusverbindungen zu lösen vermag. Nach Baumann und Gully[4]) empfiehlt sich die Anwendung einer Lösung von 2 g Jodkalium und 0,1 g jodsaurem Kali in 100 ccm Wasser, mit der 3g der Bodenprobe unter wiederholtem Umschütteln eine Viertelstunde stehen

[1]) F. K. Cameron und J. F. Breazeale, C. C. 1904, I, 692; Cameron, C. C. 1905, I, 1181; Hall, Miller und Marum, C. C. 1906, II, 69; vgl. auch Hutin, C. C. 1914, I, 422.

[2]) S. W. Parr, Journ. Amer. Chem. Soc. 26, 294; C. C. 1904, I, 1291; J. H. Petit, J. O. Schaub, Journ. Amer. Chem. Soc. 26, 1640; C. C. 1905, I, 466.

[3]) C. Aschman, H. Faber, C. C. 1899, I, 543; vgl. auch Bieler und Aso, C. C. 1901, II, 895; W. Istscherekow, C. C. 1904, II, 559; Hutin, C. C. 1914, I, 422.

[4]) Naturw. Ztschr. f. Forst- u. Landw., München 1908, 1ff.; Zeitschr. f. angew. Chemie 22, 537 (1909).

gelassen werden. Das Filtrat fügt man zu 100 ccm einer verdünnten Stärkelösung. Die Intensität der dadurch auftretenden Blaufärbung, die durch das von der freien Humussäure ausgeschiedene Jod bewirkt wird, gibt ein Maß für die Menge der letzteren.

Nach Albert[1]) eignet sich auch Lithiumphosphat Li_3PO_4 zur qualitativen Prüfung auf Humussäure, die unter Abscheidung von freier Phosphorsäure als leicht lösliches Lithiumhumat in Lösung geht.

Zur raschen Bestimmung von Humussäure hat zuerst Borntraeger[2]) vorgeschlagen, den Torf mit Schlemmkreide und Wasser zu kochen und die entwickelte Kohlensäure aufzufangen. Tacke[3]) läßt eine Aufschlämmung von frischem Moorboden und frischgefälltem Kalziumkarbonat im Wasserstoffstrom bei gewöhnlicher Temperatur aufeinander einwirken und fängt die durch die freie Humussäure in Freiheit gesetzte Kohlensäure in $^1/_5$n- oder $^1/_{10}$n-Natronlauge auf, die unter Zusatz von Bariumchlorid mit Phenolphthalein als Indikator zurücktitriert wird. Die so ermittelte Menge Kohlensäure gilt als Maß für die freie Humussäure und stimmt mit der Menge Kalk überein, die sich auch im Feldversuch erforderlich erwies.

Auf Trockenmoor berechnet betrug die Menge Kohlensäure bei

1. Maibuscher Moor, unkultivierte Oberfläche, 1,721 %.
2. Maibuscher Moor, tiefere Schicht, Moostorf 1,902 %.
3. Hellweger Moor, unkultivierte Oberfläche, 1,731 %.
4. Hellweger Moor, tiefere Schichten des Moostorfs 1,802 bis 2,240 %.

Für sich allein entwickelt Moorboden bei Abwesenheit von Sauerstoff keine merkliche Menge Kohlensäure, auch nicht beim Erhitzen mit Wasser im Wasserstoffstrom. Jedoch geht in letzterem Falle die Azidität etwas zurück. Durch Kochen bei Gegenwart von Kalziumkarbonat wird dagegen aus dem bereits in der Kälte mit

[1]) Zeitschr. f. angew. Chemie 22, 536.

[2]) Chem. Zeitg. 20, 223.

[3]) Chem. Zeitg. 21, 174; C. C. 1897, I, 721; Zeitschr. f. anal. Chemie 40, 110; C. C. 1901, I, 1022.

überschüssigem Kalziumkarbonat behandelten Moorboden noch eine weitere nicht unbeträchtliche Menge Kohlensäure frei.

Süchting[1]) hat diese Methode zur Erzielung gut übereinstimmender Resultate, und um sie außer für Torf auch für jede andere saure Bodenart brauchbar zu machen, folgenderweise abgeändert. Er bestimmt nicht die durch die Humussäure in Freiheit gesetzte Menge Kohlensäure direkt, da dabei außer der durch sie aus dem Kalziumkarbonat frei werdenden Kohlensäure auch noch solche, die durch Zerfall der organischen Substanz oder anderweitig entsteht, frei wird. Er bestimmt die noch überschüssige Kohlensäure in der genau eingewogenen Menge Kalziumkarbonat durch Austreiben aus der mit überschüssiger Säure versetzten Mischung, da unter diesen Bedingungen keine sekundäre Bildung von Kohlensäure mehr stattfinden kann. Die Differenz zwischen der eingewogenen Menge und der zuletzt ausgetriebenen Menge Kohlensäure entspricht der Menge freier Humussäure. Unter Anwendung eines mechanischen Rührers kann eine Bestimmung in einem einfachen Apparat innerhalb einer Stunde ausgeführt werden.

Die Bestimmung der freien Säure im Boden kann nach Albert[2]) auch so erfolgen, daß man zur Probe eine abgemessene titrierte Barytlösung in genügendem Überschuß und festes Chlorammonium zufügt; durch Erhitzen während 20—30 Minuten wird das durch das unverbrauchte Bariumhydrat freigemachte Ammoniak ausgetrieben und bestimmt. Verwandt damit ist die Methode von Veitsch[3]), der die Bodenproben mit einer abgemessenen Menge Kalkwasser auf dem Wasserbad zur Trockne verdampft, den Rückstand mit Wasser auszieht und im Filtrat den Rest des unverbrauchten Kalkwassers durch Titration bestimmt.

---

[1]) Zeitschr. f. angew. Chemie 21, 151, (1908); C. C. 1908, I, 760; Landwirtsch. Vers.-Stat. 70, 13; vgl. auch van Dalen, Chem. Weekblad 3, 511; C. C. 1906, II, 1458; van Schermbeek, C. C. 1908, II, 196, 1468; Tacke und Süchting, C. C. 1908, II, 960.

[2]) Zeitschr. f. angew. Chemie 22, 533; C. C. 1909, I, 1350; siehe auch Süchting und Arnd, Zeitschr. f. angew. Chemie 22, 103; C. C. 1910, I, 861; Albert, Zeitschr. f. angew. Chemie 22, 106; C. C. 1910, I, 862.

[3]) C. C. 1903, I, 195; 1914, II, 560; vgl. auch Bizzel und Lyon C. C. 1914, I, 422.

Die beiden letzten Methoden führen zu Werten, die von den nach der Methode Tacke-Süchting erhaltenen sehr leicht abweichen können, da sich im Boden Stoffe nichtsaurer Natur vorfinden, die aber bei Gegenwart freier Basen besonders in der Hitze Säurecharakter annehmen und ebenfalls Basen binden.

Gregoire[1]) empfiehlt zur Bestimmung der Säure im Boden, die nicht nur von Humussäure, sondern auch von sauren organischen Verbindungen, wie sauren Silikaten und anderen, herrühren kann, die jodometrische Methode zur Säurebestimmung nach Kjeldahl. Mit einer Lösung, die 55,3 g Jodkalium, 143 g jodsaures Kalium und 99,2 g kristallisiertes Natriumthiosulfat enthält, wird die Bodenprobe 24 Stunden digeriert und sodann das von dem durch die freie Säure in Freiheit gesetzten Jod noch nicht verbrauchte Thiosulfat zurücktitriert.

Van Schermbeek[2]) titriert zur Säurebestimmung den durch siedenden Alkohol bereiteten Auszug des Humusbodens mit alkoholischem Kali.

Salze. Die Humussäure besitzt große Affinität zu Basen. Bei Tonerde ist diese so stark, daß es nur sehr schwer gelingt, beide Körper durch verdünnte Mineralsäuren wieder zu trennen. Was die Löslichkeit der Humate anbetrifft, so sind sie im allgemeinen fast unlöslich in Wasser, jedoch löslich in Alkalien; nur die Alkalisalze sind in Wasser löslich. Sie werden sämtlich durch verdünnte Säuren zersetzt. Umgekehrt kann man aber auch nach Berthelot durch reine Humussäure Chlormetalle zersetzen. Durch Verdampfen der ammoniakalischen Lösung der Humussäure erhält man das Ammoniumsalz; diese Lösung gibt nach Detmer[3]) Fällungen von Doppelsalzen, so mit Eisenchlorid, Chlorkalzium und Silbernitrat. Die unlöslichen Humate stellt man am besten dadurch her, daß man die Alkalihumate auf lösliche Salze der Erdalkalien und Schwermetalle einwirken läßt. Die Berzeliussche Quellsäure und Quellsatzsäure vermag im Gegen-

[1]) C. C. 1913, I, 647.
[2]) C. C. 1907, II, 624; s. auch Coops, C. C. 1907, II, 93.
[3]) Landw. Vers.-Stat. 14. 1871, S. 248—300.

satz zu der gewöhnlichen Humussäure Karbonate der Erdalkalien nicht zu zersetzen. Die auf diese Weise erhaltenen Salze haben wegen ihrer leichten Zersetzlichkeit (unter Kohlensäureabspaltung) keine konstante Zusammensetzung, und es beruht daher die von Sprengel herrührende Einteilung in neutrale, saure und basische Salze auf einem Irrtum.

Die unlöslichen Salze sind nach Sprengel[1]) in feuchtem Zustande braunschwarz, gelatinös und enthalten ebenso wie die Humussäure viel Wasser eingeschlossen. In getrocknetem Zustande bilden sie amorphe, glänzende, steinkohlenartige Körper, die leicht Feuchtigkeit anziehen.

Eine besondere Rolle unter den Humaten spielen die Kalk- und Magnesiaverbindungen. Diese Salze sind sehr leicht zersetzlich. Schon beim Stehen an der Luft oder beim gelinden Eindampfen auf dem Wasserbade zerfallen sie teilweise in kohlensaure Salze und in anscheinend saures Humat. Auch beim Gefrieren entstehen die entsprechenden Karbonate sowie freie Humussäure.

Sprengel hat beobachtet, daß, wenn Kalkwasser mit humussaurer Tonerde in einem geschlossenen Gefäß in Berührung gebracht wird, kohlensaurer Kalk und Tonerde entstehen. Mit Eisenchlorid gibt Humussäure erst beim Erwärmen einen Niederschlag. Das Eisen ist so fest durch die Humussäure gebunden, daß es erst nach Zerstörung der organischen Substanz, mittels Schwefelammonium oder Rhodankalium festgestellt werden kann. Durch Einwirkung von Humussäure auf blankes Eisen bildet sich unter Wasserstoffentwicklung humussaures Eisenoxydul, das zum Unterschied von dem Oxydsalz in Wasser löslich ist. Aus dieser Lösung bildet sich jedoch allmählich beim Stehen an der Luft ein Niederschlag von humussaurem Eisenoxyd.

Dieser Vorgang spielt sich auch bei der Ablagerung von Raseneisenerzen aus Humuswässern ab, wobei aber neben dem chemischen Prozeß noch bakterielle Vorgänge eine Rolle spielen, durch die die organische Substanz zum größten Teil zerstört wird.

---

[1]) s. Kastners Archiv l. c.

Ein Rest von Humussäure findet sich in diesen Erzen in der Regel immer noch vor[1]).

Ähnlich wie Eisen verhält sich auch Mangan. So bildet eine Lösung von schwefelsaurem Manganoxydul mit Humussäure einen Niederschlag nur bei Luftzutritt (Oxydsalz).

Eine für die Landwirtschaft sehr wichtige Bedeutung erlangen die Humussäuren durch ihre Fähigkeit, auch die gewöhnlich äußerst schwer zersetzlichen kieselsauren Salze unter Bildung von Humaten und freier Kieselsäure aufzuschließen. Sehr bemerkenswert und deshalb auch von größter Bedeutung für die Moorkultur ist die Einwirkung von Humussäure auf die verschiedensten Salze im Boden überhaupt. Nach Fleischer[2]) ist es eine eigentümliche Erscheinung bei den humussauren Salzen, daß sie leichter der Zersetzung anheimfallen als die freie Humussäure. Hierauf ist die günstige Wirkung der Düngung mit Kalk und kohlensauren Salzen — besonders auf den humussäurereichen Hochmooren — zurückzuführen. Aus der Humussäure werden so Humate gebildet, die durch langsame Oxydation in kohlensaure Salze übergehen, die dann wieder fähig sind, unter Abspaltung von Kohlensäure aus weiteren Teilen freier Humussäure humussaure Salze zu bilden usw. Aber auch beständigere Verbindungen werden, wie bereits erwähnt, durch die Humussäure zerlegt, so z. B. Silikate und Phosphate, letztere unter Abscheidung von Phosphorsäure oder saurer phosphorsaurer Salze.

Weiter beruht auch die Ortsteinbildung und das damit stets verbundene Vorkommen von Bleisand oder Bleichsand (S. 43) auf ähnlichen Prozessen. Letzterer kann sich nach A. Mayer[3])

---

[1]) Siehe I. M. Bemmelen, C. Hoitsema und E. A. Klobbie, Über das Vorkommen, die Zusammensetzung und die Bildung von Eisenanhäufungen in und unter Mooren. Arch. néerland. sc. exact et rat. II, 4, 19—91; Zeitschr. f. anorg. Chemie 22, 313—379; C. C. 1900, I, 217; 1901, 847; Van Bemmelen, Zwei neue Fundorte von Raseneisenstein in und unter Moor. C. C. 1901, II, 793; Ossian Aschan, Die Bedeutung der wasserlöslichen Humusstoffe (Humussole) für die Bildung von See- und Sumpferzen, C. C. 1907, I, 1146.

[2]) Grundlehren der Kulturtechnik, Berlin 1909, I. Band, S. 94 ff.

[3]) Landw. Vers.-Stat. 58, 161; C. C. 1913, II, 58.

nur in einer Sandschicht bilden, die sich über dem Grundwasserspiegel befindet und durch eine moorige Schicht lange Zeit von der Luft abgeschlossen ist. Durch Einwirkung der bei Luftabschluß gebildeten Humussäure werden aus ihr alle pflanzennährenden und sonstigen wenig löslichen Stoffe ausgelaugt und das vorhandene Eisenoxyd zu leichter löslichen Ferroverbindungen reduziert. Selbst Alkalisilikate werden allmählich gelöst. Unter dem Bleisand entstehen Verhärtungen oder eine Ortsteinschicht, wo der Grundwasserspiegel erreicht wird oder sich wachsende Mengen lehmiger Stoffe ansammeln. Dadurch werden die Humussäuren niedergeschlagen, nachdem sie aus den Ferrohumaten wieder in Ferrihumate übergegangen sind. Der dazu notwendige Sauerstoff dringt während der trockenen Jahreszeit durch die obere Moorschicht ein. Nach R. Hornberger[1]) braucht man nicht anzunehmen, daß die Humussäure bei der Reduktion des Eisenoxyds selbst zu einer Oxyhuminsäure oxydiert wird, wie Mayer aus dem von ihm gefundenen geringeren Kohlenstoffgehalt der Ortsteinhumussäure gegenüber der Bleichsandhumussäure geschlossen hat[2]). Der geringere Kohlenstoffgehalt rührt nur von einer Beimengung von Tonerde her, die sich sehr schwer bei der Reinigung beseitigen läßt.

Vom kolloidchemischen Standpunkt betrachtet die Ortsteinbildung W. Thaer.

Humusstoffe, die noch nicht gänzlich trocken sind, sind teilweise reversibel, d. h. also, sie lassen sich von dem festen Gelzustand in den flüssigen Solzustand überführen und umgekehrt. Infolgedessen führt Regen, der auf einen nährstoffarmen, humushaltigen Boden auftrifft, die Humusstoffe in den Solzustand über und sickert mit ihnen bis zum Untergrund durch. Da diese Schicht nun reich an mineralischen Stoffen ist, so wirken diese ausflockend auf die gelösten Humusstoffe ein, und allmählich verkittet die Untergrundschicht mit den ausgefällten Humusstoffen und bildet auf diese Weise den sogenannten Ortstein (vgl. S. 42).

---

[1]) Über die Humussäuren des Bleisandes und des Ortsteines. Landw. Vers.-Stat. 73, 221—233; C. C. 1910, II, 826.

[2]) A. Mayer, Landw. Vers.-Stat. 60, 475; C. C. 1905, I, 287.

Durch dieselben, die Ortsteinbildung bedingenden Vorgänge, durch die Wegführung der löslichen Bestandteile, wird nach Thaer aber auch die wichtigste Bedingung für eine Krümelbildung beseitigt, die Bodenkörner werden mit der Zeit immer mehr zusammenhängend, es entsteht dadurch eine Verringerung des Porenvolumens, wodurch wiederum die Durchlüftungsfähigkeit und das für das Gedeihen der Pflanzen so wichtige Bakterienleben sehr stark beeinträchtigt werden; außerdem wird gerade durch diesen Abschluß der Luftzufuhr die Zersetzung, bzw. Oxydation der Humussubstanz im Boden in größerem oder geringerem Grade unmöglich gemacht. Anderseits wird auf diese Weise eine ziemlich schnelle Zersetzung der im Boden vorhandenen Gesteine veranlaßt, die dadurch für die Pflanzenwurzeln schneller aufnahmefähig gemacht werden, als dies unter gewöhnlichen Umständen der Fall ist.

W. Thaer[1]) behandelt ferner von kolloidchemischem Standpunkt aus auch den Einfluß von Kalk und Humus auf den Ackerboden. Hiernach sollen die Bodenkolloide im Solzustande die Bodenpartikel umhüllen und im benetzten Zustande eine gelatinöse gequollene Membran bilden, die Luft und Wasser infolge der Verengung der Poren nur äußerst schwer

[1]) s. Thaer, Kolloidchemische Studien am Humus aus gekalkten und ungekalkten Böden, Journ. f. Landw. 60, I, 1912. Der Einfluß von Kalk und Humus auf die mechanische, physikalische und chemische Beschaffenheit von Ton-, Lehm- und Sandboden, Preisschrift Göttingen 1910.

Weitere Literatur: Sprengel, Über Pflanzenhumus, Humussäure und humussaure Salze, Kastners Arch. f. d. ges. Naturlehre, Nürnberg 1826, VIII. Bd., S. 145ff. Süchting, Die praktische Bedeutung der Chemie der Kolloide für die Moorkultur, Prot. d. 64. Sitzung d. Zentr.-Moor-K., Berlin 1910. Geinitz, E., Kolloiderscheinungen und Konkretionen, Zentralbl. f. Mineral. u. Geol. 1912, S. 282. Münst, M., Ortsteinstudien im oberen Murgtal, Stuttgart 1910. Albert, R., Beitrag zur Kenntnis der Ortsteinbildungen, Naturw. Zeitschr. f. Forst- u. Jagdwesen 1910, S. 327. Hissink, Die kolloiden Stoffe im Boden und ihre Bestimmung, Vortrag, II. internat. agrogeol. Konferenz, Stockholm 1910. Sjollema, B., Die Isolierung der Kolloidsubstanzen des Bodens, Journ. f. Landw. 53, 1905, S. 70; Anwendung von Farbstoffen bei Bodenuntersuchungen. Journ. f. Landw. 53, 1905, S. 67. Lugner, J., Ältere und neuere Untersuchungen über die Natur der Humusstoffe in Svenska Moorkf. Tidskrift 1912, S. 83, 202 u. 406.

durchläßt; im Gelzustande bilden sie jedoch eine feste Haut, die die eingeschlossenen Partikel vor Auslaugung schützt (Versuche mit Eisenhydroxyd-, Kieselsäure- oder Tonerde-Sol; Ausschluß von Luft und Wasser, bedingt durch dicke Deckschichten von Quarzsand und als Folgeerscheinung hiervon Schädigung der Keimung und dadurch auch der Vegetation überhaupt). Falls dieser kolloiden Hülle die Quellbarkeit genommen wird, so werden natürlich die zwischen den einzelnen Partikelchen liegenden Poren vergrößert und hierdurch eine bessere Luftdurchlässigkeit und leichtere Bearbeitungsmöglichkeit des Bodens erzielt (Krümelbildung infolge Ausflockung der Suspensionen).

Nach seinen Versuchen wird die Adsorptionskraft des Bodens

1. verstärkt, wenn die frei werdenden Basen dem Boden durch Wasser oder Pflanzen entzogen werden;

2. verstärkt, wenn eine Neubildung von adsorptionsfähigen Pflanzen eintritt;

3. verringert, wenn die Oberfläche der Kolloide verkleinert wird oder durch Anwesenheit wasserlöslicher Kalksalze der Gleichgewichtszustand zwischen Kalk und Kolloid zugunsten der Kalkadsorption verschoben wird;

4. nicht verändert, wenn die ausgetauschten Basen nicht entfernt werden.

5. Durch Kalkung wird die Verkrustung der Ackerkrume verhindert oder beseitigt.

B. Chemie der Destillationsprodukte.

I. Teil: Gewinnung der Destillationsprodukte.

Nach orientierenden Verkokungen des Torfs im Tiegel wurde im Rohrofen und auf Grund der gemachten Erfahrungen schließlich in einem besonders konstruierten Ofen destilliert. An diese Laboratoriumsversuche schlossen sich technische Verkokungsversuche in größerem Maßstabe an zur Auffindung von Anhaltspunkten für die Technik, dann aber auch zur Erzeugung genügend großer Mengen von Destillationsprodukten für die eingehende Untersuchung.

I. Kapitel.

Laboratoriumsversuche.

a) Orientierende Tiegelverkokung.

Die zunächst zur allgemeinen Orientierung vorgenommenen Tiegelverkokungen wurden nach Art der in der Steinkohlenindustrie üblichen Methode (von Muck) in lose bedeckten Platin- oder Porzellantiegeln von 25—200 ccm Füllraum unter schneller Erhitzung mit einer heißen Bunsenflamme, sowie später in einem Chamottetiegel von $1^1/_2$ l Füllraum über einem Gebläse bei nahezu 1000° ausgeführt. Das Material sank bei den Versuchen ohne jedes Schmelzen und Backen zusammen. Der sich während des Erhitzens bildende Teer zersetzte sich erst im dampfförmigen Zustand, während bei der Steinkohlenverkokung der Teer teilweise schon vorher in Zersetzung übergeht, indem er die festen Teilchen durchdringt und dadurch ein Zusammenbacken des Kokses hervorruft. Während des Verkokens von Torf wird der natürliche Zusammenhang der Torffasern gewahrt, jedoch verliert das Produkt die ursprüngliche Beschaffenheit und wird brüchig. Der Koks ist poröser als der Ausgangstorf und oft pulverförmig. Die Koksausbeute im Tiegel betrug bei vier norwegischen Torfen 26 bis 31%. Durch Zumischen von Teer und Pech zum Torf konnte kein besserer Koks erzielt werden.

b) Verkokung im Rohrofen.

Für wissenschaftliche Destillationsversuche erscheint als Ofen ein Rohrofen am geeignetsten, weil bei einem solchen die außerhalb des Rohres erzeugte Wärme am leichtesten zu kontrollieren und konstant zu halten ist. Zunächst wurden infolgedessen Versuche mit den in Laboratorien allgemein zur Verfügung stehenden Öfen (Trockenöfen, Verbrennungsöfen, Schießöfen) angestellt; es zeigte sich jedoch deren Unzulänglichkeit sowohl in bezug auf Dimensionen, als auch erreichbare Temperaturhöhe und -gleichmäßigkeit. Auf Grund dieser Erfahrungen wurde ein besonderer

Destillationsofen konstruiert[1]), der sich in jeder Hinsicht als sehr praktisch bewährte. Dieser bestand aus einem 130 cm langen, vermittelst 80 in zwei Reihen nebeneinander geordneten Bunsenbrennern geheizten und durch geeignete dreifache Ummantelung mit Eisenblechen und Asbestplatten gegen Wärmeverluste geschützten Eisenrohr, in welchem das eigentliche eiserne Destillationsrohr derart angebracht war, daß es nirgends die Wandungen berührte und überall einen gleichen Abstand von 5 mm aufwies. Auf diese Weise war es möglichst gleichmäßiger Hitze ausgesetzt. In dieses Destillationsrohr war eine dünnwandige Kupferhülse von 1 m Länge und 6 cm Durchmesser eingeschoben, welche das Torfgut (etwa 1 kg) aufzunehmen hatte. An geeigneter Stelle des Ofens war von der Seite her eine Hülse bis in den Rohrmittelpunkt ragend eingesetzt, durch welche die Innentemperatur bis 550° mittels eines Thermometers und weiter mit Hilfe eines Le Chatelier-Thermoelements gemessen werden konnte. Der leicht regulierbare Ofen ließ sich gut bis 850° erhitzen. (Der vorderste, nicht mit Torf gefüllte Teil des Rohres wurde bei den späteren Destillationen im Wasserdampfstrom zur Vorwärmung des Dampfes benutzt.) Die entstandenen Gase entwichen am anderen Ende des schwach geneigten Destillationsrohres durch eine Reihe von Kühlern und wurden nach dem Auswaschen der letzten Anteile von Ammoniak mit Schwefelsäure in Bimssteinwaschzylindern durch einen Experimentiergasmesser geleitet, um alsdann in einem Bunsenbrenner zur Verbrennung gebracht zu werden.

Die gebildeten Produkte wurden nach bekannten Methoden bestimmt: Ammoniak durch Destillation mit Lauge und nachfolgender Titration mit Säure, Essigsäure durch direkte Titration unter Berücksichtigung des gebundenen Ammoniaks, Methylalkohol durch Rektifikation des Vorlaufes und Bestimmung seines spezifischen Gewichtes. Teer wurde auf seine Löslichkeit in verdünnter Lauge und das entstandene Gas in der Bunte-Bürette auf seinen Gehalt an Kohlensäure geprüft.

[1]) Gebaut von der Firma Dr. R. Muencke, Berlin.

In diesem Ofen wurden nun zahlreiche Versuche angestellt, die nachstehend im einzelnen beschrieben werden. Die Destillation wurde zunächst ohne, dann mit Wasserdampfzufuhr ausgeführt.

1. Scheidung des Destillationsvorganges in einzelne Perioden. Vardaltorf (888 g) mit 15,8% Wasser (bei 105° bestimmt) ergab bei sehr langsamer Destillation bis 700° innerhalb 7 Stunden und Scheidung in 7 Fraktionen:

Tabelle (berechnet auf lufttrockene Substanz).

Temperaturen	Koks	Wasser	Teer	Teer davon sauer	Teer davon neutr.	Gas Liter	Gas darin	Ammoniak	Essigsäure	Methylalkohol
Grad	%	%	%	%	%	%	CO_2	%	%	%
100—165	—	14,1	—	—	—	0,1	100	—	—	—
165—225	—	4,9	—	—	—	0,3	100	—	0,01	0,06
225—275	—	3,9	0,5	100	—	3,4	90	0,004	0,15	0,06
275—375	—	2,6	4,0	79	21	2,8	55	0,031	0,16	—
375—475	—	1,9	5,6	32	68	3,7	25	0,075	0,09	—
475—600	—	1,6	0,9	27	73	3,7	20	0,085	0,17	—
600—700	—	—	—	—	—	4,7	3	0,090	—	—
	35,1	29,0	11,0	50	50	18,7	—	0,285	0,58	0,12

Aus vorstehender Tabelle sowie einer ganzen Reihe von anderen Beobachtungen, die beim Erhitzen von norwegischem und deutschem Torf zur genauen Feststellung des Beginnes der Bildung der einzelnen Produkte angestellt wurden, ist folgendes zu entnehmen:

Die Destillation scheidet sich im allgemeinen in drei Perioden:

1. 100 bis ca. 150°: Entweichen des hygroskopischen Wassers;
2. 150—500° (550°): eigentliche Verkohlung unter Bildung von Teer, Methylalkohol, Essigsäure, Kohlensäure, Kohlenoxyd und etwas Ammoniak;
3. 500° (550°) und höher: völliges „Garwerden" des Torfkokses unter Bildung von Kohlenoxyd, Wasserstoff und Ammoniak.

Diese Versuche führten zu folgenden Leitsätzen:

a) D a s h y g r o s k o p i s c h e W a s s e r i s t b e i 150—160° e n t w i c h e n, d a s b e i n o c h h ö h e r e r T e m p e r a t u r e r h a l t e n e s t a m m t a u s d e r i n n e r e n V e r b r e n n u n g.

b) Bei ca. 160° beginnt Methylalkohol mit überzugehen, bis etwa 300° erreicht sind; über 300° findet keine Abscheidung von Methylalkohol mehr statt.

c) Teer bildet sich spurenweise bei 190—200°; die eigentliche Teerbildung liegt bei 250—500°; unter etwa 350° überwiegen die sauren Bestandteile.

d) Bei 250—300° färbt sich der Torf schwarz und die Torffasern verlieren ihre Elastizität.

e) Essigsäure tritt auf bei 200—550° bzw. 300—400°.

f) Ammoniak tritt spurenweise bei 300° auf, stärker von 400° ab; seine Menge wächst bis 700° mit der Temperatur.

g) Das Gas enthält zunächst nur Kohlensäure und wird bei 350—400°, bei welcher Temperatur es $^1/_3$ brennbare Bestandteile enthält, entzündbar.

2. Trockendestillation von Vardaltorf mit 16% Wasser, 4% Asche; spez. Gew. 0,85; 50% Poren.

Destillations-temperatur	Koks			Analyse %						Teer				Gas	Wasser	Ammoniak	Essigsäure	Methylalkohol
	%	Qualität	Spez. Gewicht	C	H	O	N	Asche	Kalorien	%	Spez. Gewicht	sauer	neutral	%	%	%	%	%
525°	39,9	hart	0,80	73,84	3,85	11,85	1,36	9,60	6520	10,4	0,97	51	49	19,3	30,5	0,23	0,59	0,15
710°	35,1	hart	0,81	—	—	—	—	—	—	11,0	0,97	50	50	24,9	29,0	0,29	0,58	0,10
850°	33,6	weich	0,84	81,27	1,55	3,97	1,41	11,8	6890	10,3	0,98	—	—	27,6	28,5	0,46	0,57	—

Zu ersehen ist hieraus:

a) Der Koks ist bereits bei 525° gut „ausgegart", da schon bei dieser Temperatur zwei Drittel des den Wärmewert herabdrückenden Sauerstoffes aus der Torfsubstanz ausgetrieben worden sind und der Heizwert auf rund 6500 Kalorien erhöht worden ist; weitere Temperatursteigerung vermehrt den Heizwert verhältnismäßig wenig. Wohl aber würde bei einem aschenärmeren Torfe der Heizwert größer sein, da jedes Prozent Asche mehr im Koks, dessen Heizwert um rund 75 Kalorien herunterdrückt. Die Qualität, d. i. die Härte des Kokses, hängt nicht ab von der Destillationstemperatur, sondern von der Geschwindigkeit der Entgasung. Bei allzu rascher Erhitzung reißen die gewaltsam entwickelten Destillationsgase die einzelnen Torffasern auseinander und machen den Koks brüchig und rissig.

b) Die Ausbeuten an Teer, Essigsäure und Methylalkohol werden nicht vermehrt durch Temperatursteigerung über 525°.

c) Erhöhung der Temperatur über 525° hat Vermehrung von Gas und Ammoniak zur Folge. Das Gas ist, bei verhältnismäßig niedrigen Temperaturen gewonnen, schwerer als Luft (spez. Gew. bei 710° 1,09), bei höheren leichter (spez. Gew. bei 850° 0,86).

d) Im günstigsten Falle wurden bei 850° 29% des Torfstickstoffes in Ammoniak übergeführt, 37% blieben im Koks und 2% im Teer, 32% waren im Gas als Stickstoff enthalten. (Bei der Destillation der Steinkohle werden im allgemeinen nur 15—18% des Stickstoffs in Ammoniak übergeführt.)

Interessant ist hier der Versuch, aus den Ausbeuten die Wärmebilanz der Torfverkokung zu berechnen.

Zur Entgasung werden gebraucht:

Periode	I (Wasseraustreibung):	135 Kalorien	pro 1 kg Torf,
„	II (Teerbildung):	82 „	„ 1 kg „
„	III (Ammoniakperiode):	13 „	„ 1 kg „
	zusammen	230 Kalorien	

d. h. ca. 6% seines Wärmewertes von 4000 Kalorien. Da in den Endprodukten an Wärmeenergie je nach der Vergasungstemperatur enthalten sind

im Teer rd. 30% des Wärmewertes
„ Gas „ 7—14% „ „
„ Koks „ 56—63% „ „

so reicht das sich bildende Gas, rein theoretisch betrachtet, für die Verkokung aus.

3. Destillationen im Wasserdampfstrom. Nach Erledigung dieser Versuche wurden weitere Destillationen bei verschiedenen Temperaturen unter gleichzeitigem Einleiten von Wasserdampf ausgeführt. In der nachstehenden Tabelle sind die angewandten Dampfmengen (prozentual auf Torf berechnet), sowie die jeweiligen Ergebnisse angegeben:

Destillationen im Dampfstrom.

Temperatur	Dampfmenge	Koks		Analysen %						Teer				Gas		Wasser	Ammoniak	Essigsäure	Methylalkohol
	%	%	Spez. Gewicht	C	H	O	N	Asche	Kalorien	%	Spez. Gewicht	sauer	neutral	%	Spez. Gewicht	%	%	%	%
570°	4	37,2	0,76	76,78	3,05	10,05	1,44	8,7	6640	10,8	0,98	—	—	22,4	1,04	29,6	0,44	0,72	—
600°	25	33,5	0,75	77,82	2,67	8,94	1,37	9,2	6750	10,8	0,99	74	26	—	—	—	0,52	1,06	—
690°	6	32,5	0,74	—	—	—	—	—	—	12,0	1,00	45	55	31,0	1,00	24,4	0,52	0,76	—
700°	21	32,2	0,74	79,76	2,03	5,63	1,32	11,3	6830	10,9	0,97	43	57	35,3	0,98	21,5	0,75	0,82	0,1
700°	43	30,6	0,83	—	—	—	—	—	—	10,1	—	56	44	37,5	0,83	21,8	0,87	—	0,1
700°	96	31,2	0,75	79,67	1,96	5,27	1,30	11,8	6830	11,0	—	67	33	38,6	0,94	19,1	0,84	1,21	0,1
850°	27	30,8	0,75	81,26	1,56	4,57	1,31	11,3	6870	13,5	0,98	—	—	45,2	0,83	13,5	0,74	0,74	0,1
850°	75	25,3	0,76	[illegible]6,67	1,53	4,02	1,58	13,2	6400	11,9	0,9[illegible]	—	—	—	—	—	0,91	0,74	—

Aus diesen Destillationen, verglichen mit denen ohne Dampfzufuhr, lassen sich folgende Schlüsse ziehen:

a) Koks wird durch Dampfeinführung in seiner Quantität vermindert infolge Wassergasbildung nach der Gleichung $C + H_2O = CO + H_2$; die chemische Beschaffenheit und der Heizwert dagegen werden nicht erkennbar beeinflußt. Der Koks wird jedoch poröser und infolgedessen leichter.

b) Die Teerausbeute wird gesteigert durch langsames Erhitzen im Dampfstrom. Der Wasserdampf schützt dabei den Teer vor Überhitzung und Zersetzung dadurch, daß er letzteren aus den Koksporen vor Eintritt der Zersetzungstemperatur (etwa 550°) austreibt. Der Teer wird bei Einführung von Wasserdampf schwerer und reicher an sauren Bestandteilen, wahrscheinlich weil diese erst sekundär unter Wasserabspaltung in neutrale Körper zerfallen, und dieser Prozeß durch die Anwesenheit des Wasserdampfes erschwert wird.

c) Die Ammoniakmenge wird durch die Dampfdestillation verdoppelt bis verdreifacht, und zwar scheint die Vermehrung der Dampfmenge einen stärkeren Einfluß auszuüben als die Steigerung der Temperatur über 700°. Der Wasserdampf wirkt nur noch wenig auf bereits ausgegarten Koks ein, daher muß er vorher, d. h. während der Entgasung (zwischen 100—700°) eingeführt werden. Auch bei Dampfzuführung bleiben 30% des Gesamtstickstoffes als „fixer" Stickstoff im Koks, während 30%, im günstigsten Falle bis 60%, als Ammoniak gewonnen werden können (bei Steinkohle etwa 30%).

d) Auch die Essigsäure wird durch Destillation im Dampfstrom reichlich vermehrt und beträgt je nach der in der Substanz vorhandenen Sauerstoffmenge und der zugeführten Dampfmenge 0,75—1,2% des Torfes.

e) Auch die Menge des Methylalkohols scheint bei der Dampfeinführung vermehrt zu werden, indessen nicht wesentlich.

f) Das Gas vermehrt sich ganz wesentlich, besonders um die bekannten Wassergasbestandteile Kohlenoxyd und Wasserstoff, und wird dadurch viel heizkräftiger und leichter (spez. Gew. etwa 0.85), allerdings auf Kosten der Koksausbeute.

4. Besondere Destillationsarten. Schließlich wurden noch einige besondere Destillationsarten ausgeführt.

a) In gleicher Weise wie vorher wurden mehrere Versuche unter Durchleiten eines Leuchtgasstromes angestellt, also in einer wasserstoffreichen Atmosphäre. Eine Vermehrung der Ammoniakausbeute trat jedoch nicht ein; gasförmiger Wasserstoff vermag also den Torfstickstoff nicht direkt anzugreifen. Im Gegenteil zeigte sich eine geringe Verminderung, wahrscheinlich weil das Gas durch Verdünnen der Wasserdämpfe die Einwirkung derselben auf den Torf erschwert. Im übrigen waren die Produkte und Ausbeuten die gleichen wie bei der Trockendestillation ohne Gaszuführung.

b) Bei der Destillation des Torfes mit 20% staubförmig abgelöschtem Kalk und Einleiten von Wasserdampf wurden zum

Schluß der Versuche (bei 675°) 0,80% Ammoniak gewonnen. Dies bedeutet eine Mehrumwandlung von 10% Gesamtstickstoff in Ammoniak, also einen verhältnismäßig geringen Zuwachs.

c) Zur Feststellung der Beständigkeit des Teers wurden sowohl die sauren, als auch die neutralen Torföle (also nach dem Auswaschen mit Säuren und Basen) durch überhitzte Eisenrohre hindurchdestilliert. Beide Fraktionen begannen bei etwa 525° unter Kohlenstoff- und Gasbildung sich zu zersetzen; Anwesenheit von Wasserdampf rückte den Zersetzungspunkt auf etwa 550° hinauf. Rohteer scheint sich bereits bei etwas unter 500° zu zersetzen, wie ja auch im allgemeinen Gemenge chemischer Körper viel weniger beständig sind als die einzelnen reinen Bestandteile. Nebenbei bemerkt, hatten die höchstsiedenden zur Verwendung kommenden Fraktionen des Torfteers einen Siedepunkt von etwa 385°.

Normaldestillationsmethode.

Um einen Torf durch Versuchsdestillation bewerten zu können, müssen natürlich diejenigen Verhältnisse gewählt werden, bei denen die einzelnen Produkte in ergiebigster und vorteilhaftester Form entstehen können. Nach den beschriebenen Versuchen hat sich als geeignetste Destillationsmethode in dem erwähnten Rohrofen folgende erwiesen: Langsame Trockendestillation haselnußgroßer Stücke bis etwa 400°, alsdann schnelle Steigerung der Temperatur bis 700° unter Einleiten von 20—25% Wasserdampf. Bei Einhalten gleicher Erhitzungszeiten, Torfmengen und gleicher Stückgröße sind bei Verwendung des beschriebenen Rohrofens sehr gut miteinander vergleichbare Resultate zu erhalten. Nach dieser „Normaldestillationsmethode Hoering“ wurden z. B. zwei verschiedene Torfe untersucht. Die Ausbeuten waren folgende:

Torf von	Koks			Gas	Teer			Ammoniak	Essigsäure	Methylalkohol
	%	Qualität	Spez. Gew.	%	%	sauer %	neutral %	%	%	%
Vardal (Norwegen)	32,5	hart	0,75	35,0	11,0	50	50	0,75	0,85	0,10
Vehner Moor (Oldenburg)	33,0	weich	0,55	29,5	8,6	60	40	0,35	1,25	0,15

Zu diesen Laboratoriumsversuchen ist zu bemerken, daß im Großbetrieb der Gang der Destillation infolge von Abkühlung, von durch die Apparatur bedingten Verlusten usw. sich nicht so günstig gestalten läßt wie im Laboratorium. Die dem Großbetriebe angepaßten, später beschriebenen Versuche zeigen deutlich, wie sich die Ausbeuten dementsprechend vermindern.

Weitere Destillationen nach der „Normaldestillationsmethode":

Torf aus:	I. Röros	II. Triangel	III. Schwaneburg	IV. Schwaneburg	V. Vehner Moor
Torfgewicht in gr.	1025	1165	1150	1187	1179
Volumgewicht des Torfes	0,38	0,42	0,44	0,42	0,42
% Wasser im Torf	22,4	12,1	17,8	16,3	13,8
Destillationsdauer Std.	4	$4^1/_2$	$4^1/_2$	4	$3^1/_2$
% Eingeleiteter Dampf bezgl. Torf	72	36	26	20	15
% Koksausbeute	27,0	34,2	32,1	34,0	34,4
% Teer	10,6	10,8	6,5	6,5	8,4
% Schwelwasser	35,9	30,6	35,0	34,5	29,8
% Torfgas	26,5	24,4	26,4	25,0	27,4
% Ammoniak bezgl. Torf	0,66	0,37	0,28	0,35	0,27
% Ammoniak bezgl. Gesamt-N.	40	29	26	32	28
% Essigsäure	1,93	1,24	1,25	1,36	1,25
% Vorlauf (bis 97°)	0,10	0,07	0,04	0,07	0,05
% Laugelösliches im Teer	70	57	48	48	60

Infolge zu geringer Dampfzufuhr und zu frühzeitiger Beendigung der Destillation sind die angegebenen Werte für die Nebenprodukte in Spalte V zu niedrig, während sie in Spalte I infolge zu starker Dampfzufuhr zu hoch sind. Immerhin läßt sich erkennen, daß der norwegische Torf (Röros), entsprechend seinem größeren Gehalt an Wasserstoff und Stickstoff, eine sehr reiche Ammoniakausbeute gibt, ferner, daß aus dem Torf von Triangel mehr Teer und Ammoniak erhalten wird als aus den beiden oldenburgischen Torfen. Mit den in den vorhergehenden Tabellen gegebenen Zahlen lassen sich die Ergebnisse dieser Tabelle nicht genau vergleichen, denn an Stelle der früher angewandten haselnußgroßen Stücke wurden bei diesem Versuch möglichst große, ca. 200 g schwere Stücke genommen, und so wurde infolge der erschwerten Einwirkung des Wasserdampfes auf das Material die Ammoniakausbeute wesentlich herabgedrückt.

c) Verkokung in Retorten.

Im Anschluß an die Torfdestillationen im Rohrofen wurden Destillationen in Retorten ausgeführt. Diese sind aber für das Studium des Destillationsvorganges von geringerer Bedeutung, da in einer Retorte bei der verhältnismäßig kleineren Heizfläche und höheren Torfschicht stets größere Temperaturunterschiede herrschen als in dem Rohrofen, und daher leichter intermediäre chemische Reaktionen auftreten. Da ähnliche Verhältnisse auch im Großbetrieb herrschen, bilden diese Untersuchungen den Übergang zu den technischen Versuchen.

1. Destillation in Glasretorten im Luftbade. In einer 33 g feinstgepulverten Vardaltorf enthaltenden Glasretorte, die in einem sorgfältig regulierten Luftbade stand, wurde eine sehr langsame, 40 Stunden dauernde Destillation ausgeführt. Bei diesem Versuch erwiesen sich die Temperaturen an jedem Punkte der Retorte völlig gleich. Nach 30stündigem Erhitzen bei 120° war das gesamte hygroskopische Wasser (21%) abdestilliert. Beim Erhitzen bis 180° in den nächsten drei Stunden destillierte nichts weiter über, alsdann traten die ersten Spuren von Teeröl und Essigsäure sowie Methylalkohol auf. Diese Anfangstemperaturen sind etwa dieselben wie die im Rohrofen gefundenen. Nach weiteren sieben Stunden war der Torf bei 400° verkohlt und hatte 31% Wasser, 7,2% Teer und 0,12% Ammoniak abgegeben.

2. Destillation in Metallretorten. Es wurden gußeiserne Retorten von 2 und 5 Liter Inhalt, welche mit abnehmbarem Helm und Gasableitung an ihrem höchsten Punkt versehen waren, angewandt. Bei den mit diesen Retorten ausgeführten Destillationen wurde zwar auch eine Scheidung des Destillationsvorganges in drei Perioden mit den charakteristischen Temperaturgrenzen 150° und 300° beobachtet (die Temperaturen oben gemessen), da aber die Retorten an den verschiedenen Punkten Unterschiede bis zu 120° aufwiesen, sind diese Perioden nicht scharf getrennt und die Temperaturangaben ungenügend. Die mittlere Endtemperatur betrug etwa 500—550°. Ausgeführt wurden Destillationen mit und ohne Dampfzufuhr. Die Ergebnisse sind in folgender Tabelle zusammengestellt:

Norwegischer Torf	Koks %	Wasser %	Teer %	Gas %	Ammoniak %
Vardal-Torf, trocken destilliert	37	32,5	4,5	26,0	0,12
Röros-Torf I, „ „	24	37,0	8,6	32,4	0,25
„ „ II, „ „	32	35,5	6,2	26,3	0,05
Vardal-Torf, mit 70 % Dampf destill.	34	—	7,7	—	0,57
Röros-Torf I „ 90 % „ „	31	—	8,7	—	0,45
„ „ I „ 110 % „ „	35	—	9,0	—	0,48
„ „ II „ 110 % „ „	32	—	8,0	—	0,20
„ „ II „ 150 % „ „	33	—	8,0	—	0,22
„ „ II „ 160 % „ „	31	—	9,3	—	0,30

Daß die erhaltenen Werte ziemlich ungleichmäßig sind, beruht auf der Unmöglichkeit, die Temperatur konstant zu erhalten. Dieselben beweisen aber ebenso wie die der Rohrdestillation, daß Zuführung von Wasserdampf während der Verkokung die Ausbeuten an Ammoniak und Teer wesentlich steigert. Einleiten von Dampf in völlig entgasten Koks gab auch hier nur eine verhältnismäßig geringe Steigerung der Ammoniakausbeute.

d) Verkokung im stehenden Ofen bei kontinuierlichem Gang.

Torfverkokung in großem Maßstabe rentabel auszuführen, erscheint nur in kontinuierlich arbeitenden Öfen möglich, und zwar am besten in stehenden, in denen das Material sich selbsttätig abwärts bewegt. Von diesem Gesichtspunkte aus wurde auf Veranlassung des Verfassers als Modell ein stehender eiserner Ofen konstruiert von 1,2 m Höhe und 0,18 m Heizrumpf-Durchmesser. Die Beheizung geschah von außen durch Leuchtgas unter geeigneter Ummantelung, um Wärmeverluste möglichst zu vermeiden. Es konnte eine Durchschnittstemperatur von 400—600° erzielt werden. Die Beschickung mit Torf erfolgte alle 15—20 Minuten durch zwei Füllöcher in der oberen Deckplatte, das Ziehen des fertigen Kokses nach unten alle 30 Minuten vermittels eines gasdichten Bodenschiebers. Die Destillationsprodukte gelangten durch ein in der Mittellinie des Ofens von oben herab eingesetztes, in der Vertikalachse beliebig verschiebbares Eisenrohr in eine große Kupferkühlschlange und gingen dann zur völligen Verdichtung der entsprechenden Produkte durch Wasserkühler, während das Gas schließlich frei verbrannt wurde. Bei jedem Versuche gelangten 12—15 kg Torf innerhalb 6—8 Stunden zur Verkokung.

Entsprechend den Rohrofen-Destillationen wurden folgende Verkokungen ausgeführt:

1. Gewöhnliche Trockendestillation mit Ableitung der Torfgase oben, d. h. an der kältesten Stelle.

2. Gewöhnliche Trockendestillation mit Gasableitung in der unteren Hälfte des Ofens, d. h. Zwangsführung der Gase zur heißesten Stelle.

3. Dampfdestillation derart, daß der fertige, noch glühende Koks seine Wärme auf ein im Boden des Ofens befindliches ringförmiges Gefäß übertrug, in welchem Wasser verdampfte und in einer Menge von 10—12% des Torfes in den heißesten Teil des Ofens aufstieg.

Die Ausbeuten waren folgende:

Art der Destillation	Torf	Temperaturmittel	Koks %	Teer %	Ammoniak %	Essigsäure %	Methylalkohol %
1. Gasableitung	Oldenburg	warm	35	6,3	0,18	0,90	0,03
hoch	„	heiß	29	6,0	0,15	0,90	0,15
2. Gasableitung	Oldenburg	heiß	—	5,0	0,33	0,86	0,03
tief	„	heiß	21	2,0	0,49	0,72	0,01
3. Dampfdestillation	Oldenburg	warm	31	5,0	0,15	0,67	0,04
	„	warm	32	6,0	0,23	0,88	0,03
	„	heiß	32	7,0	0,23	0,92	0,02
	Vardal	warm	32	9,0	0,35	1,03	0,02
	„	heiß	28	7,0	0,48	0,96	0,01

Der im letzten Versuch gewonnene Koks wies einen Aschengehalt von 11% und einen Heizwert von 7150 Kalorien auf.

Die Ergebnisse bestätigen die Experimente im Rohrofen und zeigen, daß das Prinzip — während der Hauptverkokungsperiode von 400—650° Dampf einzuführen — mit dem Ergebnis einer besseren Ausbeute an Teer und Ammoniak auch in einem stehenden, kontinuierlich arbeitenden Ofen erfolgreich durchgeführt werden kann, ohne daß ein besonderer Mehraufwand an Wärme für den eingeführten Dampf beansprucht wird.

II. Kapitel.

Technische Versuche im Großen.

Verkokungsversuche auf der Versuchsanlage zu Magdeburg-Buckau.

Nachdem die Laboratoriumsversuche abgeschlossen vorlagen und eine Reihe von einwandfreien Untersuchungen gezeigt hatten, was überhaupt im günstigsten Falle aus dem Torf zu erzielen war, wurde nun an die nächste Aufgabe herangetreten, einen für den Großbetrieb passenden Ofen zu konstruieren, der es ermöglichte, alle die vorteilhaften Destillationsbedingungen in Anwendung zu bringen, welche die Laboratoriumsversuche ergeben hatten. Hierbei mußte besonders die günstige Wirkung der Wasserdampfzufuhr auf die Gewinnung der Nebenprodukte berücksichtigt werden.

Dieser Versuchsofen mußte solche Dimensionen aufweisen, daß er einwandsfrei den Beweis lieferte, für die Technik brauchbar zu sein. Infolgedessen wurde seine Größe eine solche, daß er im Laboratorium nicht mehr aufzustellen war (Rumpfhöhe $5^1/_4$ m). Es wurde daher mit der Maschinenfabrik Magdeburg-Buckau, die den Bau des Ofens übernahm, ein Abkommen getroffen, wonach sie den Platz zu einem längeren Versuchsbetrieb hergab. Neben dem Ofen wurde ein Lagerplatz für Torf geschaffen und ein Laboratorium dort eingerichtet. Der Versuchsbetrieb wurde vier Monate hindurch aufrecht erhalten und das Personal dafür so gewählt, daß derselbe ununterbrochen Tag und Nacht durchgeführt werden konnte.

a) Beschreibung der Ofenanlage.

Der Versuchsofen wurde, wie erwähnt, durch eine stehende eiserne Retorte von $5^1/_4$ m Rumpfhöhe und 500×700 mm ovalem Querschnitt gebildet. (s. Figur.) Er wurde von außen vermittels Gasbrennerdüsen beheizt unter geeigneter Vorwärmung der Verbrennungsluft. Gemäß den im Laboratorium gemachten Erfahrungen erhielt die Retorte Innenleitungen, durch welche die im obersten Retortenteile entstandenen Wasserdämpfe gezwungen wurden, ihren Weg durch die heißeste Zone zu nehmen. Sie entwichen schließlich mit den Teerdämpfen und den Gasen zusammen durch die in der Zone der Teerbildung, also etwa in der Mitte des Ofens, befindliche Gasabzugsleitung. Letztere war vertikal verschiebbar eingerichtet. In der Nähe ihrer inneren Mündung befand sich das Quecksilbergefäß eines 4 m langen Quecksilber-Stahlthermometers, das Temperaturen bis 550° genau angab. Die übrige Apparatur bestand aus den Kondensationsrohren entsprechender Dimensionen und einem Wäscher; letzterer wurde aber später außer Betrieb gesetzt, weil sich das Gas nach der Kondensation als völlig ammoniakfrei erwies. Außerdem waren noch ein elektrisch betriebener Gassauger und die erforderlichen Sammelbassins vorhanden.

Der Betrieb erfolgte kontinuierlich, indem der Ofen stündlich mit Torf in der üblichen Sodenform durch zwei verschließbare Öffnungen in der Deckelplatte nachgefüllt wurde. Dieser Prozeß wechselte ab mit stündlichem Abziehen des Kokses am unteren Ende (bei sehr langsamem Betrieb nur alle $1^1/_2$ Stunden). Die Dauer eines jeden Versuches betrug 2—3 Tage und Nächte. Es wurde mit Leuchtgas geheizt unter Mitbenutzung des nach der vollständigen Inbetriebsetzung der Anlage entweichenden Torfgases.

In zwei Versuchen wurde festgestellt, daß die Gasabführungsstelle sich 2,8 m unter der Deckelplatte befinden muß, um einen rationellen Betrieb zu ermöglichen. Ferner wurden noch die erforderliche Weite der Brennerdüsen, sowie die Lage der

Kondensationsrohre, die zur Verhinderung von Wasserverlust erforderliche Stärke der Isolierung und die Höhe der erreichbaren Ofentemperatur bestimmt. Bei einem Wassergehalt des Torfes von 45% konnte nur eine mittlere Temperatur von 270° an der Gasabsaugestelle erreicht werden, bei 30% Wassergehalt dagegen leicht über 400°. Die Temperatur des Ofens an der heißesten Stelle, etwa $^3/_4$ m tiefer, muß auf etwa 550—600°, also 150—200° höher geschätzt werden.

Der gewonnene Torfkoks war gut entgast und entsprach in bezug auf Härte den an guten Torfkoks zu stellenden Anforderungen.

b) Quantitative Verkokungsversuche.

Um nun ein genaues Bild der im Großbetrieb zu erzielenden Ausbeuten zu erhalten, wurden quantitative Verkokungsversuche mit drei verschiedenen Torfen bei möglichst verschiedenen Temperaturen ausgeführt. Torf, Koks, Teer und Schwelwasser wurden genau gewogen, die beiden letzteren Produkte völlig analysiert, und jedesmal der Heizkraftbedarf pro Tonne Torf für eine Normalgangsperiode von 12—24 Stunden berechnet. Angeheizt wurde, nachdem der Ofen zunächst zur knappen Hälfte mit fertig ausgegartem Koks und dann mit Torf vollends aufgefüllt worden war. Mit dem regelmäßigen Ziehen und Nachfüllen konnte 6—8 Stunden nach dem Anheizen begonnen werden.

Erster Versuch. Destillation von Triangel-Torf (33% Wassergehalt) bei **hoher Temperatur.**

Der Ofengang wird durch folgende Tabelle veranschaulicht:

	Stunden	Temperatur	Torf kg beschickt	Koks kg gezogen	Leuchtgas cbm
Anfangsbeschickung .	—	—	300 Koks 60 Torf	—	—
Anheizperiode	31	(400°)	620	340	304
Normalgang	6	500°	310	75	42
	6	450°	320	100	42
	6	375°	290	80	58
	6	445°	300	85	57
Endperiode	5	(425°)	—	150	6
Summe	60	i. M. 442°	1900 kg	830 kg	510 cbm

Die erhaltenen Ausbeuten waren:

30% Koks (sehr gut gar, siehe Analyse).

4,9% Teer, 38% Schwelwasser, 0,084% Ammoniak und 0,532% Essigsäure.

Die Ofenleistung[1]) betrug: 1,22 t Torf in 24 Stunden.

Leuchtgas wurde[1]) verbrannt: 164 cbm pro Tonne.

Koksanalyse	lufttrocken	wasserfrei
% C	85,38	88,71
% H	2,75	2,34
% O	4,32	4,48
% N	1,25	1,30
% S	0,13	0,14
% Asche	2,92	3,03
% Wasser	3,75	—
Kalorien (berechn.)	7346	7657

Zweiter Versuch. Destillation von Triangel-Torf (33% Wassergehalt) bei **mittlerer** Temperatur:

Ofengang:

	Stunden	Temperatur	Torf kg beschickt	Koks kg gezogen	Leuchtgas cbm
Anfangsbeschickung .	—	—	204 Koks 212 Torf	—	—
Anheizperiode	12	(250°)	287	150	61
Normalgang	6	570°	253	112	38
	6	425°	268	97	30
	6	375°	233	88	46
	6	455°	310	92	30
	6	375°	272	102	35
	6	325°	211	79	47
	6	350°	283	92	51
	5	425°	292	77	34
Endperiode	5	(375°)	—	205	—
Summe	64	i. M. 421°	2621 kg	1094 kg	472 cbm

Die erhaltenen Ausbeuten waren:

34% Koks, 4,9% Teer, 41% Schwelwasser, 0,077% Ammoniak, 0,630% Essigsäure.

---

[1]) während des Normalganges.

Die Ofenleistung[1]) betrug: 1,08 t Torf in 24 Stunden.

Der Leuchtgasverbrauch[1]) war: 216 cbm pro Tonne Torf.

Dritter Versuch. Destillation von Triangel-Torf (35% Wassergehalt) bei **niedriger** Temperatur:

Ofengang:

	Stunden	Temperatur	Torf kg beschickt	Koks kg gezogen	Leuchtgas cbm
Anfangsbeschickung .	—	—	185 Koks 265 Torf	—	—
Anheizperiode	$14^1/_2$	(200°)	445	153	197
Normalgang	6	340°	330	98	42
	6	310°	274	86	43
	6	320°	415	131	46
	6	310°	318	107	37
	6	350°	261	108	28
	4	325°	212	76	25
Endperiode	$14^1/_2$	(300°)	—	272	74
Summe	63	i. M. 325°	2520 kg	1031 kg	492 cbm

Die erhaltenen Ausbeuten waren:

34% Koks, 5,2% Teer, 37% Torfwasser, 0,130% Ammoniak, 0,591% Essigsäure.

Die Ofenleistung[1]) betrug: 1,28 t Torf in 24 Stunden.

Der Leuchtgasverbrauch[1]) war: 122 cbm pro Tonne.

Es ist möglich, daß das Thermometer bei diesem Versuch nicht ganz richtig angezeigt hat, da sowohl aus der größeren Ofenleistung und höheren Ammoniakausbeute, als auch aus der besseren Koksqualität auf eine mindestens ebenso hohe Temperatur wie bei Versuch I geschlossen werden sollte. Vielleicht lag auch das Wärmemaximum bei vorstehendem Versuch in einer tieferen Ofenzone.

Vierter Versuch. Destillation von schwedischem Torf aus Granefors, gemischt mit Triangel-Torf (Wassergehalt: Granefors-Torf 29%, Triangel-Torf 21%) bei **hoher** Temperatur:

[1]) während des Normalganges.

Ofengang:

	Stunden	Temperatur	Torf kg beschickt	Koks kg gezogen	Leuchtgas cbm
Anfangsbeschickung .	—	—	185 Koks 205 Torf	—	—
Anheizperiode	9½	200°	202	83	140
Normalgang	6	500°	257	101	42
	6	470°	212	83	28
	6	430°	263	78	59
	6	470°	286	96	38
	6	490°	262	85	28
	6	490°	250	82	31
	6	440°	209	87	27
Endperiode	5½	400°	—	204	12
Summe	57	i. M. 479°	2146 kg	899 kg	405 cbm

Die erhaltenen Ausbeuten waren:

33% Koks, 6,7% Teer, 33% Torfwasser, 0,157% Ammoniak, 0,676% Essigsäure.

Die Ofenleistung[1]) betrug: 0,99 t Torf in 24 Stunden.

Der Leuchtgasverbrauch[1]) war: 145 cbm pro Tonne.

Die Torffüllung bestand aus 1317 kg Granefors-Torf und 644 kg Triangel-Torf. Unter Berücksichtigung der früher für Triangel-Torf bestimmten Ausbeuten läßt sich für Granefors-Torf berechnen: Koks 33%, Teer 7,1%, Torfschwelwasser 34%, Ammoniak 0,167%, Essigsäure 0,585%.

Der Graneforskoks war äußerst hart und hochwertig, und wie folgt zusammengesetzt (zum Vergleich sei die Analyse des Ausgangstorfs daneben angegeben):

	Torf		Koks	
	lufttrocken	wasserfrei	lufttrocken	wasserfrei
% C	40,51	53,81	85,41	87,16
% H	3,93	5,23	1,97	2,01
% O	—	—	3,58	3,64
% N	1,16	1,55	1,19	1,22
% S	0,15	0,20	0,24	0,25

[1]) während des Normalganges.

	Torf		Koks	
	lufttrocken	wasserfrei	lufttrocken	wasserfrei
Asche	—	—	5,61	5,72
Wasser	24,75	—	2,00	—
Kalorien (ber.)	3246	4513	7315	7576

Fünfter Versuch. Destillation von schwedischem Torf (20% Wassergehalt) bei **hoher** Temperatur.

Da das Thermometer infolge eines Brandes zerstört war, konnte die Temperatur nur durch Beobachtung der Ofenfarbe geschätzt werden; sie betrug etwa ebensoviel wie beim vorhergehenden Versuch.

Ofengang:

	Stunden	Torf kg beschickt	Koks kg gezogen	Leuchtgas cbm
Anfangsbeschickung . .	—	154 Koks 263 Torf	—	—
Anheizperiode	12	286	92	178
Normalgang	6	237	83	63
	6	199	64	48
	6	240	70	61
	6	236	87	53
	6	237	80	35
	6	253	83	44
	6	225	54	81
	6	159	42	96
	6	202	59	86
	8	289	86	134
Endperiode	8	—	266	69
Summe	82	2826 kg	1066 kg	948 cbm

Die erhaltenen Ausbeuten waren:

32% Koks, 9% Teer mit 22% Wasser und 7,2% Teer mit dem Normalwassergehalt von 3%, 29% Torfschwelwasser (einschl. des Wassers im Teer), 0,203% Ammoniak und 0,539% Essigsäure.

Die Ofenleistung[1]) betrug: 0,88 t Torf in 24 Stunden.

Der Leuchtgasverbrauch[1]) war: 308 cbm pro Tonne.

[1]) während des Normalganges.

Die beiden letzteren Zahlen sind sehr ungünstig, weil infolge des bereits erwähnten Brandes die Isolierung des Ofens nach außen sehr stark beschädigt war. Der Koks war völlig gar und hart.

Sechster Versuch. Schwaneburger Torf (19% Wassergehalt) bei **hoher** Temperatur.

Ofengang:

	Stunden	Torf kg beschickt	Koks kg gezogen	Leuchtgas cbm
Anfangsbeschickung	—	150 Koks 281 Torf	—	—
Anheizperiode	12	212	57	194
Normalgang	6	144	76	58
	6	134	69	50
	6	250	79	53
	6	247	68	45
	6	222	71	55
	3	93	38	25
Endperiode	11	—	218	39
Summe	56	1583 kg	676 kg	519 cbm

Die erhaltenen Ausbeuten waren:

33% Koks, 7,2% Teer (mit 5% Wasser), 29% Torfwasser, 0,206% Ammoniak und 0,536% Essigsäure.

Die Ofenleistung[1]) betrug: 0,79 t Torf in 24 Stunden.

Der Leuchtgasverbrauch[1]) war: 362 cbm pro Tonne.

Bei den beschriebenen Versuchen sind die Fehlergrenzen naturgemäß größer als bei Laboratoriumsversuchen. Der für den Koks angegebene Wert ist ungenau, weil er je nach der Witterung und der zum Ablöschen benötigten Wassermenge unter Umständen mehrere Prozent Feuchtigkeit enthielt. Auch die Einhaltung der gleichen Temperatur während längerer Zeit glückte infolge wechselnder Witterung nicht immer. Zudem dürfte bei den einzelnen Versuchen der Unterschied der Temperaturen im oberen und unteren Teil des Ofens infolge des verschiedenen Wassergehalts und des nicht immer gleich schnellen Ofenganges verschieden gewesen sein.

[1]) während des Normalganges.

Tabellarische Zusammenfassung der sechs Verkokungsversuche.

Versuch	Torf	Wassergehalt %	Temperatur im Mittel	Tagesleistung t	Koks %	Teer %	Wasser %	Torfgas %	Ammoniak %	Essigsäure %
1	Triangel	33	440	1,22	30	4,9	38	27,1	0,084	0,532
2	Triangel	33	421	1,08	34	4,9	41	20,1	0,077	0,630
3	Triangel	35	325?	1,28	34	5,2	37	23,8	0,130	0,591
4a	Schwedisch u. Triangel	24	475	0,99	33	6,7	33	27,3	0,157	0,676
4b	Schwedisch (ber.)	29	475	0,99	33	7,1	34	25,8	0,167	0,585
5	Schwedisch	20	450?	0,88	32	7,2	29	31,8	0,203	0,539
6	Schwaneburg	19	450?	0,79	33	7,2	29	30,8	0,206	0,536

Die für Methylalkohol ermittelten Werte schwanken zwischen 0,03% und 0,3% auf Torf berechnet und sind deshalb für eine Verallgemeinerung zu unsicher. Aus den Versuchen ergeben sich folgende **Leitsätze**:

1. Der Torf zerfällt im Ofen keineswegs, noch wird er in seiner Struktur irgendwie gestört, sondern er zieht sich gleichmäßig zusammen zu einem harten, unelastischen und nicht hygroskopischen Koks, und zwar um so besser, je gleichmäßiger der Torf bearbeitet worden ist.

2. Zur Entgasung des Torfes und zur Erzielung eines Kokses mit einem Sauerstoffgehalt von 3—5% und einem Heizwert von 7000—7500 Kalorien genügen 6—$6^1/_2$ Stunden, und zwar braucht die Temperatur an der heißesten Stelle des Ofens etwa 650° nicht zu übersteigen.

3. Zur reichlichen Erzeugung von Teer und Ammoniak ist die Verlängerung der Erhitzungsdauer auf 9—$9^1/_2$ Stunden sehr vorteilhaft.

4. Die Ammoniakausbeute steigt mit der Menge des in der Verkokungszone aus dem zwangläufig geführten Torfwasser gebildeten Wassergases. (Es konnten 15—20%

des im Torf vorhandenen Stickstoffes in Ammoniak umgewandelt werden.)

c) Vergleichende Versuche mit anderen Materialien.

Im Anschluß wurden zum Vergleich noch einige Verkokungsversuche ausgeführt mit ganz leichtem Stichtorf, Torfbriketts, Braunkohlenbriketts, Rohbraunkohle und Braunkohlestaub.

Stichtorf (aus Langenberg bei Stettin) verliert beim Verkoken völlig seine Struktur; der gut entgaste Koks war dementsprechend äußerst porös, wenig widerstandsfähig und zerbröckelte leicht.

Torfbriketts, aus Langenberg, mit und ohne Beimischung von Anthrazitklein hergestellt, verkokten völlig, doch wurde ihr innerer Zusammenhang derart gelockert, daß nur ein Teil der entstandenen Koksstücke den Druck im Ofen aushielt.

Braunkohlenbriketts (aus dem hallischen Bezirk) verloren ihre Struktur in noch höherem Maße, so daß sie nur noch als Kokspulver aus dem Ofen gezogen werden konnten.

Rohbraunkohle (Lignit aus der Niederlausitz mit über 10% Holzeinschlüssen) wurde mit Erfolg verkokt. Das Ergebnis war ein gut garer, allerdings feinkörniger Koks von folgender Zusammensetzung (verglichen mit der Rohkohle):

	Lignit	Koks
% C	21,04	77,81
% H	1,98	1,24
% O + N	16,43	2,73
% S	0,86	0,12
% Wasser	56,24	4,24
% Asche	3,45	13,86
Kalorien	2092	6572

Die erhaltenen Schwelgase waren sehr schwefelhaltig. Die Teerausbeute betrug weniger als 3%.

Ein Versuch mit **Braunkohlenstaub** mißglückte völlig, weil das feine Pulver sich an den Ofenwandungen festsetzte und auf den weiteren Ofeninhalt isolierend wirkte. Schließlich kam es hierbei zu einer Kohlenstaubexplosion.

d) Ergebnisse.

Der Vergleich der früheren Destillationen im Rohrofen und im stehenden Modellofen mit den zuletzt beschriebenen in der großen Versuchsanlage läßt deutlich den Einfluß der Vergrößerung des Verkokungsofens auf die Verkokung selbst erkennen. Es treten nämlich erstens infolge der im großen Ofen stets herrschenden Temperaturunterschiede leicht Überhitzung und dadurch bedingter Zerfall der weniger beständigen Anteile (z. B. der höheren Kohlenwasserstoffe) ein; sodann findet infolge der längeren Wege lebhaftere Wechselwirkung sowohl der Gase unter sich als auch besonders mit dem festen kohlenstoffhaltigen Material statt. Letzterer Umstand bedingt u. a. eine Reduktion der sauerstoffhaltigen Körper (Kreosote, Essigsäure, Wasserdampf).

Speziell ergibt sich folgendes:

1. Der **Koks** entgast bei der gleichen Temperatur im großen Ofen in großen Stücken gründlicher als in kleinen Öfen in kleinen Stücken, teils infolge der naturgemäß meist längeren Einwirkung der Hitze, teils weil die dichten, großen Stücke die Wärme wesentlich rascher ins Ofeninnere gelangen lassen als die kleinen porösen. Die chemische Beschaffenheit des Kokses hängt von seinem Entgasungsgrade ab, die mechanische einzig und allein von der mechanischen Beschaffenheit des Ausgangstorfes.

2. Die **Teerausbeute** im großen Ofen dürfte 66% der im Laboratorium im günstigsten Falle zu erzielenden nicht übersteigen, wie ja auch die Braunkohlenindustrie mit einer Ausbeute von 70% der Laboratoriumsergebnisse rechnet. In qualitativer Hinsicht verliert der Teer in großen Apparaten besonders in bezug auf Säuren und Paraffine, so daß z. B. die Ausbeute an Kreosot (auf Torf berechnet) von etwa 2% auf rund 1% sinkt und die von Rohparaffin von ungefähr 1% auf etwa 0,4%; hiervon wären noch etwa 0,1% für Fabrikationsverluste abzuziehen. Naturgemäß wird der Teer in großen Öfen reicher an Pech.

3. Die **Ammoniakausbeute** ist im Großbetriebe von Zufälligkeiten recht abhängig. Sie steigt mit der Temperatur, der Porosität und Kleinstückigkeit des Ausgangsmaterials. Während bei meinen Laboratoriumsversuchen 40%, manchmal sogar 50—60% des Gesamtstickstoffes in Ammoniak umgewandelt werden konnten, wurden im großen Ofen nur etwa 20% hierin übergeführt. Eine wesentliche Vermehrung dieses Wertes scheint bereits durch verhältnismäßig geringe Temperatursteigerung möglich zu sein. Im Koks bleibt $^1/_3$ bis $^1/_4$ des gesamten Stickstoffes zurück.

4. Die **Essigsäure** nimmt beim Arbeiten in großen Apparaten stark ab und ist anscheinend der reduzierenden Wirkung durch das kohlenstoffhaltige Gut resp. der Überhitzung gegenüber ebenso empfindlich wie die Kreosote. Ihre Verminderung kommt dem Gase zugute.

5. Während bei der gewöhnlichen Destillation von Torf die **Schwelwasserausbeute** etwa 18—20% höher ist als der Gehalt an hygroskopischem Wasser (bei 100° ermittelt), geben die Versuche in der beschriebenen Anlage im Mittel nur eine Mehrausbeute von 7%. Es ist dies eine Folge der eigentümlichen Zwangsführung der Wasserdämpfe durch die heiße Zone, die zu einer Wassergasbildung führt.

6. Auch die Versuche im Großen haben gezeigt, daß die Ausbeute der verschiedenen Torfe an Koks und Teer nicht stark voneinander abweicht, da bei Torfen gleichen Alters das innere Verhältnis zwischen Kohlenstoff, Sauerstoff und Wasserstoff ziemlich das gleiche ist (bei gleichem Gehalt an Asche und Feuchtigkeit). Dagegen ist das Ausbringen von Ammoniak ziemlich verschieden infolge des wechselnden Gehalts an Stickstoff im Torf.

II. Teil: Untersuchung der Destillationsprodukte.

I. Kapitel.

Der Torfkoks.

a) Ausbeute bei der Verkokung des Torfes.

Das Hauptprodukt der Trockendestillation des Torfes ist der Torfkoks (Torfkohle). Im Durchschnitt wird aus 3 Teilen Torf 1 Teil Koks erhalten, also ungefähr 33%. Im Großbetrieb kann man bei gutem Material auf eine Ausbeute von etwa 30% großstückigem Torfkoks rechnen. Der Rest (3%) besteht aus Bruchstücken und Kohlenstaub.

Mit zunehmender Vertorfung des verarbeiteten Materials nimmt auch die erzielte Koksmenge zu. Es fällt dabei ins Gewicht, daß mit der Anreicherung des Kohlenstoffs in den tieferen, älteren Schichten des Torfs, die bereits auf Seite 60—62 ausführlicher erörtert worden ist, zugleich eine Vermehrung jenes Anteiles desselben stattfindet, der bei der trockenen Destillation als „fixer Kohlenstoff", d. h. als Koks, zurückbleibt, während der Anteil der flüchtigen Produkte, des „flüchtigen Kohlenstoffs", sich entsprechend vermindert. Davon gibt uns eine Tabelle aus den bereits an der erwähnten Stelle herangezogenen Untersuchungen von Zailer und Wilk[1]) ein Bild.

Koks aus Torf verschiedener Tiefen (Carextorf).

Die Probe stammt aus einer Tiefe von m	0,5	1,5	3,5	5,5	7,5	9,5	11,5
In 100 Gewichtsteilen der urspr. Substanz sind enthalten:							
Wasser	10,06	10,71	11,42	12,59	12,79	12,44	9,68
organ. Substanz .	84,43	83,35	81,74	80,59	77,41	76,45	58,33
Rohasche	5,51	5,94	6,84	6,82	9,80	11,11	31,99

[1]) Zailer und Wilk, Z. Wien, 1911, S. 167.

Koksausbeute der:							
urspr. Substanz .	28,63	29,55	30,45	30,99	33,43	34,43	49,32
Trockensubstanz	31,84	33,09	34,38	34,46	38,33	39,32	54,04
Fixer Kohlenstoff (Koks — Asche) in der:							
urspr. Substanz .	23,12	23,61	23,61	24,17	23,63	23,32	17,33
Trockensubstanz .	25,71	26,44	26,66	27,66	27,09	26,63	18,62
organ. Substanz .	27,38	28,32	28,89	29,98	30,53	30,51	29,70
Immediatanalyse der urspr. Substanz:							
Wasser	10,06	10,71	11,42	12,59	12,79	12,44	9,68
flüchtiger C . . .	61,31	59,74	58,13	56,42	53,75	53,13	41,00
fixer C	23,12	23,61	23,61	24,17	23,63	23,32	17,33
Rohasche	5,51	5,94	6,84	6,02	9,80	11,11	31,99
Immediatanalyse der Trockensubstanz:							
flüchtiger C . . .	68,16	66,91	65,62	64,54	61,67	60,68	45,96
fixer C	25,71	26,44	26,66	27,66	27,09	26,63	18,62
Rohasche	6,13	6,65	7,72	7,80	11,24	12,69	35,42
Immediatanalyse der organischen Substanz:							
flüchtiger C . . .	72,62	71,68	71,11	70,02	69,47	69,49	70,30
fixer C	27,38	28,32	28,89	29,98	30,53	30,51	29,70

Der „fixe Kohlenstoff“ steigt im vorliegenden Falle mit zunehmender Vertorfung von 27,38% der organischen Substanz in 0,5 m Tiefe bis auf 30,51% in 9,5 m Tiefe, um in der tiefsten Schicht um ein Geringes wieder abzunehmen. Allerdings erscheint bei dieser die relative Koksausbeute aus dem Torf um einen sehr erheblichen Betrag gesteigert, doch ist dies nur durch eine sehr bedeutende Steigerung ihres Aschengehalts bedingt. Man wird natürlich solche aschenreiche Torfe aus den untersten Moorschichten nicht mehr zur Verkokung heranziehen und überhaupt beim Erwerb von Torflagern für Verkokungszwecke auch auf deren Zersetzungszustand sorgfältig achten, weil ja davon die Ausbeuten an „fixem Kohlenstoff“ oder Koks wesentlich abhängen.

b) Chemische Zusammensetzung des Torfkoks.

Der Torfkoks besteht größtenteils aus Kohlenstoff. Daneben enthält er noch Wasserstoff, Sauerstoff, Stickstoff, meist sehr wenig Schwefel und Phosphor, außerdem schwankende Mengen Asche, sowie einige Prozent Feuchtigkeit. Seine Zusammensetzung hängt natürlich in hohem Grade von der des Ursprungsmaterials ab, aber auch die Art der Verkohlung spielt dabei eine wichtige Rolle. Vorteilhaft wird man zur Koksgewinnung möglichst aschearmen Torf, wie er meist in den Hochmooren enthalten ist, verwenden. Diese liefern einen verhältnismäßig aschearmen Torfkoks mit durchschnittlich nur 1,5—4 % Asche. Torfe mit einem höheren Aschengehalt als 4 % der Trockensubstanz sind schon recht wenig geeignet, da dann der Aschengehalt des Koks über 10% steigt. Ein guter Torfkoks steht in seiner chemischen Zusammensetzung guter Holzkohle recht nahe, er kann diese sogar hinsichtlich des Kohlenstoffgehalts übertreffen, da dieser relativ in der Torfsubstanz höher ist als beim Holz, während der Aschengehalt günstigenfalls ein geringerer sein kann.

Torfkoksanalysen sind in der Literatur nur sehr wenige zu finden[1]). Von Analysen, die im eigenen Laboratorium über die Zusammensetzung verschiedener Torfkokse ausgeführt wurden, seien folgende angeführt:

Torfkoksanalysen.

Nr.	Koksqualität	Spez. Gewicht	Poren	Elementare Zusammensetzung					Heizwert
			%	C	H	O	N	Asche	Kal.
1	hart	0,81	59	79,44	2,32	7,20	0,74	10,3	6843
2	weich	0,75	61	79,67	1,96	5,27	1,30	11,8	6828
3	sehr hart . . .	0,83	59	81,35	2,77	3,11	1,27	11,5	7275
4	hart	0,80	51	73,84	3,85	11,85	1,30	9,6	6520
5	ziemlich weich .	0,76	—	76,78	3,05	10,05	1,44	8,68	6636
6	sehr weich . . .	0,67	—	76,67	1,53	7,02	1,58	13,2	6397
7	hart	0,84	—	81,27	1,55	3,97	1,41	11,8	6886
8	sehr porös . . .	0,75	—	77,82	2,67	8,94	1,37	9,2	6750
9	ziemlich hart . .	0,74	60	79,76	2,03	5,63	1,32	11,26	6832
10	sehr weich . . .	0,75	—	79,67	1,96	5,27	1,30	11,8	6828

Für den nach dem Zieglerschen Verfahren gewonnenen Torfkoks und Torfhalbkoks und für eine zum Vergleich herangezogene Holzkohle liegen folgende Analysen vor[2]):

[1]) z. B. bei Hausding, Handbuch der Torfgewinnung, 2. Aufl., 1904, S. 408.
[2]) Hausding S. 396.

	Torfkoks	Torfhalbkoks	Holzkohle
C	84,23	73,50	85,18
H	1,93	3,59	2,88
N	—	1,46	—
O	6,28	14,41	3,44
S	—	0,20	—
Asche	3,09	2,50	2,46
Feuchtigkeit .	4,47	4,34	6,04
Heizwert . . .	7042 WE	6776 WE	7670 WE

Der Torfhalbkoks ist so gewonnen, daß man den Torf schneller durch den Verkokungsofen schickt als bei der Gewinnung von Torfkoks, so daß außer dem Wasser nur geringe Mengen von Teer und Gasen entfernt werden. Welchen Einfluß die verschiedenen Verkokungsarten naturgemäß auf die Zusammensetzung des Rückstandes ausüben, zeigen ferner die Analysenresultate der im vorhergehenden bereits beschriebenen quantitativen Verkokungsversuche (vgl. S. 279ff.). Diese Angaben werden in willkommener Weise durch eine Untersuchung von Börnstein[1]) ergänzt, der die Erhitzungsrückstände bei der Verkokung von Torf in den Temperaturintervallen von 250—450° untersuchte, während sich diese Untersuchungen auf das Gebiet von 400—800° erstreckt haben. Die Resultate Börnsteins, der unter langsamem Erhitzen die Temperatur bei den angegebenen Graden so lange hielt, bis sich eine weitere Einwirkung nicht zu erkennen gab, sind in folgender Tabelle wiedergegeben:

Zusammensetzung der wasser- und aschenfreien Erhitzungsrückstände.

	Ursprüngl.	Beim Erhitzen:				
		bis 250°	bis 300°	bis 350°	bis 400°	bis 450°
	%	%	%	%	%	%
C . . .	58,32	57,80	59,90	70,14	73,44	75,19
H . . .	5,54	5,79	5,80	4,21	4,56	4,21
N . . .	3,06	2,94	3,18	3,60	3,67	3,49
O . . .	32,76	33,20	30,80	21,71	17,99	16,88
S . . .	0,32	0,27	0,37	0,34	0,34	0,28

[1]) Journ. f. Gasbel., München 1906, S. 627 ff.

Auf je 100 Atome Kohlenstoff berechnet, sind in den Rückständen enthalten:

Atome	Ursprüngl. %	Erhitzt: bis 250° %	bis 300° %	bis 350° %	bis 400° %	bis 450° %
H . . .	114,0	120,2	116,2	72,0	74,5	67,2
N . . .	4,5	4,3	4,5	4,4	4,3	4,9
O . . .	42,1	42,7	38,6	23,2	18,4	16,8
S . . .	0,2	0,2	0,2	0,2	0,2	0,1

Den Unterschied zwischen Meiler- und Retortenverkohlung zeigen folgende Analysen einer schwedischen Meilertorfkohle und einiger schwedischer Retortentorfkohlen[1]):

	Ursprung	Wassergehalt %	In der wasserfreien Substanz C %	S %	P %	Asche %	Heizwert Kalorien
Meilerkohle . .	Majenjänkä	4—7,6	67,56	0,86	0,115	13,84	6703
Retortenkohle I .	Hökönmoor	2,00	85,4	0,24	0,06	5,61	7315
Retortenkohle II	Hästhagenmoor	—	87,0	0,10	0,10	4,36	7410
Retortenkohle III	Yxenhultmoor	4,69	—	0,38	0,05	6,72	—

Die Druckfestigkeit der Majenjänkä-Kohle war 36,2—55,8 kg pro qcm, während Nadelholzkohle 105,9 kg pro qcm parallel der Faserrichtung und 9,5 kg senkrecht auf die Faserrichtung aufwies. Bei Laubholzkohle sind die Werte 187,6 kg und 10,5 kg. Bei Berechnung des Druckfestigkeitskoeffizienten, der gefunden wird, wenn die Druckfestigkeit der Faserrichtung und der darauf senkrechten multipliziert werden, erhält man im Mittel für Majenjänkä-Kohle (wohl nur infolge ihres hohen Aschengehaltes) 2155, bei Nadelholz 1006 und bei Laubholzkohle 1970. Torfkohle von Hökön, die eine deutliche Faserung zeigte, wies nur einen Koeffizienten von 465 auf.

Über Volumschwindung und Gewichtsverlust des verkokten Rückstandes gegenüber dem Ausgangsmaterial bei der Verkokung in verschiedenen Temperaturlagen wurden bei den

[1]) Nach Schreiber, Brenntorf und Torfstreu-Industrie in Skandinavien, Österr. M. Staab 1906, S. 55.

schon erwähnten quantitativen Verkokungsversuchen folgende Resultate erhalten:

Art der Verkokung	Temperatur	Rückstand	
		Vol.%	Gew.%
Destillationen im Rohr- und Schießofen	400°	52,5	47,1
Rohrofendestillationen . . .	500°	42,4	39,9
„ . . .	600°	38,0	33,5
„ . . .	700°	36,8	32,9
„ . . .	800°	34,5	32,2

In sämtlichen Temperaturlagen gehen also Volumschwindung und Gewichtsverlust beinahe parallel; doch ist letzterer etwas größer, darum vermindert sich das spezifische Gewicht ein wenig.

Bei der Verkokung nimmt die Porenmenge zu. Sie betrug nach eigenen Ermittelungen

bis 100°: 45—50 %,
bei 400°: 47—50 %,
„ 700°: 58—61 %.

Da das spezifische Gewicht in sehr geringem Maße abnimmt, muß das Gewicht der eigentlichen Kokssubstanz um ein Geringes zunehmen.

Schwefel. Die quantitative Bestimmung des Schwefels im Torfkoks bereitet analytisch naturgemäß nicht solche Schwierigkeiten, wie sie bei der Bestimmung des Schwefels im Torf (vgl. S. 212) auftreten können. Die auch sonst bei Kohle und Koks gebräuchliche Methode nach Eschka[1]), bei der die feingepulverte Substanz mit der doppelten Menge eines innigen Gemisches von zwei Teilen gebrannter Magnesia und einem Teil wasserfreier Soda im Platintiegel erhitzt wird, liefert leicht zuverlässige Werte für den Gesamtschwefel. Die Differenz aus der Menge dieses Schwefels und derjenigen, die bei sehr gründlicher Veraschung des Koks in der Asche gefunden wird, ergibt die Menge des flüchtigen Schwefels.

Schwefel ist im Torfkoks im allgemeinen nur in sehr geringer

[1]) s. Lunge, Chem.-techn. Untersuchungsmeth., 5. Aufl., Bd. I, S. 248 und 428.

Menge vorhanden, was gegenüber dem Steinkohlenkoks mit mindestens 0,9—1,2% Schwefel einen großen Vorzug bedeutet. Außerdem aber ist von diesem geringen Schwefelgehalt der allergrößte Teil bei der Verbrennung nicht flüchtig, sondern bleibt vollkommen in der Asche. Daher gestattet der Torfkoks die Erzeugung einer von schwefliger Säure vollständig freien Flamme, was besonders für metallurgische Zwecke und zur Schonung der beheizten Kesselwandungen von großer Bedeutung ist.

Bei verschiedenen Untersuchungen im Laboratorium wurden für den Schwefelgehalt von Torfkoks Werte gefunden, die zwischen 0,05—0,25% lagen. In zwei aus Oldenburger Torf hergestellten Torfkokssorten wurden vom Königlichen Materialprüfungsamt bei einer vom Verfasser veranlaßten Untersuchung auf flüchtigen Schwefel gefunden:

	I. %	II. %
Gesamtschwefel im Koks . . .	0,27	0,30
Schwefel in der Asche	0,18	0,22
Also flüchtiger Schwefel	0,09	0,08

Im Gegensatz dazu konnte Keppeler[1]), der in den im Handel befindlichen Sorten Torfkoks auch nur 0,2—0,3% Schwefel fand, flüchtigen Schwefel nicht feststellen.

Ebenso wichtig wie dieser geringe Gehalt an Schwefel ist die fast völlige Abwesenheit von Phosphor im Torfkoks. Bei den vorliegenden Untersuchungen wurden in verschiedenen Kokssorten z. B. folgende Werte gefunden: 0,026%, 0,031%, 0,038%, 0,032%, 0,034% Phosphor.

Die übrigen anorganischen Bestandteile der Koksasche, wie Kalk, Magnesia, Tonerde, Kieselsäure, Eisen, Mangan, Chlor, Kali und Natron finden sich in annähernd denselben quantitativen Verhältnissen wieder wie in der Asche des Torfs, aus dem der Koks bereitet wurde. Über Zusammensetzung von Torfaschen ist im vorhergehenden an verschiedenen Stellen berichtet (siehe S. 190ff.).

Mit Hilfe von Dimethylglyoxim, dem „Nickelreagenz" von

[1]) Prot. d. 70. Sitz. Z. M. K. 1912, S. 234.

Tschugajew, konnte in der Asche von Torf verschiedener Hochmoore, wie auch in der Asche verschiedener Kohlensorten, Nickel und Kobalt nachgewiesen werden. Letzterer wird nach Ausfällung des Nickels an der blauvioletten oder tiefroten Färbung des Filtrats erkannt, die dieses durch Zusatz einer Schwefelverbindung (Schwefelammonium oder Schwefelnatrium) annimmt[1]).

c) Äußere Beschaffenheit und Verwendung des Torfkoks.

Wie beim Torf läßt sich auch beim Torfkoks die Faserstruktur mitunter noch erkennen. Äußerlich ähnelt er sehr dem Steinkohlenkoks, wenn er auch im allgemeinen nicht ganz die Druckfestigkeit des letzteren hat. Man kann diese jedoch durch Verwendung von besonders dichten Torfsoden annähernd erreichen. Enthält das Ausgangsmaterial viel Holz u. dgl. beigemengt, so ist der entstehende Koks sehr locker. Ebenso liefert Stichtorf einen sehr lockeren, manchmal sogar pulverförmigen Koks. Daher muß man in der Technik gut verdichteten Maschinentorf verwenden. Solange dies nicht geschah, mußten die schon oft unternommenen Versuche, aus Torf eine der Holzkohle gleichwertige Kohle zu gewinnen, scheitern.

Der Torfkoks klingt beim Anschlagen und hat eine glänzende, schwarze Bruchfläche. Er wird in großen Stücken entsprechend der Größe der Torfsoden und ihrer Schwindung während des Verkokens gewonnen. Sein spezifisches Gewicht ist nach Herkunft und Aschengehalt verschieden. Bei den Untersuchungen im Laboratorium wurden zwischen 0,67 und 0,84 liegende Werte gefunden (vgl. Tabelle S. 291).

Der Torfkoks läßt sich viel besser entzünden als Steinkohlenkoks und glimmt, einmal in Brand gesetzt, selbst bei geringem Luftzuge fort. Er verbrennt fast rauch- und geruchlos und hinterläßt eine weißgelbe, sehr leichte Asche.

Wegen seiner großen Porosität vermag der Torfkoks, besonders in gepulvertem Zustande, ebenso wie die Holzkohle Gase auf der Oberfläche in hervorragendem Maße zu verdichten. Er

---

[1]) Kraut, Z. ang. Chem. 19, 1793; C. C. 1906, II, 1865.

ist deshalb ein sehr brauchbares Mittel zum Geruchlosmachen und Desinfizieren und wird wegen dieser Eigenschaft auch als Düngerzusatz empfohlen, um etwa frei werdendes wertvolles Ammoniakgas zu binden.

Seine Hauptverwendung muß aber der Torfkoks als preiswerter Ersatz für Holzkohle überall dort finden, wo zu metallurgischen und sonstigen Spezialzwecken besonderer Wert auf eine möglichst schwefel- und phosphorfreie Kohle gelegt wird. Da die Hauptschwierigkeit, einen Torfkoks von befriedigender Druckfestigkeit, der in dieser Beziehung der Holzkohle zumindest nicht nachsteht, zu gewinnen überwunden ist, so ist nicht daran zu zweifeln, daß er sich schon in naher Zukunft ein bedeutendes, stetig wachsendes Absatzgebiet errungen haben wird.

In dem Wettkampf zwischen Holzkohle und Torfkoks ist nämlich derzeit ein entschiedener Wendepunkt zugunsten des letzteren eingetreten, indem gleichzeitig mit der Vervollkommnung der Technik der Herstellung und der erzielten Qualität des Torfkoks eine sehr erhebliche Preissteigerung der Holzkohle in Deutschland Platz gegriffen hat, die aller Voraussicht nach keine vorübergehende sein kann und wohl auch noch nicht am Ende der aufwärts gehenden Bewegung angelangt sein dürfte. Es hängt dies mit der immer mehr zunehmenden Verwertung der Holzvorräte zu rentableren Zwecken als dem der Holzverkohlung zusammen. Der heutige Durchschnittspreis von annähernd 80 M. für die Tonne Holzkohle gestattet es bereits, noch bei guter Rentabilität den Torfkoks auf den Markt zu bringen, selbst wenn bei seiner Herstellung auf die besondere, rationelle Gewinnung der Nebenprodukte vorläufig verzichtet wird.

Auf diese Tatsache möge mit allem Nachdruck hingewiesen sein, da sich auf diesem Wege, wenn der Torfkoks das bisherige Absatzgebiet der Holzkohle für metallurgische Zwecke sich teilweise oder ganz erobern könnte, ein so gewaltiger Konsum an Torf ergeben würde, daß dahinter der Verbrauch in elektrischen Überlandzentralen, den man zurzeit fast ausschließlich für die industrielle Ausbeutung der Torfmoore ins Auge faßt, erheblich zurückbleiben würde. Es könnten dann nicht nur durch Ersatz der bisher jährlich in sehr bedeutender Menge aus dem Auslande bezogenen Holzkohle durch einen gleichwertigen deutschen Torfkoks große Beträge dem deutschen Volksvermögen erhalten bleiben, sondern es müßte Deutschland auch möglich werden, sich von dem Bezug des bisher fast ausschließlich aus Schweden eingeführten Feineisens unabhängig zu machen, sobald die Herstellung im eigenen Lande unter Benutzung von Torfkoks sich genügend verbilligen läßt.

II. Kapitel.

Der Torfteer.

A. Technische Vorversuche.

Nachdem durch die vorstehend beschriebenen technischen Verkokungsversuche genügend Material für eine nähere Untersuchung der Destillationsprodukte zur Verfügung stand, wurde daran gegangen, den Teer zunächst nach den technischen Gesichtspunkten, die auf Gewinnung von technisch verwertbaren Produkten wie Leuchtöl, Schmieröl, Paraffin usw. abzielen, in die Rohfraktionen zu zerlegen, und zwar wurden die betreffenden Untersuchungen, wie nachstehend beschrieben, im Magdeburger Laboratorium (vgl. S. 277) ausgeführt.

Die in der Versuchsanlage in Magdeburg-Buckau, aus Schwaneburger, Triangeler und schwedischem Torf bei den Verkokungsversuchen gewonnenen Teere waren von salbenartiger Beschaffenheit, schwarzer Farbe und durchdringendem Geruch. Das spezifische Gewicht schwankte zwischen 0,940—0,970 bei 40° C.

Der Torfteer ist, wie schon bekannt, vom Holz- und Steinkohlenteer wesentlich verschieden. Der von mir erhaltene Torfteer stand dem Braunkohlenteer ziemlich nahe.

Die Elementar-Analyse einer wasserfreien Teerprobe ergab:

	C	H	N
I.	82,17%	10,13%	0,94%
II.	81,58%	10,25%	0,92%

Der analysierte Teer war durch längeres Erwärmen mit wasserfreiem Natriumsulfat auf dem Wasserbad entwässert und durch ein trockenes Filter filtriert worden.

Der Gang der weiteren Untersuchung war folgender: Etwa 1 kg Teer wurde aus einer Glasretorte destilliert und in Wasser, Rohöl, Rohparaffinbrei (d. h. das beim Gefrierenlassen auf Eis sich Ausscheidende) und Pech getrennt. Das Rohöl wurde durch Waschen mit 20%iger Natronlauge in Kreosote und neutrales Öl geschieden und letzteres durch weitere Destillation in „Solaröl" und „leichtes Gasöl" getrennt. „Solaröl" bezeichnet die unter 200° siedenden Anteile, das „leichte Gasöl" dagegen das über 200° Siedende. Der Rohparaffinbrei wurde durch Abpressen in der Kälte in Hartparaffin und „schweres Gasöl" getrennt. Das Schema der Analyse ist nachstehend skizziert:

Schema der Teeranalyse.

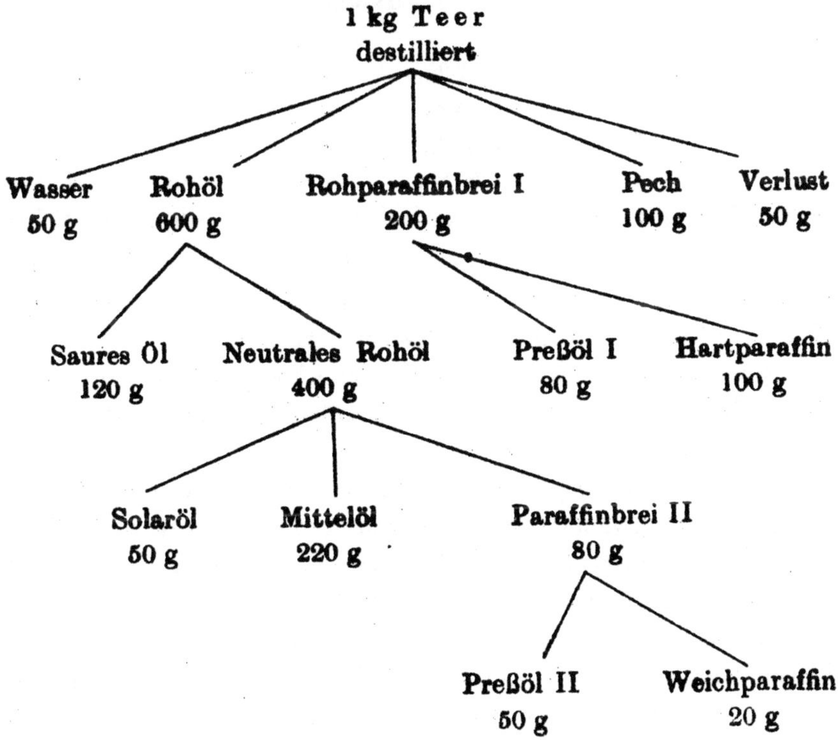

Der aus den Vorversuchen (siehe S. 278) gewonnene Teer hatte das spez. Gew. 0,93 bei 35° und ergab bei der Destillation 2,0% Wasser, 15,8% saure Öle, 6,2% Solaröl, 18% leichtes Gasöl, 25,4% schweres Gasöl, 6,3% Rohparaffin (Schmp. 40°), 19,6% Pech, 6,7% Gesamtverlust.

Die leichten Gasöle ergaben bei der Destillation:

I.	124—200° = 4%,	II.	200—250° = 49%,
III.	250—300° = 36%,	IV.	300—350° = 3%.

Rückstand und Verlust 8%. Das Destillat erstarrte nach Übergang von 89 Volumprozenten auf Eis.

Fraktionierung zweier schwerer Gasöle:

a):	I.	74—100° = 1%,	II.	100—150° = 1%,
	III.	150—200° = 3%,	IV.	200—250° = 10%,
	V.	250—300° = 36%,	VI.	300—360° = 6%,
	VII.	über 360° = 40%,		Rückstand und Verlust 3%.

Das Destillat erstarrte nach Übergang von 35 Volumprozenten auf Eis.

b):	I.	76—100° = 2%,	II.	100—150° = 2%,
	III.	150—200° = 4%,	IV.	200—250° = 9%,
	V.	250—300° = 26%,	VI.	300—360° = 2%,
	VII.	über 360° = 51%,		Rückstand und Verlust 4%.

Nach Übergang von 45% erstarrte das Destillat noch nicht auf Eis.

Nach diesen Destillationsversuchen enthielten die Gasöle stets noch Weichparaffin, jedoch wurde auf dessen nähere Bestimmung wegen der geringen Menge verzichtet.

Nach demselben Schema wurden die Teere der sechs quantitativen Verkokungsversuche (siehe S. 279ff.) getrennt untersucht und ergaben Zahlen umstehender Tabellen.

Der Erstarrungspunkt des Paraffins wurde nach der in der Braunkohlenschwelindustrie üblichen Methode ermittelt, das Pech war zäh und koksartig und konnte infolgedessen schwer zum gleichmäßigen Schmelzen gebracht werden.

Große Abweichungen von den Mittelwerten bieten die einzelnen Versuche nicht, wenn die erhaltenen Werte von verschiedenem Wassergehalt auf wasserfreien Teer umgerechnet werden.

Torf	Tempe-ratur Mittel	Spez. Gewicht	Wasser %	Saure Öle %	Solaröl %	Leichtes Gasöl %	Paraffin %	Schweres Gasöl %	Pech %	Verlust %
1. Triangel . .	440°	—	2,7	13,9	4,8	15,1	7,2 (Erp. 43°)	37,9	14,7	3,7
2. Triangel . .	421°	0,94/40°	5,2	19,4	3,5	17,5	5,0 („ 45°)	30,0	16,4	3,0
3. Triangel . .	325°	0,96/40°	3,3	13,9	2,7	14,2	6,3 („ 44°)	36,3	18,9	4,4
4. Schwedisch . und Triangel	475°	0,97/40°	11,3	12,3	3,8	10,8	4,4 („ 47°)	34,8	18,3	4,3
5. Schwedisch .	450°	0,96/45°	4,5	14,2	6,3	10,8	2,5 („ 44°)	42,1	15,1	4,5
6. Schwaneburg	450°	—	16,1	12,6	4,3	13,5	3,5 („ 45°)	32,2	12,2	5,6

Die Umrechnung der Resultate dieser sechs Versuche und des Vorversuches auf wasserfreien Teer gibt:

	Saure Öle %	Solaröl %	Leichtes Gasöl %	Paraffin %	Schweres Gasöl %	Pech %	Verlust %
I.	14,3	4,9	15,5	7,4	38,9	15,1	3,9
II.	20,4	3,7	18,4	5,2	31,6	17,3	3,4
III.	14,4	2,8	14,7	6,5	37,5	19,5	4,6
IV.	13,9	4,3	12,2	4,9	39,2	20,6	4,9
V.	14,9	6,6	11,3	2,6	44,0	15,7	4,9
VI.	15,0	5,1	16,1	4,2	38,4	14,5	6,7
Vor-Vers.	16,1	6,3	18,3	6,4	26,2	20,0	6,7
Mittel	15,6	4,8	15,2	5,3	36,5	17,5	5,0

Erkennbar ist aber immerhin, daß sich bei kälterem Ofengange mehr saure Öle und mehr Paraffin und dafür weniger Schweröle und Pech bilden. Dies stimmt mit den Erfahrungen überein, daß die sauren Öle und Paraffine gegen Überhitzung sehr wenig widerstandsfähig sind. Ersichtlich ist auch, daß die Teere aus verschiedenen Torfen, wenn sie einigermaßen denselben Zersetzungsgrad aufweisen, qualitativ wenig voneinander verschieden sind.

Die detaillierten, durch eingehende Fraktionierung gewonnenen Untersuchungsresultate der bei den quantitativen Verkokungsversuchen I—VI und noch von zwei weiteren, VII und VIII[1]) erhaltenen Teere, aus deren Zusammensetzung der Einfluß

[1]) bei Versuch VII und VIII mit Schwaneburger Torf ist auf die Beschreibung des Ofenganges verzichtet!

der verschiedenen Torfarten und Destillationsmethoden ermittelt werden sollte, sind nachstehend beschrieben.

Torfteer vom I. Verkokungsversuch. (S. 279.) Spez. Gew. des Teers 0,935 bei 35°.

Der Teer wurde durch mäßiges Erwärmen vom anhaftenden Teerwasser mechanisch getrennt und aus einer Glasretorte destilliert, bis nichts mehr überging; es wurden erhalten:

Wasser	29 g = 2,7%
Rohöl	484 g = 44,9%
Rohparaffinbrei	283 g = 26,3%[1]
Pechrückstand	213 g = 19,8%
Verlust	68 g = 6,3%
Destillierter Teer	1077 g = 100,0%

Untersuchung des Rohöls. Das Rohöl (484 g) wurde mit der Hälfte seines Volumens 20%iger Natronlauge eine Viertelstunde im Scheidetrichter geschüttelt und darauf die gleiche Menge Wasser zugefügt, um etwa in der Kreosotlauge gelöste neutrale Öle abzuscheiden; darauf wurde nochmals eine Viertelstunde geschüttelt und dann in der Wärme absitzen gelassen.

Nach dem Absitzen wurde die Kreosotlauge abgezogen und das neutrale Rohöl mit warmem Wasser gewaschen. Die Menge der sauren Öle wurde aus der Gewichtsdifferenz zwischen Gesamtrohöl und neutralem Rohöl unter Berücksichtigung der Waschverluste bestimmt, die sich aus dem Gesamtgewicht aller verwendeten Materialien ergaben.

Ausbeute:	auf Teer berechnet
Neutrales Rohöl	289 g = 26,8%
Saure Öle	180 g = 16,7%
Waschverlust	15 g = 1,4%
Gesamtes gelaugtes Rohöl	484 g = 44,9%

---

[1]) Vom Beginn des Erstarrens auf Eis.

Destillation des neutralen Rohöls:

	auf Teer berechnet
I. 85—200°	63,5 g = 5,9%
II. 200—250°	109,0 g = 10,1%
III. 250—300°	90,0 g = 8,4%
IV. über 300°	18,5 g = 1,7%
Verlust und Rückstand	8,0 g = 0,7%
Gesamtes destilliertes Rohöl	289,0 g = 26,8%

Die IV. Fraktion erstarrte in der Kälte und lieferte nach dem Auspressen in der Laboratoriumspresse:

	auf Teer berechnet
Weichparaffin ca.	3,0 g = 0,3%
Ablauföl II ca.	15,5 g = 1,4%
	18,5 g = 1,7%

Siedeanalyse der leichten Gasöle. Die Fraktionen II und III, sowie das Ablauföl von Fraktion IV wurden vereinigt und 100 ccm des Gemisches einer nochmaligen Destillation unterworfen. Beginn des Siedens bei 124°.

124—200°	= 4%	(Volum)
200—250°	= 49%	„
250—300°	= 36%	„
300—350°	= 3%	„
Rückstand und Verlust	= 8%	„
	100 Volumprozent	

Das Destillat erstarrte nach Übergang von 89 Volumprozent auf Eis.

Untersuchung des Rohparaffinbreies. Der Rohparaffinbrei kristallisierte in der Kälte und wurde dann in Leinwand abgepreßt.

Ausbeute:	auf Teer berechnet
Preßöl I.	204 g = 18,9%
Paraffin I (Erstp. 40,5°)	61 g = 5,7%
Verlust	18 g = 1,7%
	283 g = 26,3%

Mit Berücksichtigung des durch die Apparate bedingten Verlustes sind also anzunehmen:

	auf Teer berechnet
Preßöl I.	221 g = 20,5%
Paraffin I	62 g = 5,8%
	283 g = 26,3%

Siedeanalyse des Preßöls I: (Beginn des Siedens bei 74°.)

74—100°	= 1%	(Volum)
100—150°	= 1%	„
150—200°	= 3%	„
200—250°	= 10%	„
250—300°	= 36%	„
300—360°	= 6%	„
über 360°	= 40%	„
Rückstand und Verlust	= 3%	„
	100 Volumprozent	

Das nach Übergang von 35 ccm (Volumprozent) bei einer Temperatur von 290° an übergegangene Destillat erstarrte auf Eis. Die ersten 10 ccm des Destillats wurden mit 20%iger Natronlauge $^1/_4$ Stunde geschüttelt; es lösten sich $1^1/_2$ ccm davon in der Lauge.

Endresultat:

Wasser	2,7%
Saure Öle	16,7%
Solaröl	5,9%
Leichtes Gasöl.	19,9%
Schweres Gasöl	20,5%
Paraffin I.	5,8%
Paraffin II	0,3%
Pech	19,8%
Verlust	8,4%
	100,0%

Torfteer vom II. Verkokungsversuch. (S. 280.) Spez. Gew. des Teers 0,930 bei 35⁰.

Destillationsresultat:

Wasser	11,0 g =	1,3%
Rohöl	312,5 g =	38,3%
Rohparaffinbrei	299,5 g =	36,7%
Pechrückstand	159,0 g =	19,5%
Verlust	34,0 g =	4,2%
Destillierter Teer	816,0 g =	100,0%

Untersuchung des Rohöls. Das Rohöl (312,5 g) wurde mit 187,5 g 20%iger Natronlauge $^1/_4$ Stunde lang geschüttelt, über Nacht stehen gelassen und darauf die Kreosotlauge abgezogen. Das neutrale Rohöl wurde nicht gewaschen. Die Kreosotlauge wurde mit 187,5 g Wasser versetzt; es schied sich kein Öl ab.

Ausbeute:

	auf Teer berechnet	
Neutrales Rohöl	188,0 g =	23,0%
Saure Öle	121,5 g =	14,9%
Waschverlust	3,0 g =	0,4%
Gesamtes gelaugtes Rohöl	312,5 g =	38,3%

Destillation des neutralen Rohöls. (Beginn des Siedens bei 66⁰):

I. 66—200⁰	53 g =	6,5%
II. 200—250⁰	76 g =	9,3%
III. 250—300⁰	43 g =	5,2%
IV. über 300⁰	13 g =	1,6%
Rückstand und Verlust	3 g =	0,4%
Gesamtes destilliertes neutrales Rohöl	188 g =	23,0%

Untersuchung des Rohparaffinbreies. Die Methode war dieselbe wie bei der ersten Untersuchung.

Ausbeute:

Preßöl I	232,0 g =	28,4%
Paraffin I (Erstp. 39,5⁰)	52,0 g =	6,4%
Verlust	15,5 g =	1,9%
	299,5 g =	36,7%

Anzunehmen also:

Preßöl I	246,5 g =	30,2%
Paraffin I	53,0 g =	6,5%
	299,5 g =	36,7%

Endresultat:

Wasser	1,3%
Saure Öle	14,9%
Solaröl	6,5%
Leichtes Gasöl	16,1%
Schweres Gasöl	30,2%
Paraffin I	6,5%
Paraffin II	—
Pechrückstand	19,5%
Verlust	5,0%
	100,0%

Torfteer vom III. Verkokungsversuch. (S. 281.)

Destillationsresultat:

		auf Teer berechnet
Wasser	19,0 g =	2,7%
Rohöl	240,8 g =	34,4%
Rohparaffinbrei	314,4 g =	45,0%
Pech	102,0 g =	14,7%
Verlust	22,3 g =	3,2%
	698,5 g =	100,0%

Aus 240,8 g Rohöl wurde durch Behandeln mit Lauge erhalten:

		auf Teer berechnet
Neutrales Rohöl	139,0 g =	19,9%
Saure Öle	97,5 g =	13,9%
Waschverlust	4,3 g =	0,6%
	240,8 g =	34,4%

Aus 314,4 g Paraffinbrei wurden durch Pressen erhalten:

			auf Teer berechnet
Preßöl I	251,7 g (+ 12,7 g Verlust) =	264,4 g =	37,9%
Paraffin I	48,6 g (+ 1,4 g Verlust) =	50,0 g =	7,2%

Torfteer vom IV. Verkokungsversuch. (S. 281.) Spez. Gew. des Teers 0,945 bei 40°. Der Teer verlor beim Schmelzen 47% Wasser.

Destillationsresultat:

		auf Teer berechnet
Wasser	32,0 g =	4,2%
Rohöl	308,4 g =	40,7%
Rohparaffinbrei	273,0 g =	36,0%
Pechrückstand	124,4 g =	16,4%
Verlust	20,1 g =	2,7%
Destillierter Teer	757,9 g =	100,0%

Beim Auslaugen des Rohöls wurden erhalten:

Neutrales Rohöl	161,2 g =	21,3%
Säuren	147,2 g =	19,4%
Waschverlust	—	—
	308,4 g =	40,7%

Destillation des neutralen Rohöls:

I. 75—200°	26,8 g =	3,5%
II. 200—360°	118,8 g =	15,7%
III. über 360°	13,7 g =	1,8%
Rückstand und Verlust	1,9 g =	0,3%
	161,2 g =	21,3%

Untersuchung des Rohparaffinbreies:

Preßöl I	213,4 g
Paraffin I (Erstp. 45°)	36,6 g
Wasser	8,0 g
Verlust	15,0 g
	273,0 g

Anzunehmen also:

		auf Teer berechnet
Preßöl I	227,4 g =	30,0%
Paraffin I	37,6 g =	5,0%
Wasser	8,0 g =	1,0%
	273,0 g =	36,0%

Destillation des Preßöls I. Beginn des Siedens 76° C.

76—100° =	2%	(Volum)
100—150° =	2%	,,
150—200° =	4%	,,
200—250° =	9%	,,
250—300° =	26%	,,
300—360° =	2%	,,
Rückstand und Verlust =	55%	,,
	100 Volumprozent	

Endresultat:

Wasser	5,2%
Säuren	19,4%
Solaröl	3,5%
Leichtes Gasöl	17,5%
Schweres Gasöl	30,0%
Paraffin I	5,0%
Paraffin II	—
Pechrückstand	16,4%
Verlust	3,0%
	100,0%

Torfteer vom V. Verkokungsversuch. (S. 283.) Spez. Gew. des Teers 0,965 bei 40°.

Destillationsresultat:

		auf Teer berechnet
Wasser	17,5 g =	3,3%
Rohöl	168,7 g =	31,6%
Rohparaffinbrei	227,6 g =	42,6%
Pechrückstand	100,8 g =	18,9%
Verlust	19,2 g =	3,6%
	533,8 g =	100,0%

Untersuchung des gelaugten Rohöls:

Beim Auslaugen des Rohöls wurden erhalten:

		auf Teer berechnet
Neutrales Rohöl	93,6 g =	17,5%
Säuren	73,9 g =	13,9%
Waschverlust	1,2 g =	0,2%
	168,7 g =	31,6%

Destillation des neutralen Rohöls:

I. 86—200°	14,7 g	= 2,7%
II. 200—360°	74,0 g	= 13,9%
III. über 360°	1,4 g	= 0,3%
Rückstand und Verlust	3,5 g	= 0,6%
	93,6 g	= 17,5%

Untersuchung des Rohparaffinbreies.

Preßöl I	175,8 g
Paraffin I (Erstp. 44,5°)	32,7 g
Verlust	19,1 g
	227,6 g

Anzunehmen also:

Preßöl I	193,9 g	= 36,3%
Paraffin I	33,7 g	= 6,3%
	227,6 g	= 42,6%

Endresultat:

Wasser	3,3%
Säuren	13,9%
Solaröl	2,7%
Leichtes Gasöl	14,2%
Schweres Gasöl	36,3%
Paraffin I	6,3%
Paraffin II	—
Pechrückstand	18,9%
Verlust	4,4%
	100,0%

Torfteer vom VI. Verkokungsversuch. (S. 284.) Spez. Gew. 0,965 bei 40°.

Destillationsresultat:

		auf Teer berechnet
Wasser	79,0 g	= 11,3%
Rohöl	194,5 g	= 27,8%
Paraffinbrei	274,2 g	= 39,2%
Pechrückstand	127,9 g	= 18,3%
Verlust	23,9 g	= 3,4%
	699,5 g	= 100,0%

Beim Auslaugen des Rohöls wurden erhalten:

Neutrales Rohöl	106,4 g = 15,2%
Saure Öle	85,9 g = 12,3%
Waschverlust	2,2 g = 0,3%
	194,5 g = 27,8%

Destillation des neutralen Rohöls:

	auf Teer berechnet
I. 89—200°	26,8 g = 3,8%
II. 200—305°	75,0 g = 10,8%
Rückstand und Verlust	4,6 g = 0,6%
	106,4 g = 15,2%

Untersuchung des Rohparaffinbreies:

Preßöl I	225,3 g
Paraffin I (47° Erstp.)	30,1 g
Verlust	18,8 g
	274,2 g

Anzunehmen also:

Preßöl I.	243,1 g = 34,8%
Paraffin I	31,1 g = 4,4%
	274,2 g = 39,2%

Endresultat:

Wasser	11,3%
Saure Öle	12,3%
Solaröl	3,8%
Leichtes Gasöl	10,8%
Schweres Gasöl	34,8%
Paraffin I.	4,4%
Paraffin II	—
Pechrückstand	18,3%
Verlust	4,3%
	100,0%

Torfteer vom VII. Verkokungsversuch: Spez. Gew. 0,960 bei 45°.

Destillationsresultat:

	auf Teer berechnet
Wasser	16,0 g = 4,5%
Rohöl	117,4 g = 32,8%
Rohparaffinbrei	159,5 g = 44,6%
Pechrückstand	54,1 g = 15,1%
Verlust	11,0 g = 3,0%
	358,0 g = 100,0%

Beim Auslaugen des Rohöls wurde erhalten:

Neutrales Rohöl	64,4 g = 18,0%
Säuren	51,0 g = 14,2%
Waschverlust	2,0 g = 0,7%
	117,4 g = 32,9%

Destillation des neutralen Rohöls:

I. 95—200°	22,7 g = 6,3%
II. 200—300°	38,5 g = 10,8%
Rückstand und Verlust	3,2 g = 0,8%
	64,4 g = 17,9%

Untersuchung des Rohparaffinbreis:

	auf Teer gerechnet
Preßöl I	150,6 g = 42,1%
Paraffin I (44° Erstp.)	8,9 g = 2,5%
	159,5 g = 44,6%

Endresultat:

Wasser	4,5%
Saure Öle	14,2%
Solaröl	6,3%
Leichtes Gasöl	10,8%
Schweres Gasöl	42,1%
Paraffin I.	2,5%
Paraffin II	—
Pechrückstand	15,1%
Verluste	4,5%
	100,0%

Torfteer vom VIII. Verkokungsversuch: Spez. Gew. 0,970 bei 50°.

Destillationsresultat:

		auf Teer bezogen
Wasser	95,0 g =	16,1%
Rohöl	186,7 g =	31,6%
Rohparaffinbrei	210,7 g =	35,7%
Pechrückstand	72,3 g =	12,2%
Verlust	25,9 g =	4,4%
	590,6 g =	100,0%

Beim Auslaugen des Rohöls wurden erhalten:

Neutrales Rohöl	110,9 g =	18,8%
Saure Öle	74,7 g =	12,6%
Waschverlust	1,1 g =	0,2%
	186,7 g =	31,6%

Destillation des neutralen Rohöls:

I. 72—200°	25,2 g =	4,3%
II. 200—360°	79,9 g =	13,5%
Rückstand und Verlust	5,8 g =	1,0%
	110,9 g =	18,8%

Untersuchung des Rohparaffinbreies:

Preßöl I	190,0 g =	32,2%
Paraffin I (45° Erstp.)	20,7 g =	3,5%
	210,7 g =	35,7%

Endresultat:

Wasser	16,1%
Saure Öle	12,6%
Solaröl	4,3%
Leichtes Gasöl	13,5%
Schweres Gasöl	32,2%
Paraffin I	3,5%
Paraffin II	—
Pechrückstand	12,2%
Verlust	5,6%
	100,0%

Zusammenfassung der Resultate.

a) Rohdestillation der Teere.

Teer Nr.	I	II	III	IV	V	VI	VII	VIII
Wasser	2,7	1,3	2,7	4,2	3,3	11,3	4,5	16,1
Rohöl	44,9	38,3	34,4	40,7	31,6	27,8	32,8	31,6
Rohparaffinbrei	26,3	36,7	45,0	36,0	42,6	39,2	44,6	35,7
Pechrückstand	19,8	19,5	14,7	16,4	18,9	18,3	15,1	12,2
Verluste	6,3	4,2	3,2	2,7	3,6	3,4	3,0	4,4

b) Resultate der Untersuchung der Destillate.

Teer Nr.	I	II	III	IV	V	VI	VII	VIII
Spez. Gewicht	0,935	0,930	—	0,945	0,965	0,965	0,960	0,970
bei	35°	35°	—	40°	40°	40°	45°	50°
Wasser . . . %	2,7	1,3	2,7	5,2	3,3	11,3	4,5	16,1
Saure Öle . . . %	16,7	14,9	13,9	19,4	13,9	12,3	14,2	12,6
Solaröl . . . %	5,9	6,5	19,9 (Solaröl + Leichtes Gasöl)	3,5	2,7	3,8	6,3	4,3
Leichtes Gasöl . . %	19,9	16,1		17,5	14,2	10,8	10,8	13,5
Schweres Gasöl . . %	20,5	30,2	37,9	30,0	36,3	34,8	42,1	32,2
Paraffin I . . . %	5,8	6,5	7,2	5,0	6,3	4,4	2,5	3,5
Paraffin II . . . %	0,3	—	—	—	—	—	—	—
Pechrückstand . . %	19,8	19,5	14,7	16,4	18,9	18,3	15,1	12,2
Verluste . . . %	8,4	5,0	3,8	3,0	4,4	4,3	4,5	5,6

Ein nach dem Verfahren von Jebsen fabrikmäßig aus norwegischem Torf hergestellter Teer hatte das spez. Gewicht 0,908 bei 40° und enthielt 1,8% Wasser, das beim Destillieren bis 160° ausgetrieben war.

Von dem entwässerten Teer wurden 100 ccm = ca. 91 g in kleiner Glasretorte der Destillation unterworfen und ergaben folgende Fraktionen:

bis 125°	1	ccm
125—150°	1	„
150—175°	1	„
175—200°	1	„
200—225°	4	„
225—250°	28	„
Übertrag	36	ccm

	Übertrag	36 ccm		
250—275°	......	1 „		
275—300°	......	4 „ (festwerdend)		
300—350°	......	2 „		
350—400°	......	3 „		
über 400°	......	44 „		
Gesamtdestillat.	...	90 ccm =	76,50 g =	84,06 Gew.%
davon Wasser	..	3 „ =	3,00 g =	3,3 „
Rückstand (hartes Pech)	....		8,00 g =	8,8 „
Verlust und Gase	....		3,50 g =	3,84 „
			91,00 g =	100,00 Gew.%.

Durch Ausschütteln des Destillates mit 15%iger Natronlauge, Trennen der hierin unlöslichen neutralen Öle von den gelösten sauren Ölen und Wiederausfällen der letzteren mit verdünnter Schwefelsäure wurden erhalten:

saure Öle .... 14,5 g = 15,9% des angew. Teers,
neutrale Öle ... 54,5 g = 59,8% „ „ „.

B. Untersuchung des Torfteers im wissenschaftlichen Laboratorium.

Die Teere enthalten allgemein drei verschiedene Körperklassen, nämlich solche von saurer, basischer und neutraler Natur. Die sauren Bestandteile bestehen in der Hauptsache aus aromatischen Verbindungen von Phenolcharakter, während Fettsäuren nur in geringer Menge vorkommen. An Basen sind Pyridin und seine Homologen vorhanden. Die Neutralöle bilden hauptsächlich ein Gemisch von ungesättigten sowie gesättigten aliphatischen und aromatischen Kohlenwasserstoffen.

Die eingehendere Untersuchung des Torfteers wurde nun in der Weise vorgenommen, daß die oben erwähnten Körpergruppen in zweckentsprechender Weise isoliert und dann die nähere Bestimmung der Bestandteile der einzelnen Gruppen ausgeführt wurde. Nachdem so ein Überblick gewonnen war, wurde durch Fraktionierung von Teer in größerem Maßstabe das Material für eine eingehendere Untersuchung gewonnen. Um hierbei zu erkennen, inwiefern die Temperaturhöhe die Ausbeute beeinflußt, wurde die Fraktionierung des zur Untersuchung dienenden Teers das eine Mal unter gewöhnlichem Druck, das andere Mal unter vermindertem Druck vorgenommen.

1. Vorversuche.

Untersuchung des aus Schwaneburger Torf (vgl. S. 284) **gewonnenen Teers.** Der Teer wurde längere Zeit hindurch bei mäßiger Temperatur erwärmt, durch Ablassen des auf diese Weise sich ansammelnden Wassers möglichst von letzterem befreit und aus einer kupfernen Destillationsblase mit Aufsatz unter gewöhnlichem Druck destilliert. Die angewandte Teermenge betrug 14 kg und lieferte folgende Fraktionen:

I.	92—175°	Wasser	718 g	5,1%
		Öl	452 g	3,2%
II.	175—220°	Öl	1668 g	11,9%
III.	200—220°	Wasser	10 g	0,1%
		Öl	1888 g	13,5%
IV.	220—245°	Wasser	62 g	0,4%
		Öl	1644 g	11,7%
V.	245—275°	Öl	1703 g	12,2%
VI.	250°	Öl	1056 g	7,6%
		Pech	148 g	1,1%
VII.	250—270°	Öl	724 g	5,2%
		Pech	58 g	0,4%
		Rückstand	3330 g	23,8%
		Gase und Verlust	539 g	3,8%
		Destillierter Teer	14000 g	100,00%

Aus der Tabelle ist deutlich zu ersehen, daß infolge der zu hohen Steighöhe der Destillierblase gegen Ende der Destillation die über 275° siedenden Anteile die Blase nicht mehr verlassen konnten und erst nach der an den überhitzen Blasenwandungen erlittenen Zersetzung in niedriger siedende Öle übergingen, so daß also die Übergangstemperatur bei den Fraktionen VI und VII wieder niedriger ist.

Quantitative Bestimmung der Phenole und Pyridinbasen. Aus den bei vorstehendem Versuch erhaltenen Fraktionen I—VII wurden durch Schütteln mit 20%iger Natronlauge (stärkere Lauge führt zu Emulsionsbildung) die Phenole und Fettsäuren abgetrennt. Dabei wurden die Fraktionen III und IV einzeln für sich behandelt, die Fraktionen I und II, sowie die Fraktionen V, VI und VII dagegen vorher vereinigt. Die gleiche Methode wurde dann bei der Bestimmung der Pyridinbasen eingehalten, die durch Schütteln der von den sauren Ölen befreiten Fraktionen mit 35%iger Schwefelsäure, Wiederabscheiden mit Lauge und Trocknen mit festem Ätzkali isoliert wurden. Es ist unbedingt erforderlich, zunächst die Ausschüttelung mit Natronlauge und dann erst die mit Schwefelsäure vorzunehmen und nicht umgekehrt, da ein Teil der Basen im Teer an Säuren gebunden ist und deshalb erst durch das Behandeln mit Lauge in Freiheit gesetzt werden muß. Die erhaltenen Kreosotnatronlösungen enthielten jedoch noch neutrale und basische Öle gelöst. Sie wurden deshalb vor der Wiederausfällung der Phenole durch verdünnte Schwefelsäure, mit Wasser auf das spez. Gewicht 1,07 verdünnt, hierdurch diese noch gelöst gewesenen Substanzen abgeschieden und nach dem klaren Absitzen in der Wärme getrennt. Sie wurden noch einmal mit wenig Natronlauge ausgewaschen, die mit der Hauptmenge der alkalischen Lösung vereinigt wurde. Ein geringer Teil darin noch gelöster neutraler und basischer Körper ließ sich jedoch erst durch Wasserdampfdestillation oder Ausäthern von den Kreosotnatronlösungen trennen. Für das Arbeiten im Laboratorium wurde letzteres vorgezogen. Die ätherischen Auszüge wurden auf dem Wasserbad vom Äther befreit und die zurückgebliebenen Öle wieder von etwaigen Resten saurer Körper durch Behandeln mit Natronlauge getrennt.

Die Menge der Phenole war in den unter 245° siedenden Ölfraktionen bedeutend größer als in den höheren, da die Phenole über 245° unter Pechbildung zersetzt werden. Dagegen steigt der Gehalt der Fraktionen an Pyridinbasen mit zunehmender Temperatur.

Erhalten wurden an wasserfreien **Phenolen** und **Pyridinbasen**:

Aus den Ölfraktionen	Wasserfreie Phenole u. Säuren[1]) g	% der Öl-fraktion	Wasserfreie Pyridinbasen	% der Öl-fraktion
I und II	424	20	50 g Sdp. 80—140°	2,4
Ferner aus der Glaubersalzlösung mit Äther extrahiert	52	—	— —	—
III	612	32,6	49 g Sdp. 140—250°	2,3
IV	274	16,7	70 g Sdp. 230—300°	3,3
V, VI und VII	337	9,7	72 g Sdp. 230—340°	3,*
Aus den neutralen Ölen .	77	—	— —	—
	1776 g = 12,7 % v. Teer	—	241 g = 1,7 % v. Teer	—

Fraktionierte Destillation der Phenole aus den Ölfraktionen I und II:

Fraktion	I.	bis 175°	Wasser	55,6 g
			Öl	24,5 g
„	II.	175—190°	. . . .	50,6 g
„	III.	190—193°	. . . .	82,1 g
„	IV.	193—200°	. . . .	117,0 g
„	V.	200—210°	. . . .	64,0 g
„	VI.	210—225°	. . . .	17,8 g
Rückstand				61,4 g
Verlust				7,0 g
Destillierte Phenole				480,0 g

Keine dieser Fraktionen gab beim Abkühlen selbst bis —20° eine Ausscheidung von kristallisiertem Phenol. Nach nochmaliger Destillation erstarrten jedoch alle unter 190° siedenden Fraktionen schon beim Kühlen mit Eis. Die durch Ausziehen mit Äther aus den Glaubersalzlösungen noch gewonnenen Phenole (52 g) wurden gleichfalls destilliert; sie siedeten von 175—200°. Die Fraktionen erstarrten beim Kühlen in Eiswasser. Beide Gruppen wurden ver-

[1]) Die in Natronlauge in Lösung übergegangenen Bestandteile enthielten nur eine sehr geringe Menge Fettsäuren, so dass die in obiger Rubrik stehenden Werte ohne wesentlichen Fehler für die Phenole allein angenommen werden können.

einigt und durch eine dritte Destillation nun auch die niedrigst siedenden Fraktionen beim Abkühlen kristallisiert erhalten. Die Rohkristalle lieferten aus Petroläther umkristallisiert 43,5 g Phenol vom Sdp. 182—186° und Schmp. 42°.

Fraktionierte Destillation der Phenole aus Ölfraktion III:

I.	bis 180°	Wasser . .	58,0 g
		Öl	19,0 g
II.	180—190°	. . . . .	13,9 g
III.	190—200°	. . . . .	139,2 g
IV.	200—210°	. . . . .	155,5 g
V.	210—225°	. . . . .	82,8 g
VI.	225—270°	. . . . .	64,8 g
Rückstand und Verluste		. . . .	104,8 g
Dazu die m. Äther extrah. Phenole			32,0 g
			670,0 g

Fraktionierte Destillation der Phenole aus Ölfraktion IV:

I.	60—180° (Äther u. Wasser) .	96,7 g
II.	180—190°	4,2 g
III.	190—200°	—
IV.	200—210°	5,5 g
V.	210—225°	59,9 g
VI.	225—265°	87,6 g
VII.	265—305°	53,1 g
Rückstand und Verlust	. . . . . .	64,0 g
		371,0 g

Fraktionierte Destillation der Phenole aus den Ölfraktionen V, VI und VII:

I.	65—180° (Äther u. Wasser) .	89,1 g
II.	180—200°	5,3 g
III.	200—230°	10,5 g
IV.	230—290°	81,7 g
V.	290—300°	30,0 g
Rückstand und Verlust	. . . . . .	209,4 g
		426,0 g

Phenole aus den neutralen Ölen der Fraktionen I—IV:

Die aus der Kreosotnatronlösung beim Verdünnen mit Wasser abgeschiedenen neutralen Öle wurden durch Destillation im Wasserdampfstrom von dieser getrennt und aus ihnen die dabei mitübergegangenen Phenole durch Ausziehen mit Lauge aufs neue gewonnen (77 g). Die Vermutung, daß sie Guajakol in größeren Mengen enthielten, das aus seinen Salzen mit Wasserdampf freigemacht werden kann, wurde dadurch unterstützt, daß der Siedepunkt zwischen 190—230° lag, wobei die Hauptmenge von 204—205° überging (Sdp. des Guajakols = 205°). Eine zweimalige fraktionierte Destillation mit Kugelaufsatz ergab jedoch aufs neue ein starkes Auseinandergehen der Siedepunkte; es gingen über:

von 200 —204,5°	9,0 g
204,5—210°	19,7 g
210 —220°	14,7 g

Bei 220° wurde die Destillation abgebrochen, da nunmehr Guajakol nicht mehr in Frage kommen konnte.

Fraktionierte Destillation sämtlicher aus obigen Destillationen stammenden Phenolfraktionen:

Mit Ausnahme der kristallisierten Phenole und der Phenole aus den neutralen Ölen wurden alle dem Siedepunkt nach zu sammengehörenden Phenolfraktionen aus den vier Destillationen vereinigt und dreimal fraktioniert destilliert.

Endresultat bei der dritten fraktionierten Destillation:

180 —187,5°	58,7 g
187,5—190°	27,9 g
190 —195°	147,1 g
195 —204°	147,9 g
204 —210°	147,8 g
210 —217°	123,9 g
217 —224°	67,4 g
224 —235°	81,5 g
235 —250°	17,2 g
über 250°	243,5 g
	1062,9 g

Die Fraktionen von 180—190° erstarrten beim Kühlen auf Eis und gaben abgesaugt 48,2 g kristallisiertes Phenol.

Die gesamten kristallisierten Phenole wurden aus Petroläther umkristallisiert, nach dem Absaugen mit Petroläther gewaschen und zwecks Entfernung der Reste desselben fraktioniert. Es ergab die Fraktion:

182,5—183° . . .	11,9 g	kristl. Phenol Schmp. 37/38°
183°	10,3 g	„ „
183—185°	6,8 g	„ „

Die Versuche, außer dem Phenol die nächsthöheren Homologen, die drei isomeren Kresole zu isolieren, hatten folgenden Erfolg:

Trennung der Kresole.

Die Trennung der Kresole nach dem Patent von **Riehm**[1]) beruht auf der verschiedenen Löslichkeit der Barytsalze der Kresole in Wasser.

Es wurde versucht, sowohl einzelne Kresolfraktionen, als auch aus reinen Kresolen hergestellte Gemische mit Hilfe der Barytsalze zu trennen, doch stellte sich heraus, daß diese Methode nur dann Erfolg hat, wenn größere Mengen von Kresolen zur Verfügung stehen, so daß die erhaltenen Barytsalze öfters umkristallisiert werden können. Selbst dann ist die Trennung nur unvollkommen; es findet nur eine Anreicherung des gesuchten Kresols statt. Gut gelingt es, das p-Kresol vom m-Kresol zu trennen unter Berücksichtigung der verschiedenen Löslichkeit ihrer Barytsalze in Wasser. Das p-Kresol liefert das in Wasser am schwersten lösliche Barytsalz, während das Barytsalz des m-Kresols in Wasser leicht löslich ist und daher nicht auskristallisiert. Die Trennung von o- und p-Kresol erfordert öfteres Umkristallisieren, doch gelingt es auch, durch wiederholtes Fraktionieren der aus den kristallisierten Barytsalzen wieder in Freiheit gesetzten Kresole das o- und p-Kresol zu trennen. (o-Kresol Sdp. 190°, p-Kresol Sp. 202°.)

---

1) D. R. P. Nr. 53307, 1889. s. Lunge-Köhler, Industrie des Steinkohlenteers, Braunschweig 1900, S. 546.

Versuch einer Trennung des Guajakols von den Kresolen nach Thiemann und Koppe[1]).

Mischt man 10 g reines Guajakol mit 30 g m-Kresol und 13 g p-Kresol und setzt dazu $^1/_2$ Vol. Äther und 2 Vol. konzentriertes alkoholisches Kali, so kristallisiert selbst in der Kälte nichts aus. Die Methode versagt auch beim Torfteer wegen des zu geringen Gehaltes an Guajakol.

Versuch einer Trennung des Guajakols von den Kresolen mittels der Magnesiumsalze.

Die Trennung beruht auf der Unlöslichkeit des Magnesiumsalzes des Guajakols in Wasser, während die Magnesiumsalze der Kresole wasserlöslich sind. Versuche ergaben, daß die Magnesiumsalze der Kresole aus Torfteer von schmieriger, öliger Beschaffenheit waren, so daß langes Schütteln mit Wasser erforderlich war, um sie in Lösung zu bringen. Das übrigbleibende, wasserunlösliche Magnesiumsalz lieferte nach dem Zersetzen kein einheitliches Produkt.

Versuch einer Trennung des Guajakols von den Kresolen mit Hilfe der Bariumsalze.

Die Trennung beruht auf der Tatsache, daß das Guajakol ein wasserunlösliches Barytsalz bildet. Bei der Darstellung der Barytsalze der Torfteerphenole konnte jedoch niemals ein wasserunlösliches Barytsalz von Guajakol isoliert werden.

Die Anwesenheit geringer Guajakolmengen wurde aber qualitativ durch die Abspaltung von Methoxyl nach der Methode von Zeisel bewiesen.

Als beste Methode zur Trennung der Kresole stellte sich die nach dem Patent von Riehm heraus, die auch bei den späteren, eingehenden Versuchen ständig angewandt wurde. Eine nähere Untersuchung der Neutralöle wurde erst bei den nachfolgenden Destillationen im größeren Maßstabe ausgeführt.

Aus dem beschriebenen Vorversuch ergab sich also, nochmals zusammengefaßt, folgendes: An wasserfreien Phenolen und Säuren enthielt der untersuchte Teer 12,7 %, also eine ziemliche Menge,

---

[1]) Ber. 14 (1881), S. 2009.

an wasserfreien Pyridinbasen 1,7%. Fettsäuren waren nur in sehr geringer Menge vorhanden. Phenol war ziemlich leicht in reiner Form isoliert worden, bei den Kresolen ließ sich noch nicht mit Bestimmtheit feststellen, welche der drei Isomeren, und in welchem Verhältnis sie vorhanden waren. Auch die Frage, ob Guajakol vorhanden sei, war noch nicht genügend geklärt. Darauf sollte bei den folgenden, eingehenderen Untersuchungen im Großen Rücksicht genommen werden.

2. Destillation des Torfteers in größerem Maßstabe.

Nachdem die Vorversuche gezeigt hatten, in welcher Menge etwa die verschiedenen Gruppen zu erwarten waren, wurde Torfteer

1. Destillation der Magdeburger Teermischung aus Schwaneburger Torf unter gewöhnlichem Druck.

Fraktion	Temperatur	Destillationszeit		kg	%	Bemerkungen
I	96—150°	7⁴⁵—10¹⁵	Wasser	1,688	2,0	
			Öl	1,488	1,8	Spez. Gew. 0,855, 17,5° C
II	150—220°	10¹⁵—11⁴⁵	Wasser	0,240	0,3	
			Öl	11,000	13,3	Spez. Gew. 0,945, 17,5° C
III	220—245°	11⁴⁵—12⁴⁵	Wasser	0,160	0,2	
			Öl	12,460	15,0	Spez. Gew. 0,949, 17,5° C
IV	245—320°	12⁴⁵—3³⁰	Wasser	0,780	0,9	Fraktion IV wurde aufgefangen, sobald der erste Tropfen der Destillation auf Eis erstarrte. Spez. Gew. 0,918.
			Öl	21,920	26,4	
V	220—305°	3³⁰—6⁰⁰	Öl	8,830	10,7	Die Temperatur fällt, da die Steighöhe zu groß wird. Spez. Gew. 0,840.
Übergeschäumter Teer bei der Destillation der Fraktion IV				1,730	2,1	Dieser ist unlöslich in den Ölen, es handelt sich also um Pech; kann zum Verlust gerechnet werden.
Pech-Rückstand				16,900	20,4	
Gase und Verlust				5,704	6,9	Dazu 2,1 % übergeschäumter Teer von pechartiger Konsistenz.
Destillierter Teer				82,900	100,0	

Aus 82,9 kg Teer wurden erhalten 55,698 kg Gesamtöl = 67,19%.

in größeren Mengen destilliert, um auch die weniger ergiebigen Anteile eingehender untersuchen zu können.

Die Destillationen wurden in Erkner bei Berlin in einer bereits bestehenden Teerdestillationsanlage vorgenommen. Angewandt wurden 82,9 kg des durch längeres Erwärmen möglichst wasserfrei erhaltenen Teers (Mischung aus den Teeren der Magdeburger Verkokungsversuche VI, VII und VIII, siehe Seite 284 und 311, 312; spez. Gew. 0,965 bei 40°).

Die Destillation der Torfteermischung unter gewöhnlichem Druck ergab die vorstehenden, in Tabellenform verzeichneten Resultate.

Um nun festzustellen, wie die immerhin hohe Destillationstemperatur zersetzend auf die Bestandteile des Teers einwirkt, wurden 66 kg der gleichen Torfteermischung unter vermindertem Druck destilliert.

Die Resultate veranschaulicht nachstehende Tabelle:

2. Destillation der Magdeburger Teermischung aus Schwaneburger Torf unter vermindertem Druck[1]).

Fraktion	Temperatur	Destillationszeit		kg	%	Bemerkungen
I	bis 150°		Wasser	1,43	2,2	
		7^{15}—10^{15}	Öl	1,67	2,5	10 mm Saugung
II	150—223°		Wasser	0,13	0,2	
		10^{15}—11^{45}	Öl	12,15	18,4	Saugung steigt von 30 auf 210 mm
III	223—240°	11^{45}—12^{15}	Öl	6,65	10,0	120 mm Saugung
IV	240—300°	12^{15}—3^{12}	Öl	29,71	45,0	Fraktion IV wurde aufgefangen, sobald das Destillat auf Eis erstarrte. 70 mm Saugung, später Druck
Rückstand				13,00	19,7	
Gase und Verluste				1,31	2,0	
Destillierter Teer				66,00	100,0	

[1]) Die Druckverminderung wurde durch zwei kräftig wirkende Wasserstrahlpumpen bewirkt, doch reichten diese nicht aus, als zum Schluß eine stärkere Gasentwicklung begann. Es entstand sogar schließlich ein Überdruck von einigen Millimetern, so daß die Saugpumpen ausgeschaltet werden mußten.

Es wurden also aus 66 kg Teer 50,18 kg Gesamtöle = 75,97 % erhalten.

3. Destillation von schwedischem Torfteer aus Magdeburg unter vermindertem Druck. (Spez. Gew. 0,965 bei 40°.) Es gelang bei dieser Destillation nicht, ein nennenswertes Vakuum aufrecht zu erhalten, besonders nicht während der eigentlichen Paraffindestillation. Destilliert wurden 37,82 kg.

Fraktion	Temperatur	Dauer der Destillation		kg	%	Bemerkungen
I	bis 155°		Wasser	3,554	9,4	8^{30} 111 mm Saugung lang anhaltend.
		7^{15}—9^{30}	Öl	1,938	5,1	
II	155—230°	9^{30}—10^{15}	Öl	9,220	24,4	150 mm Saugung
III	230—300°	10^{15}—11^{45}	Öl	14,630	38,7	11^{30} ist kein Vakuum mehr vorhanden wegen zu starker Gasentwicklung. Destillat erstarrt erstmalig auf Eis.
IV	300—330°	11^{45}—12^{30}	Öl	2,325	6,1	
Rückstand				—	—	
Gase und Verlust				6,153	16,3	
Destillierter Teer				37,820	100,0	
		Davon Gesamtöle:		28,113	74,33	

4. Vergleich der Resultate aus den drei verschiedenen Destillationsversuchen. Berechnet man die gefundenen Werte auf Prozente des wasserfreien Teers und bezeichnet die Destillate, die keine Paraffinausscheidungen auf Eis zeigen, als Rohöle, dagegen die auf Eis Paraffinkristalle ansetzenden als Paraffinmasse, so ergibt sich folgende Zusammenstellung (s. nächste Seite).

Die günstige Wirkung bereits des geringen Vakuums im Vergleich zu der früheren Destillation ohne Druckverminderung ist deutlich aus den beiden letzten Tabellen erkennbar. Die Gasbildung trat bei den Vakuumdestillationen erst bei höherer Temperatur auf, dagegen war prozentual der Rückstand bei den Versuchen nahezu gleich, was als Zeichen dafür angesehen werden muß, daß die stärkere Gasbildung bei der Destillation unter gewöhnlichem

	Magdeburger Teer unter gewöhnlichem Druck destilliert %	Magdeburger Teer im Vacuum destilliert %	Schwedischer Teer im Vacuum destilliert %	Braunkohlenteer vom spez. Gewicht 0,860[1]) %
Rohöl	31,2	31,7	32,6	30,0
Paraffinmasse . .	38,4	46,1	49,4	64,0
Rückstand	21,1	20,2	} 18	2,0
Gase und Verlust[2])	9,3	2,0		4,0
	100,0	100,0	100,0	100,0

Druck durch Spaltung höhermolekularer Kohlenwasserstoffe in niedrigere hervorgerufen wird. Völlig vermieden war bei den Vakuumdestillationen die Gefahr des Überschäumens von Teer, wodurch die Destillationsdauer wesentlich verkürzt werden konnte. Bei der gewöhnlichen Destillation wurden 30,75 kg Paraffinmasse in 6 Stunden destilliert, während bei der ersten Vakuumdestillation 29,71 kg Paraffinmasse schon in 3 Stunden übergingen.

Aus der Fraktion IV der Vacuumdestillation (28,767 kg) wurden in gleicher Weise, wie früher beschrieben, 2,274 kg Preßparaffin erhalten.

3. Untersuchung der einzelnen Fraktionen.

I. Die Phenole des Torfteers.

Von den bei der Destillation der Magdeburger Torfteermischung unter gewöhnlichem Druck (s. S. 322) erhaltenen Ölfraktionen I—V wurden Proben von je 8 % abgenommen, die restliche Gesamtmenge (zusammen also 76,3 kg), wie früher angegeben (vgl. S. 316), jede für sich mit 20 %iger Natronlauge behandelt, und die von den neutralen Ölen befreiten Kreosotnatronlösungen jeder Fraktion einzeln mit 60 %iger Schwefelsäure bis zur schwach sauren Reaktion versetzt. Hierdurch schieden sich die freien Phenole als schwarze Öle über der Glauber-

[1]) In der letzten Spalte sind vergleichsweise die Ergebnisse bei der Destillation von Braunkohlenteer angeführt (vgl. Scheithauer, Die Fabrikation der Mineralöle, Leipzig S. 12).

[2]) Inkl. des übergeschäumten Teers (vgl. S. 322).

salzlösung ab. Sie wurden zur Aufnahme der in ihnen noch enthaltenen basischen Körper mit der Schwefelsäure kräftig durchgeschüttelt und dann so lange der Ruhe überlassen, bis die Glaubersalzlösung klar geworden war. Dieselbe wurde von den ausgeschiedenen Phenolen getrennt und ausgeäthert, um auch die erheblichen Reste der darin gelöst gebliebenen Phenole zu gewinnen. Nach dem Abdunsten des Äthers wurden diese zurückgebliebenen Phenole für sich verarbeitet.

Die Glaubersalzlösung enthält aber auch eine ziemliche Menge von wasserlöslichen Pyridinbasen, die jetzt an Schwefelsäure gebunden sind, und sie wurde deshalb mit der Hauptmenge der aus den mit Alkali erschöpften Rohölen erhaltenen Basen zusammen verarbeitet.

a) Trennung der Phenole von den beigemischten organischen Säuren und Schwefelverbindungen.

Die sämtlichen Phenolfraktionen hatten einen widerlichen Geruch, den sie den Fettsäuren verdankten. Durch wiederholtes Schütteln mit Sodalösung, der etwas Natriumbikarbonat zugesetzt war, wurden die Fettsäuren aus den Phenolen entfernt, und hierdurch der widerliche Geruch beseitigt. Die Phenole wiesen nunmehr einen rein guajakolähnlichen Geruch auf. Sie enthielten aber noch geschwefelte Verbindungen, was sich bei der Destillation durch Auftreten von Schwefelwasserstoff, infolge beginnender Zersetzung bemerkbar machte. Durch Schütteln der Phenole mit kleinen Mengen wässeriger Quecksilberchloridlösung bildeten diese mit den Schwefelverbindungen Doppelsalze, die als grauer Niederschlag aus den Phenolen ausfielen und durch Absaugen entfernt wurden. Bei den auf diese Weise genügend mit Quecksilberchlorid behandelten Phenolen trat bei der nachfolgenden Destillation keine Schwefelwasserstoffentwicklung mehr auf.

b) Destillation der Phenole.

Die aus den Ölfraktionen I bis III erhaltenen Phenole ließen sich leicht im Vakuum destillieren, dagegen machte sich bei den

Phenolen der Fraktionen IV und V so heftiges Schäumen und Stoßen bemerkbar[1]), daß die Destillation unterbrochen werden mußte und darauf statt im Vacuum, mit Wasserdampf destilliert wurde.

Die Resultate der Destillation sind in der folgenden Tabelle zusammengestellt. Da die Phenole beim Ausäthern nennenswerte Mengen Äther aufgenommen hatten und diesen weit über den Siedepunkt desselben festhielten, so sind die angegebenen Werte für die Rohphenole nicht ganz genau.

	Phenol-Destillat	Rückstand (Pech)
Phenole aus Ölfraktion I (im Vakuum destilliert)	111 g	—
Phenole aus Ölfraktion II und III (im Vakuum destilliert)	4622 „	468 g
Phenole aus Ölfraktion IV (mit Wasserdampf destilliert)	1818 „	1106 „
Phenole aus Ölfraktion V (mit Wasserdampf destilliert)	183 „	810 „
Phenole aus neutralen Ölen wiedergewonnen . .	1110 „	215 „
Phenole aus den Glaubersalzlösungen	1003 „	—
Summa:	8847 g	2599 g

Die Rückstände bildeten ein weiches, glänzend schwarzes Pech.

Die mit Wasserdampf destillierten, noch wasserhaltigen Phenole wurden nochmals im Vacuum destilliert und insgesamt 8071 g Phenoldestillate erhalten. Es ergibt sich daher daraus und aus den Rückständen von 2,599 kg als Gesamtbetrag die Menge der im Torfteer vorhandenen wasserfreien Phenole zu 10,67 kg. Auf den Teer berechnet, entspricht dies einem Gehalt von 14% an wasserfreien Phenolen. In dem Vorversuch waren 12,7% aus Schwaneburger Torfteer erhalten worden. Die Phenoldestillate wurden sodann in einzelnen Portionen aus Glaskolben mit Dreikugelaufsatz der fraktionierten Destillation unterworfen.

---

[1]) Diese unerwartete Erscheinung dürfte auf die Einwirkung geringer Mengen, bei dem oben angewandten Reinigungsverfahren in Lösung gegangener Quecksilberverbindungen zurückzuführen sein, die sich erst während des längeren Erhitzens beim Destillieren störend bemerkbar machten.

Hierbei wurden erhalten:

bis 180°	223,0 g
180—190°	500,5 g
190—200°	2139,4 g
200—203°	789,3 g
203—210°	1207,7 g
210—220°	971,3 g
220—230°	925,0 g
Rückstand über 230°	1248,0 g
Verluste	66,6 g
Destillierte Menge	8070,8 g

Eine zweite fraktionierte Destillation der bis 230° übergegangenen Fraktionen ergab folgende Resultate:

bis 178°	183,6 g
178—185°	304,7 g
185—190°	803,5 g
190—195°	973,2 g
195—200°	968,9 g
200—205°	649,0 g
205—210°	949,3 g
210—215°	443,5 g
215—220°	552,5 g
220—230°	566,8 g
Rückstand	323,3 g
Verluste	37,9 g
	6756,2 g

Die Fraktionen 178—185° und 185—190° erstarrten beim Kühlen mit Leitungswasser und Impfen mit einem Phenolkristall zu langen, weißen Nadeln. Die flüssigen Phenole gaben nach dem Abtrennen von diesen Kristallen beim Kühlen mit Eiswasser eine neue Kristallabscheidung. Von den flüssig gebliebenen Phenolen konnten die durch nochmalige Fraktionierung abgeschiedenen, niederen Fraktionen zur Kristallisation gebracht werden. In gleicher Weise wurden auch die nächsten beiden, höher siedenden Fraktionen von

190—195° und 195—200° behandelt und zum Auskristallisieren stehen gelassen. Nur die Fraktion 190—195°, nicht aber die Fraktion 195—200° lieferte Kristalle.

Insgesamt wurden durch mehrfaches Destillieren aller zwischen 180—200° siedenden Fraktionen und Abscheidung des darin enthaltenen Phenols durch Auskristallisierenlassen in der Kälte erhalten:

a) kristallisiertes Phenol		825,1 g
b) nicht „ „	bis 190°	544,9 g
„ „ „	190—200°	1276,9 g
„ „ „	200—203°	73,6 g
c) Rückstand		303,9 g
d) Verluste		25,9 g
		3050,3 g

Da das kristallisierte Phenol noch nicht ganz rein war, so wurde es nochmals destilliert und lieferte nach dem Kristallisieren und Ablaufenlassen der Mutterlauge:

Kristallisiertes Phenol	690,5 g
Ablauföle	93,7 g
Rückstand	39,1 g
Verlust	1,8 g
	825,1 g

Die Siedepunkte der kristallisierten Phenole und der Ablauföle waren folgende:

	Krist. Phenol	Ablauföle
170 —180°	—	21,5 g
180 —182°	33,6 g	6,0 g
182 —183°	142,7 g	—
183 —183,5°	208,7 g	—
183,5—184,5°	180,6 g	—
184,5—187°	101,6 g	38,0 g
187 —190°	23,3 g	28,2 g
	690,5 g	93,7 g

Die Fraktionen von 182—184,5° waren also schon verhältnismäßig rein, da sie keine Ablauföle lieferten. In den höher siedenden

Anteilen war, wie sich aus den nachfolgenden Angaben (s. S. 332) ergibt, auch noch o-Kresol vorhanden, das sich auch in der nicht kristallisierenden Phenolfraktion, 180—190° reichlich vorfand.

Bei einer nochmaligen fraktionierten Destillation der nicht kristallisierten, bis 195° siedenden Fraktionen konnten noch beträchtliche Mengen kristallisiertes Phenol erhalten werden. Dagegen lieferten die über 195° siedenden Fraktionen auch bei der weiteren Fraktionierung keine Kristalle mehr. Zur Vermeidung von Zersetzungserscheinungen wurden dabei die einzelnen Fraktionen nur bis 210° destilliert und diesem Verfahren die sämtlichen, bei der zweiten Hauptfraktionierung erhaltenen Fraktionen bis 230° unterworfen. Es wurden dabei alles in allem folgende Ausbeuten erzielt:

bis 180°	Wasser und etwas Phenol	194,8 g
180—190°	kristallisiertes Phenol	801,0 g
	nicht kristallisiertes Phenol . . .	783,6 g
190—195°	. . . .	742,5 g
195—200°	. . . .	621,4 g
200—203°	. . . .	695,4 g
203—210°	. . . .	603,7 g
		4442,4 g

Das kristallisierte Phenol hatte einen Erstarrungspunkt von 25 bis 26°. Es wurde aus Petroläther (Sdp. 40—50°) umkristallisiert, dem etwas Äther zugefügt war. Durch zweimaliges Umkristallisieren und nachfolgende Destillation konnten 193,5 g ganz reines Kristallphenol vom Siedepunkt 182° und 78,5 g vom Siedepunkt 182—183° erhalten werden. Von der Gewinnung und Reinkristallisation der noch im Petroläther gelösten Menge wurde zunächst (s. S. 322) abgesehen, doch kann sie ohne erheblichen Fehler fast als reines Phenol angesprochen werden. Unter Zugrundelegung der 801 g kristallisiertes Phenol berechnet sich daher die Menge chemisch rein isolierten Phenols $C_6H_5.OH$ auf 7,5 % der Gesamtphenole und auf etwas über 1 % vom Teer.

c) Trennung des Phenols und seiner Homologen mittels der Barytsalze.

Die Trennung der Kresole wurde, wie erwähnt, nach dem Patent von Riehm ausgeführt (s. S. 320). Danach soll sich das Salz des Phenols in 0,4 T. seines Gewichtes Wasser von 100°, das o-Kresol in 1,5 T. und das p-Kresol in 3,25 T. lösen, während das m-Kresol kein kristallisiertes Barytsalz liefert.

Mit Ausnahme des kristallisierten Phenols wurden alle Phenolfraktionen bis einschließlich 230° in die Barytsalze übergeführt. Zu diesem Zwecke wurden die Fraktionen mit der zur Neutralisation erforderlichen Menge Bariumhydrat, das in heißem Wasser gelöst war, versetzt und so lange in der Siedehitze Wasser zugegeben, bis die Salze vollkommen gelöst waren. Der Geruch nach Phenolen war jetzt verschwunden, dagegen machte sich der Geruch nach neutralen Ölen bemerkbar, auch entwichen geringe Mengen von Ammoniak. Nach dem Filtrieren und Abkühlen der Lösungen trat reichliche Kristallbildung ein. Die gelblichen Kristallblätter wurden von der Mutterlauge abgesaugt, zwischen Leinwand gepreßt und aus heißem Wasser fraktioniert umkristallisiert. Die gewonnenen Mutterlaugen wurden weiter sehr stark eingeengt, bis sie keine Kristalle mehr lieferten. Die eingeengten Laugen wurden ebenso wie die einzelnen Kristallmengen mit konzentrierter Salzsäure zersetzt; die dadurch ausgeschiedenen Phenole wurden abgesaugt und fraktioniert destilliert. Die Resultate waren folgende:

1. Phenole aus den Barytsalzen der Fraktion 180—190° und aus der Mutterlauge des aus Petroläther umkristallisierten Phenols:

a) Phenole aus dem schwer löslichen Barytsalz, fraktioniert destilliert:

Vorlauf bis 185°	32,0 g
185—190° (erstarrte auf Eis).	182,5 g
über 190°	26,0 g
	240,5 g

b) Phenole aus dem leichter löslichen Barytsalz, fraktioniert destilliert:

Zunächst ging nur wenig Vorlauf über,
dann schnellte die Temperatur auf 187°;
187—190° . . . . 29,5 g

c) Phenole aus den Mutterlaugen:

Die Temperatur stieg nach dem Abdestillieren des Wassers sofort auf 188° und blieb längere Zeit konstant. Wider Erwarten war also kein Phenol in dieser Salzlösung vorhanden, sondern es handelte sich um o-Kresol, obgleich sein Bariumsalz etwa viermal schwerer löslich sein sollte, als das des Phenols, so daß sich gerade dieses in den Mutterlaugen hätte anreichern müssen. Bei nochmaliger Destillation wurde keine unter dem Siedepunkt des o-Kresols (Sdp. 190°) liegende Fraktion in wesentlicher Menge erhalten. Es gingen über von

185—187°	5,0 g
187—190°	181,6 g
190—200°	1,5 g
	188,1 g

2. Phenole aus den Barytsalzen der vereinigten Fraktionen 190—195° und 195—200°.

a) Phenole aus dem schwerstlöslichen Barytsalz:

Das Thermometer stieg nach dem Abdestillieren des Wassers rasch auf 202°, ein Beweis dafür, daß das o-Kresol aus der Fraktion entfernt war. Die Temperatur blieb bei 205°, dem Siedepunkt des Guajakols, nicht konstant.

100—202°	13,0 g	(hauptsächl. Wasser)
202—204°	32,1 g	
204—206°	29,3 g	
Rückstand	20,3 g	
Verlust	1,0 g	
	95,7 g	

Die Fraktion 204—206° erstarrte beim Kühlen mit Eis und Impfen mit einem p-Kresolkristall. Die Fraktion 202—204° (32,1 g) wurde in dem gleichen Volum Petroläther, der keine über 40° siedenden Anteile enthielt, gelöst und stark abgekühlt, ohne daß Kristallbildung, auch nicht beim Impfen, eintrat. Nach teilweisem Eindunsten und Wiederabkühlen der Lösung schieden sich lange Prismen und bald darauf noch feine, weiße Nadeln aus. Während diese sich jedoch beim Abfiltrieren wieder verflüssigten, blieben die Prismen fest zurück. Sie hatten einen Schmelzpunkt von 35—35,5° und lieferten mit Phosgen ein Karbonat, das bei 115° schmolz. Es lag also kristallisiertes p-Kresol vor.

Die Destillate waren wasserhell. Es handelte sich nach dem Siedepunkt wahrscheinlich um ein Gemisch von p-Kresol und Xylenolen, da die Anwesenheit von m-Kresol nach der voraufgegangenen Behandlung über die Barytsalze ausgeschlossen war. Auch Guajakol dürfte kaum vorhanden gewesen sein, da das Barytsalz des Guajakols in Wasser unlöslich ist, jedoch kein solcher unlöslicher Anteil gefunden wurde.

b) Phenole aus dem leichter löslichen Barytsalz. Von 100—195° stieg das Thermometer schnell, dann bis 196,5° etwas langsamer und blieb auf diesem Punkt längere Zeit konstant:

100 —196,5°	19,8 g	(hauptsächl. Wasser)
196,5—202°	77,0 g	
Rückstand	15,8 g	
	112,6 g	

In der Hauptfraktion stellte sich durch Kühlen und Impfen mit p-Kresol nur in geringem Umfang Kristallbildung ein. Gleichwohl dürfte in ihr hauptsächlich p-Kresol vorhanden gewesen sein, das durch geringe Verunreinigungen am Kristallisieren verhindert war.

c) Phenole aus dem am leichtesten löslichen Barytsalz.

100—185°	geringer Verlauf
185—190°	121,7 g
190—196°	44,0 g
	165,7 g

Die Hauptmenge ging bei 187—190° über. Sie bestand also vorwiegend aus o-Kresol.

d) Phenole aus der Mutterlauge. Die Mutterlauge wurde stark eingeengt, ohne daß sich Kristalle abschieden. Die durch Ansäuern erhaltenen phenolartigen Bestandteile siedeten folgendermaßen:

100—160°	48,4 g
160—180°	10,3 g
180—189°	24,1 g
189—192°	134,0 g
192—195°	70,4 g
195—200°	60,1 g
200—206°	24,9 g
über 206°	17,0 g
	389,2 g

Das starke Anwachsen der Mengen beim Siedepunkt 189—192° zeigt, daß das o-Kresol (Sdp. 190°) überwog, während das m-Kresol in geringerer Menge vorhanden war.

3. **Phenole aus den Barytsalzen der Fraktion 200—203°.** Auch diese Fraktion von 695,4 g lieferte kein unlösliches Barytsalz, das Guajakol hätte enthalten können.

a) Phenole aus dem kristallisierten Barytsalz.

100—198°	28,6 g
198—200°	63,4 g
200—206°	109,3 g
206—210°	45,1 g
über 210°	27,9 g
	274,3 g

In diesem Salz herrschte also p-Kresol (Sdp. 202°) vor, auch war wahrscheinlich Xylenol vorhanden.

b) Phenole aus der Mutterlauge der Barytsalze. Von 180—190° stieg das Thermometer schnell und blieb bei 192 bis 194° längere Zeit konstant. Bei 203° (Sdp. des m-Kresols) wurde kein Stillstand beobachtet.

90—180°	61,0 g
180—194°	65,5 g
194—196°	69,1 g
196—206°	167,9 g
über 206°	49,1 g
	412,6 g

Die Hauptfraktion 196—206° enthielt anscheinend wesentliche Mengen von m-Kresol.

4. **Phenole aus den Barytsalzen der Fraktion 203—210°.** In dieser Fraktion von 603,7 g wurde gleichfalls kein unlösliches Barytsalz gefunden.

a) Phenole aus dem schwerlöslichen Barytsalz:

100—206°	13,3 g
206—210°	42,2 g
210—216°	45,3 g
über 216°	18,1 g
	118,9 g

Aus der Fraktion 210—216° schieden sich in einer Kältemischung Kristalle aus, die einen Schmelzpunkt von 23° besaßen. Sie wurden nach dem Abpressen auf Ton nochmals destilliert und gingen jetzt von 210—213° über.

Elementaranalyse:

I. Sbst. 0,2680 g; CO_2 = 0,7713 g; H_2O = 0,1896 g;
II. „ 0,1436 g; CO_2 = 0,4129 g; H_2O = 0,1012 g.

Xylenol $C_8H_{10}O$: Ber. C = 78,69%, H = 8,20%;
Kresol C_7H_8O : „ C = 77,78%, H = 7,41%.

I. Gef. C = 78,49%, H = 7,91%;
II. „ C = 78,42%, H = 7,83%.

Von den Xylenolen kommen nach dem Siedepunkt in Betracht:

1,3-Xylenol (2) Sdp. 211°, Schmp. 49,0°;
1,3-Xylenol (4) Sdp. 211,5°, Schmp. 26,0°;
1,4-Xylenol (2) Sdp. 211,5°, Schmp. 74,5°.

Nach dem gefundenen Schmelzpunkt kann der isolierte Körper mit genügender Sicherheit als 1,3-Xylenol (4) angesprochen werden. Die Substanz gibt in wässeriger Lösung mit Eisenchlorid eine blaue Färbung, die auf Zusatz von Alkohol grün wird. In alkoholischer Lösung entsteht sofort eine grüne Färbung, auf Zusatz von Wasser geht diese in Blau über. Diese Reaktion ist gleichfalls charakteristisch für das 1,3-Xylenol (4), das auch im Holzteer-Kreosot aufgefunden worden ist[1]).

Aus den letzten Barytsalzmutterlaugen der hier verarbeiteten Phenole wurden mit Salzsäure Phenole in Freiheit gesetzt, die von 203—205° siedeten. Um festzustellen, ob darin noch Phenole mit Methoxylgruppen vorhanden waren, wurde die Methode von Zeisel angewandt (s. S. 346). Hierbei lieferten 0,5460 g Substanz 0,1963 g AgJ; daraus würde sich 0,1037 g Guajakol $OH \cdot C_6H_4 \cdot OCH_3$ berechnen (= 19% der Fraktion).

b) Phenole aus den Barytsalzen der Mutterlauge:

180—190°	5,1 g
190—200°	121,7 g
200—205°	140,6 g
205—210°	71,0 g
	338,4 g

5. Phenole aus den Barytsalzen der Fraktion 210—220° (996 g).

a) Phenole aus dem schwerer löslichen Barytsalz:

bis 214°	9,7 g	Wasser
214—216°	53,1 g	
216—220°	52,9 g	
220—225°	34,4 g	
	150,1 g	

In einer Kältemischung und beim Impfen erstarrten die vereinigten Fraktionen 214—220°; es war also anzunehmen, daß reichlich Xylenole vorlagen.

Die flüssig bleibende Fraktion 220—225° enthielt etwa ein Drittel Kreosol (s. S. 347). Sie wurde nochmals in die Barytsalze übergeführt und der am schwersten lösliche Teil abgeschieden.

Die Mutterlauge dieser Bariumsalze lieferte ein leichter lös-

[1]) Béhal, Choay, Bl. [3] 11, 702.

liches Salz, das aus Wasser umkristallisiert in gelblichen, großen Blättern erhalten wurde. Die daraus durch Salzsäure ausgeschiedenen Phenole siedeten folgendermaßen:

214—216°	10,5 g
216—220°	12,0 g

Beide Fraktionen erstarrten in der Kälte, die erstere jedoch nur zum Teil. Die Fraktion 216—220° wurde aus niedrig siedendem Petroläther umkristallisiert und daraus in langen, farblosen Nadeln erhalten, die bei 32—34° schmolzen, während bei den nicht umkristallisierten Nadeln der Schmelzpunkt nach dem Abpressen auf Ton bei 32—33° lag. Die umkristallisierten Nadeln ergaben bei der Elementaranalyse:

	Gef.	C = 78,33%;	H = 7,96%;
Xylenol $C_8H_{10}O$	Ber.	C = 78,69%;	H = 8,2 %;
Kresol C_7H_8O	Ber.	C = 77,78%;	H = 7,4 %.

Der Analyse nach handelt es sich um ein Xylenol, doch stimmt der gefundene Schmelzpunkt mit keiner der isomeren Formen überein. (Vgl. auch S. 350.)

b) Phenole aus dem leichter löslichen Barytsalz:

208—210°	21,2 g
210—212°	46,1 g
212—216°	60,8 g
216—221°	28,3 g
221—230°	33,3 g
	189,7 g

Diese Fraktionen, die keine Neigung zum Festwerden hatten, bestanden wohl gleichfalls vorwiegend aus Xylenolen, denen aber größere Mengen Kreosole beigemengt gewesen sein dürften.

c) Phenole aus den Mutterlaugen:

202—212°	150,2 g
212—218°	154,6 g
218—237°	124,7 g
	429,5 g

Aus den ohne Stillstand ansteigenden Siedepunkten ergab sich, daß hier noch ein sehr schwer trennbares Gemenge verschiedener Verbindungen vorlag.

6. **Phenole aus den Barytsalzen der Fraktion 220—230°** (**566,8 g**). Mit dieser Fraktion wurden die Destillationsrückstände der vorhergehenden Destillationen (343,5 g) vereinigt.

a) Phenole aus dem schwerer löslichen Barytsalz:

210—217°	58,2 g
217—220°	75,5 g
220—226°	80,2 g
226—233°	34,9 g
	248,8 g

Bei der ersten Fraktion blieb die Temperatur längere Zeit bei 216° konstant; in ihr lag demnach wahrscheinlich Xylenol vor.

b) Phenole aus dem leichter löslichen Barytsalz:

209—212°	28,1 g
212—218°	20,3 g
218—220°	13,9 g
	62,3 g

c) Phenole aus den Mutterlaugen der Barytsalze:

200 —206°	1,0 g
206 —212,5°	215,6 g
212,5—220°	121,2 g
220 —230°	49,0 g
	386,8 g

d) Identifizierung von o-, m- und p-Kresol.

Die Trennung der Kresole und auch der Xylenole mittels der Barytsalze war durch die vorher beschriebenen Versuche nur annähernd erreicht. Es muß dies darauf zurückgeführt werden, daß es sich nicht ausschließlich — wie beim Steinkohlenteer — um das Gemisch der einwertigen Phenole handelte, sondern daß ihnen, wie dies auch bei den Phenolen des Holzteers der Fall ist, größere Mengen der Monomethyläther zweiwertiger Phenole beigemischt waren. Infolgedessen sind die Löslichkeitsverhältnisse der Barytsalzgemische wesentlich verschoben und ihre Trennung in hohem Grad erschwert worden. So ist es besonders auffallend, daß das Barytsalz des o-Kresols leichter löslich erscheint als das des Phenols. Die aus den leichter löslichen Barytsalzen erhaltenen Fraktionen von 185—190° schienen vorwiegend das o-Kresol zu enthalten und wurden nochmals in einem Kolben mit Dreikugelaufsatz destilliert. Dabei gingen über von

180 —184°	39,0 g
184 —185°	129,0 g
185 —187,5°	176,2 g
187,5—190°	51,0 g
190 —195°	30,3 g
Rückstand	25,5 g
	451,0 g

Aus der vorher zwischen fünf Graden von 185—190° destillierenden Fraktion sind doch wieder erhebliche Teile unterhalb und oberhalb der letzten Fraktionsgrenzen übergegangen. Jedoch konnte jetzt aus der Fraktion 187,5—190° durch Abkühlen leicht das o-Kresol in langen, spießigen Nadeln erhalten und durch sein Karbonat identifiziert werden. Das Karbonat wurde durch Einwirkung einer 20%igen Phosgenlösung in Toluol auf das in Pyridin gelöste Kresol dargestellt und leicht in reinen Kristallen erhalten, die den richtigen Schmelzpunkt 60° zeigten.

Sämtliche aus den Barytsalzmutterlaugen erhaltenen Phenole wurden nochmals fraktioniert und lieferten:

183—194°	69,1 g
194—197°	200,4 g
197—200°	171,9 g
200—206°	83,3 g
Rückstand	57,4 g
	582,1 g

Eine Probe einer Fraktion 200—203°, die aus der Fraktion 200 bis 206° aufs neue herausdestilliert worden war, wurde nach der Vorschrift von Raschig[1]) in das Trinitroderivat übergeführt und durch seinen Schmelzpunkt (105°) als Trinitro-m-Kresol identifiziert, so daß das Vorliegen von m-Kresol damit erwiesen ist.

Die aus den schwerlöslichen Barytsalzen abgeschiedenen, das p-Kresol enthaltenden Fraktionen lieferten bei nochmaliger Destillation:

198 —202,5°	159,6 g
202,5—205,5°	124,2 g
205,5—220°	44,0 g
	327,8 g

Aus der Fraktion 198—202,5° erstarrte ein Teil (63,7 g) zu großen, flachen Tafeln von p-Kresol (Schmp. 33°). Der Rest blieb infolge Verunreinigung durch Xylenole flüssig. Das so gewonnene, reine p-Kresol wurde noch durch Überführung in sein Karbonat identifiziert, das in analoger Weise wie das o-Derivat bereitet wurde und den richtigen Schmelzpunkt 115° zeigte.

Aus den mitgeteilten Ergebnissen läßt sich nur ein ungefährer Schluß auf die Mengenverhältnisse der drei Kresole im Torfteer ziehen, da aus den schon angeführten Gründen weder durch öfteres Umkristallisieren der Barytsalze, noch durch noch häufigeres Destillieren eine schärfere Trennung der Fraktionen erzielt werden kann. Ähnliche Erfahrungen wurden später auch mit den Benzoaten dieser Gemische gemacht (s. S. 347).

e) Quantitative Bestimmung von m-Kresol

in den Phenolen der durch Vakuumdestillation der Torfteermischung erhaltenen Ölfraktionen I, II und III (vgl. S. 323).

Von den drei Fraktionen wurden 1023 g, bestehend aus 83 g der Fraktion I, 608 g der Fraktion II und 332 g der Fraktion III (also eine Mischung im Verhältnis der Hauptfraktionen), mit 20%iger Natronlauge geschüttelt, bis diese keine Phenole mehr aufnahm. Die Kreosotnatronlauge wurde, wie früher beschrieben, von den neutralen Ölen befreit und die Phenole mittels verdünnter

[1]) Z. f. angew Chem. 1900, S. 759.

Schwefelsäure in Freiheit gesetzt. Es wurden 400 g erhalten. Aus der Glaubersalzlösung wurden noch 30 g Phenole durch Ausäthern gewonnen, so daß insgesamt 430 g Phenole aus den 1023 g Öl, d. i. 42,0 %, erhalten wurden. Diese Phenole wurden im Wasserdampfstrom destilliert, bis nichts mehr überging, und also auch sämtliches m-Kresol überdestilliert war. Erhalten wurden 338 g mit Wasserdampf flüchtige Phenole, die mit wenig Natriumbikarbonatlösung zur Entfernung der Fettsäuren geschüttelt wurden. Sie wurden weiterhin in die Barytsalze übergeführt, von denen die schwerlöslichen Teile aus der heißen wässerigen Lösung beim Erkalten auskristallisierten und nach dem Abfiltrieren mit Wasser gewaschen wurden. Filtrat und Waschwasser enthielten hauptsächlich das Bariumsalz des m-Kresols, während in den Kristallen der größte Teil des p- und o-Kresols abgeschieden war. Das Filtrat und das Waschwasser wurden mit konzentrierter Salzsäure zersetzt und nach dem Abheben der abgeschiedenen Phenole aus der wässerigen Schicht durch Destillation noch eine geringe Menge Phenole gewonnen und mit der Hauptmenge vereinigt. So wurden aus der Barytsalzmutterlauge an Phenolen 133 g erhalten. Hiervon wurden 115 g aus einem Siedekolben, der mit einem abgekürzten Thermometer versehen war, destilliert und gaben von

180—195°	47,0 g
195—205°	33,0 g
205—235°	14,5 g
Rückstand, Wasser und Verlust	20,5 g
	115,0 g

Aus diesen Fraktionen wurden durch viermaliges, langsames Destillieren aus einem Kolben mit Dreikugelaufsatz eine Gesamtmenge von 35,4 g aller Fraktionen vom Siedepunkt 190—206° gewonnen; also auf die ursprüngliche Menge der Phenole (133 g) umgerechnet, 40,9 g.

10 g derselben wurden nach der Methode von F. Raschig[1])

[1]) l. c. u. Lunge, Untersuchungsmethoden 1900, II, S. 779.

in das m-Trinitrokresol übergeführt. Die Methode beruht darauf, daß beim Behandeln von m-Kresol mit einem Überschuß von Salpetersäure in der Siedehitze quantitativ Trinitrokresol gebildet wird, während o- und p-Kresol bei der gleichen Behandlung vollständig zu Oxalsäure verbrennen. Man hat sich bei der Ausführung der Bestimmung genau an die folgende Vorschrift zu halten.

10 g des Kresolgemisches werden in einem Erlenmeyer-Kolben mit 15 ccm gewöhnlicher Schwefelsäure von 66° Bé gemischt und 1 St. im Trockenschrank bei 100° stehen gelassen, dann in einen weithalsigen Kolben von 1 Liter umgeleert und dieser durch Umschwenken unter der Wasserleitung abgekühlt. Dabei legt sich die in der Wärme dünnflüssige Sulfosäure als dicker Syrup an die Wände des Kolbens. In den Erlenmeyer-Kolben, der zur Sulfurierung gedient hat, wird zum Ausspülen 90 ccm gewöhnliche 40grädige Salpetersäure gefüllt, gut umgeschwenkt und die ganze Menge auf einmal in den Literkolben gegossen; man schüttelt sofort kräftig, bis alle Sulfosäure gelöst ist, was ungefähr 20 Sekunden dauert. Dann stellt man den Kolben sogleich unter den Abzug, da nach Verlauf von 1 Minute eine heftige Reaktion eintritt. Der Inhalt des Kolbens kommt unter Ausstoßung roter Dämpfe in lebhaftes Kochen, worauf sich die Flüssigkeit plötzlich trübt. Es scheiden sich Öltropfen von Trinitro-m-Kresol aus. Man läßt zur vollen Beendigung der Reaktion noch wenigstens 5 Minuten stehen und gießt dann den ganzen Kolbeninhalt in eine Schale mit 40 ccm Wasser und spült mit weiteren 40 ccm Wasser nach. Beim Mischen mit Wasser erstarrt das Öl unter Aufquellen und Entweichen von nitrosen Dämpfen zu einem Kristallbrei von Trinitro-m-Kresol. Dieser bleibt bis zum völligen Erkalten der Flüssigkeit mindestens 2 Stunden stehen, wird dann mit dem Pistill gut zerdrückt und auf einem gehärteten Filter abgesaugt. Man wäscht mit 100 ccm Wasser in dünnem Strahl nach und trocknet dann bei 95—100° im Dampftrockenschrank.

Nach dieser Vorschrift erhält man stets auf 1% m-Kresol 1,74% Trinitro-m-Kresol, wie das Kresolgemisch auch zusammengesetzt sein möge. Phenol stört erst bei Anwesenheit großer

Mengen. Noch 10% und darüber geben keinen Ausschlag, da das gebildete Trinitrophenol gelöst bleibt. Dagegen verrät sich eine größere Menge sowie die Anwesenheit von Xylenolen dadurch, daß das Trinitroprodukt in der Wärme zerfließt oder sogar in der Kälte nicht erstarrt. Ersteres war beim Trocknen des aus der untersuchten Kresolfraktion erhaltenen Nitroproduktes zum Teil der Fall. Auch erstarrte es in der Kälte erst nach längerem Stehen. Es wurden dabei aus 10 g der Kresolfraktion 4,997 g Trinitro-m-Kresol, entsprechend 2,9 g m-Kresol, erhalten. In den gesamten Phenolen waren also 4,90.2,9 = 11,9 g m-Kresol vorhanden, das sind 2,77% der gesamten Phenole.

f) Prüfung auf Guajakol und Kreosol.

Aus den sämtlichen, vorstehend beschriebenen Barytsalzlösungen gingen beim Einengen derselben zwecks Kristallisation, neben kleinen Mengen von neutralen Ölen Phenole mit den Wasserdämpfen über. Da es bekannt ist, daß Guajakol aus seinen Salzen durch Wasserdampf mit übergerissen wird, so konnte in diesen Phenolen eine größere Menge davon vorhanden sein und es wurde eine Trennung desselben von den übrigen Bestandteilen durch die Magnesiumsalze versucht. Das Guajakol liefert nämlich ein wasserunlösliches Magnesiumsalz, während die Magnesiumsalze der Kresole wasserlöslich sind.

Die aus den Barytsalzen sich verflüchtigenden Phenole wurden zunächst fraktioniert und bei der Destillation derselben erhalten:

1.	200—205°	30,8 g
2.	205—210°	94,0 g
3.	210—230°	49,2 g
		174,0 g

Fraktion 2 und 3 wurden mit der berechneten Menge Magnesiumoxyd und mit Wasser versetzt und im Schüttelapparat unter öfterem Erneuern des abgezogenen Wassers geschüttelt. Nachdem alle löslichen Magnesiumsalze beseitigt waren, wurden Spuren von neutralen Ölen durch Ausäthern entfernt, die wasserunlöslichen Salze mit Salzsäure zersetzt, und die ausgeschiedenen Phenole destilliert. Die Temperatur stieg nach dem Abdestillieren des Wassers schnell auf 196° und von da, ohne anzuhalten, auf 215°. Erhalten wurde 8,7 g Destillat, das weder in Eiswasser noch beim Impfen mit einem Guajakolkristall erstarrte.

Ein gleicher Versuch wurde mit einigen Fraktionen von Phenolen aus den schwerstlöslichen Barytsalzen angestellt. Die Magnesiumsalze ballten sich zu einer schmierigen Salbe zusammen, die das Ausschütteln mit Wasser sehr erschwerte. Auch durch Ausäthern wurde dieser Übelstand nicht behoben. Die aus den unlöslichen Magnesiumsalzen mit Salzsäure erhaltenen Phenole destillierten folgendermaßen:

bis 205° (Wasser u. Äther)	10,2 g
205—206°	15,6 g
206—210°	24,1 g
210—218°	13,9 g
	63,8 g

Die Fraktion 205—206° wurde für sich noch einmal destilliert:

202 —204,5°	7,8 g
204,5—206°	5,0 g
über 206°	2,8 g
	15,6 g

Die Fraktionen 202—204,5°, 204,5—206° und die obige Fraktion 206—210° erstarrten in einer Kältemischung, doch zerflossen die Kristalle beim Herausnehmen sofort wieder.

1. **Versuche, das Guajakol als Karbonat zu charakterisieren.** Das Karbonat des Guajakols, das folgende Strukturformel

$$CO\begin{cases}OC_6H_4.OCH_3\\OC_6H_4.OCH_3\end{cases}$$

besitzt, schmilzt bei 86°. Zur näheren Orientierung über das Verhalten des Karbonats wurde dieses zunächst aus reinem Guajakol synthetisch dargestellt, und zwar wurden 25,3 g chemisch reines Guajakol (Kahlbaum) in 150 g wasserfreiem Pyridin gelöst und allmählich 100 g 20%ige Phosgenlösung in Toluol zugefügt. Hierbei mußte für gute Kühlung Sorge getragen werden. Das Reaktionsprodukt färbte sich dunkelrot und schied salzsaures Pyridin ab. Zur vollständigen Beendigung der Reaktion wurde das Gemisch 6 Stunden stehen gelassen und darauf tropfenweise in kalte verdünnte Schwefelsäure gebracht. Es bildeten sich hierbei zwei Schichten, von denen die obere aus der Toluollösung des Reaktionsprodukts, die untere aus der wässerigen Pyridinsulfatlösung bestand. Die obere Schicht wurde durch ein trockenes Faltenfilter filtriert, wobei sich schon Kriställchen ausschieden, die sich schnell vermehrten. Auch aus dem Ätherextrakt der Pyridinsulfatlösung wurden einige Kriställchen erhalten, die Hauptmenge blieb aber im Toluol. Das Toluol wurde verdampft und der Rückstand aus heißem Alkohol umkristallisiert. Es resultierten beim Erkalten 11,6 g Guajakol-Karbonat in weißen Nadeln vom Schmp. 87°. (Der Schmelzpunkt des Guajakol-Karbonats ist in der Literatur mit 86° angegeben). Aus der alkoholischen Mutterlauge wurden beim Einengen noch weitere 11,4 g des Karbonates erhalten, das etwas gelblich gefärbt war. Diese nicht ganz reine Substanz der zweiten Kristallisation wurde im Vakuum destilliert und ging von 245—246° ganz farblos über (Saugung = 22 mm).

Nach obiger Methode wurden nun eine Anzahl von Phenolfraktionen aus den schwerstlöslichen Barytsalzen, deren Siedepunkte in der Nähe desjenigen von Guajakol (205°) lagen, in Karbonate übergeführt. Es wurde jedoch in keinem Falle das Karbonat des Guajakols erhalten, sondern weiße Nadeln, deren Schmelzpunkt ungereinigt bereits bei 100° lag. Durch öfteres Umkristallisieren stieg der Schmelzpunkt auf 108°. Es handelte sich also wohl um p-Kresolkarbonat, dessen Schmelzpunkt 115° ist. Eine Mischung mit einer rein dargestellten Probe dieses Körpers ergab den Schmelzpunkt 109°.

Auch eine Fraktion 209—218° wurde nach dieser Methode in Karbonat verwandelt, aber es konnten dabei überhaupt keine festen Produkte erhalten werden, auch als die Öle mehrfach im Vakuum fraktioniert wurden. Sie wurden dann mit wässerigem Kali verseift, jedoch auch die aus den verschiedenen Fraktionen wiedergewonnenen Phenole ergaben keine kristallisierten Produkte.

2. Bestimmung der Methoxylzahl nach Zeisel[1]**) in der Guajakol- und Kreosolfraktion.** Da alle Versuche, das Guajakol in den Phenolen auf präparativem Wege zu isolieren, fehlschlugen, wurde eine Bestimmung der Methoxylzahl nach Zeisel ausgeführt. Dieselbe besteht darin, daß durch siedende Jodwasserstoffsäure vom spez. Gew. 1,7 aus den Methyläthern $R.OCH_3$ der Methoxylrest OCH_3 nach der Gleichung

$$R.OCH_3 + JH = R.OH + JCH_3$$

unter Bildung von Jodmethyl JCH_3 aufgespalten und letzteres durch einen Kohlensäurestrom in eine alkoholische Silbernitratlösung übergeführt wird, in der es sich momentan zu Jodsilber AgJ umsetzt (unter Bildung des gelben, lichtbeständigen Doppelsalzes $AgNO_3.AgJ$, das mit Wasser sogleich zerfällt).

Es lieferten 0,2660 g einer p-Kresolfraktion vom Sdp. 204 bis 206° 0,0624 g AgJ. Auf Guajakol umgerechnet, ergibt dies einen Gehalt von 0,033 g Guajakol (= 12,4%).

Da die obige Zahl aus einer wiederholt fraktionierten und mit Agentien behandelten Phenolfraktion stammt, so gibt sie augenscheinlich kein ganz genaues Bild von dem gesamten Guajakolgehalt des Torfteers. Daher wurden aus 1000 g der Ölfraktion II (Sdp. 150—223°) des im Vakuum destillierten Magdeburger Torfteers (vgl. S. 323) in der früher beschriebenen Weise die Phenole gewonnen. Erhalten wurden hierbei insgesamt 300 g Phenole (= 30%), die aus den Kreosotnatronlösungen nicht mit Schwefelsäure, sondern mit CO_2 in Freiheit gesetzt wurden. Hierdurch wurde bewirkt, daß die Fettsäuren als Natronsalze in wässeriger Lösung blieben und nicht, wie beim Ansäuern mit Schwefelsäure, die Phenole verunreinigten. Die Phenole wurden durch Destillieren im Wasserdampfstrom gereinigt und auf diese Weise 230 g Destillat erhalten. Hiervon wurde ein Teil (130 g) durch Behandeln mit Quecksilberchlorid von den organischen Schwefelverbindungen befreit, gelöstes Quecksilbersalz mit wenig

---

[1]) vgl. H. Meyer, Analyse und Konstitutionsermittelung usw., S. 492 ff.

Ammoniak völlig aus den Phenolen ausgefällt und letztere destilliert. Bis 192° gingen 47 g Vorlauf über. Der Rest, 56 g, wurde im Vakuum weiter destilliert. Er erwies sich bei der Prüfung auf Schwefel (Schmelzen mit Ätznatron und Zusatz von Nitroprussidnatrium zur filtrierten Lösung der Schmelze) als schwefelfrei. Bei der Bestimmung der Methoxylzahl nach Zeisel lieferten 0,2946 g dieser Fraktion 0,0633 g Silberjodid (AgJ), entsprechend, die methoxylhaltigen Körper als Guajakol berechnet, 0,0335 g Guajakol gleich 11,4%. Dies entspricht 20,0% der Gesamtmenge.

Eine Phenolfraktion 220—225°, die aus schwer löslichen Barytsalzen einer von 210—220° siedenden Phenolfraktion stammte (siehe S. 336), gab in alkoholischer Lösung mit einigen Tropfen Eisenchloridlösung eine smaragdgrüne Färbung, was für Guajakol und Kreosol charakteristisch ist. Die Fraktion besaß angenehmen, aromatischen Geruch. Eine Methoxylbestimmung ergab bei Anwendung von 0,4060 g Substanz: 0,2290 g AgJ = 0,1344 g Kreosol = 33,1%.

g) Überführung der Phenole in die Benzoate mittels Benzoylchlorid.

Benzoylchlorid wirkt leicht auf die Phenole ein, besonders bei Gegenwart von Pyridin. Es bilden sich die Benzoate der Phenole, die durch große Kristallisationsfähigkeit ausgezeichnet sind. Es wurde daher erwartet, daß man davon mit Vorteil zur Trennung der vorliegenden Phenolgemische würde Gebrauch machen können, doch erfüllten sich, wie schon erwähnt, diese Aussichten nur in sehr bescheidenem Umfang. Es wurden zunächst 12,2 g einer über die Barytsalze gereinigten Phenolfraktion vom Siedepunkt 218—226° in Pyridin gelöst und nach dem Eintropfen von 14 g Benzoylchlorid einige Stunden der Ruhe überlassen. Nach Zusatz von Äther wurde mit verdünnter Schwefelsäure geschüttelt, um das Pyridin zu entfernen. Schließlich wurde noch mit verdünnter Natronlauge gewaschen, um unangegriffene Phenole und Benzoesäure zu beseitigen. Nach dem Verdampfen des Äthers hinterblieb das Benzoat als gelbes Öl, das aber keine kristallisierten Benzoate abschied. In gleicher Weise, wie oben beschrieben, wurden 108,8 g einer aus der Mutterlauge der Barytsalze abgeschiedenen Phenolfraktion vom Siedep. 220—226° in Benzoate übergeführt und diese bei gewöhnlichem Druck an einem abgekürzten Thermometer (Quecksilber ganz im Dampf) fraktioniert. Es wurden zwei Fraktionen erhalten: von 330—335° gingen 62,5 g und von 335—338,50 weitere 74 g über. Die erste Fraktion zeigte beim Stehen über Nacht reichliche Kristallbildung, die letztere nur einige kurze Nadeln. Die Kristalle waren sehr zerfließlich. Um sie von der Mutterlauge zu trennen, wurde die kristallisierte Fraktion in Alkohol gelöst, wenig Wasser zugesetzt und in einer Kältemischung gekühlt; beim Impfen mit einem Benzoatkristall wurde so eine ziemlich reichliche Kristallbildung erhalten. Nach zweimaligem Umkristallisieren aus Alkohol resultierten insgesamt 20 g kristallisiertes Benzoat als weiße Blätter vom Smp. 54—55°.

Von dem Benzoat wurde eine Kohlenstoff- und Wasserstoff-Bestimmung ausgeführt:

0,2376 g Sbst. gaben 0,6887 g CO_2; 0,1340 g H_2O.
Gefunden: 79,05% C, 6,31% H.

Die zweite Elementar-Analyse ergab:
0,1731 g Sbst.: 0,5008 g CO_2, 0,0977 g H_2O.

Gefunden: 78,90% C; 6,31% H.

Berechnet:

Kresolbenzoat $C_{14}H_{12}O_2$	79,21% C	5,66% H
Guajakolbenzoat $C_{14}H_{12}O_3$ . . .	73,65% C	5,26% H
Xylenolbenzoat $C_{15}H_{14}O_2$	79,61% C	6,19% H.

Vergleicht man die Ergebnisse der Analyse mit den drei in Betracht kommenden Verbindungen, so stimmt die Analyse annähernd auf Xylenolbenzoat.

Von dem Benzoat wurden 10 g mit 10 g Kalilauge und verdünntem Alkohol in der Siedehitze verseift. Durch einstündiges Kochen des Benzoats mit wässeriger Kalilauge war keine Verseifung eingetreten, während dies bei den Karbonaten von Kresol und Guajakol schon nach kurzer Zeit der Fall war. Als eine Probe der Lösung beim Eingießen in Wasser klar blieb, die Verseifung also beendet war, wurde die Reaktionslösung mit Wasser verdünnt, der Alkohol auf dem Wasserbad daraus möglichst verjagt und die Phenole aus der erkalteten Lösung durch Einleiten von Kohlensäure in Freiheit gesetzt, ausgeäthert und mit Chlorkalzium getrocknet. Nach Verjagen des Äthers destillierte der Rückstand von 214—215° (Thermometer ganz im Dampfe). Das Destillat roch angenehm aromatisch und erstarrte nach wenigen Minuten von selbst zu Nadeln, deren Schmelzpunkt nach vorhergehendem Erweichen bei 37—37,5° lag. Sie gaben in alkoholischer Lösung mit Eisenchlorid eine grüne Färbung, die auf Zusatz von Wasser blau wurde.

Die Elementaranalyse ergab folgendes:

0,1689 g Substanz 0,4832 g CO_2 0,1274 g H_2O.
Gefunden . . . . 78,02% C 8,44% H.

Berechnet für $C_6H_4.(CH_3).OH$: 77,77% C; 7,40% H;
„ „ $\left\{\begin{array}{l} C_6H_3.(CH_3)_2.OH \\ C_2H_5.C_6H_4.OH. \end{array}\right.$: 78,70% C; 8,20% H.

Das Ergebnis der Analyse stimmt annähernd auf ein Xylenol bzw. auf ein Äthylphenol. Guajakol und Kreosole kommen wegen des beobachteten Siedepunktes des Phenols (214—215°) nicht in Betracht.

Überblickt man die verschiedenen in der Literatur beschriebenen Äthylphenole und Xylenole, sowie die dazugehörigen Benzoate[1]), so findet man, daß die hier beobachteten Konstanten nur mit dem 1,3-Xylenol (4) in Beziehung gebracht werden können.

	Schmelzp.	Siedep.	Schmelzp. des Benzoats	Siedep. des Benzoats
1,3 Xylenol (4)	26°	211,5°	38,5°	321°
Torfteerxylenol	37—37,5°	214—215° i. D.	54—55°	330—335° i. D.

Man sieht, daß die hier gefundenen Werte für die Schmelzpunkte und für die Siedepunkte höher liegen, als die in der Literatur verzeichneten. Die Siedepunktsbestimmung ist beim Benzoat hier

[1]) vgl. Beilstein, Handbuch der organischen Chemie, 3. Aufl., Bd. II, S. 757/759 und 1147.

nicht mehr an der reinen Substanz wiederholt worden und gibt daher nur einen in weiteren Grenzen liegenden, bei der Fraktionierung beobachteten ungefähren Wert an, der aber sicher höher als der alte Wert ist. Als Grund einerseits für die in beiden Fällen höher liegenden Werte der Siedepunkte kann wohl ohne weiteres der Umstand betrachtet werden, daß beide an genau kontrollierten, abgekürzten Thermometern, deren Quecksilber ganz im Dampf war, bestimmt wurden. Bei den hohen, hier in Betracht kommenden Siedepunkten können dadurch natürlich sehr beträchtliche Differenzen gegenüber etwa unkorrigierten Werten entstehen. Die erhebliche Differenz in den Schmelzpunkten, die anderseits in beiden Fällen ebenfalls höher gefunden wurden, dürfte hier bei diesen, aus einem sehr schwer trennbaren Gemenge nur sehr schwierig hinreichend rein isolierbaren Verbindungen in einem etwas höheren Grad von Reinheit ihren Grund haben. Für die hier angenommene Identität spricht dann insbesondere, daß das 1,3-Xylenol (4) bereits als Bestandteil des Holzteerkreosots nachgewiesen ist und genau die oben beschriebene, charakteristische Reaktion mit Eisenchlorid gibt. Auch das kurz vorher beschriebene Xylenol (s. S. 337) vom Schmelzpunkt 32—34° dürfte danach, wenn auch ein wenig minder rein, mit der eben beschriebenen Verbindung identisch sein.

Wie oben beschrieben, wurden noch 169,5 g der bereits zum Vorversuch verwendeten Phenolfraktion 218—226° in Benzoate übergeführt und diese destilliert. Dabei wurden erhalten:

bis 317°	(Vorlauf)
317—327°	50,4 g
327—332°	85,6 g
332—336°	90,7 g

Es konnten wiederum aus keiner dieser Fraktionen Kristalle von Benzoaten erhalten werden. Wohl aber schied sich Benzoesäure ab, die sich durch Ausschütteln mit Natriumbikarbonatlösung beseitigen ließ. Ihre auch früher beobachtete Bildung geht entweder auf ein im Gemisch vorhandenes, sehr leicht zersetzliches Benzoat oder viel wahrscheinlicher auf Benzoesäureanhydrid zurück, das sich bei der Durchführung der Reaktion gebildet haben konnte. Bekannt ist, daß aus Benzoylchlorid und trockenem Natriumkarbonat unter der katalytischen Wirkung kleiner Mengen Pyridin Benzoesäureanhydrid leicht entsteht[1]). So läßt sich auch seine Bildung unter den eingehaltenen Versuchsbedingungen verstehen. Da es den Schmelzp. 42° und den Siedep. 360° hat, war seine Entfernung aus dem Gemisch schwierig, seine Anwesenheit für die Kristallisation sehr störend.

Sämtliche aus den vorerwähnten Phenolfraktionen erhaltenen Benzoate wurden wiederholt fraktioniert destilliert und ergaben bei der dritten Destillation:

220—330°	58,2 g
330—333°	6,4 g
333—336°	25,0 g
336—339°	87,7 g
339—342°	83,9 g
342—346°	57,4 g
	318,6 g

Da die Benzoatfraktionen nicht kristallisiert erhalten werden konnten, so wurden sie wieder mit Natronlauge verseift. Selbst die aus den innerhalb 3° übergehenden Benzoatfraktionen wiedererhaltenen Phenole wichen im Siedepunkt bis zu 10° und mehr voneinander ab. So ergab ein Teil der Phenole aus obiger Fraktion vom Siedep. 336—339°:

215—220°	7,2 g
220—225°	12,7 g

Die Benzoatfraktion 339—342° lieferte ein Phenolgemisch, das folgendermaßen siedete:

218—224°	26,0 g
224—227°	9,5 g
227—250°	5,0 g
	40,5 g

---

[1]) vgl. Beilstein, Handbuch der organischen Chemie, 3. Aufl., Bd. II, S. 1157.

Eine Isolierung einheitlicher Phenolrepräsentanten wäre nach diesen Destillationsergebnissen nur möglich, wenn zuvor die Erlangung von kristallisierten Benzoaten zu erzielen gewesen wäre; da diese Versuche jedoch — mit einer Ausnahme — negativ ausfielen, so wurde diese Methode als aussichtslos verlassen.

h) Versuch, die Phenole als Bromderivate zu isolieren[1]).

Zunächst wurde die Bromierung einzelner reiner Xylole studiert.

1,4-Xylenol (5) (Kahlbaum), das mit Eisessig befeuchtet war, wurde in Mengen von 10 g rasch in 1,5 ccm Brom gegeben, worauf Ströme von Bromwasserstoff entwichen. Das gebildete Tribromid wurde schon nach wenigen Minuten fest; ebenso verhielt sich das aus 1,3-Xylenol (4) (Kahlbaum) dargestellte Bromid, während aus 1,2-Xylenol (4) (Kahlbaum) durch die gleiche Behandlung mit Brom kein kristallisierbares Produkt erhalten werden konnte. Das feste Bromderivat von 1,4-Xylenol (3) ging aus einer Lösung von Eisessig in Gestalt feiner, weißer Nädelchen hervor. Versuche, ebenso einige der erhaltenen Phenolfraktionen in kristallisierte Tribromide überzuführen, waren erfolglos; es hinterblieben rote Öle, die nicht zum Kristallisieren gebracht werden konnten. Auch der Versuch, diese Tribromide durch Behandeln mit starker Salpetersäure in kristallisierte Nitroderivate überzuführen, führte nicht zum Ziel.

i) Versuch, die Phenole durch Sulfurierung zu charakterisieren.

Die betreffende Phenolfraktion wurde in das gleiche Volumen konzentrierter Schwefelsäure vom spez. Gew. 1,84 eingetragen, worin sie sich leicht löste. Nach mehrstündigem Stehen wurde die Lösung auf Eis gegossen, mit Pottasche neutralisiert, eingedampft und der Rückstand wiederholt mit siedendem Alkohol ausgezogen. Die Kalisalze der Sulfosäuren gingen hierbei in Lösung. Später wurde als besseres Verfahren zur Abscheidung der Kalisalze Aus-

---

[1]) vgl. Auwers, Rapp A. 302, 153 u. 161, sowie Auwers, Camphausen Ber. 29, 1129 [1896].

salzen der wässerigen Sulfosäurelösungen mit konzentriertem wässerigem Kaliumchlorid gewählt. Hierbei ließen sich die Kalisalze der Sulfosäuren leicht abscheiden und konnten nach dem Absaugen und Waschen mit wenig Kaliumchloridlösung und Trocknen im Trockenschrank durch Umkristallisieren aus absolutem Alkohol, der die anorganischen Verunreinigungen ungelöst läßt, leicht gereinigt werden.

Aus einer Phenolfraktion 212—214° wurde auf diese Weise ein Kalisalz erhalten, das nach zweimaligem Umkristallisieren aus Alkohol in feinen, weißen Nadeln erstarrte. Eine Schwefelbestimmung ergab 13,07% S. (Berechnet für xylenolsulfosaures Kali 13,34%, für kresolsulfosaures Kali 14,07% S.). Es lag also ein xylenolsulfosaures Kaliumsalz vor. Auch aus den Phenolfraktionen 208—210° und 218—220° wurden nach folgenden Analysen weiße Nadeln von xylenolsulfosaurem Kali gewonnen:

Xylenolsulfosaures Kali aus Fraktion 208—210°:
Gefunden: 0,2856 g Sbst.: 0,1028 g K_2SO_4 = 16,16% K;
0,1468 g „ : 0,1420 g $BaSO_4$ = 13,28% S.

Xylenolsulfosaures Kali aus Fraktion 212—214°:
Gefunden: 0,2561 g Sbst.: 0,0961 g K_2SO_4 = 16,83% K;
0,1523 g „ : 0,1450 g $BaSO_4$ = 13,07% S.

Xylenolsulfosaures Kali aus Fraktion 218—220°:
Gefunden: 0,1452 g Sbst.: 0,2113 g K_2SO_4 = 16,26% K;
0,1493 g „ : 0,1400 g $BaSO_4$ = 12,88% S.

Berechnet: Xylenolsulfosaures Kalium: K = 16,3 %
S = 13,34%.

Sämtliche kristallisierten Kalisalze der Xylenolsulfosäuren gaben in wässeriger Lösung mit Eisenchlorid eine tiefblaue Färbung.

II. Die Fettsäuren des Torfteers.

Die Fettsäuren der über 150° siedenden Rohölfraktionen waren zusammen mit den Phenolen durch Ausschütteln mit Natronlauge isoliert worden. Nachdem die durch Mineralsäuren wieder in Freiheit gesetzten Phenole abgehoben worden waren, wurden sie, wie bereits angegeben, mit wässeriger Sodalösung ausgeschüttelt, die bloß die Fettsäuren aufnahm.

Aus der Sodalösung wurden die gebundenen Fettsäuren, nach dem Ausäthern der noch gelösten Phenolreste und Verjagen des Äthers, aus der Lösung mit Salzsäure ausgeschieden und im Wasserdampfstrom übergetrieben. Darauf wurde das Destillat mit gepulvertem Natriumchlorid versetzt, um die an sich in Wasser wenig löslichen Fettsäuren möglichst abzuscheiden, und diese nach dem Abheben von der wässerigen Schicht mit Chlorkalzium getrocknet und destilliert. Von 180—250° gingen 50 g über (also wahrscheinlich Valeriansäure $C_5H_{10}O_2$ und ihre Homologen bis Pelargonsäure $C_9H_{18}O_2$). Diese Fettsäuren wurden mit Hilfe von Phosphorpentachlorid in die Säurechloride verwandelt, und aus letzteren durch Umsetzung mit absolutem Äthylalkohol die entsprechenden Ester gewonnen, deren Fraktionierung leichter gelingen sollte, als die der freien Säuren. Zu diesem Zwecke wurde das Säuregemisch unter Kühlen mit 80 g Phosphorpentachlorid versetzt, wobei das Reaktionsprodukt sich verflüssigte. Das gebildete Phosphoroxydchlorid wurde möglichst abdestilliert und die zurückbleibenden Chloride mit dem gleichen Volum absolutem Alkohol übergossen und 1 Stunde unter Rückfluß erhitzt, um sie in die Ester überzuführen. Letztere wurden schließlich mit sodahaltigem Wasser gewaschen und nach dem Trocknen mit Chlorkalzium destilliert. Es resultierten 47 g Ester, die von 160—215° siedeten.

Nach mehrmaliger fraktionierter Destillation wurden erhalten:

150—170°	7,7 g
170—190°	10,7 g
190—220°	6,1 g
Rückstand und Verlust . .	22,5 g
	47,0 g

Die erzielten Mengen dieser, doch nur in zu weiten Grenzen siedenden Fraktionen, waren indessen zu klein, als daß es sich verlohnt hätte, hieran eine eingehendere Untersuchung zu knüpfen. Eine solche läßt sich erst im Anschluß an den Großbetrieb, wo größere Mengen Teer zur Verfügung stehen und verarbeitet werden können, bequem durchführen.

III. Die Pyridinbasen des Torfteers.

Die Pyridinbasen wurden, wie auf S. 316 angegeben, von den Phenolen und neutralen Ölen getrennt. Die aus den Kreosotnatronlösungen der einzelnen Ölfraktionen beim Verdünnen mit Wasser ausgeschiedenen neutralen Öle und endlich die ätherischen Auszüge der mit Wasser verdünnten Kreosotnatronlösungen der einzelnen Ölfraktionen enthielten, wie bereits angegeben, auch noch geringe Mengen Basen, die aus ihnen ebenfalls durch Ausschütteln mit Schwefelsäure gewonnen wurden. Die schwefelsauren Lösungen der Basen setzten sich unter den Ölen als dunkle Schicht ab. Aus ihnen wurden die Basen durch Neutralisation mit gelöschtem Kalk abgeschieden, wobei zunächst erst der größte Teil der freien Säure abgestumpft und der entstandene Niederschlag abgesaugt wurde. Das erhaltene klare Filtrat wurde dann mit Kalk bis zur alkalischen Reaktion versetzt, nochmals filtriert, zum Filtrat 300 g Ätznatron gegeben und mit Wasserdampf destilliert. Auch die abgesaugten Kalksalze wurden im Dampfstrom abgeblasen, um auch die noch anhaftenden Basen zu gewinnen. Die vereinigten Dampfdestillate wurden mit Salzsäure schwach überneutralisiert und zur Trockene verdampft. Dann wurde der Rückstand der salzsauren Basen mit wenig Wasser aufgenommen und die freien Basen mit Stangenkali als Öle abgeschieden, die weiter mit Stangenkali bis zur völligen Abscheidung des Wassers getrocknet wurden.

Die Gesamtmenge der auf diese Weise isolierten Pyridinbasen betrug 418,5 g = 0,505%, auf Teer berechnet.

Nach Abzug von 45 g Basen, die von dem Ausschütteln der ersten Fraktion und verschiedener Mutterlaugen herrührten, ergab die Fraktionierung des Rohpyridins nach dem Trocknen mit Ätzkali folgendes Resultat:

Fraktion	I.	bis 130°	. . .	4,0 g	
„	II.	130—160°	. . .	82,5 g	
		(enthält eine größere Fraktion vom Sdp. 152°)			
„	III.	160—188°	. . .	100,5 g	($37^1/_2$%: 160—170°; $37^1/_2$%: 170—180°; 25%: 180—188°)
„	IV.	188—215°	. . .	81,5 g	
„	V.	Rest, über 215° siedend	. . .	105,0 g	
				373,5 g	

Die Fraktion V wurde im Vakuum bei 10 mm destilliert und ergab:

120—190°	65 g
190—245°	36 g
Rückstand und Verlust . .	4 g
	105 g

Die Fraktionen I—IV wurden einer nochmaligen Fraktionierung unterworfen und aus denselben sowie aus dem niedriger siedenden Teile der Fraktion V folgende Fraktionen aufgefangen:

Fraktion	Kp.	g
1.	110—125°	4,6
2.	125—145°	24,2
3.	145—153°	29,0
4.	153—160°	28,2
5.	160—170°	29,8
6.	170—178°	13,2
7.	178—185°	22,3
8.	185—190°	18,3
9.	190—200°	25,8
10.	200—215°	17,1
11.	215—230°	32,0
12.	230—240°	27,5
13.	240—245°	7,8
14.	245—255°	16,3
15.	255—265°	14,3
16.	265—280°	9,4
		319,8

Vor der letzten Fraktionierung war versucht worden, die Fraktionen II—IV über Natriumdraht zu trocknen. Es zeigte sich jedoch, daß die Basen auf das Natrium bei mehrtägigem Stehen unter Bildung einer rötlichbraunen, gelatinösen Masse einwirkten. Infolgedessen wurde das Natrium wieder beseitigt. Diese Beeinflussung des Natriums durch die Basen deutet auf die Anwesenheit von Pyrrolen hin.

Die bis 160° siedenden Fraktionen I—II, welche Pyridin und seine nächsten Homologen enthielten, machten weniger als ein Drittel (bzw. nur ein Viertel) der gesamten Basen aus. Es wurde versucht, durch wiederholte Fraktionierung innerhalb weniger Grade siedende Fraktionen zu isolieren, jedoch war der Erfolg bei den vorhandenen geringen Mengen ein nicht befriedigender. Mit Hilfe der in der Arbeit von A. Ladenburg: „Über Pyridin- und Piperidinbasen“[1]) angegebenen Trennungsmethoden für das Pyridin, die Picoline und Lutidine durch ihre salzsauren Quecksilberchloridsalze gelang es immerhin, die reinen Quecksilbersalze des Pyridins und Picolins zu isolieren. Andere Quecksilbersalze, die auf die übrigen Isomeren hinweisen, wurden auch isoliert, konnten aber nicht in genügender Reinheit gewonnen werden, da auch durch wiederholtes Umkristallisieren bei den geringen Mengen eine Trennung des komplizierten Gemisches nicht möglich war.

Prüfung auf Chinolin im hochsiedenden Basengemisch.

Charakteristisch für Chinolin[2]) ist sein Verhalten gegen Kaliumquecksilberjodid. Mit diesem entsteht nämlich ein gelblichweißer Niederschlag, der sich auf Zusatz von Salzsäure in bernsteingelbe Nadeln verwandelt. Die Reaktion tritt auch noch bei einer Verdünnung von 1 : 3500 ein.

Um den Torfteer auf einen etwaigen Gehalt an Chinolin zu prüfen, wurden die Basen aus der Ölfraktion IV nach dem Aus-

---

[1]) Liebigs Annalen, Bd. 247, S. 1ff. (1888).

[2]) Lunge-Köhler, Die Industrie des Steinkohlenteers und des Ammoniaks, 1900, I, S. 225.

schütteln mit 35%iger Schwefelsäure, mit Natronlauge wieder in Freiheit gesetzt und mit Wasserdampf destilliert, wodurch 25 g eines öligen Destillates erhalten wurden. Dieses gab beim Versetzen mit Kaliumquecksilberjodidlösung jedoch keinen Niederschlag, sondern nur eine gelblichweiße Trübung, die auf Zusatz von Salzsäure gelb wurde. Zugleich fiel eine geringe Menge eines Öles aus, das in heißem Alkohol löslich war. Zu der heißen Lösung wurde Pikrinsäure gegeben, um das Pikrat des Chinolins abzuscheiden[1]), doch konnte ein solches nicht erhalten werden, selbst nicht bei starkem Abkühlen der Lösung. Chinolin ist also im Torfteer nicht zugegen.

Aus den mitgeteilten Untersuchungen geht hervor, daß Pyridin selbst und seine nächst höheren Homologen nur in recht geringer Menge im Torfteer vorhanden ist. Ähnlich liegen die Verhältnisse beim Braunkohlenteer[2]). Da aber die Isolierung der pyridinarmen höhersiedenden Basen wegen ihrer beschränkten Verwendungsmöglichkeiten infolge der an die Pyridinbasen als Denaturierungsmittel nach dem Gesetz vom 1. Januar 1889[3]) gestellten, erhöhten Ansprüche sich nicht mehr als rentabel erweisen kann, scheint eine technische Gewinnung der Pyridinbasen des Torfteers wenig aussichtsvoll.

IV. Die Neutralöle des Torfteers.

Die bei der Trennung der Säuren und Basen aus den Teerdestillaten restierenden neutralen Öle (vgl. S. 316) wurden mit

---

[1]) vgl. O. Doebner, Über Chinolinbasen im Braunkohlenteer, Bd. 28, 106.

[2]) vgl. Scheithauer, Die Schwelteere, ihre Gewinnung und Verarbeitung, Leipzig, 1911, S. 123.

[3]) Das Gesetz lautet: Das Pyridinbasengemisch soll farblos oder schwach gelblich sein. Sein Wassergehalt soll 10% nicht übersteigen. Bei der Destillation von 100 Raumteilen des Gewichtes sollen bei dem normalen Barometerstand von 760 mm bis zu einer Temperatur von 140° des hundertteiligen Thermometers mindestens 90 Raumteile übergegangen sein. Das Gemisch soll mit Wasser ohne wesentliche Trübung in jedem Verhältnis mischbar und frei von Ammoniak sein.

Chlorkalzium getrocknet und darauf näher auf ihre einzelnen Bestandteile untersucht. Die spezifischen Gewichte der fünf Fraktionen vor und nach dem Entfernen der sauren und basischen Bestandteile sind in nachstehender Tabelle zusammengestellt.

1. Spez. Gewichte der Rohöle bei 17,5° vor und nach dem Laugen und nach der Entfernung der Basen:

Fraktion	Vor dem Entfernen der Phenole und Pyridinbasen spez. Gewicht (17,5°)	Nach dem Entfernen der Phenole spez. Gewicht (17,5°)	Nach dem Entfernen der Phenole und Pyridinbasen spez. Gew. (17,5°)
Rohöl-Fraktion I . .	0,855	0,855	—
„ „ II . .	0,945	0,855	0,850
„ „ III . .	0,949	0,875	0,875
„ „ IV . .	0,918	0,895	0,888
„ „ V . .	0,840	0,840	0,840

Fraktion IV war von ausgeschiedenem Paraffin durch Abschleudern zum Teil getrennt worden; Fraktion V enthielt noch sämtliches Paraffin.

2. Die Mengen und spez. Gewichte (bei 17,5°) der noch nachträglich aus den Kreosotnatronlösungen durch Verdünnen mit Wasser abgeschiedenen neutralen Öle waren folgende:

Neutrales Öl a/Frakt. I	15 g	—
„ „ „ II	390 g	0,955
„ „ „ III	590 g	0,965
„ „ „ IV	919 g	0,925
„ „ „ V	—	—
Neutralöle aus Kreosotnatronlösung mit Äther extrahiert	1696 g	0,980

Die nach Englers Vorschrift[1]) angestellten Siedeanalysen der von Säuren und Basen befreiten Hauptfraktionen II—V hatten bei Anwendung von je 100 ccm folgendes Ergebnis:

[1]) vgl. Lunge, Chemisch-techn. Untersuchungsmethoden, Bd. II, 11.

Temperatur	Fraktion II	Fraktion III	Fraktion IV	Fraktion V	Neutral. Öl, aus Kreosotnatronlauge mit Wasser abgeschieden	Neutral. Öl, aus Kreosotnatronlauge ausgeäthert
100—150°	1 Vol.%	—	—	5	14	10
150—200°	34 „	1	3	10	—	8
200—250°	45 „	46	7	14	34	34
250—300°	13 „	40	42	23	30	24
Rückstand über 300° und Verlust	7 „	13	48	48	22	24
Vom Destillat erstarrten auf Eis	Die letzten Tropfen	86 Vol.%	52 Vol.%	46 Vol.%	—	—
Beginnend vom Siedep. . . .		300°	300°	290°	—	—

Anmerkung: Den Fraktionen IV und V war vor der Destillation ein Teil des Paraffins durch Abschleudern entzogen worden. Sämtliche Destillate rochen widerlich, die Kolbenrückstände bitumenartig. Die Destillate waren weingelb, dunkelten jedoch bald nach.

a) Trennung der ungesättigten, gesättigten und aromatischen Kohlenwasserstoffe.

Beim Braunkohlenteer bestehen die neutralen Öle im wesentlichen aus ungesättigten, gesättigten und aromatischen Kohlenwasserstoffen[1]). Bei der Aufsuchung der Bestandteile der Torfteer-Neutralöle wurden, da hier eine ähnliche Zusammensetzung anzunehmen war, die entsprechenden Trennungsmethoden angewandt.

Es wurden demnach, mit einer Abweichung bei der I. Fraktion (s. dort), 500 g einer jeden neutralen Ölfraktion mit je 50 g konz. Schwefelsäure unter Eiskühlung einige Zeit gerührt. Durch die Kühlung sollte eine Oxydation der Öle (die sich durch Auftreten von SO_2 kundgibt), vermieden werden. Nachdem das Reaktionsprodukt einige Zeit der Ruhe überlassen worden war, wurde die untere Säureschicht von den Ölen abgezogen und diese mit einer neuen Menge Schwefelsäure so oft geschüttelt, bis keine Gewichtsabnahme mehr eintrat. Bei genügender Kühlung machte sich nur eine minimale SO_2-Entwicklung bemerkbar.

Die Lösung der ungesättigten Kohlenwasserstoffe in Schwefel-

[1]) vgl. W. Scheithauer, Die Schwelteere, Leipzig, 1911, S. 150.

säure wurde mit dem gleichen Volumen Eiswasser vorsichtig versetzt. Hierbei schieden sich die ungesättigten Kohlenwasserstoffe in Gestalt eines schwarzbraunen, dicken Öles über der verdünnten Säure ab und wurden von dieser im Scheidetrichter getrennt. Weiterhin konnte noch beim Neutralisieren der verdünnten Säure mit Lauge eine Spur von Kohlenwasserstoffen abgeschieden werden, die mit der Hauptmenge vereinigt wurde. Die ungesättigten Kohlenwasserstoffe hatten einen durchdringenden ätherischen, nicht unangenehmen Geruch.

Die von den ungesättigten Kohlenwasserstoffen befreiten neutralen Öle wurden dreimal mit je 50 g rauchender Schwefelsäure (mit 20% SO_3) 15 Minuten geschüttelt. Nachdem die Flüssigkeit je 2 Stunden der Ruhe überlassen worden und das Absitzen erfolgt war, wurde das Schütteln mit kleinen Mengen rauchender Schwefelsäure so oft wiederholt, bis das Öl keine Gewichtsabnahme mehr zeigte. (Die Entwicklung von SO_2 beim Schütteln wurde durch Kühlen des Scheidetrichters möglichst hintangehalten.) Darauf wurden die vereinigten Schwefelsäurelösungen der sulfurierten aromatischen Kohlenwasserstoffe unter Umschwenken in die gleiche Menge möglichst kleingestoßenen Eises, das sich in einem Dreiliterkolben befand, langsam eingetragen, jedoch so, daß sich die Temperatur, die nicht über 40° steigen soll[1]), nur wenig erhöhte. Dann wurde das erhaltene Gemisch im Wasserdampfstrom destilliert, bis keine Öle mehr übergingen. Auf diese Weise wurde das von der Schwefelsäure nicht angegriffene Öl entfernt und nach dem Trocknen mit Chlorkalzium mit den anderen, in rauchender Schwefelsäure unlöslichen Ölen vereinigt. Schließlich wurden diese noch einigemale in ihrer Gesamtheit mit kleinen Mengen rauchender Schwefelsäure geschüttelt, bis keine Gewichtsabnahme mehr eintrat.

Die Destillation mit Wasserdampf konnte jedoch bei den Fraktionen IV und V nicht angewandt werden, da die nach dem Sulfurieren zurückbleibenden Öle mit Wasserdampf nur wenig flüchtig waren; eine Trennung wurde in diesem Falle durch Ausschütteln mit Petroläther (Sdp. 30—40°) erreicht.

---

[1]) vgl. Lunge, Bd. II, S. 754.

1. Die neutralen Öle der Fraktion I.

Die neutralen Öle der ursprünglich 1488 g betragenden Hauptfraktion I (96—150°) des unter gewöhnlichem Druck destillierten Torfteers, von der wie bei den anderen Fraktionen ein Abzug von 8% gemacht und als Reservemuster beiseite gestellt wurde, wogen nach dem Trennen von den Säuren und Basen sowie nach erfolgter Trocknung noch 1082 g.

Die Fraktionierung derselben ergab:

I	70—100°	. . . 49,5 g	vom spez. Gew.	0,821
II	100—120°	. . . 133,0 g	,, ,, ,,	0,8235
III	120—130°	. . . 108,0 g	,, ,, ,,	0,8225
IV	130—140°	. . . 136,0 g	,, ,, ,,	0,8205
V	140—160°	. . . 237,5 g	,, ,, ,,	0,821
VI	Rückstand über 160° siedend	. . 410,0 g		
		1074,0 g		

Die Fraktion I (70—100°) dieser Destillation wurde erst mit 66%iger, dann mit 75%iger Schwefelsäure ausgeschüttelt und die hierdurch ausgezogenen ungesättigten Verbindungen aus der verdünnten Säure durch Wasserdampf abgeblasen. Es resultierten 5,2 g = 16,50% der Fraktion I. Das von Schwefelsäure nicht angegriffene Öl wurde durch Dampf übergetrieben und gab 19 g = 38,5% der Fraktion I. Es wurde nochmals fraktioniert und lieferte von:

77— 85°	2,7 g
85— 90°	2,1 g
90— 95°	2,6 g
95—105°	3,5 g
105—120°	3,5 g
120—150°	3,0 g
Rückstand	1,5 g
	18,9 g.

Die nächsten drei Fraktionen II—IV (100—140°), miteinander vereinigt 377 g, wurden in gleicher Weise mit Schwefelsäure behandelt und lieferten bei der Destillation im Wasserdampfstrom 28,3 g ungesättigte Verbindungen = 7,50%. Daneben blieb aber ein beträchtlicher Teil im Kolben verharzt zurück. An gesättigten und aromatischen Ölen wurden erhalten: 290,5 g = 77,05%. Ihre Fraktionierung ergab:

90—100°	1,5 g
100—110°	61,7 g
110—120°	75,5 g
120—150°	118,5 g
Farblose Rückstände	32,6 g
	289,8 g

Die Fraktion V (140—160°), 237,5 g, lieferte, ebenso behandelt:

8,6 g ungesättigte Kohlenwasserstoffe = 3,06% und reichlich Harz, sowie

210 g gesättigte und aromatische Kohlenwasserstoffe = 88,42%.

Letztere wurden mit Dampf destilliert und die übergegangene Substanz (200 g) fraktioniert:

127—135°	28,8 g
135—140°	37,4 g
140—150°	55,6 g
150—160°	36,0 g
Farbloser Rückstand	39,5 g
	197,3 g

Schließlich ließen sich aus dem Rückstand über 160° (410 g), der ebenso behandelt wurde, noch Spuren ungesättigter Verbindungen und 296,5 g gesättigte und aromatische Kohlenwasserstoffe gewinnen; auch hierbei verharzte ein ziemlich großer Teil.

Die fraktionierte Destillation der gesättigten und aromatischen Kohlenwasserstoffe, mit denen die höchsten Anteile der vorhergehenden Fraktionierungen mitdestilliert wurden, ergab:

145—160°	10,0 g
160—165°	47,0 g
165—185°	134,0 g
185—210°	83,6 g
210—230°	30,0 g
Rückstand	8,3 g
	312,9 g

Die bis 160° siedenden Anteile der vier Fraktionierungen wurden einer nochmaligen eingehenden, systematischen fraktionierten Destillation unterworfen. Erhalten wurden dabei:

bis 75°	2,3 g
75— 85°	12,7 g
85— 95°	27,7 g
95—105°	27,9 g
105—115°	65,1 g
115—125°	78,2 g
125—135°	61,0 g
135—145°	72,6 g
145—155°	56,5 g
155—175°	34,1 g
Rückstand	1,9 g
	440,0 g

Aus der Fraktion 105—115° wurden 31,2 g eines schärfer siedenden Öles herausfraktioniert und in 120 g rauchende Salpetersäure (spez. Gew. 1,5) bei 0° eingetragen. Es blieben nur 3 g ungelöst (gesättigte Paraffinkohlenwasserstoffe). Aus dem Nitriergemisch wurden nach Entfernung des nicht nitrierten Anteils die Nitroverbindungen durch Verdünnen mit Wasser abgeschieden und im Dampfstrom destilliert, wobei die Mononitroverbindungen übergingen. Der nicht flüchtige Kolbenrückstand, der bald kristallinisch erstarrte, wurde in Benzol gelöst, und es ließen sich durch mehrmaliges Umkristallisieren schließlich lange, gelbe Nadeln vom Schmelzp. 68—70° gewinnen. Ihre Analyse ergab folgendes:

angew. Substanz: 0,119 g;
gefunden: . . . 16,35 ccm N (bei 18° und 769 mm) = 16,2% N;
(berechnet für $C_7H_6N_2O_4$ = 15,4%).

Nach sorgfältigem Umkristallisieren erreichte das Produkt den Schmp. 69,5—70,5°. Es liegt demnach in ihm das 2,4 -Dinitrotoluol vor, das bei 70,5° schmilzt. Es ist damit in dieser Fraktion Toluol sicher nachgewiesen. Da außerdem ein großer Teil mit Wasserdampf flüchtiger Mononitroprodukte entstand, von deren Trennung aber abgesehen wurde, so kann man in ihr eine wesentliche Menge aromatischer Verbindungen annehmen, wenn auch deren Menge, auf den Ausgangsteer bezogen, nur gering ist.

2. Resultate der Zerlegung der neutralen Rohöle der übrigen Fraktionen.

	Fraktion II %	Fraktion III %	Fraktion IV und V %	Neutrale Öle aus Kreosotnatronlösung %
Gesättigte Kohlenwasserstoffe .	20,8	21,6	32,3	7,6
Ungesättigte Kohlenwasserstoffe	36,8	41,6	42,4	88,6
Aromatische Kohlenwasserstoffe	41,4	32,4	25,3	3,8
	99,0	95,6	100,0	100,0

Bemerkenswert ist in obiger Tabelle das Überwiegen der ungesättigten Kohlenwasserstoffe in dem aus dem Kreosotnatron erhaltenen neutralen Öl.

Die ungesättigten Kohlenwasserstoffe der Fraktionen II und III wurden vereinigt und mit Wasserdampf destilliert, nachdem eine Spur noch vorhandener Säure durch Soda unschädlich gemacht worden war. Das Destillat war ein leicht bewegliches, grün fluoreszierendes Öl mit durchdringendem, ätherischen Geruch. Von den zur Destillation verwendeten Ölen im Betrage von 392 g waren 72 g = 18,37% mit Wasserdampf flüchtig, die das spez. Gew. 0,885 bei 17,5° zeigten. Der Rückstand hatte pechartige Konsistenz. Eine kleine Probe der mit Wasserdampf flüchtigen ungesättigten Kohlenwasserstoffe begann bei 185° zu sieden. Die Hauptmenge ging bis 250° über, der Rest bis 270°.

Nach den beobachteten Siedepunkten würden Undecylen $C_{11}H_{22}$ (Sdp. 195,4°) bis Ceten $C_{16}H_{32}$ (Sdp. 274°) in den Destillaten vorhanden sein können.

Die gesättigten Kohlenwasserstoffe der Fraktionen II und III wurden ebenfalls vereinigt und mit Wasserdampf destilliert. Von 212 g gingen hierbei 123,05 g = 58,28% über. Das spez. Gewicht des wasserklaren und geruchlosen Destillates war 0,763 (bei 17,5°).

Zur weiteren Untersuchung wurde von den Fraktionen II und III der neutralen Rohöle je 1 kg, wie eben beschrieben, durch Behandeln mit Schwefelsäure von den ungesättigten Verbindungen befreit und die restierenden gesättigten und aromatischen Kohlenwasserstoffe der beiden Fraktionen gemeinsam mit Wasserdampf destilliert. Hierbei gingen — bei Anwendung von 1050 g — 152 g über. Das Destillat wurde zum Schluß mit festem Kaliumhydrooxyd getrocknet. Ausbeute 150 g = 14,29%. Das Destillat hatte ein spez. Gewicht von 0,780 bei 17,5°. Aus einem Ladenburgschen Dreikugelkolben destilliert, ergab es folgende Fraktionen:

130—180°	9,2 g
180—190°	15,6 g
190—200°	21,1 g
200—210°	22,2 g
210—220°	22,9 g
220—230°	20,0 g
230—240°	15,6 g
240—250°	10,7 g
250—254°	3,3 g
Rückstand und Verlust	9,4 g
	150,0 g

Die erste Fraktion (130—180°) wurde in 40 g konz. Schwefelsäure unter Eiskühlung eingetragen und dann 40 g rauchende Salpetersäure langsam zugefügt; es fand dabei auch bei längerem Stehen keine merkbare Einwirkung statt. Beim Erwärmen auf dem Wasserbad trennte sich das Gemisch in drei Schichten: die obere Ölschicht (1,5 g) bestand aus unangegriffenen Paraffinkohlenwasserstoffen, die mittlere, gelb gefärbte Ölschicht enthielt auch nitrierte aromatische Körper, die untere bildete eine Säureschicht. Letztere gab beim Eingießen in Wasser keine Ausscheidung von Nitroverbindungen. Aber auch aus den Ölschichten konnte kein festes Nitroprodukt isoliert werden.

Die nicht mit Wasserdampf flüchtigen gesättigten und aromatischen Kohlenwasserstoffe wurden im Vakuum destilliert. Sie gingen von 134° bei 16 mm bis 186° bei 13 mm über. Es wurde ein wasserhelles Destillat vom spez. Gew. 0,810 (bei 17,5°) erhalten.

b) Fraktionierung der gesättigten, von den aromatischen Verbindungen befreiten Kohlenwasserstoffe.

Sämtliche bei vorstehenden Analysen erhaltenen, mit Wasserdampf flüchtigen, gesättigten und aromatischen Kohlenwasserstoffe wurden durch Schütteln mit rauchender Schwefelsäure bis zum konstanten Gewicht von aromatischen Kohlenwasserstoffen befreit, mit verdünnter Sodalösung und mit Wasser neutral gewaschen, mit festem Ätzkali getrocknet und dann im Vakuum viermal fraktioniert, wobei jedesmal nur bis 140° aufgefangen und der höher siedende Rest für sich gesammelt wurde. Bei der vierten Destillation wurden schließlich bei 10 mm Druck folgende Fraktionen erhalten:

50— 60°	9,8 g
60— 80°	34,5 g
80—100°	68,8 g
100—120°	87,4 g
120—140°	34,0 g
	234,5 g

Die Destillate waren wasserhelle Flüssigkeiten von schwach aromatischem Geruch.

Die bei den Vakuumdestillationen bis 140° zurückgebliebenen Anteile dieser mit Wasserdampf flüchtigen gesättigten Kohlenwasserstoffe wurden weiter bei gewöhnlichem Druck mehrmals aus einem Dreikugelkolben fraktioniert und ergaben als Endresultat:

145—155°	3,2 g
155—165°	4,2 g
165—175°	7,5 g
175—180°	6,7 g
180—185°	4,0 g
185—190°	7,0 g
190—195°	7,9 g
195—200°	15,5 g
200—205°	16,1 g
205—210°	13,7 g
210—215°	15,7 g
215—220°	12,2 g
220—225°	14,8 g
225—230°	20,2 g
230—235°	19,7 g
235—240°	7,6 g
240—245°	4,2 g
245—250°	18,5 g
250—255°	9,5 g
255—260°	7,9 g
	216,1 g

Auf gleiche Weise wurden auch die mit Wasserdampf nicht flüchtigen aromatischen und gesättigten Kohlenwasserstoffe von den aromatischen Verbindungen befreit und im Vakuum bei 11 mm destilliert:

110—140°	57,5 g
140—160°	70,1 g
160—180°	34,0 g
180—196°	5,1 g
	166,7 g

Die Fraktion 180—196° erstarrte nach kurzer Zeit infolge Auskristallisierens von Paraffin, ebenso kristallisierte letzteres aus der Fraktion 160—180° bei Zimmertemperatur in Gestalt kleiner Blättchen aus.

Ein Teil der bei diesen Versuchen erhaltenen Schwefelsäurelösung der aromatischen Sulfosäuren wurde mit gesättigter Kaliumchloridlösung versetzt, um evtl. die Kalisalze der Sulfosäuren auszusalzen. Eine solche Aussalzung trat jedoch nicht ein.

Ein weiterer Teil der Sulfosäuremischung wurde dann mit dem vierfachen Volumen rauchender Salpetersäure versetzt, doch war es nicht möglich, aus dem Nitrierungsgemisch ein festes Produkt zu isolieren. Beim Eingießen in kaltes Wasser blieb die Lösung klar.

Schließlich wurde ein anderer Teil der Sulfosäuren mit überhitztem Wasserdampf abgeblasen, wobei der Kolben im Ölbade erhitzt wurde. Bei 190—200° ging unter starker Entwicklung von SO_2 eine geringe Menge Öl über. Der Kolbeninhalt verharzte jedoch und schäumte so stark, daß die Destillation abgebrochen werden mußte. Das übergegangene Öl siedete von 160—220°; zur näheren Untersuchung war die Menge zu gering.

c) Prüfung auf Naphthene in den gesättigten Kohlenwasserstoffen.

In den Braunkohlenteerölen wurden von Heusler[1]) Naphthene in geringer Menge aufgefunden. Den Nachweis führte er durch Feststellung der spez. Gewichte einer Reihe von Ölfraktionen, die von ungesättigten und aromatischen Kohlenwasserstoffen vollkommen befreit waren. Es zeigte sich, daß die Fraktionen ein wesentlich höheres spez. Gewicht als die reinen Paraffine mit gleichem Siedepunkt hatten.

Um festzustellen, ob auch in den Torfteerölen solche Naphthene vorhanden sind, wurden eine Anzahl der mit Wasserdampf flüchtigen und nicht flüchtigen, von ungesättigten und aromatischen Verbindungen befreiten Fraktionen der Elementaranalyse unterworfen und ihre spez. Gewichte genau festgestellt.

In Fraktion 190—200°:	Gef.:	C 84,41%,	H 15,29%
für $C_{11}H_{24}$ (Sdp. 194,5°)	Ber.:	„ 84,61%,	„ 15,38%

[1]) Ber. 28, 489.

In Fraktion 210—220°: Gef.: C 84,81%, H 15,27%
für $C_{12}H_{26}$ (Sdp. 214,5°) Ber.: „ 84,71%, „ 15,29%

In Fraktion 247,5—257,5°: Gef.: C 85,20%, H 15,20%
für $C_{14}H_{30}$ (Sdp. 252,5°) Ber.: „ 84,85%, „ 15,15%

Die Elementaranalysen der gesättigten Kohlenwasserstoffe aus den Torfteerölen geben, wie zu ersehen ist, keinen sicheren Anhalt, ob in ihnen Naphthene enthalten sind. Die für C und H gefundenen Zahlen stimmen für die Kohlenwasserstoffe der Formel C_nH_{2n+2}, bzw. liegen innerhalb der Fehlergrenzen. Dagegen dürfte das höhere spezifische Gewicht der gesättigten Kohlenwasserstoffe aus den Torfteerölen gegenüber dem der normalen gesättigten Kohlenwasserstoffe vom gleichen Siedepunkt (vgl. untenstehende Tabelle) auf einen geringen Gehalt von Naphthenen hinweisen:

Vergleichstabelle der spez. Gewichte von Normal-Kohlenwasserstoffen und den gesättigten Torfteer-Kohlenwasserstoffen.

Normale Kohlen-wasserstoffe	Kp.	d. 20°/4°	Gesättigte Kohlen-wasserstoffe der Torf-Teerölfraktion	Spez. Gewicht d. 20°/4°
			mit Wasserdampf flüchtig	
$C_{11}H_{24}$	194,5°	0,7411	190—200°	0,7481
			195—200°	0,7498
$C_{12}H_{26}$	214,5°	0,7511	210—220°	0,7571
$C_{13}H_{28}$.	234°	0,7571	225—230°	0,7633
			230—240°	0,7660
$C_{14}H_{30}$	252,5°	0,7645	247,5—257,5°	0,7735
$C_{15}H_{32}$	270,5°	0,7689	—	—
$C_{14}H_{30}$	129,5° b. 15 mm	0,7645	Mit Wasserdampf nicht flüchtig	
			Siedp. 118—140° bei 11 mm	0,7731
$C_{15}H_{32}$	144° „ 15 „	0,7689	„ 140—160° „ 11 „	0,7789
$C_{16}H_{34}$	157,5° „ 15 „	—	„ 160—180° „ 11 „	0,7833

d) Die aromatischen Kohlenwasserstoffe in den Neutralölfraktionen I.

Zur Isolierung und Untersuchung der aromatischen Kohlenwasserstoffe wurden die Rohölfraktionen I der Magdeburger Torfteermischung und des schwedischen Torfteers (s. S. 322) vereinigt. Die vereinigten Öle wogen 3,025 kg. Aus ihnen wurden die Phenole durch Schütteln mit Natronlauge entfernt und die hinterbliebenen Öle zwecks Reinigung zuerst mit Wasserdampf abgeblasen. Das hellgelbe Destillat wurde dann durch Schütteln mit 35%iger Schwefelsäure auf bekannte Weise von den Pyridinbasen befreit. Die Ausbeute betrug 1400 g neutrales Öl. Das spez. Gewicht desselben war 0,825 bei 17,5°.

Die Befreiung des Öles von den ungesättigten Kohlenwasserstoffen geschah diesmal genau nach der Methode von Heusler[1]). Das Öl wurde längere Zeit mit 300 g verdünnter Schwefelsäure (1 Teil Wasser, 2 Teile konz. H_2SO_4) geschüttelt, absitzen gelassen und die Säureschicht abgezogen. Darauf wurde das Öl, das noch 1370 g wog, mit 400 g H_2SO_4 (1 Teil Wasser, 3 Teile H_2SO_4) nochmals geschüttelt und hierdurch von den ungesättigten Kohlenwasserstoffen möglichst vollständig befreit. Das Öl wog jetzt noch 1318 g. Das Schütteln wurde mit 250 g 80%iger und darauf mit 350 g 85%iger Schwefelsäure wiederholt, worauf sein Gewicht auf 1270 g bzw. 1194 g sank. Nach dem Waschen mit Natronlauge wurde das Gemisch der gesättigten und aromatischen Kohlenwasserstoffe nochmals im Wasserdampfstrom destilliert. Es gingen 1055 g eines farblosen, aromatisch riechenden Öles über. Beim Trocknen über festem Ätzkali wurde das Öl sofort gelb. Das spez. Gewicht betrug 0,814 bei 17,05°.

Durch viermalige fraktionierte Destillation mit Dreikugelaufsatz — wobei das über 180° Siedende im Vakuum destilliert wurde — wurden folgende Fraktionen erhalten:

---

[1]) Ber. 25, S. 1671.

70—80°	11,4 g
80—93°	38,8 g
93—100°	29,1 g
100—110°	62,8 g
110—120°	109,8 g
120—130°	100,5 g
130—140°	84,5 g
140—150°	126,0 g
150—160°	104,4 g
160—170°	93,7 g
170—180°	69,9 g
180—190°	37,3 g
190—200°	66,3 g
200—210°	33,4 g
210—220°	16,3 g
Rückstand	3,2 g
Verluste	49,6 g
	1037,0 g

1. Nitrierung der Fraktion 80—93°[1]).

Die Fraktion 80—93° (38,8 g) wurde in die vierfache Menge rauchender, mit Eiswasser gekühlter Salpetersäure in kleinen Mengen unter stetem Umschütteln langsam eingetragen. Um eine Verflüchtigung von Kohlenwasserstoffen bei der Nitrierung zu verhindern, war der Kolben mit einem Rückflußkühler versehen. Eine Gasentwicklung beim Nitrieren wurde nicht beobachtet, wie sie Heusler beim Nitrieren einer entsprechenden Braunkohlenteerölfraktion wahrgenommen hatte. Nach Beendigung der Nitrierung wurde die salpetersaure Lösung von den nicht angegriffenen Paraffinkohlenwasserstoffen, die 1,2 g wogen, getrennt und in Wasser gegossen. Die ausgeschiedenen, öligen Nitroverbindungen wurden von der Säure wieder getrennt und im Wasserdampfstrom überdestilliert. Sodann wurden die mit Dampf flüchtigen Nitroverbindungen abgehoben und mit wenig Ammoniakwasser gewaschen, um anhaftende Säuren zu ent-

[1]) Heusler, Ber. 25, S. 1672 [1892].

fernen. Die im wässerigen Destillat noch suspendierten Nitroverbindungen wurden durch Ausziehen mit Äther gleichfalls noch gewonnen und alles mit Kalziumchlorid auf dem Wasserbad getrocknet. Die Gesamtausbeute betrug 40,4 g Nitroverbindungen.

Die erhaltenen 40,4 g unreines Nitrobenzol wurden allmählich in eine Mischung von 100 g konz. Schwefelsäure und 70 g rauchender Salpetersäure eingetragen und eine halbe Stunde unter häufigem Umschütteln auf dem Wasserbad erhitzt. Das erkaltete Nitrierungsgemisch wurde unter Umrühren in Eiswasser gegossen, worauf sofort das Dinitrobenzol erstarrte. Letzteres wurde abgesaugt, mit Wasser gewaschen und auf Ton getrocknet. Die Ausbeute betrug 52,8 g Dinitrobenzol. Aus Alkohol umkristallisiert, wurde es in langen, gelben Nadeln vom Schmp. 87—88° erhalten (m-Dinitrobenzol). In der Fraktion war also Benzol vorhanden.

Im Kolben der Wasserdampfdestillation blieb eine geringe Menge eines dunkelrot gefärbten Öles zurück, das nach kurzer Zeit zu einem Kristallkuchen erstarrte (0,8 g). Aus Alkohol umkristallisiert, entstanden lange, gelbe Nadeln vom Schmp. 70°, die, wie ein Mischungsschmelzpunkt mit reinem m-Dinitrotoluol bestätigte, Dinitrotoluol waren.

2. Isolierung von Dinitrotoluol aus der Fraktion 100—110°.

88,9 g der Fraktion 100—110°, die durch nochmalige fraktionierte Destillation der gesättigten und aromatischen Kohlenwasserstoffe erhalten wurde, wurden langsam in 355 g Schwefelsäure unter Kühlen mit Wasser eingetragen. Dann wurden langsam 355 g konz. rauchende Salpetersäure zugetropft. Es trat Erwärmung unter Entwicklung brauner Dämpfe ein. Das Nitrierungsprodukt wurde eine halbe Stunde auf dem Wasserbad erwärmt und dann im Scheidetrichter absitzen gelassen. Eine Schicht von Paraffinkohlenwasserstoffen war nicht vorhanden, sondern die obere Schicht bestand aus Nitroprodukten und die untere aus Säuren. Beide wurden getrennt und in Wasser gegossen. Aus der Schicht, welche die Nitrokörper enthielt, fiel hierbei eine gelbe, feste Substanz aus, die beim Absaugen Öl durch das Filter gehen ließ. Aus der Säureschicht wurde ein weniger schmieriges Produkt erhalten. Die erhaltenen Substanzen wurden mit Kalilauge und Wasser gewaschen.

Die Ausbeuten waren:

43,4 g festes Nitroprodukt	aus der oberen Schicht
46,5 g rotes öliges Nitroprodukt	
12,0 g festes Nitroprodukt aus der Säureschicht	
101,9 g	

Aus den 46,5 g des öligen Produktes wurden durch Kühlen mit Eis noch 6,7 g festes Nitroprodukt erhalten. Die gesamten festen Nitroprodukte im Betrage von 62,1 g schmolzen nach dem Umkristallisieren aus Alkohol bei 70°, bestanden also aus Dinitrotoluol.

3. Prüfung auf Xylol, Mesitylen und Pseudocumol.

Zum Nachweis von Xylol wurde eine Fraktion 135—145° (66,4 g) mit einem Gemisch von 2 Teilen H_2SO_4 und einem Teil HNO_3 nitriert. Der Kolbeninhalt begann nach einiger Zeit plötzlich zu steigen und aufzuwallen. Beim Eingießen des erkalteten Gemisches in Wasser wurde ein braunes, öliges Nitroprodukt und ein schmieriger, auf dem Wasser schwimmender Körper erhalten, der auch auf Tonplatten nicht fest wurde. Beim Auskochen mit Benzol ging eine geringe Menge in Lösung, und beim Erkalten erschienen kleine, gelblich gefärbte Blättchen vom Schmelzpunkt 181°. Der Körper konnte wegen der geringen Menge nicht eingehender untersucht werden.

Zum Nachweis von Mesitylen und Pseudocumol wurden 41,7 g einer von 160—164° siedenden Ölfraktion nach der Methode von Fittig[1]) durch ein Gemisch von 100 g konz. Schwefelsäure und 50 g rauchender Salpetersäure in der Kälte in ein Nitroprodukt verwandelt. Nach dem Absitzen trennte sich das Nitrierungsgemisch in drei Schichten. Die oberste wog 7,0 g und bestand aus unangegriffenen Kohlenwasserstoffen, darunter befand sich die Nitroproduktenschicht und ganz unten die Säureschicht. Die beiden letzteren wurden getrennt in Wasser gegossen. Aus der Säureschicht fielen keine Nitroverbindungen aus. Das ölige Nitroprodukt wurde mit verdünnter Natronlauge und mit Wasser ge-

[1]) A. 141, S. 134.

waschen. Es gelang jedoch nicht, einen festen Körper daraus zu gewinnen. Die Ausbeute betrug 36 g.

Diese Nitroverbindungen wurden nochmals mit der gleichen Menge Salpeterschwefelsäure wie oben nitriert und nach dem Abkühlen in Wasser gegossen, wodurch sie wieder ölförmig ausfielen. Sie wurden erst mit Natronlauge, dann mit Wasser gewaschen. Beim Filtrieren blieb auf dem Filter eine geringe Menge eines Körpers zurück, der in heißem Alkohol schwer, in Azeton leicht löslich war und daraus in Form schwach gelblich gefärbter Kriställchen erhalten wurde, die bei 181—181,5° schmolzen. Aus Benzol kristallisierte der Körper in schwach gelb gefärbten Nadeln, die ebenfalls bei 181—181,5° schmolzen. Eine Mischung mit den vorher erhaltenen Blättchen schmolz bei 180°, während ein Mischungsschmelzpunkt mit synthetischem Trinitropseudocumol bei 156° gefunden wurde. Es liegt also kein Pseudocumol vor; Trinitromesitylen kommt wegen seines hohen Schmelzpunktes (234°) nicht in Frage. Leider war die Menge der erhaltenen Kristalle so gering, daß keine Elementaranalyse angestellt werden konnte.

e) Nachweis von Naphthalin in den neutralen Rohölen.

1. Im neutralen Rohöl II (vgl. S. 359). 1 kg Rohöl II wurde im Dampfstrom destilliert. Es gingen 494 g eines gelblich gefärbten Öles von widerlichem Geruch und dem spez. Gewicht 0,840 (bei 17,5°) über. In dem Öldestillat wurden 50 g Pikrinsäure bei Wasserbadtemperatur gelöst. Aus der tiefroten Lösung kristallisierte ein Pikrat in orangeroten Kristallen aus. Diese wurden abgesaugt und an der Luft getrocknet, wobei sie geruchlos wurden. Die Ausbeute betrug 38 g. Der Schmelzpunkt lag bei 140°. Reines Naphthalinpikrat schmilzt bei 149°, Cumaronpikrat bei 120—123° und Indenpikrat bei 98°. Die beiden letzteren konnten auch in Betracht kommen, da das Inden C_9H_8, Siedep. 180°, und das Cumaron, sein Sauerstoffhomologes, $C_6H_4\langle{}^{O}_{CH}\rangle CH$, Siedep. 170°, nach dem hier angewandten Verfahren zuerst im Steinkohlenteer von Krämer und Spilker aufgefunden worden sind. Ihre Pikrate werden schon durch Destillation mit Wasserdampf zerlegt.

Beim weiteren Destillieren der Rohölfraktion mit Wasserdampf wurden noch 183 g eines Öldestillats vom spez. Gewicht 0,850 (bei 17,5°) erhalten, das ebenso mit 20 g Pikrinsäure behandelt, 23 g eines Pikrates lieferte, welches bei etwa 140° schmolz. Beide Pikrate sind also identisch. Sie wurden, nachdem sie durch längeres Liegen an der Luft vollkommen trocken und geruchlos geworden waren, vereinigt und darauf die Kohlenwasserstoffe mit Wasserdampf abgeblasen. Es gingen zunächst einige Öltropfen über, dann destillierte Naphthalin, das im Kühlrohr erstarrte. Der Kolbeninhalt wurde mit Natronlauge schwach alkalisch gemacht und das Naphthalin im starken Dampfstrom vollkommen übergetrieben. Aus dem bei der Wasserdampfdestillation zuerst übergegangenen Öl wurden wiederum die Pikrate dargestellt und noch einmal der Wasserdampfdestillation unterworfen. Es wurde indessen ausschließlich Naphthalin, jedoch kein Cumaron und Inden erhalten.

Bei der weiteren Behandlung der Öle mit Pikrinsäure kristallisierten keine Pikrate mehr aus, sondern lediglich freie Pikrinsäure.

Falls Styrol in der Fraktion vorhanden war, mußte auch dessen Pikrat entstehen. Dieses ist jedoch nach Krämer und Spilker[1]) so leicht in den Ölen löslich, daß es nur durch starkes Abkühlen zum Auskristallisieren gebracht werden kann. Beim Abkühlen der Ölfraktion (Mutterlauge von dem Naphthalinpikrat) in Eis zeigte sich indessen keine Kristallbildung. Beim Abkühlen auf —18° bildete sich eine geringe Menge orangerot gefärbter Nadeln, die durch Zersetzen mit Natronlauge und Destillation im Wasserdampfstrom ein wenig eines zwischen 190 und 240° siedenden Öls lieferten. Es handelte sich also nicht um Styrol, dessen Siedepunkt bei 146° liegt. Die Ölmenge war jedoch zu einer näheren Untersuchung zu gering.

Im übrigen ist Styrol so leicht veränderlich, daß mit diesem Versuch über sein Vorkommen im Torfteer noch nichts entschieden worden ist. Das Naphthalin aus dem Pikrat wurde vom Wasser

---

[1]) Ber. 23, 3282 (1890).

getrennt, auf einem Tonteller getrocknet und gewogen. Erhalten wurden aus 1 kg neutralem Rohöl der Fraktion II 12 g Naphthalin = 1,2 % des Öles. Das durch Sublimation gereinigte Naphthalin schmolz bei 79°.

2. In dem neutralen Rohöl der Fraktion III. Aus 1 kg Neutralöl ließen sich mit Wasserdampf 417 g Öl überdestillieren. Die weitere Behandlung war die gleiche wie bei Fraktion II. Auch hier lieferte das Pikrat beim Destillieren der alkalisch gemachten Lösung mit Wasserdampf neben Naphthalin kleine Mengen eines grünlich gefärbten Öles, das von 220 bis 245° siedete. Für eine nähere Untersuchung reichte leider das Material nicht aus, vermutlich enthielt es ein oder beide Methylnaphthaline.

An Naphthalin wurden 15 g erhalten = 1,5% des neutralen Rohöles III.

3. In den aus der Kreosotnatronlösung noch gewonnenen neutralen Ölen. Die Öle enthielten nach der Untersuchung 88,8% ungesättigte Verbindungen, unter denen sich möglicherweise Inden, Cumaron und Styrol befinden konnten. Aus zwei Portionen von je 1 kg ließen sich mit Wasserdampf 290 g eines Öles vom spez. Gewicht 0,905 (17,5°) und 290 g eines solchen vom spez. Gewicht 0,915 (bei 17,5°) abblasen. Die Destillate — durchdringend riechende, dunkle Öle — wurden vereinigt und daraus durch partielle Fällung mit Pikrinsäure 12 g Naphthalin = 0,6% der Öle isoliert. Auch bei dieser Destillation war weder Cumaron noch Inden oder Styrol nachweisbar.

Eine eingehendere Untersuchung der neutralen Torfteeröle auf Cumaron, Inden und Styrol wird sich im Anschluß an den Großbetrieb ermöglichen lassen, wo es möglich ist, durch fraktionierte Destillation größere Fraktionen herauszudestillieren und mit Pikrinsäure partiell zu fällen, wie dies Krämer und Spilker (l. c.) mit Steinkohlenteer ausgeführt haben.

f) Die Paraffine des unter gewöhnlichem Druck destillierten Torfteers.

1. **Ausbeuten und Schmelzpunkte.** Von der Fraktion IV, Siedp. 245—320° (vgl. S. 322) wurde eine kleine Probe zurück-

gestellt, der Rest im Eisschrank gekühlt und das ausgefrorene Paraffin durch Zentrifugieren und nachfolgendes Pressen mittels einer hydraulischen Presse bei 50 Atmosphären von den anhaftenden Ölen möglichst befreit. Erhalten wurden so aus 21,058 kg der Fraktion IV 865 g Preß-Paraffin (= 4,1%), das im Shukoffschen Apparat[1]) einen Erstarrungspunkt von 45,2° zeigte.

Die Fraktion V ergab keine gute Kristallbildung, und infolgedessen ließ sich hieraus kein Paraffin durch Ausschleudern isolieren. Es zeigte sich, daß diese Fraktion zu rasch abgekühlt worden war; in der Winterkälte kristallisierte später das Paraffin in wohlausgebildeten Schuppen aus. Aus 8,830 kg konnten daher späterhin im Laboratorium 1134 g Preß-Paraffin (Erstarrungspunkt 46,5°), d. i. 12,8% erhalten werden. Die Prozentzahlen der Paraffinausbeuten aus den Fraktionen IV und V beanspruchen insofern technisches Interesse, als es sich um die Paraffinmengen handelt, die bei 0° betriebsmäßig gewonnen werden können. Dabei ist zu berücksichtigen, daß die erhaltenen Paraffine bei ihrem niedrigen Erstarrungspunkt in den Ölen leichter löslich sind als die Hartparaffine, d. h. mit einem Schmelzpunkt über 50°.

Das Paraffin der aus Magdeburger Torfteer stammenden Fraktionen IV und V (vgl. S. 322) wurde aus einer Mischung von Äther und Alkohol zweimal umkristallisiert und zeigte dann — nach dem Entfernen der letzten Reste von Alkohol und Äther durch Waschen mit heißem Wasser einen Erstarrungspunkt von 48°.

2. Paraffinbestimmung. Es wurde in einer Probe der Fraktion IV, Siedep. 240—300°, des im Vakuum destillierten Magdeburger Torfteers (s. S. 323) eine Paraffinbestimmung nach der Methode von Engler-Holde[2]) ausgeführt.

Die Probe wurde zunächst durch Schmelzen und Filtrieren entwässert. Beim Beginn des Erstarrens zeigte ein eintauchendes Thermometer 26,5° an. 10 g dieser Substanz wurden dann bei Zimmertemperatur in der eben erforderlichen Menge eines Ge-

[1]) Lunge, Untersuchungsmethoden, Bd. III, 73.
[2]) vgl. l. c., S. 15.

misches von einem Teil absol. Alkohol und einem Teil Äther bis zum Klarwerden gelöst und dann unter beständiger Abkühlung auf —20° gerade so viel des gleichen Gemisches von Alkohol und Äther zugefügt, bis eben alle bereits wieder ölig ausgeschiedenen Teile gelöst und nur Paraffinflocken sichtbar waren. Diese wurden auf einem durch Eiskochsalz-Kältemischung gekühlten Trichter von der ätherisch-alkoholischen Lösung abgesaugt, von anhaftendem Öl durch Waschen mit Äther-Alkohol befreit und nach Entfernen der Kältemischung mit heißem Petroläther in Lösung gebracht. Die Lösung wurde quantitativ in eine tarierte Porzellanschale gespült, die Schale nach Verdampfen des Petroläthers auf dem Wasserbade mit dem Rückstand einige Zeit auf 105° im Trockenschrank erhitzt und nach dem Erkalten im Exsikkator gewogen.

Erhalten wurden aus 10 g Masse 1,6 g Paraffin vom Schmelzpunkt 47° (Kapillar-Methode) = 16% der Masse; da diese 29,7 kg wog und aus 66,05 kg destilliertem Teer stammte, so berechnet sich der Gehalt an Paraffin im Teer zu 7,2%.

Das angewandte Verfahren zeigt nach Holde (l. c.) den wirklichen Gehalt der Destillate an Paraffinen nur insoweit an, als härtere, zur Kerzenfabrikation geeignete Paraffine in Frage kommen. Weichere, erheblich unter 50° schmelzende Paraffine werden nicht völlig ausgefällt, sondern bleiben bei —20° in erheblicher Menge gelöst. Sie können aber in der oben beschriebenen Weise durch nochmaliges Auflösen des eingedampften Filtrates und Wiederausfällen mit einer kleinen Menge eines Gemisches, das aus zwei Teilen Alkohol und einem Teil Äther besteht, zum größten Teil bei —20° gewonnen werden.

Eine Paraffinbestimmung in dem Filtrat nach letzterer Vorschrift lieferte noch 0,28 g Paraffin, das jedoch schon bei Zimmertemperatur wieder flüssig war. Da diese Methode nur Vergleichswerte gibt, so dürfte die erste Fällung zur technischen Bewertung der Paraffinmasse genügen.

3. Prüfung auf Verseifbares im Paraffin. Es wurde eine

größere Menge des Paraffins aus der Destillation I von Erkner (vgl. S. 322) aus Äther-Alkohol umkristallisiert. Der Erstarrungspunkt lag bei 48°. Von dieser Menge wurden 300 g mit einer Lösung von 30 g Natrium in 400 g absol. Alkohol 10 Stunden lang auf dem Wasserbad unter öfterem Umschütteln am Rückflußkühler erhitzt, um etwa darin vorhandene Ester zu verseifen. Nach dem Erkalten wurde der Paraffinkuchen, der über dem Alkohol erstarrt war, von der darunter befindlichen gallertartig erstarrten Lösung möglichst getrennt und mit Wasser mehrmals ausgekocht. Aus dem Waschwasser wurde beim Ansäuern eine kleine Menge gelblich-weißer Flocken, die in heißer Natronlauge unlöslich waren, ausgeschieden. Ebenso wurde die gallertartige Masse, nachdem der Alkohol verjagt war, mit Wasser gekocht, wodurch sich eine kleine Menge Paraffin ausschied. Der größte Teil der Gallerte ging in Lösung, aus welcher Kochsalz, jedoch keine Seife, fällte. Beim Ansäuern erschien eine rotbraune, schaumige und schmierige Abscheidung, die sich beim Kochen nicht mehr in konz. Natronlauge löste. Nach diesem Verhalten waren keine Fettsäuren im Paraffin vorhanden.

200 g des mit der alkoholischen Lauge behandelten Paraffins wurden nach dem Trocknen mit 300 g Essigsäureanhydrid eine Stunde über freier Flamme erhitzt, das Essigsäureanhydrid in einem angewärmten Scheidetrichter heiß vom Paraffin getrennt, letzteres abermals mit 300 g Anhydrid eine Stunde gekocht und wieder heiß getrennt. Die Anhydridlösung, welche die esterifizierten Alkohole enthalten mußte, wurde durch Destillation unter vermindertem Druck stark eingeengt, der Rest in heißes Wasser gegossen und einige Zeit zur Zerstörung des Anhydrids gekocht. Es schieden sich wachsartige Körper im Gewicht von 6,7 g ab, die beim Erkalten fest wurden. Falls Alkohole vorhanden waren, mußten diese wachsartigen Körper deren Azetylester sein.

Es handelte sich daher nur um von Essigsäureanhydrid gelöstes Paraffin. Denn auch der Schmelzpunkt im offenen Kapillarrohr war vor und nach dem Kochen mit dem alkoholischen Kali 46°, während das verseifte Paraffin unverändert in offener Kapillare bei 48° schmolz. Auch daraus geht hervor, daß Alkohole im Paraffin nicht vorhanden waren.

Bestimmung der Verseifungszahl in den wachsähnlichen Körpern. 1,00 g derselben wurde mit heißem Wasser gründlich gewaschen und dann mit 20 ccm ½ n alkoholischem Kali am Rückflußkühler ½ Stunde gekocht; dann wurde mit Normal-Schwefelsäure zurücktitriert. Es wurden verbraucht: 10,9 ccm Normalsäure, während bei einem blinden Parallelversuch 11 ccm der Normalsäure verbraucht wurden. Die Verseifungszahl war demnach 0, es lag also kein Ester vor.

4. **Fraktionierte Fällung des Paraffins.** Die zum obigen Verseifungsversuch verwandten festen Paraffine wurden in so viel Äther gelöst, daß beim Erkalten nichts auskristallisierte, und durch Zufügen von Alkohol ein Teil des Paraffins gefällt. Das gefällte Paraffin wurde durch Erwärmen wieder gelöst, das nun beim langsamen Erkalten kristallisierende Paraffin abgesaugt und im Filtrat durch neuen Zusatz von Alkohol in gleicher Weise noch weitere Paraffinfällungen vorgenommen. Von den erhaltenen Paraffinen wurde der Erstarrungspunkt nach Shukoff bestimmt. Dabei wurden erhalten:

I.	40,0 g	Paraffin . . .	vom Erst.-P.	54,0°
II.	50,0 g	„ . . .	„ „	50,5°
III.	47,0 g	„ . . .	„ „	46,0°
IV.	33,0 g	„ . . .	„ „	41,5°
	20,0 g	nicht gefälltes Paraffin.		

Das Gesamtparaffin aus Torfteer enthält also trotz seines niedrigen Erstarrungspunktes beträchtliche Mengen Hartparaffin.

C. Ergebnisse.

Die Frage, auf welche Produkte der Torfteer sachgemäß zu verarbeiten wäre, ist nach den vorliegenden Untersuchungen dahin zu beantworten:

1. Wertvoll wird der Torfteer durch seinen ziemlich

beträchtlichen Gehalt an schwefelfreien Phenolen, deren Gewinnung auf jeden Fall in Frage zu ziehen wäre[1]).

2. Daß eine Gewinnung der Pyridinbasen wegen des geringen Gehalts an eigentlichem Pyridin sich nicht lohnen würde, ist bereits erwähnt (S. 358).

3. Ob sich die Isolierung der neutralen Öle lohnen würde, ist noch fraglich, da nach den Anforderungen der Verbraucher, z. B. der Eisenbahnverwaltung, Gasöle nur einen Höchstgehalt von 1,5—2% Kreosot aufweisen dürfen, und eine Entfernung des Kreosots bis zu diesem Mindestgehalt die Herstellungskosten der technisch verwertbaren Öle bedeutend verteuern würde. Aussicht auf Erfolg bietet jedoch die Gewinnung der neutralen Öle für den Fall, daß es gelingen sollte, die höhermolekularen Verbindungen etwa durch Kontaktprozesse bei hoher Temperatur in wertvollere niedermolekulare Verbindungen von niedrigerem Siedepunkt überzuführen.

4. Auch die Ausbeute an Paraffin ist genügend, um an seine Gewinnung zu denken.

Die Vorbedingung für die Gewinnung aller dieser Produkte wäre allerdings, daß der Teer in genügender Menge vorhanden wäre, um ihn in großem Maßstab verarbeiten zu können. Dies wäre wohl nur durch gemeinschaftliche Verarbeitung der Produktion mehrerer Kokereien zu erreichen. Als Nebenbetrieb einer einzelnen Kokerei hat sich die Destillation bisher in keinem Falle bewährt.

D. Anhang.

Aus der Teerliteratur.

Die Nachrichten über Torfkohle reichen in der Literatur fast ebenso weit zurück, wie die über den Torf selbst[2]). Es handelt sich fast immer um einen Ersatz der Holzkohle für hüttenmännische Zwecke, und man dachte lange Zeit ebensowenig an die Gewinnung

[1]) vgl. hierzu auch die Angaben Prof. Keppelers im Prot. d. 70. Sitz. d. Z. M. K. 1912, Berlin, S. 234.

[2]) vgl. z. B. M. Berlin 1906, S. 149.

von Nebenprodukten, wie bei der Holzverkohlung, zumal man wie bei dieser in primitivster Form in Meilern arbeitete.

Nach Vogel[1]) wurden erst im Jahre 1750 die ersten Versuche gemacht, durch Retortenverkohlung auch Nebenprodukte zu gewinnen, wenn auch ohne Erfolg. In einem Vortrag „Über die ostfriesische Moorwirtschaft usw.“[2]) erwähnt Beckert-Aurich den Betrieb einer Torf-Paraffinfabrik durch den Berliner Rechtsanwalt Storck bei Bernutzfeld während des hannöverschen Regiments über Ostfriesland, also in den Jahren 1815—66. Man weiß auch, daß schon Runge zu Anfang der vierziger Jahre Paraffinkerzen aus Torf hergestellt hat. Etwas später, im Jahre 1849, ließen sich zwei Irländer Reece und Kane[3]) zum ersten Male ein Verfahren patentieren, um Paraffin aus dem Torfteer auszuscheiden. Der vom Wasser befreite Torfteer wurde zur Hälfte bei möglichst niedriger Temperatur destilliert und darauf der Rest in einer anderen Vorlage aufgefangen („festes“ und „flüssiges“ Paraffin). Das feste Paraffin wurde durch Haarsiebe getrennt, in Formen gegossen und das erhaltene dunkelgelbe Produkt zur Reinigung mehrmals destilliert und gepreßt. Schließlich wurde das erstarrte Paraffin nochmals geschmolzen, mit Wasserdampf gewaschen und war dann zur Kerzenbereitung fertig. Auch das flüssige Paraffinöl wurde destilliert und konnte dann zu Leuchtzwecken in Lampen verbrannt werden. Es bildete sich eine Aktiengesellschaft unter der Firma „Irish Peat Co.“, um dieses Verfahren im Großen anzuwenden, und auf Veranlassung derselben wurden die ersten sorgfältigen Beobachtungen über das Verhalten des Torfes bei der Destillation durch Sir Robert Kane und Professor Sullivan in einer Reihe von Versuchen angestellt. Sie destillierten den Torf teils in Retorten, teils auch nach dem System von Reece durch Verbrennung eines Teiles desselben, indem sie die Preßluft eines Gebläses in einen Apparat leiteten, in welchem der Torf aufgeschichtet war[4]). Nach der eigentlichen Torfdestillation, bei der sie

[1]) „Der Torf usw.“, Braunschweig 1859, S. 120.

[2]) M. Berlin 1914, S. 87.

[3]) vgl. Dinglers Polyt. Journ. 1849, Bd. 114, S. 57.

[4]) Vogel, S. 139.

Wasser, zusammen mit Ammoniak und Essigsäure,
Teer,
Kohle,
Gas

erhielten, wurde der Teer für sich nochmals destilliert und das Schwelwasser ebenfalls auf seine Bestandteile verarbeitet. Man erhielt so

Ammoniak,
Essigsäure,
Holzgeist,
Paraffin,
Brennöl,
Schmieröl.

Versuchsreihe A: Destillation in geschlossenen Gefäßen.

Art des Torfes	Wasser, resp. wäßrige Produkte %	Teer %	Kohle %	Gas %
1. Leichter Torf	32,273	3,577	39,132	25,018
2. Schwerer Torf (desselben Lagers)	38,201	2,767	32,642	26,489
3. Schwerer dichter Torf	21,189	1,462	18,973	57,746

Versuchsreihe B: Destillation mit Luftzutritt.

Art des Torfes	Wasser und wäßrige Produkte %	Teer %	Asche %	Gas %
1. Leichter Torf	31,678	2,510	2,493	63,139
2. Schwerer Torf (desselben Lagers)	30,663	2,395	7,226	59,716
3. Schwerer dichter Torf	29,818	2,270	2,871	65,041

Die weitere Destillation des Teeres und der wäßrigen Produkte ergab bei beiden Versuchsreihen für die verschiedenen Torfsorten nachfolgende Resultate:

Versuchsreihe A:

Torfsorte	Ammoniak	Essigsäure	Holzgeist	Paraffin	Öle
1.	0,187	0,296	0,171	0,179	1,480
2.	0,393	0,286	0,197	0,075	1,136
3.	0,181	0,161	0,119	0,112	0,913
Versuchsreihe B.					
1.	0,322	0,179	0,158	0,169	1,220
2.	0,334	0,268	0,156	0,086	0,946
3.	0,194	0,174	0,106	0,119	1,012

Die für eine Verwertung geeigneten Hauptprodukte waren Brennöl und Schmieröl, die sich in England sehr gut absetzen ließen, so daß zu Zeiten Vogels der Betrieb unter Leitung von Reece noch existierte. Trotzdem scheint man schon damals in dem Wassergehalte des lufttrockenen Torfes Schwierigkeiten gefunden zu haben, und in Deutschland begann gerade in jener Zeit, wie im technischen Teil ausführlicher erwähnt werden wird, schon die Konkurrenz der Braunkohlendestillation.

So gingen die außerdem in Irland, Rußland, Böhmen, Italien und Frankreich entstandenen Betriebe, die nach diesem Verfahren arbeiteten, nach wechselndem Erfolge bald wieder ein.

In Deutschland war der erste, der sich eingehend mit der Torfdestillation beschäftigte, Dr. Vohl in Köln[1]). Die Ergebnisse seiner Versuche faßt Vohl folgendermaßen zusammen:

1. Eine Destillation von Torf rentiert sich nur, wenn der Destillationsprozeß so geführt wird, daß die Teerausbeute nicht weniger als 4% beträgt.

2. Der Transport des Torfes muß wegen der damit verbundenen Verteuerung ausgeschaltet werden, die Destillation also an Ort und Stelle erfolgen.

3. Das Verfahren muß billig sein, damit es sich rentiert.

4. Es kommen zweierlei Verfahren in Betracht, entweder wird das Hauptgewicht auf die Koksgewinnung gelegt und die Neben-

[1]) vgl. Dinglers Polytechn. Journ. 1856, Bd. 140, S. 63; 1867, Bd. 183, S. 117 u. 321; Vogel, Der Torf usw., 1859, S. 138ff.

produkte demgegenüber vernachlässigt und zum Teil vergast, oder die Gewinnung der Nebenprodukte wird als Hauptziel verfolgt, dem gegenüber die Koksgewinnung zurücktritt.

Vohl beschreibt schließlich die Gewinnung, Eigenschaften und technische Verwertung der von ihm erhaltenen Produkte, ohne auf ihre Zusammensetzung näher einzugehen. Es sind dies Koks, leichtes Öl oder Photogen, auch Turfol genannt (aus Torf und Oleum), schweres Gasöl oder Schmieröl, Asphalt, Paraffin, ammoniakhaltiges Schwelwasser, Gas. In dem schweren Gasöl wies er Kreosot nach, im Schwelwasser Essigsäure.

Aus 100 Pfund lufttrocknem Torf wurden erhalten:

Teer vom spez. Gew. 0,870—0,895	9,0630
Ammoniakwasser	40,000
Kohle	35,312
Gas und Verlust	15,625

Aus den wässerigen Destillaten ergab sich neben Ammoniak eine ziemliche Menge Essig-, Butter- und Metaceton-Säure. Der wiederholt destillierte Teer lieferte auf 100 Teile:

Reine Produkte	Leichtes Öl (spez. Gew. 0,830)	19,457%
	Schweres Gasöl oder Schmieröl (spez. Gew. 0,870)	19,547%
	Paraffin	3,316%
	Asphalt	17,194%
	Kreosot und Verlust	40,486%
		100,000%

Danach geben 100 Pfund lufttrockener Torf:

Leichtes Öl, Turfol (Photogen)	1,7633%
Gas- oder Schmieröl	1,7715%
Asphalt	1,5582%
Paraffin	0,3005%
Kohlen	35,3120%
Wasser (mit Ammoniak und Essig)	40,0000%
Gas	15,6250%
Kreosot und Verlust	3,6695%
	100,0000%

Ein aus leichtem Moostorf von Zürich[1]) erzeugter Teer hatte bei einer Ausbeute von 5,38% (auf den Torf berechnet) folgende Zusammensetzung:

Photogen (spez. Gew. 0,820)	14,40%
Schweres Gasöl (spez. Gew. 0,885)	8,67%
Paraffin	0,42%
Asphalt	42,42%
Kreosot und Verlust	34,09%
	100,00%

Bei der Untersuchung eines schwedischen Stichtorfs[2]) ergaben 100 Gewichtsteile desselben:

Teer	9,085%
Ammoniakwasser	37,875%
Kohliger Rückstand	31,500%
Gasverlust	21,540%
	100,000%

Der koksähnliche Rückstand bestand aus:

Verbrennliche Substanz resp. Kohlenstoffe	96,166%
Asche	3,834%
	100,000%

Beim Erkalten erstarrte der Teer bei + 9° R.

100 Gewichtsteile Teer ergaben bei der fraktionierten Destillation:

Turfol	18,678%
Gas- oder Schmieröl	20,165%
Paraffin	3,318%
Kreosot oder Karbolsäure	30,459%
Teerdestillationsrückstand und Verlust bei der Reinigung	27,380%
	100,000%

[1]) Dingler, 1859, Bd. 153, S. 228; Annal. d. Ch. u. Ph. Bd. 119, S. 182.

[2]) Dingler, 1859, Bd. 152, S. 309.

100 Gewichtsteile Torf ergaben also an:

Turfol	1,696%
Gas- oder Schmieröl	1,831%
Paraffin	0,302%
Kreosot und Karbolsäure	2,767%
Kohliger Rückstand	31,500%
Ammoniakwasser	37,875%
Gas	21,540%
Teerdestillationsrückstand und Verlust	2,489%
	100,000%

Vohl[1]) dachte übrigens auch schon an die Anreicherung der niedriger siedenden Bestandteile durch eine Zersetzungsdestillation „zur Erzeugung wasserstoffreicherer Beleuchtungsöle".

S. Sonnenschein[2]) untersuchte die „Produkte der trockenen Destillation verschiedener Torf- und Braunkohlensorten":

1. Bei einem Stichtorf mit 33,85% Wasser (bei 110° bestimmt) und mit 6,76% Asche erhielt er:

Koks 28,7%, Wasser (m. 0,32% NH_3) 50,01%, Teer 4,89%, gasförmige Körper 17,40%.

Der Teer enthielt:

Leichtes Öl:	Schweres Öl:	Paraffinmasse:	kohl. Rückst.:	Gase:
8,9%	22,56%	39,73%	22,6%	6,21%

2. Aus Baggertorf mit 36,26% Wasser und 5,49% Asche erhielt er 5,19% Teer mit:

Leichtes Öl:	Schweres Öl:	Paraffinmasse:	kohl. Rückst.:	Gase:
7,32%	21,66%	46,03%	12,77%	12,22%

E. Hess[3]) erhielt bei der Destillation von lufttrockenem Torf in Jakobischen Öfen, welche eine Verbindung von Retorten- und Schachtöfen darstellten, 4,6% wasserfreien Teer vom spez. Gew. 0,965.

---

[1]) Dinglers Polytechn. Journ. 1865, Bd. 177, S. 58.

[2]) Journ. f. prakt. Chemie 1856, Bd. 67, S. 142.

[3]) Dinglers Polytechn. Journ. 1859, Bd. 153, S. 380.

Beim Fraktionieren wurden erhalten:

Wasser	5,00%
Rohes leichtes Öl (spez. Gew. 0,888)	10,00%
Rohes schweres Öl (spez. Gew. 0,940)	40,00%
Rohe Paraffinmasse	25,25%
Asphaltrückstand	15,00%
Gase und Verluste	4,75%
	100,00%

Durch wiederholtes Fraktionieren der einzelnen Bestandteile wurden schließlich folgende Ausbeuten an technisch verwertbaren Körpern erhalten:

Photogen	10,224%
Solaröl	26,044%
Rohe Paraffinmasse	17,926%
Rohes Kreosot	3,504%
	57,698%

Das rohe Kreosot hatte das spez. Gew. 1,044 (bei 19°) und ergab 70% reines Kreosot.

Auf den lufttrockenen Ausgangstorf berechnet, lieferten die erzielten Destillationsprodukte bei der weiteren Behandlung (einschließlich des bei der Torfdestillation entwickelten Ammoniaks) folgende leicht absetzbaren Stoffe:

Photogen (spez. Gew. 0,830)	0,476%
Solaröl (spez. Gew. 0,865)	1,212%
Rohes Kreosot	0,162%
Schwefelsaures Ammoniak	1,200%
Schweres paraffinhaltiges Öl	0,626%
Reines weißes Paraffin	0,133%

Alle diese Versuche haben nur noch historisches Interesse und kommen für eine rationelle Teerverwertung kaum in Frage. Dies gilt auch von einigen anderen, nachfolgend angeführten Untersuchungen.

Schmidt[1]) hat Torfarten aus der Umgebung von Petersburg untersucht, z. B.:

Torf von Wassiliewsky.

Torfsorte	Wasser-gehalt %	Quantum d. anal. Torfes kg	Teer %	Teer-wasser %	Kohle %	Gas und Verlust %
Obere Schicht.						
Brauner, faseriger Formtorf	47,6	24	5,86	29	26,2	39
do. Stichtorf	38	18	7	38	34	21
do. do. lufttrocken	26	12	8	35	28	29
Formtorf von einer anderen Stelle	60	24	6	29	31	34
do. do.	46	24	6,3	35	30	28,7
Untere Schicht.						
Schwarzer, fester Stichtorf, unregelmäßige Stücke	34	24	5,17	33,3	31,5	30
do. do.	25	24	5	38,3	28,8	28
do. do. von einer anderen Stelle, sehr nasser Torf	62	36	7,7	31,5	34,1	26,7
Nasser Torf	60	30	9,7	28	31	31,3

Ein Gemisch von Teeren aus der oberen und unteren Schicht von verschiedenen Stellen gab:

	I.	II.
Rohöl überhaupt	77,6%	75,4%
Wasser	4,7%	1,6%
Asphalt	11,0%	16,6%
Gas und Verlust	6,7%	6,4%
	100,0%	100,0%

I. Aus 1240 g Rohöl wurden 804 g reines Öl vom spez. Gew. 0,870 erhalten,
II. „ 1856 g „ „ 1172 g „ „ „ spez. Gew. 0,870 erhalten.

[1]) Polytechn. Zentralbl. (Wiegand) 1860, S. 1286.

Die Zusammensetzung beider Teersorten war folgende:

	I	II
Photogene von 0,832—0,835 . . .	8,0%	12,7%
Solaröl von 0,865	27,0%	23,7%
Paraffinöl	12,5%	9,8%
Kreosot	18,7%	26,2%
Asphalt	11,0%	16,6%
Wasser	4,7%	1,6%
Gas und Verlust bei der Destillation	6,7%	6,4%
Verlust beim Reinigen	11,4%	3,0%
	100,0%	100,0%

Das Teerwasser war schwach sauer und gab 0,25% Salmiak. Die Öle brannten in Photogen- und Solaröllampen mit reiner, weißer Flamme und hatten einen angenehmeren Geruch, als die aus Braunkohle oder Schiefer gewonnenen Leuchtstoffe.

Thenius[1]) veröffentlicht eingehende Untersuchungen über das Bier- und Stierlinger Moos. In einem Teer aus lufttrockenem Biermoostorf fand er

Leichtes Gasöl.	20,0%
Schweres Gasöl	22,5%
Paraffin	2,5%
Asphalt	16,0%
Kreosot und Verluste	39,0%

Über die Untersuchung eines Torfteers von Chlumetz in Böhmen berichtet Breitenlohner[2]), Chemiker der erzherzogl. Torfproduktenfabrik zu Chlumetz, der[3]) eine Kritik von Thenius sehr entschieden und ausführlich ablehnt. (Es sei auf das Original verwiesen!) Er beschreibt ferner die Aufbereitung des Torföls nach einem ihm patentierten Verfahren[4]). Bei einer fraktionierten Destillation der Produkte aus wasserfreiem Torf erhält er:

---

[1]) Dinglers Polytechn. Journ. 1863, Bd. 169, S. 362; Bd. 170, S. 296 und 361.

[2]) Dingler, Bd. 171, S. 59.

[3]) Wiecks Gewerbe-Zeitung 1865, S. 413.

[4]) s. Dinglers Polytechn. Journ. Bd. 167, S. 378; Bd. 171, S. 59.

Rohöle und chem. gebund. Wasser	35,3%
Konsistente Paraffinmasse	48,2%
Koks	10,4%
Gase	6,1%

Merkwürdig sind die Angaben über Vergasung des aus dem Teer isolierten Kreosotnatrons nach der Methode von Ramdohr[1]). Bei den Versuchen in der Holzgasanstalt zu Sondershausen im Jahre 1865 wurde das Kreosotnatron in Flammöfen destilliert, und es soll auf diese Weise ein sehr schön brennendes Gas erhalten worden sein. Der zurückbleibende Koks, der das Natrium als Karbonat enthielt, wurde zur Regenerierung der Natronlauge benutzt.

Nach einer in der einschlägigen Literatur fast gar nicht erwähnten Literaturstelle fanden A. Church und Edw. Owen[2]) im Torfteer eine mit Amylamin isomere Base $C_5H_{13}N$, die besondere Eigenschaften aufweisen soll, und der sie den Namen „Cäspitin" beilegten. Der Körper stellt nach der betr. Beschreibung ein etwas dickflüssiges, farbloses Öl dar von unangenehmem, durchdringenden Geruch. Er ist leichter als Wasser und in jedem Verhältnis mit ihm mischbar. Sein Siedepunkt liegt bei 95°. Beim Behandeln mit Jodäthyl und Zusatz von Silberoxyd wurde ein Äthyl-Cäspitin-Ammoniumoxydhydrat erhalten, während im Falle von Amylamin die Reaktion in anderer Weise verlaufen würde. Beim Behandeln des Cäspitins mit salpetriger Säure liefert es weiter, zum Unterschied von den Aminen, keine alkoholähnlichen Körper. Die übrigen im Torfteer vorhandenen Basen wurden von den beiden Autoren als Pyridin, in geringer Menge vorhanden, sowie dessen Homologen Picolin, Lutidin und Collidin erkannt. Ferner glaubte man den Beweis für die Anwesenheit von Anilin erbracht zu haben. In den von 190—215° erhaltenen Fraktionen wurde Parvolin vermutet, in den von 230—290° übergegangenen Chinolin, Lepidin und Kryptidin.

Etwa zu Beginn dieser Arbeiten über die Torfdestillation wurden auf Veranlassung der preußischen Regierung eingehende Versuche mit dem Torfverkokungsverfahren nach Ziegler (siehe

---

[1]) Dinglers Polytechn. Journ. 1867, Bd. 184, S. 63.
[2]) vgl. Journ. f. pr. Chemie 1861, Bd. 83, S. 224.

S. 532) von L. C. Wolff unternommen. Der darüber veröffentlichte Generalbericht findet sich in den Verhandlungen des Vereins zur Förderung des Gewerbefleißes in Preußen 1903, S. 295 mit kritischen Bemerkungen von Ziegler[1]). Bei der Destillation erhielt Wolff 4,5% Teer, auf Torf berechnet, vom spez. Gew. 0,98 und einem Schmelzpunkt 28—29°. Der Teer wurde unter vermindertem Druck (18 mm) fraktioniert, um die Schwierigkeit des heftigen Aufschäumens zu umgehen. Destillation von 23,6 t Teer ergab auf diese Weise:

Leichte Öle	10,6 t	45%
Schwere Öle	3,6 t	15%
Paraffinschuppen	1,7 t	7%
Phenole	6,9 t	30%
Asphalt	0,7 t	3%
		100%

Leider wurde nicht, wie es in der Braunkohlenindustrie üblich ist, bis zum Koks destilliert, sondern bei dem erwähnten Vakuum von 18 mm nur bis 250°. Der Rückstand war daher noch stark paraffinhaltig. Die erhaltenen Ausbeuten ergeben daher kein richtiges Bild[2]).

Die Zusammensetzung eines Generatorteers aus dem Betriebe der Firma Crossley Brothers Ltd. in Manchester-Openshaw gibt Bartel[3]). Die Ausbeute betrug ungefähr 5% des lufttrockenen Torfes (19% Wasser). Bei der Destillation des Teers wurden erhalten:

Wasser	49,7%
Leichte Öle (bis ungefähr 230°)	5,8%
Mittlere Öle (230—270°)	8,0%
Schwere Öle (über 270°)	19,4%
Koksrückstand	10,3%
Verluste	6,8%
	100,0%

[1]) s. a. Z. Ver. deutsch. Ing. 1904, S. 1658 ff.

[2]) s. auch Minssen, Der Gehalt des bei den Torfverkohlungsversuchen in Oldenburg (November 1901) gewonnenen Teers an reinem Paraffin. M. Berlin 1904, S. 108; ferner S. 14 und 31.

[3]) „Torfkraft", Berlin 1913, S. 112; nach Engineer 1911, S. 588.

Wie aus dieser kurzen Literaturzusammenstellung ersichtlich, hatten die Torfteeruntersuchungen einen mehr technischen Charakter, und es fehlte bislang an rein wissenschaftlichen Untersuchungen. Es war dies die eigentliche Veranlassung zu den im vorhergehenden eingehend besprochenen Untersuchungen. In neuester Zeit sind nun, lange nach Abschluß der eigenen Versuche, zwei Veröffentlichungen erschienen, die gleichfalls mehr wissenschaftlichen Charakter haben. Beide benutzen als Ausgangsmaterial einen Torfteer von der in Elisabethfehn befindlichen „Torfkoksgesellschaft m. b. H. in Oldenburg", die aus der hier früher beschriebenen (s. S. 277), alten Versuchsanlage hervorgegangen und später in den Besitz eines früheren Mitarbeiters, Herrn Dr. Wielandt, übergegangen ist.

Eine Dissertation von N. Löbell an der Technischen Hochschule Hannover 1911 beschäftigt sich im wesentlichen mit der Feststellung der einzelnen Körperklassen und deren Mengenverhältnissen im Torfteer und kommt zu dem Resultate, daß sich die Zusammensetzung des Torfteers je nach der Vollkommenheit der Vertorfung teils dem Holzteer, teils dem Braunkohlenteer nähert. Allerdings muß hierbei auch auf die Erzeugungsweise Rücksicht genommen werden. So besitzt ein mit überhitztem Dampf gewonnener Torfteer bei der relativ niedrigen Erzeugungstemperatur (so z. B. nach dem Verfahren von Mond-Frank-Caro bei 400 bis 450°, Seite 579) mehr aliphatische und weniger aromatische Stoffe als ein bei höherer Temperatur gewonnener (nach Ziegler oder Hoering-Wielandt). Auf Grund seiner Untersuchungen, die allerdings nur Laboratoriumsversuche sind, kommt Löbell zu folgenden Ergebnissen:

I. Die Neutralöle des untersuchten Torfteers (aus Oldenburger Torf), etwa 50% desselben ausmachend, bestehen aus:

40—45% Olefinen,
30—35% aromatischen Kohlenwasserstoffen,
25—30% Paraffinen.

II. Die Phenole enthalten relativ viel kristallisierbare Karbolsäure und nur wenig Methoxylverbindungen.

III. Die Säuren gehören sicher zum Teil zur Fettsäurereihe, zum Teil sind es ungesättigte, die namentlich in den höheren Fraktionen auftreten. Ihrem Äquivalentgewicht nach liegen sie zwischen den Gliedern der Fettsäurereihe $C_5H_{10}O_2$ und $C_{14}H_{28}O_2$.

IV. Die Basen bestehen in der Hauptsache aus Picolinen und Lutidinen, also Homologen des Pyridins.

V. Allgemein hat sich ergeben, daß die aromatischen Stoffe vorwiegend in den niederen und mittleren Fraktionen des Torfteers auftreten, während in den höheren Fraktionen die aliphatischen vorherrschen.

Die zweite während der Abfassung dieses erschienene Dissertation über die „Phenole des Torfkoksteers" von Bernstein-Charlottenburg (Dezember 1913)[1]) beschäftigt sich ohne Kenntnis der Löbellschen Arbeit speziell mit den Phenolen des Torfteers. Das Ausgangsmaterial ist wie bei der Löbellschen Arbeit aus dem Betriebe der Torfkoksgesellschaft m. b. H. in Oldenburg, Dr. Wielandt, bezogen. Bei der Trennung der Phenole, der indifferenten Bestandteile und Basen voneinander wurden aus 5 kg Rohteer erhalten:

900	g	Phenole	= 18%
50	g	Basen	= 1%
1700	g	neutrale Öle (inkl. Paraffin)	= 34%
2350	g	Rückstand.	

Aus seinen Resultaten schließt Bernstein, daß „zwischen den Torfteerphenolen und denen des Holzteers eine große Verwandtschaft vorhanden wäre". Es ist interessant, wie die vegetabilische Natur des Torfes in der chemischen Zusammensetzung des Teres einen Ausdruck findet. Die Unterschiede zwischen den beiden Teeren sind meistens quantitativer Natur. Der Holzteer enthält z. B. im Verhältnis zu den einwertigen Phenolen viel mehr Guajakol und Kreosol, während im Torfteer die einwertigen Phenole überwiegen. Ebenso der Paraffingehalt, welcher beim Torfteer ganz erheblich, dagegen im Holzteer gering ist.

---

[1]) Zeitschr. f. angew. Chemie 1914, Aufsatzteil, S. 71 ff.

III. Kapitel.

Torfgas und Torfschwelwasser.

a) Torfgas.

Bei der trockenen Destillation liefert der Torf je nach seiner Beschaffenheit, seinem Alter und Feuchtigkeitsgehalt sowie je nach der Erhitzungsart ein Gas, das in seiner Zusammensetzung zwischen dem Holzgas und dem Schwelgas der Braunkohle steht, entsprechend der Mittelstellung des Torfes zwischen diesen beiden Brennmaterialien, insbesondere in bezug auf seinen Sauerstoffgehalt. Es besitzt einen hohen Kohlensäuregehalt, dagegen recht wenige leuchtkräftige Bestandteile und ist deshalb zur Verwendung als Leuchtgas nicht geeignet. Durch das Pettenkofersche Verfahren zur Gewinnung von Leuchtgas aus Holz, bei dem die entwickelten Gase vor ihrer Kondensation längere Zeit durch glühende Röhren geleitet werden, um einen Teil der Teeröle und ölartige Produkte in ungesättigte Kohlenwasserstoffe von hoher Leuchtkraft zu verwandeln, läßt sich mit gleichem Erfolge auch aus dem Torfgas ein gut leuchtendes Gas gewinnen. Aber die an verschiedenen Orten zu Ende der fünfziger und anfangs der sechziger Jahre des vorigen Jahrhunderts ausgeführten Versuche im Großen sind alle, meist sehr bald, fehlgeschlagen. Die hohen Kosten der Reinigung (es kommen etwa 1100 kg Kalk auf 1000 cbm Torfgas, d. h. das Verhältnis des Kalkverbrauches bei der Reinigung des Leuchtgases stellt sich bei der Gewinnung aus Torf, Holz oder Steinkohle wie 12:9:1), sowie der bedeutende Brennmaterialienverbrauch, der 45—50% des zu vergasenden Torfes betrug, falls der gewonnene Koks nur für andere Zwecke verwendet werden sollte, machten eine Wirtschaftlichkeit solcher Betriebe in Konkurrenz mit der Steinkohle unmöglich. Die einzige praktische Verwertung hat nur das als Nebenprodukt bei der Kokerei gebildete Torfgas durch direkte Verfeuerung beim Betrieb der Destillationsanlage gefunden. Man hat dies schon frühzeitig versucht und bei den mit der fortschreitenden Technik in der letzten Zeit ausgebildeten Verkokungsanlagen ist es auch mit befriedigendem Erfolg gelungen, mit den gewonnenen Torfgasen vollständig bei der Durchführung des Ofenbetriebes auszukommen (vgl. dazu S. 269).

Entsprechend dem bei vorliegenden Untersuchungen verfolgten Ziele, aus dem Torf möglichst wertvolle Produkte zu gewinnen, konnte auch hier eine andere Verwertungsart der Torfgase nicht in Betracht kommen. Die Versuche wurden daher bei den im vorhergehenden ausführlich beschriebenen Verkokungen darauf beschränkt, die Menge des erhaltenen Gases zu messen und seinen Kohlensäuregehalt zu bestimmen (vgl. S. 267ff.). Über Zusammensetzung von Torfgasen sind wir ja durch verschiedene Untersuchungen, zum Teil schon älteren Datums, unterrichtet.

Nach Börnstein[1]) ergaben sich auf je 1 kg lufttrockenen Torfes beim Erhitzen bis auf:

	Gase in ltr
250°	3,0
250—300°	4,6
300—350°	11,4
350—400°	33,2
400—450°	42,0

Die Torfgase hatten folgende Zusammensetzung:

bei	300—350°	350—400°	400—450°
Kohlensäure	89,2	63,8	55,4
Schwere Kohlenwasserstoffe	0,3	0,4	3,7
Kohlenoxyd	10,1	7,2	12,3
Wasserstoff	0,3	3,1	3,1
Methan	—	25,5	25,4

Nach älteren Versuchen von Jäckel[2]) wurden bei einem Vergleich der bei der Destillation von älterem und jüngerem Torf entstehenden Gase aus einer eisernen Röhre folgende Resultate erhalten:

[1]) Journal f. Gasbeleuchtung, München 1906, S. 627.

[2]) Über Aschenbestandteile und Destillationsprodukte einiger Torfarten, Berlin 1852.

A. Gase, während der 1. Destillationshälfte aufgefangen.

	I. Älterer Torf	II. Jüngerer Torf
Kohlensäure	14,98	14,24
Schwere Kohlenwasserstoffe .	0,41	0,98
Kohlenoxyd	30,62	24,16
Wasserstoff	32,99	32,11
Methan	18,13	27,66
Stickstoff	2,87	0,85

B. Gase, während der 2. Destillationshälfte aufgefangen.

	I. Älterer Torf	II. Jüngerer Torf
Kohlensäure	1,82	4,08
Schwere Kohlenwasserstoffe .	—	2,54
Kohlenoxyd	45,19	30,58
Wasserstoff	45,19	44,69
Methan	—	7,86
Stickstoff	7,79	10,25

Bemerkenswert erschien, daß beim älteren Torf erheblich weniger schwere Kohlenwasserstoffe entstanden, während beim jüngeren Torf die Menge derselben anwuchs; ferner war bei dem jüngeren Torf die Wasserstoffausbeute dem Kohlenoxyd gegenüber bedeutend größer, während bei dem älteren Torf beide Gasbestandteile sich ziemlich gleichkamen.

Zu besonderen Schlußfolgerungen über den sich abspielenden Zersetzungsvorgang bei der Destillation sind diese Versuche jedoch deshalb nicht geeignet, weil die Resultate wesentlich von der gewählten Art des Erhitzens abhingen. Dies ersieht man daraus, daß Jaeckel bei der Destillation von Torf aus einer Glasretorte dreimal so viel Kohlensäure, wie bei der Destillation im Rohr erhielt.

Dieser hohe Kohlensäuregehalt entspricht viel eher dem ursprünglichen Vergasungsergebnisse, bei dem die gebildeten Produkte nicht, wie oben, durch weitere sekundäre Reaktionen infolge der Wechselwirkung mit dem glühenden Eisenrohr und der darin ausgebreiteten längeren Kohlenschicht verändert wurden.

Die Ausbeuten an Leuchtgas, das nach dem Pettenkoferschen Verfahren aus verschiedenen Torfarten erhalten wurde, zeigt folgende Zusammenstellung.

Es gaben:

100 kg Rohtorf	cbm Leuchtgas
1. Bayrischer Specktorf, aschenarm, 19% Feuchtigkeit . . .	21,68
2. Leichter, gelblich brauner Rasentorf aus Holstein	23,87
3. Verdichteter und künstlich getrockneter Bührmoostorf . . .	25,11
4. Englischer Torf . . .	28,80
5. Lufttr. Torf aus dem Königsauer Moor . . .	30,36
6. Dunkelbrauner, getrockneter Wiesentorf mit 21% Asche . . .	22,09 (mit 30% CO_2)

Die Zusammensetzung eines gereinigten Torfgases aus gutem Rohtorf gibt Reißig wie folgt an:

	I.	II.
Schwere Kohlenwasserstoffe	9,52	12,16
Leichtes Kohlenwasserstoffgas . . .	42,65	33,00
Wasserstoffgas . . .	27,50	35,18
Kohlenoxydgas . . .	20,33	18,34
Kohlensäure und Schwefelwasserstoff	Spuren	—
Stickstoff . . .	—	0,32
	100,00	100,00

Bei einer im Auftrage der preußischen Regierung in Oldenburg vorgenommenen Nachprüfung des Zieglerschen Destillationsverfahrens erhielt Wolff aus einem Torf mit durchschnittlich 31% Feuchtigkeit außer 27,3 Gew.% Koks 19,1 Gew.% Gas folgender Zusammensetzung:

Kohlensäure . . .	27,4%
Schwere Kohlenwasserstoffe . . .	1,0%
Sauerstoff . . .	2,2%
Kohlenoxyd . . .	8,6%
Wasserstoff . . .	23,6%
Methan . . .	14,8%
Stickstoff . . .	22,4%
	100,0%

Anschließend an die Besprechung des Torfgases sei auch die Zusammensetzung von Heiz- und Kraftgas aus Torf behandelt, da diese Verwendungsart sich zu einer für die Industrie sehr bedeutenden entwickelt hat.

Lencauchez gibt folgende Analysen eines Torfdestillationsgases (I) und eines Torfgeneratorgases (II), das ohne Wasserdampfzuführung bereitet wurde:

	I.	II.
Kohlensäure	14,0	2,0
Kohlenoxyd	30,0	34,0
Methan	7,0	1,0
Äthylen	2,5	0,4
Kohlenwasserstoffdämpfe . . .	1,5	0,2
Wasserstoff	40,0	5,8
Stickstoff	5,0	56,6

Der Heizwert des erhaltenen Torfgases betrug durchschnittlich 3350 Kalorien.

Im Körtingschen Vergaser wurde aus einem schwedischen Torf mit 26,56 % Feuchtigkeit und einem Heizwert von 2800 WE ein Gas mit einem Heizwert von 1238—1308 WE erhalten, das 8,3 % Kohlensäure, 23 % Kohlenoxyd und 1,6 % Sauerstoff enthielt. Gewöhnliches Kraftgas hat einen Heizwert von 900—1200 WE.

Weitere Analysen von Torfgas aus Körtingschen Generatoren.

	I.	II.
Kohlensäure . . .	11,2	16,0
Kohlenoxyd . . .	17,0	12,3
Methan	6,2	1,9
Wasserstoff . . .	5,9	22,4
Sauerstoff	0,3	0,2
Stickstoff	59,4	47,1

Nach Mitteilungen der Gasmotorenfabrik zu Deutz ergaben im Jahre 1902 ausgeführte Generatorgasversuche mit Stichtorf aus Hannover (I) und Torf aus Giengen (II) von folgender Zusammensetzung:

	I.	II.
Kohlenstoff	41,46	30,30
Wasserstoff	3,88	2,71
Sauerstoff und Stickstoff	18,85	17,63
Schwefel	0,25	0,16
Asche	3,26	4,78
Wasser	32,30	44,42

nachstehende Resultate:

	I.	II.
	aus 1 kg Torf:	
	1,9 cbm Kraftgas	1,3 cbm Kraftgas
Kohlensäure	5,7	6,0
Kohlenoxyd	30,6	30,0
Methan	5,1	2,4
Wasserstoff	6,1	10,0

Versuche mit Torf aus Bethel bei Bielefeld (I), Torfbriketts aus Holland (II) und hartem Torf aus Schwenzelmoor (III) ergaben beim Vergasen im Doppelfeuergenerator Gase von folgender Durchschnittszusammensetzung:

	I.	II.	III.
Kohlensäure	11,5	14,3	12,2%
Kohlenoxyd	13,4	13,7	15,6%
Methan	1,4	3,5	0,7%
Wasserstoff	16,1	16,2	17,0%
Stickstoff	57,6	Rest	Rest

Bei dem Generator der Görlitzer Maschinenbauanstalt für Holz und Torf, bei dem die Verbrennung von oben nach unten erfolgt, und die nach unten bis zur Mitte ziehenden Schwelgase in der Vergasungszone zersetzt und dann erst abgeleitet werden[1]),

[1]) vgl. Österr. Zeitschr. f. Berg- und Hüttenw. 1910, S. 299.

wurden in Jekaterinburg bei Anwendung von nassem Torf Gase folgender Zusammensetzung erhalten:

	I.	II.
Kohlensäure	17,0 %	15,0 %
Schwere Kohlenwasserstoffe	0,4 %	0,2 %
Sauerstoff	1,5 %	0,4 %
Kohlenoxyd	8,8 %	9,45 %
Methan	1,87 %	4,22 %
Wasserstoff	16,95 %	16,55 %
Stickstoff	53,48 %	53,38 %

Mit frisch gefälltem Tannen- und Erlenholz wurden in diesem Generator Gase erhalten, deren Zusammensetzung im Durchschnitt zwischen folgenden Werten schwankte:

Kohlensäure	16,8 %	bis	20,0 %
Schwere Kohlenwasserstoffe .	0,1 %	„	0,1 %
Sauerstoff	0,1 %	„	0,2 %
Kohlenoxyd	13,72 %	„	10,25 %
Methan	1,89 %	„	3,2 %
Wasserstoff	19,0 %	„	14,6 %
Stickstoff	50,29 %	„	51,65 %

Die erhaltenen Resultate sind natürlich je nach dem Material und der Art der Vergasung sehr verschieden.

Nach Ebelmen ist die Zusammensetzung von Generatorgasen aus verschiedenen Brennstoffen[1]) in Volumenprozenten folgende:

Gase aus:	Holzkohle	Holz		Torf	Koks
		I.	II.		
	%	%	%	%	%
Stickstoff . . .	63,4	50,1	50,0	61,5	64,1
Kohlenoxyd .	33,3	32,4	19,0	21,8	33,5
Kohlensäure .	0,5	7,2	13,2	9,1	0,8
Wasserstoff .	2,8	10,2	17,8	7,6	1,5

[1]) vgl. Hausding, Handbuch d. Torfgew., 2. Aufl., S. 414; B. Fischer, Kraftgas, seine Herstellung u. Beurteilung, 1911.

b) Torfschwelwasser.

Das zur Untersuchung verwendete Torfschwelwasser stammte aus den in Magdeburg vorgenommenen Verkokungsversuchen (vgl. S. 279). Es war von schwarzbrauner Farbe, hatte phenolartigen Geruch und reagierte alkalisch. Sein spez. Gewicht betrug 1,02 bei 17,5°.

Um Aufklärung über seine Zusammensetzung zu erhalten, wurden im Laboratorium 30 kg desselben aus einer Kupferblase über gelöschtem Kalk, der die sauren Bestandteile, hauptsächlich Fettsäuren, zurückhalten sollte, destilliert. Die Destillation begann bei 76° und wurde so lange fortgesetzt, bis die Temperatur 101° erreicht war und durch einige Zeit konstant blieb. Das Destillat trennte sich in zwei Schichten, eine stark ammoniakhaltige, wässerige, und eine obenauf schwimmende, ölige. Durch Sättigen mit Pottasche, wobei viel Ammoniak entwich, wurde die abgeschiedene Ölschicht erheblich vermehrt und wog jetzt 78 g. Sie enthielt hauptsächlich Methylalkohol nebst pyridinartigen Basen; dagegen waren Körper von aldehyd- oder ketonartigem Charakter nicht vorhanden, da ammoniakalische Silberlösung auch in der Wärme nicht reduziert wurde, und ebensowenig beim Schütteln mit Natriumbisulfitlösung eine Abscheidung einer Doppelverbindung erfolgte. Vermutlich waren durch langes Stehen des großen, im Fabrikbetriebe gesammelten Vorrats, aus dem die untersuchte Menge als Durchschnittsprobe entnommen worden war, die darin enthaltenen Aldehyde und Ketone verharzt. Darauf deutet hin, daß an der Oberfläche des Sammelbehälters weiße, harzige Flocken herumschwammen, die sich leicht zusammenballten. Es ist aber auch nicht ausgeschlossen, daß bei der Destillation mit dem Kalk etwa vorhandene aldehyd- oder ketonartige Körper verändert wurden (vgl. auch S. 407 u. S. 409). Aus dem Blasenrückstand wurden die sauren Bestandteile in besonderer Weise isoliert. Zu diesem Zwecke wurde derselbe mit Schwefelsäure angesäuert und die hierdurch in Freiheit gesetzten Fettsäuren im Dampfstrom überdestilliert.

Das Destillat wurde mit Soda neutralisiert und zur Trockne verdampft, die zurückgebliebenen Natriumsalze durch vorsichtiges Schmelzen in einer flachen Eisenschale entwässert und zur Veresterung erst mit der ungefähr berechneten Menge Phosphorpentachlorid in die Chloride übergeführt. Die Masse erwärmte sich hierbei nur unbedeutend und es trat keine völlige Verflüssigung des Reaktionsgemisches ein. Aus letzterem wurden die gebildeten Säurechloride abdestilliert, sie gingen von 60—180° über. Die Ausbeute davon betrug 80 g. Sie wurden unter Eiskühlung in 70 g absol. Alkohol getropft, dann auf dem Wasserbade kurze Zeit erwärmt, wieder abgekühlt und unter weiterem Kühlen in das gleiche Volumen Wasser langsam eingetragen. Nach dem Abstumpfen der Säure mit Soda wurden die entstandenen Ester abgehoben, durch ein trockenes Filter filtriert und überschüssiger Alkohol durch Schütteln mit 50 ccm Chlorkalziumlösung (1:1) ausgewaschen. Die gewaschenen Ester wurden über Kalziumchlorid getrocknet, dann abfiltriert und aus einem mit Dreikugelaufsatz versehenen Kolben auf dem Wasserbade destilliert. Dabei gingen

von 50— 90° . . .	65 g,
von 90—110° . . .	5 g,
von 110—130° . . .	5 g

über.

Die Siedepunkte der in Betracht kommenden reinen Ester sind zum Vergleich nachstehend angeführt:

	Siedp.
Essigsäureäthylester	77,0°
Propionsäureäthylester . . .	100,8°
Buttersäureäthylester	119,0°
Valeriansäureäthylester . . .	134,0°

Bei der geringen Menge der erhaltenen Ester wurde auf eine umständliche Trennung und Isolierung der Säuren verzichtet.

Über die Fettsäuren aus dem Torfteer vgl. S. 353ff.

Nachweis von Brenzkatechin im Torfschwelwasser[1]).

Der bei der Destillation der Fettsäuren erhaltene schwefelsaure Rückstand wurde mit Äther extrahiert und das nach dem

---

[1]) vgl. Th. Rosenthal, Beiträge zur Chemie des Braunkohlenteers, Z. f. ang. Ch. 1903, 222.

Verdampfen des Äthers zurückgebliebene Öl destilliert. Es siedete von 100—280°. Der zwischen 220—260° übergehende Anteil wurde in viel Wasser gelöst und mit Bleiazetatlösung versetzt. Es fiel ein gelblicher Niederschlag aus, der abgesaugt und mit Wasser gewaschen wurde. Durch Einleiten von Schwefelwasserstoff in den in Wasser suspendierten Niederschlag wurde das Bleisalz zerlegt, dann das gefällte Schwefelblei abfiltriert, das Filtrat ausgeäthert und das nach dem Verjagen des Äthers verbleibende Öl destilliert. Dabei stieg das Thermometer rasch auf 235°, und es ging ein Öl über, das im Ansatzrohr des Kolbens kristallinisch erstarrte. Als die Flüssigkeit nach einiger Zeit stark zu stoßen begann, wurde die Destillation abgebrochen und sowohl das Destillat als auch der Kolbenrückstand in heißem Benzol gelöst. Aus beiden Lösungen kristallisierte beim Erkalten Brenzkatechin, das, aus Benzol mehrmals umkristallisiert, in Gestalt weißer Nädelchen vom Smp. 100—102° (Schmelzpunkt des reinen Brenzkatechins 104°) erhalten wurde. Die Gesamtausbeute betrug 2,0 g. Die Kristalle gaben in wässeriger Lösung mit Eisenchlorid die charakteristische, smaragdgrüne Färbung, die nach Zusatz von Nartiumbikarbonatlösung in Violettrot überging.

Bestimmung des Ammoniaks und der Essigsäure im Torfschwelwasser.

a) Bestimmung des Gesamtammoniaks[1]).

25 ccm Torfschwelwasser vom spez. Gewicht 1,101 wurden in einem ½-Liter-Kolben, der mit 250 ccm destilliertem Wasser beschickt war, nach Zusatz von 3 ccm konz. Natronlauge erhitzt und das Ammoniak in eine Vorlage mit 50 ccm n-Schwefelsäure übergetrieben.

Gefunden wurden:

6,89 g und 6,82 g, im Durchschnitt 6,86 g Gesamtammoniak in 1 Liter Torfschwelwasser oder 26,630 kg Ammonsulfat pro 1 cbm.

b) Bestimmung der Essigsäure.

50 ccm Torfschwelwasser wurden in einem Kolben mit 10 ccm

---

[1]) vgl. Lunge, Untersuchungsmethoden, 5. Aufl., II, S. 680.

einer Phosphorsäurelösung vom spez. Gew. 1,12 versetzt und so lange im Dampfstrom destilliert, bis das übergehende Wasser neutral reagierte. Dabei wurde das Destillat in 50 ccm vorgelegter n-NaOH aufgefangen und der Überschuß derselben mit n-Schwefelsäure zurücktitriert. Da jedoch beim Titrieren der Farbenumschlag des Phenolphthaleins in dem trüben, gelbroten Destillat schlecht zu erkennen war, wurde in einem zweiten Versuch das saure Destillat direkt mit Barytwasser titriert. Gefunden wurden im 1. Versuch: 0,7458 g, im 2. Versuch: 0,7518 g Essigsäure in 50 ccm Torfschwelwasser, entsprechend 19,718 kg essigsaurem Kalk pro 1 cbm.

Abscheidung des Methylalkohols aus dem Torfschwelwasser; die übrigen flüchtigen Bestandteile.

55 kg Torfschwelwasser wurden nach schwachem Übersäuern mit verdünnter Schwefelsäure aus einer Kupferblase, die mit einem langen Glasperlenaufsatz versehen war, portionenweise destilliert. Es wurden aus je 15 kg Torfschwelwasser ungefähr 2 Liter abdestilliert. Die Destillation begann bei 85°. Die Temperatur stieg jedoch bald auf 98—99,5°. Bis zum Abdestillieren von je 2 Litern war bereits längere Zeit 100° erreicht. Aus den vereinigten Destillaten wurden mit festem gepulverten Kaliumkarbonat, das bis zur Übersättigung zugegeben wurde, Methylalkohol und die anderen übergegangenen, flüchtigen, organischen Bestandteile abgeschieden und zur Vervollständigung der Abscheidung aus der konz. Salzlösung nochmals ein kleiner Teil der Flüssigkeit abdestilliert und wie oben weiter behandelt. Das Gewicht des aus 55 kg Schwelwasser abgeschiedenen Rohmethylalkohols betrug nach dem Trocknen mit wasserfreiem Natriumsulfat 112 g. Davon gingen bei Destillation auf dem Wasserbade folgende Fraktionen über:

60— 80°	23,0 g
80— 90°	19,5 g
90—100°	3,0 g
Sa.	45,5 g

Es hinterblieb ein reichlicher teerartiger Rückstand, der beim Erkalten erstarrte. Aus diesen Fraktionen wurden nach vorausgehender Behandlung mit konzentrierter Natriumbisulfitlösung im ganzen 22,6 g Methylalkohol, Sdp. 65—69°, vom spez. Gew. 0,8231 bei 15,5°, entsprechend einem Gehalt von 91%, und 2 g Nachlauf bis 80° erhalten. Von den in das Natriumbisulfit gegangenen Anteilen konnten im ganzen durch nochmalige Destillation mit Soda ca. 4,4 g aldehyd- und ketonartige Körper zurückgewonnen werden. Im übrigen lehrt sowohl dieser Versuch, bei dem das Torfschwelwasser mit einem kleinen Mineralsäureüberschuß destilliert wurde, wie der vorhergehende (vgl. S. 403), bei dem bei Gegenwart überschüssigen Kalks operiert wurde, daß die außer dem Methylalkohol vorhandenen, flüchtigen Substanzen sehr leicht veränderlich sind. Dies ist insbesondere daran zu erkennen, daß infolge der Anwendung von Kaliumkarbonat zu ihrer Abscheidung die Bildung großer Mengen schwerflüchtiger Verbindungen aus den zuerst mit Wasserdampf übergegangenen Produkten stattfand. Es bleibt späteren Untersuchungen vorbehalten, unter Berücksichtigung der gemachten Beobachtungen und Erfahrungen diese Lücke auszufüllen. Dabei dürfte noch manche interessante Verbindung zutage gefördert werden.

Über die Menge des Torfschwelwassers unter den verschiedenen Destillationsbedingungen, über seinen Gehalt an Ammoniak, Essigsäure und Methylalkohol finden sich die entsprechenden Angaben bei den im vorhergehenden ausführlich mitgeteilten Resultaten der Torfverkohlungsversuche (vgl. S. 285).

Daß Methylalkohol in so veränderlichen Mengen gefunden wurde, ist darauf zurückzuführen, daß — wie es wohl ausnahmslos bei den von anderen Seiten unternommenen Versuchen ebenfalls der Fall war — bei dieser den Charakter einer größeren Versuchsanlage tragenden Torfkoksfabrik die Kondensation noch nicht so vollständig ausgebaut war, um eine vollständige Kondensation der leichtflüchtigen Bestandteile zu ermöglichen. Besonders im Sommer bei vollem Betriebe war sie unzureichend, und infolgedessen gingen die leichtflüchtigen Bestandteile mit dem Gase unkondensiert fort und wurden mit demselben verbrannt, was zum

Teil absichtlich geschah, um eine reichlichere Gasmenge zu erzeugen.

Wolff[1]) fand bei der Nachprüfung des Zieglerschen Torfverkohlungsverfahrens im Torfschwelwasser:

Methylalkohol . . .	0,74 %
Ameisensäure	0,0015 %
Essigsäure	0,95 %
Buttersäure	0,02 %
Ammoniak	0,35 %

Mit den basischen und sauren Produkten des Torfschwelwassers haben sich auch schon ältere Untersuchungen befaßt. Nach Vohl[2]) liefert wenig zersetzter Torf mehr Essigsäure als älterer. Nach weiteren Untersuchungen[3]) sollen im Torfschwelwasser auch Valeriansäure, Äthylamin, Picolin, Lutidin und Anilin vorkommen. Sullivan[4]) will unter den sauren Produkten außer Essigsäure Ameisensäure, Propionsäure und Buttersäure nachgewiesen haben. Alle diese Angaben bedürfen unfraglich einer Überprüfung mit exakten, einwandfreien Methoden, eine Aufgabe, die mit nicht unerheblichen Schwierigkeiten verknüpft sein wird. Jedenfalls erscheint die Annahme, daß sich Ameisensäure bei der Torfdestillation bildet, sehr unwahrscheinlich, da dieselbe doch gleich wieder in Kohlenoxyd und Wasser zerfallen dürfte. Wenn z. B. in den oben wiedergegebenen Zahlen von Wolff noch 0,15 Teile Ameisensäure neben 95 Teilen Essigsäure vorkommen sollen, so genügt jedenfalls nicht der etwaige Nachweis einer reduzierenden Wirkung, um die Ameisensäure zu identifizieren, da im Schwelwasser reichlich reduzierende Verbindungen enthalten sind.

Nach Börnstein[5]) ergibt sich im Durchschnitt auf je 1 kg lufttrockenen Torfes bei der Destillation abgespaltenes

[1]) Wolff, Verhandlung. d. Ver. z. Beförderung d. Gewerbefleißes in Preußen 1908, S. 295.

[2]) Vohl, Ann. d. Chem. 8, 185 (1856).

[3]) Vohl, Ann. d. Chem. 109, 192.

[4]) Sullivan, Jahresber. d. Chem. 1858, S. 80.

[5]) l. c.

	Wasser in g
bis 250°	91,1
250—300°	56,4
300—350°	73,7
350—400°	44,1
400—450°	42,5

Die Torfschwelwässer waren klare, schwach gefärbte Flüssigkeiten von stark empyreumatischem Geruch, reduzierten schon in der Kälte ammoniakalische Silberlösung und trübten sich nach einiger Zeit unter Bildung brauner Zersetzungsprodukte. Die bis 350° abgespaltenen Fraktionen besaßen neutrale Reaktion, die Fraktion 350—400° war deutlich, die von 400—450° stark alkalisch. Die unter 250° und über 300° abgespaltenen Anteile enthielten reichlich Ammoniak, teils an Essigsäure, teils, in den höheren Fraktionen, auch an Kohlensäure gebunden. Dagegen war in der Fraktion 250—300° weder Ammoniak noch Essigsäure nachweisbar. In allen Fraktionen wurden pyridin- und kreosotartige Körper angetroffen, sowie eine äußerst widerlich riechende, saure schwefelhaltige Verbindung. Über 350° trat Brenzkatechin auf.

III. Teil.

Technischer Teil.

A. Einführung.

Bei den technischen Anwendungen des Torfes kommt ein Massenverbrauch nur bei der Herstellung von Brennmaterial und den Produkten der Torfstreuindustrie in Frage.

Die Gewinnung der Torfstreu, die in immer steigendem Maße zur Sammlung der für die Landwirtschaft wertvollen Abfallstoffe, des Dungs, der Stall- und Hausabwässer angewandt wird und angewendet zu werden verdient, beschränkt sich auf die für die eigentliche Brenntorfgewinnung nicht in Betracht kommenden, aus jüngerem, noch wenig zersetzten Moostorf bestehenden obersten Schichten der Hochmoore und bietet der Technik keine Probleme mehr, so daß wir die Torfstreuindustrie hier vorläufig beiseite lassen können. Außerdem steht sie auch ganz außerhalb der Entwicklung der Brenntorfindustrie; andererseits bildet sie aber den bisher wirtschaftlich stärksten und rentabelsten Zweig der Torfwirtschaft. Über Gewinnung und Verwendung von Torf für alle Zwecke mit Ausnahme der Feuerung findet sich eine erschöpfende Darstellung bei Schreiber[1]).

Die Hauptforderung, die an ein gutes Brennmaterial gestellt wird, ist nun: „Größter Energieinhalt bei kleinster Raumerfüllung". Dabei ist nicht nur an den eigentlichen Verbrauch selbst zu denken, daß also Bestandteile wie aschenbildende, die nicht die Wärmeentwicklung unterstützen, oder wie

---

[1]) M. Berlin 1907, S. 145.

Feuchtigkeit den Wert des Brennmaterials herabsetzen, da sie den Energieinhalt mindern, sondern auch an die Transport- und Lagerungsmöglichkeit, die bei einem Massenverbrauch häufig preisbestimmender sind als der eigentliche reine Materialwert.

Nach diesen Voraussetzungen bildet Torf in seinem Rohzustande ein sehr minderwertiges Material. Besonders sind folgende Punkte hervorzuheben:

I. Neben einem oft beträchtlichen Aschengehalt hat Rohtorf einen außergewöhnlich hohen und noch dazu besonders fest gebundenen Wassergehalt, der in seinen Entstehungsbedingungen begründet ist.

II. Er besitzt nicht nur quantitativ eine ungünstig große Raumerfüllung, sondern im Vergleich mit den konkurrierenden anderen fossilen Brennstoffen, hat er auch meist

III. qualitativ einen in seiner chemischen Zusammensetzung begründeten geringeren Heizwert.

Damit schließt sich eine nennenswerte Transportmöglichkeit ohne vorhergehende, weitgehende Veredelung von selbst aus.

Dabei darf nicht übersehen werden, daß es sich bei der Verwendung des Torfes als Brennstoff nicht um zutage liegende Schätze handelt, bei denen man nur zuzulangen braucht, vielmehr stellen die Moore tatsächlich ein Riesen-Wasserreservoir vor, in dem im höchsten Falle 15% Brennstoff vorhanden sind, und noch dazu in einer für die Gewinnung höchst nachteiligen, aufgequollenen Form[1]).

Es handelt sich in der Torftechnik also in erster Linie um Veredelungsbestrebungen, die naturgemäß bei den angedeuteten Punkten einsetzen. So lassen sich zur besseren Übersicht die verschiedenen Verfahren in 3 Hauptgruppen ordnen, wenn sich auch vielfach die Grenzen dieser Gruppen dadurch verwischen, daß möglichst in einer einzigen Operation eine Veredelung nach verschiedenen Richtungen erreicht werden soll.

Mit dem nächstliegenden ersten Problem befassen sich zunächst die Verfahren, die in der Hauptsache die Entfernung

[1]) s. auch Keppeler, M. Berlin 1914, S. 165.

des Wassergehaltes anstreben. Beabsichtigt ist meist die Abkürzung der von altersher üblichen natürlichen Lufttrocknung und überhaupt eine Verminderung oder Beseitigung des hierbei durch die Abhängigkeit von der Witterung gegebenen Risikos. Da die Lösung dieses Problems meist eine Vorbedingung für die Anwendung der Verfahren der anderen Gruppen ist, vor allem aber durch die Eigenart der Wasserbindung im Torf, haben die Mehrzahl der in der Torftechnik angewendeten Verfahren hier ihren Platz oder wenigstens Berührungspunkte mit diesem Kapitel. Meist wird gleichzeitig mit der Entfernung des Wassers eine gewisse Formgebung und Raumverbesserung erreicht, — wir werden sehen, daß gerade in dieser Zwangläufigkeit zwischen Trocknung und Formgebung die Eigenart des Torfmaterials besteht — die sich aber auf Unterstützung und Ausnutzung des natürlichen Schwindevermögens im allgemeinen beschränkt.

Die Verbesserung der räumlich ungünstigen Form durch mechanische Verdichtung haben sich die Verfahren der zweiten Gruppe zum Ziele gesetzt.

Schließlich wird drittens eine Materialveredelung durch Konzentration, Erhöhung des Heizwertes mittels chemischen Eingriffs, durch Verkohlung, angestrebt. Hierbei bildet die Gewinnung etwaiger Nebenprodukte ein besonderes Kapitel; in diesem spielt die Verwertung derjenigen Bestandteile des Torfes, die, wie der Stickstoff, nicht zur Wärmeentwicklung beitragen, eine besondere Rolle.

Im großen und ganzen verfolgen alle diese Verfahren noch die Absicht, die Transport- und Konkurrenzmöglichkeit des veredelten Torfes mit Braun- und Steinkohle zu erreichen.

Es hat sich nun gezeigt, daß bisher außer in Kleinbetrieben oder bei besonders günstigen lokalen Verhältnissen kaum ein einziges dieser Verfahren, auf deren Ausbildung eine Unmenge von Zeit, Arbeit und Kapital verwendet worden ist, die darauf gesetzten Hoffnungen erfüllt hat, d. h. für sich allein imstande gewesen ist, die gesunde Grundlage einer konkurrenzfähigen, selbständigen Industrie zu werden, so daß man heute vielfach überhaupt auf dem Standpunkt steht, daß eine rationelle Torfwirtschaft nur im Nebenbetrieb der Landwirtschaft, also als gemischter Betrieb, denkbar sei.

Das scheint daran zu liegen, daß das Unkostenkonto des Torfes im allgemeinen, wenn die Materialverbesserung erst bis zur Höhe des Rohmaterialwertes der konkurrierenden Brennstoffe vorgeschritten, schon derartig belastet ist, daß der Torf in dem für die anderen nun erst beginnenden Wettbewerb unterliegen muß, falls nicht besonders günstige lokale Verhältnisse ihn stützen, oder Gründe anderer Art eine Konkurrenz anderer Brennmaterialien ausscheiden.

Wenn man demnach gezwungen ist, die Konkurrenzaussichten des Torfes mit Braun- und Steinkohle recht pessimistisch zu betrachten, so ist allerdings nicht zu vergessen, daß im eigentlichen Beginn der Gewinnungsarbeiten für den Torf die Verhältnisse wesentlich günstiger liegen als für Braun- und Steinkohle. Die vorbereitenden Arbeiten auf dem Moore, die Herrichtung des Arbeitsfeldes, die vorbereitende Entwässerung erfordern meist keine großen Ausgaben. Die Lage und Mächtigkeit des Torfes läßt sich wohl immer leicht und zuverlässig feststellen. Der Abbau ist an sich gefahrlos und bietet bei sachverständiger Leitung und Vorarbeit kaum Enttäuschungen.

Alles das liegt bei Braun- und Steinkohlen wesentlich ungünstiger. Es sei nur an die großen Kosten und Abräumungsarbeiten erinnert, die nötig sind, bevor man überhaupt an das eigentliche Material herankommt, an das Risiko durch Wasserbruch, Einbruch, schlagende Wetter usw. Auch die dauernden Kosten der Förderung sind bei Steinkohlen z. B. wesentlich teurer. In der Generalbilanz sind diese Verhältnisse nicht zu vergessen, wenn sie auch unter heutigen Verhältnissen noch nicht ausschlaggebend sind. Besonders ist aber zu beachten, daß, während bei Braun- und Steinkohle nach dem Abbau meist Öd- oder Unland zurückbleibt[1]), das auf Jahrzehnte hinaus für die Kultur nicht ge-

[1]) Beim Braunkohlen-Tagebau haben sich ganz ähnliche Verhältnisse wie bei der Fehnkultur in Holland ausgebildet. Der Besitzer eines Gutes, unter

eignet ist, es durch sachgemäße Torfgewinnung gelingt, große Strecken bisher wertlosen Moorlandes der landwirtschaftlichen Verwertung zu erschließen. Hierin liegt ein ganz wesentlicher Rückhalt, allerdings auch eine gewisse Komplizierung, die einen außerordentlichen Apparat erfordert und darum am besten wohl nur im Rahmen einer Interessengemeinschaft auszuführen ist.

Veranlaßt durch die schlechten Erfahrungen bei den Konkurrenzversuchen mit Braun- und Steinkohle hat sich nun die Technik außerdem einem gänzlich anderen Prinzip zugewandt, das auf die direkte Konkurrenzfähigkeit des Materials von vornherein verzichtet. Man schaltet den kostspieligen Transport aus, indem man die potentielle Energie des Torfes an Ort und Stelle in treibende Kraft umsetzt und diese an die Stelle des Verbrauchs leitet, ein Weg, der auch bei der Verwertung der Rohbraunkohle schon länger mit Erfolg beschritten ist.

Hierbei ist es außerdem möglich, die Art der Verbrennung den spezifischen Eigenschaften des Torfes anzupassen und auch hierdurch die Ansprüche an Trocknung und Formgebung und damit gleichzeitig Unkosten und Risiko der Gewinnung auf das Minimum herabzusetzen. Dies sind die Bestrebungen modernster Richtung, wenn auch ihre ersten Andeutungen weit zurückliegen.

Zuerst haben sich für diese Idee A. Frank[1]), Charlottenburg, und M. Glasenapp, Riga, eingesetzt[2]). Über die Frage, wer zuerst Versuche zur Übertragung dieser Ideen in die Praxis unternommen hat, ist ein nicht leicht zu entscheidender Prioritätsstreit einerseits zwischen Frank-Caro und der „Deutschen Mondgas und Nebenprodukten-Gesellschaft m. b. H.“ in Sodingen, andererseits der Englischen „Powergas Corporation“, London, und deren

---

dem sich Braunkohle befindet, tritt heutzutage meistens nur das Recht zur Kohlengewinnung ab, während nach erfolgtem Abbau der Braunkohle der Boden mit der alten Kulturschicht bedeckt ihm zurückgestellt werden muß.

[1]) Frank, Verw. d. Nordd. Moore f. elekr. Kr.-Stat. 1897. Vortrag i. V. f. Gewerbefl.

[2]) vgl. Glasenapp, Rigasche Ind.-Ztg. 1898, Nr. 10; Balt. Wochenschr. 1901, Nr. 23.

technischem Leiter, A. Lymn, entstanden[1]). Nach den beiderseits erst in den letzten Jahren an die Öffentlichkeit gebrachten Bekundungen fallen solche in die Jahre 1904 bis 1905. Unbekannt damit, aber schon lange von der oben skizzierten Verwendungsmöglichkeit durchdrungen, war der Verfasser gleichfalls an die Realisierung eines solchen Planes herangetreten und hat die Versorgung des ganzen Oldenburgischen Landes mit Kraft von im Moor errichteten Überlandzentralen aus geplant, deren Betrieb auf dem Torfgeneratorpatent Hoering-Wielandt[2]) aufgebaut werden sollte, das vom Anfang des Jahres 1905 datiert.

Wesentlich beigetragen und vielfach geradezu eine Voraussetzung für diese Bestrebungen der Torfverwertung, deren Besprechung im Anschluß an die schon charakterisierten drei Hauptgruppen in einem besonderen Abschnitt angefügt werden soll, war die moderne Ausbildung der Generatoren, der Großgaskraftmaschinen z. B. für Hochofengase, und der Sauggasanlagen, die gleichfalls mit armen Gasen arbeiten, wie sie aus Torf leicht herzustellen sind. Auch die aus jüngster Zeit stammende Oberflächenverbrennung[3]) scheint bereits auf ihre Brauchbarkeit hin für Torfgas untersucht zu werden[4]), wie denn überhaupt jede Möglichkeit einer Steigerung des Nutzeffektes bei der Verwendung von Torf besonders willkommen sein muß.

Bei Anwendung dieses Prinzips ist die Gewinnung von Nebenprodukten, vor allem von Ammonsulfat, ebenfalls möglich, so daß sich hieraus, und durch die Abgabe von Kraft für landwirtschaftliche Zwecke eine wertvolle Verknüpfung landwirtschaftlicher und industrieller Interessen ergibt. Vielfach wird aber wegen der damit verknüpften Komplizierung des Betriebes von einer Gewinnung von Nebenprodukten abgesehen, dagegen angestrebt, einen eventuellen Überschuß, der für die Fernlieferung gewonnenen

---

[1]) Chem.-Ztg. 1910, 1015, 1334; M. Berlin 1909, S. 150; s. auch S. 602.

[2]) s. S. 583 u. D.R.P. 176231, Klasse 24c, Gr. IV. Verfahren zur Vergasung von rohen Brennstoffen, wie Torf und dergleichen wasserreichen Brennstoffen, mit Verkokung der Brennstoffe vor der Vergasung. Ab 31. Januar 1905.

[3]) Bone, BB., 1913, S. 5; C. C. 1913, I, S. 771, 2085; Chem.-Ztg. 1913, S. 416; Zeitschr. f. angew. Chem. 1913, S. 401.

[4]) 70. Sitzg. d. Z. M. K., S. 7.

Energie an Ort und Stelle einer geeigneten Nebenindustrie dienstbar zu machen. A. Frank, der Urheber des Gedankens der Zentralisierung, dachte z. B. zunächst an die Fabrikation des Kalziumkarbids, später an die des wiederum für die Landwirtschaft wichtigen Kalkstickstoffs.

Eine solche Gewinnung der Nebenprodukte bei der Torfverwertung kann aber, im großen Maßstabe ausgebildet, ein wichtiges Glied bei der Verfolgung des Zieles werden, die deutsche Landwirtschaft in der Versorgung mit künstlichen Düngemitteln vom Ausland unabhängig zu machen. Besonders diese Art der Verwertung im Großen ist an die möglichst wirtschaftliche Gewinnung ihres Rohmaterials gebunden, und in diesem Rahmen gewinnen auch die Veredelungsverfahren der drei oben angeführten Gruppen besonderes Interesse. Sie werden zum Teil wertvolle Hilfsmittel, wenn nicht geradezu entscheidend dafür sein, das große Ziel zu erreichen, weite Strecken wertlosen Moorlandes in verhältnismäßig kurzer Zeit abzutorfen und der für Deutschland so wichtigen landwirtschaftlichen Verwertung endgültig zuzuführen.

Hier eröffnet sich ein vom nationalökonomischen Standpunkt interessanter Ausblick. Bei der Größe ihrer Anlage und der damit verbundenen Kosten werden auch die privaten technischen Großbetriebe, denen es zunächst nur um die gewinnbringende Ausnutzung des Torfmaterials zu tun ist, gezwungen sein, sich rechtzeitig einen genügenden Moorbesitz zu sichern und denjenigen Anteil dieses Gebietes, der erst nach langen Jahren zur Abtorfung gelangt, in vorläufige Kultur zu bringen, um das dadurch investierte tote Kapital baldmöglichst zinsfähig zu machen. So wird der Wunsch des Nationalökonomen, „der Endzweck der Industrialisierung möge die rasche Kultivierung und Besiedelung der Moore und der sie umgebenden Heideflächen sein“, dem Techniker zum zwingenden Gebot für die Wirtschaftlichkeit seines Betriebes.

Zusammenfassend ergibt sich für die im folgenden besprochene Gewinnung und Verwertung des Torfes mit Rücksicht darauf, daß die Entwässerung und Formgebung zumeist Hand in Hand geht, die Einteilung:

1. Entwässerung und Formverbesserung.
2. Verkohlung.
3. Vergasung.
4. Zentralisierung der Torfverwertung im Moore.

B. Gewinnung und Verwertung des Torfes.

I. Kapitel.

Entwässerung und Formverbesserung.

Wie schon in der Einführung angedeutet, tritt in der Torftechnik gegenüber der eigentlichen technischen Lösung der vorliegenden Probleme ganz besonders die Frage der Wirtschaftlichkeit in den Vordergrund. Vor allem bei der Entwässerungsfrage ist es daher angebracht, die rein wirtschaftlichen Verhältnisse erst im Zusammenhange zu untersuchen und zunächst einen Überblick über die rein theoretischen Fragen und gleichzeitig über die Entwicklung der Torftechnik auf diesem Gebiet zu gewinnen.

Es ist nicht unsere Absicht, auf die Einzelheiten der Torftechnik in erschöpfender Weise einzugehen, sondern wir begnügen uns, an den betreffenden Stellen auf die Spezialliteratur hinzuweisen, um hier ausschließlich das Typische und Prinzipielle hervorzuheben.

Es wird daher auch die für die Praxis sehr wichtige Frage der Gewinnung des Rohmaterials nur in einem ganz allgemein gehaltenen Abschnitt ohne Wiedergabe der technischen Einzelheiten behandelt und der Besprechung der Entwässerungsmethoden nach der aus dem folgenden sich ergebenden Einteilung vorangestellt werden.

Theorie der Entwässerung und Formgebung.

Bezeichnend für die Eigenart des Torfmaterials ist es, daß wir dabei gezwungen sein werden, die beiden wichtigsten Operationen bei der Torfgewinnung, die Entwässerung und Formverbesserung in der Hauptsache gemeinsam zu behandeln, da sie in engster Beziehung zueinander stehen. Vom Standpunkt der Brennstofftechnik betrachtet, befindet sich die im unberührten Moor ruhende Torfsubstanz in einem mit dem Grade der Zersetzung fortschreitenden Zustande der Veredelung. Nach der durch die neuesten Arbeiten zur allgemeinen Geltung gebrachten Ansicht ist der Torf ja das erste Zwischenglied der Reihe, die er mit seinen Konkurrenten bildet und die mit der Steinkohle endet.

Dies zeigt sich in der Abnahme des Sauerstoffs und Anreicherung des Kohlenstoffs, bezogen auf Wasser- und aschefreie Substanz[1]).

		C	H	(O + N)
Holz	ca.	50 %	6 %	44 %
Torf	„	57 %	6 %	37 %
Braunkohle der Tertiärformation.	„	70 %	5 %	25 %
Steinkohle des produkt. Karbons	„	82 %	5 %	13 %

Im Verlaufe des „Inkohlungsprozesses" reichert sich der Kohlenstoffgehalt an und der den Heizwert mindernde Sauerstoff nimmt ab, es findet also eine Veredelung der chemischen Zusammensetzung statt. Außerdem erfährt aber auch die physikalische Struktur durch die Zersetzung eine räumlich äußerst wichtige Veränderung. Erst hierdurch erhält der Torf die gerade für die Brenntorftechnik so außerordentlich wertvolle, vom Wesen des Torfes gar nicht zu trennende Formbarkeit (Plastizität).

Der Vertorfungsprozeß tendiert ja dahin, aus den der Zersetzung unterworfenen Pflanzenstoffen homogene Humussubstanz zu bilden, wie wir sie in reinster Form etwa im „Dopplerit" schon näher kennen gelernt haben. Für die Gewinnung eines Brennmaterials ist daher ein bestimmter Zersetzungsgrad der abzutorfenden Moorschichten die notwendige Voraussetzung und das Vorhandensein der gebildeten Humusstoffe, vor allem aber ihr merkwürdiger physikalischer „kolloider Zustand" von einschneidender Bedeutung.

Gelegentlich der Besprechung der Humussäuren (S. 240) ist schon darauf hingewiesen worden, daß die Bedeutung der Kolloid-

---

[1]) Nach Potonié, Entstehung und Klassifikation der Tertiärkohlen. Deutsche Braunkohlen-Ind., Halle 1907.

chemie für den landwirtschaftlichen Zweig der Moorwissenschaft, die Moorkultur, genügend gewürdigt und von berufener Seite dargestellt worden ist.

Um, wie es hier beabsichtigt ist, das Prinzipielle in der Torftechnik zu erfassen und es mehr als bei einer Zusammenstellung von Einzelheiten in den Vordergrund treten zu lassen, ist nun die Kenntnis von den Eigenschaften derartiger Kolloidstoffe ebenfalls von großer Bedeutung, und diese Verhältnisse verdienen daher zum Verständnis des Ganzen mehr hervorgehoben zu werden, als es wohl bisher geschehen ist.

Während aber die Moorkultur sich für ihre mehr auf biologisch-chemischem Gebiete liegenden Zwecke in erster Linie mit den komplizierten Bindungs- und Umsetzungsverhältnissen der kolloiden Humusstoffe gegen Pflanzennährstoffe usw. beschäftigt und sich dabei zum Teil in komplizierte theoretische Fragen zu vertiefen gezwungen ist, genügt hier ausschließlich die Kenntnis der auf physikalischem Gebiet liegenden Wechselbeziehungen, die zwischen einer Substanz vom Charakter der Humus- und ähnlicher Kolloidstoffe und ihrem Wassergehalt bestehen.

Trotzdem für eine exakte Beurteilung der Torfsubstanz als Ganzes nach kolloidchemischen Gesichtspunkten noch recht wenig Material vorliegt — bisher hat man sich auf die Untersuchung einzelner, isolierbarer Bestandteile beschränkt, und die hier beabsichtigte Darstellung der Prinzipien der Torftechnik möge gerade zu weiteren derartigen Feststellungen anregen —, lassen sich doch aus dem komplizierten Material der Kolloidchemie diejenigen Tatsachen mit Sicherheit herausgreifen, die zur Erklärung genügen. Notwendig ist, daß wir uns zunächst, wenigstens in ganz großen Zügen, mit einigen Bezeichnungen und Begriffen der Kolloidchemie vertraut machen.

Kolloidchemische Einführung und allgemeine Anwendung auf den Torf.

Bei einem kolloiden System handelt es sich, wie bei der uns geläufigeren „echten Lösung“ oder bei einer „Aufschwemmung“ (Suspension) um einen besonderen Fall der räumlichen Kombination mehrerer — im einfachsten Falle einer festen und einer flüssigen — Komponenten, die man die „Phasen“ nennt. Die flüssige Phase — bei der „echten Lösung“ das „Lösungsmittel“ genannt — überwiegt in den angedeuteten Fällen und ist in sich geschlossen; die „feste Phase“ ist darin verteilt (daher „disperse“ Phase).

Nach den neuesten Anschauungen gibt es nun keine scharfen Grenzen zwischen diesen drei Spezialfällen: echte Lösung, kolloide Lösung und Aufschwemmung. Das Unterscheidende, das sich in optisch, mechanisch und sonstig verschiedenem Verhalten äußert, ist im wesentlichen nur eine Funktion des verschiedenen „Dispersitätsgrades“, d. h. vorwiegend der speziellen Teilchengröße der einen Phase (der „dispergierten Phase“) und der daraus resultierenden räumlichen Anordnung in der anderen (dem Dispersionsmittel).

Das Verhältnis zwischen der Menge von dispergierter Phase und Dispersionsmittel ist die „Konzentration“. Bei der „echten Lösung“ geht der Grad dieser Zerteilung, wie wir annehmen müssen, bis zum „Molekül“ bzw. „Ion“. Die Lösung ist „molekulardispers“. Bei der „Suspension“ oder „Emulsion“ ist die Zerteilung nur grob, sie ist „grob-dispers“. Zwischen beiden steht nun der Dispersitätsgrad der „kolloiden Lösung“. Änderungen des Dispersitätsgrades eines kolloiden Systems führen also durch Verfeinerung — etwa durch immer weitere Zerteilung der dispergierten Teilchen — in das Gebiet der „echten Lösung“; durch Vergröberung — etwa durch Zusammenschluß der Teilchen zu größeren Komplexen unter Beibehaltung der Konzentration — in das Gebiet der „Suspension“ oder „Emulsion“.

Es genügt wohl die Andeutung, daß in der Hauptsache die mit der Zerteilung zunehmende Oberflächenentwicklung der dispersen Phase und die hierdurch auftretenden Oberflächen- und Grenzflächenenergien die Ursache der eigenartigen Erscheinungen sind, die die kolloide Lösung vor der Suspension und echten Lösung auszeichnen und sich vor allem in der immer festeren Verkettung von fester und flüssiger Phase äußern, so daß man in dem kolloiden System gewissermaßen ein neues, einheitliches Ganzes vor sich hat. Gerade hierin liegt nun der Schwerpunkt der Torfindustrie.

Wir können Rohtorf für unsere Zwecke definieren als ein Gemenge von organischen Kolloiden mit für die Entwässerung „indifferenten" organischen und anorganischen Bestandteilen in außerordentlich wechselndem Verhältnis, die aus wenig oder unzersetzten Pflanzenteilen, mineralischen Beimengungen usw. bestehen. Sehen wir von letzteren ab, so behalten wir etwa — je nach der Konzentration — ein Material mit den mechanischen und physikalischen Eigenschaften des Dopplerits oder des Lebertorfs, der Humuswässer usw. übrig.

Für die Torfsubstanz wollen wir der Einfachheit halber den Ausdruck „feste Phase" beibehalten, ohne damit ein Urteil über ihren wahrscheinlich sehr komplizierten „Zustand" geben zu wollen. Zu überlegen wäre dann, welche Möglichkeiten bei dem im kolloiden System eigentümlichen Zusammenhalt der festen und flüssigen Phase für die Entfernung der letzteren übrig bleiben.

Dafür kommt in Betracht:

1. Einer „mechanischen" Trennung durch Filtration usw. setzen die zu einem kolloiden System zusammengetretenen Komponenten einen ganz außerordentlichen Widerstand entgegen; an eine weitgehende Entfernung der flüssigen Phase durch Pressung, Druckfiltration, Zentrifugierung usw. kann erst nach Beseitigung des kolloiden Zustandes gedacht werden.

2. Bis zu einem gewissen Maximum der Konzentration läßt sich die flüssige Phase durch Verdunstung, eventuell unterstützt durch mäßige Wärme und Lüftung, ohne Änderung des kolloiden Zustandes entfernen. Zu erwähnen ist hier, daß sich bei vielen Kolloiden in diesem Zustande durch Vermehrung der flüssigen Phase, besonders bei Gegenwart geringer Elektrolytmengen, die alte Konzentration rückwärts wieder herstellen läßt, daß aber bei einem gewissen Trockenheitsgrade vielfach diese Eigenschaft, die sogenannte „Reversibilität", verloren geht.

3. Eine in dieses Gebiet gehörige merkwürdige Eigenschaft kolloider Systeme ist die Wanderung der Phasen im elektrischen

Felde, die „Elektrophorese“, auf die wir später näher eingehen werden. Bei ihrer Anwendung lassen sich die Phasen räumlich gegeneinander verschieben und gleichfalls unter „Beibehaltung des kolloiden Zustandes“, z. B. die feste, sich anreichern.

4. Eine weitere Eigentümlichkeit kolloider Systeme ist ferner hier von Interesse, daß sich nämlich die flüssige Phase durch eine andere von abweichender chemischer Zusammensetzung verdrängen und ersetzen läßt, z. B. Wasser durch Alkohol, Öl usw.

Die für unsere Betrachtungen ebenso wichtige andere Frage, welchen Veränderungen die feste Phase durch Entfernung der flüssigen Phase ausgesetzt ist, können wir dahin beantworten, daß sie, bei allmählicher Vergrößerung der Konzentration vielfach über den Zustand einer Gallerte unter Beibehaltung des kolloiden Zustandes schließlich zu einem einheitlichen festen Körper von starkem Schwindevermögen und großer Bindekraft sich zusammenzieht.

Ohne uns voraussichtlich von der Wahrheit zu weit zu entfernen, können wir uns zur Erklärung dieser Vorgänge vorstellen, daß die Oberflächenenergien — die sich ursprünglich in den Beziehungen zwischen flüssiger und fester Phase äußern, solange erstere überwiegt — durch Annäherung der dispergierten Teilchen schließlich Gelegenheit haben, von Teilchen zu Teilchen der festen Phase zu wirken.

Angedeutet sei hier, daß speziell die Entstehung der hier interessierenden Humusstoffe den umgekehrten Weg geht, also vom festen Körper ausgehend zur kolloiden Lösung, wie es vor allem bei quellenden Körpern die Regel ist. Eine Störung des kolloiden Zustandes dagegen in einem System mit überwiegend flüssiger Phase führt zu einem vorzeitigen Zusammenschluß der Teilchen zu größeren Komplexen; die hier suspendierten, nunmehr größere Aggregate vorstellenden Teilchen haben nicht mehr die Fähigkeit, bei weiterer Verminderung der flüssigen Phase sich zu einem einheitlichen Ganzen zusammenzuschließen, sondern bleiben isoliert und restieren schließlich z. B. als Pulver usw. Das System würde also mit anderen Worten in eine Suspension übergehen.

Da mit dem Übergang der kolloiden Lösung in die Suspension nun auch die Beziehungen zwischen fester und flüssiger Phase aufgehört haben, sind letztere einer Trennung auch durch mechanische Mittel leichter zugänglich geworden. Eine derartige Zustandsänderung eines kolloiden Systems zur Suspension findet nun unter dem Einfluß der verschiedensten Mittel statt. Dahin gehört die Einwirkung von Hitze, von Kälte, von Säuren, Basen usw.

Bei der Übertragung dieser Betrachtungen auf Torf finden wir, daß sich alle diese Eigenschaften bei ihm nachweisen lassen, daß sie empirisch erkannt und benutzt worden, wenn auch bei ihrer Erklärung vielfach Mißverständnisse mit untergelaufen sind und auch heute trotz wiederholter Aufklärungsbemühungen immer noch unterlaufen. Hier ist deswegen vielleicht der Ort, erneut auf einige solche Mißverständnisse hinzuweisen, die sich immer wieder vorfinden.

Zunächst ist der grundlegende, vielfach verkannte Unterschied einerseits zwischen dem Wasserbindevermögen der kolloiden Stoffe im Torf und andererseits dem rein kapillaren Fassungsvermögen hervorzuheben, das die noch erhaltenen Zellen und Gefäße der Moorbildner, deren Wasserhalte- und Wasserhebevermögen ja eine Lebensbedingung für die lebende Pflanze ist, besitzen, oder das in etwa vorhandenen kapillaren Zwischenräumen der Torfsubstanz selbst vorhanden ist. Es sind etwa dieselben Unterschiede, wie sie zwischen dem Wasserhaltevermögen eines Schwammes und dem einer Leimgallerte bestehen.

Am besten läßt sich dieser Unterschied aus dem Verhalten von wenig zersetztem Moostorf, bei dem das kapillare Fassungsvermögen überwiegt, und von stark zersetztem, an Kolloiden reichem Pechtorf, also bei den typischen Vertretern von Streutorf und Brenntorf ersehen, wenn beide dem Gefrieren ausgesetzt werden.

Beim Streutorf wird durch die mechanische Einwirkung des Wassers im Momente des Gefrierens das rein kapillare Fassungsvermögen vergrößert, das ganze Gefüge wird gelockert und dadurch die wünschenswerte Fähigkeit, Flüssigkeit aufzunehmen, so vermehrt[1]), daß die gleichzeitige Zerstörung des kolloiden Zustandes der vorhandenen Kolloidstoffe nicht bemerkbar wird.

Bei Brenntorf dagegen zeigt sich diese Veränderung sehr deutlich. Er gibt nach dem Auftauen das infolge Zerstörung des Kolloidzustands nicht mehr festgehaltene Wasser leichter ab, sein Wasserhaltevermögen wird kleiner und gleichzeitig seine Plastizität vernichtet. Er zerbröckelt deshalb beim Trocknen, und so werden seine Eigenschaften als Heizmaterial bis zur Unbrauchbarkeit verschlechtert.

Vor allem bei der Herstellung des Maschinentorfes wird nun häufig darauf hingewiesen, trotzdem von autoritativer Seite die reine Mischwirkung wiederholt betont worden ist, man wolle durch Zerreißung der Zellen die Entwässerung erleichtern, durch Bloßlegung des Bitumens, der Harzstoffe usw. das Bindevermögen des Torfes verbessern. Ebenso wird als Ursache für die Schwierigkeit der mechanischen Entfernung des Wassers eine Verstopfung der Poren usw. angegeben.

Nun handelt es sich bei Brenntorf in der Hauptsache um das kolloid gebundene Wasser. Die in Betracht kommenden Pflanzenzellen sind von mikroskopischer Feinheit, so daß sie für derartige Zerreißungsvorrichtungen keine Angriffspunkte bieten. Ihrer ganzen Bestimmung nach wirken die Pflanzenzellen der Moose vielmehr direkt als eine Rohrleitung, die das Wasser herausleiten kann[2]); höchstens findet eine Zerkleinerung eingeschlossener größerer Pflanzenteile und Wurzeln, die sich gegen die Formung sperren, statt. Eine Druckwirkung über die zur Bewegung und Formung nötige hinaus oder eine Entfernung von Wasser erfolgt in diesen immer noch häufig „Pressen“ genannten Vorrichtungen gleichfalls nicht.

Die ganze, für die Konsistenz des fertigen Mate-

[1]) Fleischer, Die Torfstreu, Bremen 1890; v. Feilitzen, M. Berlin, 1908, S. 249; Schreiber, Österr. M. Staab, 1903, S. 57; Keppeler in Z. M.-K., 70. Sitz., 1912, S. 231.

[2]) Keppeler, M. Berlin, 1914, S. 166.

rials allerdings außerordentlich wichtige Wirkung ist eine gründliche Verteilung und Durchmischung der kolloiden Substanz, die bei der Trocknung und Schwindung das eigentliche Bindemittel bildet.

Durch die etwa noch vorhandenen Pflanzenfasern findet allerdings eine nicht zu unterschätzende Verbindung — gewissermaßen Verankerung — des Materials statt, durch die die Sprödigkeit gemindert wird.

Weiter ist diese Art der Bindung scharf zu trennen von der bei der eigentlichen Brikettierung stattfindenden Verkittung durch Bitumen und ähnliche Stoffe, wie bei der Brikettierung noch ausgeführt werden wird. Für letztere ist ein viel höherer Trockenheitsgrad des Materials und hoher Druck nötig, sie hat also vollständig andere Voraussetzungen.

Auch über die Gründe der bekannten Nichtbenetzbarkeit trockenen Torfes findet man merkwürdige Ansichten. Die Ursache davon soll z. B. sein, daß die ausgetrockneten Teilchen mit einem Harzüberzug versehen sind[1]). In Wirklichkeit zeigt sich hierin nichts weiter als die spezifische Eigenschaft vieler bei einem gewissen Trockenheitsgrad irreversibler Kolloide.

Für einen kurzen Überblick über die einzelnen Methoden der Entwässerung ergibt sich nach dem vorhergehenden folgende Einteilung[2]):

Entwässerungsmethoden.

A. Unter Beibehaltung des kolloiden Zustandes
   1. durch natürliche Lufttrocknung mittels Sonne und Wind;
   2. durch Trocknung mit künstlicher Wärme;
   3. durch Aufwendung mechanischer Energie (Pressen);
   4. durch Aufwendung elektrischer Energie (Elektroendosmose);
   5. durch Benutzung der Kolloidverdrängung (Öltorf).

---

[1]) z. B. Wollny, 1897, S. 249.

[2]) Eine ziemlich ausführliche Zusammenstellung über die Einzelheiten der Versuche zur Torfentwässerung gibt Ziegler in einem Vortrag vor der Z. M.-K., 70. Sitz., 1912, S. 11; seine theoretischen Ausführungen sind allerdings falsch und sein darauf begründetes neues Verfahren daher ohne Aussicht auf Erfolg.

B. Unter Zerstörung des kolloiden Zustandes
1. durch chemische Zusätze;
2. durch Erhitzen;
3. durch Gefrieren.
Anhang: Haldenerhitzung.

Gewinnung des Rohmaterials.

Einen Teil ihres Wassergehalts verliert die im Moore anstehende Torfmasse bei den der eigentlichen Torfgewinnung notwendig vorausgehenden, vorbereitenden Arbeiten im Moore, die außer auf die örtlichen Verhältnisse, d. h. durch Lage, Beschaffenheit und die Möglichkeiten der Entwässerung des Moores, vor allem auch auf die besondere Methode der Verarbeitung Rücksicht zu nehmen haben, der das Rohmaterial zugeführt werden soll.

Bei Anwendung des Challeton-[1]) oder des Hebertschen[2]) Torfschlemmverfahrens z. B., oder wo die Materialgewinnung, wie es gelegentlich der Fall war, durch Spül- und Pumpbagger[3]) geschehen sollte, hat man daher von einer Entwässerung des Moores auch da abgesehen, wo sie im Bereich der Möglichkeit lag.

Im Gegensatz dazu wurde eine möglichst weitgehende Entwässerung bei der sogenannten Krümeltorfgewinnung (s. S. 485) angestrebt, deren leitender Gedanke die Herstellung von Rohmaterial in Brocken- und Krümelform für die Brikettierung war.

Zwischen diesen beiden Extremen hält sich nun die vorbereitende Behandlung der Moore, wie sie im allgemeinen üblich ist, die in Schaffung eines Abflusses des überschüssig anstehenden Wassers durch planmäßig angelegte Gräben, in Herstellung von Wegen, Beseitigung etwaiger den Luftzug hindernder Bäume und Sträucher und in grober Einebnung der Oberfläche besteht.

Der eigentliche Zweck dieser vorbereitenden Entwässerung ist in der Hauptsache die Erschließung des Arbeitsgebiets für die eigentliche Gewinnung, d. h. die Erreichung der nötigen Trag-

[1]) Bromeis, Verhdlg. d. V. z. Bef. d. Gewerbefleißes 1858.

[2]) Vogel, S. 86.

[3]) Gercke, Zeitschr. D. Ing. 1905, S. 687; Bayr. Ind.- u. Gew.-Bl. 1905, S. 276.

fähigkeit für Arbeiter, Tiere und Maschinen durch Setzen des Moores, wozu meist eine Zeit von 1 bis 2 Jahren erforderlich ist, dann aber auch die Schaffung des nötigen Trockenraumes.

Im allgemeinen hat, wenn das Ziel dieser Vorarbeiten erreicht ist, der ungehobene Rohtorf, je nach der Beschaffenheit des Moores, noch einen Wassergehalt von 90 bis 80 %. Hausding (S. 318) macht darauf aufmerksam, daß eine anscheinend geringe Minderung des Wassergehalts doch von erheblicher Bedeutung für die gewerbsmäßige Torfgewinnung ist, da, bei gleicher Massenleistung an gehobenem Rohtorf und daher meist gleichen Arbeitslöhnen, die aus dem gleichen Gewicht Rohtorf schließlich erhaltene Trockentorfmenge und dadurch der Betriebsnutzen wesentlich erhöht wird. Bei einer Verringerung der Feuchtigkeit des Rohtorfs von 90 auf 85 %, also um nur 5 %, erhält man aus 100 kg Rohtorf statt 13,3 kg lufttrockenem Torf 20 kg, also um 50 % mehr.

Trotzdem sieht man auch da, wo eine weiter gehende Entwässerung des Moores möglich wäre, davon ab, da der Rohtorf gerade bei einem Gehalt von 90 bis herab auf 80 % Wasser die für die maschinelle Gewinnung günstigsten Eigenschaften besitzt. Nebenbei gewährt der Wassergehalt dem Moore einen nicht zu unterschätzenden Schutz gegen Frost und Durchlüftung, die ja beide, wie wir gesehen haben, ungünstig auf den kolloiden Zustand einwirken.

Bei einer sachgemäßen Entwässerung dürfen aber nicht ausschließlich die Rücksichten auf die Qualität des zu fördernden Torfs den Ausschlag geben, sondern es darf unbedingt auch die nachfolgende Kultivierbarkeit des abgetorften Moores nicht außer acht bleiben, es darf also kein Raubbau durch planloses Abstechen ohne planmäßige allgemeine Entwässerung getrieben werden. Diese Aufgabe hat sich nun neuerdings dadurch verwickelter gestaltet, daß man angefangen hat, gleichzeitig mit der Torfgewinnung den übrigen Teil des Hochmoores in landwirtschaftliche Nutzung zu nehmen, und daß daher die Prinzipien der Entwässerung für die industrielle Torfgewinnung und landwirtschaftliche Nutzung, die in bezug auf die Erhaltung oder Zerstörung der organischen Substanz das entgegengesetzte Ziel anstreben, in Einklang miteinander gebracht werden müssen. Eine erschöpfende Darstellung der Einzelheiten der Hand- und Maschinentorfgewinnung findet sich bei Hausding[1]) und bei Schreiber[2]) Außerdem ist in neuerer Zeit eine hauptsächlich auf der Patentliteratur basierende Darstellung der maschinellen Einrichtungen zur Torfgewinnung erschienen[3]). Wir verweisen darauf und begnügen uns, hier einen kurzen Überblick über die Entwicklung zu geben.

Die Handtorferei.

Bei der bekanntesten und verbreitetsten unter den primitiven Formen der Torfgewinnung, der „Stichtorfherstellung", wurde die Rohware unmittelbar aus dem dazu geeigneten Moore in ziegelförmigen Stücken, sogenannten „Soden" gestochen, die dann ohne weitere Bearbeitung der Trocknung durch Sonne und Wind unter wiederholtem Wenden ausgesetzt und schließlich aufgestapelt wurden. Die Voraussetzung für diese Art der Gewinnung war eine einigermaßen faserige und gleichmäßige Beschaffenheit des Torfes.

Später wurde für größere Leistungen das Stechen von Hand durch Stechmaschinen ersetzt, deren Arbeitsvorgang dem Handstich nachgebildet war. Mit diesen war es auch möglich, den Rohstoff aus größeren Tiefen und unter Wasser zu gewinnen.

Bei einer für die Herstellung von Stichtorf ungünstigen Beschaffenheit des Torfes, wie es z. B. häufig in Holland der Fall war, gewann man den Torf als flüssigen Schlamm mit Netzen, Schaufeln oder Baggern aus seinem Lager und ließ ihn nach gehöriger Durchmischung in Gruben sich absetzen, um ihn nach Entfernung des überstehenden Wassers und Zerschneiden oder Streichen in Formen (Backtorf, Streichtorf usw.) zum Trocknen derselben Behandlung wie den Stichtorf auszusetzen.

Sehr bald lernte man an den besseren Eigenschaften des so

---

[1]) Hausding, Handbuch der Torfgewinnung und Torfverwertung, 2. Aufl., Berlin 1904.

[2]) Schreiber, Neues über Moorkultur und Torfverwertung, II. Jahrg.; Staab 1903, S. 66ff.

[3]) J. Thamm, Pressen und Formen von Brenntorf, Wittenberg 1912.

gewonnenen Torfs empirisch die Wichtigkeit einer genügenden Verteilung der Kolloidstoffe für die spätere Festigkeit und Qualität des fertigen Materials kennen oder versuchte, zunächst vielleicht nur in der Absicht, den erheblichen Abfall des Stichtorfs zugute zu machen, durch Anrühren von Stichtorfklein mit Wasser und gehöriges Durchkneten einen Brei herzustellen, der nun nach der Formung beim Trocknen wesentlich bessere Eigenschaften zeigte, als der aus demselben Material hergestellte Stichtorf. Nach unseren kolloidchemischen Betrachtungen ist wohl ohne weiteres verständlich, daß vor allem ein weniger zersetzter Torf seine plastischen Eigenschaften wesentlich durch diese Behandlung verbessern mußte.

Mit dem so hergestellten Material erzielte man nicht nur infolge seines durch bessere und gleichmäßigere Schwindung größeren spezifischen Gewichts höhere Heizwirkung, sondern es zeigte sich auch weniger empfindlich gegen Luftfeuchtigkeit und sonstige Witterungseinflüsse. Im Gegensatz zu dem nacheinander aus verschiedenen Moorschichten und infolgedessen in häufig sehr wechselnder Beschaffenheit gewonnenen Stichtorf, gelang es, bei diesen „Knet-“ oder „Breitorfverfahren“ ein Material von durchaus gleichmäßiger Qualität zu erhalten, das allerdings auch wesentlich teurer wurde als dieser.

Maschinentorf.

Den „Handtorfverfahren“ haftete noch ausgesprochen der Charakter eines landwirtschaftlichen Nebenbetriebes an; sie bildeten häufig nur eine willkommene Gelegenheit, die im landwirtschaftlichen Betrieb zeitweilig freie Arbeitskraft auszunutzen, erfüllten ihren Zweck aber nur, solange es sich darum handelte, nicht weit über den Eigenbedarf hinausgehende Mengen herzustellen. Sobald aber mit den Fortschritten der Technik der Bedarf nach regelmäßiger Lieferung größerer Mengen Brenntorf, etwa zur Speisung der Feuerungen industrieller Großbetriebe oder als selbständiges Handelsobjekt eintrat, drängte die Entwicklung zum Ersatz des Handarbeiters durch Maschinen.

Zunächst war es allerdings nicht so sehr der Wunsch nach

Steigerung der Leistung und Verbilligung als nach der der Menschenkraft überlegenen intensiveren Wirkung der Maschine, die im Jahre 1858/1859 den Besitzer des Staltacher Torfwerkes in Bayern, von Weber, veranlaßte, für die als wichtigste Operation einer wirtschaftlich befriedigenden Gewinnungsweise erkannte Zerkleinerung und Durchmischung der Torfmasse eine Maschine zu konstruieren, die zunächst nur als reine Mischmaschine gedacht war, sehr bald aber in Gemeinschaft mit dem badischen Hüttenverwalter Gysser dahin vervollkommnet wurde, daß sie die durchgearbeitete Masse gleichzeitig formte.

Sie benutzten hierzu die Druckwirkung einer sich verjüngenden Schnecke, wie sie schon vorher Hebert[1]) in Reims, allerdings getrennt von der Zerreißmaschine, bei der Herstellung seines „Schlemmtorfs" anwandte und wie sie in den etwa gleichzeitig von Schlickeysen erfundenen Tonschneidern und Schneckenpressen zum Homogenisieren des Tons für die Ziegelei arbeitete, — mit der die Torferei ihrem ganzen Wesen nach ja überhaupt viel Verwandtes[2]) hat, — und fast um dieselbe Zeit wie hier ähnliche Umwälzungen veranlaßte. Mit Unrecht wurden diese Vorrichtungen „Pressen" genannt und trotz wiederholter Hinweise auf das Nichtzutreffende dieser Bezeichnung hat sich der Name „Preßtorf" für das damit hergestellte Material allgemein eingebürgert[3]).

Die Vorteile der maschinellen Bearbeitung, vor allem die auffallende Verbesserung der Qualität des erhaltenen „Maschinentorfes" gegenüber den „Handtorfen", wurden bald allgemein an-

---

[1]) s. Vogel, S. 86.

[2]) Auch die Ziegelei trug noch in der ganzen ersten Hälfte des 19. Jahrhunderts von altersher den Charakter eines wenig stabilen landwirtschaftlichen Nebenbetriebes. Wo sich geeignetes Material in größeren oder kleineren Lagern fand und gerade Bedarf für Backsteine vorhanden war, da erschienen die wandernden Ziegler und stellten in der bekannten Weise die Handstrichsteine her, die dann in freier Luft getrocknet, in Meilern gebrannt wurden. Witt, Chem.-Ztg. 1914, S. 261.

[3]) Auch im folgenden wird unter „Preßtorf" ausschließlich derartiges Material verstanden, während die aus trockenem Material durch Druck hergestellten Preßlinge als „Torfbriketts" bezeichnet werden. s. dazu: Schreiber, Österr. M., 1914, S. 155.

erkannt, und so verbreitete sich von Staltach aus die Torfmaschine in den Torfbetrieben zunächst Deutschlands und dann Europas.

Mit der Steigerung der Leistungsfähigkeit durch weitere Verbesserungen war man bald genötigt, nachdem zunächst die Zuführung des von Hand gegrabenen Rohmaterials durch „Zubringer", „Kratzer" usw. maschinell gelöst war, auch das kostspielige Graben selbst durch Maschinen bewerkstelligen zu lassen. Hierzu wurden die „Zubringer" als Torfschaufler ausgebildet oder man übernahm Baggerkonstruktionen, wie sie in mannigfacher Ausbildung für die Bewegung trockenen und feuchten Materials auf anderen Gebieten der Technik vorlagen.

So wurde der Torfmaschine ein wichtiges, neues Element, die Grabemaschine, hinzugefügt, und es entstanden allmählich die modernen, für Massenleistung bestimmten, vielteiligen Maschinen zur Torfförderung, bei denen zunächst das Abgraben, Mischen, Formen des Torfs und Teilen des Torfstranges in einem Arbeitsgang vereinigt waren, in neuester Zeit aber auch das automatische Ablegen auf dem Felde miteinbezogen wurde, so daß ohne weiteres die Trocknung beginnen konnte. Neben der großen Ersparnis an Bedienungsmannschaft ergab sich noch der Vorteil, daß die Grabemaschinen das Moor in seiner ganzen Tiefe erfaßten, und daß so ein Material von bisher unerreichter Gleichmäßigkeit, wie es die Vorbedingung für den Großbetrieb ist, erhalten wurde.

In Deutschland stehen heute vor allem drei Konstruktionen dieser Art im Wettbewerb. Die Torfgewinnungsmaschine von Strenge[1]) und der Torfbagger von Dr. Wielandt[2]) arbeiten auf Sodenform durch Teilen eines fortlaufenden Stranges. Letzterer besorgt auch das Abbunken automatisch. Baumann[3]) formt die durchgearbeitete Torfmasse in radförmig angeordneten Kästen zu Soden, die dann bei allen dreien durch mechanische Vorrichtungen auf die Trockenfläche transportiert und abgelegt werden.

Ähnliche Maschinen wurden in Schweden von Ekelund[4]),

---

[1]) Paulmann und Blaum, Zeitschr. D. Ing. 1911, S. 979.
[2]) Jablonski, M. Berlin 1909, S. 343, 362; 1912, S. 206.
[3]) Keppeler, M. Berlin 1914, S. 179, und Zailer, Z. Wien 1912, S. 205.
[4]) von Feilitzen, M. Berlin 1912, S. 6, 30.

Anrep und Svedela[1]) usw. konstruiert. Dieselben arbeiten aber nur z. T. auf direkte Herstellung geformten Torfes; bei ihnen wird häufig nach einem dem Handknettorf nachgebildeten Verfahren der bearbeitete Rohtorf mittels Rohrleitungen, Ausbreitern oder auch in Kippwagen auf dem Trockenfelde ausgebreitet, geebnet und später in Stücke geschnitten[2]). Auch ältere Konstruktionen von Wielandt und Strenge arbeiteten nach diesem schon im Jahre 1868 von Ruschmann in Varel eingeführten, aber in Deutschland wieder verlassenen Verfahren, zu dem er durch Mißerfolge bei der Maschinenformtorfherstellung veranlaßt war[3]).

Während in der immer weiter gesteigerten Leistung der neueren Gewinnungsmaschinen sich unverkennbar die Ansicht ausdrückt, daß man durch Anwendung immer größerer Arbeitseinheiten erstens einen verringerten Bedarf an Bedienungsmannschaft, zweitens eine bessere Ausnutzung der kurzen Kampagne usw. und dadurch das Ziel einer wirtschaftlichen Massenherstellung erreichen könne, wird es dagegen von anderer Seite für der Eigenart der Torfwerbung entsprechender gehalten, den Betrieb gerade auf kleineren Einheiten aufzubauen.

So haben sich die Vorläufer dieser modernen Maschinen, mit einfacher mechanischer Zuführung, von Hand bedient, nicht nur erhalten, sondern jenen häufig sogar überlegen gezeigt.

Speziell die Bagger leiden an dem Übelstand, daß sie ein fast holzfreies Moor beanspruchen, wie es verhältnismäßig selten vorkommt. Außerdem erfordert das Ansetzen und Wenden der ausgedehnten Apparate, die zum Teil derartig schwer sind, daß sie auf dem Mooruntergrund aufgestellt werden müssen, viel Zeit, Arbeit und Kosten; außerdem belastet bei der mit Rücksicht auf das Trockenwerden der Produktion verhältnismäßig kurzen Arbeitszeit von nur 90 bis 100 Tagen die Amortisation der sehr

---

[1]) Schreiber, Brenntorf- und Torfstreugewinnung in Skandinavien, Staab 1906; Österr. M. Staab 1906, S. 8, Preßtorferzeugung in Skandinavien.

[2]) S. auch Glaß, G. Büntingsche Torfgewinnungsmaschine. M. Berlin 1909, S. 1.

[3]) Hausding, S. 162.

kostspieligen Maschinen den Betrieb sehr bedeutend. Die unvermeidlichen Störungen bei der Arbeit im Moore verursachen durch die dadurch erzwungene Untätigkeit der Belegmannschaften große Kosten und lassen sich schwerer beseitigen, wie bei einer Mehrzahl von kleineren Einheiten, wo das Aussetzen der einen oder anderen nur wenig ins Gewicht fällt.

Bei der außerordentlichen Verschiedenheit der Moore, die eine ganz individuelle Behandlung jeder sie betreffenden Frage verlangt, wird deshalb auch für die Lösung der Massentorfherstellung eine möglichst große Auswahl an je nach den Ansprüchen verschiedenartigen Hilfsmitteln das Wünschenswerteste sein.

Übereinstimmend endet der Arbeitsgang aller im vorhergehenden besprochenen Gewinnungsweisen, bis auf verschwindende Ausnahmen, mit einem Endprodukte in Sodenform, so daß wir es bei der im folgenden zu besprechenden „Lufttrocknung" fast ausschließlich mit der Behandlung des in Soden geformten feuchten Rohtorfes zu tun haben werden.

Da die auf die verschiedenen, hier nicht weiter erörterten Gewinnungsweisen des Rohtorfs bezüglichen Torfbezeichnungen, die immer nur lokale Bedeutung besitzen, über das Wesen der Sache hinreichenden Aufschluß gewähren, genügt es, der Vollständigkeit halber folgende von Schreiber[1]) angegebene, eine gute Übersicht bietende Einteilung anzuführen.

Technische Einteilung des Torfes.

I. Nach der Torfentnahme.

I. Im unentwässerten Moor:

1. Baggertorf.

II. Im entwässerten Moor:

2. Brockentorf,
3. Krümeltorf,
4. Stichtorf.

---

[1]) Schreiber, Neues über Torfgewinnung u. Verwertung, Staab 1908, S. 62.

II. Nach der **Formgebung** der Stücke.

I. Stichtorf:
1. Handstichtorf,
2. Maschinenstichtorf.

II. Breitorf:

A. Knettorf:

a) nach dem Kneten
1. Strampftorf,
2. Maschinenknettorf;

b) nach der Formung
1. Kugeltorf
2. Klitschtorf
3. Tischtorf
} Handformtorf,
4. Gußtorf
5. Backtorf
} Streichtorf.

B. Maschinenformtorf (fälschlich „Preßtorf"):
1. Röhrentorf,
2. Gewöhnlicher Formtorf.

III. Nach der Art der Wasserentziehung.

I. Lufttrockner Torf:
a) Krümeltorf,
b) Sodentorf.

II. Kunsttrockner Torf, Torfprodukte:
a) Torfpreßsteine (Briketts),
b) Torfkoks oder Kohle,
c) Torfgas, Generatorgas.

Ebenso werden die verschiedenen Torfsorten nach ihrer Beschaffenheit und Gewinnung durch die nachfolgend angeführten, von den Vertretern der Moorversuchsanstalten und verwandten Institute in der 7. Konferenz vom 18. Februar 1914 festgelegten „Definitionen einiger wichtiger Torferzeugnisse"[1]) charakterisiert, in denen zugleich alles Wissenswerte über Material zur Torfstreugewinnung und über die Eigenschaften guter Torfstreu zusammengefaßt ist.

---

[1]) M. Berlin 1914, S. 229.

I.

Torfstreu ist zerkleinerter Torf, der als Einstreu für Vieh geeignet ist. Die Torfstreu wird durch Zerkleinern (Zerreißen) in der Regel wenig zersetzter, lufttrockener Torfarten hergestellt. Gute Torfstreu soll locker, weich und elastisch sein. Sie soll weder größere, nicht genügend zerkleinerte, noch harte Stücke, insbesondere Holz, noch so bedeutende Mengen feinpulveriger Teile enthalten, daß beim Ausstreuen lästig werdender Staub aufwirbelt.

Der Wassergehalt von Handelsware erster Güte soll nicht 35%, der zweiter Güte nicht 40% überschreiten. Torfstreu mit mehr als 45% Wasser ist nicht lieferbar.

Das Wassergehalt der Torfstreu und ihr Aufsaugungsvermögen für Flüssigkeiten wird im Deutschen Reiche und in Österreich ermittelt nach der von Tacke und Minßen abgeänderten Methode der Moor-Versuchsstation in Bremen [1]). Bei Bleichmoostorf erster Güte betrage das nach dieser Methode ermittelte Aufsaugungsvermögen, bezogen auf Streu mit 30% Wasser, mindestens das Elffache, für andere Streuarten mindestens das Sechsfache des Eigengewichtes.

Der Gebrauchswert der gelieferten Torfstreu wird bestimmt durch ihr Aufsaugungsvermögen im Zustande der Lieferung. Die Vergütung für Ware geringeren Wertes wird entsprechend dem verminderten Aufsaugungsvermögen berechnet. Für Aufsaugungsvermögen und Feuchtigkeitsgehalt ist Gewähr zu leisten.

Der Name einer Streu wird nach der Art der Pflanzen bestimmt, die den Torf, aus dem sie gewonnen ist, der Hauptmasse nach zusammensetzen. Man unterscheidet z. B. folgende charakteristische Streuarten:

1. Als Bleichmoostorfstreu (Sphagnum-Torfstreu) ist solche Torfstreu zu bezeichnen, die vorwiegend aus den vertorften, aber wenig zersetzten Überresten verschiedener Bleichmoose (Sphagnum-Arten) besteht.
2. Wollgrastorfstreu (Eriophorum-Torfstreu) besteht vor-

[1]) M. Berlin 1909, S. 177.

wiegend aus den vertorften Blattscheiden und Faserbündeln des scheidigen Wollgrases (Eriophorum vaginatum).

3. Beisentorfstreu (Scheuchzeria-Torfstreu) besteht vorwiegend aus den vertorften Überresten der Sumpfbeise (Scheuchzeria palustris) und zwar aus dem Wurzelfilze und zahlreichen engknotigen, mit durchsichtigen feinen Blattscheiden umgebenen Rhizomen dieser Pflanze.

4. Schilftorfstreu (Phragmites-Torfstreu) besteht überwiegend aus dem vertorften Wurzelfilz des Schilfrohres (Phragmites communis), zwischen den breitgedrückte Rhizome der gleichen Pflanze eingelagert sind.

5. Seggentorfstreu (Riedgrastorfstreu, Carex-Torfstreu) besteht der Hauptmasse nach aus dem vertorften, filzähnlichen Wurzelgeflecht und den dazwischen eingebetteten vertorften Stengelteilen und Blattscheiden von Seggenarten (Carex-Arten).

6. Astmoostorfstreu (Hypnum-Torfstreu, Braunmoostorfstreu) besteht aus den Überresten von Astmoosarten (Hypnaceen); häufig ist sie mit Riedgrastorf vermengt.

7. Andere Moostorfstreuarten, die gelegentlich vorkommen, sind z. B. die Sternmoostorfstreu (aus Meesea-, Paludella-, Aulacomnium-, Webera-Arten u. dgl.) und die Widertonmoos-Torfstreu oder Bürstenmoos-Torfstreu (aus Polytrichum-Arten).

II.

Torfmull ist das durch Absieben der Torfstreu oder durch Zerkleinern von Torf, wie er auch zur Bereitung von Torfstreu dienen kann, in besonderen Vorrichtungen hergestellte Erzeugnis.

Guter Torfmull soll keine größeren Stücke als solche mit höchstens 3 mm Durchmesser enthalten und gleichmäßige Beschaffenheit zeigen. Hinsichtlich des Wassergehaltes und des Aufsaugungsvermögens der Handelsware gelten die gleichen Bestimmungen wie für Torfstreu.

III.

Mull ist als Melasseträger oder zu ähnlichen Zwecken nur verwendbar, wenn er aus reinem, aschearmen, wenig zersetzten Bleichmoostorf hergestellt worden ist.

IV.

Unter Brenntorf versteht man jeden zu Feuerungszwecken benutzbaren Torf. Der Wert des Brenntorfes wird bestimmt nach Aschen- und Wassergehalt, Stapelfähigkeit, scheinbarem spezifischen Gewicht, Heizwert und dem Verhalten beim Verbrennen. Von einem zu Feuerungszwecken geeigneten Torf ist als Handelsware ein unterer (oder effektiver) Heizwert von mindestens 2000 Kalorien zu verlangen. Geringwertige Brenntorfe haben einen effektiven Heizwert bis 2800 Kalorien, mittelwertige einen solchen von 2800 bis 3500 Kalorien, gute einen solchen von mehr als 3500 Kalorien.

Je nach der Weise der Gewinnung unterscheidet man folgende verschiedene Arten des Brenntorfs:

1. Stichtorf ist der in meist regelmäßigen Stücken (Soden) aus dem Moore ohne Veränderung der natürlichen Lagerung gewonnene und dann getrocknete Torf. Er wird entweder durch Handgeräte oder durch Maschinen gewonnen.
2. Unter Formtorf versteht man Brenntorf, bei dem durch besondere Behandlung nach dem Stechen, wie Mischen oder Kneten mit Maschinen oder mit der Hand oder durch Treten eine Verdichtung der Masse während des Trocknens, und dadurch eine Erhöhung des Volumgewichtes erreicht wird.

   Demnach ergeben sich folgende Unterarten des Formtorfs:

   a) Maschinentorf (fälschlich Preßtorf genannt), der mit Torfformmaschinen (sog. Torfpressen) gewonnen wird.
   b) Knet-, Tret-, Back- und Modeltorf, bei dem die verschiedenen Arbeiten wie Mischen, Kneten usw. durch Menschenkraft ausgeführt werden.

Guter Formtorf besteht aus zusammenhängenden Stücken

von bestimmter Gestalt und Größe, die sich aber je nach der besonderen Verwendungsart und örtlichen Gewohnheit richten. Die Stücke dürfen nicht leicht zerbrechen und beim Brennen nicht rasch in Grus zerfallen.

Brenntorfpulver ist ein aus Torf zu Staubfeuerungszwecken hergestellter Torfstaub.

Gastorf ist jeder für Vergasungszwecke verwertbare Torf.

V.

Torfkoks ist das nach der trockenen Destillation von Torf hinterbleibende, von allen flüchtigen Stoffen befreite Erzeugnis. Guter Torfkoks soll hart, klingend, gleichmäßig, porös, vollständig ausgeglüht und arm an Schwefel- und Phosphorverbindungen sein.

VI.

Torfkoksgrus ist zerbröckelter Torfkoks.

VII.

Torfkohle[1]) unterscheidet sich von Torfkoks wesentlich nur dadurch, daß sie noch einen Teil der flüchtigen Bestandteile enthält.

VIII.

Torfbriketts sind regelmäßig geformte Torfstücke, die durch Zusammendrücken des zerkleinerten und meist künstlich getrockneten Torfes in Brikettpressen ohne oder mit Zusatz eines Bindemittels hergestellt sind.

A. Entwässerung unter Beibehaltung des kolloiden Zustands.

1. Natürliche Lufttrocknung.

Um den frisch gewonnenen Rohtorf zu trocknen, war es das Natürlichste, ihn in nächster Nachbarschaft der Gewinnungsstelle auf der für diesen Zweck hergerichteten Mooroberfläche, dem „Trockenfelde", so zu lagern, daß die Verdunstung des Wassers möglichst begünstigt wurde.

---

[1]) Ziegler brauchte für derartige, kaum noch im Handel befindliche, Torfpräparate, die nach Ansicht des Verfassers glücklichere Bezeichnung „Halbkoks" (s. S. 291 u. 534). Im Folgenden wird Torfkohle und Torfkoks gleichbedeutend gebraucht.

Für diese von altersher übliche „Lufttrocknung", deren Anwendungsformen sich vor allem wohl bei der Herstellung des am meisten verbreiteten „Stichtorfes" ausgebildet haben, war die Grundlage die durch Material und Gewinnungsweise des Stichtorfs gegebene „Sodenform", die, wie wir gesehen haben, auch bei der modernen maschinellen Formung allgemein beibehalten worden ist, sei es, daß diese Form durch Teilung eines fortlaufenden Stranges von Sodenquerschnitt, durch Formung in Kästen, die am Umfang eines Rades angeordnet sind, oder durch Zerschneiden des ausgebreiteten und geebneten Torfbreies erzielt wurde.

Im Verlaufe des Trockenprozesses werden die Soden zunächst in Reihen, zum Teil maschinell, abgelegt, nach einigen Tagen von Hand in kleineren, später in größeren Haufen aufgesetzt und dabei mehrmals gewendet, um schließlich im Freien „eingemietet" oder in dem Luftzug zugänglichen Magazinen eingelagert, „lufttrocken" und damit gebrauchsfertig zu werden.

Der mit dem Begriff „lufttrocken" ausgedrückte Wassergehalt, d. h. der an freier Luft überhaupt erreichbare Trockenheitsgrad, ist je nach dem örtlichen Klima verschieden; für Mitteleuropa beträgt z. B. der „normale" Wassergehalt 20 bis 25 %, und je nach der Gegend und Witterung sind 5 bis 8 Wochen für die Lufttrocknung nötig. In gedeckten Räumen geht der Wassergehalt bis unter 15 % herunter, erhöht sich dann aber ohne besondere Vorsichtsmaßregeln bei der Aufbewahrung oder beim Transport leicht wieder rückwärts, und zwar beim Stichtorf leichter als beim Maschinentorf.

Die Schnelligkeit der Trocknung, die Menge des fortgeführten Wassers, ist abhängig einerseits von der Luftmenge, die in der Zeiteinheit mit dem Trockengut in Berührung kommt, d. h. von der Windgeschwindigkeit und der relativen Oberflächengröße der Soden, andererseits von dem Sättigungsgrad der Luft, der in bekannter Weise wesentlich von der Temperatur beeinflußt wird. Neben örtlichen Verhältnissen, der Lage und Beschaffenheit des Trockenfeldes, spielen daher das Klima und die jeweiligen Witterungsverhältnisse eine ausschlaggebende Rolle.

Wind und Sonne sind also die Hauptbundesgenossen bei der Lufttrocknung; je wärmer und luftiger der Sommer, um so besser für die Torfgewinnung. Hierbei ist jedoch eine Einschränkung nötig. Vor allem in der ersten Zeit, bei noch ziemlich hohem Feuchtigkeitsgehalt des Rohtorfes, ist eine zu starke Einwirkung gar nicht erwünscht. Das Material ist empfindlich gegen zu schnelle Verdunstung, und zwar in um so höherem Grade, je weiter der Zersetzungsgrad desselben fortgeschritten, je schwerer oder je gründlicher der Torf bearbeitet worden ist, mit anderen Worten, je ausgesprochener seine kolloiden Eigenschaften von Natur oder durch Behandlung sind, je besser also der Torf ist. Während Stichtorf ziemlich unempfindlich ist, bildet sich z. B. beim Maschinenformtorf unter der Einwirkung direkter Sonne oder starken Windes an der Oberfläche der Soden eine harte, unelastische Schicht, die, da das feuchte Sodeninnere bei der weiteren Schwindung nicht zu folgen vermag, zur Bildung von Rissen neigt, die die Festigkeit und das Aussehen beeinträchtigen und außerdem die Eingangspforte für Regen und sonstige Witterungseinflüsse bei der weiteren Behandlung der Soden bilden, während bei langsamer Trocknung im Schatten gerade das gut durchgearbeitete Material sehr gleichmäßig schwindet und sich bald mit einer schützenden, für Wasser undurchdringlichen Oberfläche bedeckt.

Aus ähnlichen Gründen ist der feuchte Torf vor allem aber vor Frost zu schützen. Wie wir in der Einleitung ausführten, wird ja das kolloide Bindevermögen durch Gefrieren bei einem höheren Wassergehalt als etwa 40% aufgehoben, der wieder aufgetaute Torf hört auf zu schwinden, wird bröckelig, zumal noch die auflockernde Wirkung des gefrierenden Wassers hinzutritt, und wird so in seinen Eigenschaften als Brennmaterial bis zur Unbrauchbarkeit verschlechtert.

Diese Rücksichten auf den Frost sind es nun geradezu, die die Arbeitszeit für die Lufttrocknung bestimmen. Abgesehen davon, daß mit der Gewinnung erst begonnen werden kann, wenn der Boden aufgetaut ist, dürfen auch keine Nachtfröste mehr zu befürchten sein. Andererseits muß damit aufgehört werden, wenn die Gefahr vorliegt, daß der zuletzt gewonnene Torf vor

Eintritt des Frostes nicht mehr den Trockenheitsgrad erlangt, der ihn gegen die schädliche Einwirkung des Gefrierens unempfindlich macht. So müssen die meisten west- und norddeutschen Torfwerke sich im Durchschnitt auf eine Arbeitszeit von 100 Tagen beschränken, die etwa in die Zeit zwischen Ende April und Anfang August fallen; im Westen liegen wegen des Seeklimas die Verhältnisse etwas günstiger.

Die die Herstellung des lufttrockenen Torfes erschwerenden Äußerungen der kolloiden Natur des Materials gegenüber zu schneller Verdunstung und Frost sind ein Beispiel dafür, wie die Fragen der Formveredelung des Rohtorfs bereits in das Gebiet der Entwässerung hinüberspielen und bei dieser gegenseitigen Abhängigkeit erscheint es wünschenswert, schon hier auf diese Verhältnisse etwas näher einzugehen.

Die langsame Verdunstung bei mäßiger Wärme ist nach unserer kolloidchemischen Einführung (S. 422) das geeignetste Mittel, in einem kolloiden System die Entfernung der flüssigen Phase zu bewirken und gleichzeitig die feste Phase in möglichst dichter und fester Beschaffenheit zurückzubehalten.

Die praktischen Erfahrungen bei der ja unter den erwähnten Bedingungen erfolgenden Herstellung des verdichteten Maschinentorfes bestätigen nun in sinnfälliger Weise die Berechtigung einer Beurteilung der Torftechnik nach in erster Linie kolloidchemischen Grundsätzen. Die Gewinnungsweisen des Stichtorfs und eines aus dem gleichen Rohstoff gewonnenen Maschinentorfs unterscheiden sich nur dadurch, daß beim Maschinentorf zwischen Gewinnung und Trocknung der Zerreiß- und Mischvorgang der Torfmaschine eingeschoben wurde, und wir haben daher in dem Vergleich der Eigenschaften des Natur- und des Kunstprodukts den besten Maßstab, um den Erfolg festzustellen, den ausschließlich die hierdurch erreichte Entfaltung und Steigerung der kolloiden Eigenschaften des Rohstoffes bewirkt.

Um diese Wirkung zahlenmäßig beurteilen zu können, brauchen wir nur eine Reihe von eingehenden sorgfältigen Untersuchungen heranzuziehen, die wir Hausding (S. 264f.) verdanken. Ihre Ergebnisse sind in den nachstehend wiedergegebenen Tabellen

Tabelle I.

Trockenmaß, Schwinde- und Verdichtungswirkung, sowie Wassergehalt und

Nummer	Rohstoff, Art und Beschaffenheit	Aschengehalt v. H.	Gewinnungsweise	Sodengröße in cm naß V	Sodengröße in cm lufttrocken v	Trockenmaß $\frac{v}{V}$	Schwindewirkung $\frac{V}{v}$	Dichte lufttrocken Stichtorf s	Dichte lufttrocken Masch.-Torf S
1.	Oldenburger leichter, schwarzbrauner Tang- und Schilftorf mit viel pflanzlichen Beimengungen.	1,8	Maschinen-Breitorf	28·9,3·13	19·6,5·7,6	0,28	3,60	0,20 bis 0,29	0,98
2.	Hannoverscher brauner Heidetorf mit zahlreichen Wollgras- und Holzwurzelbeimengungen.	2,0	Maschinen-Breitorf	30·15·12	20·7,5·6	0,17	6,00	0,37	1,03
3.	Holsteiner schwerer, brauner Modertorf mit geringen Pflanzenresten.	10,3	Maschinen-Formtorf	29,8·7,2·9,8	19,6·5,2·5,9	0,30	3,40	0,64	1,20
4.	Gravensteiner brauner, leichter Tangtorf mit bastartigem Gefüge.	2,5	Maschinen-Breitorf mit Formkarre	29·13·10	17·8·5	0,18	5,56	0,31 bis 0,44	0,76
5.	Leichter, brauner, filziger Moostorf.	1,3	Eichhornsch. Kugeltorf	10—12 cm Durchm.	5,5 bis 6,0	0,17	6,00	0,15 b. 0,38	0,74
6.	Schwerer, brauner Modertorf mit vielem Wollgras, Schilfresten usw.	2,7	Desgl.	10—12 cm Durchmesser	5,5 bis 6,0	0,17	6,00	0,48	1,00
7.	Braunschweiger dunkelbrauner Modertorf, kurz und rein.	16,5	Maschinen-Formtorf	23,5·9·6,5	16·6·5	0,33	3,00	0,74	1,10
8. u. 9.	Märkischer schwarzer Modertorf mit beigemengten Schilfresten und einzelnen noch nicht vermoderten Wurzelfasern mit 85 v. H. Wassergehalt verarbeit.	12,1	Masch.-Formtorf (bei 10—15 Umdrehungen)[1]	15·4·4	9·9,2·2,2	0,18	5,50	0,88	1,00
			Desgl. (bei 75 Umdrehungen)[1]	15·4·4	9·1,8·2,5	0,17	6,05	0,88	1,24
10. u. 11.	Brauner Wiesentorf mit zahlreichen beigemengten halbvermoderten Holz-, Schilf- und Wurzelfasern, mit 85 v. H. Wassergehalt verarbeitet.	11,1	Masch.-3/4 Formtorf (bei 10—15 Umdrehungen)[1]	oval: 25·7·4	14,8·4·2,3	0,19	5,32	0,70	1,12
			Desgl. (bei 75 Umdrehungen)[1]	25·7·4	14,2·3,8·1,8	0,14	7,28	0,70	1,30
12.	Derselbe Torf wie unter 10. und 11., aber als Maschinentorf im halbtrocknen Zustande der Einwirkung des Frostes ausgesetzt und nach dem Auftauen an der Luft getrocknet.	—	—	25·7·4	19·5,5·2,5	0,37	2,70	0,70	0,56

[1]) Anzahl der Umdrehungen der Messerwelle auf je 100 l Torf (bei einer Versuchs-

Tabelle I.

Feuchtigkeitsaufnahme von Maschinentorf im Vergleich zu Stichtorf.

Dichte gedarrt		Verdichtungswirkung	Wassergehalt des lufttrockenen Torfes bezogen				Erneute Wasseraufnahme des gedarrten Torfes						Wasseraufnahme des lufttrockenen Torfes bei Regenwetter			
			auf den lufttrockenen Zustand		auf den gedarrten Zustand		nach 2 Tagen		nach 4 Tagen		nach 10 Tagen		1 Stunde nach dem Regen		nach 24 Stund.	
Stichtorf	Masch.-Torf	$\frac{S}{s}$	Stichtorf v. H.	Masch.-Torf v. H.	Stichtorf v. H.	Masch.-Torf v. H.	Stichtorf v. H.	Masch.-Torf v. H.	Stichtorf v. H.	Masch.-Torf v. H.	Stichtorf v. H.	Masch.-Torf v. H.	Stichtorf v. H.	Masch.-Torf v. H.	Stichtorf v. H.	Masch.-Torf v. H.
0,18 bis 0,26	0,84	3,27 bis 4,90	10,45	14,40	11,68	16,81	6,8	2,1	7,3	2,9	8,7	6,3	29,0	1,5	5,9	1,1
0,32	0,89	2,80	12,80	13,73	14,68	16,00	7,7	2,6	9,5	3,6	12,8	6,1	9,5	2,0	4,3	1,0
0,53	0,98	1,90	17,70	18,20	21,50	22,41	10,3	2,9	14,2	5,7	20,1	13,3	9,8	5,2	5,4	3,0
0,27 bis 0,38	0,57	1,52 bis 2,16	13,70	14,70	15,93	17,27	8,3	7,0	9,5	9,0	12,3	12,3	17,2	6,1	4,3	3,6
0,13 b. 0,38	0,63	2,85	13,90	14,30	16,01	16,68	9,5	5,9	11,3	8,1	12,8	12,2	29,0	5,5	8,0	3,2
0,41	0,88	2,10	13,26	11,98	15,29	13,59	8,8	1,05	10,9	1,6	13,4	4,1	11,3	3,9	5,2	1,7
—	0,93	1,50	?	15,80	—	18,88	—	3,8	—	5,9	—	11,9	—	3,9	—	1,7
0,76	0,86	1,14	14,00	13,80	16,36	15,92	6,5	5,8	9,1	8,4	14,3	14,1	6,3	3,9	4,0	2,8
0,76	1,07	1,41	14,00	13,70	16,36	15,74	6,5	3,1	9,1	5,1	14,3	7,2	6,3	1,7	4,0	1,5
0,60	0,95	1,60	14,40	15,30	16,85	18,01	7,5	2,6	10,5	4,3	15,7	9,5	10,4	4,7	5,8	3,0
0,60	1,09	1,71	14,40	16,40	16,85	19,59	7,5	1,5	10,5	2,5	15,7	7,2	10,4	3,8	5,8	2,5
0,61	0,48	0,80	13,00	14,79	14,94	17,35	7,5	9,0	10,5	11,2	15,7	12,8	10,4	10,6	5,8	4,7

maschine). (**Hausding**, S. 270—271.)

Tabelle II.

Verlauf der Trocknung bei Stich- und Maschinentorf aus demselben Torfmoore. (Hausding, S. 274.)

Nummer	Beschaffenheit des Rohtorfes	Gewinnungsweise	Verdichtungswirkung	Inhalt der frischen Torfstücke ccm	Oberfläche der frischen Torfstücke qcm	Gewicht der frischen Torfstücke g	Wasserverdunstung in Gewichtshunderteln nach 2 Tagen	4 Tagen	6 Tagen	8 Tagen	14 Tagen	Wasserverdunstung des lufttr. Torfes v. H.	Gewicht des lufttr. Torfes g
1.	Schwarzer Modertorf mit vereinzelt beigemengten Schilfresten usw. aus der Gegend von K.-Wusterhausen.	Stichtorf	—	265	206	262	28,0	50,2	63,7	72,9	80,5	84,8	39,80
		Maschinentorf	1,14	240	272	300	24,3	45,6	56,0	64,9	73,2	82,8	47,00
		Maschinentorf	1,41	240	272	335	20,4	38,0	52,1	62,3	73,0	84,5	51,80
2.	Brauner Wiesentorf mit Holz-, Schilf- und Wurzelfasern, aus der Gegend von K.-Wusterhausen.	Stichtorf	—	335	347	265	22,3	39,5	47,4	53,4	78,3	86,3	36,30
		Maschinentorf	1,60	635	525	751	19,4	32,7	43,0	49,5	75,0	86,3	102,60
		Maschinentorf	1,71	635	525	822	16,6	27,3	37,6	44,9	71,7	85,0	120,85
3.	Brauner, moosiger Modertorf, mit Schilf- und Holzresten; aschenreich, aus Tempelhof bei Berlin.	Stichtorf I	—	450	324	270	30,9	54,3	65,9	74,0	80,6	80,7	52,0
		„ II	—	650	440	519	17,4	33,6	45,7	58,7	77,6	81,2	97,6
		Maschinentorf	2,1	640	435	676	12,1	25,3	35,4	47,0	68,7	79,5	138,6

verzeichnet, die uns einen übersichtlichen Vergleich nach der erwähnten Richtung gestatten und außerdem interessante Daten über die Wiederaufnahme von Feuchtigkeit enthalten.

Die Eigenschaften des verdichteten Maschinentorfes gegenüber Stichtorf aus gleichem Rohmaterial sind so verschieden, daß der Maschinentorf nur noch wenig Ähnlichkeit mit dem Torfe in rohem Zustande oder mit Stichtorf aus demselben Torfmoore zeigt. Der lufttrockene Maschinentorf ist von solcher Dichtigkeit und Festigkeit, daß er sich nur noch mit Hilfe von Werkzeugen zerkleinern und schwer schneiden läßt. Die Oberfläche der selbst noch nicht völlig trockenen Soden besteht in einer dichten und festen Kruste, die weder abfärbt wie Koks, Braun- und Steinkohle, noch abbröckelt wie Handtorf. Auch das Innere der Soden ist der Gewinnungsweise des Maschinentorfes entsprechend von einer so gleichmäßig dichten Beschaffenheit, daß ein Schnitt eine vollständig glatte, wachsglänzende Schnittfläche ergibt. Alle die Mängel des Handtorfes sind beseitigt und insbesondere ist die allen losen Körpern mehr oder weniger gemeinsame Eigenschaft der Hygroskopizität wesentlich verringert. Hausding gebraucht zur Verdeutlichung des Einflusses, den die verschiedenen Gewinnungsweisen auf den fertigen Torf haben, in seiner Tabelle die Begriffe des „Trockenmaßes“ $\frac{v}{V}$, der „Schwindewirkung“ $\frac{V}{v}$ und der „Verdichtungswirkung“ $\frac{S}{s}$, worin v die Größe des lufttrockenen Torfstückes, V die Größe desselben Stückes in frisch gestochenem Zustande, s die Dichte des Stichtorfes und S die des Maschinentorfes aus demselben Torfmoore bezeichnet.

Als Ergebnis seiner zahlreichen Untersuchungen und Beobachtungen folgert Hausding[1]):

„a) Das Trockenmaß bei der Maschinentorfgewinnung, d. h. die Größe der lufttrockenen Torfsode im Verhältnis zu der Größe desselben Torfstückes im frisch bereiteten Form- oder Breitorf-

[1]) s. Hausding, S. 269.

zustande wechselt von 14 bis 30%, kann aber durchschnittlich mit 20% angenommen werden; es beträgt demnach die Schwindung beim Trocknen rund 80%.

b) Die Schwindewirkung wechselt von 7,28 bis 3,40 und beträgt im Durchschnitt 5,

d. h. der Körperinhalt eines Stückes Maschinentorf ist im frisch bereiteten Zustande fünfmal größer als im lufttrocknen.

c) Die Verdichtungswirkung wechselt mit den verschiedenen Maschinen und Verfahren von 1,14 bis 4,90; die aus der Tafel hervorgehenden Zahlen können aber nicht ohne weiteres zur Vergleichung der verschiedenen Gewinnungsarten und Maschinen untereinander bezüglich ihrer Verdichtungswirkung benutzt werden, da die Wirkung ein und derselben Maschine bei verschiedenen Rohtorfen sehr verschieden ist. Es können daher zum Vergleich nur Zahlen herangezogen werden, die die Verdichtungswirkung verschiedener Maschinen bei Verarbeitung desselben Rohtorfes ergeben.

Die Verdichtungswirkung ein und derselben Gewinnungsart oder Maschine bei verschiedenem Rohtorfe ist um so größer, je leichter, filziger und aschenärmer dieser ist und mit je größerem Wassergehalt er verarbeitet wird.

Bei an und für sich schweren Modertorfen wird selbst eine Maschine mit guter Mischwirkung selten eine größere Verdichtungswirkung als 1,5 erreichen. Der Nutzen der Maschinentorfgewinnung wächst diesbezüglich mit der Leichtigkeit des Rohtorfes, ist für den geringeren Rohtorf daher von um so größerer Bedeutung.

d) Der Feuchtigkeitsgehalt des Maschinentorfes (durchschnittlich 15 bis 18%) ist im allgemeinen bei gleicher Trockenzeit um ein geringes höher als der des Stichtorfes aus demselben Moore; dahingegen ist

e) das Feuchtigkeitsaufnahmebestreben des Maschinentorfes wesentlich geringer als das des Stichtorfes, so daß die Wasseraufnahme des lufttrockenen Maschinentorfes im Falle eines Regens oder starken Nebels fast auf Null anzuschlagen ist, während Stichtorf seinen Feuchtigkeitsgehalt bedeutend vermehrt."

Es wird also durch die Anwendung der Torfmaschine bei der Lufttrocknung ein solcher Grad räumlicher Konzentrierung des Materials erzielt, daß er, wie man bei genauer Kenntnis der Eigenschaften der Torfsubstanz mit Sicherheit behaupten kann und wie die Erfahrung der Praxis auch tatsächlich bewiesen hat, auf anderem Wege durch mechanische Mittel nur wenig zu übertreffen sein dürfte. Die empirisch gefundenen Maßnahmen der Maschinentorfherstellung erweisen sich daher bei wissenschaftlicher Betrachtung als eine außerordentlich richtige Abwägung und Auswahl der durch die speziellen Eigenschaften des Materials gegebenen Möglichkeiten, so daß man an diesem Verfahren geradezu einen Prüfstein für den ökonomischen und technischen Wert anderer Gewinnungs- und insbesondere Verbesserungsmethoden besitzt.

Wenn es sich um die Herstellung eines Brenntorfes handelt, der durch Festigkeit, Schwere, Feuchtigkeitsbeständigkeit eine Versendung zu Wasser und Land auf weitere Entfernungen ermöglicht und auch die Aufbewahrung ohne Beeinträchtigung der Qualität im Freien für längere Zeit verbürgt, so bedeutet ein Verzichten auf die Ausnutzung der kolloiden Eigenschaften bei seiner Aufbereitung, wie es bei einzelnen der noch zu besprechenden Verfahren teils bewußt, teils unbewußt geschieht, von vornherein eine ökonomische Schwäche des Verfahrens.

Gegenüber den großen Vorzügen der Lufttrocknung sind nun bei derselben zahlreiche Mißstände, die vor allen Dingen durch die Abhängigkeit vom Klima und Wetter bedingt sind, nicht zu verkennen. Die kurze Arbeitszeit, die durch das Zusammenfallen mit der landwirtschaftlichen Bestell- und Erntezeit bedingten Arbeiterschwierigkeiten usw. haben nun, sobald der Torf anfing eine größere Verwendung zu finden, dazu geführt, an die Beseitigung dieser Mißstände zu denken.

Alle möglichen Anstrengungen sind infolgedessen gemacht worden, um die Unsicherheiten der Lufttrocknung zu vermindern und ein Anwendungsform zu finden, die wenigstens für die kurze Arbeitszeit von den Zufälligkeiten der Witterung möglichst unabhängig macht. Entsprechend den örtlichen und klimatischen Verhältnissen haben sich infolgedessen eine große Anzahl Vorrichtungen speziell für die Behandlung der Soden ausgebildet, die den spezifisch örtlichen Verhältnissen angepaßt sind und sich infolgedessen nicht ohne weiteres auf andere Gegenden übertragen lassen, ohne ihre wirtschaftlichen Vorteile eventuell einzubüßen.

Schreiber[1]) gibt eine Übersicht über die verschiedenen Trockenarten, von der unvollkommensten bis zur vollkommensten geordnet.

1. Kasteln, häufeln, d. h. kreuzweises Übereinanderlegen von je 2 oder 3 Torfziegeln (allgemeinste Trocknungsart);
2. Ringeln in Hohlhaufen;
3. Aufspießen auf einen in das Moor geschlagenen Pflock (Finnland);
4. Aufstocken, kreuzweises Übereinanderlegen um einen eingeschlagenen Stock (in Süddeutschland und Österreich);
5. Hiefeln, d. h. Aufspießen der Soden auf zugespitzte Querhölzer, die in einem starken mittleren Pfeiler stecken (Kärnten);
6. ungedeckte, eingerammte Torfreiter (Schweden);
7. ungedeckte, übertragbare Torfständer (Vorarlberg);
8. torfgedeckte, übertragbare Horden (Erzgebirge);
9. holzgedeckte, feste Torfhütten (Steiermark).

Die Trockenvorrichtungen bezwecken einerseits, günstigere Bedingungen für die Verdunstung zu schaffen, indem sie das Trockengut in höhere, trockenere und windigere Luftschichten bringen und dem Einfluß der Bodenfeuchtigkeit entziehen, andererseits soll eine Wiederaufnahme der einmal abgegebenen Feuchtigkeit durch Abdeckung und lückenreiche Stapelung usw., bei der sich die Torfsoden gegenseitig gegen den Regen schützen, verhindert werden.

---

[1]) Schreiber, Neues über Moorkultur und Torfverwertung II, 1903; Staab.

Erreicht wird durch solche Hilfsmittel Verlängerung der Arbeitszeit durch schnelleres Trocknen, Ersparnis an Trockenplatz und Trockenarbeit, da das häufige Umsetzen fortfällt, und Verminderung der Beförderungskosten auf dem Torffelde. Dagegen sind derartige Vorrichtungen teuer und der Nutzen wird eventuell durch die Anschaffungs- und Unterhaltungskosten wieder aufgehoben.

Die im vorhergehenden besprochenen verschiedenen Modifikationen der Lufttrocknung sind ausschließlich zugeschnitten auf die Behandlung des Trockenguts in der vom Stichtorf stammenden, von altersher üblichen Sodenform, und zwar sind sie ausschließlich auf die kostspielige Handarbeit angewiesen. Haben wir doch gesehen, daß die maschinellen Leistungen der verschiedenen Gewinnungsmaschinen Halt machen vor der eigentlichen Trockenarbeit, und es liegt vorläufig nicht die geringste Andeutung dafür vor, daß dabei eine rein maschinelle Ablösung der Handarbeit zu erwarten ist. Dagegen hat es an Versuchen nicht gefehlt, durch Abgehen von der Sodenform günstigere Bedingungen für die Trocknung zu schaffen.

Erwähnt sei der „Röhrentorf" von J. J. Ros in Schweden, bei dem die innere Höhlung der Torfröhren durch Vergrößerung der Oberfläche und durch bessere Lüftung das Trocknen beschleunigen sollte. Wegen der Zerbrechlichkeit und des größeren Raumbedarfes hat sich aber diese Form selbst in Schweden nicht dauernd eingeführt.

Um die Berührungsstellen zwischen den gestapelten Soden zu vermindern und so gleichfalls den Zutritt der Luft zu erleichtern, wählt Dr. Wielandt bei seinen Maschinen ein Mundstück von der Form eines gleichseitigen Fünfecks, so daß die Soden fünfeckigen Querschnitt erhalten und beim Häufeln stets eine Kante als Unterlage für die daraufliegenden Soden nach oben kommt. Bei der leichten Deformierbarkeit des feuchten Torfes ist der praktische Erfolg allerdings nur ein bedingter.

Während nun die Sodenform in der üblichen Größe für den Stichtorf eine in der Gewinnungsweise begründete Notwendigkeit, ferner für den Hausbedarf und die hergebrachte

Stapelung auch bei auf anderem Wege hergestellten Brenntorf eine praktische Form darstellt, liegen für die technischen Verwendungszwecke im Großen für die Beibehaltung der Sodenform und Größe keine zwingenden Gründe vor. Nach dieser Richtung sind also vielleicht noch technische Fortschritte zu erwarten.

Es ist zweifellos durchaus irrationell, daß die einzelnen Soden, deren jede nur den Bruchteil eines Pfennigs wert ist, wiederholt in die Hand genommen werden müssen, und die Frage liegt sehr nahe, ob nicht eine wesentliche Ersparnis dadurch zu erzielen ist, daß man von der bisher üblichen Sodengröße abgeht, dafür größere Torfstücke herstellt und mit demselben Trockenerfolg die Leistung der Handarbeit um das Vielfache vergrößert.

Einen Ansatz zu dieser Überlegung machte man schon im Anfang der achtziger Jahre im Betriebe des Württemberger Moores in Schussenried[1]). Statt den austretenden — übrigens runden — Pressenstrang sofort in Soden zu teilen, wurde er auf je 2 m langen Brettern aufgefangen und nach dem Trockenfelde abgefahren, um dort durch Umkippen der Bretter gelagert zu werden. Nach dem Austritt aus der Maschine wurde der Torfstrang einer Brettlänge mit einem Hackmesser durch Einkerben in 6 Stücke geteilt, die erst beim Trocknen völlig auseinanderbersten. Hierdurch wird das Aufbocken und Wenden der Stränge auf dem Trockenplatze wesentlich erleichtert und damit das Verhältnis von erzieltem Erfolg zu den aufgewendeten Mitteln erheblich günstiger gestaltet.

In neuester Zeit ist eine Gewinnungsmaschine von Brat-Oldenburg in Betrieb gebracht worden, die auf diesem Wege noch weiter geht und günstige Versuchsergebnisse gezeigt haben soll.

Bei der Bratschen Maschine wird der maschinell gehobene und durchgearbeitete, die Torfmaschine in Form eines runden oder ovalen Torfstranges verlassende Torf von einem der Breite des Trockenfeldes entsprechenden Transportband aufgenommen und rollt dann durch Neigen desselben in seiner ganzen Länge auf das Trockenfeld, indem er sich selbsttätig beim Abrollen in Stücke von 1 m Länge aufschneidet. Das Wenden geschieht

[1]) s. M. Berlin 1883, S. 79.

wie in Schussenried durch einfaches Rollen der Strangstücke auf die trockene Seite. Dagegen ist eine Teilung in kleinere Stücke nicht beabsichtigt, sondern gerade durch die Beibehaltung der 1 m langen Stücke soll es ermöglicht werden, die spätere Behandlung nach Art der Holzkloben oder des Rundholzes vor allem bei der beabsichtigten Verkohlung, unter möglichst haushälterischer Verwertung der menschlichen Kraft zu bewerkstelligen. Die Bedenken, daß durch die Vergrößerung der Einheiten für die Trocknung ungünstige Spannungs- oder Oberflächenverhältnisse eintreten, sollen nach den bisherigen Versuchen nicht berechtigt sein.

2. Trocknung mit künstlicher Wärme.

Von der Unterbringung des Materials in bedeckten Räumen bis zum teilweisen oder gänzlichen Ersatz der natürlichen Lufttrocknung durch Anwendung künstlicher Wärme und künstlichen Luftzuges in Trockenräumen war nur ein Schritt.

Der Wunsch, durch derartige Einrichtungen die Abhängigkeit der Torfwerbung von der Witterung zu vermindern und dadurch die Produktion zu sichern und zu verlängern, war zu brennend, als daß nicht zahlreiche Vorschläge zur Erreichung dieses Zieles gemacht worden wären.

Trotz der außerordentlich gründlichen und vielseitigen Ausbildung der Torftechnik auf anderen technischen Gebieten[1]) ist es aber auf dem Gebiet der künstlichen Torftrocknung bisher zu keiner befriedigenden Lösung gekommen.

Die Aussichtslosigkeit eines völligen Ersatzes der Lufttrocknung durch künstliche, durch Heizung mit Torf bereitete Wärme ergibt sich aus der einfachen theoretischen Überlegung, daß zur Herstellung von 100 kg 20%igen Trockentorfs mit einem Heizwert von 4000 Kal. aus 90%igem Moor 800 kg Rohmoor gehoben und zur Entfernung der überschüssigen Wassermenge

[1]) Nahe Beziehung hat z. B. die künstliche Trocknung von Naßformsteinen aus Braunkohlenklein, den „Klütten“, mittels Abdampf, die übrigens trotz wesentlich günstigerer Verhältnisse bisher nur einen zweifelhaften Erfolg hat; s. Klein, Braunkohle, Bd. 3, S. 551 (1905).

von 700 kg, ohne Berücksichtigung aller praktischen Verluste und des Kraftbedarfes für Materialgewinnung und für Lüftung, etwa 105 kg eines gleichwertigen Torfes verbrannt werden müßten, d. h. der Brennwert der Trockensubstanz des Rohmoores reicht nicht aus, um damit die in ihm vorhandene überschüssige Wassermenge verdampfen zu können. Aber selbst bei der Trocknung von vorbehandeltem Halbrohtorf, bei dem ein Teil des Wassers durch Lufttrocknung, auf mechanischem Wege usw. entfernt ist, sind an der ungenügenden Berücksichtigung der wirtschaftlichen Verhältnisse bei der Anwendung der kostspieligen künstlichen Wärme bei einem so minderwertigen Material zahlreiche Unternehmungen selbst großen Stiles gescheitert.

Ausschlaggebend ist unter Umständen schon die Form, in der das Trockengut dem Trockenprozeß zugeführt wird. Am wenigsten Aussicht hat dabei die Sodentrocknung, da die den nassen Kern abschließende Außenschicht sehr bald die weitere Verdunstung hindert, so daß für eine ausreichende Trocknung eine viel größere Zeit und Wärmemenge nötig wäre, als man nach theoretischen Erwägungen wohl glauben sollte.

Tatsächlich finden wir auch, wenn auch häufig mit nur vorübergehendem Erfolge, die künstliche Trocknung nur in Anwendung bei der Aufbereitung von Torfklein für die Brikettierung, die einen nur durch Anwendung von künstlicher Wärme erreichbaren Trockenheitsgrad zur Voraussetzung hat, und bei der Torfpulverherstellung nach Ekelund. Auch hier wird ein möglichst großer Teil des Wassers auf anderem Wege beseitigt, bevor das vorgetrocknete, zerkleinerte Material der Trocknung mit künstlicher Wärme zugeführt wird.

Sehr früh, schon in den dreißiger Jahren des vorigen Jahrhunderts, wurde die Darrung, d. h. die möglichste Entfernung des nach der Lufttrocknung noch im Torf zurückbleibenden Wassers in Darröfen versucht, um den Torf zwecks Erzielung einer heißeren Flamme für hüttenmännische Prozesse brauchbar zu machen. Auch hoffte man, mit Hilfe der künstlichen Trocknung in diesen Öfen, noch im Herbst gestochenen Torf einbringen zu können. Schon damals erkannte man aber die Unrentabilität dieses Verfahrens, da die Heizung der Öfen viel zu viel Brennmaterial verschlang [1]).

Wenn aber auch in dieser Hinsicht ein besserer ökonomischer Effekt der Wärmeausnutzung erreichbar bleibt, so hängt doch dem Darrtorf der Übelstand an, daß er kein stapelfähiges Material ist, denn an feuchter Luft sättigt er sich bis zum Gehalt des „lufttrockenen“ Torfes mit Feuchtigkeit und müßte daher sofort nach der Darrung verbraucht werden. Auch das erwähnte Torfpulver für Staubfeuerungen [2]) ist eine Art Darrtorf. Um für diese Verwendungsart geeignet zu bleiben, darf der Feuchtigkeitsgehalt des Torfpulvers nicht höher als auf 2% steigen, und deshalb ist seine große Hygroskopizität seine Hauptschwäche.

Wo eine Trocknung über den lufttrocknen Zustand hinaus notwendig oder besonders vorteilhaft erscheint, wie bei der Torfverkohlung, bei der Erzeugung hoher Temperaturen für metallurgische Zwecke usw., hat man infolgedessen den Trocknungsvorgang als Vorstufe dem eigentlichen Hauptverkohlungs- oder Verbrennungsprozeß unmittelbar angegliedert, zumal meistens die Möglichkeit vorhanden ist, hierbei aus dem Betriebe zur Verfügung stehende billige oder sonst unausgenutzte „verlorene Wärme“ zu benutzen.

Es hat auch nicht an Vorschlägen gefehlt, mittels derartiger Wärmequellen, auch bei der Gewinnung von lufttrockenem Torf, durch einen selbständigen Prozeß den teilweisen Ersatz der Lufttrocknung zu erzielen. Doch ist die praktische Ausführung derartiger theoretisch häufig sehr interessanter Projekte bisher nicht über das Versuchsstadium gediehen.

Brauchbare Zahlen ergeben z. B. die Ausführungen von A. Wihtol [3]). Seine Betrachtungen lehnen sich an Versuche von A. Jabs an, der einen Torfvergaser, der zum Betriebe eines Gasmotors dient, mit einem Trockner kombiniert hat, in dem die in dem Auspuffgase des Motors enthaltene Wärme zur Vortrocknung

---

[1]) s. Liebel l. c., S. 55.

[2]) Jahrb. f. Moorkunde, II. Jahrg. 1913, S. 70; Östr. M. 1914, S. 157.

[3]) A. Wihtol, Einige neue Gesichtspunkte für das Trocknen von Torf mit verlorener Wärme, Berlin 1911; s. auch M. Berlin 1912, S. 333.

des Torfes ausgenutzt wird. Der Wassergehalt wird dem Torf nach dem D.R.P. Nr. 238554 [1]) durch unmittelbare Berührung mit den Abgasen des Motors in der Weise entzogen, daß die heißen Gase zuerst auf den nassesten Teil des Torfes an der Füllöffnung des Trockners treffen und diesen in der gleichen Richtung wie der Torf durchziehen, um den Trockner an der Abzugsöffnung für den getrockneten Torf zugleich mit dem Wasserdampf zu verlassen. Nach Wihtol findet außen eine Ausnutzung der mit den Auspuffgasen abziehenden Wärme von rund 82% statt und man darf darauf rechnen, daß, für die PS.-Stunde ein Verbrauch von ca. 1 kg Trockentorf im Gasmotor vorausgesetzt, dieser mit mehr als 50% Wasser in den Trockner aufgegeben werden darf, oder aber, daß sich bei Benutzung von trocknerem Torf ein Überschuß an Trockentorf über den Bedarf des Motors ergibt.

Auch die Ausnutzung der bei der Torfdestillation mit den Destillationsprodukten fortgehenden Wärme für Zwecke der Torftrocknung hat A. Jabs [2]) in einer ähnlichen Anlage untersucht. Nach seinen Berechnungen läßt sich bei der Abkühlung der mit etwa 175—200° in Gas- und Dampfform entweichenden Produkte durch Abkühlen auf etwa 70°, besonders durch die dabei erfolgende Kondensation der in den abziehenden Gasen enthaltenen Wasserdämpfe, noch eine erhebliche Wärmemenge ausnutzen, die beim Passieren derselben durch Röhren an den vorzutrocknenden Torf abgegeben werden soll.

Auf anderem Wege versuchte Gercke die für den Verdampfungsprozeß des Wassers bei der Trocknung des Rohtorfs aufgewendete Wärme nicht mit den abziehenden Wasserdämpfen ungenutzt verloren zu geben. Von der theoretisch interessanten Überlegung ausgehend, daß die Zuführung verhältnismäßig kleiner Energiemengen genügt, um dem entweichenden atmosphärischen Dampf die nötige Spannung zu geben, die ihn zur Arbeitsleistung befähigt, hat Gercke einen eigenartigen „Torfdampfkessel“ konstruiert [3]).

---

[1]) s. Zeitschr. f. angew. Chem. 1911, S. 2080.

[2]) A. Jabs, Über Torfdestillation und Torfverwertung, Berlin 1907, und Torfkoks und Kraftgas, Berlin 1908.

[3]) Gercke, Zeitschr. d. Vereins Deutscher Ing. 1905, S. 888.

Der Gerckesche Torfdampfkessel besteht aus einem liegenden Trockenkessel, den der durch eine Entwässerungspresse vorher auf 78 bis 80% Wassergehalt entwässerte Torfschlamm mittels Förderschnecken zunächst in der einen Richtung, und dann durch ein Fallrohr und eine Rückleitungsröhre in der anderen Richtung durchwandert. Zugleich passiert mit dem Torfstrang der in einem besonderen Wasser-Rohrkessel erzeugte Dampf von 16 Atm. Druck, der zuvor in einem Überhitzer auf etwa 330° überhitzt worden ist. Er sättigt sich dabei durch Verdampfen des Torfwassers, und es resultiert ein gesättigter Mischdampf von 10 Atm. Betriebsspannung, der nach Passierung eines zweiten, in den Feuergasen gelegenen, großflächigen Überhitzers an die Arbeitsmaschine abgegeben wird. Der durch diese eigenartige Trockenvorrichtung beförderte Torf verläßt sie als trockener Torfgrus und wird unter dem Wasserdampfkessel verfeuert. Die zur Trocknung des Torfs verwendete Wärme geht auf diesem Wege nicht verloren, sondern wird in Form von luftfreiem Dampf mit 10 Atm. Spannung wiedergewonnen. Solche Anlagen können wegen der erforderlichen Wärmeökonomie nur bei Durchführung in großem Maßstabe in Betracht kommen, da, wie die Maschinenfabrik Augsburg, die eine derartige Anlage für die Überlandzentrale im Wiesmoor gebaut hat, betont, diese unter 50 t täglichem Torfverbrauch nicht wirtschaftlich arbeiten könne.

Eine ähnliche Anlage war in der Nähe von Berlin, in der Elektrizitätszentrale von Potsdam, im Betriebe. Allerdings wurde hier kein Torf, sondern Braunkohlenklärschlamm mit 90% Wassergehalt verarbeitet. Bei den Versuchen in Wiesmoor hat sich die theoretisch recht interessante Konstruktion praktisch leider nicht bewährt. Die konstruktiven Schwierigkeiten, kompliziert durch die Bildung von saurem Wasser und Teerprodukten bei den hohen Temperaturen, haben sich nicht überwinden lassen. Torf ist eben ein durchaus ungeeignetes Material für eine Trocknung mit überhitztem Dampf [1]).

---

[1]) Über Einzelheiten s. auch: Schreiber-Larson, Österr. M., Staab 1911, S. 66; Wolff, M. Berlin 1908, S. 125.

3. Entwässerung durch Anwendung mechanischer Energie.

In den bisher besprochenen Kapiteln der Technik haben wir immer wieder feststellen können, in welchem Grade die charakteristischen Eigenschaften besonders des zu Brennzwecken geeigneten, an Kolloidstoffen reichen Rohtorfes ihre Ursache in der ausgesprochen kolloiden Natur dieses Hauptanteils haben. Wir haben ferner darauf hingewiesen, daß ein scharfer Unterschied zwischen dem in den grobkapillaren Zwischenräumen wie in einem Schwamm festgehaltenen und dem wie in einer Leimgallerte kolloid gebundenen Wasser zu machen ist, das im Rohbrenntorf bei weitem überwiegt. Aus der Unkenntnis des Verhaltens derartiger Substanzen haben sich die vielen, bereits behandelten vergeblichen Versuche erklären lassen.

In ganz besonderem Maße häufen sich nun aus derselben Ursache die Mißerfolge bei den Versuchen, die Trennung von Torfsubstanz und Wasser durch mechanische Mittel zu erreichen.

Für den Empiriker schien es allerdings das Nächstliegende, die Anwendung von Pressen zu versuchen, die bei anderen an Feuchtigkeit reichen Materialien, wie bei der Rübenschnitzel-, Treber- und Stärkepülpe-Verarbeitung sich bewährt haben; aber auch dem Wissenschaftler wurden erst in neuerer Zeit mit dem weiteren Ausbau und der intensiveren Pflege der Kolloidchemie die Mittel an die Hand gegeben, die tatsächlichen Verhältnisse zu übersehen und die Unzugänglichkeit dieses Weges zu erkennen.

W i r b e w e g e n u n s b e i d e m Z u s a m m e n h a l t d e r T o r f s u b s t a n z m i t d e m s i e d u r c h d r i n g e n d e n Q u e l l u n g s w a s s e r i n d e m B e r e i c h m o l e k u l a r e r K r ä f t e u n d i h r e T r e n n u n g i s t n u r d u r c h i n d e m g l e i c h e n B e r e i c h w i r k e n d e K r ä f t e m ö g l i c h, d. h. d u r c h c h e m i s c h e u n d p h y s i k a l i s c h e, a l s o i n e r s t e r L i n i e d u r c h K r ä f t e, d i e d e n k o l l o i d e n Z u s t a n d z u b e e i n f l u s s e n v e r m ö g e n.

Bisher hat man die Mißerfolge beim Abpressen von Torf damit zu erklären versucht, daß die Grenze der Abpreßbarkeit dann erreicht ist, wenn durch den äußeren angewandten Druck eine Verdichtung der Oberflächenschicht in so hohem Grade herbeigeführt ist, daß der Austritt der Flüssigkeit aus dem Inneren des Preßgutes dadurch mechanisch versperrt wird.

Diesen Anschauungen ist entgegenzuhalten, daß in den gleichen Vorrichtungen leichter Moostorf, —ein Material, das sich nur durch geringeren Gehalt an Kolloidstoffen von gut zersetztem, schweren Brenntorf unterscheidet, — oder ein solcher Brenntorf selbst, sobald eine Änderung seines kolloiden Zustandes herbeigeführt wird, sich in wesentlich höherem Maße abpressen läßt. Wir müssen daher als Hauptpunkt stets im Auge behalten, daß kein noch so großer, mit maschinellen Mitteln erreichbarer mechanischer Druck an die Gewalt der molekularen Attraktion heranreicht, die bei Bestehen des kolloiden Zustandes zwischen flüssiger und fester Phase wirkt.

Wohl spielen daneben innerhalb der noch grob meßbar kleinen Dimensionen, auf die durch die Einwirkung der mechanischen Kräfte die Zwischenräume des gepreßten Materials reduziert werden, auch kapillare Kräfte eine Rolle, doch fällt die Wassermenge, die auf diese Weise dem Pressendruck nicht folgen kann und so am Austritt gehindert wird, gegenüber dem kolloid festgehaltenen Wasser nicht ins Gewicht, und auch die neueren Preßkonstruktionen, die einen Erfolg dadurch erstreben, daß bei ihnen infolge besonderer Einrichtungen die Bildung einer undurchlässigen Oberschicht vermieden werden soll[1]), mußten ebenso wie alle früheren Versuche mit Pressen aller Art, mit Druck- und Vakuumfiltration, mit Zentrifugen usw.[2]) ohne Erfolg bleiben, da sie ebenso wie diese auf falschen Voraussetzungen beruhen.

Schon ein älterer, erfahrener Torfmann, wie Vogel[3]) hat bereits ausdrücklich seine Ansicht über die Pressung des Torfes dahin ausgesprochen, daß sehr starke Pressung niemals einen ökonomischen Vorteil ergibt, der die Kosten der Pressung auszugleichen vermag und alle komplizierten Preßmethoden, nament-

---

[1]) vgl. Ziegler, 70. Sitz. Z. M. K. 1912, S. 17.

[2]) Eine übersichtliche Zusammenstellung derselben findet sich in Thamm, Pressen und Formen von Brenntorf, Wittenberg 1912.

[3]) s. Vogel, Der Torf, 1859, S. 75.

lich diejenigen, bei denen es darauf abgesehen ist, dem Torf einen sehr großen Teil des ihm adhärierenden Wassers zu entziehen, sehr bedenklich sind. Diese Bedenken haben sich vollauf in den späteren Versuchen, einen größeren Teil des Wassers aus dem Torf durch Pressung zu entfernen, bestätigt.

Nach den darüber vorliegenden Angaben[1]) ist es beispielsweise mit der Presse der „Zeitzer Eisengießerei" nicht gelungen, durch 7- bis 8stündiges Pressen mit 400 bis 500 Atm. einen Torf von 85% auf weniger als 63% zu entwässern; von anderer Seite wird mitgeteilt, daß die höchst erreichbare Grenze bei 65 bis 72% gelegen war.

Ganz unzulänglich waren die Resultate, die mit Walzenpressen nach dem Stauberschen System erzielt wurden, mit dem durch Abpressen zwischen Gummiriemen nur eine Wassermenge gleich 10% des Rohtorfgewichtes entfernt werden konnte. Daß bei diesen Angaben sehr wahrscheinlich mehr oder weniger bewußte Fehler ohne rechnerische Nachprüfung übernommen werden, zeigt z. B. die Angabe[2]), daß bei Preßversuchen in einer kanadischen Fabrik durch Abpressen eines Viertels des im Rohtorf enthaltenen Wassers — der erreichbaren Höchstmenge — ein Preßgut von 66% Wassergehalt erzielt worden sei. Die Richtigkeit der angegebenen Leistungsfähigkeit der Presse vorausgesetzt, hätte der auszupressende Rohtorf einen Wassergehalt von nur 72,1% aufweisen dürfen, während ein Torf mit 90 bis 85% Wasser bei der gleichen Leistungsfähigkeit nur auf 87,1 bis 80,5% entwässert worden wäre.

Eine exakte Nachprüfung über den Umfang, in welchem sich Wasser aus Torf abpressen läßt, hat neuerdings Keppeler ausgeführt[3]).

Beim Abpressen des Torfes unter konstantem Druck fließt zuerst verhältnismäßig viel Wasser ab, die Menge verringert sich aber rasch. Aus jungem Moostorf werden bei einem konstanten

---

[1]) S. Schreiber, Neues über Moorkultur und Torfverwertung 1903, S. 72, und Hausding, 2. Aufl., S. 113 u. 305.

[2]) siehe Thamm l. c., S. 41.

[3]) Z. M. K., 70. Sitz., 1912, S. 230; s. auch M. Berlin 1914, S. 166ff.

Druck von 20 Atm. pro Kilogramm Rohtorf durchschnittlich in jeder Minute:

in den ersten 5 Minuten	je	100 ccm.
von der 5. bis 10. Minute	„	14 „
von der 10. bis 20. Minute	„	4,5 „
von der 20. bis 40. Minute	„	2,5 „

in Summa 675 ccm Wasser ausgepreßt.

Eine Steigerung des Drucks vermehrt die Menge des in gleichen Zeiten abgepreßten Wassers um so weniger, je höher der Druck anwächst. Wenn bei 1 Atm. in 10 Minuten 440 ccm Wasser pro Kilogramm Torf abfließen, so vermehrt sich die Menge bei 2 Atm. um 50 ccm, bei einer Steigerung von 50 auf 100 Atm. aber nur um 25 ccm. In Bestätigung der schon wohlbekannten Tatsache zeigt es sich ferner, daß, je älter und zersetzter ein Torf ist, das Wasser immer schwieriger abzupressen ist. Bei 50 Minuten Pressen mit 100 Atm. wurden aus 1 kg leichtem Moostorf von 90% Wassergehalt 725 g Wasser abgepreßt, also ein Produkt mit 63,5% Wasser erhalten; dagegen konnten aus schwerem, gut zersetzten Moostorf der untersten Lage nur 255 g Wasser abgepreßt, und nur ein Produkt mit noch 87% Wasser erhalten werden. Es geht daraus auf das deutlichste der schon oben betonte Unterschied zwischen dem leicht abfließenden Wasser, das zwischen den Fasern, in den Poren und Zellräumen sitzt, und dem fest gebundenen Quellungswasser hervor, das den Hauptteil des Wassers ausmacht. Dies wird ferner dadurch bestätigt, daß die Einlagerung fester Substanzen in die Torfmasse, die eine leichtere Wasserabführung aus dem Inneren der Masse gestatten sollte — ein schon seit langer Zeit immer wiederholter empirischer Versuch —, nahezu keinen praktischen Effekt hat. Keppeler stellte fest, daß aus 1 kg Rohtorf in der gleichen Preßeinrichtung bei einer Arbeitsleistung bis 7,5 cm/kg pro Sekunde abgepreßt wurden bei einem Zusatz von:

0 %	100 ccm
10 % der Trockensubstanz an Gaskoks.	185 „

10 %	Sägespäne	190 ccm,
10 %	Torfkoks	160 „
20 %	nassem Streutorf	180 „
10 %	trockenem Maschinentorf . .	195 „
10 %	trockenem Moosstreutorf, gestochen.	255 „

Der Wassergehalt ging dadurch also nur von 90 % auf 87 bis 86 % hinunter. Bedeutender war die Wirkung eines Zusatzes von Chlormagnesium, Alaun oder Salzsäure, durch die ein Abfluß von 250, 260 resp. 335 ccm Wasser aus dem gleichen Material unter sonst gleichen Verhältnissen bewirkt wurde. Es beruht dies auf einer teilweisen Entquellung der Kolloide, die in noch höherem Grade durch Erhitzen des Torfs unter Druck auf 1,5 bis 5,5 Atm. erzielt wurde. Die abgeflossene Wassermenge betrug dann 405 bis 750 ccm Wasser, das Preßprodukt enthielt 83,2 bis 60 % Wasser. In diesen Zahlen spiegelt sich klar die Tatsache ab, daß mit Hilfe von mechanischen Preßverfahren ohne gleichzeitige Aufhebung des kolloiden Zustandes ein tatsächlicher, weitgehender Erfolg nicht erzielbar ist.

Es ist daher überraschend, daß nach dem Naßpreßverfahren der Naßpreß-Ges. m. b. H., Wiesbaden, bei dem als wesentlich ein Zusatz von Trockentorf zu dem Preßgut angegeben wird, ein Endprodukt mit 60 % Wassergehalt erhalten werden soll. Durch diesen Torfzusatz soll bei einer Druckdauer von 5 Minuten und einem Enddruck von 20 Atm. dieses Resultat erzielt werden, während bei unvermischtem Rohtorf zur Erreichung einer annähernd gleichen Wirkung ein mehrstündiger Druck von 400 bis 500 Atm. nötig sein soll. Es sollen durch diesen Zusatz in der abzupressenden Masse Kanäle erzeugt werden, die dem Wasser den Abfluß gestatten und die wasserdurchlässige Oberfläche gewissermaßen durch eine innere Oberfläche ganz riesig vergrößern. Man glaubt, bei einem alten, speckigen Torf hierdurch künstlich Verhältnisse zu schaffen, wie sie bei dem leicht abpreßbaren, jungen Sphagnumtorf (Moostorf) vorhanden sind.

Die Presse ist in eigenartiger Weise ausgebildet[1]), das Typische des mit ihrer Hilfe durchgeführten Arbeitsganges ist folgendes:

Der Zusatztorf mit 25% Wassergehalt wird dem Rohmoor im allgemeinen im Verhältnis von 1 Volumen auf 4 Volumen zugesetzt, was nach Angabe der Gesellschaft 10 Gewichtsprozenten entspricht[2]), und unterliegt dann dauernd einem Kreislauf, der darin besteht, daß ein Drittel des fertigen Preßgutes mit 60% Feuchtigkeit, im Gehalt an Trockensubstanz dem des Zusatzes entsprechend durch künstliche Trocknung wieder auf die ursprünglichen 25% Wassergehalt gebracht wird und von neuem in die Fabrikation zurückkehrt. Es würde also im Effekt die verarbeitete Rohtorfmenge allein durch die reine Pressewirkung von 85 auf 60% entwässert, während die vom Zusatztorf aufgenommene Wassermenge durch künstliche Trocknung entfernt werden müßte. Bei der angegebenen Stundenleistung von 40 t Rohmoor mit 85% Wassergehalt und 4 t Zusatz mit 25% Wassergehalt würde in der Presse ein Wasseraustritt von 21,5 t zu erfolgen haben, so daß 22,5 t Preßgut mit 60% zurückbleiben, von denen aber 7,5 t zur Regenerierung in den Betrieb zurückgehen, aus denen durch Verdampfen 3,5 t Wasser zu entfernen sind. Es ergeben sich also aus je 40 t Rohmoor (85 %) 15 t Preßgut (60 %), das sich in seinen Eigenschaften durchaus wie grubenfeuchte Braunkohle verhalten und daher ein Ausgangsmaterial zur Torfbrikettfabrikation abgeben soll, geeignet, mit der Rohbraunkohle in Konkurrenz zu treten. Der Gestehungspreis der Tonne dieses Materials wird von dem Erfinder auf 2 Mark, ohne Amortisation des Moorwertes, angegeben.

Eine wissenschaftliche Nachprüfung der angegebenen Resultate von unbeteiligter Seite liegt bisher leider nicht vor. Nach unseren theoretischen Ausführungen im vorstehenden sowohl, wie nach den beschriebenen exakten Versuchen Keppelers wäre eine derartige Preßwirkung bis auf 60% herab sehr überraschend.

---

[1]) s. Abbildung M. Berlin 1914, S. 173.

[2]) d. h. auf 2 Teile Trockensubstanz Rohtorf (85%), 1 Teil Trockensubstanz Zusatztorf (25%), oder durch reine Mischung ein Preßgut von 79,55% Feuchtigkeit!

Unseres Erachtens nach handelt es sich nun bei Erzielung dieser Wirkung auch gar nicht um den Ausdruck der wirklichen Presseleistung. Wäre dies der Fall, so müßte derselbe Entwässerungsgrad von 60 % innerhalb erheblich weiter Grenzen unabhängig von dem Wassergehalt des Rohtorfes und von der Menge des Zusatztorfes erzielt werden können. Es dürfte also keine besondere Rolle spielen, ob der Rohtorf statt einen Wassergehalt von 85 %, wie oben angenommen, einen solchen von etwa 88 bis 90 % hätte oder auch um 1 bis 2 % unter diesem Wert läge, und ebensowenig, ob die Menge des Zusatzes auf 40 Gewichtsteile Rohtorf statt 4 Teile bloß 2 bis 3 Teile oder aber 4 bis 5 Teile betrüge. Man sollte erwarten, daß in allen Fällen die erreichte Höchstleistung der Presse 60 % betrüge, gleichgültig, ob der Wassergehalt der zum Pressen gelangenden Mischung um mehrere Prozente differiert. Ob die Presse dies nun wirklich leisten würde, müßte erst durch den Versuch bewiesen werden, denn bei dem oben erreichten Analysenresultat von 60 % handelt es sich zweifellos nur um den Durchschnittswert zweier verschieden stark entwässerten Torfsorten.

Von einem Torf mit 25 % Wassergehalt darf man nämlich annehmen, daß seine Kolloidstoffe zum größten Teil irreversibel, d. h. unbenetzbar geworden sind, daß also der Wassergehalt des Zusatztorfes während des Misch- und Preßvorganges unverändert bleibt. Das Preßgut besteht daher beim Verlassen der Presse aus einer Mischung von Zusatztorf mit unverändertem Wassergehalt von 25 % und dem entwässerten Rohtorf, dessen Wassergehalt bei einem Gesamtanalysenresultat von 60 % sich auf ca. 68 % berechnet.

Tatsächlich findet also keine Entwässerung von 85 auf 60 %, sondern nur auf ca. 70 % statt, und zwar durch recht kostspielige mechanische Zerreiß-, Misch- und Preßarbeit.

Dieses Versuchsergebnis ist immerhin beträchtlich, denn es werden z. B. aus 200 kg 85 %igem Rohtorf 100 kg Wasser entfernt, also die Trockensubstanz durch reine Preßwirkung verdoppelt. Nach allen bisherigen Erfahrungen kann aber kaum ein Zweifel darüber bestehen, daß diese Wirkung trotzdem zu teuer erkauft ist und daß dieses Preßgut vor allem kein Ausgangsmaterial für eine wirtschaftliche Brikettierung abgeben kann. Bei genügender Leistungsfähigkeit der Zerreiß-, Misch- und Preßvorrichtungen sowie der zugehörigen Trockenapparate dürften sich Dimensionen und Gewichte ergeben, die eine stabile Aufstellung der Anlage außerhalb des Moores verlangen, und damit die Notwendigkeit eines Transportes des Rohmoores mit seinem vollen Wassergehalt auf weite Strecken bedingen. Die Bearbeitung des Materials und die eigentliche Brikettierung des getrockneten Materials beansprucht sehr bedeutende Aufwendungen an Kraft, die von den Erfindern sicher unterschätzt werden, und nicht zuletzt erfolgt eine mechanische Entwässerung ja nur auf 70%, während der zur Brikettierung notwendige Trockenheitsgrad von 15 bis 18% durch künstliche Wärmetrocknung von 70% herab erreicht werden muß.

Eine derartige Anlage dürfte also kaum einen Fortschritt gegenüber den bekannten, inzwischen stillgelegten Brikettfabriken von Peters usw. (s. S. 486) darstellen. Ganz ausgeschlossen erscheint uns aber eine Konkurrenzmöglichkeit mit Braunkohlenbriketts, die ja auch den erwähnten Fabriken nicht gelungen ist. Braunkohle mit 60% Wasser ist vom Standpunkt der Trockenökonomie durchaus nicht dasselbe wie 60%iger Torf. Gute Brikettierkohle, die übrigens im allgemeinen mit einem Wassergehalt von nicht viel über 40% in den „Trockendienst" eintritt, zerfällt schon unterhalb 100 Grad in Pulver (und nimmt dadurch eine geradezu ideale Oberflächenform für die Trocknung und spätere Zerkleinerung an. Torf mit 60% Feuchtigkeit dagegen dürfte für Röhrentrockner überhaupt völlig ungeeignet, und selbst nach wiederholter, mechanischer Zerkleinerung auch in anderen Trockenapparaten nur mit einem wesentlich größeren Zeit- und Wärmeaufwand zu trocknen sein. Jedenfalls wird es völlig ausgeschlossen sein, selbst wenn die im Versuchsbetriebe gefundenen Zahlen sich im regulären Betriebe bestätigen sollten, nach dem Verfahren der Naßpreß-Gesellschaft m. b. H., Wiesbaden, Torfbriketts zu einem Preise herzustellen, der unter heutigen Verhältnissen mit Braunkohlenbriketts auch nur annähernd konkurrieren kann, da in günstig gelegenen Tagebau-Braunkohlengruben der Selbstkostenpreis für den Waggon fertige Braunkohlenbriketts bis auf ca. 35 Mark (Waggon = 10 t) heruntergeht.

4. Entwässerung durch Anwendung elektrischer Energie.

Elektrische Energie ist zur Lösung der Entwässerungsfrage in der Torftechnik wiederholt herangezogen worden, und ihrer Einwirkung werden auch heute noch günstige Veränderungen der Torfsubstanz zugeschrieben.

Die theoretisch allein berechtigte Form der elektrischen Torfentwässerung bedient sich der Erscheinung der sogenannten Elektro-Endosmose. Man versteht darunter die Fortbewegung von Massenteilchen durch den elektrischen Strom bei seinem Durchgang durch eine Flüssigkeit. Bekanntlich ist diese in einer echten Lösung an die Anwesenheit von Elektrolyten gebunden, deren mit entgegengesetzter elektrischer Ladung geladenen, elektrolytisch dissoziierten Anteile, die Ionen, beim Durchgang des elektrischen Stromes in zwei entgegengesetzten Richtungen nach den beiden Elektroden wandern. Die Größe und das Vorzeichen der Ladung der Ionenarten hängt dabei einzig von den chemischen Eigenschaften der dispergierten Teilchen, aber nicht von der Natur des Dispersionsmittels ab, das nur auf den Grad der elektrischen Dissoziation von Einfluß ist. Dagegen findet bei den Suspensionen und kolloiden Lösungen, also bei denjenigen dispersen Systemen, die einen geringeren Dispersitätsgrad als die echten Lösungen haben, beim Durchgang des elektrischen Stroms eine Bewegung der dispersen Teilchen nur in einer Richtung statt. Diese Bewegung beruht auf elektrischen Ladungen, deren Größe und Vorzeichen sowohl von der Natur der Teilchen, als auch von der Natur des Dispersionsmittels abhängen. Jedoch erleiden die dispergierten Teilchen bei der elektrischen Ladung nicht eine elektrolytische Dissoziation, sie muß daher der Elektrisierung durch Berührung zugeschrieben werden. Eine kolloide Lösung verhält sich also mit ihren minder fein dispergierten Teilchen wie eine Elektrolytlösung, deren eine Ionenart, das sind hier nichts anderes als die dispergierten Teilchen in ihrer ungeteilten Gesamtmasse, selbst ungemein groß ist, so groß, daß sie eventuell für das Auge sichtbar ist, während die andere Ionenart die gewöhnlichen Dimensionen hat. Es kommt so eine Wanderung der dispergierten Phase in einer Richtung des elektrischen Stromes zustande, die durch Wasseraustritt an der anderen Elektrode sinnfällig in die Erscheinung tritt.

Ebenso wirkt der elektrische Strom auf den Torfbrei und es beruht darauf das vom Grafen Schwerin-Wildenhoff ausgearbeitete Verfahren der elektro-osmotischen Torfentwässerung[1]). Die darauf bezüglichen Patente sind von den Höchster Farbwerken erworben worden und kamen in den „Ostpreußischen Pentan-Werken" im Schwenzelmoor zur Herstellung eines Brennstoffes in Anwendung, der unter dem Namen „Osmon" in den Handel gelangen sollte.

Die Fabrikation des Osmon zerfiel in zwei Teile, in die Gewinnung des osmosierten Rohtorfs, dem durch Elektro-Osmose der größte Teil, etwa zwei Drittel, des Wassergehalts entzogen ist, und die Aufarbeitung desselben durch Lufttrocknung zu dem eigentlichen Endprodukt „Osmon", das weiterhin durch Brechen und Sieben zu einer leicht verkäuflichen Ware verarbeitet wurde. Die Osmosierung kann in stetigem oder in unterbrochenem Arbeitsgange ausgeführt werden, im ersteren Falle wird der Torfbrei zwischen zwei konzentrisch ineinander gesteckten zylindrischen Elektroden, von denen mindestens die negative durchlässig ist, vermittels Schnecken hindurchbewegt, in letzterem Falle die Elektro-Osmose in Form- oder Preßkästen durchgeführt, deren Deckel als positive und deren durchlässiger Boden als negative Elektrode ausgebildet sind. Durch Pressen oder Saugen kann die Abscheidung des an der negativen Elektrode austretenden Wassers begünstigt werden. Die für die Osmosierung erforderliche elektrische Energie richtet sich wesentlich nach der Dicke der Torfschicht. Die Breischicht darf nicht über 50 mm Dicke betragen. Zu Anfang des Prozesses wird am meisten, bei Beendigung

[1]) Über die Einzelheiten des Verfahrens s. Fleischer, 54 Stzg. Z. M. K. 1904, S. 253; Die Fabrikation des Osmon, Höchst a. M. 1904; Schwerin u. Bredig, Z. f. Elektrochemie 1903, S. 739.

der Osmose am wenigsten Energie verbraucht. Bei 40 mm dicker Schicht wird ein Gleichstrom von etwa 1000 Ampere Flächendichte pro 1 qm angewendet, und es stellt sich der Bedarf für die Abscheidung von 1 cbm Wasser auf 13 bis 15 Kilowattstunden.

Im Durchschnitt wurde nach 1¼stündiger Osmosedauer aus einem Rohtorf von 87% Wasser ein osmosierter Torf mit 70% Wasser erhalten, der vor der Osmosierung in zweckmäßiger Weise zerkleinert sein mußte. Dem Volumen nach waren 1,5 cbm Rohtorf für die Herstellung von 1 cbm osmosierten Torfs erforderlich. Dieser ergab im weiteren Verlauf 169 kg Osmon mit 15% Wasser, so daß aus 1 cbm Rohtorf 113 kg Osmon erhalten wurden. Die Trocknung des osmosierten Torfs wurde in eigenem, mit mehreren Etagen ausgerüsteten Trockenschuppen durch Lufttrocknung bewirkt. Der osmosierte Torf trocknet wesentlich rascher als Torf in Sodenform, da sein Wassergehalt nach 24stündiger Lufttrocknung in einem Falle von 73,2% auf 65,2% und nach drei Tagen auf 45,2% Wasser herabgegangen war. Aus dieser rascheren Trocknung etwa auf eine Veränderung der Torfsubstanz durch den Osmoseprozeß zu schließen, wie es wiederholt geschehen ist, wäre verfehlt, denn die schnellere Trocknung ist wohl hauptsächlich auf das für die Trocknung günstigere Format zurückzuführen. Eine Veränderung der hauptsächlichsten, besonders der kolloiden Eigenschaften ist bei dem Durchgang des elektrischen Stromes durch den Torf nicht erfolgt, und noch viel weniger ist das der Fall, wenn an Stelle des Gleichstroms Wechselstrom angewendet wird, bei dem naturgemäß eine Wasserabscheidung durch Elektro-Osmose auch nicht mehr stattfinden kann [1]. Danach läßt sich der Wert, oder vielmehr der Unwert, solcher Verfahren beurteilen, die eine Entwässerung mittels Wechselstromes erzielen wollen, wenn er auch den Vorzug größerer Billigkeit vor dem Gleichstrom aufweist. Erwähnt sei das Besseysche Verfahren, bei dem mehrmals hintereinander auf kurze Zeit, etwa 5 Minuten, ein starker Wechselstrom durch den Torf geschickt wird, und dazwischen das jedesmal freigelegte Wasser auf mecha-

[1] s. S. 219, Probe 19 und 22.

nischem Wege durch Pressen usw. entfernt werden soll. Dabei soll der Wechselstrom, um die erwartete Wirkung zu erzielen, die Zellwände und Fasern der Torfsubstanz zerreißen und so die in den Zellen und Kapillarräumen enthaltenen Stoffe, wie Wasser, Öl, Harze usw., freilegen. Die Annahme, daß sich solche und ähnliche Vorgänge abspielen, ist ein Irrtum, aber auch eine Einwirkung auf den kolloiden Zustand, der hauptsächlich das Wasser im Rohtorf festhält, ist nach dem eben Gesagten sehr unwahrscheinlich. Ein Unternehmen, das Electro-Peat-Coal Syndicate, das dieses Verfahren zur technischen Ausführung brachte, ist zusammengebrochen.

Auch das Osmoseverfahren, das auf einem an sich völlig gesunden Prinzipe beruht, hat im Großbetriebe nicht das gehalten, was man nach den Vorversuchen erwarten konnte. Es liegt dies hauptsächlich daran, daß die großen investierten Kapitalien, die infolge der kostspieligen Apparatur für die Osmose, noch mehr aber für die zur nachfolgenden Lufttrocknung des osmosierten Torfes erforderlichen ausgedehnten Lufttrocknungssilos, in keinem Verhältnis zu der Geringwertigkeit des verarbeiteten Materials standen, einen genügenden Ertrag nicht mehr liefern konnten. So haben nicht nur die Pentan-Werke, sondern auch die Osmon-Werke A. G. in Bern, die 1905 mit einem Aktienkapital von 1800000 Franken gegründet wurden, ihren Betrieb eingestellt[1]).

Unter diesen Umständen bedarf es kaum der Erwähnung, daß andere Verfahren, bei denen der Torf durch ein elektrisches Entwässerungsmundstück hindurchgepreßt werden soll, von dem einzelne voneinander elektrisch isolierte Teile als Elektroden ausgebildet sind (Harttorfverfahren von v. Morsey-Picard und von Verschuer), oder der Vorschlag für die elektrische Verkohlung des Torfes (Verfahren von Jebsen) keinen Anspruch auf ernstliche Beachtung erheben können.

Hierher gehört auch ein „Geheimverfahren" von Kittler,

[1]) In neuester Zeit scheinen die Versuche mit veränderter Apparatur wieder aufgenommen zu werden; s. z. B. D. P. Anm. 39228, 39580 Kl. 12. Elektro-Osmose-Gesellschaft. Frankfurt a. M.

für das noch in neuerer Zeit Kapital gesucht und auch zum Teil gefunden wurde.

5. Entwässerung unter Benutzung der Kolloidverdrängung.

Einen eigenartigen Weg, die Beseitigung des großen Wasserüberschusses aus dem Rohtorf zu erreichen, bietet die Einwirkung einer mit Wasser nicht mischbaren Flüssigkeit. Es kommt dafür aus naheliegenden Gründen sowohl wegen der Preisfrage, als auch wegen des Brennwertes und der sonstigen physikalischen Eigenschaften wohl nur rohes Erdöl in Betracht.

Lufttrockener Torf vermag durch kapillarchemische Einwirkung derartige ölartige Flüssigkeiten zu adsorbieren und kann so reichlich mit ihnen durchtränkt werden. Man hat natürlich auch diesen Weg zur „Verbesserung" des Brenntorfs eingeschlagen, ohne damit einen wirtschaftlichen Erfolg erzielen zu können [1]). Denn mit der Gewinnung des lufttrockenen Materials sind die Gewinnungskosten des Torfs bereits so hoch gestiegen, daß weitere kostspielige Manipulationen, die mit ihm vorgenommen werden, sich in der Regel nicht mehr bezahlt machen können.

Anders als der lufttrockene Torf verhält sich der feuchte Rohtorf gegen das rohe Erdöl. Während sich dieses beim Schütteln mit Wasser als damit nicht mischbar erweist, und alsbald eine scharfe Trennung der beiden Flüssigkeitsschichten eintritt, zeigt sich nach Versuchen von Zailer [2]), daß es in den üblichen Mischformmaschinen mit dem dicken Torfbrei sich sehr leicht zu einer feinen Emulsion mischen läßt. Das Öl wird dabei größtenteils durch die Flächenattraktion der nassen Teilchen zurückgehalten. Es geschieht dies dadurch, daß es auf dem in der lockeren, feuchten Torfmasse enthaltenen Wasser eine dünne Haut bildet, die sich an der enormen Oberfläche der Torfmasse verbreitet. Der derartig mit dem Mineralöl innig vermischte Torfbrei hat die Eigenschaft, bei der Lufttrocknung sein Wasser viel rascher zu verlieren, und unterscheidet sich von gewöhnlichem

[1]) s. Lewickis Naphthatorf, Österr. M., Staab 1904, S. 198; 1907, S. 100.

[2]) Österreich. Patentschrift Nr. 38401. Verfahren zur Herstellung von mineralölhaltigem Torf. Ab 1. VIII. 1908.

Brenntorf im Aussehen nur durch etwas dunklere Farbe, ohne daß an der Oberfläche oder beim Bruche mit freiem Auge ölige Bestandteile sichtbar werden oder sich durch Druck auspressen ließen. Der Zusatz des Mineralöls erfolgt in der Menge von 50 bis 100% der lufttrockenen Substanz, je nach dem Zersetzungszustande des Torfes, und erhöht den Kalorienwert des Fertigproduktes um etwa 1300 bis 2000 Kal. Das Verfahren ist nach dem Patentanspruch [1]) dadurch gekennzeichnet, daß der nassen Torflagern entnommene Rohtorf ohne Vorbehandlung in den gebräuchlichen Torfmischmaschinen mit einem der botanischen Zusammensetzung und dem Zersetzungszustande des Torfes entsprechenden Prozentsatz (50 bis 100% der Trockensubstanz) Mineralöl (Rohöl oder Heizöle) zu einer Emulsion vermischt und zugleich geformt, sowie schließlich an der Luft getrocknet wird. Die Ausführbarkeit dieses Verfahrens wird von dem Zusammentreffen günstiger örtlicher Verhältnisse hinsichtlich des Vorkommens der beiden Rohmaterialien, sowie namentlich von der Marktlage der konkurrierenden Brennstoffe und besonders des Rohöles abhängen. Gerade bezüglich des letzteren bestehen erhebliche Preisschwankungen, die nicht nur spekulative Ursachen haben, sondern auch auf veränderte technische Verwertungsmöglichkeiten des Rohöls zurückgehen können. Im allgemeinen wird daher die Basis für die Öltorfgewinnung eine unsichere sein und bleiben; immerhin ist der Gedanke, das Wasser zu verdrängen, von Interesse [2]).

B. Entwässerung nach Zerstörung des kolloiden Zustands.

Torf mit einem Feuchtigkeitsgehalt von über 65% stellt wohl theoretisch die unterste Grenze dar, bis zu welcher der Wassergehalt des Rohtorfes bei Aufwendung mechanischer Kraft durch Pressen im besten Falle herabgesetzt werden könnte. Er enthält dann noch immer fast die doppelte Menge Wasser seines eigentlichen Trockengewichts, die nur durch Verdunstung bis auf den von dem lufttrockenen Torf festgehaltenen Rest entfernt

---

[1]) Deutsche Naphtha-Ges.

[2]) s. auch Bersch, M. Berlin, 1905, S. 170; 1909, S. 168; Zailer, Rohöl-Ztg., 1. Jahrg., Wien 1908.

werden kann. Dieser Grenzwert wird aber praktisch von den bekannten mechanischen Preßverfahren und den anderen Verfahren zur Entfernung des Wassers aus dem unveränderten Rohtorf, so durch die Elektro-Osmose, bei weitem nicht erreicht. Gelangt man auf 75%, d. h. zu einem Material mit der immer noch 3 fachen Menge Wasser, so ist dies das höchste, bei der praktischen Durchführung bisher erreichte Resultat, das aber einen großen Aufwand für Kraft und teure komplizierte Apparatur verschlingt. Dadurch wird die Wirtschaftlichkeit dieser Torfentwässerungsverfahren, auf die es bei der Torfbearbeitung in allererster Linie ankommt, völlig unmöglich gemacht.

Verzichtet man aber auf die Erhaltung der kolloiden Eigenschaften des Rohtorfes, die wiederum für die Formung der Soden, wie wir gesehen haben, unentbehrlich sind, so gelingt seine Entwässerung in erster Annäherung bis zu einem Halbtrockengut in weit einfacherer Weise. Nach Zerstörung des kolloiden Zustandes, durch den das Wasser im Torf mit außerordentlich großer Energie festgehalten wird, läßt sich der dadurch gewissermaßen in Freiheit gesetzte Wasserüberschuß leicht auch mit geringen mechanischen Kräften auspressen, und man gelangt etwa zu demselben Resultat, das beim Rohtorf durch die oben angeführten Umstände nur auf unwirtschaftlichem Wege zu erreichen ist.

Die Zerstörung des kolloiden Zustandes der Torfmasse kann man bewirken:

1. durch Fällungsmittel,
2. durch Erhitzen,
3. durch Gefrieren.

1. Zerstörung des kolloiden Zustandes durch chemische Zusätze.

Die zur Anwendung kommenden Fällungsmittel sind neutrale Salze oder Säuren. Ihre Wirkung beruht auf der Ausflockung der kolloiden Stoffe durch die Ionen, ähnlich wie sie auch bei anderen Kolloiden und koagulierbaren Stoffen bekannt ist. Die Torfbestandteile verlieren dadurch ihre schleimige Beschaffenheit, und der so veränderte Torf läßt sich durch geringen Druck von einem großen Teil des Wassers befreien. Nach dem Patent[1]) der Höchster Farbwerke kommen als Zusätze Kochsalz, Natriumsulfat, Ferro- und Ferrisulfat und andere Salze, sowie Säuren, Salzsäure, Schwefelsäure und andere in Betracht. Nach einem Beispiel dieser Patentschrift setzt man zu einem Kilo feingemahlener Torfmasse mit 89% Wasser 10 g Ferrisulfat in wenig Wasser gelöst und preßt mit einem allmählich bis zu 2 Atm. gesteigerten Druck. Man kann so bis auf 65 bis 70% entwässern oder 715 bis 634 g Wasser durch Abpressen entfernen. Geht man diesen Zahlenangaben näher nach, so ergibt sich immerhin, daß der Zusatz des Eisenchlorids etwa 9% der Trockentorfmasse (110 g) ausmacht, also ein sehr beträchtlicher ist. Dagegen weist es in dem abgepreßten Torfwasser eine so starke Verdünnung (0,1%) auf, daß an eine rationelle Wiedergewinnung nicht zu denken ist. So erweisen sich auch solche Zusätze, selbst bei sehr billigen Materialpreisen, in der Regel noch zu teuer. Praktisch haben sich diese Verfahren auch nicht über das Versuchsstadium entwickelt.

2. Zerstörung des kolloiden Zustandes durch Erhitzen.

Da mit einer Temperaturerhöhung in der Regel eine Herabsetzung der inneren Reibung parallel geht und letzterer auch ein sehr erheblicher Anteil an den beim Abpressen des Torfes zu überwindenden Widerständen zugesprochen wurde, so hat man auch Naßpreßverfahren unter Erwärmung der Torfmasse ausgearbeitet, um das Abpressen zu erleichtern. Etwas Brauchbares ist dabei nicht herausgekommen, vielmehr wurden meist recht wunderliche Wege, wie bei verschiedenen Versuchen von Stauber, eingeschlagen, die auf Mittel und Wirkungen sich gründeten, die versagen mußten und nicht erreichbar waren. Erwähnt sei das Naßpreßverfahren von Kerinnes[2]), der aus dem Torfbrei direkt stapelfähige Naßpreßlinge fertig „preßte", die sich bei der weiteren Trocknung zu einem sehr dichten „Brikett" verdichteten. Er schreibt den Erfolg dabei den im Torf enthaltenen

[1]) D. R. P. 160938.

[2]) D. R. P. 117152 (1897).

gummiartigen, gequollenen Pentosanen als Bindemittel zu und bleibt daher bei der Vortrocknung bei 60 bis 80 Grad, um ihre Bindekraft, die schon über 50 Grad mit steigender Temperatur abzunehmen beginnt, nicht zu zerstören. Die Erwärmung erfolgt, während der Torfbrei durch zwei hintereinanderliegende, miteinander verbundene Systeme von liegenden Filterröhren, gekrümmten und gelochten Schneckenflügeln und Mischvorrichtungen zur eigentlichen Presse geleitet wird, in der er durch ein Ventil und ein Mundstück als ein zu einer noch formbaren Masse entwässerter Strang gedrückt wird, um hier einem so hohen Druck ausgesetzt zu werden, daß das Produkt zum Nachtrocknen gestapelt werden kann. Tatsächlich dürfte er auf recht kostspielige Weise nichts weiter als den Effekt einer guten Maschinentorf-Misch- und Formmaschine erreicht haben.

Verschieden von diesen Prozessen sind jene Verfahren, bei denen durch starke Erhitzung der kolloide Zustand des Torfes zerstört wird, um nachher das überschüssige Wasser um so leichter beseitigen zu können. Es ist für sie auch die Bezeichnung „Naßverkohlung" in Gebrauch gekommen, zumal man mit der Temperatursteigerung hier auch so weit geht, daß das Torfmaterial zum Teil verkohlt wird.

Am bekanntesten ist das „Ekenbergsche Verfahren". Das Prinzip desselben besteht darin, daß der Torf mittels Schneckenspindeln oder einer starken Pumpe durch ein längeres System weiter, offener Röhren vorwärts getrieben wird, das durch direkte Feuerung erhitzt wird. Hier soll im Inneren der Röhren eine Temperatur von 150 bis 200 Grad und darüber aufrecht erhalten werden, wodurch der Torfmasse ihr kolloider Zustand genommen und sie durch Pressen leicht entwässerbar wird. Der mechanisch zu erzeugende Druck, der zur Vermeidung der Wasserdampfbildung und der damit verknüpften Wärmeverluste höher als die Dampfspannung sein muß, welche der im Inneren herrschenden Temperatur entspricht und zugleich das Entweichen von Teerdämpfen und Gasen vermeiden soll, wird durch die Reibung der vorwärts getriebenen Torfsäule an den Röhrenwandungen hervorgebracht. Im ununterbrochenen Betriebe soll die ganze Aufschließung des Torfes und seine Entwässerung nur 30 Minuten beanspruchen.

Das Ekenbergsche Verfahren ist in seinen Grundzügen recht einfach und würde wohl mit gutem Erfolg arbeiten können, wenn sich der praktischen Durchführung nicht so große und, wie es scheint, wohl unüberwindbare Hindernisse in den Weg stellen würden. Der Erfinder hat seine Versuche, durch öffentliche Mittel unterstützt, erst in Schweden in den Jahren 1903 bis 1906 angestellt und sie dann nach dem vorläufigen Mißlingen in England fortgesetzt. Daselbst haben sich zur weiteren Ausbildung und zur Ausbeutung des Verfahrens nacheinander verschiedene Gesellschaften gebildet, die nach dem Tode Ekenbergs zuletzt in die im Jahre 1912 gegründete Wetcarbonizing Co. Ltd. aufgegangen sind. Wie aus einer Reihe von Patenten hervorgeht, hat man sich bemüht, die immer aufs neue auftauchenden oder die durch die letzten Verbesserungen immer noch nicht behobenen Schwierigkeiten durch neue Änderungen zu beseitigen und das Verfahren endlich lebensfähig zu gestalten. Dieses Ziel bleibt aber scheinbar unerreichbar, da das Anbacken des Torfs und die Stockungen beim Fortbewegen desselben durch Verstopfungen an den erhitzten Stellen des Röhrensystems einen ungestörten, regelmäßigen Betrieb nicht gestatten. Nichtsdestoweniger hat sich die Gesellschaft durch Ankauf ausgedehnter Moore in verschiedenen Ländern und durch sonstige entsprechende Schritte die zukünftige technische Ausnutzung der Moore durch ihre Erfindung zu sichern gesucht und gewissermaßen eine weitverzweigte Vertrustung der auf diesem Gebiete liegenden Bestrebungen verfolgt. Es ist dadurch eine zeitweise sehr bewegte Spekulation in ihren Papieren ins Leben gerufen worden, der gegenüber eine ruhige Abwägung der Verhältnisse dringend geboten erscheint [1]).

Eine gewisse Ähnlichkeit mit dem Ekenbergschen Verfahren hat im Effekt das in dem sogenannten Gerckeschen Dampfkessel ausgeübte (s. S. 454). Indem hier der Torfbrei unter hohem Druck durch einen Kessel hindurchgeführt wird, während

[1]) s. Schreiber, Österr. M., Staab 1913, S. 51; 1914, S. 158.

sein Wassergehalt durch zugeführten stark überhitzten Wasserdampf in Arbeitsdampf hoher Spannung verwandelt wird, wird er durch Zerstörung der Kolloidstoffe gleichfalls in einen durch Pressen leicht entwässerbaren Zustand übergeführt. Die Schwierigkeiten, an denen schließlich auch die praktische Durchführung dieses Verfahrens scheiterte, dürften ähnlicher Natur sein wie die, die beim Ekenbergschen Verfahren an den Tag getreten sind. Sie liegen immer in der Unmöglichkeit, den Torf in regelmäßigem Gange durch die betreffende Apparatur durchzusetzen. Diese Schwierigkeiten würden bei einem in letzter Zeit bekannt gewordenen „Druckverkohlungsverfahren" von Bergius[1]) wegfallen, der Torf in einem geschlossenen Druckgefäß auf 300 bis 350 Grad erhitzt. Es erzielt damit nicht nur eine vollständige Entwässerung, sondern gleichzeitig auch eine Verkohlung des Torfs. Es bleibt abzuwarten, ob sich dieses neue Verfahren zu einem praktisch, und vor allem auch ökonomisch brauchbaren ausgestalten wird.

3. Zerstörung des kolloiden Zustandes durch Gefrieren.

Es ist eine dem Torfmanne längst bekannte Erscheinung, daß der Torf unter der Einwirkung des Frostes leidet. Die Zeit des Torfstiches muß an verschiedenen Orten erfahrungsgemäß so begrenzt werden, daß der zuletzt gewonnene Torf nicht mehr Gefahr läuft, vor der Erreichung eines hinreichenden Trocknungszustandes durch Eintritt eines Frühfrostes geschädigt zu werden (s. S. 440). Erfrorener Torf zerfällt nach dem Wiederauftauen in ein Pulver, das nicht mehr zur Sodenbildung geeignet ist und daher an seiner Verwertbarkeit als Brennstoff für gewöhnlich stark eingebüßt hat, allerdings nicht etwa durch Verringerung seines Heizwertes. Auch diese auffallende Veränderung des Torfes durch Kälte geht auf seine kolloide Natur zurück. Beim Gefrieren wird nach Lottermoser durch den hohen Druck bei der Eisbildung, die bekanntlich mit einer starken Volumzunahme verbunden ist, das Wasser aus dem Kolloid ausgepreßt und das irreversible Gel zwischen den Eiskristallen in Plättchenform ab-

[1]) s. S. 15.

geschieden. Es hängt damit eine Verringerung des Dispersitätsgrades zusammen, die beim Auftauen zu einem makroheterogenen System führt, d. h. es scheidet sich ein fester, pulverförmiger Niederschlag der festen Phase, und selbst ein kristallinischer Niederschlag des reinen Dispersionsmittels ab. Auf den großen Unterschied der Frostwirkung bei Torf von verschiedenen Zersetzungsstadien und daher auch von verschieden stark kolloider Natur ist bereits früher gelegentlich der Besprechung des Unterschieds von Streu- und Brenntorf hingewiesen worden. Eine technische Ausnützung der allgemein bekannten Frostwirkung beim Abpressen des Wassers aus Torf verfolgt das D. R. P. 217118 von Alexanderson[1]), der allerdings die Hauptwirkung fälschlich einer „Sprengung der wasserhaltenden Zellen" zuspricht[2]).

Anhang.

Haldenerhitzung feuchten Rohtorfs.

In der einschlägigen Literatur ist wiederholt über Selbsterhitzung feuchten Torfes in größeren Haufen berichtet worden, die sich in einzelnen Fällen bis zur Selbstentzündung gesteigert haben soll.

Schon Vogel[3]) warnt bei der Beschreibung der Exterschen Krümeltorfgewinnung, bei der durch Aufpflügen der Mooroberfläche ein halbtrockenes Material für die künstliche Trocknung und Brikettierung gewonnen wurde, vor der Aufspeicherung in Magazinen, „da das Torfklein, wenn es in großen Haufen aufgeschichtet ist, sich erhitzt und schon mehrmals von selbst sich entzündet hat".

Auch Haglund[4]), Jönköping, beschreibt die Selbsterhitzung von ungenügend trockenem, in ziemlich feuchtem Zustande in großen Mieten zusammengesetzten Torfsoden, und außerdem einige Fälle von Selbstentzündung. Auch hier wird davor gewarnt, nicht ganz trockenen Torf oder Torfabfall in Haufen zu setzen.

---

[1]) M., Berlin 1910, S. 107.
[2]) s. dazu S. 424.
[3]) Der Torf, 1859, S. 97.
[4]) M., Berlin 1908, S. 377.

Bei der allgemein üblichen Gewinnungsweise des Torfes wird verhältnismäßig selten Gelegenheit dazu gegeben sein, diese Erscheinung zu beobachten, da in den seltensten Fällen Veranlassung dazu vorhanden sein wird Torf in derartigen Mengen (8—10 Meter hohe Halden) aufzuspeichern, und da vor allem stapelfähiger Torf wie auch Torfabfälle selten einen derartig hohen Wassergehalt haben werden, wie die Voraussetzung für das Eintreten der Erhitzung zu sein scheint.

Die Haldenerhitzung von feuchtem Torf hat zuerst Peters, Langenberg, systematisch beobachtet und industriell ausgenützt. Nach seinem patentierten Verfahren „Zur Vorbereitung nassen Torfes für die Torfbrikettfabrikation“[1]), wird der ausgehobene Torf, nachdem er vorher etwas zerfasert worden ist, auf Haufen von etwa 10 Meter Höhe geschichtet. Er beginnt dann, sich von innen her zu erwärmen, und es wird nicht allein der Wassergehalt in genügender Weise herabgesetzt, sondern außerdem auch noch die „Torffaser“ durch Mürbewerden und durch eine Art Verrottung für die Brikettierung viel wertvoller, und die Struktur der daraus hergestellten Briketts eine viel gleichmäßigere. Das Eintreten der Reaktion wird durch die künstliche Vorwärmung der Torfhaufen mittels in dieselben gelegter Heizrohre für Abdampf, Essengase oder dergleichen beschleunigt. Das Langenbergsche Material ist ein Oderniederungstorf.

Ähnliche Erfahrungen hat A. Born, Ludwigshof, Kreis Ückermünde, gemacht[2]). Doch handelt es sich bei dem dortigen Vorkommen[3]) um eine Torfmudde (Seeschlick) mit über 30% Asche. Wird der gebaggerte Torfschlamm unzerkleinert in dünnen Schichten auf Flächen zum Trocknen ausgebreitet, so trocknet er sehr ungleichmäßig. Schüttet man nun diesen halbgetrockneten Torf stückig und krümelig, trocken und naß, wie ihn die Witterung liefert, durcheinander zu hoher Halde auf, so erhitzt er sich und schrumpft unter heftigem Abdampfen stark zusammen. Der Prozeß dauert etwa 6—12 Monate und soll nach Borns Angaben ein

[1]) D.R.P. Nr. 163277, Zusatz-Nr. 164226, 1903.
[2]) M., Berlin 1911, S. 429, 451; 1913, S. 227.
[3]) s. Z. f. angew. Ch. 1906, S. 1757.

schwarzes, körniges Material, fest wie Kohle, ergeben, welches Nässe nur wieder annimmt, wenn es ihrer Einwirkung längere Zeit ausgesetzt ist. Der Wassergehalt erfährt eine Verminderung und vor allem einen völligen Ausgleich, selbst wenn er bei Einbringung des Trockengutes in die Halde bis 40% und darüber differiert hat. Eine beachtenswerte Verminderung des Kohlenstoffs und Stickstoffs im Haldentorf soll während der Selbsterhitzung nicht bemerkbar geworden sein.

Auch mit Niederungstorf hat Born gearbeitet und ähnliche Erfahrungen wie Peters gemacht. Zerrissener, teilweise getrockneter, noch feuchter Niederungstorf erhitzt sich, wenn man ihn zerkleinert und etwa 8 Meter hoch aufschüttet, sehr schnell und backt unter heftigem Abdampfen zu einer so festen Masse zusammen, daß man davon Stücke nur mit einer Spitzhacke und dergleichen loslösen kann. Diese Stücke zerfallen dann auf bloßen Druck oder Stoß in heißen Staub. Während der Erhitzung vollzieht sich eine mäßige Herabsetzung und eine völlige Ausgleichung des Wassergehalts der ganzen Torfhalde unter merklichem Schrumpfen ihres Umfanges.

Bei Hochmoortorf dagegen ist die Erhitzung bisher nicht beobachtet worden, wie denn von beachtenswerter Seite[1]) die willkürliche Herbeiführung des Erhitzungsprozesses überhaupt bestritten wird.

Leider ist eine praktische Nachprüfung, die hier allein die Unstimmigkeiten zu beseitigen imstande wäre, dadurch sehr erschwert, daß der Langenberger Betrieb seit Jahren eingestellt ist und auch Ludwigshof ruht. Nach Mitteilungen von Ramm[2]) sind neuerdings im Wiesmoor Versuche, durch Aufschüttung halbtrockenen Torfes auf Halden einen Trockeneffekt zu erzielen, im Gange. Allerdings handelt es sich dort um Hochmoortorf, bei dem, wie erwähnt, bisher keine Selbsterhitzung beobachtet ist.

Auch Born hat in neuester Zeit ein auf dem gleichen Prinzip, wie das Peters'sche beruhendes Aufbereitungsverfahren für Torf durch „Druckverkohlung“ zum Patent angemeldet und stellt Ver-

---

[1]) Tacke, M., Berlin 1911, S. 449; 1914, S. 211.

[2]) M., Berlin 1914, S. 213.

suche in Aussicht. Man darf also wohl eine Klärung der Haldenerhitzungsfrage nach Abschluß der allerdings recht zeitraubenden Vorbereitungen erwarten. Es dürfte aber angebracht sein, bei der Vornahme dieser Versuche einige bisher nicht erörterte Gesichtspunkte in den Kreis der Untersuchung zu ziehen, auf die gelegentlich einer Veröffentlichung Borns[1]) Verfasser dieses in Gemeinschaft mit P. Werner hingewiesen hat[2]), und die gerade bei den beiden Materialien, an denen die Wärmeerscheinungen bisher mit Sicherheit beobachtet sind, dem Ludwigshofer Schlick und Langenberger Niederungstorf eigentlich am nächsten liegen. Es ist dies das Auftreten von Wärme bei gewissen „Zustandsänderungen" der Kolloide, speziell die Wärmeabgabe bei „freiwilliger Dispersitätsvergröberung" und bei in gewissem Sinne entgegengesetzten „Quellungsvorgängen".

Zur Erklärung der Haldenerhitzung beim Torf hat man nämlich ohne weiteres die Parallele mit der einerseits bei Steinkohlenhalden, andererseits bei Heuhaufen wohl bekannten Selbsterhitzung gezogen und sie auf dieselben Ursachen zurückzuführen versucht. Man nimmt also Oxydationsvorgänge, Tätigkeit von Bakterien, Schimmelpilzen und Gärung als die Ursache an. Jedenfalls ist man ausschließlich von der Annahme ausgegangen, daß die Wärmeentwicklung bei der Haldenerhitzung im wesentlichen auf Kosten von Torfenergie vor sich gehe, und daß die schließliche Strukturveränderung eine Folge der Wärmeentwicklung und der dabei mitspielenden Prozesse sei[3]).

Merkwürdig ist nun, daß ganz trockener Torf ebenso wie Torf mit über 45% Wassergehalt sich nicht oder nur in Mischung mit anderem Torf erhitzt. Durchfrorener Torf sowie Torf, der bereits einmal eine Selbsterhitzung durchgemacht hat, erhitzen sich nicht, selbst wenn sie mit anderem Torf gemischt werden. Dies spricht dafür, daß das Eintreten der Selbsterhitzung an das Vorhandensein des kolloiden Zustandes gebunden zu sein scheint.

Diese Einschränkung wäre nicht recht verständlich, wenn es

---

[1]) Born, M., Berlin 1913, S. 227.

[2]) Hoering und Werner, M., Berlin 1913, S. 251.

[3]) s. z. B. Wihtol-Born, M., Berlin 1912, S. 10, 35, 48, 97.

sich hier um Oxydationserscheinungen handeln sollte, die mehr von der chemischen Zusammensetzung abhängen und die schon an sich durch einen so hohen Feuchtigkeitsgehalt eher verhindert als begünstigt werden. Auch Gärung und andere Lebewesentätigkeit sind bei den direkt bakteriziden Eigenschaften[1]) des Rohtorfs, wenigstens primär, nicht wahrscheinlich. Dagegen fände sie eine befriedigende Erklärung in der freiwilligen Wärmeabgabe, die, wie oben erwähnt, als äußeres Resultat von „Zustandsänderungen" bei Kolloiden bekannt ist.

Leider ist das bisher veröffentlichte Tatsachenmaterial für eine Beurteilung nach diesen kolloidchemischen Gesichtspunkten noch wenig exakt. Von vornherein ist die Hoffnung nicht groß, ohne spezielle Versuche, die viel Zeit und Kosten beanspruchen würden, eine endgültige Erklärung zu geben. So viel scheint jedoch festzustehen:

1. Das Vorhandensein des kolloiden Zustandes ist eine Vorbedingung für das Eintreten der Erhitzung bei feuchtem Torf.

2. Für die Auslösung des Prozesses gibt es ein Zuviel und ein Zuwenig im Wassergehalt.

3. Es findet mehr ein Ausgleich des Wassergehalts statt als eine Änderung der chemischen Zusammensetzung, wenigstens in dem Umfange, wie es bei der Erhitzung ausschließlich auf Kosten von Torfenergie der Fall wäre.

4. Es resultiert eine durchgreifende Veränderung der physikalischen Struktur.

Wie in der kolloidchemischen Einführung (S. 420) auseinandergesetzt wurde, sind bei dispersen Systemen, von denen die „kolloide Lösung" ein Spezialfall ist, in der Hauptsache die mit der Zerteilung zunehmende Oberflächenentwicklung und die hierdurch auftretenden Oberflächen- und Grenzflächenenergien als Ursache ihrer besonderen Eigenschaften anzusehen. Diese äußern sich vor allem in mit zunehmender Verfeinerung der dispersen Teilchen immer engeren Beziehungen zwischen fester und flüssiger Komponente. Änderungen des Dispersionsgrades eines kolloiden

---

[1]) s. S. 211.

Systems führen bei weiterer Zerteilung in das Gebiet der „echten Lösung“, bei Vergröberung — etwa durch Zusammenschluß der Teilchen zu größeren Komplexen — in das Gebiet der „Suspension“.

Wir können uns hierbei ohne weiteres der Vorstellung bedienen, daß mit wachsendem Grad der Verteilung auch größere Arbeit aufgewendet worden ist, daß also z. B. in kolloiden Systemen größere Energiemengen balanzieren, als in der entsprechenden Suspension, d. h. eine Verfeinerung des Dispersionsgrades ist mit einem Verbrauch an Energie, eine Änderung in entgegengesetzter Richtung (Vergröberung) unter Umständen mit Energie-Abgabe verknüpft.

Bei den hier in Betracht kommenden Zustandsänderungen könnte es sich nun um „Dispersionsvergröberungen“ handeln.

Derartige mit Energieabgaben in Form von Wärme verbundene Dispersionsvergröberungen sind nun tatsächlich beobachtet, wenn auch noch wenig studiert. Niederschläge, wie Chrom- und Eisenhydroxyd, gehen bei einer anfänglichen Temperaturerhöhung plötzlich unter Aufglühen von einem hochdispersen in ein gröberes System über[1]). Entsprechende Vorgänge bei organischen Kolloiden und bei niederen Temperaturen liegen durchaus im Bereich der Möglichkeit, und positive Resultate noch nicht abgeschlossener Versuche liegen bereits vor. Z. B. spielen auch bei der Selbsterhitzung des Heues derartige Vorgänge eine Rolle. Sollte sich die Annahme bewahrheiten, daß die „Haldenerhitzung“ und „Druckverkohlung“ wenigstens primär in das Gebiet der angedeuteten Erscheinungen gehört, so wäre die Strukturänderung (fälschlich als Verkohlung bezeichnet) nicht als die Folge, sondern als die Ursache der Wärmeentwicklung anzusehen.

Die Bedingungen für das Eintreten eines solchen Prozesses sind bei der Haldenaufschüttung zweifellos vorhanden, außerdem können in einem die Wärme so schlecht leitenden Material leicht Wärmeansammlungen von ungewohnter

---

[1]) s. z. B. v. Bemmelen, Gesammelte Abhandlungen (Wo. Ostwald), S. 78; Wöhler, Kolloidzeitschrift, Bd. 11, S. 241; K. Endell und R. Rieke, Z. f. Min. u. Geol. 1914, S. 246; C. C. 1914, I. 1991.

Intensität stattfinden. Der Anstoß zur Auslösung des Vorganges ist noch unklar, doch bildet vielleicht die Tatsache einen Fingerzeig, daß bei Hochmoortorf die Selbsterhitzung bisher nicht beobachtet worden ist. Die auffälligste Differenz zwischen Hochmoortorf und den beiden von Peters und Born benutzten Niederungstorfen zeigt sich in ihrem Kalkgehalt, dem daher eine besondere Bedeutung zukommen könnte. Bekanntlich spielt die Anwesenheit von Elektrolyten eine große Rolle gerade bei Zustandsänderungen der Kolloide.

Die bei „Quellungsvorgängen" auftretende Wärme — die zweite der erwähnten Möglichkeiten — ist der in der Moorkultur als Mitscherlichs „Benetzungswärme" bekannten nahe verwandt[1]). Auch derartige Wärmeabgaben würden ohne Verbrauch von eigentlicher Torfenergie stattfinden, jedoch liegen hier andere Ursachen als bei dem zuerst beschriebenen Vorgang zugrunde. Die Kolloidquellung ist, wie nach den obigen Ausführungen ohne weiteres klar ist, eine Zustandsänderung im Sinne einer Dispersitätsverfeinerung, wäre also eigentlich an Energieverbrauch gebunden. Da aber bei der Quellung eine Kontraktion stattfindet, d. h. das Volumen der gequollenen Substanz kleiner ist als das Volumen der ursprünglichen Substanz, vermehrt um das Volumen des aufgenommenen Quellungsmittels, so erklärt der hierdurch hervorgerufene „Binnendruck" die Abgabe von Wärme[2]).

Gelegenheit zu solchen Quellungserscheinungen ist vor allem bei den nach Born aus feuchtem und trockenem Material gemischten Halden gegeben, und bei Versuchen zur Aufklärung der Haldenerhitzung feuchten Torfes wäre auch auf diese Möglichkeit der Wärmeabgabe zu achten[3]).

---

[1]) s. S. 187; Journal f. Landw. 1898, S. 255.

[2]) s. Rosenbohm, Wärmeentwicklung bei der Quellung der Kolloide. Dissert. Erlangen 1913.

[3]) Völlig verfehlt erscheint ein in neuester Zeit zum Patent angemeldetes „Verfahren und Vorrichtung zur künstlichen Inkohlung von Torf und Braunkohle" von Dr. Heine-Wilmersdorf. Danach wird der durch mechanischen Preßdruck (!) auf 60% entwässerte Rohtorf auf Halden aufgeschüttet, in die

C. Torfbrikettierung.

Bei den im vorhergehenden Abschnitt beschriebenen Entwässerungsmethoden und der Haldenerhitzung ist mit dem kolloiden Zustand der Torfsubstanz auch das Schwindevermögen des Rohtorfs beseitigt. Daher ist es nicht, wie bei der Trocknung, „unter Beibehaltung des kolloiden Zustandes“ möglich, die nächst der Wasserentfernung notwendigste Veredelung des Rohtorfes, die Beseitigung der räumlich ungünstigen Form, gleichzeitig mit der Trocknung zu erreichen. Das Trockengut resultiert bei diesen Verfahren in kleinstückiger oder pulverförmiger Form, so daß es sich nur für die Vergasung oder etwa zur Herstellung von Torfpulver an Ort und Stelle, aber nicht für gewöhnliche Heizung eignet.

Will man dagegen, wie es auch bei Benutzung dieser Verfahren meistens der Fall sein wird, einen transport- und stapelfähigen Brenntorf gewinnen, so ist man gezwungen, an die Entwässerung einen neuen, selbständigen Arbeitsvorgang anzuschließen, die „Brikettierung“.

Die Brikettierungsindustrie verdankt ihre Entwickelung in erster Linie der Möglichkeit, mit Hilfe mechanischer Mittel sonst wertlosem Abfall- und Bruchmaterial eine für den Verbrauchszweck geeignete Form zu geben und durch diese Veredelung die Verkaufsfähigkeit, und damit eine bedeutende Wertsteigerung zu erreichen. Sie findet aber in neuerer Zeit auch ausgedehnte Anwendung auf den verschiedensten Gebieten der Technik, wo es sich nur darum handelt, gebrauchsfähiges Material in eine für die Hantierung und Raumausnutzung — bei Lagerung oder Transport — handliche Form zu bringen, oder auch nur um eine bequeme Abteilung bestimmter Gewichtsmengen zu ermöglichen.

Eine ganz besondere Bedeutung aber hat, was Wert und Umfang betrifft, die Brikettierung für die Kohlenindustrie gewonnen.

---

dann ozonhaltige Luft eingeführt wird. Als Reaktionsgleichung, nach der sich der Prozeß vollzieht, wird vom Erfinder angegeben:

$$4C_5H_6O_2 + 6O = C_{12}H_{10}O_3 + 3CH_4 + 5CO_2 + H_2O.$$

Er verliert also in seinem „Verfahren“ 40% seines Kohlenstoffs und über 58% seines noch wertvolleren Wasserstoffs als Methan und Kohlensäure.

In der Mitte des vorigen Jahrhunderts wuchs mit der Ausdehnung der Steinkohlengewinnung auch die durch Abfall, Grus und Staubkohlen gebildete Menge unverkäuflichen Kohlenkleins derartig an, daß man ernstlich an dessen Beseitigung denken mußte und sich in großem Maßstab der Brikettierung zuwandte, die schon in verschiedenen Ausführungsformen vorlag. Auf der I. und II. Weltausstellung im Jahre 1851 in London und 1855 in Paris wurden z. B. schon mit Hartpech hergestellte Steinkohlenbriketts und übrigens auch schon Torfbriketts[1]) gezeigt und bewundert.

Viel wichtiger aber noch als für die Steinkohlenindustrie sollte die hier etwa 10 Jahre später erfolgte Einführung der Brikettierung für die Industrie der Braunkohlen werden.

Hier handelte es sich nicht nur um die Beseitigung von Abfällen, sondern die gegenüber der Steinkohle geringere Festigkeit und der losere Zusammenhalt der Braunkohle war längst als ein lästiger Übelstand empfunden worden, da nicht nur der Transport dadurch außerordentlich beschränkt wurde, sondern schon bei längerem Aufbewahren und Austrocknen Zerbröckeln zu Kohlenklein und Grus stattfand.

Man hatte daher auch schon frühzeitig versucht, durch Mischen mit fettem Lehm oder, ähnlich wie beim Torf, durch bloßes Kneten mit Wasser und späteres Trocknen, Formsteine (Formklötzen) und sogenannte Klütten (rheinische Braunkohlenklütten) herzustellen, wie sie in beschränktem Umfange noch heute in nächster Nähe der Braunkohlengruben in Gebrauch sind, aber ohne wesentlichen Erfolg. Da lernte man in der Brikettierung das geeignete Mittel kennen, um der Braunkohle, die vorher ihrer Hauptmenge nach in einem Zustande vorlag, in dem sie unmittelbar gar nicht oder nur sehr schwer zu verwerten war, die gleiche, wenn nicht gar eine größere Transport- und Stapelfähigkeit zu geben, als sogar ihre Hauptkonkurrentin, die Steinkohle, besaß.

So ist die Brikettierung, was bei der Beurteilung vor allem auch der modernen Torfbrikettierung zu beachten ist, für die

[1]) s. Vogel, S. 93.

Braunkohlenindustrie direkt die einzige Lösung eines längst gesuchten Veredelungsproblems geworden, die ihr erst die ausgedehnte Absatzmöglichkeit von heute erschlossen hat.

Dementsprechend war auch der Aufschwung, den die Braunkohlenbrikettierung, nachdem die Preß- und Trockentechnik gehörig durchgebildet war, genommen hat.

Während die Steinkohlenbrikettierung auch in den anderen Hauptproduktionsländern der Steinkohle betrieben wird, ist die Braunkohlenindustrie vor allem eine deutsche Industrie geblieben.

Für das Jahr 1907 konnte die Weltproduktion[1]) an Steinkohlenbriketts auf ungefähr 11 Millionen Tonnen geschätzt werden. Davon entfielen auf Deutschland 4 Millionen Tonnen, das in der gleichen Zeit mehr als die dreifache Menge Braunkohlenbriketts produzierte. Im Jahre 1913 betrug die Produktion an Braunkohlenbriketts in Deutschland bereits 21,4 Millionen Tonnen.

Von besonderem Interesse ist hier, daß die Braunkohlenbrikettierung ihr Vorbild in der damals schon bekannten Brikettierung von Torf fand, der ja ihrem Material näher verwandt ist als die Steinkohle.

Die erste Anregung zur Torfbrikettierung soll, nach Vogel[2]), von einem Engländer Gwynne ausgegangen sein, der in England Patente darauf nahm. Danach sollte der an der Luft oder durch irgend ein anderes Verfahren etwas getrocknete Torf zu feinem Pulver zerkleinert, in diesem Zustande vollständig getrocknet und endlich dieses trockene Pulver durch eine sehr starke Pressung in Torfziegel verwandelt werden. Eine Anlage nach dieser Erfindung hat in Irland bestanden, scheint aber keinen Erfolg gehabt zu haben, woran unter anderm die große Abnutzung der Apparate Schuld gewesen sein soll.

Ihre eigentliche Ausbildung verdankt die Torfbrikettierung aber erst dem Kgl. Bayerischen Oberpostrat Exter, dem das Gwynnesche Verfahren zwar bekannt gewesen zu sein scheint, der aber erst nach einer Reihe der schwierigsten und mühevoll-

[1]) s. Franke, S. 288.

[2]) l. c. S. 93; Dingler, Bd. 137, S. 432.

sten Versuche für die bayerische Eisenbahnverwaltung auf dem Ärarialtorfwerke Haspelmoor ein System einer Torfbereitung aufstellte und in Betrieb setzte, das zwar dem Prinzip nach mit jenem von Gwynne übereinstimmte, in der Ausführung aber völlig andere Bahnen einschlug.

Er bediente sich für die erste Trocknung der von ihm erfundenen „Krümeltorfgewinnung", bei der der Torf nicht, wie bei den anderen Methoden, gestochen oder gegraben wurde, sondern die erste Bearbeitung und Trocknung bis zur Zerkleinerung in Pulver gleich auf dem Moore stattfand. Das möglichst entwässerte Moor wurde wie gewöhnliches Ackerland mit Ochsen, später mit Dampfmaschinen umgepflügt, geeggt und der so erhaltene Krümeltorf nach dem sehr schnell erfolgenden Trocknen zusammengeharkt. Durch mehrmalige Operationen dieser Art wurden allmählich große Haufen von halbtrockenem Torfklein gebildet, welche entweder sogleich weiterverarbeitet oder in Magazine als Vorrat für die Winterarbeit gefüllt wurden.

Das Torfklein wurde dann nach weiterer Zerkleinerung in geheizten, eisernen Zylindern auf einen Wassergehalt von 15—18% getrocknet, gelangte mit einer Temperatur von 80° in vertikale Trichter und durch diese in die Pressen, die gleichfalls eine Extersche Konstruktion waren.

Die auf diese Weise erhaltenen Torfbriketts waren mit einem spez. Gewicht von 1,52 fünf bis sechs mal so schwer als der aus demselben Moore gewonnene Stichtorf und übertrafen somit alle damals bekannten Torfpräparate an Schwere, wobei, vor allem auch für eine gerechte Beurteilung der Exterschen Unternehmung, zu beachten ist, daß die heute so allgemein verbreitete Maschinentorfgewinnung nach Weber-Gysser damals erst im Entstehen begriffen war.

Trotzdem Exter so das technische Problem, das er sich gestellt hatte, in bewunderungswürdiger Weise gelöst hatte, — in bezug auf Qualität, Festigkeit und Bequemlichkeit des Transports leistete seine Methode alles, was man von einem Torfpräparat verlangen konnte, — endete der Betrieb im Haspelmoor, ebenso wie andere nach demselben Muster im In- und Auslande ausgeführte Unternehmen sehr bald mit einem völligen wirtschaftlichen Mißerfolge.

Einer der Gründe dafür lag in der Torfgewinnung. An sich ist es schon irrationell, das seine Zusammensetzung mit der Tiefe ändernde Moor horizontal abzubauen, aber auch die Trocknung auf der feuchten Mooroberfläche und der Transport des Torfkleins nach der Zentrale gestaltete sich viel schwieriger und kostspieliger, als man erwartet hatte. Endlich gelang es auch nicht, wie man geglaubt hatte, den Brennstoffverbrauch für Trocknung und Kraft mit den bei der Herrichtung des Moores gewonnenen Holzresten zu decken. Auch hier ergaben sich bedeutende Mehrkosten.

So mußte, trotzdem für damalige Zeit ganz außerordentlich große Mittel zur Verfügung standen, nach kurzem Bestehen wegen Unrentabilität infolge zu hoher Anlage- und vor allem Betriebskosten der Betrieb eingestellt werden und wurde nicht wieder aufgenommen. Wohl aber ist, wie erwähnt, die Extersche Torfbrikettierung das Vorbild für die Braunkohlenbrikettierung geworden, und bis in die Gegenwart wird dort fast allgemein nur mit der Exterschen Strangpresse mit offenem Preßkanal gearbeitet.

Nach längerer Pause, in der sich das Interesse der Torfleute in erster Linie der Weberschen Maschinentorfgewinnung zuwandte, haben die Erfolge der Braunkohlenbrikettierung, die vor allem der Ausbildung der Presse, Trockenapparate und der Mechanisierung des Betriebes zu danken sind, in neuerer Zeit dazu geführt, die Torfbrikettierung wieder aufleben zu lassen.

Es entstanden in Langenberg bei Stettin, Ostrach in Hohenzollern, im Schwenzelmoor (Ostpreußische Pentanwerke), Irinowka bei St. Petersburg und in Griendtsveen (Holland) Torfbrikettfabriken, die aber mit Ausnahme der letzten nach kürzerem oder längerem Bestehen wieder still gelegt werden mußten[1]). Am längsten hat sich die aus einem Schlemmtorfwerk hervorgegangene, von Peters in mustergültiger Weise geleitete Langenberger Fabrik, in der das von ihm erfundene, auf der Halden-

[1]) Über die Entwicklung einer von Peters bei Ferrara eingerichteten Fabrik ist nichts bekannt; s. M., Berlin 1910, S. 198.

erhitzung beruhende Aufbereitungsverfahren[1]) zur Verlängerung und Verbesserung der Produktion in Anwendung kam, gehalten. Auch sie mußte der durch den Bau der Jasenitzer Bahn erleichterten Konkurrenz der Braunkohle weichen.

Dieser Mißerfolg der neuerdings in Gang gesetzten Betriebe kann nicht weiter überraschen, nachdem sich die Unrentabilität der Torfbrikettierung schon in der ersten Periode ihres Bestehens ergeben hatte, also zu einer Zeit, wo es noch keine Braunkohlenbriketts, ja nicht einmal rationell hergestellten Maschinentorf gab. Trotzdem werden bis in die neueste Zeit die völlig verschiedenen wirtschaftlichen Möglichkeiten verkannt, welche die Brikettierung einerseits der Braunkohle, andererseits dem Torf bietet.

Wir haben bereits darauf hingewiesen, daß die Brikettierung für die Braunkohlenindustrie die Lösung eines zwingenden Veredelungsproblems bedeutete.

Dagegen liegt, seit der Torftechnik die nach allen Richtungen ausgearbeitete Maschinentorfbereitung zur Verfügung steht, bei Torf, anders als bei der Braunkohle, ein zwingender Grund für die Brikettierung an sich nicht vor, da es bei geeigneter Vorbereitung und Ausführung der, auch bei der Torfbrikettierung, und zwar in noch höherem Grade, unumgänglich nötigen Trocknung durchaus möglich ist, ein als Brennmaterial gebrauchsfähiges Produkt ohne jede besondere Maßnahme zur räumlichen Formverbesserung zu erzielen.

Das dabei abfallende Torfklein ist von viel zu geringer Bedeutung, als daß auf seine Verwertung eine besondere Brikettierungsindustrie aufgebaut werden könnte.

Die neuere Torfbrikettierung ging nun aber im Gegenteil in der Regel von dem schon gebrauchsfähigen Hauptprodukt der Brenntorfgewinnung aus und mußte dieses, um ihm die nötige Brikettierfähigkeit zu erteilen, erst auf einen höheren Trockenheitsgrad bringen, als ein gewöhnlicher lufttrockener Maschinentorf besitzt, was nur durch Aufwendung künstlicher Wärme möglich ist. Außerdem mußte der für die Brikettierung nötigen Ver-

[1]) s. S. 476.

wandlung in Pulver noch eine besondere, erste Zerkleinerung des Materials vorausgehen.

Diesen bedeutenden Mehrkosten gegenüber findet aber durch die Brikettierung keine nennenswerte Steigerung des Heizwertes[1]), sondern höchstens eine Erhöhung des Gebrauchswertes statt, und überhaupt werden die mechanischen Eigenschaften, verglichen mit gewöhnlichem Maschinentorf, kaum wesentlich verbessert (s. S. 447). Es wird sich daher die schon so häufig in Angriff genommene Brikettierung von Torf nur durch ganz besondere Umstände rechtfertigen. Ohne Zweifel sind die technischen Schwierigkeiten, aus lufttrockenem Torf ein gutes, dauerhaftes Brikett zu erzeugen, schon gelöst. Rentabel wird das eine besondere kostspielige und doch nur zeitweise in Betrieb befindliche Fabrikanlage erfordernde Verfahren nur selten sein können, da schon die Herstellung des Trockentorfs aus dem Rohtorf, wie wir gesehen haben, wegen der aus diesem zu beseitigenden riesigen Wassermenge in einer rentablen Weise nur bei zweckmäßiger Ausnutzung von Luft und Sonne unter möglichstem Sparen an Geldkosten verursachenden Hilfsmitteln gelingt.

Ein zwingender Grund zur Brikettierung des Torfes wird daher nur noch dann vorliegen, wenn die Gewinnung des Trockentorfes, zur Umgehung der Lufttrocknung, nach einem der Verfahren erfolgt ist, bei denen zur leichteren Entfernung des Wassers eine Zerstörung des kolloiden Charakters der Torfsubstanz vorausgegangen ist, wenn also die Eigenschaften des unter diesen Umständen in Form von Brocken oder eines groben Pulvers gewonnenen, trockenen Materials für seine weitere Verwertbarkeit eine besondere Formgebung erfordern.

Wirtschaftlich wird eine auf dieser Grundlage geschaffene Anlage aber auch dann nur arbeiten können, wenn durch den Verzicht auf die kolloiden Eigenschaften des Torfes bei der Entwässerung im Vergleich zur Maschinentorfherstellung derartige Ersparnisse gemacht worden sind, daß sie die Kosten des neu angeschlossenen

[1]) Nach Schreiber, Österr. M. 1900, S. 61, verhalten sich die Heizwerte von Brikett zu Maschinentorf wie 4 : 3, die Kosten leider wie 8 : 4.

Arbeitsvorganges und der für ihn nötigen weiteren Zerkleinerung und künstlichen Trocknung decken können.

Zu diesen Ersparnissen wäre allerdings zu rechnen, wenn es gelänge, durch das immerhin kompliziertere Verfahren die Unabhängigkeit vom Wetter und damit einen kontinuierlichen Betrieb zu erlangen, wie es augenscheinlich auch Exter beabsichtigt hatte.

Was nun die Brikettierung selbst betrifft, so eignet sich, wie erwähnt, fast jeder Brenntorf dazu, wenn er genügend zerkleinert und bis auf 15—18% getrocknet ist.

Wie gleichfalls schon angedeutet, handelt es sich bei der Formung mittels Brikettierung um eine vollständig andere Art der Bindung, wie bei der Sodenherstellung durch Lufttrocknung. Während hier die vorhandenen Kolloidstoffe die Hauptrolle spielen, sind es dort die bitumenartigen Stoffe, welche für das Zusammenkleben der Kleinteile unter der Wirkung hohen Drucks erforderlich sind. Der Torf enthält in der Regel ebenso wie die Braunkohle die zur Brikettierbarkeit nötigen Mengen an Bitumen. Darunter sollen nach Scheithauer[1]) nicht nur der durch Extraktion mit einem organischen Lösungsmittel extrahierbare Teil, sondern die gesamten Teerbildner verstanden sein, die bei der Destillation den Teer geben. Seine Versuche zeigten, daß eine sehr extraktreiche Schwelkohle (mit 18% löslichem Bitumen), die sich, wie bekannt, nur sehr schwer brikettieren läßt, sowohl nach dem Ausziehen des Bitumens bis auf 1,9%, wie auch nach der vollständig erschöpfenden Extraktion sich noch sehr gut brikettieren ließ. Dagegen konnte der aus dieser Kohle durch Verschwelung gewonnene, also vollständig entbituminierte Grudekoks auch nicht bei einem Druck von 2000 Atmosphären brikettiert werden, wohl aber wieder recht gut nach Zusatz von bitumenhaltiger Braunkohle, von extrahiertem Braunkohlenbitumen, oder von Hartpech.

Wie die verschiedenen Arten der Braunkohle, so wird sich je nach seiner Zusammensetzung auch der Torf in seiner direkten Brikettierbarkeit unterscheiden, und nur solche Sorten, die sich

[1]) Scheithauer, „Das Bitumen der Braunkohle". Braunkohle III, 1904, S. 97.

nach dem Ergebnis eines besonders anzustellenden Brikettierungsversuchs im großen als brikettierungsfähig ohne Zusatz eines anderen bitumenartigen Körpers erweisen, sollten für die Brikettgewinnung in Betracht gezogen werden.

Nach weiteren Versuchen von Scheithauer ließ sich auch Holzkohle unter keinen Bedingungen brikettieren, während Holz, das Teerbildner enthält, sehr schöne Briketts ergab. Die Sägespänebriketts lieferten bei der Schwelanalyse 12% Teer, verlieren aber bei der trockenen Destillation ihren Zusammenhalt und fallen auseinander. Bitumenfreier Ton ließ sich nicht brikettieren, dagegen konnte ein bituminöses Tongeschiefer aus Italien, das bei der Schwelanalyse 2% Teer ergab, zu einem dauernd haltbaren Brikett geformt werden. Also auch bei diesen beiden Stoffen ist nur der Gehalt an Teerbildnern für ihre Brikettierfähigkeit ausschlaggebend.

An dieser Stelle ist es vielleicht von Interesse, daran zu erinnern, daß Torfbriketts im Feuer zerfallen, daß sie daher z. B. zur Verkokung[1]), die ja vor allem in der Austreibung des Bitumens besteht, nicht geeignet sind. Ebenso ist es unzweckmäßig und unwirtschaftlich, Torf behufs Vergasung im Generator erst zu brikettieren, für die sich gerade der natürliche lufttrockene Torf wegen seiner großen Porosität und der damit zusammenhängenden großen Oberflächenentfaltung besonders eignet.

In neuerer Zeit ist wiederholt der Hoffnung Ausdruck gegeben worden, der Konkurrenz des Braunkohlenbriketts, die schon anfängt in sonst ausgesprochenen Torfabsatzgebieten sich bemerkbar zu machen, mit Hilfe der Torfbriketts begegnen zu können. Zum Schlusse sei daher kurz auf diese Verhältnisse eingegangen, aus denen gleichfalls hervorgeht, daß die Torfbrikettfabrikation mit wirtschaftlichem Erfolge wohl nur in besonderen Ausnahmsfällen, nämlich, abgesehen von dem Vorhandensein sehr guten Torfs, der mit billigen Arbeitslöhnen unter guten Trocknungsverhältnissen aus einem sehr gut entwässerten Moore gewonnen wird, nur außerhalb des Absatzgebietes von Preßkohlen in Frage kommt. Sie ist, wie Hausding mit Recht sagt, überall dort von vorn-

[1]) Es mag von Interesse sein, hier kurz über künstliche Vertorfungsver-

herein ausgeschlossen, wo Braunkohle in irgend einer Form billiger ist als das zur Herstellung von Preßtorf dienende Halb-

suche von Schilf sowie die Verkokung daraus hergestellter Briketts, die sich ganz anders als Sägespäne- und Torfbriketts verhalten, zu berichten; s. Z. Wien 1911, S. 124.

Der Verfasser hat in den Jahren 1907—1912 in seinem Privatinstitut Versuche angestellt, um die Frage zu entscheiden, ob für die im Sudan fehlende Kohle ein Ersatz geschaffen werden kann, da von der Erschließung und Kultivierung des Sudans, eines der fruchtbarsten Gebiete der Erde, wo vor allem Baumwolle, Zuckerrohr, Kaffee, Tabak und andere tropische Nutzpflanzen vorzüglich gedeihn, die ganze Zukunft dieser Länder abhängt. Durch 2 Expeditionen stellte der Verfasser fest, daß die am oberen Nil wachsenden Schilfpflanzen, Papyrus und Um Soof, die ungeheure Fläche von etwa 35000 Quadratmeilen bedecken. Der aus dem Altertum längst bekannte Papyrus erreicht eine Höhe von 5—7 Metern, Um Soof eine solche von $2^1/_2$—3 Metern. Das Wachstum des Schilfes beträgt pro Tag ungefähr 1 Zoll, so daß im Jahre etwa 3 Mal geerntet werden kann.

Die Versuche, durch einen künstlichen Vertorfungsprozeß das Schilf in Sodenform zu verarbeiten, nahmen einen so günstigen Verlauf, daß die anglo-ägyptische Regierung des Sudans sich veranlaßt sah, diese Versuche in jeder Richtung hin zu fördern. Die durch diese künstliche Vertorfung des Schilfes erzielten Soden glichen vollständig den Torfsoden, und hatten die Dichte und den Heizwert von Stichtorf. Da aber diese Soden infolge ihres Volumens nur auf einen kleineren Aktionsradius beschränkt waren, wurde versucht, aus dem Schilf Briketts herzustellen, obgleich infolge der Kieselsäurepanzerung der Schilfe wenig Aussicht auf Erfolg vorhanden war. Trotzdem gelang es dem Verfasser, ein Spezialverfahren auszuarbeiten, das in Deutschland (D. R. P. 250737/4. II. 1911), Belgien, Groß-Britannien, Rumänien, im Kongostaat, Britisch-Ostafrika und Indien patentiert wurde. Nach diesem Verfahren wird aus Schilf ein überraschend gutes Brikett erhalten. Die Briketts werden mit der einfachen Strangpresse hergestellt, ihre Dichte kann nach Belieben von der des Holzes bis zu der des Braunkohlenbriketts gesteigert werden. Durch die Stapelfähigkeit und vollständige Raumausnützung sowie seine Dichte ist das Schilfbrikett dem Holze überlegen, sein Heizwert beträgt 3500—4000 Kalorien, und derjenige des daraus hergestellten Kokses 6000—6500 Kalorien. Der Wassergehalt der Briketts ist ein sehr geringer, da frisch geerntetes Schilf in den tropischen Ländern schon in 1—2 Tagen seinen Wassergehalt bis auf etwa 2% abgibt, und zwar ohne jede künstliche Trocknung. Die chemische Zusammensetzung zeigt folgende Analyse:

	Suddite (Schilfbrikett)	Suddite-Koks.
C	46,16	72,01%
H	3,93	2,17%
O etc.	43,86	9,24%
Asche	6,05	16,58%

Damit war die Brennstoff-Frage für die kohlenarmen afrikanischen Länder vorerst gelöst, und ein deutsch-englisches Konsortium erhielt von der Sudan-Regierung das Monopol, nachdem der Verfasser in der Maschinenfabrik gut, d. h. Torfmull oder Torfgrus mit etwa 60% Feuchtigkeitsgehalt[1]).

Um wie viel der Rohtorf hinter der grubenfeuchten Braunkohle und gar erst gegenüber der wasserarmen Steinkohle wegen seines außerordentlich hohen Wassergehaltes zurücksteht, zeigt schon folgende kurze Betrachtung:

Bei der sehr günstigen Annahme eines Heizwertes von 4000 Kalorien für Trockensubstanz von Torf, ebenso für Braunkohle, und von 6500 Kalorien für Steinkohle fördern wir

mit einer Tonne guten Moors mit 88% Wasser	480 000 Kal.
mit einer Tonne Braunkohle mit 50% Wasser	2 000 000 Kal.
mit einer Tonne Steinkohle aber	6 500 000 Kal.

an die Oberfläche.

Bei der Bewegung einer Tonne Moor zur Bearbeitung derselben schleppen wir 880 kg Wasser mit, bei Braunkohle 500 kg und bei Steinkohle haben wir so gut wie keinen Ballast zu bewegen. Wollen wir aber beim Torf dieselbe Menge Kalorien för-

---

Buckau, Aktien-Gesellschaft zu Magdeburg, eine Versuchsanlage hat ausführen, in Karthum aufstellen und in Betrieb setzen lassen. Es zeigte sich, daß die Nildampfer mit dem neuen Heizstoff „Suddite“ genannt, dieselbe Leistung wie mit bester englischer Kohle erreichten.

Dem Verfasser gelang es weiterhin, aus Papyrus einen vorzüglichen Faserstoff herzustellen, der geeignet erscheint, nicht nur Jute zu ersetzen, sondern auch für bessere Gewebe verwendet zu werden. Außerdem wird als Abfall ein Halbstoff für die Papierfabrikation gewonnen. Diese Verfahren sind ebenfalls durch Patente geschützt.

Zur Ausbeutung derselben wurde eine Fabrikanlage im Sudan am Lake No errichtet, die, beinahe fertig gestellt, infolge Ausbruch des Krieges still gelegt werden mußte.

Diese Schilfbriketts zeigen im Gegensatz zu Sägespäne- und Torfbriketts das interessante und im voraus nicht zu erwartende Verhalten beim Verkoken, daß sie einen ganz vorzüglichen und dichten Koks liefern, der gerade in diesen kohlenarmen afrikanischen Gebieten, die Steinkohle und Koks aus Europa einführen müssen, von außerordentlichem Werte für metallurgische Zwecke ist. Befremdenderweise hat das deutsche Patentamt dieses neue Verfahren der Koksgewinnung nicht als patentfähig anerkannt.

Der Verfasser beabsichtigt, über diese hier kurz angeführten Versuche in Bälde eingehender zu berichten.

[1]) s. Hausding, S. 102. Hier findet sich auch eine eingehende Darstellung und Bewertung der Betriebseinzelheiten der Brikettierung.

dern, die in 1 Tonne Braunkohlen enthalten sind, so müssen wir rund 4 Tonnen Moor fördern.

Um 1. Tonne Torfbriketts mit 15% Feuchtigkeit herzustellen, sind bei einem 88proz. Moor rund 7,1 Tonnen Rohtorf zu fördern. Legen wir einen billigen Förderpreis, etwa 25 Pfennige pro Tonne, zu Grunde, so betragen diese ersten Kosten M. 1,78.

Für 1 Tonne Braunkohlenbriketts mit gleichem Wassergehalt sind aber nur rund 1,7 Tonnen Kohle zu fördern. Nehmen wir die reinen Förderkosten ohne Transportkosten zur Fabrik gleichfalls mit 25 Pf. an (in Wirklichkeit beträgt bei den vorzüglich ausgebildeten Einrichtungen der Braunkohlenindustrie der Preis hierfür bedeutend weniger), so betragen sie hier für das Rohmaterial M. 0,43.

Der Unterschied bei den ersten Gewinnungskosten des Rohmaterials beträgt also bei Torf- und Braunkohlenbriketts schon M. 1,78 — 0,43 = M. 1,35 pro Tonne, während der Heizwert der fertigen Briketts annähernd der gleiche ist.

Von den geförderten 1,7 Tonnen Braunkohle sind nun ca. 700 kg Wasser zu verdunsten und dafür, wenn für jedes Kilo in der Praxis ca. 700 Kalorien nötig sind, 122,5 kg der fertigen Briketts mit 4000 Kalorien Heizwert aufzuwenden, so daß als Verkaufsware 877,5 kg übrigbleiben, deren erste Kosten 43 Pfennige, also für die Tonne rund 49 Pfennige betragen.

Von den geförderten 7,1 Tonnen Moor sind aber 6100 kg Wasser zu entfernen. Nehmen wir selbst an, daß es gelingen sollte, mit irgend einer Einrichtung, die es bisher noch nicht gibt, den Wassergehalt der rohen Moormasse bis auf 66% im ersten Verfahren herabzudrücken, so sind immer noch 1500 kg Wasser aus 2,5 Tonnen Torf mit 66% Wasser zu verdunsten, um 1 Tonne Torf von 15% Feuchtigkeit zu erhalten. Dazu müssen wir, gleichen Heizwert wie bei den Braunkohlenbriketts vorausgesetzt, 262,5 kg der gewonnenen Torfbriketts aufwenden, so daß nur 737,5 kg Verkaufsware übrig bleiben, auf denen bereits 1,78 M. erste Kosten, also M. 2,41 für eine Tonne, lasten, und die Differenz dieser ersten Kosten für Braunkohlenbriketts (0,49 M.) und Torfbriketts (2,41 M.) würde also 1,92 M. zuungunsten der letzteren betragen.

Nach den hier gemachten Annahmen ist allerdings beim Torf eine mehr als doppelt so große Wassermenge wie bei der Braunkohle zu entfernen. Es entspricht aber den tatsächlichen Verhältnissen, daß es keine Schwierigkeiten bereitet, die rohe Braunkohle mit 50% Feuchtigkeit zu fördern. In vielen Fällen wird der Feuchtigkeitsgehalt der grubenfeuchten Braunkohle ein erheblich geringerer sein. Dagegen bedeutet bereits die Herabdrückung des Wassergehalts von Rohtorf auf 66%, also nach dem gewählten Beispiel die Beseitigung von 4600 kg Wasser aus 7100 kg Rohmoor die Leistung einer sehr schwierigen Arbeit.

Aus diesen Betrachtungen erhellt zur Genüge, daß ein solcher Halbrohtorf, wegen seiner bedeutend höheren Gewinnungskosten, nicht mit Rohbraunkohle, die mit einem noch geringeren Feuchtigkeitsgehalt gefördert wird, in Wettbewerb treten kann. Damit steht die Unrentabilität der Torfbrikettierung von vornherein fest, solange nicht durch wesentliche Verbesserungen der Rohtorfgewinnung diese Schwierigkeiten überwunden sind. Dadurch allein ist aber auch noch nicht alles gewonnen, denn es wäre ein bedenklicher Jrrtum, wie schon gelegentlich der Besprechung des Wiesbadener Naßpreßverfahrens (S. 463) ausgeführt, wenn man, was heute anscheinend noch allgemein geschieht, annehmen will, daß der Verlauf der Brikettfabrikation für Torf und Braunkohle nahezu derselbe sei, sobald die zu brikettierenden Rohstoffe mit ungefähr gleichem Feuchtigkeitsgehalt von 50—60% in die Trockeneinrichtungen gelangen. Denn man übersieht dabei die kolloide Natur des Halbrohtorfs, die bei Verwendung der üblichen Trockenapparate noch besondere Schwierigkeiten bereitet. Der Torf wird infolge dieser Beschaffenheit in der Wärme schmieriger und zäh-haftender, während die Braunkohle hierbei pulverig wird, zerfällt und ohne Schwierigkeit durch den Trockenapparat wandert. Die Durchsicht der Literatur und Anfragen bei in Betracht kommenden Betrieben ergaben weder eine einwandfreie Bestätigung, noch eine Widerlegung der genannten Bedenken. Verfasser beabsichtigt deshalb diese für die Torfbrikettierung wichtige Frage demnächst durch Versuche in der Praxis zu entscheiden.

II. Kapitel.

Der Torf als Brennstoff.

Die Hauptmenge des gewonnenen Torfes dient, abgesehen von dem zu Brennstoffzwecken ungeeigneten Streutorf, auch heute noch in den Produktionsländern, zumeist im näheren Umkreis der Gewinnungsstätte, in erster Linie zur Heizung von Hausfeuerungen, während er in weit geringerem Maße auch in Industriefeuerungen Verwendung findet. Der Brenntorf ist namentlich für Dampfkesselfeuerungen, für Sud- und Braupfannen, in Glashütten und Tonwarenfabriken, besonders in Ziegeleien gut erprobt, und hat früher auch in Eisenwerken sowie zur Lokomotivheizung Verwendung gefunden. Der Torf würde sicher eine weit größere, seiner guten Eignung als Brennstoff und seinem reichen Vorkommen entsprechende Verbreitung besitzen, wenn nicht die Möglichkeit dazu aus den im Vorausgehenden behandelten Gründen durch den meist überlegenen Wettbewerb seitens der Stein- und Braunkohle stark beeinträchtigt würde. Doch liegt die Überlegenheit der letzteren nicht in ihrer besseren Eignung als Brennstoff — ein guter Torf ist einer guten Braunkohle so gut wie ebenbürtig —, sondern hauptsächlich in ihren geringeren Gestehungskosten und besseren Transportverhältnissen.

Als Brennstoffe werden solche Stoffe verwendet, die unter Zuführung von Luft brennen können und, nachdem sie entzündet sind, in Brand bleiben. Sie müssen in der Natur in genügender Menge zur Verfügung stehen und leicht ohne große Kosten gewonnen werden können. Auch müssen ihre Verbrennungsprodukte chemisch indifferent sein, damit sie auf die Feuerungsanlagen nicht zerstörend einwirken. Als brennbare Bestandteile kommen daher nur Kohlenstoff und Wasserstoff in Betracht, die zu Kohlensäure und Wasser verbrennen. Ein Gehalt an flüchtigen Schwefelverbindungen, die zu schwefliger Säure verbrennen, beeinträchtigt die Verwertbarkeit eines Brennstoffes in hohem Maße, da die Feuerungsgase, welche schweflige Säure enthalten, auf die Metallbestandteile, z. B. bei Kesselfeuerungen auf die Kesselwandungen zerstörend einwirken.

Außer den natürlich vorkommenden Brennstoffen, zu denen einerseits Holz und die natürlichen Umwandlungsprodukte älterer Pflanzenreste, Torf, Braun- und Steinkohle, andererseits Erdgas und Erdöl gehören, deren Ursprung mit großer Wahrscheinlichkeit auf die Umwandlung tierischer, zum Teil auch pflanzlicher, bezw. der Mikroflora entstammender Fette zurückzuführen ist, finden auch die aus den festen, fossilen Brennstoffen durch künstliche Umwandlung bei der Trockendestillation entstandenen Produkte Koks, Gas und die kohlenwasserstoffreichen Destillationsprodukte, sowie die verschiedenen Produkte und Abfallstoffe der Mineralölaufbereitung als Brennstoffe Verwendung.

A. Feuerungstechnisches im allgemeinen.

Heizwert. Der Wert eines Brennstoffes richtet sich nach der von der Gewichtseinheit desselben bei seiner vollständigen Verbrennung gelieferten Wärmemenge, nach seinem „Heizwert“.

Die bekannten Vorgänge bei der Verbrennung des Kohlenstoffs und Wasserstoffs stellen sich thermodynamisch betrachtet und auf Grammatome bezw. Gramm-Moleküle bezogen durch folgende Gleichungen dar

C	+	O_2	=	CO_2	+	97600 cal.	. .	(1)
12 g		32 g		44 g				
Kohlenstoff		Sauerstoff		Kohlensäure				
2 C	+	O_2	=	2 CO	+	58800 cal.	. .	(2)
24 g		32 g		2 × 28 g				
Kohlenstoff		Sauerstoff		Kohlenoxyd				
2 CO	+	O_2	=	2 CO_2	+	136400 cal.	.	(3)
2 × 28 g		32 g		2 × 44 g				
Kohlenoxyd		Sauerstoff		Kohlensäure				
2 H_2	+	O_2	=	2 H_2O	+	116400 cal.	.	(4)
2 × 2 g		32 g		2 × 18 g				
Wasserstoff		Sauerstoff		Wasser, dampfförmig				

Die nach diesen Gleichungen bei der Verbrennung der freien Elemente auftretende Wärmemenge übertrifft in der Regel die Wärmemenge welche bei der Verbrennung einer chemischen Verbindung auftritt, die sie in der gleichen Menge enthält. Denn der Energieinhalt einer solchen Verbindung ist um den Betrag ihrer Bildungswärme aus den Elementen vermindert, nur jene Verbindungen, in welchen sie unter äußerer Wärmezufuhr (d. h. mit negativer Wärmetönung) zusammengetreten sind, wie z. B. im Azetylen, liefern bei ihrer Verbrennung einen höheren Wärmeeffekt, als die Summe der Verbrennungswärmen ihrer Bestandteile beträgt. Dieser Fall kommt bei den gewöhnlichen fossilen Brennstoffen nicht in Betracht. Der wirkliche Wert ihrer Bildungswärme ist uns aber mangels einer genügenden Kenntnis ihres strukturchemischen Aufbaues noch nicht bekannt. Man macht für die rechnungsmäßige Ableitung des Heizwertes aus der Zusammensetzung die für den Kohlenstoff nur teilweise, für den Wasserstoff und Sauerstoff jedenfalls fast gar nicht zutreffende Annahme, daß der Kohlenstoff als solcher in freiem Zustande vorhanden, der Wasserstoff, soweit der vorhandene Sauerstoff reicht, mit diesem zu Wasser zusammengetreten und der Rest als freier Wasserstoff vorhanden sei. Es ergibt sich dann für die Berechnung des Heizwertes die zuerst von Dulong aufgestellte Formel, welche in Gestalt der bereits auf S. 221 wiedergegebenen, sogenannten „Verbandsformel“

$$\text{Heizwert} = 81\,C + 290\left(H - \frac{O}{8}\right) + 25\,S - 6\,aq$$

für Steinkohle und meist auch für Braunkohle sehr gut mit der kalorimetrischen Bestimmung übereinstimmende Resultate gibt.[1]) Für Brennstoffe mit zelluloseähnlicher Zusammensetzung, wie für Holz und Torf, fallen die wirklich kalorimetrisch ermittelten Werte erheblich höher aus. Für sie eignet sich die von Langbein angegebene Modifizierung der Dulongschen Formel

$$\text{Heizwert} = 81\,C + 270\,H + 25\,S - [25{,}5\,O + 6\,(9\,H + aq)].$$

Die Genauigkeit des mit diesen Formeln erhaltenen Resultats wird wesentlich von der Genauigkeit, mit welcher der Sauerstoffgehalt ermittelt wird, beeinflußt. Da dieser nur aus der Differenz

---

[1]) vergl. Lunge, Chemisch-technische Untersuchungsmethoden, II. Band, 5. Aufl. S. 548 (1905).

der Summe der übrigen Bestandteile gegen 100 bestimmt wird, muß außer Kohlenstoff, Wasserstoff, Schwefel und Wasser auch Asche und Stickstoffgehalt des Brennstoffs möglichst genau ermittelt werden. Näheres über Heizwert des Torfes und seine Bestimmung siehe S. 214ff.

Hitzegrad und erreichbare Höchsttemperatur. Von dem Heizwert des Brennstoffs hängt auch der mit ihm erreichbare „Hitzegrad" ab. Der höchste erreichbare Hitzegrad wird bei der Verbrennung mit reinem Sauerstoff erhalten. Da jedoch praktisch heute noch fast ausschließlich die Verbrennung mit atmosphärischer Luft in Betracht kommt, so bezeichnet man mit dem Hitzegrad die Temperatur, welche sich für die Verbrennungsprodukte bei vollständiger Verbrennung des Brennstoffs mit der gerade notwendigen Menge Luft von 0^{0} und bei Vermeidung jedes Wärmeverlusts berechnet. Diese Höchsttemperatur ist natürlicherweise viel niedriger als bei der Verbrennung in reinem Sauerstoff, denn es tritt unvermeidlich eine Verdünnung der Feuergase mit Stickstoff in etwa der vierfachen Menge des verbrauchten Sauerstoffs ein, da die atmosphärische Luft sich ungefähr aus $^{1}/_{5}$ Sauerstoff und $^{4}/_{5}$ Stickstoff zusammensetzt. Tritt bei der Verbrennung außer der notwendigen Luft noch ein weiterer Luftüberschuß hinzu, so wird dadurch im Verhältnis zu seiner Menge eine weitere Herabsetzung des erreichbaren Hitzegrades herbeigeführt.

Die zur Verbrennung theoretisch erforderliche Luftmenge läßt sich nach den S. 496 angeführten Gleichungen leicht aus dem Gehalt des Brennstoffs an Kohlenstoff, Wasserstoff und Sauerstoff berechnen.[1]) Für 1 Gewichtsteil Kohlenstoff ist $^{1}/_{12}$, für 1 Gewichtsteil Wasserstoff $^{1}/_{4}$ der Molekulargewichtsteile Sauerstoff erforderlich. Da bei jedem Gas oder vollkommenem Dampfe ein Gramm-Molekül d. h. die Anzahl Gramme, die das Molekulargewicht ausdrückt, unter gleichen Zustandsbedingungen das gleiche Volumen einnimmt,

---

[1]) Bei der Berechnung wird hier auf die Anwesenheit von Schwefel nicht Rücksicht genommen, da nur der flüchtige Teil desselben, welcher mit den Verbrennungsgasen als schweflige Säure (zum Teil als Schwefelsäure) entweicht, in Betracht kommt, und dieser Teil beim Torf in der Regel vernachlässigt werden kann.

bedient man sich zweckmäßig bei den nötigen Berechnungen anstelle der Gewichtsteile des Normallitervolums, d. h. des Volumens eines Gramm-Moleküls in Litern. Es beträgt bei 0° und 760 mm Druck bei Berechnung der Atomgewichte ausgehend von $0 = 16$[1]) 22,4 l, bei Zugrundelegung von H = 1, wie es bisher üblich war und hier der Einfachheit halber für die technischen Zwecke beibehalten wird, 22,2 l.

Beziehen wir uns auf kg und cbm,[2]) so ergibt sich aus dem Gesagten, daß für 1 kg Kohlenstoff $^1/_{12}$, für 1 kg Wasserstoff $^1/_4$ von 22,2 cbm Sauerstoff zur vollständigen Verbrennung erforderlich ist.

Bezeichnen wir die in einem Brennstoff vorhandenen Prozente Kohlenstoff mit c, die Prozente Wasserstoff mit h und die Prozente Sauerstoff mit o, so stellt sich, da der im Brennstoff vorhandene Sauerstoff ausreicht, um $^1/_8$ seines Gewichts Wasserstoff zu Wasser zu verbrennen, das für 1 kg des Brennstoffs erforderliche Volumen Sauerstoff (auf Normalbedingungen reduziert) dar zu:

$$O_{\text{Verbr.}} = \left(\frac{c}{12 \cdot 100} + \frac{h - \frac{o}{8}}{4 \cdot 100}\right) \cdot 22{,}2 \text{ cbm}$$

$$= \left[c + 3\left(h - \frac{o}{8}\right)\right] \frac{22{,}2}{12 \cdot 100} \text{ cbm} \quad . \; . \; . \; . \; . \quad \text{(I)}$$

Das erforderliche Volumen atmosphärische Luft berechnet sich, da ihr Gehalt an Sauerstoff 21 Vol. Prozent beträgt, daraus, zu:

$$L_{\text{Verbr.}} = O_{\text{Verbr.}} \frac{100}{21} \text{ cbm} = \frac{100 \cdot 22{,}2}{21 \cdot 12 \cdot 100} \left[c + 3\left(h - \frac{o}{8}\right)\right] \text{ cbm}$$

$$= \frac{22{,}2}{21 \cdot 12} \left[c + 3\left(h - \frac{o}{8}\right)\right] \text{ cbm}$$

$$= 0{,}881 \left[c + 3\left(h - \frac{o}{8}\right)\right] \text{ cbm} \quad . \; . \; . \; . \; . \; . \; . \; . \; . \; . \quad \text{(II)}$$

---

[1]) Für Wasserstoff ist dann das Atomgewicht H = 1,008 zu setzen.

[2]) Bei 0° und 760 mm Druck wiegt

ein cbm	Kohlensäure CO_2	1,978 kg,
„ „	Sauerstoff O_2	1,427 kg,
„ „	Stickstoff N_2	1,263 kg,
„ „	Atmosph. Luft	1,293 kg.

Das Gewicht eines cbm Wasserdampf ist 0,803 kg.

Aus den Gleichungen I und II läßt sich auch das Volumen und die Zusammensetzung der Verbrennungsprodukte ableiten. Das Volumen der gebildeten Kohlensäure ist dem für die Verbrennung des Kohlenstoffs verbrauchten Volumen Sauerstoff gleich; das des gebildeten Wasserdampfes ist doppelt so groß wie das für die Verbrennung des gesamten Wasserstoffs verbrauchten Volumens Sauerstoff. Es vermehrt sich daher das Volumen der zugeführten Verbrennungsluft um

$$22{,}2 \cdot \frac{h}{4 \cdot 100}\ \text{cbm.}$$

Dazu tritt noch das Volumen des Wasserdampfes, der von dem Wassergehalt des Brennstoffs herrührt. Das Endvolumen der Verbrennungsprodukte ergibt sich dann nach dem Gay-Lussac'schen Gasgesetze aus der bei der Verbrennung erreichten Höchsttemperatur, die wiederum von der bei der Verbrennung erzeugten Wärmemenge abhängt.

Kennen wir die spezifische Wärme der verschiedenen gas- oder dampfförmigen Bestandteile, die in den Verbrennungsprodukten enthalten sind, der Kohlensäure, des Wasserdampfs, des Stickstoffs und Sauerstoffs, bezw. der atmosphärischen Luft, also die Wärmemengen, welche zur Erhitzung der Gewichts- bezw. der Volumeinheit erforderlich sind, so können wir berechnen, wie hoch die erzeugten Verbrennungsprodukte mit der gebildeten Wärmemenge erhitzt werden können. Eine solche Berechnung gestaltet sich aber recht verwickelt, da die für jeden der Bestandteile verschiedene spezifische Wärme eine komplizierte Funktion des Temperaturintervalles ist, über den sich die Erhitzung erstreckt. Für den praktischen Gebrauch lassen sich die erforderlichen Werte folgender Tabelle entnehmen[1]), welche noch die Zahlen für einige andere, die Feuerungstechnik interessierenden Stoffe enthält.

---

[1]) Fischer, Ferd., Taschenbuch für Feuerungstechniker, 7. Auflage, 1913, S. 6.

Kohlensäure (CO_2) von	Mittl. spez. Wärme	Gewicht von 1 cbm.	Mittl. spez. Wärme von 1 cbm.
10 bis 100°	0,216	1,979	0,43
400	0,231	—	0,46
800	0,249	—	0,49
1200	0,264	—	0,51
Kohlenoxyd (CO)	0,245	1,259	0,31
Sauerstoff	0,230	1,430	0,33
Stickstoff	0,246	1,257	0,31
Wasserstoff	3,409	0,090	0,31
Wasserdampf	0,480	0,805	9,39
Methan (CH_4)	0,593	0,716	0,42
Schweflige Säure (SO_2) . .	0,155	2,864	0,45
Atmosph. Luft	0,243	1,293	0,31

Hausding[1]) gibt folgende Zusammenstellung über die Zusammensetzung, Dichte und Heizwirkung verschiedener Brennstoffe (vgl. Tabelle S. 502). Eine Angabe, wie die rechnungsmäßige Verbrennungshitze ermittelt wurde, ist nicht gemacht. Interessant ist der Vergleich der Hitzewirkung der Gewichtseinheit und der Volumeinheit desselben Brennstoffs. Gerade bei Torf zeigt sich hier der große Unterschied zwischen leichtem Stichtorf und gut verdichtetem Maschinentorf. Wenn auch natürlich der absolute Betrag des Brennwertes nur von der chemischen Zusammensetzung abhängig ist, so ist doch der Nutzwert der beiden Sorten bei qualitativ gleicher Zusammensetzung um so mehr voneinander verschieden, je größer der Unterschied in der Dichte ist. Je dichter der Maschinentorf ist, desto besser ist seine Ausnutzung in einer zweckmäßig ausgestalteten Feuerungsanlage.

In bedeutendem Maße wirkt auf den erreichbaren Hitzegrad auch der Gehalt des Brennstoffs an Wasser und Asche ein. Da sie bei der Verbrennung keine Wärmeentwicklung veranlassen, wird durch ihre Beimengung natürlich der Brennwert jedes Brennstoffs

[1]) **Hausding**, Handbuch der Torfgewinnung und Torfverwertung. 2. Aufl., (1904), S. 328.

Brennstoff	Kohlenstoff	Wasserstoff freier	Wasser chem. gebdn.	Wasser Feuchtigkeits-	Asche	Dichte	Heizwirkung der Gewichtseinheit (Wärmeeinheiten)	Heizwirkung der Maßeinheit (Wärmeeinheiten)	rechnungsmäßige Verbrennungshitze Grad C
Holz, lufttrocken . .	40	—	39	20	1	0,55	3232	1800	
Holz, halbgedarrt . .	45	—	44	10	1	bis	3636	bis	1790
Holz, gedarrt	50	—	49	0	1	0,80	4040	3200	
Holzkohle, lufttrocken	85	—	—	12	3	0,15 bis 0,20	6868	1250	2200
Holzkohle, völlig trocken	97	—	—	—	3	—	7837	1500	2450
Faserige Braunkohle .	45	1	29	20	5	1,2	3980	4776	1800
Erdige Braunkohle .	49	2	19	20	10	bis	4648	5600	1975
Muschelige Braunkohle	56	3	16	20	5	1,3	5557	7224	2050
Steinkohle, Sandkohle	69	3	18	5	5	1,35	6608	8920	2200
Sinterkohle	75	4	11	5	5	1,30	7438	9670	2250
Backkohle	78	4	8	5	5	1,25	7680	9600	2300
Anthrazit	90	3	2	3	2	1,50	8305	12457	2350
Sandkoks	85			5	3	0,48	6787	3258	2400
Sinterkoks	bis	—	—	bis	bis	0,43	7434	3197	bis
Backkoks	92			10	5	0,35	7838	2743	2450
Stichtorf, gew. . . .	42,5	1,5	26	25	5	0,25 bis 0,80	3950	987 bis 3160	1720
Maschinentorf, lufttrocken	48	1,6	30,3	18	2	0,80 bis 1,20	4430	3544 bis 5316	1850

entsprechend vermindert. Durch den Wassergehalt wird aber außerdem die erzeugte Wärmemenge um den sehr erheblichen Betrag verringert, der durch die latente Verdampfungswärme des Wassers verloren geht. Die nicht flüchtige Asche wird bei der Verbrennung zu starker Glut erhitzt und die dafür verbrauchte Wärmemenge wird ebenfalls den Verbrennungsprodukten entzogen. Hoher Asche- und Wassergehalt sind daher für den Brennstoff sehr nachteilig und verhindern schließlich in zu großer Menge das regelmäßige Weiterbrennen beim Nachfeuern von frischem Brennstoff. Bei Brenntorf ist als obere Grenze des Aschengehalts für einen noch verwendbaren Torf etwa noch 30% zu bezeichnen. Doch werden gute Brenntorfe meistens einen Aschegehalt unter 5% haben, während 10% in der Regel als oberste zulässige Grenze anzusehen ist.

Der bei der Verbrennung erzielte Hitzegrad ist für die Verwertbarkeit eines Brenstoffes für bestimmte Zwecke von Wichtigkeit. Handelt es sich hauptsächlich um die Erzeugung eines bestimmten Wärmequantums, z. B. zur Verdampfung einer bestimmten Menge einer Lösung, so läßt sich dasselbe unter entsprechender Mehraufwendung auch aus einem Brennstoff mit geringerem Heizwert erzeugen. Muß jedoch auch eine bestimmte Höchsttemperatur erreicht werden, wie z. B. in Schmelz- oder Brennereiöfen, so bleiben dafür Brennstoffe, die keinen genügenden Hitzegrad entwickeln können, unverwendbar.

Verdampffähigkeit. Der Wert eines Brennstoffes wird nach praktischen Gesichtspunkten auch danach beurteilt, wie viel Kilogramm Wasser mit 1 kg Brennstoff in einem Dampfkessel verdampft werden können, d. h. nach seiner „Verdampfungsfähigkeit". Verschiedene Brennstoffe lassen sich auf diese Weise gut miteinander vergleichen.

Nehmen wir nach Favre und Silbermann die Verbrennungswärme eines kg Kohlenstoff zu 8080 Kal. und eines kg Wasserstoff zu 34462 Kal. an, so berechnet sich für einen guten lufttrockenen Maschinentorf von der durchschnittlichen Zusammensetzung 48% Kohlenstoff, 5% Wasserstoff, 27% Sauerstoff (oder 1,6% freier Wasserstoff und 30,4% gebundenes Wasser), 15% Feuchtigkeit und 5% Asche für 1 kg ein Heizwert von

$$0{,}48 \cdot 8080 + 0{,}016 \cdot 34462 = 4429{,}79 \text{ Kal.}$$

Davon ist die Wärmemenge abzuziehen, die erforderlich ist, um die 30,4% bei der Verbrennung gebildetes und 15% mechanisch gebundenes Wasser in Dampf von 100° zu verwandeln. Da zur Verdampfung eines kg Wasser von 0° 640 Kal. erforderlich sind, so sind für die Verdampfung der bezeichneten Wassermengen, wenn wir von einer mittleren Anfangstemperatur von 15° ausgehen, erforderlich

$$(0{,}304 + 0{,}15) \cdot (640 - 15) = 0{,}454 \cdot 625 = 283{,}75 \text{ Kal.}$$

Es berechnet sich daher die Heizwirkung eines solchen Brenntorfes zu

$$4429{,}79 - 283{,}75 = 4146 \text{ Kal.}$$

Zur Erzeugung von 1 kg Dampf von 150° (von nahezu 5 Atmosphären Druck) aus Wasser von 0° sind 652 Kal. erforderlich; daher ist 1 kg des Torfes rechnungsmäßig

$$\frac{4146}{652} = 6{,}4 \text{ kg Wasser}$$

zu verdampfen imstande.

Da in Wirklichkeit nur $^2/_3$ bis $^3/_4$ der berechneten Verdampfungsfähigkeit erreicht wird, so ergibt sich für 1 kg eines solchen lufttrockenen Maschinentorfs eine Verdampfungsfähigkeit von 4,2—4,8 kg Wasser. Für verschiedene Brennstoffe hat sich auf Grund zahlreicher und eingehender Versuche in guten Feuerungsanlagen folgende, nutzbare Verdampfungsfähigkeit ergeben:

1 kg	Holz	lufttrocken	3,0—3,4	kg	Wasser
1 „	Braunkohle	„	3,5—4,9	„	„
1 „	„ böhm. . .	„	4,5—6,0	„	„
1 „	Stichtorf	„	2,8—4,0	„	„
1 „	Maschinentorf	„	4,5—5,0	„	„
1 „	schlechte Steinkohle .	„	4,0—6,0	„	„
1 „	mittlere Steinkohle . .	„	6,0—7,0	„	„
1 „	beste Steinkohle . . .	„	7,0—8,0	„	„
1 „	Koks mit 15% Asche .	„	5,0—6,0	„	„

Bei den bayrischen Staatsbahnen wurde im Jahre 1867 durch Verbrennung verschiedener Brennstoffe auf demselben Roste und mit dem gleich starken Luftzuge unter Verdampfung nahezu gleicher Mengen Wasser die Verdampfungsfähigkeit vergleichsweise festgestellt und folgendes Resultat erhalten:

Zur Verbrennung gelangter Brennstoff.	Feuchtigkeit %	Asche %	Verdampfte Wassermenge per 1 kg Brennstoff kg	Gewicht von 1 rm Brennstoff kg
Ruhrkohle	—	15,00	8,00	933,8
Sächs. Steinkohle	11,6	10,00	6,34	787,5
Böhm. Braunkohle	—	9,86	6,59	759,4
Miesbacher Kohle	4,8	9,25	5,19	817,6
Traunthaler Braunkohle	12,20	5,78	3,88	576,0
Preßtorf aus Haspelmoor	16,20	5,30	4,07	633,4
„ „ Kolbermoor	12,00			611,8
Eichhorns Kugeltorf	15,50	2,71	3,86	405,0
Karolinenfelder Stichtorf	18,66	3,0	4,10	245,3
Burgauer Stichtorf	13,60			319,5
Aitranger Stichtorf	17,10			222,0
Olchinger Stichtorf	29,70			183,0
Lochhauser Stichtorf	15,00			207,0
Tannenholz	8,70	0,4	3,88	351,5

Auf Grund desselben kann man, wenn man die Verdampfungsfähigkeit der sächsischen Steinkohle mit 6,34 als Durchschnittswert für eine bessere Steinkohle wählt und die Verdampfungsfähigkeit des lufttrockenen Torfs bis 5% Asche im Durchschnitt gleich 4,1 setzt, den Brennwert von

100 kg Steinkohle	bezw.	100 kg Torf	
79,0 kg	„	51,5 kg	Ruhrkohle
100,0 „	„	64,7 „	sächsische Steinkohle
96,2 „	„	62,2 „	böhmische Braunkohle
122,0 „	„	79,0 „	Miesbacher Kohle
163,0 „	„	106,0 „	Traunthaler Braunkohle
154,0 „	„	100,0 „	Torf
163,4 „	„	106,0 „	Tannenholz

gleichsetzen.

Unter Berücksichtigung der Rostfläche und der Temperatur der abziehenden Feuergase sind auf der kaiserlichen Werft in Wilhelmshaven Stichtorf, Torfbriketts und Maschinentorf mit Fettkohlen in ihrer Verdampfungsfähigkeit verglichen worden. Die erhaltenen Zahlen gibt folgende Tabelle wieder:

Brennstoff	Feuchtigkeit %	1 cbm zerschlag. wog kg	Zum Versuch verbrannt wurden kg	Aschenrückstände %	verbrannt stündlich auf 1 qm Rostfl. kg	Verdampftes Wasser von 0° stündlich auf 1 qm Rostfl. kg	Verdampftes Wasser von 0° auf 1 kg Brennstoff kg	Wärmegrad im Schornstein
1. Stichtorf aus d. Wehnemoor	18,83	240	3470	0,99	164	605	3,68	280—370°
2. Lanwersche Briketts aus demselb. Moor	5,0	580	3300	7,83	164	601	3,66	250—350°
3. Maschinentorf (von Ruschmann, Varel)	9,03	432	3200	4,09	165	670	4,05	280—360°
4. Fettkohlen (Zeche Zentr.)	—	752	2100	5,64	96	837	8,69	—

Nach Betriebsermittelungen auf den württembergischen Bahnen wurden im Betriebsjahre 1867/68 auf die Nutzmeile von 7500 m für reine Fahrleistung ausschließlich des Anheizens, Stillstehens und der Lehrfahrten

137,83 Pfd. = 68,915 kg Steinkohlen oder
15,92 Cubikfuß (0,37 rm) = 232,88 Pfd. = 116,44 kg Torf

verbraucht.

Es stellte sich also auch hier der Verbrauch auf etwa 1,6 kg Torf für 1 kg Steinkohle.

Nach allem kann man allgemein 1 kg Maschinentorf im Heizwerte $^1/_2$—$^2/_3$ kg Steinkohle gleichsetzen. Dagegen entspricht 1 kg Stichtorf nur etwa $^1/_3$—$^1/_2$ kg Steinkohle.

Kaufwert des Brenntorfes. Der „Kaufwert" eines Brennstoffes wird in der Praxis häufig durch seine Verdampffähigkeit bestimmt. Jene Mengen Brennstoff sind im Preise gleichwertig, die die gleiche Verdampffähigkeit besitzen. Sie wird bei Torf gleichen Ursprungs durch den sehr verschiedenen Wassergehalt, den er aufweisen kann, stark beeinflußt. Deshalb sollte bei einer Torflieferung der Abschluß zweckmäßig auf Grund eines bestimmten Wassergehaltes erfolgen oder auch auf Grund einer bestimmten Verdampffähigkeit.

Hausding[1]) bezeichnet als normalen Wassergehalt eines guten Maschinentorfs etwa 15 %. Dies kann jedoch nur unter Voraussetzung bester Verarbeitung (Verdichtung) und günstiger Trocknungsverhältnisse gelten. Handelsüblicher, trockener Torf hat während der Sommermonate ca. 17—25 %, während der Wintermonate 25—30 % Wassergehalt. Bis jetzt haben sich im Torfhandel noch keine festen Bedingungen bezüglich des Wassergehaltes ausgebildet, und der Torf wird nur auf das Gefühl geliefert und abgenommen. Nur die Torfkoksfabriken machten wohl eine Ausnahme und untersuchten Durchschnittsproben auf ihren Wassergehalt.

Dabei muß wohl beachtet werden, daß ein Torf mit etwa 25 % Wassergehalt gegenüber einem sonst gleichen, „normalen" Torf mit 15 % nicht nur eine der Verminderung der brennbaren Substanz entsprechende Verminderung seines Brennwertes um 11,8 % aufweist, sondern daß sein Brennwert noch für je 100 kg um weitere 6400 Kal. verringert ist, die für die Mehrverdampfung von 10 kg Wasser erforderlich sind.

Besitzt der Torf lieferungsgemäß eine n-fache Verdampffähigkeit, so werden zur Verdampfung dieser jetzt in 100 kg mehr enthaltenden 10 kg Wasser annähernd auch 10/n kg oder für 1 kg 1/10n kg des Brennstoffs verbraucht, d. h. die Verdampffähigkeit, bezw. der Kaufwert verringert sich in dem hier betrachteten Falle außer um 11,8 % noch weiter um 1/10n des ursprünglichen Brennwertes, bezw. Kaufwertes. Dieser erforderliche Mehrabzug ist also um so größer, je geringer die Verdampfungsfähigkeit des Torfes an sich ist. Ist dieselbe beispielsweise bei einem guten Maschinentorf mit 15 % Feuchtigkeit die fünffache, so beträgt der Mehrabzug $^1/_{50}$ oder 2 %, bei einem leichten Stichtorf von nur dreifacher Verdampfungsfähigkeit aber $^1/_{30}$ oder 3,3 % des ursprünglichen Wertes.

Diese rationelle Bewertungsart des Kaufwertes von Brenntorf hat sich aber bis jetzt ebenso wenig eingebürgert wie die Bestrebungen, im Brennstoffhandel, in erster Linie im Kohlenhandel, allgemein den Brennstoffbezug auf der rationellen Grundlage des

[1]) l. c.

Brennwertes zu regeln. Ganz im Gegenteil hat sich gerade beim Torf die hier so wenig zweckmäßige, überlieferte Form des Handels nach Stückzahl oder nach dem Raumgehalt vielfach erhalten. Man kauft entweder den Torf in Soden bestimmter Größe nach „Tausenden" oder nach einem bestimmten Raummaße. Als solches stehen neben dem Raummeter oder dem Ster noch verschiedene ältere Raummaße in Gebrauch, z. B. 1 Klafter = $^1/_3$ Haufen = 80 Küpen = 108 Kub.-Fuß = $3^1/_2$ cbm, mit 72% Torf und 28% Zwischenraum; ein Faß österreich. = 3 hl.

Die Unzweckmäßigkeit, den Torf nach Rauminhalt zu handeln, ergibt sich daraus, daß der wirkliche Brennwert der Raumeinheit um so geringer ist, je leichter oder voluminöser der Torf ist. Ebenso nimmt dieselbe Brennstoffmenge einen größeren Raum ein, stellt sich also teurer, wenn der gut lufttrockene Torf wieder Feuchtigkeit aufnimmt oder wenn der Torf von vornherein nicht genügend getrocknet wurde. Es empfiehlt sich daher auf alle Fälle, den Einkauf des Torfes mit einem bestimmten Feuchtigkeitsgehalt und ebenso auch mit einem festgesetzten Aschegehalt vorzunehmen.

Nutzwert und Nutzwirkung. Der bei der vollständigen Verbrennung entwickelte Heizwert eines Brennstoffes kann in der Feuerungsanlage niemals völlig ausgenutzt werden. Die Feuerungsgase müssen mit genügend hoher Temperatur in den Schornstein strömen, um den zur regelmäßigen Unterhaltung des Feuers erforderlichen Zug zu erzeugen. Der dadurch bedingte, unvermeidliche Wärmeverlust wächst mit der Vermehrung des Volumens der Feuerungsgase durch überschüssige Verbrennungsluft. Deshalb ist es von großer Wichtigkeit, die Menge derselben richtig zu regulieren. Wegen der ungleichmäßigen Verteilung des Brennstoffs und wegen des zu raschen Durchströmens der Luft ist es jedoch nicht möglich, mit dem berechneten Luftquantum eine vollständige Verbrennung zu erzielen. Der dazu erforderliche Luftüberschuß hängt von der Art des Brennstoffs und von der Feuerungsanlage ab. Man muß sich dabei auf gewisse Erfahrungstatsachen stützen. Im allgemeinen erreicht man bei den normalen Feuerungsanlagen eine vollständige Verbrennung mit der doppelten

Menge des berechneten Luftquantums. Sie beträgt bei Torf ungefähr 4 cbm für 1 kg des Brennstoffs, so daß also in der Praxis 8 cbm zuzuführen sind. Die gewöhnliche Sodenform des Torfs ist für die Feuerung nicht gerade vorteilhaft, weil der auf dem Rost geschichtete Brennstoff in diesem Falle vielfach große Zwischenräume bildet, die die Luft fast ohne Widerstand durchlassen. Nach älteren Untersuchungen scheint im allgemeinen die Kugelform die vorteilhafteste und geeignetste Form eines Brennstoffs zu sein.[1])

Weitere Wärmeverluste treten durch Wärmestrahlung der Feuerungswandungen an die Umgebung, durch Eindringen sogenannter falscher Luft an undichten Stellen und besonders durch das Einströmen kalter Luft beim Nachfeuern ein. Man bezeichnet den wirklich zur Ausnutzung gelangenden Anteil der erzeugten Wärme als Nutzwärme oder Nutzwirkung des Brennstoffs. Sie hängt sowohl von der Natur des Brennstoffs wie von der Zweckmäßigkeit der Feuerungsanlage und der sorgfältigen Wartung derselben ab, und erreicht gewöhnlich 60—75 % der berechneten Wärmemenge.

Besonders bei der Verwendung des Brenntorfs spielt die Zweckmäßigkeit der Feuerungsanlage, die seiner wechselnden Eigenart Rechnung tragen muß, eine wichtige Rolle. Dabei weisen die verschiedenen Brennstoffsorten unter einander so bedeutende Unterschiede auf, daß darauf nicht weniger Bedacht genommen werden muß wie auf den Umstand, daß der Brenntorf überhaupt eine wesentlich anders gestaltete Feuerungsanlage erfordert als Steinkohle oder Braunkohle.

Es ist durchaus verfehlt, einfach anzunehmen, daß eine Feuerungsanlage, auf der bei bestimmten Zug- und Feuerherdverhältnissen Steinkohle, Braunkohle oder ein anderer Brennstoff mit guter Wirkung verbrannt werden konnte, nun ohne weiteres auch für die Verbrennung von Torf mit Vorteil benutzt werden könnte. Oft genug ist dieser Irrtum der Anlaß, daß man bei Probefeuerungen zu dem Ergebnis kommt, eine ausprobierte Torfsorte sei schlechter oder stelle sich teurer als der bisher benutzte

---

[1]) vergl. Wentz, Lintner, Eichhorn, Der Kugeltorf, Freysing 1867.

Brennstoff, während vielleicht nur die unzweckmäßige Feuerungsanlage zu diesem unbefriedigenden Ergebnis geführt hat. Man muß damit rechnen, daß der Unterschied in dem Ergebnis, welches ein Brenntorf bei der Verbrennung in einer richtigen und einer unzweckmäßigen Feuerungsanlage liefert, bis zu 50 % betragen kann.

Wolff[1]) teilt mit, daß fast ohne Ausnahme alle von ihm untersuchten Torffeuerungsanlagen kaum 40 % des Heizwertes ausnutzten, während man bei Stein- und Braunkohlen in allen besseren Anlagen mit einem wirklichen Nutzeffekt von mindestens 70 %, bei besonderen Vorkehrungen auch noch mit bedeutend höherem arbeiten kann. Von der Torfkraftzentrale Wiesmoor, die den Torf zur Erzeugung von elektrischem Strom direkt unter Dampfkesseln verbrennt, ist ein Nutzeffekt von 67—73,5 % bekannt.[2])

Man kann von einem guten Brenntorf d. h. von einem Material, dessen organische Substanz einen recht hoch liegenden Brennwert besitzt, wenn er gut verdichtet (Maschinentorf), nicht aschenreich und wenn er recht gut lufttrocken ist, mit Bestimmtheit behaupten, daß er im Wettbewerb mit den übrigen Brennstoffen zumeist sehr gut konkurrenzfähig ist. Gegenüber den meisten übrigen Brennstoffen zeichnet sich der Brenntorf dadurch aus, daß er eine längere Flamme liefert, die sich besser und weiterhin auf die Wandungen der erhitzten Objekte, der Dampfkessel, Sudpfannen usw. verteilt und im allgemeinen sowohl diese, wie auch die Metallbestandteile der Feuerungsanlage, besonders den Rost, viel mehr schont, als eine Steinkohlen- und Braunkohlenfeuerung. Es liegt dies an der in der Regel gänzlichen Abwesenheit von schwefliger Säure in den Verbrennungsgasen. Ein leichter Stichtorf oder Baggertorf, Torfgrus, aschenreiche, erdige oder infolge ungünstiger Witterungs- oder örtlicher Verhältnisse nicht genügend getrocknete Torfsorten lassen bei der Verfeuerung nicht immer ein günstiges Ergebnis erzielen. In diesen Fällen hat es sich vorteilhafter erwiesen, von der einfachen Rostfeuerung zu der Gasfeuerung überzugehen, auf die in dem nachfolgenden Abschnitte „Vergasung“ näher eingegangen wird.

---

[1]) Wolff, M. Berlin, 1912.

[2]) Ramm, M. Berlin, 1911, S. 252 u. Tonnemacher, S. 233.

B. Torf-Feuerungsanlagen.

1. Hausfeuerungen.

Die überwiegende Menge des Brenntorfs findet auch heute noch als Hausbrand zur Heizung von Wohnräumen und in Küchenherden Verwendung; dazu kann auch die Verbrennung in Backöfen gezählt werden. In allen Fällen macht sich dabei der Vorzug des Torfs bemerkbar, infolge der langen Flammenbildung eine rasche Erhitzung der die Wärme ausstrahlenden Ofenwandungen, bezw. bei Brat- und Backöfen ein kräftig wirkendes Oberfeuer zu liefern. Doch muß wieder auf die besondere, nachteilige Eigenart des Torfes Rücksicht genommen werden, die durch sein meist geringes Volumgewicht bedingt und noch durch den Umstand verstärkt wird, daß der Heizwert des Brenntorfs in der Regel nur $^2/_3$—$^1/_2$ so groß ist, wie der von guter Steinkohle. Um Material von dem gleichen Brennwertgehalt aufzuschichten, kann es bei einem leichten Stichtorf notwendig werden, ihn selbst 6—7 mal höher aufschichten zu müssen wie erstere. Der Feuerraum bei Torföfen muß daher erheblich größer sein als für Steinkohlenöfen. Man sollte auch hier möglichst gut verdichteten Maschinentorf verwenden. Doch findet gerade in der Hausfeuerung die größte Menge Stichtorf ihren Absatz. Es bietet allerdings einige Schwierigkeit, den verdichteten Maschinentorf zu entzünden und erfordert auch besondere Aufmerksamkeit, ihn in gutem Brande zu erhalten, während der Stichtorf sich weit leichter benutzen läßt; dagegen ist aber auch die Ausnutzung des Brennwertes hier eine erheblich geringere, weil der schädliche Luftüberschuß beim Brennen des Stichtorfs ein besonders großer ist.

Hausding[1]) gibt den besonders in Süddeutschland verbreiteten Torföfen, die einen Rost und zwei luftdicht verschließbare Türen sowohl für die Heiz- wie auch für die Aschenfallöffnung besitzen, den Vorzug vor den in Norddeutschland zumeist in Gebrauch stehenden Öfen ohne Rost, bei welchen die Verbrennungs-

[1]) Hausding, Handbuch der Torfgewinnung und Torfverwertung, 2. Aufl. (1904), S. 349 und 427.

luft durch eine große Öffnung in der Heiztür oder direkt durch Offenstehen der letzteren Zutritt findet. Arland[1]), der als Leiter der „Technischen Abteilung" des Vereins zur Förderung der Moorkultur im Deutschen Reiche die Prüfung der Frage, ob Kachelöfen oder eiserne Öfen, ferner ob solche mit oder ohne Rost für die Torffeuerung am geeignetsten sind, in Angriff genommen und einer systematischen, eingehenden Untersuchung unterworfen hat, gibt dagegen auf Grund seiner bisherigen Erfahrungen und Versuche dem rostlosen Ofen den Vorzug, hauptsächlich wohl deshalb, weil er sich besser zur Unterhaltung eines Dauerbrands eignen soll. Die weiteren Ergebnisse dieser Versuche, welche praktisch von größter Bedeutung zu werden versprechen, müssen abgewartet werden. Sie werden voraussichtlich eine sichere Grundlage für die weitere Ausgestaltung dieses, für die Torfverwertung so wichtigen Gebietes schaffen.

2. Industrie-Feuerungen.

Die wesentlichen Teile einer Feuerungsanlage sind der Feuerungsraum, der Rost oder Herd, der Aschenfall, die Feuerungszüge und der Schornstein. Im Feuerungsraum, dessen Form und Ausgestaltung sich hauptsächlich nach den verschiedenen Verwendungszwecken der Feuerungsanlagen richtet, erfolgt die Verbrennung des Brennstoffes, der in möglichst gleichmäßig gehaltener Schicht auf seinem Boden ausgebreitet wird. Die den Brennstoff tragende Bodenfläche ist entweder als ununterbrochen zusammenhängende Fläche, als Herdfläche, ausgestaltet, und die Zuführung der Verbrennungsluft erfolgt von oben her, etwa durch die Beschickungsöffnung für den Brennstoff, oder aber sie ist, wie es den meisten Zwecken entspricht, als Rost ausgebildet, der durch eine Anzahl nebeneinander angeordneter Spalten der Verbrennungsluft von unten her den Zutritt gestattet. Zugleich ermöglicht er die Absonderung der Asche von dem Brennstoff, zu deren Aufnahme der unter dem Rost befindliche Aschenfall dient.

Es sind hauptsächlich diese Bestandteile der Feuerungsanlage, welche den verschiedenen Brennstoffen, die in ihr zur Verwen-

---

[1]) Arland, M., Berlin, 1913, S. 147ff; 1914, S. 191ff.

dung gelangen sollen, angepaßt werden müssen. Unabhängig davon sind hingegen bei einer sonst zweckmäßig erbauten Anlage die Feuerungszüge, in welchen die erzeugten, hocherhitzten Verbrennungsgase zur möglichst vollkommenen Abgabe ihrer Hitze an den Heizflächen der zu erhitzenden Gegenstände vorbeigeführt werden, sowie der Schornstein, durch den sie mit einer noch genügend hohen Temperatur abziehen müssen, um einen hinreichenden Zug zu erzielen.

Es sei deshalb hier nur kurz darauf eingegangen, welchen Anforderungen Feuerungsraum und Rost je nach der Beschaffenheit des Torfes entsprechen sollen. Die Höhe des Feuerungsraums, d. h. den Abstand des Rosts vom Boden der zu erhitzenden Gefäße wählt man zweckmäßig 50—60 cm, während sie bei Steinkohlenfeuerung nur 30—35 cm, bei Braunkohle 40—45 cm beträgt.

Die Rostfläche wird von den einzelnen Roststäben gebildet, die rostartig mit entsprechenden Zwischenräumen nebeneinander angeordnet sind. Man unterscheidet bei dem Rost die Gesamtrostfläche, welche der Träger des Brennstoffes ist, und die freie Rostfläche, welche von den Spalten gebildet wird, durch die die Verbrennungsluft zuströmt. Nach Hausding soll für 100 kg stündliche Verbrennung bei Torf die Rostfläche 1—1,2 m^2 bei einer Schichthöhe von 20—25 cm betragen. Im Vergleich dazu soll die Rostfläche für Braunkohle in gleichem Falle 1,2—1,4 m^2 bei 15 cm Schichthöhe, für Steinkohle 1,5 m^2 bei 10—12 cm Schichthöhe betragen.

Die freie Rostfläche soll bei Torf auf $^1/_6$ bis $^1/_5$, bei Braunkohle auf $^1/_5$—$^1/_3$, bei Steinkohle auf $^1/_4$—$^1/_3$ der Gesamtrostfläche bemessen sein. Bei der Bestimmung der freien Rostfläche für eine Torffeuerung ist jedoch mehr als bei anderen Brennstoffen auf die oft große Verschiedenheit der einzelnen Torfsorten Rücksicht zu nehmen, namentlich auf den sehr wechselnden Aschegehalt, aber auch darauf, ob es sich um leicht bröckligen Stichtorf oder gut verdichteten Maschinentorf handelt. Manche Aschen zerfallen leicht und gehen in fein verteiltem Zustande durch den Rost, andere hingegen verlegen die Rostspalten. Bei aschereichen

Torfen muß sowohl der Asche, wie der Verbrennungsluft genügend freier Durchtritt durch die Rostspalten möglich sein. Mancher Torf, besonders gut verdichteter Maschinentorf, hat die Eigentümlichkeit, daß er bei der Verbrennung seine Sodenform so lange beibehält, bis die Verbrennung eine vollständige ist; erst dann zerfällt die Asche. Soll ein solcher Torf zur Kesselfeuerung verwendet werden, so gibt man den Rostspalten zweckmäßig eine Weite von 20 mm und wählt Roststäbe von 10 mm Stärke. Bei Torfgrus oder im Feuer leicht krümelndem Preßtorf muß man aber die Spalten bis auf mindestens 8 mm verengen.

Für die Berechnung des Mindestmaßes der freien Rostfläche F gibt Hausding die Formel:

$$F = \frac{Q}{v \cdot 60 \cdot 60}$$

an. Darin bedeutet Q die doppelte der aus der Brennstoffzusammensetzung berechneten, zur vollständigen Verbrennung erforderlichen Luftmenge in m^3 [1]), und v die Geschwindigkeit, mit welcher die Luft durch den Rost strömt. Diese kann für gewöhnliche und Dampfkessel-Feuerungen zu 0,7 bis 1,0 m in der Sekunde angenommen werden. Der nach dieser Formel berechnete Wert kann zur Kontrolle dafür dienen, daß die gewählte, freie Rostfläche nicht kleiner ist, als für den Durchtritt der nötigen Luftmenge unbedingt erforderlich ist.

Das Eindringen kalter Luft beim Nachfüllen des Brennstoffes und beim Schüren macht sich gerade beim Torf als Übelstand besonders fühlbar, weil infolge seines großen Volumens das Aufgeben der gleichen Brennstoffmenge längere Zeit in Anspruch nimmt und in der Praxis auch wohl größere Feuerungsöffnungen erfordert, als etwa eine gute Kohle. Es macht natürlich einen großen Unterschied aus, ob man einen leichten, wasserhaltigen Fasertorf von der ungefähren Dichte 0,3 oder einen schweren, mehr oder weniger aschereichen Specktorf von der Dichte 0,8 bis 1,3 verfeuert. Schon der Feuerungsraum muß zur Bewältigung des gleichen Quantums im ersteren Falle erheblich größer sein, aber

---

1) s. S. 498.

auch bei Verwendung guten, dichten Maschinentorfs größer als beim Verfeuern von Steinkohle. Je größer der Feuerungsraum ist, desto größer sind wiederum auch die Verluste der in größerem Maßstabe ausgeführten Ofenanlage durch Strahlung.

Auf einem gewöhnlichen, unmittelbar unter dem Dampfkessel angeordneten Flachrost, der sich für Steinkohlenfeuerung erfahrungsgemäß sehr gut eignet, läßt sich eine gute Torffeuerung nicht richtig unterhalten. Der beim Nachfeuern frisch aufgeworfene Torf entzieht der auf dem Rost in Brand befindlichen Schicht große Wärmemengen, bevor er bei seinem erheblichen Wassergehalt genügend vorgewärmt ist, um in dauernden Brand zu geraten. Gleichzeitig übt er auf den dicht darüber befindlichen Dampfkessel, dessen Wandungen gute Wärmeleiter sind, eine abkühlende Wirkung aus, und infolgedessen wird die Verbrennung eine Zeit lang unvollkommen und die Dampfentwicklung gestört. Man verlegt daher die Feuerung vor den Kessel in ein aus feuerfesten Steinen gebildetes Gewölbe, das als Wärmespeicher dient und während der Verbrennung bald in Rotglut gerät. Die aufgesammelte Wärme wird dadurch rasch auf die frische Brennstoffschicht übertragen, ihr Feuchtigkeitswasser schnell verdampft, und die entwickelten Destillationsgase können sich an den erhitzten Wandungen leicht entzünden. So gerät die frische Brennstoffschicht ohne störende Abkühlung rasch in volle Glut.

Man hat auch mit Erfolg den Flachrost durch einen Stufenrost mit 40—45° Neigung ersetzt, der wieder unter dem vorderen Ende des Kessels angeordnet ist und besonders in der Form des Langenschen Treppenrostes sich bewährt hat. Er ist in größerer Anzahl eine Reihe von Jahren auf dem Eisenhüttenwerk Augustfehn i. Old. mit gutem Erfolge im Dampfkesselbetrieb verwendet worden.

Was die Verwendung der großen Anzahl neuer Rostkonstruktionen mit besonderer Luftzuführung und Luftverteilung für Torffeuerung betrifft, die sich für Stein- und Braunkohle sehr gut bewährt haben, so sind stets erst eingehende Vorversuche nötig, durch die die richtige Bemessung der Rostgröße, Spaltbreite und Luftzufuhr zu ermitteln ist, um dieselben mit Nutzen auch für

33*

die Torffeuerung verwenden zu können. Dagegen hat sich Torf als Beimengung zu Steinkohle vielfach in Dampfkesselfeuerungen auch ohne wesentliche Änderungen der bestehenden Feuerungsanlage bewährt. Nach einem Bericht der Kgl. Zentralstelle für Gewerbe und Handel in Württemberg aus den 70er Jahren bietet dieses Verfahren noch besondere Vorteile durch Verhinderung der Verschlackung des Rostes[1]) durch gewisse Steinkohlensorten und die größere Schonung der Dampfkessel, namentlich weil sie nicht so leicht an einzelnen Stellen durchbrennen. Das beste Mischungsverhältnis war 2 Teile Steinkohle auf 1 Teil Torf; auch 1 Teil zu 1 Teil war noch günstig, und in manchen Fällen konnten selbst 2 Teile Torf auf 1 Teil Steinkohle verwendet werden. Die Entfernung der Roststäbe mußte bei der gemischten Torf- und Steinkohlenfeuerung dem Mischungsverhältnis entsprechend geregelt werden.

Bei der Feuerung der Lokomotiven und von Lokomobilen hat Torf ebenfalls Verwendung gefunden. Man bediente sich dabei, um die vorhandenen Maschinen ohne wesentliche Umänderung benutzen zu können, eines vorgeschobenen Treppenrostes oder eines angeschraubten Rostvorbaues. Solche Konstruktionen werden z. B. in gut bewährter Form von Heinrich Lanz, Mannheim, und R. Wolf, Magdeburg-Buckau ausgeführt. Die Feuerung der Lokomotiven mit Torf hat in früheren Jahren ausgedehnte Anwendung gefunden, und es sind von den hauptsächlich interessierten Eisenbahnverwaltungen, namentlich der bayerischen, der württembergischen, der hannoverschen und der oldenburgischen Verwaltung eingehende Versuche angestellt worden, um diese Frage nach der ökonomischen und technischen Seite zu klären. Ein Nachteil, der mit der Torffeuerung in Kauf genommen werden mußte, war der Umstand, daß viel größere Tender zur Mitführung des nötigen Brennstoffs eingestellt werden mußten, als bei der Steinkohlen- oder Koksfeuerung. Bei der Benutzung leichten Stich- oder Streichtorfs wurde es sogar erforderlich, noch 1—2 Güterwagen anzuhängen. Auch erheischte

[1]) Durch zu tiefes Baggern bei welligem Untergrund hergestellte sandhaltige Soden sind gleichfalls außerordentlich schädigend für die Roste. s. Ramm, M. Berlin 1912, S. 195.

das Verfeuern und ebenso das Heranholen des Brennmaterials von der Vorratsstelle viel mehr Arbeit, und es erwies sich notwendig, einen besonderen Hilfsarbeiter einzustellen. Durch Einführung einer einfachen Trichterschüttung, aus einem weiten zylindrischen, schräg angebrachten Fülltrichter bestehend, der an beiden Enden mit Klappen verschließbar war, von denen sich die eine Klappe zwangsweise schloß, wenn die andere geöffnet wurde, konnte die Arbeit so weit vereinfacht werden, daß die Hilfskraft entbehrlich wurde. Zugleich wurde mit dieser Vorrichtung erreicht, daß beim Nachfeuern nicht mehr so viel kalte Luft in den Feuerungsraum nachströmte. Nach erneuten, von der oldenburgischen Eisenbahndirektion im Jahre 1901 angestellten Versuchen wurde aber von dieser Einrichtung wieder Abstand genommen, weil dadurch eine zweckmäßige Verteilung des Brennstoffs auf dem Roste erschwert würde. Am besten bewährte sich für eine möglichst ungehinderte Dampfentwicklung eine Rostspaltenweite von 5—6 mm bei 18 mm Roststabstärke und Nachfeuern bei offen gehaltenen Aschenkästenklappen ohne Abstellen des Dampfblasrohres.

Heute ist man von der Verwendung des Torfs im Eisenbahnbetriebe mit Rücksicht auf die Einheitlichkeit des Betriebes, auf die Schwierigkeiten der Beschaffung der außerordentlich großen Mengen genügend trockenen Torfes, die in Betracht kämen, wegen der immer mehr gesteigerten Ansprüche an die Leistungsfähigkeit der Eisenbahnen, auf den Eisenbahnen Deutschlands fast ganz zurückgekommen, zumal nur bei hohen Kohlenpreisen für einzelne, besonders günstig gelegene Bahnstrecken sich mit Torf eine Ersparnis gegenüber der Kohlenheizung ergeben würde. Gleichwohl bleibt der Torffeuerung auch hier der schon wiederholt hervorgehobene Vorzug, daß sie eine viel geringere Abnützung der ganzen Feuerungs- und Kesselanlage bewirkt, als die Steinkohlen-, Koks- und besonders häufig die Braunkohlenfeuerung.

III. Kapitel.

Verkohlung.

Die Verkohlung des Torfes lehnt sich ihrem ganzen Wesen nach an die nahe verwandte Holzverkohlung an. Bei beiden ist die Gewinnung der zurückbleibenden Kohle, hier der Holz-, dort der Torfkohle der Hauptzweck der Trockendestillation. Von den flüchtigen Nebenprodukten zeigen die gebildeten Gase keinen erheblichen Unterschied in ihrer Zusammensetzung, insbesondere zeichnen sie sich in beiden Fällen durch einen beträchtlichen Gehalt an Kohlensäure aus. Auch das Torfteer- und Holzteerwasser sind einander durch ihren Gehalt an Essigsäure und Methylalkohol verwandt, doch ist der Gehalt an diesen Bestandteilen beim Holzteerwasser ganz bedeutend größer und daher ein wichtiger Faktor für die Rentabilität der Holzverkohlung. Beim Torfteerwasser sind die entsprechenden Mengen so gering, daß die Aussichten auf eine rentable Gewinnung dieser Produkte mit großer Vorsicht zu beurteilen sind. Dagegen zeichnet sich das Torfteerwasser durch seinen verhältnismäßig reichlichen Gehalt an Ammoniak aus, das einen höheren Marktpreis als die beiden anderen Produkte besitzt, und dessen Gewinnung auch bei geringen Mengen einfacher und viel lohnender ist. Wir finden die Erklärung für dieses abweichende Verhalten des Torfes einerseits darin, daß die Zellulose und das Lignin, welche als Quellen der Essigsäure und des Methylalkohols bei der Trockendestillation anzusehen sind, durch den Vertorfungsprozeß schon weitgehend verändert sind, andererseits die Torfbildner im Gegensatz zum Holz, in dem sich seiner physiologischen Funktion nach nur äußerst geringe Mengen Eiweißstoffe finden, von diesen verhältnismäßig viel besitzen, und auch der stark zersetzte Torf sich noch durch hohen Stickstoffgehalt auszeichnet. Übrigens ist der Betrag an Ammoniak, das aus dem vorhandenen Stickstoff gewonnen werden kann, von der Art der Destillation wesentlich abhängig.

Nach den Versuchen des Verfassers[1]) werden bei der Destil-

[1]) s. S. 99, 101, 113.

lation ohne besondere Wasserdampfzufuhr im günstigsten Falle bis 29 $^0/_0$ des Stickstoffs als Ammoniak gewonnen, unter Durchleiten von Wasserdampf durch die Verkokungszone jedoch 30—60 $^0/_0$. Diese Zahlen sind beträchlich höher als die korrespondierenden Werte bei der Destillation von Steinkohlen (14—18 $^0/_0$ bzw. bis 30 $^0/_0$).[1]) Natürlich bleiben aber die Werte, die bei der Übertragung der Versuche auf die Verhältnisse im Großen erreicht werden, nämlich 15—20 $^0/_0$, erheblich hinter jenen Zahlen zurück, die durch die sogenannte „Normaldestillationsmethode Hoering“ im Laboratorium gewonnen wurden.

Die dabei ohne Wasserdampfzufuhr im Hoeringschen Normaldestillationsofen ausgeführte Destillation von Torf ergab folgendes Bild der Verteilung des Stickstoffs:

29 $^0/_0$	des Torfstickstoffs	wurden in Ammoniak übergeführt,
37 $^0/_0$	„ „	blieben im Koks,
2 $^0/_0$	„ „	blieben im Teer,
32 $^0/_0$	„ „	waren im Gas als Stickstoff enthalten.
100 $^0/_0$.		

Da bei der Verkokung stets ein erheblicher Bruchteil des ursprünglich vorhandenen Stickstoffs in der Kohle zurückbleibt, kann man natürlich auch bei der Torfdestillation unter Wasserdampfzufuhr niemals so hohe prozentische Ausbeuten an Ammoniak erreichen, wie durch die vollständige Vergasung des Torfes, von der im nachfolgenden Kapitel die Rede sein wird.

Bezüglich des Teers nähert sich der Torf in seinem Verhalten bei der Trockendestillation mehr der verschwelbaren Braunkohle. Der Teer ähnelt in seinen sauren, phenolischen Bestandteilen noch dem Holzteer, aber sein weit größerer Reichtum an Kohlenwasserstoffen besonders der aliphatischen Reihe und sein Gehalt an Paraffinen, sowie überhaupt das größere Ausbringen bringen ihn beträchtlich dem Schwelteer der Braunkohle nahe. Diese Be-

---

[1]) Das Verhalten der Braunkohle bei der Destillation unter Wasserdampfzufuhr behandelt eine Dissertation von F. Zimlich, Gießen 1912, die Trockendestillation desselben Materials eine Dissertation von Wilhelm Weber, Gießen 1913.

ziehungen ergeben sich daraus, daß letztere ein noch weiter fortgeschrittenes Stadium der Verkohlung und Bituminierung darstellt — Vorgänge, welche schon beim Vertorfungsvorgang eine wesentliche Rolle spielen[1]).

Es wird sich also (in bezug auf Teerbildung) die Torfdestillation auch an die Braunkohlendestillation anlehnen können, doch wird man dabei immer daran zu denken haben, daß bei letzterer nicht die Verkokung der Braunkohle, sondern die Gewinnung der Destillationsprodukte der Hauptzweck ist.

Nach dem Gesagten nimmt die Torfverkokung eine gewisse Zwischenstellung zwischen der Holzverkohlung und der Schwelerei der Braunkohlen ein, die beide zu lebensfähigen Großindustrien ausgebaut sind. Dies führt zur Überzeugung, daß auch der Torfverkohlung trotz aller bisher entgegengetretenen Schwierigkeiten ein gesunder, lebenskräftiger Kern innewohnt, und daß sich dieselbe ebenfalls dauernd erhalten und weiter entfalten kann, wenn für sie die richtigen Grundlagen sowohl in wirtschaftlicher als auch technischer Beziehung geschaffen werden.

Auf diesen Gegenstand soll noch näher eingegangen werden, nachdem ein kurzer Überblick über die Entwicklung der Torfverkohlung gegeben worden ist.

A. Die Entwicklung der Torfverkohlung.

Die Verkohlung des Torfes erfolgt wie die Holzverkohlung entweder durch Meiler- oder durch Retorten-Verkohlung. Bei ersterer wird bekanntlich der zu einem meilerähnlichen Haufen aufgeschichtete Brennstoff mit einer luftdichten Schicht von Rasenerde oder ähnlichem umkleidet, mit Hilfe ausgesparter Feuerungszüge entzündet, und die weitere Verbrennung, nachdem er durch die ganze Masse in Brand geraten ist, durch möglichste Absperrung der Luft verhindert. Durch die auf Kosten des verbrannten Teils des Einsatzes erzeugte Verbrennungswärme wird dann der noch unveränderte größere Teil des Brennstoffs in Glut gehalten und verkohlt.

[1]) s. S. 9.

Bei der Retortenverkohlung wird der Brennstoff in einem geschlossenen Apparat der Erhitzung durch Außenbefeuerung ausgesetzt und einer Trockendestillation unterworfen. Da hierbei eine Verbrennung in irgendwie belangreichem Umfange nicht stattfindet, hinterbleibt der ganze „fixe" Kohlenstoff als Kohle, während der flüchtige Kohlenstoff in den Kohlenstoffverbindungen des Teers, des Teerwassers und der permanenten Gase entweicht und, je nach der Ausführung der Anlage, verloren geht oder in mehr oder weniger vollständiger Weise anderweitig verwertet wird. Ist demnach natürlicherweise die Ausbeute an Kohle, da kein direkter Verlust durch Verbrennen eintritt, größer als bei der Meilerverkohlung, so ist trotzdem bei der einfachen Retortenverkohlung der relative Verbrauch an Brennstoff ein weit bedeutenderer, da durch die indirekte Feuerung große Wärmeverluste bedingt sind, die einen erheblich größeren Aufwand an Brennmaterial erfordern und nur teilweise durch die Verwendung eines minderwertigen Brennstoffs, der als Abfallmaterial nicht mehr zur Verkohlung geeignet ist, ausgeglichen werden können.

Erst die Vervollkommnung der Retortenverkohlung durch Verwertung der Destillationsgase zur zweckmäßigen Beheizung der Verkohlungsanlagen hat ihr das endgültige Übergewicht über die anderen Verfahren gesichert. Doch ist es noch eine Zukunftsaufgabe der Technik, die Ausnutzung der gesamten Abhitze, die während des Verkohlungsprozesses verfügbar wird, möglichst rationell durchzuführen, um zusammen mit der Torfdestillation die Torfverkohlung zu einem dauernden, wirtschaftlichen Ergebnis zu bringen.

Man kann bei der Torfdestillation im Durchschnitt auf ein Ausbringen von einem Teil Koks auf drei Teile Torf rechnen. Je besser die Qualität und die Verarbeitung des Torfes ist, desto größer ist die Ausbeute an vollwertigem Stückkoks.

Verfolgen wir die Entwicklung, welche die beiden angeführten Hauptarten der Torfverkohlung genommen haben[1]), so ist die schon

---

[1]) vgl. dazu die geschichtliche Darstellung der Torfverkohlung bei Vogel, Der Torf, S. 105 ff., Braunschweig 1859; sowie den Vortrag von Schreiber über denselben Gegenstand auf der 24. Mitgliederversammlung des Vereins zur Förderung der Moorkultur im Deutschen Reiche, M. Berlin, 1906, S. 149 ff.

uralte, in ihrer überlieferten Form durch Jahrhunderte fast unverändert gebliebene Meilerverkohlung des Holzes das unmittelbare Vorbild der Meilerverkohlung des Torfes gewesen. Ebenso wie Holland und Friesland das Mutterland der Brenntorfgewinnung waren, kann man sie auch als solches der Torfkohle betrachten. Die älteste Urkunde, in der von Torfkohle die Rede ist, ist nach Schreiber ein aus dem Jahre 1621 stammender sächsischer Begnadigungsbrief vom Landesfürsten Georg I., der an Ernst und Michael Schünleben in Freiberg auf 24 Jahre das Recht verlieh, den Erzgebirgstorf zu stechen, zu verkohlen und ohne Fuhrlohn um 30 Meißnerische Groschen vor die landesfürstliche Schmelzhütte zu liefern. Die Torfverkohlung erwies sich jedoch als mangelhaft, und darum wandte sich der Kurfürst an den Grafen von Oldenburg, er möge ihm erfahrene Torfarbeiter senden.

Die zweite Nachricht über Torfkohle stammt aus Frankreich wo Charles Lamberville 1626 ein Buch herausgab, das 1631 die zweite Auflage erlebte und welches die Meilerverkohlung bespricht. Lamberville kannte die Moore Frankreichs und gewann, wie Guettard erzählt, geschulte Torfarbeiter aus Holland und Dänemark. Im ältesten selbständigen Buch über Torf „Tractatus de Turffis“, vom Holländer Schoock 1658 herausgegeben, wird von der Torfkohle erwähnt, daß die Weibsleute Torf in Töpfchen geben und zur Erwärmung des Leibes unter die Füße stellen, ein Gebrauch, der auch im ältesten französischen Werke „Traité des tourbes combustibles“, Paris 1663, von Patin und im ältesten deutschen Buch von Degner, der schon in der Einleitung dieses Werkes besprochenen „Dissertatio physica de turfis“ 1729 erwähnt wird. Degner kennt schon die Verwendung der Torfkohle im Schmiedefeuer und zum Schmelzen der Metalle, ferner bemerkt er nebenhin, daß in Westfalen die Sensen mit Kohle des Rasen, worunter nur Torf gemeint sein kann, geschmiedet werden.

In Sachsen war indessen die Torfkohlenverwendung zum Hochofenprozesse wieder eingeschlafen, bis 1710 im Auftrage des Kurfürsten im Hammerwerk Ober-Mittweida Torfkohle neuerdings erprobt und in Mischung mit einem Drittel Holzkohle als geeignet befunden wurde. Oberberghauptmann von Carlowitz verwendete dann drei Jahre später Torfkohle aufs neue sowohl beim Hammerwerk wie beim Hochofenprozeß. Er nimmt in der Beschreibung seiner Meilerverkohlung mit Unrecht den Ruhm für sich in Anspruch, der Erfinder der Torfkohlenmeiler in Sachsen zu sein. Denselben Anspruch erhebt der Oberjägermeister von Langen, der 1735 im Blankenburgischen Torf zu verkohlen begann. Schließlich bringen die Memoiren der französischen Akademie der Wissenschaften eine Beschreibung der Meilerverkohlung im Jahre 1761, während das älteste französische Patent auf Herstellung von Torfkohlen im Jahre 1744 vom Staatsrate einem gewissen Parro erteilt wurde. In den älteren französischen Werken wird nach Schreiber die deutsche Ortschaft Wittchenstein (Sachsen-Weimar) als Stätte der Torfkohlenerzeugung erwähnt.

Die primitive, überlieferte Form der Meilerverkohlung des Holzes, bei der man übrigens auch schon in bescheidenem Umfange die Gewinnung von Teer als Nebenprodukt kannte, erfuhr beim Torf bald eine weitere Ausgestaltung durch den Bau von Meileröfen. Die Führung und Wartung eines Torfmeilers[1]) ist nämlich wesentlich schwieriger als die eines Holzmeilers. Infolge des starken und häufig auch sehr unregelmäßigen Schwindens des Torfes beim Verkohlen findet meist ein sehr ungleichmäßiges Setzen des Torfmeilers statt; das stets mit einem starken Abbrand des Materials verbundene Nachfüllen muß in viel stärkerem Umfang erfolgen, und es tritt infolge des starken Schwindens des Meilerinhalts auch leicht eine Zerklüftung und ein Zerreißen der Meilerdecke ein. Daher ist es sehr schwierig, den Meiler während des Brandes dicht zu halten. Auch ist Torf nicht so leicht wie Holz entzündbar, ebenso leitet er das Feuer nicht so schnell, dagegen hält die Hitze im Ofen länger an, so daß das Löschen nach beendetem Brande viel länger dauert als bei einem Holzmeiler.

Diese Schwierigkeiten hat man in einfacher Weise durch Ersatz der Meilerverkohlung durch die Grubenverkohlung zu beseitigen versucht. Bei dieser Verkohlung, die nach Siehe um das

[1]) Die Größe solcher Torfmeiler wird verschieden gewählt, in der Regel aber nicht größer als zu 30 Tonnen Trockentorf. Die Verkohlung dauert 10 bis 14 Tage, das Ersticken des Brandes 1—2 Tage.

Jahr 1790 als holsteinische Verkohlung bekannt war, wurde in eine runde, unten schmälere, oben breitere Grube erst leichter Torf geworfen und angezündet, dann schwerer Torf bis nahe an den Rand der Grube aufgefüllt und schließlich der aufgeschichtete Haufen mit Rasen überdeckt. Die Ausbeute bei diesem sehr primitiven Verfahren betrug nur etwa ein Viertel Kohle von dem angewandten Brenntorf, und zwar zu je ein Drittel Kohlenstaub, schlechte Kohle und gute Kohle. Der Schweizer Lesquereux[1]) versuchte nach Sprengel die Grubenverkohlung in Hannover, war aber auch enttäuscht. Der unterste Torf verbrannte zu Asche, der oberste lieferte sogenannten „Brand", d. h. nur oberflächlich angekohlte Stücke. Idieck nennt 1839 die Grubenverkohlung das französische Verfahren. Gegenüber den früheren einfachen Bauarten zeichneten sich die Gruben hier dadurch aus, daß am Boden ein Rost gelegt war und in der Mitte ein Kanal gelassen wurde.

Pelouze bildet in seiner 1842 herausgegebenen Schrift einen solchen Ofen ab, und sein Landsmann Bosc bespricht 1870 die vervollkommnete Grubenverkohlung nach dem System La Chabeaussiere, die im englischen Chatmoss in Gebrauch gestanden haben soll. Nach Bosc gehen zur Leitung der Verkohlung 8 Kanäle gegen die Oberfläche, und der abhebbare Deckel besitzt auch solche Zugöffnungen, die geschlossen werden können. Bei diesem Ofen konnten nach der Beschreibung schon die Destillationsprodukte gewonnen werden.

Nach Hausding wird als die eigentliche Heimstätte der Grubenverkohlung Schweden bezeichnet, von wo sich diese Herstellungsart nach Norddeutschland verpflanzt haben soll. Es handelt sich um die ganz primitive, ursprünglich holländische Grubenverkohlung mit allen ihren Fehlern, die vom Leutnant C. Storkenfeld aus Warosta in einer eigenen Schrift „Om Bränntorf" besprochen und empfohlen wurde. Die Grubenverkohlung hat nach dem Gesagten gegenüber der Meilerverkohlung nichts voraus, steht ihr sogar wegen der schwierigen Leitung der Verkohlung entschieden nach. Sie gehört mit Recht zu den ausgestorbenen Verkohlungsarten.

---

[1]) s. S. 6, Anm. 2.

Die Eigenart der Torfmeiler und die damit verbundenen Schwierigkeiten und Mängel der Verkohlung des Torfes führten aber bald dazu, daß man rascher als bei der Holzverkohlung an Stelle von Meilern Meileröfen mit feststehenden Meilerwänden aus Mauerwerk oder Gußeisen baute, denen man die Form eines zylindrischen, nach oben zu konisch verlaufenden Schachtofens gab. Die ältesten und berühmtesten Torfverkohlungsöfen sind jene vom Brocken, die von dem schon oben erwähnten Oberjägermeister von Langen konstruiert und vom Oberforstmeister Zanthier vervollkommnet wurden. Ersterer trat, nachdem er auch in Dänemark im Torfwesen kurze Zeit tätig gewesen war, 1744 in den Dienst von Stolberg in Wernigerode, dem Besitzer des Eisenwerkes auf dem Brocken. Am berühmten Blocksberg wurden von ihm im Jahre 1745 die Torfverkohlungsöfen aus Eisen gebaut, die weit über Deutschland hinaus Aufsehen erregten. 1766 erschien darüber ein Bericht von Lehmann in den Mémoires de la société économique de Petersbourg.

Jeder Ofen bestand aus einem gemauerten Fundament, darüber eine eiserne Platte mit einem viereckigen Loch, das mit Eisenstangen als Rost belegt war, und über dem sich der eigentliche Ofen, bestehend aus zwei eisernen Zylindern mit einem Kugelstutz, erhob. Es wurden 4—6 Öfen auf einen Herd gesetzt und gegen außen ein gemauerter Mantel aufgeführt. Die Füllung geschah von oben aus, dann wurde ein Holzfeuer gemacht, bis der Torf in Brand geriet, worauf die Schürtür geschlossen und mit Lehm verstrichen wurde. Beim Verkohlen setzte sich der Torf, und dann wurde neuerdings Rohtorf von oben nachgefüllt. Wenn die Haube nicht mehr rauchte, wurde die obere Öffnung durch eine Platte geschlossen und mittels Lehm und Sand gedichtet. 700 Torfsoden brauchten 12 Stunden zur Verkohlung, wobei 7—8 mal nachgefüllt wurde. Es wurden 40 solcher Öfen erbaut, die mehr als hunderttausend Taler gekostet haben sollen.

Das Verkohlungswerk arbeitete unter äußerst ungünstigen Umständen. Das Torfmoor liegt unweit des Gipfels, der 1142 Meter hoch ist und daher bedeutende Niederschläge aufweist, weshalb Trockenschuppen gebaut werden mußten.

Überdies verwendete man den für die Verkohlung ungeeigneten Stichtorf. Schließlich wurde die Kohle in Tragkörben $1^1/_2$ Meilen weit zur Hütte getragen. Die eisernen Öfen erhitzten sich zu stark und hatten nur kurzen Bestand. Trotz dieser Mängel haben sich die Verkohlungsöfen am Brocken durch etwa 50 Jahre erhalten. Schreber sagt zwar, daß die Öfen schon nach vier Jahren dem Untergang nahe waren und schließlich abgebrochen und eingeschmolzen wurden; doch ist diese Angabe keineswegs richtig, denn 1767 verkaufte das Hüttenwerk am Brocken zwei Öfen nach Gottesgab in Böhmen, das aber bald zu gemauerten Öfen überging. Der Franzose Dietrich studierte den Betrieb 1781 und Riehm erwähnt 1794 noch sechs Öfen. Schließlich hat Moser, der 1825 die „Torfwirtschaft des Fichtelgebirges“ herausgab, noch Reste der Öfen gesehen[1]).

Andere Torfverkohlungsöfen, die später als die besten galten, sind die von Guettard in Villeroi (1761) und die von Cornoll (1787).

Eine wertvolle Verbesserung erfuhren die Meileröfen späterhin dadurch, daß der Torfbrand nicht in der bisher üblichen Weise von unten nach oben entzündet wurde, sondern die Verbrennung zwangsweise von der oberen Schicht allmählich nach den unteren geleitet wurde. Noch stärker als bei Meilern zeigt sich nämlich bei den bisher gebrauchten Meileröfen der Übelstand, daß durch das stoßweise Nachrutschen und durch das große Gewicht der oberen Torfschichten die unten bereits gebildete Torfkohle in ihrer Festigkeit sehr litt, so daß viel Abfall und Kohlenklein entstand. Aus dem ersten derartig verbesserten Ofen, dem Hahnemannschen[2]) Ofen (1795), entwickelte sich unter Hinzunahme einer besonderen Hilfsfeuerung schließlich die vollendetste Form dieser Meileröfen in Gestalt des von Weber, dem bekannten Torffachmann in Staltach, erbauten Verkokungsofens. Bei diesem traten die auf einem Feuerherde neben dem eigentlichen Verkohlungsapparat aus minderwertigen Brennstoffen erzeugten Feuerungsgase

---

[1]) s. Schreiber l. c., S. 155.
[2]) s. Hausding, l. c. S. 375.

seitlich oben in den flachen zylindrischen, in Mauerwerk ausgeführten Ofen, in welchem der Torf auf einem aus Drahtgeflecht gebildeten Boden aufgeschichtet war. Den Verschluß bildete ein mittels eines Kettenzuges zu bewegender gußeiserner Deckel aus Eisenblech, der mit einem gebörtelten Rande in einen mit Sand gefüllten Falz des Ofens paßte und einen luftdichten Verschluß ermöglichte. In diesem Ofen soll aus einem gut verdichteten Modelltorf eine ausschließlich für Kupolöfen benutzte, sehr feste und dichte Torfkohle mit einer Ausbeute von 50% erzeugt worden sein[1]). Bei Verarbeitung von gewöhnlichem Stichtorf ist aber die in den Meileröfen gewonnene Torfkohle von viel geringerer Qualität, weil sie zu bröcklig und zu wenig dicht ist.

Es hat übrigens nicht daran gefehlt, daß schon frühzeitig die Bedingungen erkannt wurden, die in erster Linie erfüllt sein müssen, um eine gute Torfkohle zu erzeugen. Nach den Erfahrungen des Torfinspektors Cancrin (1789), Siehes (1793) und Zanthiers[2]) (1796) sind schon vor etwa 100 Jahren die Grundsätze festgestellt worden, die nicht nur für die Meilerverkohlung, sondern auch für jede andere Verkohlungsart zu befolgen sind. Durch ihre Befolgung hätte man in der Folgezeit viel Geld, das für erfolglose Versuche geopfert wurde, ersparen können. Nach diesen Erfahrungen muß zur Verkokung fester, schwarzer und schwerer Torf verwendet werden, welcher frei von Blättern, Wurzeln und Stengeln ist. Diese brennen sonst bei der Verkohlung heraus und machen dadurch die Kohle locker. Ferner muß der Torf gleichartig sein, wie es bei Stichtorf nie der Fall ist, wohl aber bei dem auch schon seit ältesten Zeiten bereiteten Knettorf, dem aus unserer Zeit der Maschinentorf oder sog. Preßtorf zur Seite zu stellen ist. Schließlich muß der Torf sehr gut getrocknet und sehr aschenarm sein. In Gebirgsgegenden sind stets besondere, kostspielige Trockenhäuser oder Darren nötig. Der Aschengehalt der fertigen Torfkohle wächst auf etwa das Dreifache der Aschenmenge im Rohtorf an. Manche anscheinend sehr gute, weil harte

[1]) Der Ausbeute nach hat es sich um eine unvollständige Verkohlung, eine Art Halbkoks, gehandelt.

[2]) s. Schreiber, l. c. S. 153.

und schwere Torfkohle ist in Wirklichkeit sehr wenig brauchbar, weil sie diese Eigenschaften nur einem sehr hohen Aschengehalt verdankt. Es ist auch noch zu empfehlen, den Torf in möglichst großen Stücken zu verwenden, um ein gleichmäßiges Einsinken bei der Verschwelung zu erreichen; auch darf die Verkohlung weder zu langsam noch zu rasch geführt werden.

Im übrigen waren auch bei Berücksichtigung dieser Umstände die wirtschaftlichen Vorteile, die der Betrieb der Meileröfen gegenüber der gewöhnlichen Meilerverkohlung bietet, zu gering, so daß sie, wie auch der Webersche Verkohlungsofen, ganz außer Betrieb gekommen sind. Dagegen hat sich noch in verschiedenen, meist entlegenen Moorgegenden, besonders in Schweden, aber auch in Deutschland, z. B. in Triangel[1]) bei Gifhorn, die Verkohlung des Torfes in Meilern bis heute erhalten. In Triangel erfolgt dieselbe nicht wegen ihrer Rentabilität, sondern wird nur benutzt, um die unverkauften Torfvorräte unterzubringen.

Der Hauptfehler aller Verkohlungsöfen, den sie allerdings mit den Meilern teilen, ist darin zu erblicken, daß sie keinen ununterbrochenen Betrieb gestatten. Dies hat notwendigerweise eine Verschwendung von Feuerungsmaterial und eine geringere Leistungsfähigkeit zur Folge. Daß es aber bei der Torfverkohlung auch noch auf andere, nicht allein rein feuertechnische Fragen ankommt, daß es gilt, der verschiedenartigen Natur des verarbeiteten Torfes, aber auch den wirtschaftlichen Verhältnissen genügend Rechnung zu tragen, hat bereits der unbekannte Verfasser einer „Geschichte der Steinkohle und des Torfes“ aus dem Jahre 1775 erkannt, welcher sagte: „Man muß die Verschiedenheiten der Torfarten kennen, man muß im Fabrikswesen, ja selbst im Handelsfache nicht fremd sein, wenn man Torfprodukte wohl behandeln und anwenden will“[2]).

Sehr bald nach dem Bau des ersten Meilerofens wurde auch (1750) der erste einfache Retortenofen für die Torfverkohlung konstruiert. Er bestand einfach aus zwei konzentrisch angeordneten Zylindern, von denen der größere, offene mit Torf beschickt wurde,

[1]) s. M. Berlin 1902, S. 20.

[2]) s. Schreiber, l. c. S. 156.

und zur Heizung des kleineren, geschlossenen Zylinders diente, den man mit Torf gefüllt und in den größeren, äußeren gesetzt hatte[1]).

Übrigens darf man diese Tatsache nicht als Ausgangspunkt der Torfdestillation betrachten. Wir besitzen zuverlässige Nachricht darüber, daß eine solche Torfdestillation schon viele Jahrzehnte früher ausgeführt worden ist. Dieses Verdienst kommt dem bekannten deutschen Chemiker Johann Joachim Becher zu, welcher seine Erfahrungen in seiner „Närrischen Weisheit Nr. 36“[2]) in folgender interessanter Weise beschreibt:

„In Holland hat man Torff und in Engelland Stein-Kohlen, beyde taugen nicht viel zum Brande, weder in Zimmern noch zum Schmeltzen: ich habe aber einen Weg gefunden, nicht allein beyde Sorten zu guten Kohlen zu brennen, die nicht mehr rauchen noch stincken, sondern mit den Flammen darvon so starck zu schmeltzen, als mit dem Holtze selbsten, und so eine große Extension der Feuer-Flammen, daß ein Schuh solcher Kohlen 10 Schuhe lang Flammen machen; das habe ich im Haag demonstriert mit Torff und hier in Engelland bei dem Herrn Boyle mit Steinkohlen...“

Dieser neue Weg, für den Becher zusammen mit einem gewissen Henry Serle ein vom 19. August 1681 datiertes englisches Patent erwirkte, das ihm „a new way of making pitch, and tarre out of pit coale, never before found out or used by any other“, schützte, war dem schwedischen Verfahren zur Gewinnung von Teer aus Kiefernholz nachgebildet. Die Destillation erfolgte also aus einer Art Schwelofen, und man darf wohl annehmen, daß auch die oben erwähnte Destillation von Torf ebenfalls durch Destillation aus einer Art Retorte vorgenommen wurde.

Allgemeine Beachtung fanden aber die Retortenöfen und zugleich auch die durch sie erleichterte Gewinnung der Nebenprodukte erst im letzten Drittel des 18. Jahrhunderts. Der Deutsche Pfeiffer empfahl 1777 in einem 1787 ins Französische übersetzten Buche

[1]) vgl. Vogel, Der Torf, 1859, S. 121.

[2]) vgl. Närrische Weisheit (Frankfurt 1682) Nr. 36, betitelt: D. Bechers Invention von Feuer, Kohlen und Teer.

die Verkohlung von Torf in den von ihm beschriebenen Retortenöfen, die nach Däzel (1795) eine wichtige Verbesserung der schwedischen Schwelöfen darstellten, mit denen zuerst die Nebenprodukte der Destillation gewonnen worden sein sollen. 1787 gab die mailändische Regierung eine ausführliche Instruktion über die Retortenverkohlung, die um diese Zeit auch in der Britannischen Enzyklopädie genannt wird. Lesquereux erwähnt ihre Einführung in den Schweizer Jura. In Bayern baute Freiherr von Stengel 1794 einen Destillierofen, „um das Öl und das saure Wasser" zu gewinnen, ein Versuch, der schon früher am Brocken gemacht worden war.

In Frankreich soll die Retortenverkohlung durch Sage, Parmentier und Bayen eingeführt worden sein. In den ersten Jahren der französischen Republik hatte Thorin die Retortenverkohlung in Carbeil und Chaumont aufgenommen und erhielt in Anerkennung seiner Verdienste um das Torfwesen 1792 ein Nationalgeschenk von 2000 Lires. 1795 beschrieb Blavier eine Verbesserung der Thorinschen Verkohlungsart.

1798 trat D. Reinicke als erster auf, welcher durch Gewinnung des schweren und leichten Öles den Verlust an Brennstoff bei der Verkohlung wieder hereinbringen wollte. Bereits 1729 hatte Degner die einzelnen Destillationsprodukte ziemlich richtig charakterisiert.

Aus dem Gesagten geht hervor, daß die Grundlagen der Verkohlung im Prinzip schon vor dem Jahre 1800 gefunden worden sind. Alle Gewinnungsarten der Torfkohle waren schon bekannt, in Meilern, in Gruben, Torföfen und Retorten. Auch auf die Gewinnung der Nebenprodukte und der brennbaren Gase war man bereits bedacht. Von den 130 Druckschriften (Büchern und Heften), die nach Schreiber vor 1800 über Torf erschienen, behandelte der überwiegende Teil auch die Torfkohle. Namentlich zwischen 1790 und 1805 war das Interesse dafür sehr groß.

Die Retortenöfen für Torf erfuhren bald eine weitere zweckmäßige Ausgestaltung, und zwar wurden sie als Muffelöfen entweder mit stehenden oder liegenden Muffeln ausgeführt. Für die stehenden Muffeln diente gewöhnlich Schamotte oder Mauerwerk, für die liegenden Eisen als Material. Ein Beispiel der ersten Art ist der Jüngstsche Torfverkohlungsofen, ein solches der letzteren der Lottmannsche Torfverkohlungsofen, die wir bei Hausding beschrieben finden[1]). Die Leistung solcher Öfen blieb aber weit hinter den Erwartungen zurück, da sie einen unverhältnismäßig hohen Brennstoffaufwand (etwa $^1/_3$ des zu verkohlenden Torfes) erforderten, das erzielte Produkt aber an Güte und Menge nicht wesentlich der Meilerofenkohle überlegen war. Erst durch die Fortschritte im modernen Torfkoksbetrieb vermochte die Retortenverkohlung die endgültige Überlegenheit über die Meilerverkohlung zu erlangen. Sie beruht auf der Übertragung der in der Feuerungstechnik auf dem Gebiete der Verkokung und Vergasung der Kohlen, besonders der Braunkohlen, erzielten Erfahrungen, die zuerst von Ziegler vor etwa 20 Jahren bei dem Bau seines Torfverkokungsofens für das Torfgebiet verwertet wurden. Sie treten in Erscheinung durch die Einführung des ununterbrochenen, an Stelle des periodischen Betriebes, wodurch bereits eine bedeutende Ersparnis an Feuerungsmaterial und eine größere Leistungsfähigkeit erreicht wird; dann besonders in der Benutzung der Abgase der Verkokung zur Befeuerung der Verkokungsretorten, wodurch der schwere Nachteil, der durch den großen Verbrauch an Hilfsbrennstoff bedingt war, beseitigt wurde. Zu dieser rationellen Ausnutzung der Abgase kommt die Gewinnung der anderen Nebenprodukte, des Teers und des Ammoniaks. Die wirtschaftliche Gewinnung der letzteren wird durch eine zielbewußte Berücksichtigung der theoretischen Bedingungen für ihre Bildung gefördert. Außerdem bedarf es aber nicht minder der Rücksichtnahme darauf, daß bei der Durchführung der Verkohlung und bei der Aufarbeitung der Nebenprodukte von der Abhitze der abziehenden Fuchsgase, der Destillationsprodukte und der strahlenden Wärme des Ofenbaues in ausgiebigster Weise Gebrauch gemacht werden muß. Bei den bisher ausgeführten fabrikmäßigen Anlagen ist dies noch nicht in hinreichender Weise der Fall gewesen, da sie über das eigentliche Stadium der Versuchsanlagen noch nicht hinausgekommen sind.

---

[1]) l. c. S. 380 ff.

Man wird aber die großen Geldopfer, die eine planmäßige Ausgestaltung solcher Anlagen unter voller Berücksichtigung aller von der Technik gebotenen Hilfsmittel erfordert, nicht scheuen dürfen, um dieses Ziel zu erreichen; denn zweifellos werden sie nicht umsonst gebracht sein, wenn auch noch verschiedene Schwierigkeiten bis zur befriedigenden Erreichung des Zieles zu überwinden sein werden.

Von den neuen Ofenanlagen, die bestrebt waren, diese Gesichtspunkte zu berücksichtigen, seien folgende kurz besprochen:

Der Zieglersche Verkokungsofen.

Der Zivilingenieur Martin Ziegler hat auf Grund seiner bei der Braunkohlenschwelerei gesammelten Erfahrungen, wo er als Erster die aus den Schwelöfen entweichenden unverdichtbaren Gase für die Beheizung derselben verwandte, die dort bewährten Einrichtungen auf die Torfverkohlung übertragen und durch zweckmäßige Abänderungen ein Verfahren ausgearbeitet, bei welchem alle Nebenprodukte der Trockendestillation gewonnen und verwertet werden sollen.

Der Zieglersche Torfverkokungsofen nach dem D. R. P. Nr. 101482 und Nr. 103507 wird durch zwei nebeneinander angeordnete, im Querschnitt flachoval gestalteten Retortenschächte gebildet, welche in ihrem unteren Teile aus Schamotte, im oberen Teile aus Gußeisen mit dünner Schamotte-Ummantelung bestehen. Die Retortenschächte vereinigen sich unten in einem konisch geformten Unterbau, der mit zwei Öffnungen zum Abziehen des Torfkokses versehen ist. Oben ist jeder der beiden Schächte mit dicht verschließbaren Füllöffnungen versehen. Die Dimensionen dieser Öfen sind so groß bemessen, daß in 24 Stunden 18 t lufttrockener Torf von 20-25 % Feuchtigkeitsgehalt verkokt werden können. Zur Beheizung sind die Öfen mit drei unteren und zwei oberen Feuerungen ausgerüstet, von denen aus die Feuergase nach einander eine Anzahl übereinander liegender Feuerkanäle durchstreichen, bevor sie durch den Fuchs in den Schornstein ziehen. Die Temperaturen betragen in den unteren Feuerzügen ca. 1100°, in den weiter oben gelegenen 600°, 500° und 400°. Die abziehenden Feuergase sollen in den

Lufttrocknungskammern zum Nachtrocknen des Torfes voll ausgenutzt werden. Im Innern der Öfen steigt die Temperatur auf höchstens 600°. Die Wärme der mit 200—300° aus den Retortenschächten durch die Rohre abziehenden Destillationsprodukte (Wasserdämpfe und Teergase) dient zum Eindampfen der aus dem Teerwasser gewonnenen Ammoniumsulfat- und Kalziumazetatlösungen in Pfannen.

Nachdem die Öfen mit dem zu verkokenden Torf gefüllt sind, müssen sie vorerst mit Torf angeheizt werden. Nach 48 Stunden treten so viel unkondensierbare Gase auf, daß das Feuern mit Torf eingestellt und die Gase angezündet werden können. Dabei wird die zur Verbrennung nötige Luft an dem gußeisernen Unterbau der Öfen vorbeigeführt und so vorgewärmt, und kühlt gleichzeitig den darin befindlichen, bereits fertigen Torfkoks ab.

Nunmehr beginnt der regelmäßige Betrieb. Stündlich wird der Torfkoks am Konus abwechselnd durch die beiden Abzugsöffnungen rechts und links in luftdicht verschließbare Wagen abgelassen, in welchen er vollständig abkühlen muß. Nach dem jedesmaligen Abziehen wird den Öfen neuer Torf oben durch die Füllkästen zugeführt und so der Betrieb zu einem kontinuierlichen gestaltet. Die bei der Verkokung des Torfes in den Retortenschächten entstandenen Wasserdämpfe und Teergase werden durch einen Exhaustor abgesaugt und durch eine Röhrenkondensation getrieben, in welcher durch Luftkühlung Teer und Teerwasser kondensiert werden.

Die unkondensierbaren Gase werden durch einen Sicherheitsapparat gedrückt, um alsdann für die Beheizung der Öfen, Dampfkessel usw. Verwendung zu finden. Für diese soll besonderes Feuerungsmaterial nur zum Inbetriebsetzen erforderlich sein.

Die erste Zieglersche Anlage wurde in Oldenburg i. Gr. in den Jahren 1894—1895 eingerichtet und erprobt. Es wurden dort nacheinander 5 Öfen erbaut. Die Abgase allein scheinen aber nicht zur Beheizung der Öfen genügt zu haben, da die meiste Zeit eine Hilfsfeuerung mit Brenntorf nötig war. Ziegler mußte ein großes Gewicht auf die Gewinnung und Verwertung der bei der trockenen Destillation entstehenden kondensierbaren Nebenprodukte legen, da sich nur dann ein Gewinn bei der Verkokung ergab. Es sollte daher der Teer zu Gasöl, Kreosot und Paraffinschuppen und das Torfteerwasser auf schwefelsaures Ammoniak, essigsauren Kalk und Methylalkohol aufgearbeitet werden. Dies erforderte aber wiederum die Beschaffung kostspieliger Spezialeinrichtungen für diese Nebenbetriebe, die aus Mangel an Material nur ganz kurze Zeit im Jahre in Betrieb sein und sich daher nicht rentieren konnten; zweifellos wird sich aber eine Rentabilität bei einer sehr großen Anlage oder bei einer Zentralanlage für mehrere kleine Verkokungsfabriken ergeben.

Da die Leistung der Oldenburger Öfen nicht genügend groß war, wurden für die von Ziegler für die russische Staatseisenbahnverwaltung erbaute Anlage in Redkino 8 Öfen mit je 5000 t Jahresleistung vorgesehen. Diese Anlage wurde 1903 teilweise in Betrieb genommen, doch war dieser nur von kurzer Dauer, da die Nebenprodukte sich nicht in der erwarteten Weise verwerten ließen und sich infolgedessen der Torfkoks wesentlich höher stellte. Es scheint daher hauptsächlich Braun- oder Halbkoks hergestellt worden zu sein, ein Produkt, das noch die meisten Schwelstoffe enthält und nur oberflächlich verkohlt ist. Doch scheint sich auch dieses Produkt wohl infolge der hohen Investitionskosten der Fabriksanlage zu hoch gestellt zu haben, so daß der Betrieb bald zum Stillstand gebracht worden ist. Die Unmöglichkeit, zu einem befriedigenden Resultate zu kommen, wird hier aber weniger auf Rechnung etwaiger Unzulänglichkeiten des technischen Verfahrens zu setzen sein, wie auf die von seiten der Verwaltungsorgane befolgte Mißwirtschaft in der Kapitalaufwendung für die Anlage.

Die dritte von Ziegler erbaute Anlage in Beuerberg ist ebenfalls bald außer Betrieb gekommen. Ziegler gewann hier seinen Torf selbst, doch stellten sich die Selbstkosten damals entsprechend den dortigen Verhältnissen auf etwa 12 M. pro t. Der Hauptgrund für die Stillegung der Anlage scheint daher den schlechten Moorverhältnissen zuzuschreiben zu sein.

Über die Gewinnaussichten. welche sich Ziegler von einer derartigen Vierofenanlage mit 3 Torfkohlenöfen und 1 Torfheizkoks-(Halbkoks-)ofen machte, gibt ein Exposé vom Jahre 1903 folgendes Bild, das allerdings in der Praxis nicht erreicht wurde, zumal sich auch in der Oldenburgischen Anlage die Preise für den angelieferten Torf auf 8—12 M. für 1 t gegenüber 5 M. im Voranschlag stellten.

Anlagekosten:

1. Verkohlungsanlage	M.	220000.—
2. Teerwasserverarbeitung	„	24000.—
3. Paraffinfabrik	„	33000.—
4. Torfmaschinen und Kraftgasofen . .	„	80000.—
5. Torfstreufabrik	„	15000.—
6. Gelände und Wohngebäude	„	28000.—
	M.	400000.—
Betriebskapital	„	200000.—
zusammen	M.	600000.—

Leistung der Anlage	von 15000 t Torf in 3 Verkohlungsöfen		von 7500 t Torf in 1 Torfhalbkoksofen		Zusammen
	%	t	%	t	t
Torfkohlen	35	5250	—	—	5250
Torfhalbkoks (Braunkoks) .	—	—	50	3750	3750
Paraffinschuppen	0,5	75	0,2	15	90
Gasöl	3,0	450	1,0	75	525
Schwefelsaures Ammoniak .	0,4	60	0,2	15	75
Essigsaurer Kalk	0,6	90	0,2	15	105
Methylalkohol	0,2	30	0,1	7,5	37,5

Die Torfstreufabrik liefert 3000 t Torfstreu.

Einnahmen:

5000 t	Torfkohlen	zu	40 M.	M.	200000.—
250 t	Torfkohlenglühstoff	„	100 „	„	25000.—
3750 t	Torfheizkoks	„	20 „	„	75000.—
90 t	Paraffinschuppen	„	400 „	„	36000.—
525 t	Gasöl	„	110 „	„	57750.—
75 t	schwefelsaures Ammoniak . . .	„	220 „	„	16500.—
105 t	essigsaurer Kalk	„	120 „	„	12600.—
37,5 t	Methylalkohol	„	700 „	„	26250.—
3000 t	Torfstreu	„	15 „	„	45000.—
				M.	494100.—

Ausgaben:

22500 t Maschinentorf . . zu 5 M	M. 112500.—		
3000 t Torfstreu herzustellen . . . . „ 8 „	„ 24000.—		
Löhne und Gehälter in der Fabrik	„ 50000.—		
Betriebsunkosten und Versicherung	„ 40000.—		
10% Tilgung der Anlagekosten . .	„ 40000.—		
10% Patentabgaben	„ 10000.—		
Verschiedenes	„ 7600.—	„ 284100.—	
	Blieben Reingewinn	M. 210000.—.	

Die Bammesche Torfverkohlung.

In ganz ähnlicher Weise wie Ziegler sucht Bamme die Torfverkohlung auszuführen. Nach seinem Verfahren, das sich ganz an das ursprüngliche Zieglersche Original anlehnt und ebenfalls Torf mit 20—30% Feuchtigkeit zur Verarbeitung bringt, sind Verkohlungsöfen in Elisabethfehn (Oldenburg) und in Stickhausen (Ostfriesland) gebaut worden. Die Anlage in Elisabethfehn wurde 1901 in Betrieb genommen und 1905 von der vom Verfasser ins Leben gerufenen „Torfkoksges. m. b. H.“ erworben (s. S. 394), die Bammeschen Öfen abgerissen und die Hoering-Wielandtschen dort aufgebaut.

Der Bammesche Ofen, welcher nur in der Form von dem Zieglerschen abweicht — er ist ein Kammerofen, der aus einer Anzahl nebeneinander liegender Kammern besteht, die sowohl unten wie auch zu beiden Seiten mit Heizzügen versehen sind —, ist charakterisiert durch seine geneigte Kammersohle, die durch eine schiefe Ebene von solcher Neigung gebildet wird, daß einzelne Torf- oder Koksstücke auf ihr nicht liegen bleiben. Die Hauptwirkung der schiefen Ebene soll die sein, daß der Torf, der bereits eine gewisse Gare erreicht hat, stets an die tiefste und gleichzeitig heißeste Stelle gelangt, wo er ungefähr vier Stunden liegen bleibt und unter der anhaltenden Hitzeentwicklung Vollgare erreicht. Die Feuerungen zum Anheizen befinden sich innerhalb des Ofenmauerwerks, und in gleicher Höhe der Ofenhaussohle. Durch die ausschließliche Verwendung feuerfester Steine für das Kammerinnere und die Heizräume soll ein Verbrennen und Undichtwerden der Kammerwände vermieden werden[1]).

Der Fassungsraum einer Kammer beträgt 27 cbm und soll für etwa 8 t Torf mit 30% Feuchtigkeit reichen. Diese sollen etwa 2,7 t Torfkohle geben.

Die Verkohlung dauert bei sechsmaligem Abziehen alle vier Stunden rund 24 Stunden, doch soll sie sich selbst in 16—20 Stunden durchführen lassen. Die Leistung einer Kammer beträgt dann in 24 Stunden etwa 3 t.

Bamme berechnete den Nutzen einer Vierkammeranlage mit einer Jahresleistung von 3600 t Koks auf 48% des auf M. 200000 veranschlagten Anlagekapitals. Auch hier sind die Ausbeuten sowohl an Koks als auch an Nebenprodukten, und ihre Verwertung zu hoch angesetzt, so daß sie aus demselben Grunde, wie die Zieglerschen Anlagen, eine befriedigende Rentabilität nicht abwerfen konnte. Außerdem stellten sich die Torfkosten auf 9 bis 10 M. pro Tonne Torf, während Bamme nur 7 M. als Anschaffungs- oder Selbstkosten seinen Berechnungen zugrunde gelegt hatte. Der Mißerfolg ist aber vor allem in der Ofenkonstruktion zu suchen, wozu noch bei der zweiten Anlage in Stickhausen die ungünstige Lage hinzukam.

Verkokungsverfahren von Hoering-Wielandt[2]).

Nach dieser Erfindung sollen die großen Dampfmengen, welche bei der Trocknung wasserreicher, bituminöser Brennstoffe (Torf, Braunkohle, Schlick, Holz u. dgl.) oberhalb der Verkokungszone im Verkokungsofen entstehen, dadurch nutzbringend verwendet werden, daß sie zwangsweise in die eigentliche Verkokungszone eingeleitet und dort zur Einwirkung auf den entgasenden Brennstoff gebracht werden. Dadurch wird unter Verwendung des sonst ungenutzt gebliebenen Dampfes eine Verbindung zwischen der Wasserdampf- und Verkokungszone geschaffen, wodurch gegenüber

[1]) Es sei hier bemerkt, daß eiserne Retorten sehr wenig unter der Einwirkung der Destillationsgase von Torf leiden.

[2]) D. R. P. 158032 und Zusatzpatente 176364 und 176365; vgl. dazu auch S. 278 u. 394.

der bisherigen, einfachen Verkokung vermehrte Ammoniakausbeute, und Teererzeugung, Erniedrigung der Destillationstemperatur, sowie Schutz der Teerdämpfe vor zu starker Zersetzung durch raschere Entfernung aus der Verkokungszone, in einfacher Weise erzielt wird.

Die während der Trocknung des Torfes in der obersten Zone erhaltenen Wasserdämpfe werden nebst den etwaigen geringen Beimischungen von Gasen entweder unmittelbar, oder nach Überhitzung dem in der tieferen, höher erhitzten Zone des Ofenschachtes befindlichen Brennstoff zugeführt, der hauptsächlich erst hier der eigentlichen Trockendestillation unterliegt, und von hier zusammen mit den Destillationsprodukten abgesaugt.

Die Zuleitung der Wasserdämpfe erfolgt entweder durch in dem Ofen, oder außerhalb desselben liegende Röhren, Kammern oder dergl., oder durch Saugwirkung allein. Im letzteren Falle durchdringen die Dämpfe zunächst den trocknenden Brennstoff und gelangen dann durch das bereits entgasende Gut hindurch in die Verkokungszone. Die Umleitung innerhalb des Ofens ohne direkten Durchgang durch das trocknende Gut kann vorteilhaft durch einen in dem ovalen Ofen angebrachten Sektor bewirkt werden, so daß die Dämpfe auf ihrem Wege entlang den beheizten Ofenwandungen stark überhitzt werden.

Aus der Verkokungszone werden dann die gesamten Destillationsprodukte abgesaugt. Durch die in den Zusatzpatenten[1]) beschriebene Gabelung der Absaugkanäle kann aber der Wasserdampf mit einem Teil der Destillationsprodukte teilweise auch aus der über der Verkokungszone liegenden Destillationsschicht abgesaugt, und so das dort bereits gebildete Ammoniak rasch entfernt und vor einer Zersetzung durch weitere Überhitzung bewahrt werden. Durch entsprechende Regulierung der Zugstärke in den beiden Ästen der Saugleitung läßt sich die Grenzzone in der Brennstoffschicht, von welcher aus der Dampfstrom nach den beiden Richtungen auf- und abwärts abgesaugt wird, beliebig verschieben.

---

[1]) Sie wurden von dem früheren Mitarbeiter des Verfassers, Dr. Wieland t, als Leiter der vom Verfasser ins Leben gerufenen Torfkoksgesellschaft m. b. H. im Jahre 1905 angemeldet.

Für die Ausführung des Verfahrens kommen Öfen verschiedener Bauart in Frage, doch ist stehenden Retortenöfen der Vorzug zu geben. Wenn mehrere Öfen zu Batterien vereinigt sind, können die Wasserdämpfe aus der Trocknungszone des einen Ofens in die Verkokungszone eines anderen, benachbarten Ofens übergeführt werden.

Die besprochenen verschiedenen Konstruktionen des Hoering-Wielandtschen Ofens stellen die sinngemäße Übertragung der Ergebnisse der Laboratoriumsversuche des Verfassers[1]) dar. Vor allem waren für die Ofenkonstruktion die Beobachtungen maßgebend, daß künstlich in die Verkokungszone eingeleiteter, überhitzter Wasserdampf nicht nur eine leichtere Verkokung des Torfes ermöglicht, sondern auch eine größere Ammoniak- und Teerausbeute bewirkt. Dadurch wird noch ein weiterer, für einen kontinuierlichen Ofenbetrieb sehr wichtiger Effekt erzielt, da gerade bei besonders nassem Torf, wo mehr Gas zur Beheizung der Retorten gebraucht wird, der Ofen selbsttätig infolge Wassergasbildung ein größeres Quantum, und zwar besonders heizkräftiges Gas liefert, so daß der Mehrbedarf für die Verdampfung des Wassers gedeckt wird, allerdings auf Kosten der Koksausbeute. Bei den vorher beschriebenen Ofenkonstruktionen ist in diesen Fällen das allein durch Destillation entstandene Gas wegen des hohen Wassergehaltes kaum zum Heizen zu benutzen und es werden bedeutende Mengen Torf zur Hilfsfeuerung nötig. Dagegen hat das Hoering-Wielandtsche Verfahren den anderen Verfahren gegenüber den Vorteil voraus, daß das ganze Jahr hindurch im allgemeinen das Gas nicht nur für die Öfen und Lokomobilen, sondern auch für die ganze Teerdestillation ausreicht. Wird die Mehrausbeute an Gas auch durch einen entsprechenden Verbrauch an Torfkohle bestritten, so ist der auf diesem Umwege über die Vergasung erzielte Nutzeffekt weit höher als bei der direkten Verfeuerung der entsprechenden Torfmenge in den Außenbeheizungen des Verkokungsofens oder der anderen Feuerungsanlagen. Demnach kann im Hoering-Wielandtschen Verkokungsofen, wie sich

---

[1]) s. S. 277.

tatsächlich ergeben hat, auch nasser Torf mit 40 und mehr Prozent Wasser verarbeitet werden, doch ist dies vom wirtschaftlichen Standpunkt aus keineswegs zweckmäßig. Andererseits wird auch das Hoering-Wielandtsche Verfahren seine volle Wirtschaftlichkeit erst erreichen können, wenn bei seiner Durchführung die vom Verfasser geforderten Gesichtspunkte[1]) Berücksichtigung finden.

Es ist leicht zu erkennen, daß die Ausdehnung dieses Verfahrens auf Torf von noch höherem Wassergehalt zu dem viel besprochenen Frank-Caroschen Verfahren führt, das die Übertragung des Mondgasprozesses auf nassen Torf bezweckt. Hier wird der große Wasserüberschuß ebenfalls aus einer Trockenzone des Brennstoffs vertrieben und in die Verkokungszone geleitet. Es spielen sich dabei Vorgänge ab, die im wesentlichen mit den Vorgängen im Hoering-Wielandtschen Verkokungsofen identisch sind, nur wird beim Mondgasprozeß darauf hingearbeitet, den gebildeten Torfkoks durch den Wasserdampf vollständig in Generatorgas überzuführen. Je wasserreicher hierbei der verarbeitete Torf ist, desto mehr geht von dem Heizwert des Gases für die Verdampfung der großen, für den Vergasungsprozeß unnötigen Wassermengen verloren. Die Unzweckmäßigkeit des ganzen Verfahrens tritt dadurch klar hervor und ist durch den Mißerfolg der Anlage im Großen (Kraftanlage im Schwegermoor, s. S. 595) erwiesen.

Die Annahme Caros[2]), daß bei der von ihm und seinen Mitarbeitern durchgeführten Umänderung des Mondgasprozesses, durch die es erst möglich wurde, nassen Torf von 45—60%, ja selbst, wie behauptet wird, bis 70% Wassergehalt zu vergasen und dabei einen hohen Prozentsatz des im Torf enthaltenen Stickstoffs als Ammoniak zu gewinnen, die Hauptmenge des letzteren bereits in der Destillationszone entbunden wird, so daß ein nahezu stickstofffreier Koks in die eigentliche Vergasungszone gelangt, entbehrt vorläufig einer experimentellen Stütze. Es ist vielmehr wahrscheinlich, daß wie bei jeder anderen Verkokung, auch bei

---

[1]) s. S. 549ff.

[2]) Ch. Ztg., 1911, S. 505.

seinem Verfahren ein Teil des Stickstoffs unvermeidlich in den Koks geht, der dann in bekannter Weise bei der Vergasung mit Wasserdampf einen erheblichen Teil des Stickstoffs als Ammoniak wieder freigibt. Es liegt kein Grund zur Annahme vor, daß die Ammoniakbildung in den identischen Phasen bei dem Hoering-Wielandtschen und Frank-Caroschen Verfahren einen erheblichen Unterschied aufweist. Die von dem Verfasser in seinen Laboratoriumsversuchen erzielte Ammoniakausbeute bis 60 % wird sich durch entsprechende Abänderung des Ofenbetriebes auch im großen, besonders durch geeignete Abzugsvorrichtungen und rasche Abkühlung der gebildeten Destillationsprodukte annähernd erzielen lassen.

B. Wirtschaftlichkeit der Torfverkohlung.

Die historische Entwicklung der Verkohlung zeigt noch deutlicher als die Entwässerung und Brikettierung, daß für die Wirtschaftlichkeit der Veredelungsbestrebungen des Torfes die auf sie von außen einwirkenden wirtschaftlichen Wechselbeziehungen, hauptsächlich die durch das herrschende Bedürfnis bedingte Marktlage der konkurrierenden Materialien, in deren Wertbestimmung die Transportverhältnisse als einer der Hauptfaktoren deutlich zum Ausdruck gelangen, eine fast größere Rolle spielen als die eigentliche Lösung der in der Sache selbst gelegenen Schwierigkeiten der technischen Probleme, d. h. daß der schließliche Erfolg von einer unlöslichen Verknüpfung ökonomischer und technischer Momente abhängt. Man kann annehmen, daß, wie der Torf zuerst in holzarmen oder von Holzmangel bedrohten Gegenden als Ersatz des Holzes verwendet wurde, man auch ebenda zuerst Torfkohle an Stelle von Holzkohle zu bereiten lernte, indem man in den Fällen, wo eine starke Erhitzung nötig war, den als Ersatz des Holzes gebrauchten Torf nun auch an Stelle von Holz in Meilern verkohlte. Was über die erste Verwendung von Torfkohle mit Sicherheit bekannt ist, ist in der geschichtlichen Übersicht über die Entwicklung der Torfverkohlung im Vorhergehenden mitgeteilt worden. Der einzige Konkurrent der Torfkohle war damals die Holzkohle. Die an vielen Orten Deutschlands laut werdende Besorgnis, die wir übrigens aus den Titeln der meisten Bücher aus dieser Zeit ersehen können, daß die vorhandenen Wälder nicht mehr ausreichen würden, um das für die Eisenerzeugung nötige Holzkohlenquantum zu liefern, war schon frühzeitig die Ursache, einen geeigneten Ersatz dafür im Torfkoks zu suchen. Doch haben diese Bestrebungen, trotzdem sie zu verschiedenen Zeiten immer wieder aufs neue mit regem Eifer verfolgt wurden, lange Zeit keinen durchgreifenden Erfolg erzielt, teils wegen der ungenügenden Eigenschaften der damals gewonnenen Torfkohle, teils wegen der mangelnden Rentabilität. Mit der Beseitigung der hauptsächlichsten Mängel durch Einführung des Schachtofenbetriebs und Verwendung des gut verdichteten Maschinentorfs schien sich in der Mitte des vorigen Jahrhunderts die Torfverkohlungsindustrie aussichtsvoll entwickeln zu wollen. Wieder einmal gewannen die äußeren Verhältnisse eine Gestaltung, von der man erwarten konnte, daß sie die Entwicklung dieser Bestrebungen günstig beeinflussen müßten. Denn der um dieselbe Zeit, in den vierziger Jahren dieses Jahrhunderts, beginnende Eisenbahnbau war zunächst die Ursache, daß ein gesteigerter Bedarf an Brennmaterial sich fühlbar machte, und daß für den Torf im allgemeinen, aber auch für die Torfkohle eine bessere Konjunktur eintrat. Die Holzpreise gingen nicht allein durch die verstärkte Nachfrage nach Brennmaterial in die Höhe, sondern auch dadurch, daß infolge der verbesserten Kommunikationsverhältnisse wiederum die Ausbeutung der Waldbestände zur Gewinnung von Nutzhölzern sich weit rentabler gestaltete als die Holzverkohlung. Selbst in den entlegensten Gegenden Böhmens begann der dort blühenden Eisenhüttenindustrie die Holzkohle zu mangeln. Infolgedessen stieg nun das Interesse für Torfkohle, das allerdings zeitweilig noch in den Hintergrund trat gegenüber den in den fünfziger und sechziger Jahren stark gepflegten Bestrebungen, die hauptsächlich auf die Gewinnung der flüchtigen Torfdestillationsprodukte gerichtet waren. Solche Bestrebungen nahmen 1849 ihren Ausgang in Irland von den Versuchen von Reece-Rice[1]), die ihrerseits

[1]) s. auch S. 383.

durch die damals im Entstehen begriffene Schwelindustrie veranlaßt waren. Die bei der Verschwelung von bituminösen Schiefern und Braunkohle gewonnenen wertvollen Destillate, besonders Leuchtöle und Paraffin, konnten auch durch die Destillation des Torfes gewonnen werden, und man beschäftigte sich intensiv mit der Ausbildung dieser neuen Industrie, wobei man jedoch auf die Qualität der gleichzeitig erhaltenen Torfkohle genügend Bedacht zu nehmen unterließ. Da aber die für den Torfkoks durch die Verbesserung der Kommunikationsverhältnisse zunächst herbeigeführte günstigere Gestaltung der Verhältnisse bald in das Gegenteil umschlug, weil durch sie gleichzeitig die Konkurrenz der Steinkohle erleichtert wurde, endete auch diese Periode schließlich mit einem Mißerfolge für den Torf. Denn auch die Hoffnung, in der Gewinnung der Nebenprodukte der Destillation eine hauptsächliche Quelle für das Erträgnis zu finden, erwies sich als trügerisch. Ist der Torf schon an sich nach seiner chemischen Beschaffenheit nur ein mäßig geeignetes Material für eine lebensfähige Schwelindustrie, so kam noch besonders hinzu, daß der Schwelindustrie überhaupt, als sie gerade im Begriff war, sich in befriedigender Weise zu entwickeln, in der um diese Zeit aufkommenden, alsbald ins Riesenhafte wachsenden amerikanischen Erdölindustrie ein übermächtiger Gegner erstand, gegen den sich selbst die wesentlich günstiger arbeitenden Industrien der Schwelkohlen und der bituminösen Schiefer in einzelnen bevorzugten Regionen nur schwer zu behaupten vermochten. So brachte wieder eine unvorhergesehene Umwälzung der äußeren Verhältnisse die aufblühende Torfkoksindustrie zum vorläufigen Stillstand.

Dazu kam, daß man sich in der Folge bei den Bestrebungen zur Lösung der Frage, die gewaltigen deutschen Hochmoore der Kultur zu erschließen, nach den mit einem unbefriedigenden Ergebnis verlaufenen Verfehnungsversuchen immer mehr der Idee zuwandte, die Moore der unmittelbaren Kultivierung ohne vorherige Ausnützung der in den Torflagern vorhandenen Energievorräte zuzuführen. Obwohl in der Massenherstellung von Brenntorf in der Zwischenzeit ganz erhebliche Fortschritte gemacht worden waren, schien doch nach den obwaltenden Verhältnissen eine gesunde, rasche Ausnutzung der Hochmoore durch Gewinnung von Brenntorf nicht durchführbar zu sein, und damit trat das Interesse an der Gewinnung von Torfkohle in den Hintergrund. Außerdem war infolge verfehlter und verlustreicher Versuche, sowie gewissenloser Unternehmungen, durch die dem Torf im Wettbewerb mit der übermächtigen Stein- und Braunkohle ein sicherer Platz errungen werden sollte, das Vertrauen in eine bessere Ausbeutung des Torfes durch chemische Umwandlung geschwunden.

Erst in neuerer Zeit ist dann wieder ein Umschwung eingetreten, indem sich immer mehr die Ansicht Bahn bricht, daß Torfkoks durch seine besonderen Eigenschaften eine gewisse Sonderstellung unter den Veredelungsprodukten des Rohtorfs einnimmt und daß sein natürlicher Konkurrent nur die Hohlzkohle ist. Es wurde schon öfters darauf hingewiesen, daß das Problem einer rationellen, industriellen Ausnutzung der Torflager so lange unfehlbar mißglücken mußte, als man gegen die von urteilsfähigen Fachleuten schon wiederholt erkannte, aber immer wieder außer acht gelassene Einsicht verstieß, daß das Torfmaterial viel zu geringwertig sei, um eine irgendwie kompliziertere Veredelung zu vertragen.

Mehr noch als von den vielfachen Versuchen zur künstlichen Entwässerung, sowie zur besseren Raumerfüllung in irgendeiner Form, gilt dies auf den ersten Blick anscheinend von den Versuchen, eine qualitative Verbesserung des Torfes durch chemischen Eingriff zu bewirken, d. h. von der Verkohlung. Diese ist ja nicht nur auf eine vorhergehende Entwässerung und Formverbesserung (Herstellung von Maschinentorf) angewiesen, sondern sie ist zur Erreichung der qualitativen Verbesserung noch außerdem zu einem bedeutenden Aufwand an Material gezwungen. Wie schon erwähnt, beträgt im allgemeinen die Ausbeute an Torfkohle nur etwa ein Drittel von der angewandten Menge Torf, wenn man sich nicht etwa mit einer Art oberflächlicher Ankohlung begnügt, wie es bei manchen der neueren, als wertlos erkannten Erzeugnissen der Fall ist, die, wie die sogenannte „Elektro-Peat coal“ oder der „Harttorf“ von Verschuer[1]), mit viel Aufhebens an die Öffentlich-

---

[1]) s. S. 467.

keit zu bringen versucht worden sind. Die angeführten Bedenken gelten aber nur so lange, als man sich von der Absicht leiten läßt, ein transportfähiges Brennmaterial von allgemeiner Anwendung herzustellen, das mit Braun- und Steinkohle in Konkurrenz treten soll oder muß. Solche Versuche sind von vornherein zur Erfolglosigkeit verurteilt, und gerade aus dieser Einsicht heraus sind ja die modernen Torfzentralen entstanden, die auf jeden Transport des Materials verzichten, bei der Vergasung des Torfes in Generatoren sogar den Eigenschaften des Rohmaterials noch weiter entgegenzukommen suchen, indem sie bestrebt sind, unter Ausbildung dieses Prozesses ihre Ansprüche auf Trocknung und Formgebung auf ein Minimum zu reduzieren, obgleich auch diesen Bestrebungen bestimmte Grenzen gezogen sind.

Dagegen ändern sich, abgesehen davon, daß etwa durch lokale Ursachen die Konkurrenz von Braun- und Steinkohle wegfällt, die Verhältnisse völlig, wenn es gelingt, diese Konkurrenz durch im Wesen des Verbrauchs liegende Gründe, die in einer höheren qualitativen Verwertung der Produkte zum Ausdruck kommen, auszuschalten.

Bei Torfkoks ist letzteres nun durchaus der Fall. Seine vorzüglichen Spezialeigenschaften für bestimmte Verbrauchszwecke heben ihn über die Konkurrenz mit Braun- und Steinkohle heraus; sein natürlicher Konkurrent ist nur die Holzkohle. Die immer größer werdende Spannung zwischen den Preisen der letzteren und der anderen Brennmaterialien kommt auch ihm zugute. Dadurch wird die Fabrikation des Torfkokses auf eine vollständig andere, gesundere Basis gestellt, als die der Erzeugnisse sonstiger, besonders der mechanischen Veredelungsbestrebungen der Torfindustrie, wie Brikettierung usw., die gleichfalls auf Beseitigung der Mängel in der Form und Zusammensetzung des Rohmaterials hinzielen.

Im Vergleich zur Holzkohle besitzt Torfkoks (Torfkohle)[1]) ungefähr dieselbe Heizkraft wie diese und ist in gleicher Weise, falls

---

[1]) vgl. Fußnote [1]) Seite 438.

kein ungeeigneter Torf verarbeitet wird, praktisch schwefel- und phosphorfrei. Sein. spezifisches Gewicht ist ungefähr doppelt so groß wie das der Holzkohle (1 hl Torfkoks wiegt 28—35 kg, 1 hl Holzkohle 14—16 kg). Infolgedessen sind die Transportverhältnisse für ihn wesentlich günstiger.

Was den Aschengehalt des Torfkokses betrifft, so schwankt derselbe je nach dem Ausgangsmaterial, und die Zahlen bewegen sich zwischen 3—10%, unter Umständen aber auch weit mehr. Bei Steinkohlenkoks wird von den Hochofenwerken meistens erst ein Aschengehalt über 11% beanstandet. Sie verlangen dann für jedes überzählige Prozent Asche eine Vergütung von 2% Koks, (Bei 100 t Koks mit 12% Asche wird also eine Nachlieferung von 2 t Koks gefordert.)

Auch die Druckfestigkeit des Torfkokses ist ebenfalls sehr verschieden. Woran dies liegt und worauf es zurückzuführen ist. daß im Gegensatz zur Holzkohle, bei der eine Sinterung ganz ausgeschlossen ist, mancher Torfkoks mehr oder weniger sintert, und zwar bis zur Druckfestigkeit des Steinkohlenkokses, konnte bis jetzt nicht erkannt werden, man begnügte sich bis jetzt mit der Annahme, daß die Druckfestigkeit proportional dem Aschengehalt ist und daher die Verbesserung der Qualität nach der einen Richtung mit einer Verschlechterung in einer sehr wesentlichen anderen Hinsicht parallel läuft. Dies ist aber keineswegs immer zutreffend, denn der Grad der Sinterbarkeit scheint ebenso von der Beschaffenheit des Ausgangsmaterials wie von der Verarbeitungsweise abhängig zu sein. Da diese Frage äußerst wichtig für die Verwendungsmöglichkeit des Torfkokses für Hüttenprozesse ist, hat der Verfasser diesem Punkte seine Aufmerksamkeit zugewendet und ist der Ansicht, daß gerade beim Torf eine planmäßige Steigerung der Druckfestigkeit des erzeugten Kokses erzielbar sein wird. Wie weit sich dies erreichen läßt, soll durch geeignete Versuche festgestellt werden.

Zu der hier zum Ausdruck gebrachten günstigen Beurteilung des Torfkokses sieht sich der Verfasser auf Grund der eigenen Erfahrungen berechtigt, die er bei dem Ausbau und Betrieb seiner Ofenanlagen in Magdeburg-Buckau und Elisabethfehn in Oldenburg machen konnte. Trotzdem dort nur ein guter Durchschnittstorf verwendet wurde, der je nach der Jahreszeit einen Feuchtigkeitsgehalt von 20—35 % hatte, war die Qualität des erhaltenen großstückigen Kokses, der im Durchschnitt 80 % der Gesamtausbeute (Rest kleinstückiger Koks) ausmachte, eine vorzügliche. An Härte gab er bester Holzkohle nichts nach und konnte nur mit großem Kraftaufwand zerbrochen werden. An dem Zustandekommen dieses günstigen und zu den bisherigen Erfahrungen in einem gewissen Gegensatz stehenden Ergebnisses ist der Umstand wesentlich beteiligt, daß durch den kontinuierlichen Betrieb der neuen Ofenkonstruktionen die Möglichkeit gegeben ist, den Ofengang genau zu regeln und gleichmäßig zu gestalten, wodurch eine gleichbleibende und sehr gute Qualität des Kokses gewährleistet wird. Dabei kann dieses Resultat erzielt werden, auch wenn keineswegs nur erstklassiges Material verarbeitet wird. Überdies sind die neueren Torfgewinnungsmaschinen inzwischen auch in der Richtung verbessert worden, daß sie eine kräftigere Misch- und Knetwirkung auszuüben vermögen, so daß mit ihnen aus einem Rohtorf, der früher zu lockere Soden lieferte, um zur Verkohlung geeignet zu sein, jetzt ein bedeutend dichteres Material gewonnen werden kann, das sich noch gut verkohlen läßt. Sicher sind wir hier noch nicht an der Grenze des Erreichbaren, und zwar des gegenüber der heutigen Gewinnungsweise ökonomisch vorteilhaft Erreichbaren angelangt, und so tragen beide neuzeitlichen Fortschritte, sowohl die in der Ofenleistung bei der Verkohlung, wie die bei der Sodenbereitung aus dem Rohmoor dazu bei, die Auswahl unter den Mooren, die einen zur Verkohlung geeigneten Torf liefern können, gegenüber den bisher zu ziehenden Grenzen um ein Bedeutendes zu erweitern. Nicht minder erweitern sich aber auch die Verwertungsmöglichkeiten des Torfkokses, vor allem aus dem Grunde, weil es als außer jedem Zweifel stehend bezeichnet werden darf, daß aus einem guten, erstklassigen Torf, wie ihn die modernen Maschinen zu liefern imstande sind, jetzt ein Koks gewonnen werden kann, der Holzkohle bezüglich der Härte überlegen ist. Im allgemeinen wird aber auch der aus einem guten Durchschnittstorf gewonnene Torfkoks gleichfalls ohne Mischung mit Holzkohle, wie man es mit dem bisher gewonnenen Torfkoks in der Regel zu tun gezwungen war, im Hochofenbetrieb verwendbar sein. Die schon vor längerer Zeit im Hochofenwerk Bleymüller in Schmalkalden ausgeführten Versuche mit reiner Torfkohle zeigten z. B., daß dieselbe auch bei einer Ofenhöhe von 12 m durchaus tragfähig ist.

Dieser Umstand ist von großer Bedeutung. Die Holzkohle, früher die unbeschränkte Herrscherin auf den verschiedenen Gebieten der Metallurgie, hat dem viel billigeren Steinkohlenkoks im weitesten Umfange das Feld räumen und sich vorzugsweise auf einige Spezialgebiete beschränken müssen, aus denen sie wegen des hier unentbehrlichen höheren Reinheitsgrades von dem Steinkohlenkoks nicht verdrängt werden kann. Sie verlor um so mehr an Boden, je gigantischer sich ihr vordem größter Konsument, die Eisengewinnung, gestaltete. Ja für die immer größer dimensionierten Hochöfen würde die Holzkohle nicht nur zu teuer geworden sein, sondern sie hätte überhaupt wegen ihrer zu geringen Tragfähigkeit eine derartige Entwicklung gar nicht zugelassen. Dies gilt aber nach dem oben Gesagten nicht in dem gleichen Maße für den Torfkoks.

Wohl kaum einem anderen Problem ist so viel Mühe, Arbeit und Geld geopfert worden wie der Herstellung von Torfkohle, und man muß die Ausdauer und Zähigkeit bewundern, mit der seit vielen Jahrhunderten an der Lösung dieser Aufgabe gearbeitet wird. Seit dem siebzehnten Jahrhundert wurden Patente in verschiedenen Kulturstaaten auf neue Verfahren verliehen, die uns zeigen, welche Wertschätzung beim Hochofenbetrieb eine gute Torfkohle schon genoß, und zwar schon zu einer Zeit, wo die Frage der Torfgewinnung für Brennzwecke keine wichtige Rolle spielte.

Dabei ist bemerkenswert, wie immer nach einer Periode des Mißerfolges und dem darauf folgenden Rückschlag sich zeitweise das Interesse von dem Gegenstand abwandte, bis dann doch wieder die alte Frage in neuem Gewande auftauchte. Leider fanden die alten Erfahrungen wenig oder gar keine Beachtung, so daß jeder Erfinder mit der gleichen, mangelnden Sachkenntnis von vorne anfing. Wäre jedoch auf den alten Erfahrungen fußend zielbewußt weitergearbeitet worden, so müßte heute bereits eine gesunde Torfkoksindustrie bestehen.

Aber auch die Ende des 19. Jahrhunderts (1894) einsetzenden jüngsten Bestrebungen, die von dem Ingenieur Martin Ziegler ausgingen, endeten, wie im vorhergehenden besprochen, mit einem Mißerfolg. Nur die vom Verfasser ins Leben gerufene Torfkoksfabrik der Torfkoks-Gesellschaft m. b. H. in Elisabethfehn hat sich bis heute als lebensfähig erwiesen, obgleich sie nur mit 3 Öfen arbeitet und nicht zur geplanten Vollanlage ausgebaut wurde.

Der Mißerfolg der Zieglerschen Anlagen lag unter anderem in der Überschätzung der Nebenprodukte, auf deren Erträgen die Rentabilität aufgebaut war, aber noch mehr an der Schwierigkeit, einen guten und preiswerten Torf in genügender Menge zu beschaffen. Die Folge davon war, daß die errichteten Anlagen nicht voll ausgenutzt werden konnten und kaum über den Versuchsbetrieb hinauskamen. Infolge der unvermuteten Hindernisse war das alte Mißtrauen wieder wachgerufen und Kapitalmangel brachte den erfolgreichen Anlauf zum Stillstand, bevor die teuer erkauften Erfahrungen zu einem erfolgreichen Ausbau des Betriebes verwertet werden konnten. Die Enttäuschung der Kapitalisten hatte aber insofern eine Berechtigung, als der versprochene Riesengewinn, der sich hauptsächlich auf die schwankenden Ausbeuten der Nebenprodukte der trockenen Destillation aufbaute, sich unmöglich herauswirtschaften läßt. Wohl aber ist bei angemessenen Abschreibungen eine gute Rente des in einer Kokereianlage investierten Kapitals zu erzielen, wenn dabei alle vorliegenden Erfahrungen voll ausgenützt werden.

Das Ergebnis derselben läßt sich in folgende Leitsätze zusammenfassen:

1. Eine Torfkoksanlage muß sich vor allem an eine rationell eingerichtete Torfgewinnungsanlage von in der Praxis hinreichender Leistungsfähigkeit angliedern, die schon vor Bau der Torfkokerei voll in Betrieb ist und deren Produkte allen Anforderungen genügen.

2. Die Torfkokerei muß neben dem Torfbetrieb erbaut werden und Wasser- und Bahnanschluß haben.

3. Sie ist ebenso wie die Torfgewinnungs- und Kultivierungsmaschinen vorteilhaft mit durch Torfenergie selbst erzeugter oder einer Zentrale entnommener Kraft zu betreiben.

4. Das auszubeutende Torfmoor muß der Torfkokerei eine Lebensdauer von mindestens 50 Jahren sichern.

5. Das ganze Moor muß sofort in landwirtschaftliche Kultur genommen werden, um das darin investierte Kapital voll zu verzinsen.

6. Ebenso ist die Urbarmachung des nach Abbau des Torfes gewonnenen mineralischen Bodens sofort vorzubereiten.

Eine auf diese Weise großzügig angelegte Torfkokerei wird auf sicherer Basis ruhen; sie bildet aber in einem wohl ausgebildeten System zur Erschließung und Verwertung eines Moores nur ein Hauptglied. Eine hierzu gegründete Interessengemeinschaft wird ihren Betrieb in 3, bzw. 4 getrennt arbeitende Zweige gliedern müssen, wie folgt:

1. Landwirtschaftliche Abteilung.

2. Torfgewinnung mit Einschluß der Streutorfgewinnung.

3. Torfkokerei, bzw. mit anschließender elektrischer Krafterzeugung.

4. Wenn möglich die Angliederung einer metallurgischen Abteilung zur unmittelbaren Verwertung des Torfkokses an Ort und Stelle.

Für eine solche Anlage ist eine Rentabilität in sichere Aussicht zu stellen.

1. Der landwirtschaftliche Betrieb verzinst voll das für Moorkauf investierte Kapital. Abschreibungen auf Moorbesitz sind vorerst beim Abbau nicht zu machen, da die Wertsteigerung des Moores im Jahre etwa 5 % beträgt.

2. Außerdem ist der nach Abbau des Torfes zurückbleibende Kulturboden weit wertvoller wie vorher und bringt sofort beim Verkauf einen Gewinn.

3. Die letzten Jahre wurden für 10 t Maschinentorf in Oldenburg etwa 95 M. bezahlt, bei langfristigen Lieferungsverträgen 90 M. Als unterste Grenze, die noch einen Nutzen zuläßt, ist bei

entsprechenden Verhältnissen 60 M. pro t anzunehmen. Aber auch bei eigener Erzeugung ist vorerst ein Preis von 50—60 M. für 10 t Maschinentorf in die Berechnungen einzusetzen.

4. Der für die Torfkokerei zu liefernde Torf kann daher fast zu den bloßen für die Gewinnung aufzuwendenden Selbstkosten ohne Verzinsung und Amortisation für das Rohmaterial angesetzt werden, die bei einer mit allen Errungenschaften der Technik und billigen Kraftquellen arbeitenden Anlage auf 3—4 M. für die Tonne lufttrockenen Maschinentorfs herabgehen dürften.

5. Der Torfkoks kann unter diesen Bedingungen in Anlagen mit einer Mindestleistung von ca. 12000 t Koks mit etwa 20 M. Selbstkosten hergestellt werden. Außerdem gestattet eine rationelle Verwertung der Nebenprodukte, die erst möglich wird, sobald es sich um eine Anlage von der eben genannten Mindestleistung handelt, weitgehende Abschreibungen. Ebenso kommt die volle Ausnutzung der verlorenen Wärme und Abgase der Vortrocknung des Torfes, der Aufarbeitung der Nebenprodukte sowie der elektrischen Krafterzeugung zugute.

6. Ein angeschlossenes Hochofenwerk kann dann den vorzüglichen, der Holzkohle überlegenen Torfkoks zu einem niedrigeren Preise, als Steinkohlenkoks loko Fabrik geliefert werden kann, beziehen (Holzkohlen würden sich auf etwa 80 M. und mehr die Tonne stellen).

Diese Ausführungen mögen insbesondere das Interesse der Eisenindustrie auf das Moorgebiet lenken und sie dazu veranlassen, den gegenwärtigen günstigen Zeitpunkt zur Sicherung eines entsprechenden Moorbesitzes auszunutzen, der zurzeit eine der besten und sichersten Kapitalsanlagen ist, auch wenn vorerst nur die landwirtschaftliche Verwertung in Angriff genommen wird.

Denn sobald es erst unter den gegenwärtigen Verhältnissen gelingen wird, den Torfkoks in Deutschland zu einem 30 bis 35 Mark pro t nicht übersteigenden Preis auf den Markt zu bringen, vermag allein die deutsche Eisenindustrie für die Erzeugung von Qualitätsguß mit Leichtigkeit jährlich mindestens 100000 t Torfkoks aufzunehmen, und weit größere Mengen könnten exportiert werden, in erster Linie nach England.

Von sehr großer Bedeutung für die Steigerung des Torfkoksabsatzes sind ferner die Bestrebungen, direkt aus dem Eisenerz Feinstahl zu erzeugen[1]). Auch hierbei wird eine möglichst reine, von schädlichen Verunreinigungen freie Kohle erfordert, und sobald sie in genügender Menge zur Verfügung steht, kann sich nach beiden Richtungen hin eine Industrie entwickeln, die an Bedeutung dem heutigen Hüttenbetrieb, der vornehmlich Steinkohlenkoks verbraucht, entspricht. Als Beispiel dafür, welche Quantitäten Torfkoks dabei in Betracht kommen, sei nur darauf hingewiesen, daß nach dem offiziellen Bericht die schwedischen Hochöfen schon im Jahre 1903 456000 t Holzkohle, die damals allerdings im Lande nur mit 30 Kronen pro t bewertet wurde, verbraucht haben.

In Vares (Bosnien) soll ein Holzkohlenhochofen von der sehr bedeutenden Höhe von $21^1/_4$ Metern mit einer täglichen Maximalerzeugung von 115 t in Betrieb sein. Der Verbrauch an Holzkohle in 24 Stunden beträgt 70 t, also in 300 Tagen 21000 t[2]). Zur Deckung dieses Bedarfs durch Torfkoks müßte bereits eine Torfkokerei mit etwa 12 Verkokungsöfen errichtet werden, die durch einen anschließenden Torfbetrieb mit einer jährlichen Leistungsfähigkeit von ca. 60000 t mit Material zu versehen wäre. In Rußland mit seiner billigen Handarbeitskraft, also unter wesentlich anderen Verhältnissen, sollen Betriebe mit einer Jahresleistung von 200000 t Torf bestehen, und in Deutschland sind solche mit über 30000 t jährlicher Leistung vorhanden[3]). Die Errichtung und der Ausbau eines solchen 12 Ofen-Betriebes mit obiger Leistung ist daher wohl möglich.

Von dem derzeitigen Verbrauch Deutschlands an Holzkohle können wir uns ein Bild machen, wenn wir die Zahlen für die inländische Produktion und für die Ein- und Ausfuhr zusammenziehen. Leider fehlt es an sicheren Angaben bezüglich der ersteren. Die von verschiedenen Seiten gegebenen Zahlen weichen ganz erheblich voneinander ab. Nach einer aus der Holzverkohlungs-

---

[1]) vgl. Otto, D.R.P. 223329 und 246034; vgl. auch Berg- und Hüttenmännische Rundschau 1913, S. 226.

[2]) s. auch Ramm, M. Berlin 1911, S. 254.

[3]) z. B. Wiesmoorzentrale und Kgl. Salinenamt in Bayern.

industrie stammenden Privatmitteilung betrug die jährliche Holzkohlenproduktion Deutschlands in den letzten Jahren ungefähr 60000 t, wovon etwa 70% auf Retortenverkohlung, 30% auf Meilerverkohlung entfallen. Genaue Angaben liegen über die Ein- und Ausfuhr vor. Nach den statistischen Angaben des Deutschen Reiches[1]) überwog im Jahre 1913 die Ausfuhr der Holzkohle mit 26714 t die Einfuhr mit 14313 t um 12401 t. Ziehen wir diese Mehrausfuhr von der einheimischen Produktion ab, so verbleiben für den Inlandskonsum rund 50000 Tonnen Holzkohle.

Unter der Voraussetzung, daß der Torfkoks in einer der Holzkohle gleichwertigen Beschaffenheit, aber zu einem weit niedrigeren Preise als diese auf den Markt gebracht würde — die erwähnte Reichsstatistik bewertet die ausgeführte Holzkohle mit M. 79.60 pro Tonne, die eingeführte mit M. 60 — müßte es gelingen, dem Torfkoks ein weitausgedehntes Absatzgebiet zu sichern. Eine Verwertungsmöglichkeit, die uns gerade heute von außerordentlicher Tragweite erscheinen muß und die dabei nicht einmal an die Erreichung eines bestimmten Preistiefstandes gebunden ist, ist die vorzügliche Eignung des Torfkokses zur rauchlosen Feuerung von Schiffskesseln, woran unsere Kriegsmarine ein außerordentliches Interesse besitzt.

Nach dem Gesagten liegt der Schwerpunkt für die weitere Entwicklung der Torfverkokung vor allem in der Vervollkommnung der Methoden der Torfgewinnung. Hier vervielfältigt sich der Effekt jeden Fortschritts, weil auf einen Teil Koks etwa drei Teile Torf erforderlich sind. Wir verfügen schon über eine Anzahl verschiedener Bauarten von Großtorfgewinnungsmaschinen (Wielandt, Strenge, Baumann)[2]) die unter möglichster Einschränkung der Handarbeit bei besonders günstig gelegenen und beschaffenen Mooren nach den Angaben der Erbauer einen bei etwa 3 Mark gelegenen Gestehungspreis für die Gewinnung von einer Tonne Torf ermöglichen sollen.

Finden diese Behauptungen auch in der praktischen Erfahrung

---

[1]) Statistische Angaben des Deutschen Reichs, Band 270, Heft 2.

[2]) s. S. 431.

ihre Bestätigung, so darf man schon heute als sicher ansehen, daß sich in einer modern ausgebauten Verkokungsanlage, die den im vorhergehenden Abschnitt gestellten Bedingungen entspricht, die Selbstkosten für die Gewinnung einer Tonne eines Qualitätskokses auf etwa 20 Mark herabdrücken lassen. Für einen Qualitätskoks, für dessen Herstellung aber auch, wie ebenfalls schon hervorgehoben, nur ein Qualitätstorf, d. h. ein gut verdichtetes Material, verwertet werden kann, kann zweifellos jederzeit ein genügender Absatz geschaffen werden. Das Haupthindernis für die Verbreitung der industriellen Verwertung des Torfkokses liegt bis heute vor allem darin, daß die Interessentenkreise nicht auf eine regelmäßige, zuverlässige Lieferung von gleichmäßiger Qualität rechnen konnten und daher davon absehen mußten, an eine so einschneidende Veränderung, wie sie die Ersetzung der Holzkohle, bzw. auch des Steinkohlenkokses durch den Torfkoks in einem geregelten Großbetrieb bedeutet, heranzutreten, ohne daß ihnen volle Sicherheit dagegen geboten wäre, den einmal betretenen neuen Weg nicht wieder notgedrungen verlassen und zur alten Arbeitsweise zurückkehren zu müssen.

So sehen wir in der Entwicklung des Torfkokses einen völligen Kreislauf, der wieder bei der ausschließlichen Konkurrenz mit der Holzkohle, in erster Linie im Hüttenbetriebe, endet. Während sich aber bei dieser aus schon erwähnten Gründen unverkennbar eine scharf anziehende Tendenz in der Preisbildung bemerkbar macht, liegt für den Torfkoks die Herabdrückung des Preises auf die oben genannte Preisgrenze durchaus im Bereiche dessen, was durch technische Vervollkommnung des Betriebes praktisch erreichbar ist. Unter dieser Voraussetzung dürfte der Wettbewerb mit der Holzkohle ohne Schwierigkeiten zugunsten des Torfkokses verlaufen, weil bei den anderweitigen, meist rentableren Verwertungsmöglichkeiten des zur Holzkohlenproduktion dienenden Materials die Holzverkohlung ohne Schaden für die wirtschaftlichen Interessen auf denjenigen Umfang beschränkt werden kann, den der Bedarf an Holzdestillationsprodukten, hauptsächlich an Essigsäure und Methylalkohol, erfordert. Dagegen ist für den Torf die Verkokung eine zwingende Notwendigkeit, um ihn in möglichst großem Maßstabe nutzbringend verwerten zu können. Auch kommen hier dieselben nationalökonomischen Gesichtspunkte in Betracht, die es auch bei der Verwertung der Steinkohle dringend wünschenswert erscheinen lassen, an Stelle der Steinkohle den Koks zu verwenden, um die für Landwirtschaft und Industrie dringend benötigten Nebenprodukte der Verkokung gewinnen zu können, die wir sonst aus dem Auslande beziehen müssen.

Wenn auch früher wiederholt durch die Wechselbeziehungen der Industrie und der Entwicklung der Verkehrswege ein eben im Aufblühen begriffener Zweig der industriellen Torfverwertung vernichtet worden ist, so dürfen wir dagegen heute von den besprochenen umwälzenden Fortschritten auf dem Gebiete der Hüttenindustrie, einer der wichtigsten Großindustrien, einen mächtig fördernden Impuls für die Ausgestaltung der industriellen Torfverwertung durch die Verkokung erwarten.

IV. Kapitel.

Torfvergasung.

Bei der trockenen Destillation des Torfes entwickelt sich, wie bei der des Holzes und der Braunkohle ein Gas[1]), das wegen seines hohen Kohlensäuregehalts einen ziemlich geringen Brennwert besitzt. Gegenüber dem großen Gasüberschuß, der bei der Steinkohlenverkokung zur Verfügung steht, wenn sie mit der Gewinnung der Nebenprodukte verbunden ist, — er beträgt auf eine Tonne eingesetzte feuchte Kohle außer der zur völligen Inganghaltung des Ofenbetriebs erforderlichen Gasmenge noch 60—70 cbm und wird in immer größerem Maßstabe zum Betriebe von Großgaskraftmaschinen benutzt, — tritt das bei der Verkokung des Torfes gewonnene Torfgas qualitativ und quantitativ zurück. Bei gut lufttrockenem Torf wird so viel Kraftgas als Nebenprodukt gewonnen, daß der Ofenbetrieb ohne Zuhilfenahme einer Hilfsfeuerung durchgeführt werden kann und noch genügend Gas für andere Zwecke übrig bleibt. Wird aber noch nicht lufttrockener

---

[1]) s. das Kapitel Torfgas, S. 396.

Torf verarbeitet, so genügen die Gase nicht mehr und es muß entsprechend dem höheren Wassergehalt Hilfsfeuerung angewendet werden; nur der Ofen Hoering-Wielandt bewältigt diese Schwierigkeit selbsttätig[1]).

Während demnach das eigentliche, durch Destillation gewonnene Torfgas eine allgemeine Verwendung nicht zuläßt und zweckmäßig nur auf den eigentlichen Betrieb der Verkokungsanlage und der dazugehörigen Aufarbeitung der Nebenprodukte beschränkt bleibt, findet die im Torf aufgespeicherte Brennstoffenergie eine sehr rationelle Verwertung durch eine vollständige Vergasung mittels des Generatorgasprozesses.

Gegenüber der gewöhnlichen Feuerung, in der Regel einer Rostfeuerung, bei der zur Erzielung eines möglichst hohen Nutzeffektes eine vollständige Verbrennung des über dem Rost aufgeschichteten Brennstoffes unter Beschränkung auf den praktisch erforderlichen Luftüberschuß anzustreben ist, bezweckt der Generatorgasprozeß, den im Brennstoff vorhandenen, nicht flüchtigen Kohlenstoff vor seiner endgültigen Verbrennung erst zu vergasen. Das erzeugte Heizgas kann dann von der Erzeugungsstelle an den nach Bedarf in beliebig gewählter Entfernung gelegenen Gebrauchsort geleitet werden, wo es erst mit der zur vollständigen Verbrennung noch erforderlichen Luftmenge gemischt wird. Diese läßt sich leicht bemessen und mit dem gasförmigen Brennstoff gut durchmischen, so daß dieser mit einem hohen Nutzeffekt verwendet wird. Für diesen Zweck kommt als einzige Verbindung das Kohlenoxydgas in Betracht, das als Produkt der unvollkommenen Verbrennung des Kohlenstoffs entsteht.

In vollendeter Weise läßt sich dieser Prozeß eigentlich nur mit den sehr kohlenstoffreichen Brennstoffen, wie Koks und Anthrazit, ausführen, indem man diese Brennstoffe in einem schachtförmigen Ofen ebenfalls auf einer Rostfeuerung verbrennt, aber dafür Sorge trägt, daß sich über dem Rost dauernd eine sehr hohe Schicht des zum Glühen erhitzten Brennstoffs befindet. Die zugeführte Verbrennungsluft und die von ihr gebildeten Verbren-

---

[1]) s. S. 539.

nungsprodukte stoßen dann immer auf einen großen Überschuß von Brennstoff, und man erhält als vorwiegendes Verbrennungsprodukt Kohlenoxydgas. Wegen des hohen Preises dieser Materialien hätte der Generatorgasprozeß nur eine recht beschränkte, meist nur örtliche Bedeutung, z. B. bei der Heizung der Leuchtgasretorten mit dem Retortenkoks. Man hat aber gelernt, auch jeden anderen Brennstoff dafür nutzbar zu machen und gerade seine Verwertbarkeit für solche Brennstoffe, die auf einer gewöhnlichen Rostfeuerung schlecht oder gar nicht mehr verbrannt werden können, machen den Generatorgasprozeß für die Brennstofftechnik besonders wertvoll.

Er kommt bekanntlich in Betracht

1. für den Betrieb direkter Feuerungen,

2. für die Erzeugung von Generatorgas zum Betrieb von Gaskraftmaschinen.

Die erste Art, die Generatorfeuerung, hat sich allgemein bei der Verwendung fester Brennstoffe der einfachen Verbrennung auf dem Herde oder Rost überlegen gezeigt, vor allem weil sie eine genaue Regelung der Verbrennungsluft unter möglichster Vermeidung eines Luftüberschusses gestattet. Sie spielt auch für die rationelle Verfeuerung guten Brenntorfs eine wichtige Rolle.

Die zweite Methode leistet dank der Fortschritte in der Konstruktion der Gaskraftmaschinen besonders gute Dienste, wenn es sich, wie eben erwähnt, um die Verwertung minderwertiger Brennstoffe handelt. Ein solcher Fall kommt bei der Verwertung von verhältnismäßig noch recht wasserreichem, bzw. von sehr aschenreichem Torf in Betracht. Im folgenden seien zum besseren Verständnis der Konstruktion und Wirkungsweise derartiger Gasgeneratoren, sowie der Grundzüge der Gasgeneratorfeuerung, zunächst die in einem Koksgasgenerator sich abspielenden wichtigsten chemischen Vorgänge besprochen.

Die chemischen Vorgänge im Gasgenerator.

Die Vergasung des Kohlenstoffs im Gasgenerator durch unvollständige Verbrennung zu Kohlenoxyd kann entweder durch freien oder gebundenen Sauerstoff erfolgen. Der erste Fall tritt bei der bekannten unvollkommenen Verbrennung mit Luft ein, der zweite Fall bei der Einwirkung von Kohlensäure oder von Wasserdampf. Diese beiden werden bei genügend hoher Temperatur von glühendem Kohlenstoff zu Kohlenoxyd, bzw. zu Wasserstoff reduziert unter gleichzeitiger Abgabe ihres Sauerstoffs an den glühenden Kohlenstoff, der dabei in Kohlenoxyd übergeht. Neben der Kohlenoxydbildung tritt bei diesen Prozessen je nach den Versuchsbedingungen in wechselndem Umfange auch Kohlensäurebildung ein. Nur die Vergasung des Kohlenstoffs mit freiem Sauerstoff verläuft unter Wärmeentwicklung, während zur Abscheidung des Sauerstoffs aus der Kohlensäure, bzw. aus dem Wasser eine genau so große Wärmemenge erforderlich ist, wie bei ihrer Bildung frei wird. Diese Wärmemenge übertrifft erheblich den Betrag der Wärme, die gleichzeitig durch die Wiedervereinigung des frei gewordenen Sauerstoffs mit Kohlenstoff zu Kohlenoxyd gebildet wird, und daher verläuft hier die gesamte Reaktion unter Wärmeverbrauch.

Die verschiedenen, bei der Vergasung des Kohlenstoffs (zu Kohlenoxyd CO oder zu Kohlensäure CO_2) sich abspielenden Reaktionen sind in den folgenden thermodynamisch behandelten Gleichungen dargestellt (vgl. auch S. 496), neben jeder Gleichung ist der Betrag des Brennwertes der bei der betreffenden Reaktion erhaltenen Gasmenge angegeben.

Bei der unvollständigen Verbrennung des Kohlenstoffs zu Kohlenoxyd, zu der die Hälfte des zur vollständigen Verbrennung nötigen Sauerstoffs erforderlich ist, wird nur, wie die S. 559 angeführten Gleichungen zeigen[1]), wenig über 30% von der gesamten Verbrennungswärme in Freiheit gesetzt, und in den gebildeten Gasen sind noch annähernd 70% davon gebunden enthalten.

---

[1]) Bei diesen Gleichungen ist unberücksichtigt geblieben, daß bei einer derartigen Gasentwicklung, wie sie bei der Vergasung des Kohlenstoffs durch Verbrennung unter Kohlenoxyd- bzw. Kohlensäurebildung erfolgt, auch der Druck der atmosphärischen Luft überwunden werden muß, und daß für diese Arbeit eine bestimmte Wärmemenge verbraucht wird. Da bei 760 mm Druck der auf 1 qcm lastende Druck 1033,6 g, der auf 1 qm also 10336 kg beträgt, so ist bei der Entwicklung von 1 cbm Gas dieser auf 1 qm lastende Druck über die Strecke von 1 m zu überwinden, also eine Arbeit von 10336 mkg zu leisten. Das mechanische Wärmeäquivalent einer Kalorie ist 425 mkg. Es sind

A. Vergasung mit Sauerstoff (Luft).

Nr.									Wärme	Brennwert des erhaltenen Gases
1.	C	+	O	=	CO				+29400 Kal.	68200 Kal.
	12 kg Kohlenstoff		16 kg (11,1 cbm) Sauerstoff		28 kg (22,2 cbm) Kohlenoxyd					
2.	CO	+	O	=	CO_2				+68200 Kal.	0
	28 kg (22,2 cbm) Kohlenoxyd		16 kg (11,1 cbm) Sauerstoff		44 kg (22,2 cbm) Kohlensäure					
3.	C	+	2 O	=	CO_2				+97600 Kal.	0
	12 kg Kohlenstoff		16 kg (22,2 cbm) Sauerstoff		44 kg (22,2 cbm) Kohlensäure					

B. Vergasung mit Kohlensäure.

Nr.									Wärme	Brennwert des erhaltenen Gases
4.	C	+	CO_2	=	2 CO				−38800 Kal.	136400 Kal.
	12 kg Kohlenstoff		44 kg (22,2 cbm) Kohlensäure		2 × 28 kg (2 × 22,2 cbm) Kohlenoxyd					

C. Vergasung mit Wasserdampf.

Nr.									Wärme	Brennwert des erhaltenen Gases
5.	C	+	H_2O	=	CO	+	H_2		−28800 Kal.	126400 Kal.
	12 kg Kohlenstoff		18 kg (22,2 cbm) Wasserdampf		28 kg (22,2 cbm) Kohlenoxyd		2 kg (22,2 cbm) Wasserstoff			
6.	C	+	2 H_2O	=	CO_2	+	2 H_2		−18800 Kal.	116400 Kal.
	12 kg Kohlenstoff		2 × 18 kg (2 × 22,2 cbm) Wasserdampf		45 kg (22,2 cbm) Kohlensäure		2 × 2 kg (2 × 22,2 cbm) Wasserstoff			

Die freigewordene Wärme wird von den aufsteigenden Verbrennungsgasen bei ihrem Durchgang durch die hohe Brennstoffschicht, die ständig über dem Rost unterhalten werden muß, an diese zum Teil abgegeben, der Rest verbleibt in ihnen, entsprechend ihrer Temperatur beim Austritt aus dem Generator. Die eigentliche Verbrennung oder Vergasung findet nur in der unmittelbar über dem Rost befindlichen Brennstoffschicht statt, die deshalb als Vergasungszone bezeichnet wird. Die darüber befindliche Brennstoffschicht ist, je nach der Intensität des Generatorbetriebs, auf eine kleinere oder größere Strecke zur hellen

---

also für die Entwicklung von 1 cbm eines Gases $\frac{10336}{425}$ mkg = 24 Kal. oder für die Entwicklung eines Kilogramm-Moleküls 22,2 cbm = 22,4 · 24 = 538 Kal. erforderlich. Diese Wärmemenge vergrößert sich entsprechend der erreichten Verbrennungstemperatur t auf 538 (1 + 0,00367 t) Kal. Vgl. F. Fischer, Taschenbuch für Feuerungstechniker, 7. Aufl. 1913, S. 95.

Glut erhitzt, die nach oben zu allmählich abnimmt, indem der frisch nachgefüllte Brennstoff beim allmählichen Vorrücken von oben nach unten, nach und nach auch auf Rotglut erhitzt wird. Je stärker erhitzt der Brennstoff schließlich in die eigentliche Vergasungszone sinkt, desto lebhafter geht dort die Vergasung vor sich.

Wird der Generator nicht, wie hier vorausgesetzt wurde, mit einem Brennstoff betrieben, der fast aus reinem Kohlenstoff, frei von verschwelbaren Bestandteilen, besteht, wie Koks oder Anthrazit, sondern arbeitet man mit Materialien, die bei der Erhitzung einer Trockendestillation unterliegen, wie es bei Stein- und Braunkohlen, bei Torf und Holz der Fall ist, so spielt sich eine solche in der über der Vergasungszone befindlichen, zum Glühen erhitzten Zone ab, die dann als Entgasungszone bezeichnet wird. Ist diese genügend hoch, so gelangt in die eigentliche Vergasungszone auch hier, wie in dem oben betrachteten Falle nur noch reiner Koks. Die mit den verschiedenen genannten Materialien zu betreibenden Gasgeneratoren müssen daher in einem Arbeitsgang das Brennmaterial zuerst verkoken und dann den gebildeten Koks vergasen. Dabei beginnt die Entgasung je nach der Natur des Brennstoffs zum Teil schon in den Schichten, die noch gar nicht auf Rotglut erhitzt sind, nachdem zuvor bereits das in dem Brennstoff enthaltene Wasser vertrieben ist. Bei einem einfachen Schachtofengenerator mit einem oberhalb der Brennstoffschicht angeordneten Abzugskanal für das Generatorgas entweichen daher mit diesem auch das ausgetriebene, mechanisch gebundene Wasser und die Produkte der trockenen Destillation des entsprechenden Brennstoffs, permanente Gase, Teerdämpfe, Schwelwasser und Ammoniak. Diese Vorgänge, die Verdampfung des im Brennstoff enthaltenen Wassers und die Trockendestillation, gehen auf Kosten der bei der Verbrennung des Kohlenstoffs zu Kohlenoxyd in der Vergasungszone frei gewordenen Wärme. Von dieser geht ein sehr beträchtlicher Teil in Form der latenten Verdampfungswärme des entstandenen Wasserdampfes verloren, während die Verdampfungswärme der übrigen kondensierbaren Destillationsprodukte verhältnismäßig viel geringer ist. Auch ist der Wärmeaufwand für die Trockendestillation um so geringer, je niedriger der Sauerstoffgehalt des Brennstoffs ist, da er auch zur Bildung von Kohlensäure und von Wasserdampf führt. In dieser Beziehung bilden die fossilen Brennstoffe höheren Alters, Steinkohle und ältere Braunkohle, eine Gruppe, der die jüngeren fossilen Brennstoffe, jüngere Braunkohle und Torf, sowie als rezenter Brennstoff Holz gegenüberstehen. Je sauerstoffreicher diese letzteren in ihrer Trockensubstanz sind und je höher der Wassergehalt ist, den sie im Zustande ihrer Verwendung zur Generatorgasbereitung besitzen, desto schwieriger wird diese. Es ist daher besonders dem Wassergehalt des Rohbrennstoffes eine gewisse Grenze gezogen, bis zu welcher überhaupt eine Vergasung möglich ist, und das gewonnene Gas ist um so heizärmer, je mehr man sich dieser Grenze nähert.

Darauf ist besonders zu achten, wenn es sich um die Möglichkeit und vor allem um die Zweckmäßigkeit der Vergasung von wasserreichem Rohtorf handelt.

Die bei der Vergasung des Kohlenstoffs im Luftgenerator freigewordene Hitze kann man, soweit sie nicht mit dem gebildeten Generatorgas entweicht und abgesehen von den sonst unvermeidlichen Verlusten gegebenenfalls für die Verkokung des frischen Brennstoffs verbraucht wird, sehr vorteilhaft dazu benutzen, um eine weitere Kohlenstoffvergasung gemäß den vorhergehend unter B und C angeführten Reaktionen, die unter Wärmeabsorption verlaufen, zu erzielen.

Leitet man durch die glühende Kohlenstoffschicht Wasserdampf, so bildet sich nach Gleichung 5 ein Gemisch gleicher Raumteile Kohlenoxyd und Wasserstoff, das einen sehr erheblichen Brennwert enthält, den es dem glühenden Kohlenstoff entzogen hat und der von der ursprünglichen Vergasung des Kohlenstoffes in der Vergasungszone herrührt. Diese Reaktion, die sogenannte Wassergasbildung, kann sich in der angegebenen Weise nur vollziehen, solange die Temperatur des glühenden Kohlenstoffs über 1000 ° liegt. Da dabei aber eine sehr große Wärmemenge gebunden wird, tritt rasch Abkühlung der glühenden Kohlenstoffschicht ein und die Wassergasbildung wird immer mehr durch die Reaktion nach Gleichung 6 verdrängt, bei der sich nicht Kohlenoxyd und

Wasserstoff, sondern Kohlensäure und Wasserstoff bildet. Zugleich nimmt aber auch die Menge des unzersetzt bleibenden Wasserdampfs immer mehr zu.

Folgende von Harries[1]) gemachten Zahlenangaben illustrieren diese Verhältnisse.

Beim Durchleiten von Wasserdampf durch ein mit Kohlenstückchen gefülltes Porzellanrohr war die Zusammensetzung des bei verschiedenen Temperaturen erhaltenen Gases:

Gasstrom in der Minute Liter	Temperatur	CO_2	CO	H_2	H_2O
0,9	674	3,84	0,63	8,41	87,12
1,8	758	9,23	2,67	22,28	65,82
3,66	838	11,29	6,04	28,68	54,09
3,28	838	12,11	7,96	32,77	47,15
5,3	861	13,33	11,01	36,48	39,18
6,3	954	5,66	32,70	44,43	17,21
6,15	1010	1,45	48,20	47,30	3,02
9,8	1060	1,25	46,31	48,84	3,68
11,3	1125	0,60	48,34	50,73	0,30

Man hat ursprünglich versucht, reines Wassergas durch Einleiten von Wasserdampf in von außen beheizte, mit Kohlenstoff beschickte Retorten zu erzeugen. Die Wärmeverluste bei dieser indirekten Heizung erwiesen sich aber so groß, daß eine praktische Durchführung des Verfahrens nicht möglich war.

Dagegen betreibt man heute mit gutem Erfolge mit Koks oder Anthrazit beschickte Wassergasgeneratoren derart, daß man sie abwechselnd mit Luft und mit Wasserdampf gehen läßt. In der ersten Periode des Heißblasens wird unter Bildung von gewöhnlichem (Luft-)Generatorgas die Koksschicht zu starker Glut erhitzt. Dann wird die Luft abgestellt und Wasserdampf so lange durchgeleitet, bis das Sinken der Temperatur zum Unterbrechen des Wassergasmachens zwingt und an seine Stelle wieder das Heißblasen mit Luft tritt. Das Wassergas wird in einem besonderen Gasometer aufgefangen. In der Regel dauert das Heißblasen 10 Minuten, die Wassergasbildung 4 Minuten.

[1]) Journ. f. Gasbel. 1894, S. 82.

Eine dritte Art der Generatorgaserzeugung ist die Herstellung des sog. Mischgases oder Dowsongases, bei welcher die Luftgas- und Wassergasbildung vereinigt wird durch gleichzeitiges Durchleiten von Luft- und Wasserdampf durch den zu vergasenden Brennstoff. Sie stellt die vorteilhafteste Art der Generatorgasbildung dar und bietet auch hauptsächlich den Weg, um, wie schon erwähnt, minderwertige Brennstoffe noch mit Erfolg vergasen zu können.

Da die Vorgänge im Mischgasgenerator wegen der Torfvergasung hier besonders interessieren, seien sie an der Hand der bereits gegebenen Gleichungen (S. 559) zusammenfassend dargestellt. Dabei sollen nur die Gleichungen 1, 4 und 6 in Betracht gezogen werden, da man mit großer Wahrscheinlichkeit annehmen darf, daß eine unmittelbare Bildung von Kohlenoxyd aus Kohlenstoff nach den Gleichungen 2 und 5 gar nicht stattfindet, sondern stets zuerst nur Kohlensäure gemäß den Gleichungen 1 und 6 entsteht, und daß im weiteren Verlaufe die gebildete Kohlensäure nach Gleichung 4 zu Kohlenoxyd reduziert wird.

Beim Durchleiten von Luft und Wasserdampf durch die glühende Kohlenschicht gehen also zunächst die beiden Reaktionen

$$C + O_2 = CO_2 + 97600 \text{ Kal.}$$

und

$$C + 2\,H_2O = CO_2 + 2\,H_2 - 18800 \text{ Kal.}$$

vor sich.

Sodann vollzieht sich in beiden Fällen die Reduktion der gebildeten Kohlensäure zu Kohlenoxyd nach der Gleichung

$$2\,(C + CO_2 = 2\,CO - 38800 \text{ Kal}).$$

Durch Zusammenziehung dieser Gleichungen ergibt sich als Endresultat

$$4\,C + O_2 + 2\,H_2O = 4\,CO + 2\,H_2 - 1200 \text{ Kal.}$$

Aus dieser Gleichung ergibt sich das Mischungsverhältnis zwischen Sauerstoff bzw. Luft und Wasserdampf zur Gewinnung eines ideellen Mischgases und zugleich auch die Wärmebilanz für den Fall, daß keine Wärme im Generator ungenutzt bleibt. Man kann sich diesem Ziele durch Vorwärmung der Luft durch die abziehenden Gase nähern[1]. Es sollten also auf 48 kg Kohlenstoff 22,2 cbm Sauerstoff oder 105,7 cbm Luft[2]) und 36 kg Wasserdampf kommen. Es würden sich dann 88,8 cbm Kohlenoxyd und 44,4 cbm Wasserstoff nebst 83,5 cbm Stickstoff von der zugeführten Luft, zusammen 216,7 cbm Mischgas von folgender Zusammensetzung ergeben:

Kohlenoxyd . . . . . . 41,1 %,
Wasserstoff . . . . . . 20,4 %,
Stickstoff . . . . 38,5 %.

Der gesamte Brennwert dieses Mischquantums würde $4 \cdot 68200 + 2 \cdot 58200 = 389200$ Kal. sein.

A. Torfheizgas.

Die Einführung der Generatorgasfeuerung ist wegen der damit gegenüber der einfachen Rostfeuerung erreichbaren Vorteile besonders für den Torf von großer Bedeutung geworden, da erst dadurch für eine Anzahl von Großbetrieben die wiederholt gescheiterten oder unbefriedigend verlaufenen Versuche, vorhandenen guten Rohtorf für ihre Feuerungen zu benutzen, zu einem dauernden Erfolg führten. Dies ist namentlich dort der Fall gewesen, wo ein besonders hoher Hitzegrad erforderlich ist, wie beim Kalkbrennen, bei der Fabrikation von Ton- und Ziegeleiwaren, und insbesondere auch in der Glashüttenindustrie, für die außer einer möglichst reichlichen Flammenbildung auch noch die Reinheit der Feuerungsgase von hohem Werte ist. Ebenso hat sich für die Verwertung von Brenntorf in den Sudhäusern der Brauereien und der Salzwerke (Salinen) die Einführung der Gasfeuerung sehr vorteilhaft erwiesen. So hat sie sich vielfach in den Brauereien von Württemberg, Oberbayern und des Salzkammergutes dauernd eingebürgert, ebenso in den bayerischen und österreichischen Salzwerken. Wo in den letzteren sogenanntes Stocksalz erzeugt wird, das in Trockenkammern unmittelbar mit den von den Sudpfannen kommenden Feuerungsgasen getrocknet wird, war bei der ein-

[1]) Dazu dienen die bekannten Wärmerekuperatoren, auf die hier nur hingewiesen sei.

[2]) Luft enthält auf 1 cbm Sauerstoff 3,76 cbm Stickstoff.

fachen Rostfeuerung häufig die dazu unbedingt erforderliche, völlig rauchfreie Verbrennung des Torfs nur mit großer Schwierigkeit zu erzielen. Bei der Gasfeuerung gelingt dies leicht.

Besondere Vorteile brachte die Einführung der Torfgasheizung an Stelle der einfachen Rostfeuerung auch im Glashüttenbetrieb. Mit letzterer konnte man bei Verwendung eines besonders guten Brenntorfs zwar auch gewöhnliches Buntglas und halbweißes Glas herstellen, die Glassätze mußten aber erheblich, 20—30%, weicher angestellt werden als bei Holz- oder Steinkohlengasöfen, so daß die fertige Ware, z. B. Fensterglas, viel weniger Glanz besaß und rasch blind wurde. Die Einführung der Torfgasfeuerung hat nicht nur diese Mängel völlig beseitigt, sondern auch vielfach Ersparnisse an Brennkosten gegenüber der gewöhnlichen Feuerung mit Holz- oder Steinkohle gebracht. Sie gestattet ferner nicht nur die Verwertung eines eventuell auch minderen Torfes, sie hat vielmehr direkt dazu geführt, daß in verschiedenen Gegenden, in denen neben sehr reichlichem Torfvorkommen auch alle für die Glasfabrikation nötigen Rohstoffe, besonders Sand und Kalk vorhanden wären, die aber mangels eines brauchbaren Brennstoffes nicht ausgenutzt werden konnten, durch ihre Einführung eine sehr lebensfähige Glashüttenindustrie geschaffen werden konnte.

Auch in der Eisen- und Stahlindustrie ist die Torfgasheizung, mit der sich auch Stahlschmelzhitze gut erreichen läßt, durch mehrere Jahrzehnte mit sehr befriedigendem Erfolge, namentlich in Oldenburg, Steiermark, Kärnten und Tirol, in Hammer-, Schweiß- und Puddelbetriebe, sowie zur Gewinnung von Martinsstahl verwendet worden[1]). Doch hat hier der Torf aus anderen Gründen seine Bedeutung, ähnlich wie bei der Verwendung zur Lokomotivheizung, nahezu ganz verloren, da die Verhältnisse in dieser Industrie mit dem Ausbau der Eisenbahnen und der Wasserstraßen und mit der Entwicklung ihrer großen Zentralen in den Gebieten, die für sie die günstigsten Produktionsbedingungen boten, es mit sich gebracht haben, daß die kleineren, wenig kapitalkräftigen, abseits von den Hauptverkehrswegen liegenden Hüttenbetriebe,

[1]) vgl. die eingehende Darstellung bei Hausding l. c. S. 428.

die in den Mooren eigens zur Ausnützung der letzteren errichtet worden waren und häufig, wie in Norddeutschland, nur minderwertige Eisenerze zur Verfügung hatten, ihren Betrieb ganz einstellen mußten oder zum mindesten den Torfbetrieb im eigentlichen Hüttenprozeß aufgegeben haben.

Die Generatorfeuerungen für Torf sind ebenso wie die für andere Brennstoffe Schachtöfen, die unten mit einem Plan- oder Treppenrost und oben mit einer luftdicht verschließbaren Füllöffnung versehen sind. Die Zusammensetzung von Generatorheizgas aus verschiedenen Brennstoffen ist bereits im vorhergehenden chemischen Teil angeführt worden[1]).

Das aus Torf mit einem einfachen Luftgenerator erzeugte Gas ist mit dem aus Stein- oder Braunkohle annähernd gleichwertig; nur muß bei der Verwendung des gewöhnlichen Torfs mit 25—30% Feuchtigkeit das aus dem Generator austretende Generatorgas vorteilhaft zunächst in einer besonderen Kammer abgekühlt werden, um eine Abscheidung der großen Menge für die weitere Verwendung lästigen Wasserdampfs zu bewirken. Dabei tritt zugleich eine Abscheidung von Ammoniak ein. Nach der Eigenart des Brennstoffes müssen die Abmessungen der Torfgasgeneratoren im allgemeinen größer gehalten und die Schütthöhe des Brennstoffes höher sein als bei den anderen Brennstoffen. Diese beträgt 150—200 cm gegenüber 60—120 cm bei Stein- und Braunkohle.

Für die Dampfentwicklung in Dampfkesseln, das Eindampfen in Sudpfannen, das Kalkbrennen oder für die bekannten Ringöfen in der Tonwarenindustrie benutzt man in der Regel sogenannte Halbgasfeuerungen. Man läßt zu den stark erhitzten Gasen unmittelbar nachdem sie aus dem Generatorraum ausgetreten sind, die nötige, gut vorgewärmte Verbrennungsluft zutreten und bewirkt so eine vollkommene Verbrennung mit starker Flammen- und Hitze-Entwicklung. Die Vorwärmung der Luft geschieht einfach durch Wärmeaustausch im Gegenstrom mit den zum Schornstein abziehenden Verbrennungsgasen. Bei Dampfkesselfeuerungen

[1]) s. S. 402.

verdampft 1 kg gut lufttrockener, aschenarmer Torf durchschnittlich 4,0—4,5 kg Wasser. Der Wärmeverlust, der bei Rostfeuerungen 25—30 % beträgt, sinkt bei Gasfeuerungen auf 15—25 %.

Er stellt sich am niedrigsten bei Torföfen mit Regenerativ- oder Wechselzug-Gasfeuerung, die in der Glas- und Eisenindustrie nach dem bekannten Systeme von Friedrich Siemens ausgebaut sind. In ihnen wird alle bei der Verbrennung entstehende Wärme bis auf die für den Schornsteinzug nötige Menge in der Ofenanlage ausgenutzt, indem die abziehenden Feuerungsgase ihren Wärmeüberschuß an die sogenannten Vorwärmer oder Regeneratoren abgeben. Das sind gewölbte Kammern, die mit einer möglichst großen wärmeaufnehmenden Oberfläche ausgestattet sind, die durch zahlreiche, gitterförmig angeordnete, feuerfeste Steine gebildet wird. Diese Kammern sind so angeordnet, daß wechselweise durch Verstellung von entsprechenden Schiebern durch den einen Teil in zwei getrennten Leitungen die zugeführte Luft und die gebildeten Gase durch die Abhitze der abziehenden Heizgase vorgewärmt werden, die in der vorhergehenden Periode durch diese Abteilung abgeleitet worden waren, während sie in dem betrachteten Zeitabschnitt durch die inzwischen abgekühlten beiden anderen Kammern fortziehen und sie aufs neue erhitzen. Genügt der Schornsteinzug nicht, so arbeitet man auch mit Preßluft (Unterwind).

B. Torfkraftgas.

Die Kraftgasgeneratoren, die zur Erzeugung von Kraftgas für den Betrieb von Gaskraftmaschinen dienen, gleichen im Prinzip den Heizgasgeneratoren, doch muß ihr Arbeitsgang dem besonderen Zwecke angepaßt sein. Das gewonnene Kraftgas muß vor seiner Verwendung in der Gaskraftmaschine genügend stark abgekühlt werden, um Vorzündungen bei der Kompression des Gasluftgemisches im Arbeitszylinder zu vermeiden. Ferner muß es, und zwar auf möglichst einfache und sichere Weise, sehr vollständig von Teerbestandteilen befreit sein, die bei der einfachen Generatorgaserzeugung aus den verschwelbaren Brennstoffen, besonders auch aus Torf, entstehen. Diese geben nämlich sehr leicht zur Verstopfung der Gasleitungen, insbesondere aber durch die häufig sehr schwierig kondensierbaren feinsten Teernebel zur Verschmierung der sehr empfindlichen Ventile des Gasmotors und damit zu Störungen und Unterbrechungen des Betriebes Anlaß.

Für die Verwertung des Torfs in Kraftgasgeneratoren kommt nur die Erzeugung von Mischgas in Betracht (s. S. 563). Der dazu erforderliche Wasserdampf wird von dem stark wasserhaltigen Brennstoff selbst geliefert und es entfallen dementsprechend die besonderen Vorrichtungen zur Gewinnung von Wasserdampf, die bei Mischgasanlagen für Koks oder Steinkohle erforderlich sind. Das Durchleiten des Luftwasserdampfgemisches durch die glühende Kohlenstoffschicht der Vergasungszone geschieht bei den älteren Druckgasanlagen durch Einpressen (Unterwind- oder Dampfstrahlgebläse) in den luftdicht abgeschlossenen Aschenraum unterhalb des einfachen oder zusammengesetzten Rosts. Einfacher in ihrer Anlage und im Betriebe sind die neueren Sauggasanlagen, bei welchen durch die Gasmaschine selbst, die mit dem erzeugten Gas betrieben wird, das Ansaugen des Luftgasgemisches erfolgt und die Gaserzeugung infolgedessen ganz nach dem Bedarf geregelt wird. Dadurch erübrigt sich der Einbau eines besonderen Gasometers und es fallen die Beschränkungen durch behördliche Vorschriften bei der Errichtung solcher Anlagen fort.

Zur Regulierung und Absperrung des Gasstromes muß die an den Gasgenerator angeschlossene Gasleitung mit einer Absperrvorrichtung versehen sein, welche es auch gestattet, bei Ingangsetzung des Generatorbetriebes das zuerst gebildete minderwertige Gas so lange nach außen treten zu lassen, bis der Generator ein gut brennbares Gas liefert.

Da das erzeugte Generatorgas, wie gesagt, nach der Bildung stark abgekühlt werden muß, kann man dies dazu benutzen, das bei der Vergasung gebildete Ammoniak zu gewinnen. Man trachtet dann seine Bildung, die in der Entgasungsschicht erfolgt, zu begünstigen, indem man ihre Temperatur nicht zu hoch steigen läßt, um eine Zersetzung des gebildeten Ammoniaks zu vermeiden. Ein diesem Zweck sehr gut angepaßtes Verfahren ist von L. Mond für die Aufarbeitung von Kohlenklein geschaffen worden. Die Gewinnung von „Mondgas" ist später für die Torfvergasung als Vorbild genommen worden und wird im nachfolgenden noch eingehender besprochen. Auch andere Mischgasgenerator-Konstruktionen für Steinkohle hat man für die Vergasung von Torf nutzbar zu machen gesucht.

Es kommt dabei vor allem darauf an, wie man der Schwierigkeiten infolge des höheren Wassergehaltes Herr wird und wie man eine gute Verkokung unter Unschädlichmachung der gebildeten Teerdämpfe erzielt. Um letzteres zu erreichen, hat man auch bei den Torfgasgeneratoren verschiedene Möglichkeiten.

Man unterwirft entweder die gebildeten Teerprodukte, bevor sie zu dem fertig gebildeten Generatorgas zutreten können, einer starken Überhitzung, um die leicht kondensierbaren Teerbestandteile in permanente Gase oder wenigstens in leicht flüchtige Produkte zu verwandeln, oder man sorgt dafür, sie unter Zufuhr der nötigen Verbrennungsluft vollständig zu verbrennen und leitet die Verbrennungsprodukte durch die glühende Vergasungszone des Generators, wo sie wieder in brennbares Gas, in Kohlenoxyd und Wasserstoff verwandelt werden. Schlägt man den letzeren Weg ein, so erleidet man einen nicht unbeträchtlichen Wärmeverlust, da der Wärmeinhalt der kohlenwasserstoffreichen Teerdämpfe beträchtlich höher ist, als der des nach ihrer vollständigen Verbrennung gewonnenen Wassergases. Außerdem wird auch das Ammoniak völlig zerstört. Ein dritter Weg, der durch den Torfgasgenerator von Hoering-Wielandt (s. S. 415) erschlossen ist, besteht darin, daß in einer Anlage die vollständige Verkokung und die darauf folgende Kraftgasbildung aus dem gewonnenen Koks in zwei getrennten Räumen streng gesondert, aber mit voller Ausnutzung der auftretenden Reaktionswärme durchgeführt wird. Diese Trennung der beiden Prozesse ermöglicht auch die Absonderung aller Destillationsprodukte, besonders des Teers und des Ammoniaks, von dem zu gewinnenden Kraftgase, die auf diese Weise nach Belieben gewonnen werden können und von denen so auch der Teer einen weit größeren Nutzen gestattet als bei der Verarbeitung auf Kraftgas.

Kraftgasgeneratoren.

Die zur Erzeugung von Torfkraftgas benutzten Generatoren sind aus den Generatoren für die hochwertigen Brennstoffe, für Koks, Anthrazit und Steinkohle hervorgegangen. Ihre verschiedenartige Ausbildung sei im nachfolgenden an einzelnen typischen Vertretern besprochen.

Die Vergasung eines gut lufttrockenen Torfes bereitet keine Schwierigkeiten. Die ersten Torfgasgeneratoren wurden schon von Ebelmen im Jahre 1842 ausgeführt. Für Gasmotoren wurde Torfgas bereits im Jahre 1883 in Düneberg bei Hamburg verwendet[1]).

Der Zieglersche Torfgasgenerator (D. R. P. 120051) ist ein in Schamotte gemauerter und mit Ziegelwerk umkleideter Schachtofen, der kuppelförmig abgedeckt und in der Mitte etwas eingeschnürt ist, um die aufsteigenden Gase besser zum Durchtritt durch die Brennstoffschicht zu zwingen. Der Rost besteht aus zwei oder mehreren, stufenförmig angeordneten Rosten, die aus einem Flach- und einem senkrechten Hilfsrost gebildet werden, oder ist als Korbrost (D. R. P. 164438) konstruiert. Die Luft wird mittels eines Dampfgebläses durch die etwa zwei Meter hohe Brennstoffschicht eingeblasen und das gebildete Gas durch einen Teerabscheider abgeleitet, in dem sich Teer und Ammoniakwasser absondert. Die entwickelten Schwelgase entweichen dabei nach oben, ohne durch die glühende Torfkoksschicht zu passieren, und gelangen daher sehr leicht noch teerhaltig in die Gasleitung. In diesem Vergaser sollen auf 9 qm Rostfläche in einer Stunde 900 kg Torf vergast und 2500 cbm Gas mit einem Wärmegehalt von je 1200 Kal. oder auf 1 kg Torf 2,8 cbm Gas erzeugt werden.

Bei dem einfachen Sauggasvergaser von Gebr. Körting, A. G. in Hannover müssen die oben entstehenden Schwelgase, um in den in geringer Entfernung über dem Rost befindlichen Gasabzug zu gelangen, durch die untere glühende, entgaste Torfkoksschicht hindurchtreten und werden dabei in beständige Gase zerlegt.

---

[1]) Gewerbeblatt a. Württemberg 1885, 34; vgl. auch Hausding: S. 424.

Eine vollkommene Zerstörung der Teerbestandteile gestattet der Körtingsche Gasgenerator mit Doppelheizung, einer oberen und einer unteren, nach den D. R. P. 164571, 176645 und 202375. Durch eine obere, mit mehreren an der Außenperipherie des Schachtofens übereinander angebrachten kleinen Rosten ausgestatteten Heizung wird ein Teil des frisch nachgefüllten Brennstoffes durch die zugeführte Luft verbrannt. Die dadurch erzeugte Hitze dient dazu, die Hauptmenge des Brennstoffs allmählich zu erhitzen, zu trocknen und unter Austreibung der flüchtigen Bestandteile zu verkoken. Diese und die entstandenen Verbrennungsprodukte werden durch eine in der Mittelachse des Ofenschachtes in dessen oberen Teil angebrachten Kammer abgesaugt und gelangen durch ein Umführungsrohr unter den Rost der unteren Feuerung. Sie werden zusammen mit dem zur Vergasung erforderlichen Luftdampf-Gemisch in die glühende Koksschicht geleitet; dabei verbrennen die vorhandenen Teerbestandteile zunächst vollständig zu Wasser und zu Kohlensäure, die sich weiter in der Vergasungszone an der Bildung von Wassergas beteiligen. Die gebildeten Generatorgase werden durch eine etwa in Höhe des oberen Randes des unteren Drittels gelegene Gasleitung abgesaugt und passieren auf dem Wege zur Gasmaschine einen Waschturm, einen Wassertopf und einen Sägespänereiniger.

Bei nassem Torf ist der untere Koksvergasungsschacht von dem oberen Rost für die Schwelgaserzeugung durch einen längeren Zwischenschacht getrennt. Die von der Verschwelungszone abgesaugten Gase werden durch ein Rohr dem unteren Rost zugeführt, in welchem sie auf diesem Wege durch Luftkühlung gekühlt werden.

Dem Prinzip der Körtingschen Generatoren ist dasjenige der von der Gasmotorenfabrik Deutz gebauten Sauggasgeneratoren (D. R. P. 157729, 169088 und 169378) ähnlich. Sie haben gleichfalls eine obere und eine untere Feuerung, und dazwischen liegend die Gasentnahmestelle. Dabei erfolgt der Luftzutritt zur oberen Feuerung durch die offen bleibende Füllöffnung des Generatorschachtes und nicht durch eine besondere Rostanlage. Zur Vergasung in einem solchen Doppelfeuer-Generator eignet sich nach

Mitteilung der Fabrik der Torf nur mit einem Wassergehalt von weniger als 22 % und liefert dabei ein reines, von bituminösen Bestandteilen freies Generatorgas. Bei einigen solcher „trockenen" Torfsorten erschwert ungünstige Struktur des Materials (zu feines und lockeres Gefüge und dergl.) den Betrieb. Torf mit einem Wassergehalt von mehr als 22 % wird nur im Einfeuergenerator vergast, da eine zweite (obere) Brennzone wegen der in ihr stattfindenden Wasserzersetzung und der dadurch bedingten starken Abkühlung nicht aufrecht erhalten werden kann. Das im Einfeuergenerator erzeugte Torfgas ist noch stark mit bituminösen und teerigen Bestandteilen verunreinigt und verlangt deshalb für einen dauernden Motorenbetrieb außer der normalen noch eine besondere Reinigungsvorrichtung.

Ein Generator für wasserreiche Brennstoffe, bei dem die aus der Verschwelungszone zu dem Verbrennungsrost geleiteten Destillationsprodukte, besonders die Wasserdämpfe, je nach Erfordern mehr oder weniger kondensiert und abgeführt werden können, ist der Generator von Whitfield[1]). Einen Gaserzeuger für Braunkohle oder Torf mit einem dreiteiligen Schachtofen beschreibt das D. R. P. 162500 von Cerasoli.

Beim Gaserzeuger der Görlitzer Maschinenbauanstalt und Eisengießerei A.-G., nach D. R. P. 177988, konstruiert von C. Heinz, wird der frische Brennstoff und die Vergasungsluft von oben zugeführt und unten in der Mitte des Vergasungsschachtes das fertige Gas abgeleitet. Die oben aus dem frischen Torf ausgeschiedenen Schwelgase müssen denselben Weg nehmen und werden beim Durchgang durch die glühende Koksschicht in permanente Gase zerlegt. Die dem Gaserzeuger zugeführte Verbrennungsluft wird so zugeleitet, daß sie zuerst durch das abfließende warme Skrubberwasser vorgewärmt wird und dann in Wärmeaustausch mit den abziehenden heißen Generatorgasen und der durch die Generatorwandung ausstrahlenden Wärme tritt. Sie wird zum Teil durch einen im Inneren des Generators

---

1) Vgl. Braunkohle Bd. 8, S. 25.

hochführenden Kanal, teils durch den Zwischenraum zwischen der Doppelummantelung des Generators hochgeführt und tritt hocherhitzt zum frischen Brennstoff. Es wird so nach Möglichkeit die durch Strahlung und durch die abziehenden Generatorgase sonst verloren gehende Wärme ausgenutzt. Es ist jedoch ein mit der hier angewendeten „Gleichstromvergasung" verknüpfter Übelstand, daß die Generatorgase unmittelbar aus dem heißesten Teile des Generators, aus der hocherhitzten Vergasungszone abgeleitet werden und nur noch wenig Gelegenheit haben, ihre Hitze auf die Verbrennungsluft zu übertragen. Dagegen können bei der „Gegenstromvergasung", die bei den meisten Generatoren üblich ist, die aufsteigenden heißen Verbrennungsgase ihre Hitze in ausgiebiger Weise auf den ihnen entgegen bewegten Brennstoff übertragen. Heinz glaubt diesen Nachteil durch die Einfachheit und durch das sichere Funktionieren seiner Konstruktion ausgeglichen.

Für Brennstoffe mit höherem Wassergehalt ist eine etwas andere Arbeitsweise vorgesehen, bei der sich die Verbrennung oben im Gaserzeuger in eine nach unten und eine nach oben gehende scheidet. Sobald das Feuer oben im Generator zu verschwinden beginnt, wird die durch die Ummantelung zugeführte Verbrennungsluft nicht von oben her, sondern seitlich von einer unterhalb der oberen Brennstoffschicht gelegenen Öffnung zugeführt, während gleichzeitig oberhalb derselben die Verbindung mit dem Schornstein hergestellt wird. Es entsteht dann in Höhe der Zuleitung durch die Saugwirkung der Maschine eine nach unten gehende, sowie durch den Schornsteinzug eine nach oben gehende Verbrennung, und der Wasserdampf kann nach oben entweichen. Sobald das Feuer oben durchbrennt, wird wieder auf den Normalgang umgeschaltet. Vorausgesetzt, daß sich diese Regelung glatt erzielen läßt, ist sie doch wohl mit erheblichem Verlust an Wärmeenergie verbunden und dürfte ebenso wie andere Versuche kaum eine befriedigende Lösung des Problems der Vergasung stark wasserhaltiger Brennstoffe bieten.

Der Sauggaserzeuger der Julius-Pintsch, A.-G. in Berlin, für bituminöse Brennstoffe, für Steinkohle, Braunkohle und Torf, gehört ebenfalls zu den Gasgeneratoren mit Verbrennung der teerhaltigen Schwelgase in der eigentlichen Vergasungszone. Der Brennstoff gelangt hier von der Einfüllvorrichtung in ein unten offenes Rohr, welches lotrecht in die Mitte des Ofenschachtes eingehängt ist und als Retorte zum Entgasen und Verkoken des Brennstoffes dient. Dieser wird durch die außerhalb herumgeführten fertigen Generatorgase erhitzt und gelangt vollständig verkokt in den unteren Teil des Generators, wo in der üblichen Weise durch das von unten her durch den Rost zugeführte Luftdampfgemisch die Generatorgasbildung erfolgt. Das gebildete Gas zieht außerhalb des retortenartigen Teiles durch eine von dem Inneren des letzteren völlig getrennte Leitung ab, während die dort gebildeten Schwelgase mittels eines Dampfgebläses durch eine zweite Leitung abgesaugt, und durch ein Umleitungsrohr dem Gasgenerator unterhalb des Rostes nach Zumischung der nötigen Verbrennungsluft zugeführt wird. Bei wasserarmen Brennstoffen wird der Dampf, der zum Generatorbetrieb und für das Gebläse, welches zum Absaugen der Schwelgase dient, erforderlich ist, in einem besonderen Dampferzeuger entwickelt, der durch die Hitze der abziehenden Generatorgase gespeist wird. Bei wasserreichen Brennstoffen, wie Torf, ist ein besonderer Dampfentwickler nicht nötig. Es wird in diesem Falle zum Absaugen der Schweldämpfe ein Strahlgebläse verwendet, das mit Preßluft von 0,1—0,2 Atmosphären Spannung betrieben wird.

Bei den bisher besprochenen Generatoren erfolgt nicht nur die Beseitigung der Teerdämpfe — unter teilweiser Vernichtung ihres Wärmeinhaltes — durch ihre Verbrennung, sondern es wird auch das bei der Vergasung gebildete Ammoniak gänzlich zerstört. Vorbildlich für Generatoren, bei welchen letzteres gewonnen und die gebildeten Teerdämpfe nicht verbrannt, sondern nur durch starke Überhitzung in für den Motorbetrieb unschädliche beständige Gase und Dämpfe verwandelt werden, ist der Generator von Ludwig Mond zur Erzeugung des sogenannten „Mondgases“. Er ist ursprünglich für die Vergasung von Kohlenklein konstruiert.

Der Mondsche Gaserzeuger besteht aus einem mit Schamottesteinen ausgesetztem Schachtofen mit korbartigem Rost, der mit einem Wasserverschluß versehen ist. Die Beschickung mit dem Brennstoff wird im Inneren des Generators dauernd so hoch gehalten, daß er beträchtlich über den unteren Rand der Füllglocke reicht, die von der Mitte der Generatorendecke ins Innere herabreicht und durch die der Brennstoff durch die äußere Beschickung ins Innere gelangt. Dampf und Luft zum Betriebe des Generators strömen durch einen, den letzten umgebenden Ringraum und wirken so, während sie selbst stark erhitzt werden, abkühlend auf das Ofeninnere. Ebenso wirken die großen, zur Anwendung gelangenden Dampfmengen, die das Zweiundeinhalbfache des Brennstoffes betragen. Infolge der verhältnismäßig niedrigen Ofentemperatur backt der niedersinkende Brennstoff nicht zusammen, und Luft und Dampf können ihn gleichmäßig durchströmen. Die Entgasung des frischen Brennstoffes erfolgt in der Füllglocke. Die entwickelten Gase sind gezwungen, durch die heiße Zone des Ofens zu ziehen und entweichen dann nahezu teerfrei. Die erzeugten Gase durchstreichen nach ihrem Austritt aus dem Generator die inneren Röhren eines Gegenstromkühlers und geben dabei einen Teil ihrer Wärme an das an ihnen außen vorbeigeführte, in den Generator geblasene Luftdampfgemisch ab. Von dort treten sie in einen Wäscher, wo sie durch zwei Schlagwellen mit Wasser innig gemischt werden. Durch die dabei stattfindende Verdampfung wird ihre Temperatur auf 90° heruntergebracht. Dann gelangen die mit Wasserdampf fast gesättigten Gase in einen mit Blei verkleideten und mit Ziegelsteinen ausgesetzten Säureturm, der mit einer überschüssige Schwefelsäure enthaltenden Ammonsulfatlösung berieselt wird. Hier wird das Ammoniak gebunden; die Ammonsulfatlösung wird immer aufs neue aufgepumpt und stets auf gleicher Dichte gehalten, indem man einen Teil der mit Ammoniak gesättigten Lösung abzieht und ihn durch frische Säure ersetzt. Durch Eindampfen und Auskristallisieren wird dann aus der Lösung das schwefelsaure Ammoniak abgeschieden, das durch beigemengten Teer eine etwas graue Farbe besitzt.

Die Gase ziehen nach dem Verlassen des Säureturms in einen gleichfalls mit Ziegeln ausgesetzten Kühlturm, wo ihnen Wasser entgegenrieselt, das den überschüssigen Wasserdampf niederschlägt. Das abgekühlte Gas wird dann, nachdem es noch ein Filter mit Sägespänen durchstrichen hat, der Stelle des Verbrauchs zugeführt. Das im Kühlturm verwendete Wasser wird zur Ausnützung der Wärme auf einen dritten Turm, den Luftturm, gepumpt. Hier strömt ihm die von einem Gebläse gelieferte Betriebsluft entgegen. Während sie sich erwärmt und mit Dampf sättigt, wird das Kühlwasser so weit abgekühlt, daß es wieder auf den Kühlturm zurückgepumpt werden kann. Die vorgewärmte Gebläseluft geht dann zu der schon erwähnten Gegenstromkühlvorrichtung, in der die heißen Generatorgase den ersten Teil ihrer Hitze abgeben. Vorher wird ihr noch der nötige Dampfüberschuß zugefügt.

Die Beschickung eines Generators, der in 24 Stunden 20 bis 24 t Kleinkohle verarbeitet, beträgt 400—500 kg. Zur Inbetriebsetzung heizt man 2—3 Tage an. Man feuert zuerst mit Holzabfällen und Koks und fügt allmählich Kleinkohle zu. Man läßt das Gas bei schwachem Blasen so lange entweichen, bis es 30 % brennbare Bestandteile enthält. Ein in Betrieb gesetzter Erzeuger kann ein ganzes Jahr ununterbrochen fortgeführt werden. Soll er zeitweilig außer Betrieb gesetzt werden, so füllt man ihn reichlich hoch mit Brennstoff, vermindert das Blasen, bis sich das erste Rohr des Gegenströmers mit Wasser abschließt, und läßt das Gas unmittelbar entweichen. Ein so stillgesetzter Erzeuger hält das Feuer bis zu 2 Wochen und kann alsbald wieder in Tätigkeit gesetzt werden.

In der Mondgasanlage zu Winnington sind eingehende Feststellungen über den Betriebsgang des Mondgasgenerators gemacht worden, die, wenngleich sie sich auf den Betrieb mit Steinkohle beziehen, für die Übertragung des Verfahrens auf Torf von besonderem Interesse sind und daher hier noch angeführt werden sollen. Die Versuche ergaben, daß auf eine Tonne Brennstoff 3000 kg Luft in den Luftturm geblasen werden, die hier 1000 kg Dampf aufnehmen und sich auf 70° erwärmen. Dann werden unterwegs noch 1500 kg Dampf zugesetzt, so daß im ganzen 5500 kg Luftdampfgemisch mit 85° in den Gegenströmer treten, den sie mit 250° verlassen. Im Gaserzeuger vermehrt sich die Menge auf 6500 kg, die aus 4500 kg Gas und 2000 kg Dampf bestehen. Sie verlassen den Generator mit 450° und verringern ihre Temperatur auf dem Rückweg durch die Innenrohre des Gegenströmers auf 280°. Diese fällt im Wäscher weiter auf 90°, während dabei noch 750 kg Dampf entstehen. Es tritt daher in den Säureturm ein Gemisch von 4500 kg Gas und 2750 kg Dampf. Der Dampfgehalt, der jetzt 38% beträgt, liegt unterhalb der Sättigungsgrenze bei der herrschenden Temperatur, so daß im Säureturm keine Wasserausscheidung stattfindet und eine Verdünnung der Absorptionslösung für das Ammoniak vermieden wird. Die Temperatur sinkt im Säureturm auf etwa 80°, im Kühlturm weiter auf 65°. Hier werden dabei 1500 kg Dampf niedergeschlagen, und die aus dem Kühlturm kommenden 5750 kg nasses Gas enthalten noch etwa 1250 kg oder 22% Wasserdampf, was fast genau dem Sättigungszustand entspricht, der 20% verlangen würde. Das Kühlwasser tritt mit 50° in den Kühlturm und verläßt ihn mit 80°, um im Luftturm wieder auf 50° gebracht zu werden. Die Ammoniaklösung wird nur wenig erwärmt, ihre Temperatur beträgt etwa 80°.

Das entstandene trockene Gas bestand aus

Methan	2,5 %,
Wasserstoff	26,4 %,
Kohlenoxyd	10,2 %,
Kohlensäure	16,3 %,
Stickstoff	44,6 %,

1 kg Kohle (7,5% Asche und 7,3% Wasser) lieferte 4,43 cbm Gas; auf eine Tonne Brennstoff wurden 44 kg Ammonsulfat gewonnen.

Über den Einfluß des Wasserdampfes auf die Gaserzeugung, insbesondere auch auf die Ammoniakausbeute, liegen interessante Versuche von Bone und Wheeler[1]) vor, welche an einer Generatoranlage nach Mond in Warrington folgende Resultate erzielten:

[1]) Metallurgie, 1907, S. 321; 1908, S. 681.

Dampfsättigungstemperatur	60°	65°	70°	75°	80°
Mittlere Zusammensetzung des erlangten Gases:					
CO_2 . . . . %	5,25	6,95	9,15	11,65	13,25
CO . . . . %	27,30	25,40	21,70	18,35	16,05
H_2 . . . . %	16,60	18,30	19,65	11,80	22,65
CH_4 . . . . %	3,25	3,40	3,40	3,35	3,50
N_2 . . . . %	47,50	45,90	46,10	44,83	44,55
Verbrauchter Dampf für 1 kg vergaster Kohle kg	0,45	0,55	0,80	1,10	1,55
Zerlegter Dampf . . . . kg	0,39	0,55	0,49	0,57	0,62
Zerlegter Dampf . . . . %	87,4	80,0	61,4	52,0	40,0
Im Gebläse verbrauchte Luft für 1 kg Kohle cbm	2,28	2,16	2,27	2,28	2,29
Verhältnis von $\frac{\text{Sauerstoff vom Dampf}}{\text{Sauerstoff von der Luft}}$ . . .	0,50	0,62	0,65	0,75	0,80
Ammoniak im Gase, ausgedrückt als kg Ammoniumsulfat für 1 t Kohle	17,7	19,97	22,9	29,15	32,08

Bei Steigerung der Dampfsättigungstemperatur über 65°, bzw. wenn auf 1 kg Kohle mehr als 0,55 kg Wasserdampf zugeführt wurde, fiel demnach der Gehalt des Gases an Kohlenoxyd während Kohlensäure und Wasserstoff zunahmen. Der Ammoniakgehalt stieg mit der zugeführten Dampfmenge. Weitere Versuche ergaben noch folgendes:

Dampfsättigungstemperatur des Gebläses	60°	55°	50°	45°
Zusammensetzung des Gases:				
CO_2	5,10	4,40	2,50	2,35
CO	27,30	28,10	30,60	31,60
H_2	15,50	15,45	12,35	11,60
CH_4	3,05	3,00	3,00	3,05
N_2 usw.	49,05	49,05	51,55	51,40
Für 1 t vergaster trockner Kohle ist der Gasertrag in cbm bei 0° C und 760 mm	3820	3760	3750	3790
Auf 1 kg vergaster Kohle kommen im Gebläse kg Dampf	0,45	0,32	0,21	0,20
Der Prozentsatz zerlegten Dampfes	76	100	95	100

Der Mondgasprozeß läßt sich auch auf gewöhnlichen lufttrockenen Torf nicht nur hinsichtlich der Ausbeute an Kraftgas, sondern auch hinsichtlich der Ammoniakausbeute mit gutem Erfolg übertragen.

Da die regelmäßige Beschaffung großer Mengen lufttrockenen Materials mit großen Schwierigkeiten verknüpft ist, haben sich Frank und Caro der Aufgabe zugewendet, auch nassen Torf mit 45—60% Wasser, wie er jederzeit in jeder benötigten Menge beschafft werden könnte, im Mondgas-Generator zu vergasen, wobei die Rentabilität des Verfahrens vor allem auf eine hohe Ammoniakausbeute gegründet werden sollte. Caro hatte zuerst im Jahre 1905 das Mondgasverfahren auf eine nutzbringende Aufarbeitung der sogenannten Waschberge zu übertragen versucht. Es sind das die im Zechenbetrieb sich bildenden Abfälle der Kohlengewinnung, die ein unerwünschtes und lästiges Produkt bilden, das wegen seines hohen, bis 80% betragenden Aschengehaltes weder mit Erfolg in Koksöfen destilliert, noch in Generatoren vergast werden kann. Nach Feststellungen Caros[1]) enthalten diese „Waschberge" in der Nichtkohlensubstanz überraschenderweise in einer noch unbekannten Form Stickstoffverbindungen, aus denen sich, wie aus dem Stickstoff der Kohle selbst, durch Überleiten von Wasserdampf über das hocherhitzte Material in reichlichem Maße Ammoniak gewinnen läßt. Der Stickstoffgehalt der Waschberge ist höher als der der eigentlichen Kohlensubstanz. So zeigten Waschberge von einer Kohle der Gewerkschaft Mont Cenis, die in reiner Form 1,2% Stickstoff enthielt, einen Stickstoffgehalt von 0,8—1%, obgleich sie nur 30% Kohle enthielten, denen nur 0,5% Stickstoff entspricht.

In der von der „Deutschen Mondgas- und Nebenprodukten-Gesellschaft m. b. H." in Sodingen zur Verarbeitung solcher Waschberge errichteten Anlage — dieses eigentliche Ziel der Anlage ist gescheitert — ist Caro im Jahre 1908 zur Vergasung von lufttrockenem und von „nassem" Torf übergegangen. Um letzteren verarbeiten zu können, mußten die Generatoren und der Betriebsgang verschiedenen Abänderungen unterworfen werden, die es ermöglichten, den Mondgasprozeß auf die Vergasung nassen Torfs zu übertragen. Die hauptsächlichste Maßnahme der Erfindung, durch die das gelungen ist, besteht nach Angabe Caros

[1]) Chem. Ztg. 1911, S. 505; s. auch D. R. P. 198295.

darin, daß das zugeführte Luftdampfgemisch, das, wie beim Mondgasprozeß, einen reichlichen Überschuß an Wasserdampf enthalten soll, der Vergasungszone, die gleichzeitige Entgasungszone sein muß, sehr stark, auf 450°, überhitzt, zugeführt wird. Die Durchführung dieses Verfahrens soll nicht an die Verwendung des Mondgasgenerators gebunden sein, sondern auch jeder andere Generator ist dafür geeignet, der mit den erprobten Zusatzeinrichtungen ausgerüstet ist.

Eine nähere Beschreibung dieser Vorrichtungen, die später in der Kraftzentrale Schwegermoor ausgebaut worden sind, dürfte bisher nicht in die Öffentlichkeit gebracht worden sein. Caro gibt nur gelegentlich an, daß die Überhitzung durch besonders geheizte Überhitzer stattfindet, und bezieht sich außer auf eine Reihe von Untersuchungen über das Verhalten der Stickstoffsubstanz des Torfes bei Einwirkung von Wasserdampf auf die von Frank bei Vergasung von feuchtem Torf und die in Sodingen bei Vergasung trockenen Torfs gesammelten Erfahrungen, die der Ausarbeitung des Verfahrens als Grundlage dienten, und auf zwei von ihm im Jahre 1906 und 1909 angemeldete Patente, deren Erteilung erst später erfolgt ist. Es sind dies das D. R. P. 238829, Klasse 12k, Gruppe 5 vom 18. Dezember 1906, ausgegeben den 4. Oktober 1911, und das D. R. P. 255291, Klasse 12k, Gruppe 5, vom 24. Januar 1909, ausgegeben am 3. Januar 1913.

In ersterer Patentschrift spricht Caro die Ansicht aus, daß bei der Übertragung der bekannten Vergasung kohlenstoffhaltigen Materials durch Luft und Wasserdampf auf stickstoffhaltige und sauerstoffreiche Substanzen, wie Torf, der Stickstoff nur dann in Form von Ammoniak erhalten werden könnte, wenn dabei die sonst übliche Trennung der Entgasung und Vergasung des kohlenstoffhaltigen Brennstoffes nicht stattfindet. Deshalb soll das Luftdampfgemisch in allen Teilen des Generators vorhanden sein. Der eigentliche Generator ist daher mit einem Mantelraum umgeben, von dem aus das Luftdampfgemisch durch möglichst zahlreiche Öffnungen in der Wandung des Generators oder durch lange, rostartige Schlitze dem Generatorinneren zugeführt wird.

Richtig ist, wie Caro in der zweiten Patentschrift äußert,

daß bei der üblichen Vergasung in der oberen Partie des Generators, wo die Entwässerung des nassen Torfes stattfindet, infolge der Abscheidung des mechanisch gebundenen, bzw. bei der Zersetzung sich chemisch bildenden Wassers eine sehr niedrige Temperatur herrscht. Soweit dabei überhaupt ein Zerfall der Torfsubstanz noch eintritt, erfolgt er ohne Bildung heizkräftiger Gase und ohne erhöhte Ammoniakbildung, während ein fester, stickstoffhaltiger Rückstand zurückbleibt, welcher der Einwirkung des Wasserdampfes sehr schwierig und unvollständig zugänglich ist. Caro glaubt, es erreichen zu können, daß durch Zuführung beschränkter Mengen Luft neben überschüssigem Wasserdampf durch teilweise, lokale Verbrennung des Torfes die Entbindung des Wassers bei relativ so hoher Temperatur eintritt, daß hierbei gleichzeitig die stickstoffhaltige Substanz des Torfes zersetzt und Ammoniak gebildet würde, außerdem ein heizkräftiges Gas. Es ist fraglos, daß sich ein derartiges räumliches Zusammenfallen der Entgasung und Vergasung, wie sie Caro behauptet, aus physikalischen Gründen niemals erreichen läßt. Die Erfolge der verschiedenen, zur Vergasung von bituminösen, eventuell auch wasserhaltigen Brennstoffen, besonders von Steinkohlen, dienenden Generatoren beruhen gerade auf einer möglichst scharfen Trennung dieser beiden Zonen. Die oben erwähnten Schwierigkeiten bei der Vergasung nassen Torfs sind, wie selbstverständlich, einfach einerseits auf den hohen Wassergehalt, andererseits auf den ihm gegenüberstehenden relativ geringen Brennwert des zu vergasenden Materials zurückzuführen, so daß es nicht möglich ist, den Vergasungsprozeß aus sich selbst heraus ohne Zuhilfenahme einer Hilfsfeuerung aufrecht zu erhalten. Dies kann sicher auch nicht durch die von Caro empfohlene Arbeitsweise erreicht werden, daß das Luftdampfgemisch an möglichst vielen Stellen dem nassen Torf zugeführt wird, da bei dessen hohen Wassergehalt es nicht gelingen kann, durch die neben der großen Menge Wasserdampf zugeführte geringe Luftmenge eine lokale Verbrennung dauernd zu unterhalten. Unter diesen Umständen muß man, wie Caro es auch tut, notgedrungen zu einer starken Überhitzung des der Entgasungszone zugeführten Luftdampfgemisches schreiten, um durch diese künstliche Wärmezufuhr die reguläre Vergasung des nassen Torfes, der dabei einem forcierten Trockenprozeß unterworfen wird, aufrecht erhalten zu können. Caro empfiehlt daher, an Stelle des in seinem älteren Patent angegebenen Verfahrens, das Wasserdampfgemisch an möglichst vielen Stellen dem Generator zuzuführen, in seinem zweiten Patente zum Schluß einfach die Zuleitung des Luftdampfgemisches von einer Stelle aus, aber in stark überhitztem Zustand, und baut zugleich den Generator im Verhältnis zu seiner Breite relativ hoch, wodurch die Verbrennungszone des Generators stark vergrößert werden soll. In dieser Gestalt unterscheidet sich das neue Verfahren und der neue Generator im Wesen durch nichts von den ursprünglichen einfachsten Mischgasgeneratoren, wie etwa dem Zieglerschen (s. S. 570), außer durch die Überhitzung der in die Vergasungszone geleiteten Wasserdämpfe, die wegen des hohen Wassergehaltes des Torfs erforderlich wird. Hierin unterscheidet sich aber das Verfahren von dem eigentlichen Mondgasverfahren, bei dem der Überschuß des Wasserdampfes nur dazu dient, die Temperatur des Ofens womöglich niedrig zu halten und das gebildete Ammoniak rasch zu entführen und auch durch seine starke Verdünnung vor Zersetzung zu schützen. Hier dagegen wirkt der überhitzte Wasserdampf als Träger der Wärmezufuhr, die, wie man annehmen muß, der Verbrennung fremden Brennmaterials entstammt. Dabei erleidet er noch zu einem großen Teil in dem wasserreichen Brennstoff eine Kondensation bei der Übertragung der in ihm aufgespeicherten Wärme. Nach diesen Unterschieden kann eigentlich das besprochene Verfahren nach Caro-Frank kaum als eine weitere Ausbildung, bzw. als eine Vervollkommnung[1]) des Mondgasverfahrens bezeichnet werden. Während dieses unter Umständen sich auch ohne Gewinnung der Nebenprodukte allein durch die Gewinnung eines reinen Kraftgases rentabel gestalten kann, hängt beim Caro-Frank-Verfahren alles von der Ausbeute an Ammoniak ab. Die Gewinnung nutzbaren Kraftgases wird naturgemäß um so mehr verringert, je wasserhaltiger der Torf ist. Überdies

---

[1]) Vgl. Heber, Journal für Gasbeleuchtung, 1910, S. 421.

aber ist nach der Art des Verfahrens nicht, wie beim ursprünglichen Mondgasgenerator, unmittelbar durch den Vergasungsprozeß selbst eine Möglichkeit geboten, das gewonnene Kraftgas frei von störenden Teerbestandteilen zu erhalten. Die erzielten günstigen Ausbeuten an Ammoniak werden durch Vorgänge erreicht, die, wie schon früher erwähnt, den im Verkokungsofen des Verfassers (s. S. 541) sich abspielenden Prozessen sehr ähnlich sind.

Auf die Bedeutung der Vergasung nassen Torfs wird noch im nachfolgenden[1]) eingegangen werden.

Der Generator nach Hoering-Wielandt[2]).

Dieser Generator besteht aus einer Verbindung der Hoeringschen Verkokungsretorte (s. S. 537) mit einem Vergaser, in dem räumlich getrennt von der Verkokung bzw. der Entgasung die Vergasung stattfindet. Dadurch ist es möglich, die Nebenprodukte der Verkokung vollständig zu gewinnen, ohne die teerhaltigen Bestandteile durch Verbrennung oder Überhitzung zerstören zu müssen, während der zur Vergasung dienende Koks in seinem inneren Werte vollständig dem Steinkohlenkoks entspricht und ein Mischgas von erheblich höherem Brennwert erzielen läßt, als in anderen Torfgeneratoren gewonnen wird.

Die beim Betrieb der Torfverkokung erzielbare Wärmeökonomie wird hier noch dadurch erhöht, daß die in dem glühenden Koks enthaltene Hitze noch vollständiger ausgenützt werden kann. Zum Teil wird der Koks durch das zwangsweise Durchleiten der in der Trockenzone gebildeten Wasserdämpfe gekühlt, und die dabei aufgenommene Wärme an anderer Stelle bei der Verarbeitung der Nebenprodukte, bei der Vorwärmung der Verbrennungsluft usw. abgegeben. Überdies wird durch Kühlung des unteren konisch ausgebildeten Teils der Verkokungsretorte von außen, sowie durch Kühlung der Absperr-Vorrichtung zwischen der Verkokungsretorte und dem Vergaser mit Wasser ein weiterer Teil der sonst verlorenen Hitze für die Dampferzeugung zum Betriebe des Vergasers gewonnen.

---

[1]) s. S. 596.

[2]) D. R. P. 176231 Kl. 24c Gr. 4 vom 31. Januar 1905.

Dieser schließt sich an den unteren konischen Teil der Verkokungsretorte an, bei der an Stelle der Öffnung, zum Ziehen des fertigen Kokses, die Absperrvorrichtung tritt, die entweder als einfacher oder Doppelschieber oder als Kammerhahn mit kühlbarem Gehäuse ausgebildet ist. Der Vergaser ist ein einfacher, am Boden mit einem Planrost versehener Koksgenerator mit Luft- und Wasserdampfzufuhr unterhalb des Rostes. Der Wasserdampf wird aus der schon erwähnten äußeren Kühlvorrichtung für den glühenden Koks gewonnen. Sobald die Verkokungsretorte in normalen Betrieb gekommen ist und regelmäßig Koks in den Vergaser abgezogen werden kann, kann auch die Hitze der abziehenden Generatorgase zum Beheizen der Verkokungsretorte mitverwendet werden und dadurch der erforderliche Bedarf an Wärme zum großen Teil, ja selbst ganz, gedeckt werden. Die zur Beheizung der Verkokungsretorte sonst benötigten unkondensierbaren Destillationsgase bleiben dann in entsprechendem Umfange für die Ausnutzung im Kraftbetriebe zur Verfügung. Das in dem gewonnenen Generatorgas enthaltene Ammoniak wird durch eine Absorptionsanlage durchgeleitet und ist sonst frei von störenden Teerbestandteilen. Im ganzen ergibt sich so eine vermehrte Ausbeute an Kraftgas und an Ammoniak.

Im übrigen ist diese Verbindung der Verkokungsretorte mit dem Vergaser, hergestellt durch eine kühlbare Absperrvorrichtung, in besonderer Weise auch geeignet, eine vollständige Ablöschung des glühenden Kokses zu erreichen, wenn man diesen selbst gewinnen und nicht vergasen will. In diesem Falle stellt man die Dampfzuleitung durch den Vergaser ab, verstärkt die äußere Kühlung des unteren Teils der Verkokungsretorte und der Absperrvorrichtung und nutzt die dabei gewonnene Wärme bei der Aufarbeitung der Nebenprodukte aus.

Die gesonderte Gewinnung der Nebenprodukte bei der Entgasung und Vergasung von Torf strebt auch das im D. R. P. 213852, Klasse 24e, Gruppe 7, beschriebene „Verfahren und Vorrichtung zur Entgasung und Vergasung von Torf und ähnlichen Stoffen“ der „Oberbayerischen Kokswerke und Fabrik chemischer Produkte, A.-G., in Beuerberg“, Oberbayern, vom 6. Mai 1908 an. Um die Schwierigkeiten bei der Vergasung von Torf mit mehr als 45% Wasser, die bei der jedesmaligen frischen Füllung durch die starke Vermehrung der Wasserdämpfe auftreten, zu beseitigen, sind nach dieser Erfindung drei Generatoren zu einem System vereinigt. Der frisch aufgefüllte Torf wird in einem dieser Generatoren entwässert, die gebildeten Wasserdämpfe gesondert dem am heißest gehenden Generator zugeführt und hier in Wassergas übergeführt, während die in dem dritten im normalen Betrieb befindlichen Gasgenerator erzeugten Teer- und Ammoniakdämpfe für sich aufgefangen werden. Die drei Generatoren sind mit einem System von Absaug- und Ableitungskanälen derart ausgerüstet, daß die Ableitung der Wasserdämpfe und Destillationsprodukte periodisch umgeschaltet werden kann, entsprechend dem fortschreitenden Vergasungsstadium der Füllung in den einzelnen Generatoren. Sobald alle drei Generatoren nacheinander in Betrieb gekommen sind, geht dieser in den angegebenen drei Stufen weiter. Der frisch gefüllte Generator befindet sich im Stadium der Entwässerung. Die ausgetriebenen Wasserdämpfe gelangen in den heißest gehenden Generator, dessen Füllung bereits zur Neige geht, während der dritte Generator sich in normalem Vergasungszustande befindet und Teer- und Zersetzungswasser liefert, so daß die im Torf enthaltenen wertvollen Bestandteile in der Kondensationsanlage gewonnen werden können.

Im übrigen aber bietet die Verarbeitung auf Kraftgas die Möglichkeit, den Energieinhalt eines Brennstoffes weit besser auszunutzen, als durch seine Verbrennung unter dem Dampfkessel einer Dampfmaschine. Denn in dieser kommt bestenfalls ein Sechstel, in einer Gasmaschine bis zu einem Drittel desselben zur effektiven Nutzwirkung[1]). Bei einem 60 pferdigen Gasmotor hat man hinsichtlich der Wärmeverteilung

43,0% in den Auspuffgasen,
22,3% im Kühlwasser und
34,7% in der indizierten Kraftleistung

festgestellt. Es handelt sich hier allerdings um die Wärmeaus-

[1]) vgl. Fischer, Kraftgas, seine Herstellung und Beurteilung. (1911), S. 1.

nutzung des fertigen Betriebsgases. Die Gasgeneratoren arbeiten in der Regel mit etwa 75% Nutzeffekt, sodaß in bezug auf den vergasten Brennstoff die erzielte Wirkung um etwa ein Viertel geringer ist. Bei einer einfachen einzylindrischen Dampfmaschine beträgt die Brennstoffausnutzung nur 5%.

Einen guten Vergleich der Wirkung einer Dampfmaschine und einer Gasmaschine bietet die von der „Nürnberger Maschinenbaugesellschaft" gegebene bildliche Darstellung der auftretenden Wärmeverteilung. Nach ihr entfallen

bei der Dampfmaschine:		bei der Gasmaschine:	
auf Nutzarbeit . . .	11%	auf Nutzarbeit	21%
auf Reibung	2%	auf Reibung	4%
auf Kesselverluste .	30%	auf Generatorverluste . . .	25%
auf Abdampfwärme	57%	auf Kühlwasser	27%
		auf Auspuffgase	23%
Wärmeverbrauch für 1 PS/St . . .	5700 Kal.	. . . . .	3000 Kal.

Nach Marr ist bei Verwendung von Mischgas der Wärmeverbrauch für gute Maschinen von 10—100 PS bei voller Belastung 2600—2300 Kal. für 1 Pferdekraftstunde, für gewöhnliche Maschinen 3200—2700 Kal. Einen Wirkungsgrad des Gasgenerators von 75% vorausgesetzt, würde in letzterem Fall der Wärmeaufwand an Brennstoff 4300—3700 Kal. für 1 Pferdekraftstunde betragen.

Da bei den Koksöfen mit Nebenproduktgewinnung und bei Hochöfen große Gasmengen abfallen, welche zum Betriebe von Gaskraftmaschinen ausgenützt werden, dürfte es von Interesse sein, auch die Wärmeverteilung des bei diesen beiden Prozessen verbrauchten Brennstoffs hier anzuführen.

Nach bildlichen Darstellungen, die gleichfalls von der „Nürnberger Maschinenbaugesellschaft" herrühren, liegen dabei die Verhältnisse wie folgt.

In einem Regenerativ-Koksofen, der mit Vorrichtungen zur Gewinnung der Nebenerzeugnisse, mit einem Generator zur Verarbeitung des Koksgruses auf Generatorgas und mit einer Gaskraftmaschinenanlage verbunden ist, die mit dem über den für die Koksofenheizung erforderlichen Bedarf hinausgehenden Gasüberschuß betrieben wird, verteilt sich die Wärme des verarbeiteten Brennmaterials

auf Stückkoks	83—75 %,
auf Koksgrus	4 %,
Verlust (Verbrennung und Vergasung) .	3— 5 %,
Koksofengas	14—22 %.

Von dem Wärmeinhalt des Koksofengases verbleiben 1—5 % nach Abscheidung der Nebenprodukte im Teer, 13—17 % stehen zur Ausnützung zur Verfügung. Davon werden 7—10 % in der Koksofenheizung verbraucht, von denen 3 % vom Koks aufgenommen, 3—5 % durch Strahlung und 1—2 % durch die Abgase verloren gehen. Die an den Koks abgegebene Wärmemenge geht nachher durch Abkühlung desselben wieder verloren. Der Rest des Koksofengases, 6—7 %, und das aus dem Koksgrus gewonnene Generatorgas, entsprechend 3 %, gehen zu den Gaskraftmaschinen, von denen, bei einer stündlichen Leistung des Koksofens von 10 t Kohle, 3 Stück zu 900 PS gespeist werden können.

Die Wärmebilanz eines Hochofens von 250 Tonnen Tagesleistung ist folgende: Der Wärmeverbrauch im Hochofen beträgt 52 %; davon entfallen auf den eigentlichen Reduktionsprozeß 24 %, durch Strahlung gehen 5 %, durch Verdampfung ebenfalls 5 % verloren. In der Schlacke bleiben 14 %, im flüssigen Eisen 4 %.

In den Hochofengasen finden sich 48 %, von denen 34 % für den Maschinenbetrieb zur Verfügung stehen und 14 % verloren gehen. Von den damit gewinnbaren 10000 PS werden für den Eigenbedarf des Hochofens zum Betriebe der Gebläsemaschine und für Arbeitsstrom $^1/_4$ verbraucht, der Überschuß dient zum Betriebe dreier Gaskraftmaschinen zu 2500 PS. Eine Gaskraftmaschine gebraucht für 1 PS meist 2,5 bis 3 cbm Hochofengas, und da für je 1 t Roheisen etwa 2000—2500 cbm Gasüberschuß gewonnen wird, reicht derselbe für 700—800 Pferdekraftstunden.

Die Ausdehnung, welche die Verwendung der Gaskraftmaschinen zur Ausbeutung dieser beiden Energiequellen erreichen könnte und die als gewaltiger Konkurrent für Torfkraftgas-Zentralen wirkt, stellt L. Greiner in folgender Übersicht für das Jahr 1905 zusammen:

		Deutschland u. Luxemburg	Groß-britannien	Frank-reich	Belgien
Hochöfen	Roheisenerzeugung im Jahre 1905 in t	10 987 623	9 746 221	3 076 550	1 310 290
	Errechnete Leistung der Gasmaschinen in PS bei Benutzung aller erzeugten Gase abzüglich der für die Winderhitzung notwendigen . .	1 280 000	1 136 000	359 000	153 000
	Tatsächliche Leistung der im Betrieb oder Bau befindlichen Gasmaschinen in PS	371 950	21 400	31 575	40 200
	Verhältnis der tatsächlichen Leistung zu der errechneten	29%	1,88%	8,8%	26,3%
Koksöfen	Produktion an Hüttenkoks im Jahre 1905 in t . .	16 491 427	18 000 000	2 233 922	2 526 000
	Errechnete Leistung der Gasmaschinen in PS bei Benutzung aller von modernen Koksöfen erzeugten Gase abzüglich der für die Selbstbeheizung erforderlichen Gase	317 000	350 000	43 000	48 500
	Tatsächliche Leistung der im Bau oder Betrieb befindlichen Gasmaschinen in PS	44 070	5 950	3 600	3 500
	Verhältnis der tatsächlichen Leistung zu der errechneten	14%	1,7%	8,4%	7,4%

V. Kapitel.

Zentralisierung der Torfverwertung im Moor.

Wie wir gesehen haben, ist es bisher nicht möglich gewesen, die auf verschiedenen Wegen erreichte Gewinnung eines an sich den Kohlen annähernd ebenbürtigen Brennmaterials aus den Mooren gleichzeitig so wirtschaftlich zu gestalten, daß diese Veredelungsprodukte in einen erfolgreichen Wettbewerb mit Stein- und Braunkohle hätten eintreten können. In Deutschland haben

z. B. die verbesserten Verkehrsverhältnisse den Absatz der Torfprodukte nicht nur nicht — wie man hätte annehmen können — gefördert, sondern im Gegenteil in hohem Maße dazu beigetragen, daß der Torf von den Kohlen immer mehr und mehr in den Hintergrund gedrängt wurde. Diese sind sogar in neuerer Zeit bis in das eigentliche Absatzgebiet des Torfes, bis in die Nähe der Moore, erfolgreich vorgedrungen.

Immer mehr machte sich die Ansicht geltend, daß eine großzügige Ausnutzung der in den Mooren enthaltenen Energieschätze andere Wege einschlagen müsse, als diejenigen, denen die Technik bisher nach dem Vorbilde des Kohlenabbaus und Transports an die verbrauchenden Industrien zu folgen versucht hatte. Besonders als sich in neuester Zeit das Interesse dem landwirtschaftlichen Zweig der Moornutzung zuwandte und der Wunsch nach der vorläufigen Kultivierung der Mooroberfläche und der endgültigen Inbesitznahme der abgetorften Flächen immer dringender wurde, sah sich auch die Torftechnik gezwungen, dieser Frage näher zu treten.

Es lag nahe, sich der Nutzbarmachung der Wasserkräfte zu erinnern, deren industrielle Ausnutzung, zunächst in ähnlicher Weise an die Umgebung gebunden und behindert, wie die der Moore, durch die Ausbildung der Kraft-Fernübertragung mittels des elektrischen Starkstroms ins Ungeahnte erleichtert und gesteigert wurde.

Die erste Anregung in dieser Richtung gab ein Vortrag: „Über Verwertung der norddeutschen Moore, insbesondere für elektrische Kraftstationen", den A. Frank[1]) am 4. Oktober 1897 im „Vereine zur Beförderung des Gewerbefleißes" hielt. Wenn es nicht gelingen sollte, so führte er darin aus, den Torf preiswert in eine Form zu bringen, die eine weite Verfrachtung zu den Orten industrieller Verwertung gestattet, — „die Zahl der hierfür gemachten Vorschläge und der bis in die neueste Zeit entnommenen Patente ist Legion, das technische und kommerzielle Resultat derselben gleich nahezu Null" — so würde die praktische Nutzbarmachung der in

[1]) Sonderabdruck aus Verh. d. Ver. z. Beförd. d. Gewerbefleißes. Berlin 1897.

den großen Moorgebieten vorhandenen Kraftquellen nur dadurch zu erzielen sein, daß man diese Energie an Ort und Stelle in elektrische Kraft umsetze und letztere dann entweder mit hoher Spannung nach den Industriezentren leite, wo dieselbe für Beleuchtungs- und Kraftzwecke bereitwillige Abnehmer finden würde, oder daß man im Moore selbst große Fabrikanlagen errichte, welche die erzeugte Energie an Ort und Stelle vorteilhaft verwenden und verwerten könnten.

Zur Stütze seiner Ansicht wies Frank auf die damals bereits erfolgreich durchgeführte, große elektrische Kraftzentrale in Rheinfelden hin, bei welcher durch Benutzung der Wasserkraft des Rheins 17000 PS für Kraft- und Beleuchtungszwecke mit gutem Nutzen abgegeben wurden, sowie ferner darauf, daß Deutschland wegen des Mangels großer Wasserkräfte anderen Ländern gegenüber derart im Nachteil sei, daß die Herstellung zahlreicher, auf elektrochemischen Prozessen beruhender Präparate, wie z. B. die des chlorsauren Kaliums, des Kalziumkarbids usw. den im Auslande, namentlich in der Schweiz und Skandinavien gelegenen elektrischen Kraftwerken zufallen mußte. Speziell die Karbidindustrie, die neben einem bedeutenden Aufwand an elektrischer Energie nur geringe Ausgaben für Rohstoffe, Löhne und Bauten erfordert, wurde als besonders geeignet den Berechnungen zu Grunde gelegt.

Dem damaligen Stande der Technik entsprechend sollte die für derartige große Betriebe nötige Kraft durch Dampfmaschinen gewonnen werden; Frank wies aber schon damals „auf die in letzter Zeit erfolgreich durchgeführten Versuche, die in den Generatorgasen enthaltene Wärme in geeigneten Gasmaschinen direkt und ohne Zwischenwirkung eines Dampferzeugers in Kraft umzusetzen", hin. „Wenn auch praktische Erfahrungen für den Betrieb der Gasmotoren mit Torfgas noch mangelten, so sei doch nach der chemischen Zusammensetzung der Torfgase eine günstige Ausnutzung derselben auf diesem Wege ebenso wahrscheinlich, wie für Dowsongas."

Die anschließend folgenden speziellen Vorschläge beziehen sich auf die im mittleren Emsgebiet gelegenen Hochmoore, für deren Kanalisierung bereits eingehende Studien von Macard[1]) vorlagen.

Den Vorschlägen Franks folgend regte dann Glasenapp[2]) im folgenden Jahre 1898 in einem im „Technischen Verein“ in Riga gehaltenen Vortrag die Ausnutzung der in der Umgebung von Riga gelegenen Torflager durch Elektrizitäts-Torfgas-Zentralen an.

Eine Übertragung in die Praxis haben diese beiderseitigen Vorschläge zunächst nicht gefunden.

Im Jahre 1903 konnte Frank[3]) nochmals ausführlich in einem der Zentral-Moor-Kommission erstatteten Bericht „Über Torfgasbetriebe für große elektrische Zentralen“ die Ergebnisse seiner inzwischen fortgesetzten Studien mitteilen, die ihn zu Änderungen seines ursprünglichen Vorschlages, aber auch zu einer wesentlichen Erweiterung und Sicherung der Grundlagen geführt hatten.

Als wesentlich neu für die Beurteilung wie für die praktische Durchführung gibt Frank namentlich an:

1. Die in den letzten Jahren erfolgte Entwickelung und Ausbildung der Großgasmaschinen für Benutzung geringwertiger Gase (Hochofengas, Sauggas usw.);

2. Die Fortschritte betreffs Leitung, Verteilung und Umformung hochgespannter elektrischer Ströme;

3. Die inzwischen von ihm durchgeführte Herstellung stickstoffhaltiger Düngemittel (Kalkstickstoff[4]).

Nach eingehenden Gegenüberstellungen von Torfgeneratorgas-Anlagen und Betriebsergebnissen[5]) mit denen von Dampfkesseln, die dann folgen, stellt sich der Torfverbrauch für eine bestimmte Leistung bei Gasmaschinen auf knapp die Hälfte des für Dampfbetrieb nötigen Brennmaterials.

---

1) Denkschrift, Osnabrück 1871.

2) Riga'sche Industrie-Zeitung 1898, S. 109.

3) Verhandl. d. Z. M. K. 17. Dez. 1903; Z. f. ang. Ch. 1904, S. 289.

4) Z. f. ang. Ch. 1903, S. 536.

5) Für Roßlän in Schweden bestimmter Torfgeneratoren, untersucht von Lürmann.

Nachdem nochmals ausführlich die Möglichkeit der Errichtung großer Kraftzentralen zur billigen Erzeugung elektrischer Energie nachgewiesen, wird zum Schluß die Frage der vorteilhaften Verteilung und Verwendung des von Frank speziell studierten und schon in seinem ersten Vortrage herangezogenen Gebiets der Emsmoore erörtert, die sich sowohl ihrer geographischen Lage, als auch ihren wirtschaftlichen Verhältnissen nach besonders zu einer möglichst raschen Ausnutzung der vorhandenen Moorgebiete eignen, zumal sie zu den ausgedehntesten und mächtigsten in Deutschland gehören.

Wiesmoor-Zentrale.

In den Emsmooren, und zwar in dem dem preußischen Domänenfiskus gehörigen Auricher Wiesmoor ist dann auch die erste größere Torf-Zentrale am Nordgeorgsfehnkanal, einer Verbindung zum Ems-Jadekanal, entstanden, also in dem Gebiet, das Frank seinen Studien zugrunde gelegt hatte. Es wurde allerdings der Dampfbetrieb gewählt, während Frank inzwischen seine Pläne ganz auf den Generatorenbetrieb umgeändert hatte.

Nachdem vor allem durch die Arbeiten der Bremer Moorversuchsstation sichere Unterlagen geschaffen waren, auf denen die preußische Domänenverwaltung mit Aussicht auf Erfolg die Kultivierung der Hochmoore in Angriff nehmen konnte, wurde von ihr unter Leitung des Geh. Rats Ramm auf dem 10000 ha umfassenden Wiesmoor ein Unternehmen ins Leben gerufen, bei dem Verfehnung und Hochmoorkultur gleichzeitig zur Anwendung kommen. Der Plan ist so angelegt[1]), daß die ganze Fläche nach Jahrhunderten verfehnt werden kann. Inzwischen soll aber im Laufe von etwa 10 Jahren durch Hochmoorkultur alles zum Ertrag gebracht und besiedelt werden. Dabei soll die im Moor aufgespeicherte Energie dazu dienen, Kanäle auszuheben und die ganze Fläche mit elektrisch getriebenen Geräten zu kultivieren.

Im Sommer 1907[2]) wurde zunächst der Bau einer Anlage be-

---

[1]) Ramm, M., Berlin 1911, S. 249.

[2]) Teichmüller, Elektrotechn. Ztschrft. 1912, S. 1255.

schlossen, welche nur 200 PS für die Kultivierung liefern sollte, im Frühjahr 1908 konnte sie schon in Betrieb genommen werden.

Zur selben Zeit fanden aber schon Verhandlungen mit den „Siemens Schuckert Werken“ und den „Siemens Elektrischen Betrieben“ statt, die zu einem Vertrage führten, auf Grund dessen die „Siemens Elektrischen Betriebe“ durch die „Siemens Schuckert Werke“ ein Kraftwerk und die Leitung für eine Überlandzentrale, ausschließlich der Gebäude, auf eigene Kosten errichten und den Betrieb selbst führen sollten. Der Torf sollte beim Fiskus gekauft und die für die Kultivierung nötige Elektrizität an diesen verkauft werden. Im Sommer 1909 wurde mit den Arbeiten zum Umbau der Anlage von 200 PS auf 6000 PS begonnen, und Anfang Dezember 1909 war die Zentrale betriebsbereit.

Das Werk[1]) wurde mit Dampfturbinen ausgestattet und zwar wurden zunächst 3 Turbo-Aggregate von zusammen 3800 KW = 6000 PS Maximalleistung aufgestellt, von welchen 2500 KW zur Verfügung standen, während das dritte Aggregat zur Reserve diente. Im Jahre 1912 wurde ein viertes 2000 PS-Aggregat nebst zugehörigen Kesseln der Anlage hinzugefügt, da inzwischen umfangreiche Erweiterungen des Leitungsnetzes vorgenommen waren. Das Starkstromnetz erstreckte sich 1911 nach Osten bis Wilhelmshaven, nach Westen bis Emden und Leer. Im nächsten Jahre 1912 kamen bedeutende Erweiterungen[2]) durch neue Anschlüsse, vor allem im Großherzogtum Oldenburg, hinzu. So wurden die Stadt Oldenburg, Varel, Bockhorn und Nordenham, ferner Sandhorst bei Aurich angeschlossen und die Leitungen über Weener nach Aschendorf und Papenburg verlängert. Die Produktion der Zentrale ist von 7,8 Millionen KW im Jahre 1911 auf 9—10 Millionen KW 1913 gestiegen. Bei Steigerung auf 24 Millionen KW pro Jahr reicht der Brennstoff des Moors noch 700 Jahre.

Die Torfgewinnung geschieht mit großen, elektrisch betriebenen Baggern und Formmaschinen; im Jahre 1912 waren 2 Strenge- und 10 Dolberg-Maschinen in Betrieb. Durch automatische Sodenablage, Anwendung von Bahnen, Elevatoren, Trans-

[1]) Ramm, M., Berlin 1911, S. 250.

[2]) s. Prot. d. Z. M. K. 1912, S. 5.

portbändern, Schüttelrinnen usw. bei der Torfgewinnung, beim Abfahren und Anfahren an die Kessel wird eine zeitgemäße Ausgestaltung des Maschinentorfbetriebes im Sinne der Massenerzeugung und Ersparung von menschlicher Arbeitskraft angestrebt.

Der lufttrockene Torfjahresbedarf wird mit Hilfe von Elevatoren zu großen Haufen aufgespeichert, in denen er in der Regel $^1/_2$ bis $^3/_4$ Jahr nachtrocknen soll, und die über Winter mit einer Moostorfschicht geschützt werden, oder der Torf wird in bedeckten Silos in unmittelbarer Nähe der Heizanlage aufbewahrt. Normalerweise dient der unter Dach befindliche Vorrat als Reserve und für die Tage, an denen Schnee- oder Regenwetter das Heranfahren des Trockentorfs von den offnen Mieten direkt an die zu den Feuerungen führenden Speisevorrichtungen verbietet.

Im Jahre 1912 wurden 31000 t Torf gewonnen, für 1913 steigerte sich der Bedarf auf 40000 t und gegenwärtig soll ein Jahresvorrat von 60000 t beschafft werden.

Nach Mitteilungen von Tonnemacher[1]) bestand die Kesselanlage 1910 aus 4 Kesseln von je 300 qm Heizfläche und 100—110 qm Überhitzerfläche. Der in zwei Hälften geteilte Rost ist als Treppenrost ausgebildet, unter 36° gegen die Horizontale geneigt und besitzt keinen Schlacken- oder Kipprost. Die freie Rostfläche beträgt 8 qm. Im Dezember 1910 angestellte Verdampfungsversuche ergaben eine Verdampfung von 3,01 kg Dampf pro Kilogramm Torf von 2680 Kal., und einen Kesselwirkungsgrad von 73,5%.

Im regulären Betrieb wurde eine durchschnittliche Verdampfungsziffer von 2,69 erreicht.

Die Kosten betrugen nach Ramm[2]) bei einem Verbrauch von 2,4 kg Brennmaterial für die KW-Stunde, nachdem zuerst ca. 3 kg gebraucht wurden, 1,2—1,4 Pfennig.

Zu erwähnen ist aus den mitgeteilten Betriebserfahrungen auch ein mißglückter Versuch mit dem von der Maschinenfabrik Augsburg-Nürnberg aufgestellten Gerckeschen Torfdampfkessel (s. S. 454) und die vorübergehende Benutzung von zunächst Steinkohlen-, dann Braunkohlenbriketts, infolge des im Januar 1910

[1]) M., Berlin 1911, S. 233; s. dazu Wolff, M. Berlin 1910, S. 401.

[2]) M., Berlin 1912, S. 136.

eintretenden, unerwartet hohen Kraftbedarfs für den Emdener Hafenbau, in Mischfeuerung mit Torf.

Die elektrisch betriebenen Torfmaschinen haben sich bewährt, sie arbeiten ruhiger als die früher verwendeten Dampfmaschinen und Motore und bieten daher größere Sicherheit gegen das Einbrechen der Grabenränder infolge des Rüttelns. Die elektrische Kraft wird auch zum Betrieb der Kulturgeräte verwendet und zu einem Preise von 4 Pfennig pro KW-Stunde von den Siemens Elektrischen Betrieben bezogen. Die Kombination von Industrie und Landwirtschaft hat sich gut bewährt. Im Jahre werden voraussichtlich 1500—2000 Morgen Weide auf Hochmoor hergestellt, so daß in 10—15 Jahren das ganze Moor kultiviert ist. Die Kultivierungsarbeiten schreiten mit dem Bau der Entwässerungskanäle in gleichmäßigem Tempo vor. Durch die Zentrale ist Gelegenheit gegeben, den beim Kanalbau ausgehobenen Torf sogleich nutzbringend zu verwerten.

Über das Endziel des Unternehmens äußert Ramm[1]): „Die Entwässerungspläne sind so aufgestellt, daß sie zugleich Verfehnungspläne sind, es ist Vorsorge getroffen, daß die Oberfläche des Moores kultiviert werden kann, daß aber jederzeit die Möglichkeit geboten ist, das in dem Torf abgelagerte Brennmaterial auszubeuten und schließlich den Untergrund in Kultur zu bringen. So können alle Werte gehoben werden, die in den Mooren ruhen und die Erreichung dieses Zieles liegt ebensowohl im privatwirtschaftlichen wie im volkswirtschaftlichen Interesse.“

Schwegermoor-Zentrale.

Während erfreulicherweise die Wiesmoorzentrale die in sie gesetzten Erwartungen in steigendem Maße erfüllt, scheint dies bei einem andern, etwas später gegründeten Unternehmen, der „Schwegermoorzentrale“, nicht der Fall zu sein. In ihr sind die in den eingangs (s. S. 589ff.) wiedergegebenen Vorträgen Franks[2]) niedergelegten Pläne zum Teil verwirklicht worden, wenn auch

[1]) M., Berlin 1912, S. 198.

[2]) s. auch M., Berlin 1907, S. 127; Z. f. ang. Ch. 1907, S. 1592.

auf einem anderen Moorgebiete, als dem seinen Studien zugrunde gelegten, auf dem inzwischen die Wiesmoorzentrale entstanden war.

Frank, der die ungenügende Sicherheit des Materialbezugs als Hauptschwierigkeit für den Torf-Großbetrieb klar erkannt hatte, war in Anbetracht der außerordentlichen Fortschritte der Gaserzeugungs- und Gaskraftmaschinentechnik zu der Ansicht gekommen, daß an Stelle des zuerst empfohlenen Dampfbetriebes der Generatorbetrieb zur Ausnutzung der Moore als Kraftquelle wesentliche Vorteile biete, vor allem wegen der viel geringeren Ansprüche an die Qualität des zu verwendenden Brennstoffs. Ursprünglich war ein reiner Sauggasbetrieb ohne Nebenproduktengewinnung beabsichtigt, der auf einer Torfwerbung nach Art der Exterschen Krümeltorfgewinnung (s. S. 485) aufgebaut war. „Der durch einfaches Abpflügen[1]) des ausreichend vorentwässerten Torflagers gewonnene Torf sollte in der Nähe der Generatoranlage in hohe Halden abgestürzt und durch Ablüftung und Druck (Haldenerhitzung?) noch weiter entwässert und dadurch, sowie durch eventuelle Vortrocknung mittels der Abwärme der Generatorgase und der Maschinenauspuffgase für den Verbrauch im Generator durchaus geeignet werden.“[2]) Diese Pläne sind durch die Versuche seines Mitarbeiters Caro, der seine Studien über die Gewinnung von Ammoniak aus stickstoffhaltigen organischen Substanzen, die ihren Ausgangspunkt wohl von seinen Betriebserfahrungen mit dem Schlick der Ludwigshofer „Deutschen Ammoniakwerke“ genommen haben, auch auf die Vergasung feuchten Torfs unter Ammoniakgewinnung übertrug[3]), wesentlich verändert worden. Sie führten beide zu den Versuchen, das bekannte Mondgasverfahren auf die Vergasung nassen Torfs zu übertragen, nachdem es zuerst von Caro an den sogenannten Waschbergen der Kohlenzechen er-

[1]) Frank, Prot. der 52. Sitzung der Z. M. K. 1903, S. 241; Rothbarth, M., Berlin 1897, S. 106 und Antwort von Kaiser, Beuerberg, M., Berlin 1907, S. 324 und 344.

[2]) s. Frank, Z. f. ang. Ch. 1904, S. 294.

[3]) Caro, „Über einheimische Stickstoffquellen“, Vortrag im V. D. Ch. Nürnberg; Z. f. ang. Ch. 1906, S. 1569; „Die Ammoniakgewinnung aus Torf“, Chem. Ztg. 1911, S. 505.

probt worden war. Näheres darüber ist schon oben[1]) ausgeführt worden.

Während Frank durch seine gemeinsam mit Caro ausgeführten Arbeiten über Kalkstickstoff und dessen Verwendung als Stickstoffdünger bei der Ausbeutung der Torflager zunächst hauptsächlich die Gewinnung von elektrischer Energie, zwecks Erzeugung des für die Herstellung von Kalkstickstoff erforderlichen Kalziumkarbids ins Auge gefaßt hatte, mußte es sein besonderes Interesse erwecken, hier das von ihm stets geforderte Zusammengehen der Landwirtschaft und Industrie durch die Aufarbeitung des feuchten Torfs unter direkter Gewinnung von Ammoniak für die Landwirtschaft und Kraftgas für die Industrie ermöglicht zu sehen, zumal nunmehr die wirtschaftliche Verarbeitung eines selbst 50 % und mehr Feuchtigkeit enthaltenden Torfes, wie er fast das ganze Jahr hindurch unabhängig von den wechselnden Witterungsverhältnissen gewonnen werden kann, in noch höherem Maße gesichert erschien als bisher.

Nach der Auffassung Caros hat bei seinem Verfahren ein Wassergehalt des Torfes von 40—50 % gegenüber Trockentorf sogar gewisse Vorzüge für die Ammoniakausbeute, die nun allerdings die Hauptgrundlage für die Wirtschaftlichkeit einer derartigen Anlage bildet, während die Krafterzeugung mehr die Rolle eines Nebenproduktes spielen soll, ein für durch feste Stromlieferungsverträge an Konsumenten gebundene Unternehmen von vornherein bedenkliches Prinzip.

Das Verfahren zur Vergasung nassen Torfs[2]) wurde in der Mondgasanlage der Steinkohlengewerkschaft Mont Cenis in Sodingen ausgearbeitet, die dort von der durch die Initiative des rheinischen Großindustriellen Wahlen in Köln ins Leben gerufenen „Deutschen Mondgas- und Nebenprodukten G. m. b. H., Berlin" durch die „Mondgas Power Corp. in London" zum Zwecke der Verarbeitung der Waschberge nach dem Verfahren von Caro errichtet worden war. Nach dem Abschluß dieser Vorversuche wurde für

[1]) s. S. 579.

[2]) Ausführliche Angaben über Betriebsvoranschlag und beabsichtigte Kultivierung s. Wolff, M., Berlin 1910, S. 88.

die Durchführung eines größeren Unternehmens die in Osnabrück domizilierende „Hannoversche Kolonisations- und Moorverwertungs-Ges. m. b. H.“ ins Leben gerufen.

Dieselbe erwarb u. a. das in den Kreisen Wittlage und Bersenbrück gelegene „Schwegermoor“ das etwa 1000 ha groß ist.

Im Frühjahr 1910 erhielt die deutsche Mondgasgesellschaft den Auftrag für den Bau der Anlage, der etwa ein Jahr in Anspruch nahm. An die Vergasungsanlage sollte eine Elektrizitätszentrale angeschlossen werden, um die Versorgung der umliegenden Landkreise mit Elektrizität zu übernehmen und auch einen großen Teil des Elektrizitätsbedarfs für die Stadt Osnabrück zu decken. Für den Ausbau dieser Überlandzentrale war ein Leitungsnetz von rund 3—4 Kilometern vorgesehen. Die in Frage kommenden Kreise sind die Landkreise Osnabrück, Wittlage, Diepholz, Bersenbrück, Lübbecken und Melle.

Die Inbetriebsetzung der Gasanlage erfolgte am 1. Oktober 1911, die Elektrizitätslieferung am darauffolgenden Tage. Betriebsergebnisse teilt Direktor Dr. Hamers, der auch die Versuchsanlage in Sodingen geleitet hatte, in der Zentral-Moorkommission mit.[1])

Nach der Entwässerung des Moores wurde die Torfförderung nach dem Vorbilde der Wiesmoorzentrale in Angriff genommen und unter Verwendung von Strenge-Maschinen für den holzfreien Teil des Moores, von Dolbergpressen für den mit Holz und starken Wurzelstöcken durchsetzten Teil der Torf in Soden gewonnen. Es wurde also überraschenderweise von der augenscheinlich zunächst beabsichtigten Krümeltorfgewinnung abgesehen, wie denn die Torfbeschaffung von Anfang an Schwierigkeiten gemacht zu haben scheint. Aus allem, was an Betriebserfahrungen veröffentlicht ist, scheint hervorzugehen, daß mit den ganzen Arbeiten zu früh begonnen worden ist, bevor vor allen Dingen die Entwässerung des Moores ausreichend durchgeführt war. Außerdem scheint man aber über die Beschaffenheit des Moores nicht genügend orientiert gewesen zu sein[2]).

---

[1]) Prot. der 68. Sitzung der Z. M. K. 1912, S. 36.

[2]) s. Tacke, Prot. der 70. Sitzung der Z. M. K. 1912, S. 10; Caro, M., Berlin 1912, S. 190.

Die folgenden, nicht widerspruchsfreien Angaben sind der erwähnten Mitteilung an die Zentral-Moorkommission entnommen.

Der an die Anlage gelieferte Torf gelangt, nachdem die Soden durch einen Reißwolf, ähnlich wie bei der Torfstreufabrikation, zerrissen sind, mittels eines Kratzbandes in die Bunkeranlagen. Das Zerreißen des Torfes erfolgt aus dem Grunde, weil der Torf in Sodenform zu locker im Generator lagern würde. Aus den Bunkern gelangt er in die Generatoren, wo er unter Zuhilfenahme eines mit Dampf angereicherten Gebläsewindes zunächst entgast, vergast und dann vollständig bis zu Asche verbrannt wird. Das Gas passiert eine Reihe von Kühl- und Waschapparaten, in denen einerseits mitgerissener Staub, Teer, Wasserdampf niedergeschlagen, andererseits das im Gase befindliche Ammoniak ausgewaschen wird. Die Reinigung des Gases wird durch sehr einfache Mittel bewerkstelligt, ist aber eine außerordentlich wirksame, so daß das für den Betrieb der Gasmaschine fertige Gas praktisch rein ist. Es wird zum größten Teil den in einem großen Maschinenhaus aufgestellten Gasmaschinen zugeführt, deren Schwungräder als Drehstromgeneratoren ausgebildet sind. Im gleichen Gebäude befinden sich die Schalteinrichtungen und die Transformatoren. Der kleinere Teil des Gases wird zur Heizung der Kessel benutzt, die den für den Generatorbetrieb benötigten Dampf erzeugen.

Die Vergasung nassen Torfes ließ sich von Anfang an anstandslos durchführen. Die Durchschnittsfeuchtigkeit betrug im Oktober 1911 45 %, im November 53 %, im Dezember über 60 %, im Januar 58 % und im Februar rund 41 %. Das erzeugte Gas war stets gut und besaß einen unteren effektiven Heizwert von 1100—1300 Wärmeeinheiten. Das vergaste Material war teils Maschinentorf, teils Handstichtorf, die sich im Generator beide sehr gut verhielten, doch zeigte sich die Verwendung des verdichteten Maschinentorfes vorteilhafter. Die Vergasung großer Mengen von Moostorf bestätigte die früheren Ergebnisse, daß er als Hauptbestandteil zur Verarbeitung im Gasgenerator nicht geeignet ist, da er infolge seines losen Gefüges zu schnell wegbrennt. Im einzelnen wurden im Monat Dezember 1325 t Rohtorf mit 60% Feuchtigkeit, entsprechend 530 t wasserfreiem Torf im Generator, außerdem unter den Kesseln

170 t Rohtorf, gleich 68 t wasserfreien Torfs verbrannt und dabei bei einem durchschnittlichen Stickstoffgehalt von ca. 1% 18,3 t Ammonsulfat gewonnen. Die Krafterzeugung (aus 598 t Trockentorf) betrug 427000 Kilowattstunden oder 715 Kilowattstunden für 1 Tonne wasserfreien Torf. Die Ammoniakausbeute für 1 Tonne (im Generator verbrannten) wasserfreien Torf betrug 34,5 kg Salz.

Im Monat Januar wurden 1454 t Rohtorf mit rund 58% Feuchtigkeitsgehalt, entsprechend 613 t wasserfreien Torf, vergast und 200 t des gleichen Rohtorfs unter den Kesseln verbrannt. Aus diesen 700 t Trockentorf wurden 481000 Kilowattstunden oder rund 690 Kilowattstunden pro Tonne Trockentorf gewonnen.

Im Monat Februar (bis inkl. 27.) wurden 930 t Rohtorf mit rund 41% Feuchtigkeit entsprechend 553 t wasserfreien Torfs vergast und 107 t Rohtorf unter den Kesseln verbrannt. Aus 616 t Trockentorf wurden so 414000 Kilowattstunden gewonnen oder pro Tonne Trockentorf 675 Kilowattstunden. Aus den vergasten 553 t Trockentorf wurden 19,5 t oder pro Tonne 35,3 kg schwefelsaures Ammoniak gewonnen.

Die besondere Verbrennung von Rohtorf unter den Kesseln wird im Berichte als eine vorübergehende Erscheinung bezeichnet. Auch der ausgeschiedene Teer wurde unter den Kesseln verbrannt, zunächst in Mischung mit diesem Rohtorf, später sollten dazu Körtingsche Strahldüsenbrenner dienen. Die Notwendigkeit solcher Hilfsfeuerungen bei der Verarbeitung nassen Torfs ist nicht überraschend; sie müssen in um so größerem Umfange sich als notwendig erweisen, je nasser der Torf ist, machen es aber andererseits natürlich möglich, die Feuchtigkeitsgrenze, bis zu welcher Torf vergast werden kann, erheblich hinauszuschieben.

Der Bericht faßt das Ergebnis der mitgeteilten Betriebsresultate dahin zusammen, daß pro Tonne wasserfreien Torfs gewonnen wurden:

1. Eine nutzbare Kraftausbeute von 1000 PS-Stunden, entsprechend rund 700 Kilowattstunden nach Abzug sämtlichen Eigenbedarfs an Kraft und Wärme;

2. eine Salzausbeute von 35 kg schwefelsaurem Ammoniak bei einem Stickstoffgehalt des Torfes von rund 1%, entsprechend

ca. 75% des im Material enthaltenen Stickstoffs. Die Beschaffenheit des Salzes genügt den Verkaufsbedingungen in jeder Hinsicht und hat zu Beanstandungen beim Absatz keinen Anlaß gegeben.

3. Die Gasausbeute pro Tonne wasserfreien Torfs betrug etwa 2500—2600 cbm mit einem unteren Heizwerte von 1100—1300 Wärmeeinheiten. Das gewonnene Gas dient zum Betriebe von 3 Gasmaschinen von je 1000 PS, zu denen sich als die Anforderungen an die Zentrale von 2000 PS auf 3000 wuchsen, als weitere Reserve eine vierte Gasmaschine von gleicher Stärke zugesellte. Eine Erweiterung der Vergasungsanlage war nicht notwendig.

Nach dem Berichte ist der weitere Ausbau des begonnenen Unternehmens für die in noch weit größerem Umfange getätigten Abschlüsse auf Lieferung elektrischer Energie auf eine neue Überlandzentralengesellschaft übertragen worden, welche das Zentralensystem teils durch Errichtung neuer Kraftanlagen, teils durch Anschließen schon bestehender Zentralen an die vorhandenen Leitungsnetze ausbaut. Die Neuanlagen sollen als Dampfturbinenzentralen ausgestaltet werden. Bei der Stromerzeugung soll dann die dauernde Belastung der Gasmaschinenzentrale, die bekanntlich nur bei voller Belastung eine volle Ausnutzung gestattet, überwiesen werden, während die wechselnde Belastung durch die „Spitzen" des Strombedarfs von den Dampfturbinenzentralen aufzunehmen sind, die sich für eine wechselnde Belastung sehr anpassungsfähig erwiesen haben.

Bei diesen neuen Kraftzentralen dürfte es sich aber kaum um solche mit Torfbetrieb handeln, und durch die getroffene Vereinbarung, daß die Schwegermoorzentrale nur als Gaszentrale das erzeugte Gas an die elektrische Kraftzentrale liefern solle, hat man sich bei diesem Ausbau der elektrischen Überlandzentralen anscheinend von der Torfvergasung unabhängig gemacht.

In der Tat ist der Betrieb der Torfvergasungsanlage der Schwegermoorzentrale im Laufe des Jahres 1913 vorläufig stillgelegt worden wegen der unbefriedigenden wirtschaftlichen Ergebnisse, obgleich, wie noch die letzten Mitteilungen besagen, sich im Betriebe technisch keine Schwierigkeiten ergeben haben und dieser selbst bei Torf mit 70—72 % Feuchtigkeit anstandslos, ohne jede

Störung durchgeführt werden konnte.[1]) Von der Verwaltung wird dieser Mißerfolg durch die verfrühte Inbetriebnahme der Anlage vor der genügenden Vorbereitung des auszubeutenden Moores, gedrängt durch die Ungeduld der Aktionäre, zu erklären versucht. Statt der dem Voranschlag zugrunde gelegten, auf eine andere Art der Torfgewinnung (s. S. 596) aufgebauten Torfkosten von 3—4 M. stellten sich dieselben infolgedessen auf 10—11 M. pro Tonne.

Es erscheint aber ohnedies sehr zweifelhaft, ob die Caro sche Modifikation des Mondgasprozesses, deren Neuheit und Wirksamkeit übrigens schon von verschiedener Seite bestritten worden ist, — die Veröffentlichungen darüber haben eine ganze Reihe häufig recht scharfer Kontroversen gezeitigt[2]) — eine ökonomische Lösung der Frankschen Forderung darstellt, bei der Torfverwertung die Gewinnung und den Betrieb möglichst zu sichern und zu vereinfachen, zumal die Vergasung zu feuchten Torfs vorwiegend zum Zwecke der Nebenproduktengewinnung, aus wärmetechnischen Gründen schon den Keim der Unwirtschaftlichkeit in sich trägt.

Sehr bedenklich erscheint es von vornherein, wie schon erwähnt, eine zur regelmäßigen Lieferung von Strom an die Konsumenten vertraglich verpflichtete Anlage in erster Linie auf die Ammoniakgewinnung aufzubauen.

Wie schon so häufig in der Torftechnik hat sich außerdem wieder gezeigt, daß die Torfgewinnung mit den heutigen Mitteln noch nicht in unbeschränktem Maße möglich ist, sondern daß hier noch wesentliche Verbesserungen nötig sind. Deswegen haben auch

---

[1]) s. M., Berlin 1913, S. 231; Blum, Prot. der 70. Sitzung der Z. M. K. 1912, S. 8.

[2]) „Gewinnung von Ammoniak aus Torf." Lymn, Chem. Ztg. 1910, S. 1334; Caro, Frank, Hamers, Chem. Ztg. 1911, S. 5; Caro, Chem. Ztg. 1911, S. 505, 515; Woltereck, Chem. Ztg. 1911, S. 735; Caro, Chem. Ztg. 1911, S. 789; Lymn, Chem. Ztg. 1911, S. 918; Woltereck-Caro, M., Berlin 1909, S. 151 und 201. — Ferner „Wirtschaftlichkeit der Torfvergasung". Heinz-Caro, M., Berlin 1910, S. 445; 1911, S. 65 und 354; Heinz-Trenkler, M., Berlin 1914, S. 59, 133. — „Einige technische Ursachen usw." Born, M., Berlin 1913, S. 209, 226, 237, Born-Trenkler, M., Berlin 1913, S. 311, 325, 371, Born-Hamers, M., Berlin 1913, S. 231, 237, 240.

Projekte für Großkraftwerke, wie sie z. B. von Bartel[1]) in eingehender Weise ausgearbeitet sind, trotz alles Interesses so lange nur einen problematischen Wert, bis die ihnen zugrunde gelegten Beschaffung des Torfs — es handelt sich um einen Jahresbedarf von 300000 t[2]) für das einzelne 50000 KW-Großkraftwerk und bei der Versorgung Deutschlands um Beschaffung von 550000 KW für den nördlichen Teil von Ostpreußen und 1000000 KW für Hannover — ihre Durchführbarkeit in der Praxis bewiesen hat. Neben Eimerkettenbaggern, wie Strenge- und Wielandtbaggern, die in Mooren mit Holzeinschluß versagen, sollen auch Löffelbagger benutzt werden, die imstande sein sollen, alle Holzeinschlüsse des Moores ohne vorhergehende Rodungsarbeiten zu entfernen. Auch dürfte die von Bartel vertretene Ansicht, daß die Krafterzeugung auf dem Wege über die Vergasung und die Gaskraftmaschinen wegen der höheren Anlagekosten unvorteilhaft im Vergleich zur Krafterzeugung mittels Dampfes in Dampfturbinen sei, in der Praxis nicht zutreffen[3]).

Dagegen hat sich in der Schwegermoor-Zentrale gezeigt, daß ein reiner Gasmaschinenbetrieb für Überlandzentralen auf Schwierigkeiten stößt.

Nach den bisherigen Betriebserfahrungen[4]) hat sich die Ansicht herausgebildet, daß der Betrieb von Gasmaschinen in erster Linie nur für diejenigen Teile der Überlandzentralen in Betracht kommt, dessen Belastung Tag und Nacht gleichbleibt, da die Gasmaschine den Dampfturbinen gegenüber ein viel zu wenig elastisches Instrument ist.

Das Endergebnis werden daher voraussichtlich Torfzentralen sein, bei welchen der Spitzenkonsum mit Dampfturbinen befriedigt wird, während die fortlaufende Stromabnahme der Gasanlage zufällt.

---

[1]) Bartel, Torfkraft, Julius Springer, Berlin 1913; „Die Verwendung geringwertiger Brennstoffe zur einheitlichen Versorgung Deutschlands mit elektrischer Energie." Vortrag. XX. Jahresvers. d. Verb. Deutsch. Elektrotechn. Leipzig, Elektrotechn. Ztschrft. 1912, S. 705.

[2]) Also die 5fache Leistung der Wiesmoor Zentrale!

[3]) s. auch Fürth, Z. f. ang. Ch. 1913, III. S. 757.

[4]) vgl. Ramm, M., Berlin 1911, S. 253; 1912, S. 196; Caro, M., Berlin 1912, S. 191.

Schlußbetrachtungen.

Die große volkswirtschaftliche Bedeutung der weit ausgedehnten Hoch- und Niederungsmoore, die in Deutschland noch einer kulturellen Erschließung harren, erfordert gebieterisch, daß die Torfgewinnung und Verwertung aus dem engen Rahmen eines einfachen landwirtschaftlichen Nebengewerbes, in dessen Formen sie sich bisher mit Ausnahme vereinzelter industrieller Unternehmungen entwickelt hat, heraustritt und in Bahnen gelenkt wird, die zu einer ebenso befriedigenden Lösung der hier harrenden Aufgaben führen, wie sie uns die landwirtschaftliche Verwertung der Moorländereien bereits bietet. Eine Zeitlang, die gerade in die jüngste Periode der glänzenden Ausgestaltung der deutschen Hochmoorkultur fällt, hat man sich in immer weiterem Maße schon mit dem Gedanken vertraut gemacht, die immer wieder mißglückten Versuche einer Torfverwertung auf großindustrieller Grundlage nicht weiter zu verfolgen, sondern alle Schwierigkeiten im wahren Sinne des Wortes durch ausgedehnte Oberflächenkultur der Moore endgültig zu begraben. Doch hat hier beizeiten ein zielbewußter Widerstand von seiten jener eingesetzt, die im Hinblick auf die großartige Entwicklung der alten holländischen Fehnkultur auch unter den durch die gewaltigen Fortschritte von Verkehr und Industrie vollkommen veränderten wirtschaftlichen Verhältnissen des heutigen Deutschland es für möglich halten, daß ohne Beeinträchtigung des landwirtschaftlichen Erfolges auch eine Ausnutzung der in den Mooren aufgespeicherten Naturschätze für die industrielle Verwertung erzielbar ist.

Im vorliegenden Werke ist an verschiedenen Stellen darauf

hingewiesen worden, wie eine solche rationelle Verschmelzung industrieller und landwirtschaftlicher Interessen durch ein zielbewußtes Zusammenarbeiten aller beteiligten Faktoren zu erreichen ist. Wenn auch die landwirtschaftliche Verwertung der Moore durch die deutsche Hochmoorkultur vorerst noch im Vordergrund stehen muß, so ist doch heute schon darauf Bedacht zu nehmen, daß der späteren industriellen Ausbeutung der Moore in der schon angedeuteten Weise die Wege geebnet werden.

Die Grundlage hierzu bietet die Gewinnung von preiswertem Maschinentorf, und wir müssen daher vor allem unser volles Interesse der Torfgewinnung zuwenden.

Der Torf ist, wie wir gesehen haben, ein sehr geeigneter Brennstoff, der qualitativ auch mit den hochwertigen Brennstoffen durchaus konkurrenzfähig ist, vorausgesetzt, daß die Gewinnungskosten des Torfes durch die entsprechende technische Ausgestaltung hinreichend heruntergedrückt werden. Dabei kann nach dem heutigen Stande der Technik nur auf natürliche Lufttrocknung zurückgegriffen werden. Die in letzter Zeit in zuversichtlicher Erwartung eines befriedigenden Erfolges wieder aufgenommenen Versuche, durch mechanische Pressen die Hauptmenge des Wassers bis auf 70 bis 60% zu entfernen, dürften wohl ebenso als gescheitert anzusehen sein, wie die zahlreichen früheren, meist mit sehr mangelnder Sachkenntnis hinsichtlich der Eigenschaften des Torfmaterials angestellten Versuche. Ebenso hat die theoretisch einwandfreie Behandlung durch Elektro-Osmose in der praktischen Durchführung vorerst versagt.

Wir haben auch gesehen, daß für die gegenwärtigen deutschen Verhältnisse die Brikettierung nicht der Weg ist, den Torf konkurrenzfähig zu machen. Die zu diesem Zwecke schon oft wiederholten Versuche künstlicher Trocknung des rohen Torfes sind aus ökonomischen Gründen gescheitert. Die hauptsächlichsten Kosten bei der Gewinnung des Materials entfallen auf die Erreichung jenes Stadiums, von dem aus die Gewinnung von gutem, lufttrockenen Maschinentorf keine weiteren erheblichen Kosten verursacht; dagegen sind für die Brikettierung noch erhebliche Arbeitskosten und insbesondere auch größere Anlagekosten erforderlich. Dadurch wird die Gewinnung von Briketts gegenüber der Gewinnung von Maschinentorf beträchtlich verteuert, ohne daß zugleich ein wesentlicher Vorteil bei der Verwendung des Brennstoffes erzielt wird. Es muß mit allem Nachdruck immer wieder hervorgehoben werden, daß hinsichtlich der Brikettierung die Verhältnisse beim Torf und der Braunkohle, deren Verwendung durch Ausgestaltung der Brikettierung einen ganz ungeahnten Aufschwung genommen hat, grundsätzlich auseinandergehen.

Mit der Frage der natürlichen Lufttrocknung hängt die Verwertungsmöglichkeit des Torfes aufs innigste zusammen. Die bisherigen Erfolge der Wiesmoorzentrale haben nicht nur den Beweis erbracht, daß die unmittelbare Verwertungsmöglichkeit des Torfs als Brennstoff in großindustriellem Maßstabe sich durchführen läßt, sondern auch die Befürchtungen widerlegt, daß mit der Lufttrocknung in der beschränkten Zeit von April bis Juni die erforderlichen Mengen lufttrockenen Torfs für einen ununterbrochenen Jahresbetrieb nicht gefördert werden könnten. Ist doch die Leistung der Wiesmoorzentrale im letzten Jahre bereits auf die Gewinnung und Verarbeitung von 60000 Tonnen lufttrockenen Torfs gestiegen.

Man ist daher nicht mehr genötigt, einen Ausweg aus den bisher drohenden Schwierigkeiten bei genügender Beschaffung von Betriebsmaterial darin zu suchen, daß man den Torf nicht in lufttrockenem Zustande, sondern noch mit erheblichem Wassergehalt, als „nassen Torf“ verarbeitet, wobei man in erster Linie auf eine Vergasung des Torfes angewiesen ist.

Schon im Jahre 1909 wies Regierungsrat Lesser, Gumbinnen, auf die üblen Folgen hin, die durch Verarbeitung von nassem Torf zu erwarten sind, indem er treffend bemerkte[1]), daß die Verwendung von nassem Torf in der Regel auf ein Versteckspielen hinauslaufe. Wenn man z. B. bei der Herstellung von Kraftgas den Torf mit einem höheren Wassergehalt als dem sehr geringen, der zur Erzeugung des Gases genügt, in den Generator

[1]) s. Lesser, Irrtümer in der Brenntorfindustrie, M. Berlin 1909, S. 389.

bringt, so wird die zum Verdampfen des Überschusses nötige Wärmemenge nachher im Gase fehlen, das an Güte oder Menge geringer ausfällt.

Man ist leicht zu dem Irrtum geneigt, daß die Leistungsfähigkeit eines Verfahrens zur Aufarbeitung des Torfes um so mehr hervortritt, je höher der Wassergehalt des Torfes ist, mit dem es durchgeführt werden kann. Demgegenüber ist vielmehr darauf hinzuweisen, daß eine dauernde Aufrechterhaltung der Vergasung um so schwieriger wird, je nässer der Torf ist, und daß diese nur durch eine höhere Leistungsfähigkeit der Generatoranlage ermöglicht wird. Mit steigendem Wassergehalt wird aber in einer solchen Generatoranlage immer mehr nur eine Vernichtung, nicht eine Ausnutzung der Torfenergie erzielt, ein Nutzen kann dementsprechend nur noch aus der Gewinnung von Ammoniak erzielt werden. Auch C. Heinz, Görlitz, einer der berufensten Fachleute in der Torfvergasung, äußerte sich im Jahre 1911[1]) über die Verarbeitung nassen Torfes mit folgenden Worten: „C. sieht den Torf überhaupt als einen unbequemen Ballast für den Moorbesitzer an, auf dessen Verbrauch es gar nicht ankomme. Diese Ansicht war doch nur richtig, solange der Torf nicht entsprechend ausgenützt werden konnte."

Es ist daher als durchaus unwirtschaftlich anzusehen, ohne zwingenden Grund darauf zu verzichten, einen möglichst großen Teil der Torfenergie in noch nutzbarer Form zu gewinnen, wie es der Fall ist, wenn an Stelle des nassen Torfs lufttrockener Torf verarbeitet wird, der, wie gesagt, heute schon in ausreichenden Mengen für die Durchführung eines industriellen Dauerbetriebes beschafft werden kann.

Auch das bei der Vergasung des nassen Torfes als Hauptprodukt gewonnene Ammoniak rechtfertigt nicht die Verarbeitung nassen Torfes. Denn die Rentabilität eines solchen Betriebes ist durch die Konkurrenz mit den anderen Stickstoffquellen voll-

---

[1]) C. Heinz, Görlitz, Die Wirtschaftlichkeit der Torfvergasung. M. Berlin 1911, S. 356.

ständig in Frage gestellt. Die bisherige Hauptquelle der Ammoniakgewinnung, die Verkokung der Steinkohle, die das Ammoniak als Nebenprodukt liefert, erfährt mit dem Wachsen der Verkokung mit Nebenproduktengewinnung ebenfalls ein immer steigendes Wachstum und kann sich in der Preisbildung dem drohenden Wettbewerb mit dem synthetischen Ammoniak leicht anschmiegen. Für die Gewinnung des Ammoniaks als Hauptprodukt kommt aber ausschließlich letzteres in Betracht, das man heute auf rationellste und billigste Weise nach dem bekannten, von der Badischen Anilin- und Sodafabrik Ludwigshafen a. Rh. bereits in großem Maßstabe ausgeübten Haberschen Verfahren (Anlage in Oppau) auf synthetischem Wege in beliebiger Menge aus der Luft gewinnen kann.

Wir dürfen daher aus nationalökonomischen Gründen unsere Torfschätze erst dann heben, wenn wir in der Lage sind, die darin aufgespeicherte Energie voll ausnützen zu können. Diese Forderung können wir um so leichter erfüllen, da die deutsche Hochmoorkultur uns den Weg gezeigt hat, auf dem es möglich ist, unsere Moore sofort der landwirtschaftlichen Kultur zu erschließen. Da hierzu nur die oberste Schicht der Moore, die für Brenntorf ungeeignet ist, beansprucht wird, so müssen vorerst die unter dieser Deckschicht ruhenden Torfschätze so lange als Brennstoffreserven liegen bleiben, bis auch für sie die Zeit gekommen ist. Daß dieser Zeitpunkt bald kommen muß, wird noch gezeigt werden. Der Torf ist zweifelsohne dazu berufen, noch eine wichtige Rolle in unserem Wirtschaftsleben zu spielen.

Da mit einer raschen und umfangreichen Steigerung des Torfabbaues zugleich eine beschleunigtere Erschließung der Moore durch Fehnkultur gefördert wird, gewinnen alle diejenigen Industrien an Interesse, die sich des Torfes als Ausgangsmaterial bedienen. Neben der Brenntorfgewinnung kommt hier hauptsächlich die Gewinnung von Torfkoks (Torfkohle) und die Erzeugung von Kraftgas aus dem Torfe in Betracht. Beide Verfahren ermöglichen die Gewinnung von wertvollen Nebenprodukten, insbesondere von Ammoniak.

Die Torfkohle kann schon heute den Konkurrenzkampf mit

der Holzkohle aufnehmen, wie im vorhergehenden ausführlich besprochen wurde, und auf diesem Wege können sehr bedeutende Mengen Torf einen industriellen Absatz finden. Allerdings hat gerade in den moorreichen skandinavischen Ländern und in Finnland die Erzeugung von Torfkohle, — nachdem man verschiedene Anläufe zur Hebung dieses Zweigs der Torfverwertung gemacht hatte —, in der jüngsten Zeit einen nahezu völligen Stillstand erfahren. Doch besagt dies nichts für die deutschen Verhältnisse, wo die hochentwickelte Eisen- und Stahlindustrie, sowie andere metallurgische Industrien einer großzügigen Entwicklung der Torfverkohlung einen starken Rückhalt bieten können. Außerdem übt hier die hohe Bewertung des nach dem Abbau des Torfes gewonnenen Kulturbodens des weiteren einen stark fördernden Anreiz aus. Eine starke Torfkohlenindustrie könnte Deutschland zum Lande der größten Feinstahlerzeugung machen. Wir wären dann nicht mehr gewungen, wie es heute der Fall ist, das Holzkohlen-Feineisen vom Auslande zu beziehen, sondern wären in der Lage, das gleichwertige Torfkohlen-Feineisen dem Auslande zu liefern. Deutschland führt hauptsächlich von Schweden jährlich etwa 20000 Tonnen Holzkohlen-Feineisen ein, das je nach Qualität mit 110 bis 160 Mark die Tonne bezahlt wird.

Für eine großzügige allgemeine Ausbeutung der Torflager durch Vergasung des Torfs und Gewinnung von Kraftgas zum Betriebe von Großkraftzentralen ist jedoch noch nicht der Zeitpunkt herangerückt. Der Gedanke des Ausbaues von Kraftzentralen mit weitausgedehntem Verteilungsnetze für die gewonnene elektrische Energie ist jetzt in machtvoller Entwicklung begriffen, aber er stützt sich hauptsächlich auf die Ausbeutung der für Deutschland außerordentlich günstigen und billigen Kraftquellen, die uns die im Tagebau ausgebeuteten Braunkohlenlager bieten. Da die Wechselbeziehungen zwischen Torf und Braunkohle für die zukünftigen Aussichten des Torfs von vielversprechender Bedeutung sind, so soll der Konkurrenzkampf zwischen diesen zwei Brennstoffen hier kurz angedeutet werden.

Während Brenntorf schon im 18. Jahrhundert und viel früher sich in den meisten Torfgegenden allgemeiner Wertschätzung und

Verwendung erfreute, erfolgte in den Gegenden der Braunkohlenlager der Übergang der Bevölkerung von der Holzfeuerung zur Braunkohlenfeuerung nur langsam und mit großem Widerstreben. Erst nach dem Jahre 1840 nahm die Förderung der Braunkohle einen größeren Aufschwung, als mit dem beginnenden Bau der Eisenbahnen und dem fortschreitenden Ausbau des Landstraßennetzes auch eine erhebliche Steigerung des industriellen Lebens folgte. So wurden im Jahre 1825 in Preußen nur 201366 t Braunkohle gefördert, im Jahre 1847 stieg die Förderung auf 1000000 t Rohkohle mit etwa 50% Wassergehalt. Aber erst mit Einführung der Fördermaschinen in den sechziger Jahren konnte die Leistungsfähigkeit in bedeutendem Maße erhöht und die Selbstkosten entsprechend verringert werden. Weiter gab die Aufnahme der Mineralöl- und Paraffinindustrie durch Trockendestillation der Braunkohle dem rationellen Ausbau der Braunkohlenindustrie einen lebhaften Anstoß, und die hohe Rentabilität dieses Zweiges der Braunkohlenverwertung lenkte die Aufmerksamkeit der Kapitalisten auf diese Industrie. Aber erst als Ende der siebziger Jahre die schon im Jahre 1858 begonnenen Versuche, Braunkohle auf trockenem Wege zu Preßsteinen zu verarbeiten, so weit von Erfolg gekrönt waren, daß die Verarbeitung der Rohkohle zu Briketts im Großbetriebe sich lohnend erwies, eröffneten sich der Verwertung der Braunkohle die glänzendsten Aussichten. Nie hätte sich der Braunkohlenbergbau zu dem bedeutenden Faktor im wirtschaftlichen Leben Deutschlands aufschwingen können, den er jetzt darstellt, wenn es nicht gelungen wäre, aus dem minderwertigen Rohmaterial auf dem Wege der Aufbereitung ein an Heizkraft so hochwertiges Produkt wie das Braunkohlenbrikett zu schaffen. Erst mit seiner tatkräftigen Einführung auf den Kohlenmarkt, die Ende der siebziger Jahre erfolgte, konnten die der Rohbraunkohle und den Naßpreßsteinen infolge ihres im Vergleich zu Steinkohle, Brenntorf und Holz niedrigen Heizwertes und großen Wasserballastes eng gezogenen Grenzen erweitert werden[1]. Von da ab begann die Förderung der Braun-

[1]) Der Heizwert der grubenfeuchten Braunkohle beträgt ca. 2000 Kalorien.

kohle die Produktion an Brenntorf zu übertreffen, und Ende des 19. Jahrhunderts hatte das Braunkohlenbrikett so ziemlich den Brenntorf, wo dies möglich war, verdrängt. So sind nach und nach die Torfwagen aus den Straßen der den Mooren benachbarten Städte und die Torfkähne aus den Häfen und Kanälen, wo früher ein lebhafter Handel mit Torf betrieben wurde, fast ganz verschwunden. Ein Torfstichbetrieb nach dem anderen mußte aus Mangel an Absatz eingestellt werden. Nur in den bäuerlichen und gutsherrlichen Gemeinden wird noch Torf in erheblichem Umfang gestochen, besonders in abgelegenen Gegenden, wohin die Konkurrenz der Stein- und Braunkohle nicht gedrungen ist. Aber auch die billigsten Brennmaterialien werden den Torfbrand wohl kaum aus bäuerlichen Gemeinden mit reichem Moorbesitz verdrängen können, da der Torfstich auf eigenem Moor keine Barauslagen verursacht. Außerdem läßt sich die billige Arbeitskraft der Frauen und Kinder bei den Trocknungsarbeiten lohnend und ohne gesundheitliche und soziale Nachteile verwenden. Weiterhin trägt die einfache Technik des Torfstechens, die sich seit ihrem jahrhundertelangen Bestehen nicht wesentlich verändert hat, viel dazu bei, daß diese Nebenindustrie der Landwirtschaft sich sozusagen weitervererbt. Doch ist es in Moorgegenden mit günstigen Verkehrsbedingungen schon so weit gekommen, daß Gutsbesitzer ihren Arbeitern als Deputat an Stelle von Torf Braunkohlenbriketts liefern. Auch die in manchen Gegenden lebensfähige Torfbrikettindustrie wurde mit Erscheinen der billigeren Braunkohlenbriketts vernichtet.

Obgleich also der Torf im Anfang einen großen Vorsprung vor der Braunkohle hatte, den er durch Ausbau der Kanäle und natürlichen Wasserwege noch erheblich hatte vergrößern können, während die minderwertige Rohbraunkohle und die Naßpreßsteine im Binnenlande nur lokale Bedeutung erlangen konnten, so wurde mit Übertragung der eigentlich für den Torf konstruierten Exterschen Strangpresse auf die Braunkohlenbrikettierung und der weiteren Mechanisierung des ganzen Betriebes ein so billiges Brikett erzielt, daß weder der Torfsoden und noch weniger das Torfbrikett damit weiter in Konkurrenz treten konnte.

Vor allem ist dieser Erfolg der zähen, zielbewußten Zusammenarbeit tüchtiger Bergingenieure und weitsichtiger Finanzleute zu verdanken, die jede Neuerung auf wissenschaftlichem und technischem Gebiet sich zu eigen machten und sich durch anfängliche Mißerfolge nicht abschrecken ließen. Infolgedessen wurde die stetige Entwicklung der Brenntorfindustrie nicht nur aufgehalten, sondern ihr auch ein Absatzgebiet nach dem anderen entrissen. Es konnte nicht ausbleiben, daß diese Entwicklung der Braunkohlenindustrie auch der Fehnkultur starken Abbruch tun mußte. Selbst die Steinkohle mußte diese mächtige Konkurrenz der Braunkohle fühlen und mit derselben rechnen. Heute beträgt die Förderung der Braunkohle rund 40% der der Steinkohle. Im Jahre 1913 wurden in 280 Werken 180000000 t Steinkohle gefördert gegen 70600000 t Braunkohlen in 321 Werken. Wie weit die Mechanisierung des Braunkohlenbetriebes fortgeschritten ist, geht daraus hervor, daß zur Gewinnung obiger Menge Steinkohle 597244 Personen nötig waren, während die Braunkohlenindustrie nur 59861 Personen benötigte. Im Jahre 1852 förderte ein Arbeiter im Jahresdurchschnitt 228 t Rohbraunkohle, während heute die Jahresleistung eines Arbeiters etwa 1000 t beträgt. Die Förderleistung bei der Steinkohle beträgt pro Mann und Tag 0,8 bis 1 t. Die 70000000 t Braunkohle wurden hauptsächlich zu Briketts verarbeitet. Es wurden im Jahre 1913 23000000 t Briketts erzeugt; zu 1 t Briketts sind ca. 2,5 t Rohbraunkohle nötig.

Deutschland verdankt der billigen Braunkohle für viele Industriezweige seine konkurrenzfreie Stellung auf dem Weltmarkt. Sie ist aber im Begriff, unserem Vaterlande einen weiteren Vorsprung zu sichern, indem sie uns einen Ersatz für die billigen Wasserkräfte anderer Länder bietet. Schon entstehen an den Braunkohlengruben Elektrizitätszentralen, die neue Industrien ins Land ziehen, die vorher den billigen Wasserkräften folgen mußten. Es sind nur wenige Jahre her, daß ein Finanzmann der Braunkohlenindustrie einen der leitenden Männer der Elektrizitätsindustrie fragte, ob er die KW.-Stunde mit 5 Pf. abgeben solle. Dieser erwiderte, „er solle eher die Kohle im Boden lassen, als solche Schleuderpreise einführen“. Heute können Braunkohlen-Elektrizitätswerke, die sich bei der Grube befinden, schon mit den Preisen unter 2 Pf. für die KW.-Stunde heruntergehen. So wird Deutschland in kurzer Zeit mit einem Netz von elektrischen Zentralen durchzogen sein, die ihre Energie der Braunkohle entnehmen, aber dann ist auch die Zeit für den Torf gekommen, der in vielen Gegenden für die dort fehlende Braunkohle eintreten muß.

Daß auch auf dem Gebiete der Torfgewinnung die Mechanisierung des Betriebes am Anfang einer verheißungsvollen Entwicklung steht, zeigt der Erfolg der Wiesmoorzentrale, die auch den Beweis erbracht hat, daß die elektrische Industrie sich des Torfes erfolgreich bedienen kann.

Hier eröffnet sich dem Torf eine erfreuliche Aussicht. Die billige Tagebaubraunkohle wird zum größten Teil in etwa 30 bis 50 Jahren erschöpft sein und man wird immer mehr auf die ungünstiger gelegenen Tiefbaue angewiesen werden. Die Folge wird eine erhebliche Preissteigerung der Braunkohle sein, die auch bei der Steinkohle eintreten wird, so daß die Konkurrenz dieser Brennstoffe, die für den Torf allein in Betracht kommen, immer mehr zurücktritt. Dann wird für den Torf der Zeitpunkt gekommen sein, die ihm von der Braunkohle entrissene Stellung wieder zurückzuerobern, abgesehen davon, daß voraussichtlich die verbesserten Gewinnungsmethoden schon anderen Veredlungsbestrebungen, vor allem der Torfkohlengewinnung, bis dahin die Bahnen geebnet und so dem Torf ein größeres Absatzgebiet erschlossen haben.

Auch in den nordischen, kohlenarmen Ländern, wie Schweden, Norwegen und Finnland, hat sich eine Brenntorfgroßindustrie bis heute nicht entwickeln können, wohl infolge des billigen Wassertransports der englischen Kohlen. Auch die in Skandinavien aussichtsreichere Torfbrikettierung hat sich so wenig entwickelt, daß die Regierung neuerdings durch finanzielle Beihilfe eine Neubelebung versuchen will. Nur in Rußland haben sich dank der billigen Arbeitskräfte Großbetriebe als lebensfähig erwiesen, von denen einzelne eine Jahresproduktion bis zu 200000 t Torf aufweisen sollen. Von welcher Bedeutung die Torfgewinnungsfrage für unser Wirtschaftsleben ist, wird auch fernerstehenden Kreisen klar gemacht, wenn wir den Nutzeffekt nur der in den preußischen Mooren aufgespeicherten Naturkraft annähernd berechnen. A. Benetsch[1]) kommt dabei zu dem Ergebnis, daß aus den Torfmooren in Preußen der augenblickliche PS-Bedarf sämtlicher gewerblicher Unternehmungen des Königreichs für rund 750 Jahre gedeckt werden kann. Wenn auch diese Zahlen zu hoch gegriffen sind, so geben sie doch einen ungefähren Begriff, um welch gewaltige Naturkräfte es sich handelt, die im Schoße unserer Moore noch ihrer Erschließung harren.

Nachdem durch weitgehende staatliche Unterstützung in Deutschland die landwirtschaftlichen Fragen der Moorkultivierung gelöst sind, ist es dringend zu wünschen, daß auch die Torfverwertungsfragen mit allem Nachdruck studiert und die erforderlichen pekuniären Opfer nicht gescheut werden. Als ein Anfang ist das vom Staate an der technischen Hochschule zu Hannover ins Leben gerufene „Laboratorium für technische Torfverwertung“, sowie die „Technische Abteilung des Vereins zur Förderung der Moorkultur im Deutschen Reiche“, die sich hauptsächlich mit feuerungstechnischen Fragen beschäftigt, freudig zu begrüßen. Des weiteren kommt auch das neugeschaffene „Kaiser-Wilhelm-Institut für Kohlenforschung“ in Mülheim a. d. Ruhr in Betracht, dessen vornehmste Aufgabe es ist, die Wege für die möglichst ökonomische Verwertung aller unserer fossilen Energieschätze auszubauen. Für die Lösung der verwickelten Aufgaben auf dem Torfgebiete, wo die verschiedenartigen Interessen von Landwirtschaft und Industrie in einer einzigartigen Weise ineinander greifen, wird zu fordern sein, daß alle diese Bestrebungen, soweit sie den Torf betreffen, in einem einheitlichen Rahmen zusammengefaßt werden. Dieser großzügigen Organisation wird ein Beirat nicht fehlen dürfen, der dem Kreise praktisch und wissenschaftlich gebildeter Torffachleute entnommen werden müßte. Auch ist es wünschenswert, daß der Staat durch Wettbewerbe, die mit Preisen reich ausgestattet sind, das Inter-

---

[1]) A. Benetsch, „Die volkswirtschaftliche Bedeutung der Torfmoore und Wasserkräfte“. Berlin 1914.

esse unserer ersten Maschinenfabriken weckt, damit auch sie mit ihren reichen Erfahrungen und der Fülle ihres technischen Könnens sich den hier zu lösenden Problemen zuwenden, in der Erkenntnis, daß sich ihnen hier ein sehr bedeutendes und lohnendes Absatzgebiet erschließen kann.

Dann ist zu hoffen, daß die schwierigen Fragen der industriellen Torfverwertung ihrer Lösung entgegengeführt werden, so daß Hand in Hand mit der landwirtschaftlichen Moorkultur auch eine gewinnbringende Verwertung unserer Torfschätze ermöglicht wird.

Namenverzeichnis.

Sachregister.

Druck von Oscar Brandstetter in Leipzig

GPSR Compliance

The European Union's (EU) General Product Safety Regulation (GPSR) is a set of rules that requires consumer products to be safe and our obligations to ensure this.

If you have any concerns about our products, you can contact us on ProductSafety@springernature.com

In case Publisher is established outside the EU, the EU authorized representative is:

Springer Nature Customer Service Center GmbH
Europaplatz 3
69115 Heidelberg, Germany

Batch number: 10682269

Printed by Printforce, the Netherlands